Bielefelder Schriften zur Didaktik der Mathematik

Band 8

Reihe herausgegeben von

Andrea Peter-Koop, Universität Bielefeld, Bielefeld, Deutschland

Rudolf vom Hofe, Universität Bielefeld, Bielefeld, Deutschland

Michael Kleine, Institut für Didaktik der Mathematik, Universität Bielefeld, Bielefeld, Deutschland

Miriam Lüken, Institut für Didaktik der Mathematik, Universität Bielefeld, Bielefeld, Deutschland

Die Reihe Bielefelder Schriften zur Didaktik der Mathematik fokussiert sich auf aktuelle Studien zum Lehren und Lernen von Mathematik in allen Schulstufen und –formen einschließlich des Elementarbereichs und des Studiums sowie der Fort- und Weiterbildung. Dabei ist die Reihe offen für alle diesbezüglichen Forschungsrichtungen und –methoden. Berichtet werden neben Studien im Rahmen von sehr guten und herausragenden Promotionen und Habilitationen auch

- empirische Forschungs- und Entwicklungsprojekte,
- theoretische Grundlagenarbeiten zur Mathematikdidaktik,
- thematisch fokussierte Proceedings zu Forschungstagungen oder Workshops.

Die Bielefelder Schriften zur Didaktik der Mathematik nehmen Themen auf, die für Lehre und Forschung relevant sind und innovative wissenschaftliche Aspekte der Mathematikdidaktik beleuchten.

Svenja Bruhn

Die individuelle mathematische Kreativität von Schulkindern

Theoretische Grundlegung und empirische Befunde zur Kreativität von Erstklässler*innen

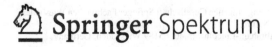 Springer Spektrum

Svenja Bruhn
Bielefeld, Deutschland

I acknowledge support for the publication costs by the Open Access Publication Fund
of Bielefeld University and the Deutsche Forschungsgemeinschaft (DFG).

ISSN 2199-739X   ISSN 2199-7403   (electronic)
Bielefelder Schriften zur Didaktik der Mathematik
ISBN 978-3-658-38386-2   ISBN 978-3-658-38387-9   (eBook)
https://doi.org/10.1007/978-3-658-38387-9

Die Deutsche Nationalbibliothek verzeichnet diese Publikation in der Deutschen Nationalbiblio-
grafie; detaillierte bibliografische Daten sind im Internet über http://dnb.d-nb.de abrufbar.

Planung/Lektorat: Marija Kojic
Springer Spektrum ist ein Imprint der eingetragenen Gesellschaft Springer Fachmedien Wiesbaden
GmbH und ist ein Teil von Springer Nature.
Die Anschrift der Gesellschaft ist: Abraham-Lincoln-Str..46, 65189 Wiesbaden, Germany

Geleitwort

Mathematisch kreativ sein wird als prozessbezogene Kompetenz in vielen nationalen wie internationalen Curricula genannt – und damit als relevant für mathematisches Lernen gesetzt – ohne das Konstrukt der Kreativität für das Mathematiklernen von Schulkindern zu definieren. Kreativität wird stattdessen vorwiegend im Kontext von Hochbegabtenforschung untersucht, was wiederum zu implizieren scheint, dass nur eine ausgewählte Gruppe von Personen kreativ sein kann. Studien zur Kreativität von jungen Grundschulkindern, insbesondere beim Mathematiktreiben in einem Unterrichtskontext, liegen bislang kaum vor. Ebenso fehlt eine inhaltliche Beschreibung, wie es eigentlich aussehen kann, wenn Grundschulkinder mathematisch kreativ sind. In diesem Feld der Kreativitätsforschung ist Svenja Bruhns Dissertation angesiedelt.

Ziel ihrer Untersuchung ist zum einen die theoretische Fassung der mathematischen Kreativität junger Schulkinder und zum anderen ihre empirische, inhaltsbezogene Charakterisierung und Typisierung. Dazu räumt Svenja Bruhn zunächst mit Mythen und Vorurteilen in Bezug auf den Begriff der Kreativität auf, bevor sie sich an eine konkrete, auf das Fach bezogene Definition von mathematischer Kreativität bei Schulkindern macht. Ihre Ausführungen zur mathematischen Kreativität überzeugen durch eine sorgfältige Herausarbeitung der verschiedenen, in der einschlägigen theoretischen Debatte diskutieren Teilaspekte von Kreativität. Dabei legt Svenja Bruhn den Fokus auf die kreative Person – das Grundschulkind – in einem mathematischen Lehr-Lern-Kontext. In dem sie Kreativität im Kontext des divergenten Denkens zur Grundlage ihrer Arbeit macht, kann sie das Konstrukt der *individuellen mathematischen Kreativität* auf Handlungsebene theoretisch fassen.

Als ein Kernstück der Arbeit entwickelt Svenja Bruhn ein *Modell der individuellen mathematischen Kreativität von Erstklässler*innen (InMaKreS)*, das mit der Operationalisierung von kreativen Fähigkeiten die differenzierte Analyse der Arbeiten von Schüler*innen ermöglicht. Es lässt sich ohne weiteres auf Grundschulkinder jeden Alters übertragen und bietet zudem Anknüpfungspunkte für andere Wissenschaftsdisziplinen. In ihrem Modell unterscheidet sie eine produktive und eine reflexive Phase in der Aufgabenbearbeitung, was sowohl spezifisch für den Aufbau der empirischen Studie als auch insgesamt für eine unterrichtspraktische Arbeit mit kreativen Aufgabenbearbeitungen wichtig ist. Die Bedeutung einer reflexiven Phase in der Aufgabenbearbeitung findet in der mathematikdidaktischen Forschung zur Kreativität bisher wenig Beachtung. Mit ihrem *InMaKreS*-Modell und insbesondere ihren Ausführungen zur Arbeit mit Kindern in produktiven und reflexiven Phasen leistet Svenja Bruhn deshalb einen entscheidenden Beitrag zu einem bisher kaum bearbeiteten Bereich der mathematikdidaktischen Kreativitätsforschung.

Die inhaltsbezogene Charakterisierung und Typisierung der mathematischen Kreativität junger Schulkinder erfolgt im empirischen Teil der Arbeit, in dem es Svenja Bruhn in hervorragender Weise gelingt, ein neues, originelles Forschungsdesign zu entwickeln und dieses dann in einer an ein *teaching experiment* angelehnten Studie mit 18 Erstklässler*innen umzusetzen. Mit der Untersuchung von Kreativität bei Kindern der *ersten* Klasse befasst sich Svenja Bruhn mit einer Altersgruppe, zu der bisher nur sehr wenige Studien zur mathematischen Kreativität vorliegen und sie schließt damit eine Forschungslücke.

Neben der Herausarbeitung von kindlichen Kreativitätstypen und arithmetischen Ideentypen – weitere Kernstücke der Arbeit – scheinen mir die zwei folgenden Aspekte von Svenja Bruhns Studie ebenso von Relevanz für die mathematikdidaktische Forschung: die Art der untersuchten Aufgaben sowie die Unterstützung von Kreativität in Form von Prompts.

Svenja Bruhns Arbeit ist im Bereich der Arithmetik verortet, wobei das Forschungsdesign der arithmetischen Aufgaben leicht für andere Inhaltsbereiche adaptierbar ist. Es ist erfrischend, dass Svenja Bruhn einen Fokus auf das divergente Denken und nicht etwa auf Kreativität im Rahmen von Problemlösen legt. Diese Schwerpunktlegung zieht jedoch Konsequenzen bei der Auswahl geeigneter Aufgaben nach sich, da hierfür klassische Problemlöseaufgaben nicht in Frage kommen, sondern die Aufgaben ein gewisses Maß an Offenheit erfordern. Dies stellt sich als Glücksfall heraus, da sich Svenja Bruhn im Rahmen ihrer Dissertation wissenschaftlich mit (dem Potential) offener Aufgaben auseinandersetzt und durch ihre empirischen Ergebnisse zur Weiterentwicklung des Formats der offenen Aufgaben beiträgt. Innovativ ist dabei ihr Blick nicht nur auf die Produkte bei offenen Aufgabenbearbeitungen, sondern auf die Prozesse (Ideen) aufgrund derer Aufgabenlösungen entstehen. Mögliche Aufgabentypen können, bedingt durch das Curriculum für die erste Klasse, nur wenig komplex sein und müssen sich unter den Bedingungen der Inklusion insbesondere für verschiedene Leistungspotentiale eignen. Komplexität und Anspruch der Aufgabenstellung ergeben sich dementsprechend erst aus der Bearbeitungsweise der Kinder. Auch dies ist eine Besonderheit von Svenja Bruhns Arbeit, denn Kreativität wird hier im Regelunterricht mit Blick auf eine heterogen zusammengesetzte Klasse diskutiert.

Die Analysen ebenso wie die Ergebnisse schließen durchgängig eine Perspektive auf den konkreten Unterrichtsalltag ein, die durch das Anliegen entsteht, zu verstehen, wie sich Kreativität im Unterricht äußern kann. Bereits das theoretische InMaKreS-Modell zeigt eine starke Vernetzung theoretischer Elemente der Kreativitätsforschung und konkrete unterrichtspraktische Planungselemente. Zusätzlich nimmt Svenja Bruhn die Rolle von Unterstützungsangeboten, damit Kinder ihre Kreativität ausdrücken (und möglicherweise entwickeln) können, in den Blick. Konkret bearbeitet sie dies auch durch den Einsatz von Prompts in Verbindung mit offenen Aufgaben und damit der Klassifizierung möglicher Interaktionen zwischen Lehrkräften und Schüler*innen. Ihre außerordentlich gelungene Operationalisierung der unterschiedlichen Prompts im Rahmen der empirischen Studie sowie die systematischen Analysen hierzu münden in Ergebnissen von großer unterrichtspraktischer Relevanz, die im Rahmen von Lehrer*innenausbildung Niederschlag finden sollten.

Durch ihren beschreibenden (statt bewertenden) Blick auf die kindlichen Ideen kann Svenja Bruhn zeigen, dass *alle* Kinder kreativ sein können und wie unterschiedlich dies in einem arithmetischen Kontext aussehen kann. Ich wünsche Svenja Bruhn, dass ihre Freude am kreativen Mathematiktreiben weiterhin Eingang in den Unterrichtsalltag der Grundschule findet und freue mich sehr auf weitere Forschungsarbeiten von ihr.

Bielefeld   Miriam M. Lüken
März 2022

Vorwort

Wir alle leben geistig von dem, was uns Menschen in
bedeutungsvollen Stunden unseres Lebens gegeben haben.
(Albert Schweitzer)

Kreativ sein zu dürfen, begleitet mich schon mein ganzes Leben. Ob während meiner Tanzausbildung, beim künstlerischen Gestalten, beim Unterrichten und letztlich bei jedem noch so kleinen oder großen Lernschritt – die Fähigkeiten, meine eigenen Ideen auszuleben, Neues zu erschaffen und dadurch sogar andere zu inspirieren, prägt mich ganz wesentlich! Umso dankbarer bin ich, dass ich dieses Thema für meine mathematikdidaktische Promotion auswählen durfte. In den letzten vier Jahren durfte ich mich am Institut für Didaktik der Mathematik (IDM) der Universität Bielefeld nicht nur auf wissenschaftlicher, sondern auch auf persönlicher Ebene weiterentwickeln und möchte mich an dieser Stelle bei allen Menschen bedanken, die mich auf meinem Weg hin zur Promotion begleitet haben.

Mein besonderer Dank gilt meiner Doktormutter Prof. Dr. Miriam M. Lüken! Liebe Miriam, danke für unsere vielen intensiven, konstruktiven, inspirierenden, begeisternden, ermutigenden und persönlichen Gespräche sowohl in Nähe als auch über Distanz. Deine unentwegte Unterstützung in allen Phasen meiner Promotion ermöglichte es mir, meine Ideen zu sortieren, zu formulieren, Muster zu entdecken und schließlich auszuarbeiten. So konnte nach und nach diese Arbeit erwachsen.

Ebenso herzlich möchte ich mich bei meiner Zweitbetreuerin Prof. Dr. Marianne Nolte für unsere anregenden abendlichen Telefonate, in denen wir über so viele Aspekte meiner Arbeit fachlich und persönlich diskutierten, bedanken. Dadurch bestärktest du mich nicht nur in der Arbeit an meiner Dissertation, sondern inspirierst mich ebenso für weitere Forschungen.

Zudem möchte ich mich bei Prof. Dr. Benjamin Rott für die zusätzliche, recht spontane und vor allem anregende Begutachtung meiner Arbeit bedanken, aus der ich einige Ideen für meine weiterführenden Arbeiten mitnehmen kann.

Mein Dank gilt außerdem Prof. Dr. Kerstin Tiedemann für ihren Impuls und Bestärkung, eine Bewerbung als Doktorandin an der Universität Bielefeld zu wagen und für den intensiven und herzlichen Austausch über mein Forschungsthema, der mir so manches Mal eine neue Perspektive aufzeigte.

Außerdem möchte ich mich bei meinen Kolleginnen und Kollegen am IDM für die wissenschaftliche aber vor allem auch freundschaftliche Begleitung bedanken. Bei jeglichen Fragen und Herausforderungen rund um meine Promotion standet ihr immer mit Rat und Tat an meiner Seite.

Für mein Promotionsprojekt war die Arbeit an den Grundschulen von zentraler Bedeutung. Ich bedanke mich daher bei den Lehrer*innen, die es mir ermöglichten, in ihren Klassen meine Studie durchzuführen. Vor allem aber gilt mein Dank allen Erstklässler*innen, die mit Begeisterung an meinen „Matherätseln" teilnahmen und insbesondere den 18 Kindern, die mit mir in zwei Unterrichtsepisoden zusammenarbeiteten und mich dabei an ihrer Kreativität teilhaben ließen.

Zuletzt möchte mich von Herzen bei meinem Partner, meiner Familie und meinen Freunden bedanken. Danke für eure Ermutigung, Unterstützung, Geduld sowie Begleitung auf diesem Weg. Danke, dass ich mich immer auf euch verlassen kann.

Krefeld   Svenja Bruhn
März 2022

Zusammenfassung

Allen Schüler*innen soll es ermöglicht werden, mathematisch kreativ zu werden. Dies können Lernende bspw. dann erleben und entwickeln, wenn sie bei der Bearbeitung geeigneter mathematischer Aufgaben zu vielen verschiedenen, ungewöhnlichen oder neuen Lösungen bzw. Einsichten gelangen. Voraussetzung dafür ist jedoch ein ausreichend scharfes theoretisches und empirisches Verständnis kreativer Handlungen im Mathematikunterricht. Daher wird auf Grundlage einer breiten Literaturrecherche eine konkrete Definition und insbesondere ein *Modell der individuellen mathematischen Kreativität von Schulkindern (InMaKreS)* im Kontext der divergenten Bearbeitung offener Aufgaben erarbeitet. Auf diesem Modell basierend wird in der empirischen Mixed Methods-Studie dieser Arbeit die individuelle mathematische Kreativität von 18 Erstklässler*innen beim Bearbeiten arithmetisch offener Aufgaben facettenreich erforscht. Als zentrales Ergebnis konnten die kreative Handlungen der Schüler*innen bei der Bearbeitung offener Aufgaben vier qualitativen *Kreativitätstypen* zugeordnet werden. Diese können Mathematiklehrer*innen als Anregung dienen, die Kreativität ihrer Schüler*innen zu beobachten und zu fördern. Dabei ergab sich aus vertiefenden Analysen, dass die individuelle mathematische Kreativität aufgabenspezifisch ist und daher geeignete offene Aufgaben absichtsvoll ausgewählt bzw. konzipiert werden sollten. Zudem scheint die Unterstützung aller Schüler*innen beim Zeigen ihrer Kreativität durch ausgewählte und adaptiv eingesetzte (meta-)kognitive Lernprompts bedeutsam. Zuletzt zeigte sich kein signifikanter Zusammenhang zwischen den intellektuellen oder mathematischen Fähigkeiten der Schulkinder und ihrer individuellen mathematischen Kreativität.

Abstract

All students should get the opportunity to become mathematically creative. Learners can experience and develop this, for example, if they produce many different, unusual, or new solutions resp. insights when working on appropriate mathematical tasks. However, this requires a sharp theoretical and empirical understanding of creativity in mathematics education. Based on a broad literature review, I developed an explicit definition and a *model of individual mathematical creativity of school children (InMaKreS)* working divergently on open tasks. This model serves as a basis for an empirical mixed methods study that aims to multi-facedly investigate the individual mathematical creativity of 18 first graders working on arithmetic open tasks. As a central result, the creative actions of the students can be represented by four qualitative *creativity types*. These can serve as an inspiration for mathematics educators to observe and promote the creativity of their students. Further analyses revealed that the individual mathematical creativity is task-specific and therefore open tasks should be selected and designed intentionally. Moreover, supporting students in showing their creativity through selected and adaptively used (meta-)cognitive learning prompts seem to be significant. Finally, there was no significant correlation between intellectual or mathematical abilities of the schoolchildren and their individual mathematical creativity.

Inhaltsverzeichnis

Abbildungsverzeichnis

Tabellenverzeichnis

Einleitung 1

> „Gegenüber Idealmodellen und geschönten Unterrichtsberichten ist allerdings einzu-
> wenden, dass in der Unterrichtspraxis ‚kein Lehrer vor der Kreativität des Schülers
> [und der Schülerin] sicher ist' (Bauersfeld)." (Neth & Voigt, 1991, S. 108)

Zunächst mit Verwunderung, dann Neugier und letztlich zunehmender Begeisterung auf das obige, mündliche Zitat von Heinrich Bauersfeld blickend, stellten
sich mir direkt die folgenden Fragen, die nach einer mathematikdidaktischen
Beantwortung suchten: Was bedeutet es, dass Schüler*innen im Mathematikunterricht kreativ werden? Und noch viel unterrichtspraktischer: Bei welchen
mathematischen Handlungen der Lernenden zeigt sich ihre Kreativität?

Mit Blick auf den Mathematikunterricht der Grundschule erinnere ich mich
an Unterrichtsszenen, in denen einzelne Schüler*innen bei der Bearbeitung
einer mathematischen Aufgabe plötzlich zu für sie ungewöhnlichen bzw. neuen
Lösungsansätzen oder Erkenntnissen – oftmals begleitet von einem freudig
klingenden *Ah!*-Ausruf – gelangten. Dann gab es Momente, in denen Kinder fest-
stellten, dass es zu einer gestellten mathematischen Aufgabe (z. B. *Zahlenmauern*
mit einem festgelegten Deckstein aber frei zu wählenden Grundsteinen) mehrere
richtige Lösungen und Lösungswege gab und es im Mathematikunterricht plötzlich darum ging, über die verschiedenen Bearbeitungen innerhalb der Klasse (und
zwar mit allen Kindern gemeinsam) zu diskutieren. Ganz explizit blieb mir der
Ausspruch einer Erstklässlerin, nennen wir sie Jessika, im Gedächtnis, mit der
ich an der Aufgabe *Finde verschiedene Aufgaben mit der Zahl 4* arbeitete. Auf
die Frage, wie sie denn ihre aufgeschriebenen Zahlensätze (z. B. $4 + 4 = 8$,
$4 + 3 = 7$, *$4 + 2 = 7$, $4 - 3 = 1$, $4 + 0 = 4$, $10 - 4 = 6$) gefunden hätte bzw.
welche Idee sie dazu gehabt hatte, erklärte das Mädchen: „Ich sehe auf meinem
Kopf so viele Aufgaben.", „Da waren alle Aufgaben weg. Da hab' ich noch eine
Aufgabe gesehen, ganz hinten [in meinem Kopf]." und „Ich sehe noch ein paar

© Der/die Autor(en) 2022
S. Bruhn, *Die individuelle mathematische Kreativität von Schulkindern*,
Bielefelder Schriften zur Didaktik der Mathematik 8,
https://doi.org/10.1007/978-3-658-38387-9_1

[Aufgaben]." (Jessika, 7;7 Jahre, am 27.05.19). Über ihre bildhafte Erklärung oder Beschreibung ihrer Vorgehensweise betonte die Erstklässlerin, dass ihr die verschiedenen Zahlensätze frei (im Sinne von mathematisch unsystematisch) zu der gestellten Aufgabe und ihrer Bedingung, also Zahlensätze mit der Zahl 4 zu produzieren, eingefallen waren.

Werden diese konkreten unterrichtlichen Situationen so gedeutet, dass sie unterschiedliche Beispiele dafür darstellen, wie und bei welchen Aktivitäten Schüler*innen ihre Kreativität im Mathematikunterricht erfahren und zeigen können, dann scheint das Eingangszitat von Bauersfeld in jedem Fall zuzutreffen und aktuell zu sein. Kreativ zu sein bedeutet daher, dass Lernende insbesondere mathematisc, offene Aufgaben aufgrund ihrer entweder innermathematischen oder sachlichen Mehrdeutigkeit individuell und sinnstiftend bearbeiten (vgl. Neth & Voigt, 1991, S. 108–109). Eine mathematikdidaktische Forschung zu diesem Thema scheint somit bedeutsam, da die zuvor umschriebene Fähigkeit der Kreativität im Mathematikunterricht die Entwicklung mathematischer (prozessbezogener und inhaltsbezogener) Kompetenzen der Schüler*innen unterstützen kann (vgl. Kwon, Park & Park, 2006, S. 57–58). Obwohl die Kreativität von Schüler*innen in nationalen und internationalen Standards für den Mathematikunterricht ausdrücklich als zu fördernde Fähigkeit festgeschrieben ist (etwa KMK, 2004, S. 13; NCTM, 2003, S. 20–21, 116–117), stellt die mathematische Kreativität von Lernenden häufig nur ein Randthema in der aktuellen mathematikdidaktischen Forschung dar (vgl. Plucker et al., 2004, S. 84). Dies begründen die Autor*innen dadurch, dass das Konstrukt der Kreativität in nahezu jeder psychologisch-pädagogischen Domäne häufig nur implizit definiert wird (vgl. Kwon et al., 2006, S. 52; Plucker et al., 2004, S. 87; Sriraman, 2005, S. 20). An diesem Punkt müssen aktuelle mathematikdidaktische Forschungen ansetzen, um eine unterrichtspraktische Umsetzung und gezielte Förderung der Kreativität im Mathematikunterricht aller Schulstufen zu ermöglichen. Dies kann dann letztendlich zu einer Verhinderung dessen führen, dass „[…] discussing creativity often leaves people [like mathematics teacher] very confused" (Plucker et al., 2004, S. 87).

Daher verfolgt diese mathematikdidaktische Arbeit zunächst das Ziel, das Konstrukt der Kreativität von Schüler*innen im Mathematikunterricht theoretisch aufzubereiten und so eine explizite Definition herauszuarbeiten. Diese soll nicht nur für Forschungszwecke, sondern vor allem auch als didaktisches Werkzeug von Mathematiklehrkräften eingesetzt werden können, um die mathematische Kreativität der Schüler*innen individuell analysieren zu können. Ausgehend von einer konkreten und unterrichtspraktischen Definition stellen sich dann weiterführende, übergeordnete Forschungsfragen: Inwiefern kann die mathematische Kreativität von Schulkindern bei der Bearbeitung passender mathematischer Aufgaben qualitativ charakterisiert werden? Und, inwiefern können Lehrer*innen die Lernenden darin unterstützen, ihre mathematische Kreativität zu zeigen und folglich auch weiterzuentwickeln?

Diese großen Forschungsfragen waren leitend für die Gestaltung des empirischen Teils meiner Dissertation. So wird in diesem die mathematische Kreativität von Schulkindern im Rahmen eines speziell für diese Studie konzipierten *Teaching Experiments* in den Blick genommen und qualitativ beschrieben, um so die theoretischen Ausführungen zur Kreativität von Schüler*innen zu erweitern und erste Konsequenzen für eine Förderung der Kreativität im Mathematikunterricht abzuleiten. Da etwa die Studie von Tsamir, Tirosh, Tabach & Levenson (2010, S. 228) zeigen konnte, dass vor allem auch jüngere Kinder, die weniger von algorithmischen Bearbeitungsweisen mathematischer Aufgaben beeinflusst sind, in ihrem mathematischen Denken offen und kreativ sein können, habe ich mich dafür entschieden, die mathematische Kreativität von Erstklässler*innen zu fokussieren. Die Forschungsergebnisse zur mathematischen Kreativität dieser jungen Schüler*innen kann so als Ausgangspunkt für die Entwicklung des Konstrukts der mathematischen Kreativität von Lernenden in der Grundschulzeit dienen.

Um dem Forschungsinteresse nachzugehen, gliedert sich die vorliegende Arbeit in drei große Teile:

Der erste Teil behandelt die theoretischen Grundlagen zur mathematischen Kreativität von Schüler*innen im Mathematikunterricht. Im ersten Kapitel wird ausgehend von einer Begriffsannäherung auf alltagsverständlicher Ebene und der Aufklärung existierender Mythen zu diesem Forschungsthema, die Notwendigkeit der Entwicklung einer expliziten Definition zur mathematischen Kreativität von Schulkindern erläutert (vgl. Abschn. 2.1). Es schließt sich daher eine detaillierte Betrachtung grundlegender (vgl. Abschn. 2.2) und inhaltlicher Aspekte (vgl. Abschn. 2.3) einer Begriffsbestimmung an, die in meiner Definition des Terms der *individuellen mathematischen Kreativität* von Schulkindern und in einem Modell ebendieser münden (vgl. Abschn. 2.4). Das *Modell der individuellen mathematischen Kreativität von Schüler*innen* (*InMaKreS*-Modell) stellt dabei ein zentrales theoretisches Framework dar, dass anschließend im empirischen Teil meiner Arbeit Anwendung findet. Dazu ist jedoch eine ausführliche theoretische Betrachtung passender Aufgaben notwendig, die es Schüler*innen ermöglichen, ihre mathematische Kreativität zu zeigen. Passend zur Definition der individuellen mathematischen Kreativität in dieser Arbeit werden daher (arithmetisch) offene Aufgaben besonders fokussiert (vgl. Kap. 3). Zudem werden mögliche Unterstützungsmöglichkeiten für Lehrer*innen präsentiert, die Lernenden das Zeigen ihrer Kreativität ermöglichen und erleichtern können (vgl. Kap. 4).

Im zweiten Teil dieser Arbeit findet eine ausführliche Darstellung des Forschungsdesigns statt. Ausgangspunkt für die methodische Planung und Durchführung der Studie bildet dabei die Herausarbeitung eines Forschungsdesiderats, das bereits in dieser Einleitung angerissen wurde, und die daraus resultierende Formulierung konkreter Forschungsziele und entsprechender Fragen (vgl. Kap. 5). Die *Teaching Experiment*-Methodologie (Steffe & Thompson, 2000), die in besonderer Weise für das Anliegen dieser Studie passend scheint und spezifisch für diese Studie adaptiert wird (vgl. Kap. 6), bildet den methodischen Rahmen meiner Arbeit. Darauf aufbauend wird die durchgeführte *Mixed Methods*-Studie dargestellt, die aus einem quantitativen Sampling-Verfahren (vgl. Abschn. 7.1) und aus einer qualitativen Studie (vgl. Abschn. 7.2 und 7.3), in der Unterrichtsepisoden mit Erstklässler*innen beobachtet werden, besteht.

Im dritten Teil meiner Dissertation werden die empirischen Forschungsergebnisse aus der Mixed Methods-Studie zur individuellen mathematischen Kreativität von Erstklässler*innen dargestellt. In Anlehnung an die Forschungsfragen und methodische Zweiteilung in der Durchführung der Studie findet in diesem Kapitel eine Vierteilung statt. Dazu wird das Sampling-Verfahren, bei dem die individuellen Voraussetzungen der Erstklässler*innen abgesteckt werden, präsentiert (vgl. Kap. 8). Danach werden die Ergebnisse der qualitativen Studie zur individuellen mathematischen Kreativität präsentiert, indem die Unterrichtsepisoden rekursiv durch die *qualitative (und quantitative) Video-Inhaltsanalyse* (Mayring et al., 2005) ausgewertet werden. So können zum einen die Kreativität der Erstklässler*innen qualitativ beschrieben und zum anderen Unterstützungsmöglichkeiten der Lehrkraft herausgearbeitet werden (vgl. Kap. 9 und 10). Außerdem werden die Ergebnisse zur individuellen mathematischen Kreativität auch in Verbindung zu den individuellen (Lern-)Voraussetzungen der Erstklässler*innen gesetzt (vgl. Kap. 11). Eine ausführliche Diskussion der Ergebnisse (vgl. Kap. 12) sowie ein Fazit (vgl. Kap. 13) runden meine Arbeit ab.

Teil I
Theoretische Grundlagen

„The essence of mathematics is thinking creatively, not simply arriving at the right answer." (Mann, 2006, S. 239)

Mathematische Kreativität 2

„[…] Discussing creativity often leaves people very confused!" (Plucker et al., 2004, S. 87)

Mein Ziel dieses ersten Theoriekapitels wird es deshalb sein, die von Plucker, Beghetto und Dow (2004) beschriebene und von mir ebenfalls immer wieder beobachtete Verwirrung über das Thema der *Kreativität* auf mathematikdidaktischer Ebene aufzulösen und in Verständnis sowie Interesse für dieses außergewöhnliche und bedeutsame Thema zu verwandeln.

Dazu wird ausgehend von einem alltagssprachlichen Verständnis des Begriffs der Kreativität begründet, warum Kreativität kein Mythos ist und wieso es gleichsam so herausfordernd ist, eine Definition auf fachwissenschaftlicher Ebene zu generieren (vgl. Abschn. 2.1). Am Ende dieses gesamten Kapitels soll aber eine solche explizite Definition präsentiert werden. Dazu ist es in einem ersten Schritt notwendig, das mathematikdidaktische Konstrukt der Kreativität grundlegend einzuschränken. So werden verschiedene Aspekte dargestellt und begründet ausgewählt, die zu der konkreten Formulierung des Untersuchungsgegenstandes führen (vgl. Abschn. 2.2). Die *individuelle mathematische Kreativität* von Schüler*innen wird in einem nachfolgenden Abschnitt dann inhaltlich definiert. Dazu werden drei große Forschungsansätze präsentiert und begründet eine Fokussierung für die mathematikdidaktische Betrachtung der Kreativität von Schulkindern in dieser Arbeit vorgenommen (vgl. Abschn. 2.3). Zum Schluss steht so eine von mir entwickelte Begriffsdefinition und ein Modell über die individuelle mathematische Kreativität von Schüler*innen (vgl. Abschn. 2.4). Diese Definition bildet den Ausgangspunkt für die weiteren theoretischen Betrachtungen der geeigneten Lernaufgaben (vgl. Kap. 3) und vor allem der empirischen Studie, die in Teil II und Teil III dieser Arbeit präsentiert werden.

© Der/die Autor(en) 2022
S. Bruhn, *Die individuelle mathematische Kreativität von Schulkindern*,
Bielefelder Schriften zur Didaktik der Mathematik 8,
https://doi.org/10.1007/978-3-658-38387-9_2

2.1 Warum Kreativität kein Mythos ist

„Although [various] myths [about creativity] are widely held, the study of creativity is moving in a promising direction." (Plucker et al., 2004, S. 87)

Was bedeutet Kreativität? Wer oder was ist kreativ? Und wie wird Kreativität für den Bereich der Mathematikdidaktik definiert? Diese und noch weitere Fragen sollen im folgenden Abschnitt Beantwortung finden. Dazu wird zunächst auf den alltäglichen Gebrauch des Begriffs *Kreativität* bzw. *kreativ sein* geschaut (vgl. Abschn. 2.1.1), um ihn daraufhin aus fachwissenschaftlicher Perspektive zu betrachten (vgl. Abschn. 2.1.2). Dabei sollen eben jene Mythen und deren Bedeutsamkeit für die Forschung, von denen Plucker, Beghetto und Dow (2004) in dem Eingangszitat sprechen, dargestellt und gleichsam durch Forschungsarbeiten entkräftet werden. Aus dem Vorschlag einer empirischen Definition von Kreativität (vgl. Plucker et al., 2004, S. 90) wird dann der Aufbau der weiteren theoretischen Ausführungen abgeleitet, die den Begriff Kreativität und das diesem zugrundeliegende Konstrukt immer weiter präzisieren werden.

2.1.1 Kreativität im alltäglichen Sprachgebrauch

„10 gute Gründe, kreativ zu sein!" (Bigler, 2016)

Der Begriff *Kreativität* leitet sich von dem lateinischen Verb „creare" ab, das so viel bedeutet wie schaffen, erschaffen, hervorbringen[1] (Langenscheidt Online Wörterbuch Latein-Deutsch, o. J.). Das deutsche Wort *kreieren* hat diese Bedeutung übernommen und bezeichnet als Substantiv eine „schöpferische Kraft [oder ein] kreatives Vermögen" (Dudenredaktion, o. J.). Ein wesentliches Merkmal dieses schöpferischen Akts ist neben der Neuartigkeit auch ein „sinnvolle[r] und erkennbare[r] Bezug zur Lösung technischer, menschlicher oder sozialpolitischer Probleme" (Brockhaus Enzyklopädie Online, o. J.). Dabei sei darauf verwiesen, dass erst durch die Akzeptanz der Gesellschaft gegenüber kreativen Ideen oder Produkten, diese bedeutungsvoll werden – oder in anderen Worten: „The man with a new idea is a crank until the idea succeeds" (Twain, 2009, S. 278).

---

[1] Weitere Wortbedeutungen aus dem Langenscheidt Online Wörterbuch: Kinder zeugen oder gebären oder im übertragenen Sinne etwas ins Leben rufen, verursachen, entstehen sowie wählen, erwählen.

Synonyme für den Begriff der Kreativität wie Erfindungsgabe, Genie oder Intelligenz, die im Duden aufgelistet werden (vgl. Dudenredaktion, o. J.), verweisen außerdem auf einen möglichen Zusammenhang von Kreativität und den intellektuellen Fähigkeiten eines Menschen. Diese können unter anderem „Problemsensitivität, Flexibilität und Eigenständigkeit sowie ein Denken, das in vielen Richtungen nach Ansätzen sucht [...]" (Brockhaus Enzyklopädie Online, o. J.) sein. In Verbindung mit weiteren Persönlichkeitsmerkmalen wie Anstrengungsbereitschaft, Neugier und Frustrationstoleranz, die laut dem Brockhaus kreativen Menschen zugesprochen werden (Brockhaus Enzyklopädie Online, o. J.), erscheint Kreativität als ein herausforderndes, wohl überlegtes, progressives aber vor allem durch individuelle Interessen geprägtes Handeln.

Dies widerspricht der fast schon inflationären Verwendung des Begriffs im Alltag sowie in verschiedenen Kontexten und Medien. Die Suchmaschine Google listet bspw. rund 51 Millionen Einträge zum Suchwort „kreativ sein" auf (Stand: 05.04.2020). Häufig wird davon gesprochen, dass jeder kreativ sein soll, darf oder sogar muss. Im Bereich der Kunst ist der Begriff wohl am weitesten verbreitet, aber auch die Technik des kreativen Schreibens findet in vielen Bereichen wie „publishing, editing, literary studies, language, cultural analysis, psychology, and arts development" (Harper, 2013, S. 6) ihre Anwendung. Kreativ zu sein, wird zudem als wichtiges Persönlichkeitsmerkmal, sogenannte *Soft Skills*, bei Bewerbungen propagiert. Laut Kanzler (2011) rangiert Kreativität bei der Bewerberwahl „mit 14 % noch vor guten Noten und einer kurzen Studiendauer" (S. 231). Auch durch unzählige Video-Tutorials und Ratgeber-Webseiten im Internet entsteht so insgesamt der Eindruck, dass kreativ zu sein, eine für jeden Menschen notwendige und wichtige Persönlichkeitseigenschaft sei. Im Zuge dessen wird angenommen, dass jeder Mensch kreativ sein kann, weshalb diverse Übungen, Tipps und Tricks angeboten werden (siehe auch das Eingangszitat von Bigler, 2016). Dabei wird suggeriert, dass Kreativität etwas ist, das schnell erlernt und individuell entwickelt werden kann. Einige Webseiten oder Nutzer*innen von Sozial-Media-Plattformen gehen so weit, dass sie den Konsumierenden durch Kreativität ein glücklicheres und gesunderes Leben versprechen.[2] So ist es nicht verwunderlich, dass dieser Begriff wie ein notwendiges Mode-Schlagwort in diversen Lebensbereichen Anwendung findet (vgl. auch Preiser, 2006, S. 51).

Zusammenfassend hat der Begriff der Kreativität im alltäglichen Sprachgebrauch zwei wesentliche Merkmale: Kreativ zu sein bedeutet etwas (1) **Neues** zu

---

[2] „Was du jetzt liest, mag sich nach einem Ratgeber für pure Lebensfreude & Gesundheit anhören – und das ist es auch! [...] Dann lies hier meine Gründe, warum ich es so megagenial finde, kreativ zu sein." (Auszug aus dem Online-Blog von Bigler, 2016).

(2) **erschaffen**, das vom sozialen Umfeld der Schaffenden als angemessen angesehen wird. Die Bedingungen dieser Neuartigkeit sowie die Art und Weise des Erschaffens sind dabei jedoch nicht genauer charakterisiert. So erscheint Kreativität insgesamt als positive und erstrebenswerte Persönlichkeitseigenschaft, in der sich jeder Mensch üben kann und sollte. Kreativität scheint modern zu sein – aber ist Kreativität ebenso ein Schlagwort in der wissenschaftlichen Forschung oder vielmehr ein ernstzunehmendes sowie ausgereiftes Forschungsgebiet? Zur Beantwortung dieser Frage, wird nachfolgend ein detaillierter Blick auf ein grundlegendes Verständnis von Kreativität in verschiedenen Disziplinen wie der (pädagogischen) Psychologie, den Bildungs- bzw. Erziehungswissenschaften und vor allem der Mathematikdidaktik geworfen.

2.1.2 Das „Definitionsproblem" von Kreativität

> „Yet the study of creativity is not nearly as robust as one would expect, due in part to the preponderance of myths and stereotypes about creativity that collectively strangle most research efforts in this area." (Plucker et al., 2004, S. 83)

Der Psychologe Guilford (1950) forderte vor genau 70 Jahren als einer der ersten eindringlich eine wissenschaftliche Zuwendung zum Thema *Kreativität* und prangerte die Absenz von psychologischer Forschung in diesem Gebiet an (vgl. Guilford, 1950, S. 444–446). Seine Rede wird häufig als „the beginning of the modern interest in creativity as a measurable ability" (Piirto, 1999, S. 31) bezeichnet. So stellt Guilford (1950, S. 445) fest, dass in den 23 Jahren seit 1927 nur rund 0,2 % der Artikel, die in der Zeitschrift „Psychological Abstracts" gelistet wurden, das Thema Kreativität adressierten. Er begründet die Wichtigkeit einer Forschung zu diesem Thema darin, dass Kreativität als Persönlichkeitseigenschaft von Menschen erforschungswürdig sei und deutet eine Vielzahl möglicher Faktoren an, die kreatives Verhalten bestimmen könnten. Dies widerspricht der damals vorherrschenden Meinung, dass Kreativität als ein Aspekt hoher Intelligenz oder Begabung kein eigenes Forschungsfeld beanspruchen kann (vgl. Guilford, 1950, S. 446–454). Außerdem verweist der Psychologe darauf, dass sobald mehr Erkenntnisse über Kreativität vorherrschen würden, es auch möglich wird, Kreativitätsförderungen im schulischen Kontext zu etablieren (vgl. Guilford, 1950, S. 445, 454). So wird bereits hier die Verbindung von Psychologie und den Erziehungswissenschaften deutlich, aus denen wiederum eine Adaption der Kreativitätstheorien für die Fachdidaktik, im Falle dieser Arbeit der Mathematikdidaktik, möglich wurde.

Trotz der Forderung von Guilford (1950) stellt Haylock (1987) rund ein Viertel Jahrhundert später erneut fest, dass seit 1966 in der ERIC Suchmaschine 4732 Artikel das Thema Kreativität behandeln und „[...] only a handful of these relate to mathematics." (S. 60). Sternberg & Lubart (1999) analysieren um die Jahrhundertwende, dass in der Zeitspanne von 1975 bis 1994 nur rund 0,5 % der in den Psychological Abstracts gelisteten Artikel das Thema Kreativität[3] behandelten. Das sind 0,3 % mehr als 1950 bei Guilfords identischer Analyse, was keinen großen Fortschritt für rund 50 Jahre Forschungsarbeit darstellt. Für die letzten 20 Jahren liegt die Anzahl der Publikationen mit dem Titelwort Kreativität, die in der Online-Suchmaschine APA PsychInfo, dem digitalen Nachfolger der Psychological Abstracts, aufgeführt werden, bei 0,4 %[4]. Es scheint also, als hätte die psychologische Forschung in diesem Bereich wieder nachgelassen und dass es Phasen gegeben hat, in denen auch in der Forschung das Thema Kreativität „modern" war, das Thema aber insgesamt durchweg von einer eher kleinen Anzahl Forschenden fokussiert wurde – von diesen aber umso intensiver.

Einen anderen Blickwinkel einnehmend und das reine Forschungsvorkommen in Form von Publikationszahlen verlassend, stellen Plucker et al. (2004) in einer Inhaltsanalyse verschiedenster psychologischer und erziehungswissenschaftlicher Artikel fest, dass ein „definition problem" (S. 90) für das Konstrukt der Kreativität vorherrscht:

> „These findings substantiate our fear that creativity is rarely explicated in the professional literature. Without a clear definition, creativity becomes a hollow construct–one that can easily be filled with an array of myths, co-opted to represent any number of divergent processes, and further confuse what is (and is not) known about the construct." (Plucker et al., 2004, S. 90)

Im Folgenden sollen im Sinne dieses Zitats die angesprochenen Mythen dargestellt werden, mit denen das „verwirrende" Konstrukt Kreativität belegt und durch deren verschiedenste Kombinationen (kreative) Prozesse umschrieben werden. Die Ursprünge der Mythen sind laut Plucker, Beghetto und Dow (2004, S. 87) so tief in der alltäglichen Sicht auf Kreativität und auch in der Forschung verwurzelt, dass sie dazu führen, dass Kreativität nicht als Forschungsthema anerkannt wird

---

[3] Es wurde nach den Schlagworten *creativity, divergent thinking* und *creativity measurement* gesucht.

[4] Rund 13,3 % dieser Artikel gehören zum Bereich der pädagogischen Psychologie und/oder Erziehungswissenschaften. Von diesen adressieren etwa 19,5 % Schulkinder von 6 bis 12 Jahren, die auch in dieser Arbeit in den Fokus genommen werden. Somit sind 331 Artikel in den letzten Jahren zum Thema Kreativität von Kindern im Kontext von schulischem Lernen entstanden (0,01 % aller gelisteten Artikel am 13.05.2020).

und die fachliche Diskussion darüber mitunter zu einer gewissen Verwirrtheit führen kann.

Die Autor*innen stellen insgesamt vier verschiedene Mythen heraus, die im alltäglichen Wissen über Kreativität vorherrschen und die aber alle wiederholt durch Forschungen widerlegt bzw. bis zu einem gewissen Maß relativiert werden konnten (vgl. im folgenden Plucker et al., 2004, S. 84–87):

1. Wohl der weit verbreitetste Mythos ist der, dass Menschen kreativ (oder unkreativ) geboren werden. Auch Sternberg und Lubart (1999, S. 4–5) betonen diese in Teilen vorherrschende mystische Sichtweise auf Kreativität. Dabei konnten zahlreiche Studien erfolgreich die positiven Effekte von Kreativitätsförderungen oder -trainings aufzeigen, die für alle Teilnehmer*innen dieser Studien gelten. Dies widerspricht der Annahme, dass nur wenige Menschen kreativ sein können (für eine Übersicht siehe Plucker et al., 2004, S. 85).

2. Zudem wird „Kreativität [häufig] mit negativen Aspekten der Psychologie und Gesellschaft verflochten"[5] (Plucker et al., 2004, S. 86). Dabei wird das Bild einsamer Nonkonformist*innen mit vermeintlichem Drogenkonsum, Neigung zu Gewalt oder psychischen Erkrankungen, denen das Attribut, kreativ zu sein, zugeschrieben wird, erzeugt. Isaksen (1987, S. 3) sieht den Ursprung dieser Vorstellung darin, dass Kreativität mit Neuartigkeit gleichgesetzt wird und diese wiederum mit einer sichtbaren Abweichung von der Norm einhergehen muss. Er kann in der Forschung aber keine eindeutigen Zusammenhänge zwischen Kreativität und psychischen Erkrankungen oder Kriminalität von kreativen Personen feststellen.

3. Kreativität wird fälschlicherweise häufig als unscharfes Konstrukt bezeichnet, weshalb unter einigen Wissenschaftler*innen die Meinung vorherrscht, dass Kreativität eine „soft psychology" (Plucker et al., 2004, S. 86) sei. Dabei wird das Adjektiv *fuzzy* wie bspw. bei Sriraman (2005, S. 20) genutzt, um zu verdeutlichen, dass eine Vielzahl verschiedener Definitionen vorherrschen, um dann eine konkrete, individuelle Definition begründet vorzustellen. Dabei lassen sich in wissenschaftlichen Artikeln oder Büchern starke und klar definierte Konstrukte von Kreativität finden, die diesen Mythos eindeutig zurückweisen. Leider lassen sich aber in der populärwissenschaftlichen Literatur, die deutlich mehr Menschen zugänglich ist, zahlreiche Beispiele von Kreativitätsratgebern oder Trainingshandbüchern finden, die diesem Mythos gerecht werden. Diese unscharfen Beschreibungen von Kreativität (für eine Übersicht siehe Davis,

---

[5] Originalzitat im Englischen: „Creativity is intertwined with negative aspects of psychology and society."

2004, S. 10–12) sind häufig jedoch aus soliden Forschungen entstand und dann durch Vereinfachung verfälscht worden (vgl. Plucker et al., 2004, S. 86–87).

4. Der letzte Mythos bezieht sich auf die Aussage, dass Kreativität nur in Gruppen und nicht in Individuen entstehen kann. In der Forschung wird jedoch ein stärker ausbalancierteres Bild von Kreativität verfolgt, das sowohl Individual- als auch Gruppenprozesse in den Blick nimmt und diese miteinander in Verbindung setzt (vgl. Plucker et al., 2004, S. 87). Dabei zeigen Forschungen sogar, dass Brainstorming in Gruppen in einem weniger kreativen Pool an Ideen resultiert, als wenn Menschen alleine Ideen sammeln (für eine Übersicht siehe Stroebe, Nijstad & Rietzschel, 2010).

Durch das starke Vorherrschen der erläuterten Mythen und Vorurteilen gegenüber Kreativitätsforschungen in der Psychologie und den Erziehungswissenschaften stellen Plucker, Beghetto und Dow (2004, S. 87) fest, dass eine Definition des Konstrukts Kreativität in vielen Publikationen nur beiläufig, unkonkret oder fachlich wenig fundiert dargestellt wird. Als möglichen Grund dafür vermuten sie, dass Forschende in diesem Bereich befürchten, die Komplexität und die Faszination, die Kreativität auslöst, durch eine exakte Definition zu zerstören. Tatsächlich bewirkt dieses Vorgehen aber eher eine Spaltung der Forschungscommunity in diejenigen, die das Thema Kreativität leidenschaftlich verfolgen und solche, die es eher ablehnen.

So verwundert es nicht, dass eine Vielzahl – Treffinger, Young, Selby & Shepardson (2002, S. vii) sprechen von 100 – verschiedener Definitionen von Kreativität in den bei mathematikdidaktischen Forschungen in den Blick genommenen Fachdisziplinen (Psychologie, Erziehungswissenschaften und Mathematikdidaktik) vorzufinden sind, die mehr oder weniger explizit formuliert sind (Übersichten finden sich bspw. bei Haylock, 1987, S. 60–63; Sriraman, 2005, S. 23–24; Runco, 1993, S. ix; Treffinger et al., 2002, S. vii; Kwon et al., 2006, S. 52). In ihrer Studie konnten Plucker, Beghetto und Dow (2004, S. 88–90) zeigen, dass in ihrer Stichprobe von 90 Fachartikeln mit Peer-Review[6], die das Titelwort Kreativität enthielten, nur 34 % eine explizite, 41 % eine implizite und 21 % gar keine Definition anstellten. Dabei konnten sie auf qualitativer Ebene unterschiedliche Typen der Definition von Kreativität herausarbeiten. Auf Basis dieser

---

[6] Die Stichprobe beinhaltet jeweils 10 Artikeln der Fachbereiche Wirtschaft, Erziehungswissenschaften und Psychologie, die über die Suchmaschine EBSCO ermittelt und nach Publikationsdatum ausgewählt wurden. Zusätzlich wurden 60 Artikel aus den beiden Zeitschriften „Creativity Research Journal" und „Journal of Creative Behavior" ausgewählt (siehe dazu ausführlich Plucker, Beghetto und Dow, 2004, S. 88).

Erkenntnisse entwickelten sie eine eigene, alle Definitionsaspekte inkludierende
Definition:

> „Creativity is the interaction among *aptitude, process, and environment* by which an
> individual or group produces a *perceptible product* that is both *novel and useful* as
> defined within a *social context*." (Plucker et al., 2004, S. 90, Hervorh. im Original)

In ihrer Definition betonen die Autoren vier zentrale Aspekte (im obigen Zitat
kursiv hervorgehoben), die sie empirisch aus den analysierten Definitionen
deduziert haben. Diese sollen an dieser Stelle kurz skizziert werden und sind
strukturgebend für die nachfolgenden Theorieabschnitte dieser Arbeit, in denen
sie dann ausführlich betrachtet werden.

1. Plucker, Beghetto und Dow (2004, S. 90–91) verstehen Kreativität als eine
   *Interaktion zwischen den individuellen Fähigkeiten einer Person, dem Prozess
   und der Umgebung.* Dadurch betonen sie, dass Kreativität nicht angeboren, sondern durch pädagogische Interventionen erlernbar und dadurch eine
   dynamische Persönlichkeitseigenschaft ist.
2. Der zweite Definitionsaspekt ist derjenige, dass am Ende eines kreativen Prozesses ein *wahrnehmbares Produkt* – eine Handlung, Idee oder Performance
   jeglicher Art – steht. Nur so ist es möglich, zu ermitteln, ob Kreativität stattgefunden hat, weshalb die Erforschung von Kreativität anhand der Produkte
   möglich und notwendig wird (vgl. Plucker et al., 2004, S. 91).

Diese beiden Annahmen liegen auch dieser Arbeit zugrunde, indem die komplexen Verbindungen zwischen den verschiedenen Dimensionen von Kreativität – die
Person, der Prozess, das Produkt und die Umgebung – ausführlich in den Blick
genommen werden (vgl. Abschn. 2.2.3).

3. Plucker, Beghetto und Dow (2004, S. 91–92) betonen den Aspekt der *Neuartigkeit und Nützlichkeit* von kreativen Produkten als wesentliches Merkmal
   von Kreativität. Dieses finden die Autor*innen nicht nur in sämtlichen ihrer
   analysierten Definitionen, sondern auch in allgemeiner Literatur zum Thema
   Kreativität. Außerdem scheint es die Grundlage für viele bereits vorgestellte
   Mythen und Stereotypen für Kreativität zu sein.

Diese Auffassung entspricht der bereits erläuterten alltäglichen Bedeutung des
Begriffs Kreativität als das Erschaffen von etwas Neuem (vgl. Abschn. 2.1.1).
Das Attribut der Neuartigkeit ist demnach wesentlich für ein Begriffsverständnis

von Kreativität. Es bleibt an dieser Stelle immer noch die Frage zu klären, was genau unter „neu" zu verstehen ist. Eine inhaltliche Definition dieser Eigenschaft von Kreativität geschieht deshalb in den nachfolgenden Abschnitten zu den verschiedener Forschungsansätzen innerhalb der mathedidaktischen Forschung (vgl. Abschn. 2.2 und 2.3).

4. Dem Aspekt des *sozialen Kontextes* weisen Plucker, Beghetto und Dow (2004, S. 92) eine besondere Bedeutung zu. Unter diesem ist eine Antwort auf die Frage „Creativity for whom and in what context" (Plucker et al., 2004, S. 92) gemeint. So muss zunächst klar eingegrenzt werden, welche kreativen Personen fokussiert werden sollen – Kinder, Erwachsene oder Expert*innen. Außerdem gilt es den Kontext, in dem diese Personen kreativ werden, genauer zu beschreiben. Agieren sie allein oder in der Gruppe, in der Schule/dem Beruf oder zu Hause und dies bei z. B. selbstgewählten oder vorgegebenen naturwissenschaftlichen/technischen/künstlerischen Aktivitäten, Tätigkeiten oder Aufgaben unterschiedlich? Somit ist eine genaue Beschreibung und Eingrenzung des sozialen Kontextes für das Gelingen einer Begriffsdefinition von Kreativität unabdingbar. Erst dann ist es möglich, die anderen drei Aspekte der Definition von Plucker, Beghetto und Dow (2004), d. h. die Interaktion von Person, Prozess, Produkt und Umgebung, das wahrnehmbare Produkt und die Neuartigkeit, auszuschärfen.

Da sich der Aspekt des sozialen Kontextes auf alle anderen Aspekte einer Begriffsdefinition von Kreativität auswirkt, wird er im Rahmen dieser theoretischen Aufarbeitung mehrfach angesprochen werden. Eine grundlegende Präzisierung des Kontextes dieser Arbeit, wird im Folgenden unter den Begriffen der domänenspezifischen Kreativität (vgl. Abschn. 2.2.1) und der relativen Kreativität (vgl. Abschn. 2.2.2) angestellt. In inhaltlich expliziterer Form wird der Kontext dann erneut in Bezug auf das soziale Lernen im Mathematikunterricht (vgl. Abschn. 2.3.1) betrachtet.

2.2 Grundlegende Aspekte einer Begriffsdefinition

„[…] we argue that creativity researchers must (a) explicitly define what they mean by creativity, (b) avoid using scores of creativity measures as the sole definition of creativity […], (c) discuss how the definition they are using is similar to or different from other definitions, and (d) address the question of creativity for whom and what context." (Plucker et al., 2004, S. 92)

Die nachfolgenden theoretischen Ausführungen werden der im obigen Zitat aufgeführten Aufforderung an Wissenschaftler*innen jeder Fachdisziplin gerecht: Um (a) zu einer expliziten inhaltlichen Definition von Kreativität zu gelangen, die (b) qualitativen Ursprungs ist und (c) in Beziehung zu bereits bestehenden Definitionen diskutiert wird, sind zunächst drei grundlegende Fragen (d) zum Kontext der in dieser Arbeit zu entwickelnden Definition zu klären:

- Inwiefern ist Kreativität domänenspezifisch, d. h. inwiefern bezieht sich die Definition ausschließlich auf den Bereich der Mathematik? (vgl. Abschn. 2.2.1)
- Inwiefern unterscheidet sich die mathematische Kreativität von Schulkindern von der Erwachsener oder sogar Expert*innen? (vgl. Abschn. 2.2.2)
- Worauf bezieht sich der Begriff Kreativität – wer oder was ist kreativ? (vgl. Abschn. 2.2.3)

Diese Fragen sollen ihrer Reihenfolge nach in den nächsten drei Abschnitten diskutiert und für die vorliegende mathematikdidaktische Arbeit beantwortet werden. Dadurch wird das Ziel verfolgt, über eine Analyse und begründete Auswahl grundlegender Definitionsaspekte das Thema Kreativität weiter zu präzisieren. Auf dieser Basis schließt sich dann eine Betrachtung inhaltlicher Definitionsaspekte an (vgl. Abschn. 2.3).

2.2.1 Domänenspezifische oder allgemeine Kreativität

„[…] Rather than search for domain-transcending grand theories of creativity, researchers and theorists would be wise to focus on more limited, domain-specific theories that attempt to explain how creativity works in different domains." (Baer, 2012, S. 27)

Zunächst soll die Frage geklärt werden, ob Kreativität als *domänenspezifisch* – im Falle dieser Arbeit im Gebiet des Mathematiktreibens von Schulkindern – oder als *allgemein* zu verstehen ist (vgl. Plucker & Beghetto, 2004, S. 153).

Unter allgemeiner Kreativität wird eine Fähigkeit verstanden, die in jedem Menschen angelegt ist und sich auf alle Lebensbereiche gleicherweise auswirkt. Wenn der Mensch sich also in einem Bereich zu einem gewissen Maß kreativ zeigt, muss er das nach dieser Auffassung genauso in jedem anderen Bereich sein. Dies bedeutet auch, dass sich ein Training von Kreativität in einer Domäne auf alle anderen Bereiche gleichsam auswirken wird (vgl. Baer, 2012, S. 21–22). Dies konnte in empirischen Studien jedoch nicht eindeutig nachgewiesen werden (etwa Ivcevic, 2007, S. 272). Dennoch verfolgen nach wie vor einzelne (psychologische) Forschende die Auffassung, dass Kreativität ein allgemeines Konstrukt sei. Bspw. bezeichnen Plucker, Beghetto und Dow (2004, S. 90) ihre, bereits im vorherigen Abschnitt vorgestellte Definition (vgl. Abschn. 2.1.2) als allgemein, wobei sie einräumen, dass die in der Definition geforderte Einschätzung wer oder was kreativ ist (Aspekt des sozialen Kontextes) domänenspezifisch betrachtet werden kann. Sie kommen daher zu dem Schluss, dass Kreativität zwar ein allgemeines Konstrukt sei, aber domänenspezifisch aussähe (vgl. Plucker & Beghetto, 2004, S. 158).

In der mathematikdidaktischen Literatur wird hingegen häufig die Annahme getätigt, dass Kreativität domänenspezifisch sei (vgl. etwa Baer, 2012, S. 21; Gardner, 1999, S. 116). Dies würde bedeuten, dass die Fähigkeit kreativ zu sein, sich nur in gewissen Bereichen zeigt und in anderen deutlich geringer, stärker oder auch gar nicht auftritt. Domänenspezifizität drückt dabei nicht aus, dass Menschen ausschließlich in einem Bereich kreativ sein können, sondern nur, dass keine (positive oder negative) Vorhersagekraft aus der Kreativität in einer Domäne für andere Bereiche besteht (vgl. Baer, 2012, S. 21). Piirto (1999, S. 42–43) argumentiert für eine domänenspezifische Kreativität, da eine geeignete Definition sich auch immer den natürlichen Eigenschaften des entsprechenden Bereichs anpassen muss. Für eine Förderung von Kreativität würde dies bedeuten, dass sie nur in demjenigen Bereich (z. B. im schulischen Mathematikunterricht) wirksam ist, in dem das Training stattfindet. Gleichzeitig führt diese Annahme auch dazu, dass es keine übergreifende Definition mehr geben kann, sondern vielmehr Forschungsansätze entstehen müssen, die sogar innerhalb einer Domäne noch einmal explizite Definitionen entwickeln (vgl. Baer, 2012, S. 24). Das Eingangszitat von Baer verdeutlicht diese Grundhaltung und begründet die Notwendigkeit dieser für die Mathematikdidaktik: Es sollte in empirischen Forschungsarbeiten vor allem darum gehen, zu erklären, wie Kreativität in der jeweiligen Domänen funktioniert (siehe auch Piirto, 1999, S. 43).

Eine Möglichkeit dies zu tun, könnte laut Haylock (1987, S. 63) darin bestehen, Aspekte aus allgemeinen Definitionen zu nutzen, um Kreativität für Kinder, die Schulmathematik betreiben, zu formulieren. Dadurch betont er, dass Kreativität eine allgemeine Fähigkeit ist, die aber in verschiedenen Bereichen wie dem Mathematikunterricht noch weiter konkretisiert werden muss, um sich den Eigenschaften dieser Domäne stärker anzupassen (siehe auch Sriraman, 2005, S. 23–24). Damit vertritt er eine Zwischenposition, bei der die Ansicht vertreten wird, dass Kreativität sowohl allgemeine als auch domänenspezifische Aspekte enthält. Sternberg (2005) bezeichnet diese als die „most popular position today" (S. 375). Diesen Überlegungen liegt die folgende Forderung zugrunde:

„Any definition of mathematical creativity in schoolchildren must refer to both mathematics and creativity." (Haylock, 1987, S. 62)

Diese mathematikdidaktische Arbeit folgt den Überlegungen von Baer (2012) und Haylock (1987) und sieht Kreativität als domänenspezifisch an, was dazu führt, dass eine explizite Definition entwickelt werden muss. Um die Domänenspezifizität des Konstrukts Kreativität auch sprachlich deutlich zu markieren, wird deshalb im Folgenden bewusst von *mathematischer Kreativität* gesprochen. Damit wird zunächst primär die Domäne der Mathematik betont. Da diese Arbeit aber mathematikdidaktisch ausgerichtet ist, nimmt sie das schulische Mathematiktreiben von Schüler*innen in den Blick. Dies präzisiert die in dieser Arbeit fokussierte Domäne erheblich. Es schließt sich notwendigerweise die Frage an, inwiefern sich das Verständnis von mathematischer Kreativität verändert, wenn das mathematische Arbeiten von Lernenden im Gegensatz zu Expert*innen fokussiert wird. Die Antwort auf diese Frage liefert der Begriff der relativen Kreativität, der im Folgenden ausführlich erläutert werden soll.

2.2.2 Relative Kreativität

„My final point is whatever definition we arrive at it needs to be relativistic." (Liljedahl in Liljedahl & Sriraman, 2006, S. 18)

Nachdem im vorherigen Abschnitt ausführlich begründet wurde, dass Kreativität in dieser Arbeit domänenspezifisch verstanden wird, wurde der Begriff der *mathematischen Kreativität* eingeführt. Doch es soll nicht etwa die mathematische Kreativität von Jugendlichen, Studierenden oder sogar Mathematikexpert*innen fokussiert werden, sondern diejenige von Schulkindern. Inwiefern ist diese Einschränkung bedeutsam? Und was bedeutet sie für ein Begriffsverständnis von Kreativität?

In der Literatur besteht allgemein Einigkeit darüber, zwischen der *Little-C-*und der *Big-C*-Kreativität zu unterscheiden (vgl. Kaufman & Beghetto, 2009, S. 2–3). Ersteres bezeichnet die *everyday creativity* (Craft, 2003, S. 114), also die alltäglichen kreativen Handlungen von Erwachsenen wie etwa das Improvisieren eines Kochrezepts. Dagegen wird unter der Big-C-Kreativität eine *extraordinary creativity* (Craft, 2003, S. 114) von „Genies" oder Professionellen verstanden, bei der ausgehend von einem kreativen Akt weitreichende Veränderung innerhalb von Wissenschaftsbereichen oder Perspektiven auf die Welt geschehen können. Ausgehend von der These, dass jeder Mensch kreativ sein kann (etwa Plucker et al., 2004, S. 92), ergänzen Kaufman und Beghetto (2009, 6–10) noch zwei weitere Abstufungen – *Mini-C-* und *Pro-C-*Kreativität –, sodass ein *Four-C-Modell* von Kreativität entsteht. Dieses Modell stellt vier Stufen in der Entwicklung menschlicher Kreativität dar, wobei die Stufen (Mini-, Little-, Pro[7]-, und Big-C) nacheinander durchlaufen werden. Dabei wird angenommen, dass jede*r Einzelne nur eine bestimmte Stufe in seinem Leben erreichen wird. Die Mini-C-Kreativität ist für diese Arbeit besonders bedeutsam, da sie die kreativen Einsichten oder Handlungen von Schüler*innen beschreibt, die in individuellen und alltäglichen Lernprozess entstehen (vgl. Kaufman & Beghetto, 2009, S. 3–4). Dieser Fokus basiert auf den Ausführungen von Vygotsky (1967/2004, Kap. 3), dass Kreativität bei Schulkindern aufgrund von persönlichen (Lern-)Entwicklungen entsteht.

Somit kann an dieser Stelle die Frage danach, ob der Fokus auf Lernende für die Definition der mathematischen Kreativität bedeutsam ist, bejaht werden. Das Modell von Kaufman und Beghetto (2009) ermöglicht eine Betrachtung der Kreativität von Kindern jeden Alters auf der Stufe der Mini-C-Kreativität und macht gleichzeitig deutlich, dass sich diese zu der von älteren aber vor allem in spezifischen Domänen erfahreneren Menschen unterscheidet.

Dieser Unterschied wird unter dem Begriff der *relativen Kreativität* als Gegensatz zur *absoluter Kreativität* gefasst (vgl. R. Leikin, 2009c, S. 131).

„*Relative creativity* refers to a specific person in a specific group acting in a creative way." (R. Leikin, 2009a, S. 398)

Dieses Zitat von R. Leikin (2009c) verdeutlicht, dass die mathematische Kreativität einer Person immer relativ im Vergleich zu Mitgliedern der gleichen sozialen Peer-Gruppe betrachtet werden muss und nicht absolut wie etwa im Vergleich zu den großen mathematisch Inventionen von bspw. Fermat oder Rieman. Auf das Four-C-Modell von Plucker und Beghetto (2004) angewendet ist die Big-C-Kreativität als absolut einzuordnen, da sie das Maximum an Kreativität darstellt, dass von einer Person erreicht werden kann. Alle anderen Stufen der Kreativität, vor allem auch die der Mini-C-Kreativität von Schüler*innen, muss demnach relativ zu einer entsprechenden Peer-Gruppe betrachtet werden. Die nachfolgende Abbildung 2.1 veranschaulicht die Beziehung der verschiedenen Begriffe von Plucker und Beghetto (2004) und R. Leikin (2009c):

---

[7] Die Pro-C-Kreativität sprechen die Autoren jedem zu, der in einer bestimmten Domäne auf einem professionellen Level kreativ wird wie etwa beim Verfassen einer besonders innovativen Forschungsarbeit oder einer konzeptionellen Veränderung. Damit bildet die Pro-C-Kreativität ein Zwischenschritt zwischen der Little-C- und Big-C-Kreativität (vgl. Kaufman und Beghetto, 2009, S. 4–6).

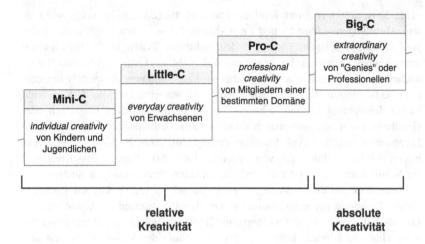

Abb. 2.1 Zusammenhang zwischen dem Four-C-Modell (Plucker & Beghetto, 2004) und relativer Kreativität (R. Leikin, 2009c)

Die relative Betrachtungsweise ist deshalb notwendig, damit die kreativen Handlungen von jüngeren und in der Mathematik unerfahreneren Menschen auch als kreativ angesehen werden können. Würden etwa die Lösungen derselben mathematischen Aufgabe von einer*einem Mathematikstudierenden und von einem Schulkind gegenübergestellt werden, dann würde das Kind niemals als kreativ betrachtet werden, da ihre*seine Lösung die *Neuartigkeit* (vgl. Abschn. 2.1) der Lösung der*des Studierenden von Natur aus nicht erreichen kann. Wird die kindliche Lösung der Mathematikaufgabe aber in Bezug zu ihrer*seiner Bildungsbiografie oder einer passenden Peer-Gruppe wie etwa Mitschüler*innen gesetzt, dann kann diese sehr wohl als neuartig eingeschätzt werden.

Anzumerken ist, dass diese zuvor skizzierte Einschätzung der Neuartigkeit mathematischer Aufgabenbearbeitungen nicht zwangsweise auch beurteilt bzw. bewertet werden muss. Unter der Prämisse, dass jeder kreativ sein kann (vgl. Kaufman & Beghetto, 2009, S. 6), zeigen sich Unterschiede in der Kreativität der Kinder vielmehr auf einer deskriptiven Ebene. Als Indikatoren für das Vorhandensein von relativer mathematischer Kreativität bei Schulkindern schlagen R. Leikin & Pitta-Pantazi (2013, S. 161) zwei verschiedene beobachtbare Fähigkeiten vor. Schüler*innen sind kreativ, wenn sie mathematische Lösungen in einer neuen mathematischen Aufgabensituation produzieren oder wenn sie originelle Lösungen zu bereits bekannten Aufgaben(typen) produzieren. Ähnlich stellt auch Sriraman in seinem Gespräch mit Liljedahl (2006, S. 18) fest, dass es Schüler*innen möglich sei, für sie neue Einsichten oder Lösungen zu einer mathematischen Aufgabe zu entwickeln und so kreativ zu werden. Da sich die Qualität dieser Einsichten natürlicher Weise von derjenigen professioneller Mathematiker*innen unterscheidet, stellt er heraus, dass jede Definition von Kreativität immer relativ sei (vgl. Liljedahl & Sriraman, 2006, S. 19). Er entwickelt deshalb eine angepasste Definition von mathematischer Kreativität auf Schulniveau (vgl. ausführlich Sriraman, 2005, S. 24). Liljedahl verweist dazu im selben Gespräch auf das folgende Zitat von Pólya (1965):

„Between the work of a student who tries to solve a difficult problem in geometry or algebra and a work of invention there is only a difference of degree." (S. 104)

Des Weiteren definiert R. Leikin (2009c) den Begriff der relativen Kreativität in Anlehnung an die Ausführungen Vygotskys (1967/2004) zur Bedeutsamkeit von Kreativität für die kindliche Entwicklung. Dieser beschreibt Kreativität als eine dynamische, d. h. sich entwickelnde Persönlichkeitseigenschaft und betont dabei den relativen Charakter dieses Konstrukts (vgl. Vygotsky, 1967/2004, S. 29, 1930/1998, S. 163–165). Daraus leiten einige Autor*innen ab, dass die domänenspezifische mathematische Kreativität durch angemessene Lernangebote für Schüler*innen entwickelt werden kann (vgl. etwa R. Leikin, 2009a, S. 398; Silver, 1997, S. 79).

Es bleibt festzuhalten, dass die Betrachtung der mathematischen Kreativität von Schulkindern in dem Sinne relativ geschehen muss, als dass das kreative Tun eines Kindes immer in Bezug zu seiner Bildungsbiografie und einer geeigneten Peer-Gruppe gesehen werden muss. Dabei wird die Grundannahme verfolgt, dass jedes Kind im Sinne der Mini-C-Kreativität kreativ sein kann (vgl. Kaufman & Beghetto, 2009, S. 6). Um diese zuvor beschriebene relative und auf das Kind bezogene Eigenschaft mathematischer Kreativität auch sprachlich herauszustellen, wird im Folgenden der von Niu und Sternberg (2006) geprägte Begriff der *individuellen Kreativität* (S. 22–25) genutzt. Somit muss das Ziel dieser Arbeit sein, eine Definition zu erarbeiten, welche die *individuelle mathematische Kreativität* von Schulkindern in den Blick nimmt.

2.2.3 Kreative Dimensionen – das 4P-Modell

"My answer to the question, "What is creativity? ", is this: The word creativity is a noun naming the phenomenon in which a person communicates a new concept (which is the product). Mental activity (or mental process) is implicit in the definition, and of course no one could conceive of a person living or operating in a vacuum, so the term press is also implicit." (Rhodes, 1961, S. 305)

Bis hierhin wurden die ersten beiden einleitend formulierten Fragen zum Wesen der zu entwickelnden Definition beantwortet. Um die Anpassung des Begriffs-verständnisses an die Domäne der Mathematikdidaktik zu betonen, wird von mathematischer Kreativität gesprochen (vgl. Abschn. 2.2.1). Da diese Kreativität explizit auf Schulkinder ausgerichtet ist, versteht sie sich als relatives Kon-strukt, weshalb der Begriff der individuellen mathematischen Kreativität von Schüler*innen eingeführt wurde (vgl. Abschn. 2.2.2). Im Folgenden soll nun der Frage nachgegangen werden, mit welchem Fokus diese Kreativität definiert werden kann – wer oder was ist kreativ?

R. Leikin und Pitta-Pantazi (2013, S. 162) stellen in ihrem Überblicksartikel zu verschiedenen Begriffsverständnissen von Kreativität in der Mathematikdidaktik fest, dass sich in der Literatur Definitionen von Kreativität als nützlich heraus-gestellt haben, die einen besonderen Fokus besitzen. In Anlehnung an Rhodes (1961) stellen sie vier verschiedene Dimensionen von mathematischer Kreativi-tät dar – die kreative *Person*, die kreative *Pression* (Umgebung), der kreative *Prozess* und das kreative *Produkt*. In der englischsprachigen Literatur wird von den „four P's of creativity"(Rhodes, 1961, S. 307) oder dem „4P's model" (Kla-vir & Gorodetsky, 2009, S. 224) gesprochen. Dabei ist vor allem zu betonen, dass die verschiedenen Dimensionen nicht getrennt voneinander zu betrachten sind, sondern dass sie stark miteinander verbunden sind und interagieren (vgl. R. Lei-kin & Pitta-Pantazi, 2013, S. 163). Preiser (2006, 52–53) ergänzt noch eine fünfte Dimension, nämlich das *Problem*, worunter er eine domänenspezifische Auf-gabe versteht, die Kreativität anregt und wodurch dann alle anderen Dimensionen beeinflusst werden. Da die Wahl einer geeigneten Aufgabe stark mit dem inhalt-lichen Begriffsverständnis von Kreativität zusammenhängt (vgl. Abschn. 2.3) und vielmehr einen beeinflussenden Aspekt aller Dimensionen darstellt, wird jedoch im Folgenden das 4P-Modell genutzt (vgl. Abb. 2.2).

Abb. 2.2
Überschneidungen der vier
kreativen Dimensionen:
4P-Modell

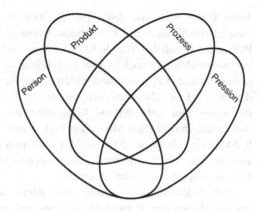

Obwohl bei psychologischen, bildungswissenschaftlichen und fachdidaktischen Kreativitätsforschungen aufgrund der Verbundenheit der Dimensionen immer alle vier betrachtet werden müssen, verweisen R. Leikin und Pitta-Pantazi (2013) darauf, dass insbesondere solche Studien, die einen Schwerpunkt auf eine Dimension setzen, „'useful' definitions [of creativity]" (S. 162) und dadurch bedeutsame Erkenntnisse hervorbringen. Vor allem durch die relative Sichtweise auf Kreativität in dieser Arbeit werden mathematiktreibende Schulkinder als kreative Personen in den Blick genommen. Eine mögliche Interaktion der vier Dimensionen mit Schwerpunkt auf den kreativen Personen kann daher wie folgt formuliert werden: Eine kreative Person erstellt ein kreatives Produkt als Ausdruck ihres kreativen Prozesses in einer kreativen Umgebung. Im Folgenden soll nun ein inhaltlicher Überblick über Forschungsaspekte der verschiedenen Dimensionen in der zuvor beschriebenen Abhängigkeit voneinander gegeben werden.

2.2.3.1 Kreative Person

Forschungen, die sich auf die kreative Person konzentrieren, beschäftigen sich vor allem mit Eigenschaften und/oder kognitiven Fähigkeiten einer Person, weshalb beide Aspekte nun detailliert erläutert werden sollen.

Eine Vielzahl von Persönlichkeitsmerkmalen von kreativen Personen listen R. Leikin und Pitta-Pantazi (2013) auf: „conciseness, curiosity, intuition, tolerance for ambiguity, perseverance, openness to experience, broad interest, independence and open-mindness" (S. 162). In der deutschsprachigen Literatur lassen sich über 200 Persönlichkeitsmerkmale für kreative Personen finden (vgl. Stein,

1968, S. 928–930), von denen Preiser (2006, 61) als die wichtigsten drei die
Neugier, die Konflikt- und Frustrationstoleranz und die Unabhängigkeit benennt.
Preiser und Buchholz (2008, S. 32–38) unterscheiden neben kreativen Persönlich-
keitsmerkmalen auch noch kreative Fähigkeiten, die eher dynamisch zu betrachten
und dadurch, im Gegensatz zu den Merkmalen, trainierbar sind. Klavir und Gorodetsky (2009, S. 224) verweisen zudem auf die Motivation als entscheidende
Bedingung zum Auftreten von Kreativität. Bezugnehmend auf den wichtigen
Aspekt der intrinsischen Motivation (vgl. Runco, 2004, S. 661; Starko, 2018,
S. 84–88) spricht Mann (2006, S. 245) von einem *enjoyment factor*, der für Her-
anwachsende vor allem in der Schule notwendig ist – ohne Spaß an Mathematik
kann auch keine Kreativität entstehen.

Stark diskutiert ist der Einfluss von Intelligenz bzw. Begabung als kognitive Fähigkeiten bzw. Persönlichkeitseigenschaft auf die Kreativität einer Person.
Hierzu lassen sich verschiedenste Modelle in der mathematikdidaktischen Literatur finden, die Kreativität (1) als einen essenziellen Faktor von Intelligenz oder
Begabung, (2) als einen bestimmten Typ von Intelligenz oder Begabung beschreiben oder (3) die keinen Zusammenhang zwischen diesen beiden Konstrukten
sehen (vgl. R. Leikin & Pitta-Pantazi, 2013, S. 161). Die wissenschaftlichen
Arbeiten zu diesem Thema bleiben jedoch häufig auf einer rein theoretischen,
modellhaften Ebene[8], die wiederum in nur wenigen Forschungsarbeiten empirisch überprüft wurde (vgl. R. Leikin, 2009a, S. 391–393). Für den Bereich der
schulischen mathematischen Kreativität sind zudem die mathematischen Fähigkeiten der kreativen Personen bedeutsam, die auch in Abhängigkeit von der
Intelligenz stehen können (etwa Schnell & Prediger, 2017, S. 147–149). Bspw.
konnte Haylock (1997, S. 73) zeigen, dass Kinder mit vergleichbaren mathematischen Leistungen unterschiedliche kreative Produkte und Prozesse zeigten.
Zudem stellte er fest, dass stark ausgeprägte mathematische Fähigkeiten dazu
führten, dass die Kinder zur Lösung einer mathematischen Aufgabe häufig nur
eine (geeignete) Strategie wählten und weniger Variationen zeigten. Da Haylock
(1997, S. 68) Kreativität aber über die Neuartigkeit und Vielfältigkeit in der
Lösung definiert (vgl. ausführlich Abschn. 2.3.3), schlussfolgerte er, dass hohe
mathematische Fähigkeiten zu einer Limitierung der Kreativität führen können.
Pehkonen (1997, S. 65) argumentiert aus neurobiologischer Sicht, dass Kinder,

---

[8] Beispiele dafür sind die Modelle „expert and creative talent" nach Milgram und Hong
(2009); „Three-ring-model of giftedness" nach Renzulli (1978); „Triarchic theory of intelligence" nach Sternberg (2005); „Actiotope Model" nach Ziegler (2005).

die häufiger logisch denken bzw. arbeiten, weniger Kreativität zeigen. Daher postuliert der Autor, dass ein einseitiger Mathematikunterricht, der vor allem auf Wissen und Logik abzielt, mit Blick auf Kreativität aufgebrochen werden muss.

Die vorausgegangenen Ausführungen implizieren, dass eine Betrachtung der Kreativität von jüngeren Schüler*innen besonders bedeutsam sein kann, da sie vom schulischen Mathematikunterricht nur gering beeinflusst und dadurch wenige Lösungsroutinen zur Bearbeitung mathematischer Aufgaben gelernt haben, sodass sie insbesondere ihre individuelle mathematische Kreativität zeigen. Dabei erscheint es zudem zielführend zu untersuchen, inwiefern sich die mathematischen Fähigkeiten und die Intelligenz von Schüler*innen auf deren individuelle mathematische Kreativität auswirken (vgl. ausführlich Abschn. 2.3.3.2).

2.2.3.2 Kreative Pression (Umgebung)

Die Dimension der kreativen Person steht vor allem bei der Betrachtung von Schulkindern in einer direkten Verbindung zu der Dimension der Umgebung. Diese konzentriert sich auf die kreative Pression, d. h. den Druck, der auf die kreative Person von außen einwirkt. Die Bedeutung des englischen Begriffs *press* wurde in Zusammenhang mit Kreativität von Murray (1938/2008, S. 41) als erstes verwendet. Damit sind jede Art von Umwelteinflüssen wie etwa die Umgebung im Sinne einer Person-Kontext-Beziehung (vgl. Csikszentmihalyi, 1988), die Gestaltung der zu bearbeitenden Aufgabe (vgl. Levenson, Swisa & Tabach, 2018), aber auch grundlegende Werte und Traditionen gemeint (vgl. Runco, 2004, S. 662). Da Kreativität als zu erlernendes und beeinflussbares Konstrukt verstanden wird, konzentrieren sich erziehungswissenschaftliche und mathematikdidaktische Forschungen in diesem Bereich vor allem auf kreativitätsfördernde Umgebungsfaktoren in der Schule. Ein wichtiger Aspekt ist dabei „time and experience" (Mann, 2006, S. 245–246). Dies bezieht sich darauf, dass Schüler*innen die Möglichkeit gegeben werden muss, ohne Zeitdruck und durch wiederholte Übung an geeigneten Aufgaben (siehe auch Pehkonen, 1997, S. 65) kreativ werden zu können. Das folgende Zitat geht dabei auf die Selbstreflexion von Poincaré (1913, S. 383–394) bei der Kreation von mathematischen Lösungen zurück.

> „creativity […] is often associated with long periods of work […]; and is susceptible to instructional and experiential influences" (Silver, 1997, S. 75)

Weitere positive Faktoren für eine gelingende Kreativitätsförderung in der Schule sind Anregung und Aktivierung, zielgerichtete Motivation, eine offene und vertrauensvolle Atmosphäre sowie Freiräume zur Förderung der Unabhängigkeit der Kinder (vgl. Preiser, 2006, 61).

2.2.3.3 Kreativer Prozess

Wird eine Person in geeigneter Umgebung kreativ, dann entstehen kreative Prozesse. Diese beziehen sich auf die Art und Weise bzw. den Weg, wie kreative Produkte entstehen. Dadurch ist diese Forschung vor allem auf das Verhalten der Personen (*behavioral*) ausgerichtet (vgl. Runco, 2004, S. 661). Rhodes formuliert die folgenden Fragen, die seiner Meinung nach, eine Forschung zu dieser kreativen Dimension beantworten soll:

> „What are the stages of the thinking process? Are the processes identical for problem solving and for creative thinking? If not, how do they differ? Can the creative thinking process be taught?" (Rhodes, 1961, S. 308)

Diese Fragen repräsentieren einen von zwei in der Literatur vorzufindenden grundlegenden Forschungsansätzen in dieser Dimension. Auf der einen Seite stehen Forschungen, die den kreativen Problemlöseprozess in den Blick nehmen und schematisierende (Stufen-)Modelle entwickeln. Diese basieren zumeist auf der Beschreibung des kreativen Prozesses nach dem Psychologen Wallas (1926), dem Mathematiker Poincaré (1913) und der Adaption von Hadamard (1945). Auf der anderen Seite existieren Ansätze, die auf dem divergenten Denken nach Guilford (1967) sowie den Kategorien für kreative Prozesse nach Torrance (1966) basieren. Manche Arbeiten bringen auch beide Ansätze miteinander in Verbindung (etwa Klavir & Gorodetsky, 2009, S. 224). Die Ansätze sollen hier nicht weiter vertieft werden, da sie Gegenstand der nachfolgenden Abschnitte zu einer inhaltlichen Begriffsbestimmung der individuellen mathematischen Kreativität von Schüler*innen sind (vgl. Abschn. 2.3).

2.2.3.4 Kreatives Produkt

Am Ende eines kreativen Prozesses steht ein kreatives Produkt, worunter jede Art von schriftlichem oder mündlichem Arbeitsergebnis oder Idee abhängig von der gestellten Aufgabe zu verstehen ist. Somit sind diese beiden Dimensionen stark miteinander verbunden, da durch eine Betrachtung des kreativen Produkts, Eigenschaften des kreativen Prozesses rekonstruiert werden können (vgl. Haylock, 1987, S. 61, 1997, S. 69; Liljedahl & Sriraman, 2006, S. 19). Eine Analyse des Produkts im Gegensatz zum Prozess ermöglicht dabei eine methodisch höhere Objektivität, weshalb diese Dimension in vielen Forschungsarbeiten im Mittelpunkt steht (vgl. Runco, 2004, S. 663). Das mitunter prominenteste Beispiel für eine Produktorientierung ist die Definition von Sternberg und Lubart (1999), die Kreativität als die Fähigkeit „to produce work that is both novel (i.e. unexpected, original) and appropriate (i.e. useful, adaptive concerning task constraints)"

(S. 3) definieren. Damit enthält diese Definition auch die drei von Preiser (2006) als zentral herausgestellten Kriterien für kreative Produkte: „Neuartigkeit, Angemessenheit und gesellschaftliche Akzeptanz" (52). Runco (2004, S. 663) verweist aber auch auf ein Problem bei der ausschließlichen Betrachtung des Produkts. Häufig wird dann nur noch die Produktivität der Person wahrgenommen und nicht mehr ihre Kreativität, obwohl dies sich zwei überlappende, aber nicht gleichzusetzende Konstrukte darstellen.

Insgesamt erscheint also das oben propagierte Vorgehen, die Rekonstruktion des kreativen Prozesses über das objektiv leichter zugängliche kreative Produkt als besonders zielführend für die Beschreibung der individuellen mathematischen Kreativität. Dabei gilt es sauber zu prüfen und darzustellen, durch welche Analysemethode vom Produkt auf den Prozess rückgeschlossen werden kann.

2.2.4 Zusammenfassung

Das Ziel des gesamten ersten Theoriekapitels ist es, eine Definition für das in dieser Arbeit verwendete Konstrukt von Kreativität zu entwickeln (vgl. Abschn. 2.4). In einem ersten Schritt galt es in den vergangenen zwei Abschnitten 2.1 und 2.2 die mathematikdidaktische Verwendung des Begriffs der Kreativität grundlegend zu klären.

Ausgehend von einer alltagssprachlichen Verwendung des Begriffs, die sich vor allem auf das Erschaffen von etwas Neuem bezieht (vgl. Abschn. 2.1.1), wurden in Anlehnung an Plucker et al. (2004) verschiedene vorherrschende Mythen zum Konstrukt der Kreativität vorgestellt, die dazu geführt haben, dass Kreativität häufig nur implizit oder gar nicht definiert wird. Dem dadurch entstandenen Definitionsproblem haben die Autor*innen versucht, durch eine empirische Definition entgegenzuwirken. In dieser wurden als zentrale Elemente als erstes die Interaktion zwischen der kreativen Person, dem kreativen Prozess, dem kreativen Produkten und der kreativen Umgebung, als zweites die Neuartigkeit der kreativen Produkte und als drittes der soziale Kontext, in dem Kreativität entsteht, hervorgehoben (vgl. Abschn. 2.1.2). Diese Aspekte dienten als strukturgebender Ausgangspunkt für die weiteren theoretischen Ausführungen. Im Kontext dieser mathematikdidaktischen Arbeit wurden deshalb drei grundlegende Aspekte für ein Begriffsverständnis von Kreativität als relevant gesetzt:

– Kreativität wird vor allem als *domänenspezifisch* verstanden, wobei allgemeine bzw. domänenunabhängige Elemente innerhalb der Definition mathematischer Kreativität vorzufinden sind (vgl. Abschn. 2.2.1).

– Kreativität wird als ein *relatives* Konstrukt verstanden, wodurch eine *individuelle* Betrachtung der Kreativität jedes Menschen möglich wird (vgl.
Abschn. 2.2.2). Für die Domäne der Mathematikdidaktik bedeutet dies konkret, dass davon ausgegangen wird, dass sich die mathematische Kreativität
von Schulkindern spezifisch und anders darstellt als die von erwachsenen
Menschen.

– Zuletzt wurden vier Dimensionen von Kreativität (4P-Modell, vgl. Abb. 2.2)
dargestellt und darauf verwiesen, dass die Dimensionen bei einer Definition von Kreativität unterschiedlich intensiv in den Blick genommen werden
können (vgl. Abschn. 2.2.3): Durch das Verständnis von Kreativität als domänenspezifisch und relativ wird die Dimension der *kreativen Person* ins Zentrum
der Betrachtung gerückt. Die *kreativen Prozess*e der Personen werden dabei
vor allem über eine Analyse des *kreativen Produkts* rekonstruiert. Entscheidend dafür ist zudem die Auswahl der Aufgaben (ausführlich in Kap. 3), über
welche die *kreative Umgebung* kontrolliert wird.

Die nun begründete Auswahl und Analyse der grundlegenden Aspekte eines
Begriffsverständnisses (vgl. Abb. 2.3) führen zu einer konkreten Formulierung
des Konstrukts von Kreativität in dieser Arbeit:

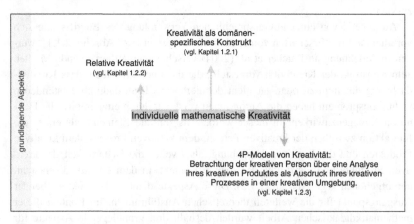

Abb. 2.3 Grundlegende Aspekte einer Begriffsdefinition: individuelle mathematische Kreativität

2.3 Inhaltliche Aspekte einer Begriffsdefinition

„Instructional approaches in school mathematics greatly depend on which definition [of mathematical creativity] is emphasized." (Kwon et al., 2006, S. 52)

Nachdem zuvor grundlegende theoretische Aspekte zum Konstrukt der Kreativität dargestellt wurden, entstand eine begriffliche Fassung von Kreativität, die auf die Domänenspezifizität (vgl. Abschn. 2.2.1), den relativen Charakter (vgl. Abschn. 2.2.2) und die Verbindung der Dimensionen (vgl. Abschn. 2.2.3) von Kreativität verweist. Nun gilt es, eine inhaltliche mathematikdidaktische Definition der *individuellen mathematischen Kreativität* aus bereits bestehenden psychologischen und mathematikdidaktischen Kreativitätsforschungen zu erarbeiten.

In der Literatur lassen sich drei große Ansätze der Kreativitätsforschung finden, die alle einen unterschiedlichen Blick auf Kreativität einnehmen und dadurch verschiedene kreative Dimensionen fokussieren.

1. Bei kognitiven Ansätzen (*cognitive approach*) wird der kreative Prozess fokussiert und dieser als Abwandlung des Problemlöseprozesses verstanden. Dabei wird vor allem die Phase der Illumination, in welcher der sogenannte Aha!-Effekt auftreten kann, als kreatives Tun in den Blick genommen (vgl. R. Leikin & Pitta-Pantazi, 2013, S. 160–161; Sternberg & Lubart, 1999, S. 7–8). Kwon, Park und Park (2006) beschreiben diese Ansätze für die mathematikdidaktische Forschung durch das Auftreten und Erweitern von „flexible problem-solving-abilities" (S. 52).

2. Forschungen mit einem sozial-persönlichen Ansatz (*social-personality approach*) untersuchen das Konstrukt der Kreativität immer in Bezug auf spezielle soziale Kontexte wie etwa das soziale und konstruktivistische fachliche Lernen in der Schule und/oder kulturelle Besonderheiten der spezifischen kreativen Umgebung sowie Eigenschaften der kreativen Person (R. Leikin & Pitta-Pantazi, 2013, S. 161; Sternberg & Lubart, 1999, S. 8–9).

3. Forschungstätigkeiten mit einem psychometrischen Ansatz (*psychometric approach*) definieren am kreativen Produkt messbare Charakteristika von Kreativität und beschreiben darüber die Kreativität kreativer Person häufig in Bezug zu ihren intellektuellen sowie domänenspezifischen Fähigkeiten oder Persönlichkeitsmerkmalen (vgl. R. Leikin & Pitta-Pantazi, 2013, S. 160; Sternberg & Lubart, 1999, S. 6–7). So geht es bei diesen Ansätzen laut Kwon, Park und Park (2006) vor allem um die „creation of new knowledge" (S. 52). Über verschiedene divergente Fähigkeiten bei der Bearbeitung domänenspezifischer

Aufgaben, wobei verschiedene Lösungen und Methoden gefunden werden sollen, werden so Eigenschaften der Kreativität von Personen beschrieben. Dabei konnten Joklitschke, Rott & Schindler (2019) durch ihre systematische Literatursichtung zu mathematischer Kreativität feststellen, dass dieser Definitionsansatz am häufigsten Verwendung findet (vgl. S. 444).

Die nachfolgende Abbildung 2.4 zeigt die drei Strömungen in Bezug auf das 4P-Modell (vgl. Abb. 2.1) und stellt die jeweils fokussierten Dimensionen von Kreativität dar[9]:

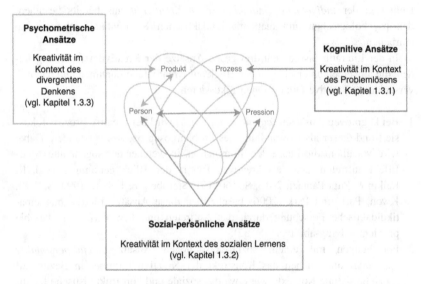

Abb. 2.4 Drei Ansätze in der Kreativitätsforschung in Bezug auf das 4P-Modell

Kwon, Park und Park (2006, S. 52–53) und vor allem Sternberg und Lubart (1999, S. 9) verweisen darauf, dass die verschiedenen Forschungsansätze nicht gänzlich voneinander zu trennen sind, sondern interagieren. So plädieren die Autor*innen dafür, Forschungsarbeiten zum Thema Kreativität anzufertigen, die nicht nur einen der drei Ansätze wählen, sondern vielmehr einzelne Aspekte aus

---

[9] An dieser Stelle sei erneut darauf verwiesen, dass im Sinne des 4P-Modells immer alle Dimensionen betrachtet werden, wobei einzelne besonders fokussiert werden. Die in der Abb. 2.4 durch Pfeile verbundene Dimension mit den drei unterschiedlichen Ansätzen der Kreativitätsforschung stellen diesen Fokus optisch heraus.

mehreren Ansätzen zusammen verwenden (*confluence approach*) (Sternberg & Lubart, 1999, S. 10–11).

Dementsprechend nutzt diese Arbeit einzelne geeignete Aspekte aus den verschiedenen Ansätzen, um zu einer inhaltlichen Definition von Kreativität zu gelangen. Bei den grundlegenden Aspekten einer Definition der individuellen mathematischen Kreativität wurde bereits erläutert, dass die kreativen Personen mit ihren individuellen kreativen Fähigkeiten in Verbindung zu ihren mathematischen Fähigkeiten sowie ihrer Intelligenz fokussiert werden (vgl. Abschn. 2.2, insbesondere Abb. 2.2). Für eine inhaltliche Definition eignen sich deshalb zwei Ansätze – der sozial-persönliche und der psychometrische (vgl. Abb. 2.4). Durch die Betrachtung der individuellen mathematischen Kreativität von Schüler*innen liegt ein besonderes Interesse auf den für die Domäne der Mathematik spezifischen kreativen Produkten (vgl. Abschn. 2.2.3.4), die in Relation zu den individuellen Fähigkeiten der Lernenden gesetzt werden. Daher scheint die Nutzung eines psychometrischen Forschungsansatzes mit Ergänzungen aus Forschungen mit einem sozial-persönlichen Ansatz zielführend.

Daher werden im Folgenden Kreativitätstheorien und Studien mit einem kognitiven Forschungsansatz (Kreativität im Kontext des Problemlösens) nur überblicksartig (vgl. Abschn. 2.3.1), mit einem sozial-persönlichen Ansatz (Kreativität im Kontext des sozialen Lernens) etwas breiter (vgl. Abschn. 2.3.2) und abschließend theoretische Aspekte und Studien mit einem psychometrischen Ansatz (Kreativität im Kontext des divergenten Denkens) besonders detailliert dargestellt (vgl. Abschn. 2.3.3). Diese Ausführungen münden in einer expliziten inhaltlichen Definition der individuellen mathematischen Kreativität von Schulkindern (vgl. Abschn. 2.4), so wie es Plucker, Beghetto und Dow (2004, S. 92) fordern (vgl. Einführung zu Abschn. 2.2).

2.3.1 Kreativität im Kontext des Problemlösens

> „Kreative Prozesse lassen sich kognitionspsychologisch als Variante von Problemlöseprozessen beschreiben." (Dieck, 2012, S. 30)

Forschungsarbeiten zu Kreativität mit einem kognitiven Ansatz konzentrieren sich primär auf den kreativen Prozess. Die bedeutendsten psychologischen und mathematikdidaktischen Theorien und Studien zu Kreativität im Kontext von Problemlösen sollen in diesem Abschnitt überblicksartig und der Vollständigkeit halber dargestellt werden. Insgesamt lassen sich vor allem im Bereich der

Mathematikdidaktik viele Studien finden, die einen kognitiven Ansatz verfolgen, da das Feld des Problemlösens insbesondere für die Mathematik bedeutsam ist (vgl. Rott, 2013, S. 10–11) und die Kreativitätsforschung somit an dieses Forschungsfeld anknüpfen kann. Für diese Arbeit wurde dennoch ein psychometrischer Ansatz gewählt, da der Fokus wie zuvor dargestellt auf der Beschreibung der individuellen mathematischen Kreativität von kreativen Personen liegt (vgl. Abschn. 2.2.2 und die Einleitung zu 2.3).

Ausgangspunkt für nahezu alle Theorien, die einen kognitiven Ansatz verfolgen, ist die im Eingangszitat von Dieck (2012) erwähnte Erkenntnis, dass kreative Prozesse als eine Abwandlung von Problemlöseprozessen[10] beschrieben werden können. Für jegliche Forschung grundlegend ist die Darstellung kreativer Prozesse in Wallas (1926) gestaltpsychologischer Abhandlung „The art of thought". Er benennt vier aufeinander folgende Phasen, die zusammen einen kreativen Prozess abbilden (vgl. im folgenden Wallas, 1926, S. 80):

1. *Preparation*: Jeder Mensch sammelt in seinem alltäglichen Leben vielfältiges Wissen an, auf das er dann jederzeit zurückgreifen und zur Lösung von allgemeinen oder auch domänenspezifischen Problemen nutzen kann. Dazu ist es zunächst notwendig, ein Problem auch als solches wahrzunehmen und eine Lösungsabsicht zu entwickeln. Danach wird dasjenige Wissen aus der Gesamtheit aktiviert, das zur Lösung des Problems nützlich sein kann.
2. *Incubation*: Diese Phase gleicht einer Ruhephase, in welcher die Problemlöser*innen nicht aktiv über das zu lösende Probleme nachdenken. Meistens beschäftigen sich die Menschen dabei mit anderen Dingen. Der Autor beschreibt diese Phase als diejenige, in der die Menschen die meiste Zeit ihres Lebens verbringen.
3. *Illumination:* Diese für die Kreativitätsforschung spannendste Phase unterbricht die Inkubationsphase, indem Problemlöser*innen einen plötzlichen Einfall, d. h. eine Idee zur Lösung eines sie umgebenden Problems haben. Diese Einsicht, der Aha!- oder Heureka-Effekt genannt, ist Gegenstand vielfältiger Forschungsarbeiten im Bereich des (mathematischen) Problemlösens (etwa Bruder, 2003, S. 5) und der Kreativität (etwa Liljedahl, 2004), da hierbei Neues kreiert werden kann.

---

[10] Eine ausführliche Übersicht zum Problemlösen in der mathematikdidaktischen Forschung ist bei Rott (2013) zu finden. An dieser Stelle wird bewusst der Begriff *Problem* genutzt, um den Kontext des Problemlösens hervorzuheben. Darunter wird eine mathematische Aufgabe verstanden, zu deren Lösung die Bearbeitenden keine Lösungsroutinen zu Verfügung haben, die zumeist mehrere Lösungswege, aber häufig nur eine Lösung aufweist (vgl. Rott, 2013, Abschn 2.2).

4. *Verification*: Zum Schluss des kreativen Prozesses steht die Überprüfung oder Anwendung des Denkergebnisses aus der Illuminationsphase. Diese kann je nach Domäne verschiedenartig komplex ausfallen.

Zusätzlich ist in der mathematischen Forschung die Arbeit von Poincaré (1913) zur *Mathematical Creation* (S. 383–394) für die Beschreibung kreativer Prozesse bedeutsam. So beschreibt er ausgehend von seinen eigenen Erfahrungen in der kreativen Bearbeitung mathematischer Probleme zwei verschiedene Phasen (vgl. Poincaré, 1913, S. 389): Während der *unconscious work* (unbewussten Arbeit), einer Art Pause wie etwa bei einem Spaziergang, findet keine bewusste Beschäftigung mit der Lösung des mathematischen Problems statt. Dagegen wird in einer zweiten Phase, der *conscious work* (bewussten Arbeit), das Problem aktiv bearbeitet. Phasen der bewussten und unbewussten Arbeit finden mehrfach abwechselnd statt bis eine „sudden inspiration" (Poincaré, 1913, S. 389) zur Lösung des Problems am Ende der Phase einer unbewussten Arbeit auftaucht. Im Anschluss muss dann eine Phase der bewussten Arbeit folgen, um die plötzlich entstandene Idee auszuarbeiten (vgl. Poincaré, 1913, S. 390). Dabei verweist der Autor darauf, dass der Abschluss eines solchen kreativen Prozesses nicht mit der Lösung des Problems gleichzusetzen ist (vgl. Poincaré, 1913, S. 391).

Der französische Mathematiker Hadamard (1945) adaptiert das Modell von Wallas (1926) und verbindet es mit dem von Poincaré (1913). So zeigt er zum einen die Parallele auf, dass Wallas' Phasen der Inkubation und Illumination mit der unbewussten Arbeit von Poincaré gleichzusetzen sind, an dessen Ende ein plötzlicher Einfall bzw. eine mathematische Überlegung als Output (vgl. van der Waerden, 1953, S. 121) steht. Damit ergibt sich zum anderen, dass die Präparations- und Verifikationsphase nach Wallas im Sinne Poincarés durch bewusste Arbeit stattfinden (vgl. Hadamard, 1945, S. 56).

Auf Basis des nun ausführlich dargestellten Modells über kreative Prozesse nach Hadamard (1945), das kreative Prozesse von professionellen Mathematiker*innen beim Bearbeiten komplexer mathematischer Probleme beschreibt, sind in den letzten rund 70 Jahren verschiedene mathematikdidaktische Forschungen zu kreativen Prozessen von Schüler*innen entstanden. Bspw. konnte die Studie von Schindler & Lilienthal (2019) mit Hilfe der Eye-Tracking-Technologie den kreativen Prozess eines Schülers der schwedischen Upper Secondary School (äquivalent zu den Klassen 10–13 in Deutschland) skizzieren. Durch die Adaption des Modells von Hadamard (1945) für die Schulmathematik, wobei altersangemessene mathematische Probleme bearbeitet werden, wurde deutlich, dass der kreative Prozess nicht linear verlief und dass die Phase der Inkubation nicht durch eine Beschäftigung mit anderen Dingen auftrat, sondern in dem Moment, wenn der Schüler einen Fehler bemerkte oder eine neue Strategie wählte. Außerdem scheint die Illumination eine besonders bedeutende Rolle während der Aufgabenbearbeitung einzunehmen (vgl. Schindler & Lilienthal, 2019, S. 16–17).

Ausgehend von diesen beispielhaften Erkenntnissen werden im Folgenden nun drei weitere Aspekte detaillierter vorgestellt: Während der Um- und Neustrukturierung von Wissen der kreativen Personen in der Inkubationsphase des kreativen Prozesses (vgl. Abschn. 2.3.1.1), kann es zu Blockierungen im kreativen Prozess kommen (vgl. Abschn. 2.3.1.2), die es zu überwinden gilt, um in der Illuminationsphase einen Aha!-Moment zu erleben (vgl. Abschn. 2.3.1.3).

2.3.1.1 Um- und Neustrukturierung von Wissen

In psychologischen Forschungsarbeiten, die sich mit dem kreativen Prozess auf einer kognitiven Ebene beschäftigen, wird betont, dass die Auswahl eines Lösungsansatzes im Übergang von der Inkubations- zur Illuminationsphase durch eine Um- bzw. Neustrukturierung von bereits vorhandenen Wissenselementen geschieht (vgl. etwa Hasdorf, 1976, S. 16–17; Lohmeier, 1989, S. 81; Rohr, 1975, S. 21–30). Lohmeier (1989) betont, dass dazu verschiedene Kreativitätsverfahren und -techniken[11] erlernt und bewusst eingesetzt werden können. Diese ermöglichen während der Inkubationsphase das Lockern von erlernten mathematischen Verhalts- oder Verfahrensweisen, wodurch ein plötzlicher Einfall zur Lösung des Problems in der Illuminationsphase ermöglicht wird (vgl. Lohmeier, 1989, S. 87–89). Die von ihm vorgestellten Verfahren lassen sich zur Kreativitätsförderung auch in der Schule einsetzen, wobei der Autor betont, dass vor allem Schulanfänger*innen „in der Regel entwicklungsbedingte Eigenschaften ein[bringen], die ein kreatives Verhalten und kreative Leistungen geradezu herbeiführen" (Lohmeier, 1989, S. 94).

Die Einschätzung, dass Schulkinder im Mathematikunterricht durch das Bearbeiten mathematischer Probleme in einem für sie neuen Kontext kreativ werden können, teilt auch Ervynck (1991, S. 53). Er beschreibt mathematische Kreativität als einen Prozess, bei dem bestimmte heuristische Prozeduren aufgebrochen werden (vgl. Ervynck, 1991, S. 42) und illustriert drei Phasen in der Entwicklung mathematischer Kreativität (vgl. im Folgenden Ervynck, 1991, S. 42–44):

---

[11] Unter *lateralen Verfremdungstechniken* versteht Lohmeier (1989) Hilfen zur Ideen- und Lösungssuche wie etwa die Warum-Technik zum Anzweifeln von Voraussetzungen oder die Zerlegung und provokative Neuordnung (vgl. S. 87–88). Bei der *Bisoziationstechnik* werden zur Lösung eines Problems bewusst disparates Denkmaterial genutzt, um durch diesen komplementären Fremdeinfluss neue Ideen zu generieren (vgl. S. 88–89).

(0) *A preliminary technical stage*: Mathematische Aktivitäten bestehen zunächst daraus, auf einer praktischen Ebene mathematische Regeln und Prozeduren ohne ein Bewusstsein für die zugrundeliegenden Theorien anzuwenden.

(1) *Algorithmic stage*: Auf dieser Ebene werden mathematische Techniken wie etwa die Anwendung eines Algorithmus, die Ausarbeitung einer Formel oder das Benutzen eines Computerprogramms über das Durchführen mathematischer Operationen, das Rechnen und Lösen mathematischer Probleme angewendet. Da auf dieser Stufe im Sinne der *advanced mathematics* grundlegende Techniken sicher erlernt werden, wird es möglich, diese auf der nächsten Stufe bewusst zu reflektieren bzw. zu manipulieren, um mathematisch kreativ zu werden.

(2) *The creative (conceptual, constructive) activity*: Mathematische Kreativität entsteht auf dieser letzten Stufe und bezeichnet die Fähigkeit, eine nicht-algorithmische Entscheidung bei der Bearbeitung einer mathematischen Aufgabe zu treffen. Dabei sind zwei Elemente zentral: Die zu treffende Entscheidung kann individuell sehr unterschiedlich sein und beinhaltet immer verschiedene Wahlmöglichkeiten. Die so entstehende mathematische Kreativität kann somit im Sinne des aktiv entdeckenden Lernens bei der Bearbeitung von mathematischen Standardproblemen auftreten (etwa Spiegel & Selter, 2008, Kap. 3).

Mathematisch kreative Prozesse, die während der zuvor beschriebenen *creative (conceptual, constructive) activity* auftreten, bestehen für Ervynck (1991) aus vier aufeinanderfolgenden Phasen, die stark denen von Hadamard (1945) ähneln: „(1) studying, yielding familiarity with the subject, (2) intuition of the deep structure of the subject [Preparation], (3) Imagination and inspiration [Incubation und Illumination], (4) results, framed within a deductive (formal) structure [Verification]" (Ervynck, 1991, S. 47).

2.3.1.2 Überwinden von Blockierungen

Während eines kreativen Prozesses und vor allem bei der Neu- und Umstrukturierung von Wissen kann es zu verschiedensten Blockierungen kommen. Verschiedene Forschende haben sich mit der Art und Überwindung solcher Blockierungen von der Illuminations- zur Inkubationsphase kreativer Prozess beschäftigt (etwa Cropley, 1978; Sikora, 2001).

Balka (1974) beschreibt als eins von sechs Kriterien für kreatives Verhalten in der Mathematik „the ability to break from established mind sets to obtain solutions in a mathematical situation [...]" (S. 634). In diesem Zusammenhang verweist Haylock (1987, S. 66) auf das Paradoxon, dass im Kontext von Schulmathematik zwar beim Problemlösen die Überwindung von Blockierungen notwendig sind, gleichzeitig das Mathematiklernen jedoch häufig aus der Aneignung von Standardprozeduren oder Algorithmen besteht. Daher schlussfolgert er, dass kreatives Verhalten die Fähigkeit sei, mit diesen Verhaltensweisen in der Mathematik zu brechen. Er definiert daraufhin zwei wesentliche Arten von Blockierungen, die es zu überwinden gilt:

1. Unter *algorithmic fixation* versteht Haylock (1987, S. 67) die Blockierung, dass erlernte mathematische Algorithmen und Methoden genutzt werden, obwohl sie für die Lösung des spezifischen mathematischen Problems ungeeignet sind[12]. Luchins (1942, 16, 28) konnte in seinen umfangreichen Studien zeigen, dass je intensiver ein gewisser Lösungsalgorithmus erlernt und trainiert wird, desto weniger Schüler*innen in der Lage sind, diesen zu verlassen und dadurch eine Blockierung in der Problemlösung zu überwinden.

2. Dagegen beschreibt die *universe fixation* (Haylock, 1987, S. 67) eine Blockierung durch Selbstbeschränkung (im Englischen: *self-restriction*) (Verwendung des Begriffs in Anlehnung an Krutetskii, 1976, S. 142) der kreativen Personen. Das bedeutet, dass die Problemlöser*innen zur Bearbeitung des mathematischen Problems über dieses hinausdenken und Lösungsmöglichkeiten nutzen müssen, die bei der ersten Betrachtung des Problems nicht sofort ersichtlich sind[13]. Krutetskii (1976) konnte in seiner umfangreichen Studie zu den mathematischen Fähigkeiten von Schulkindern zeigen, dass mathematisch begabte Kinder eine höhere mentale Flexibilität bei der Überwindung dieser Blockierung aufweisen. Dies zeigt sich unter anderem in einem freien Wechsel zwischen verschiedenen Operationen, Ungebundenheit an Stereotype und konventionelle Methoden sowie einer Leichtigkeit bei der Lösung (vgl. Krutetskii, 1976, S. 282).

---

[12] Ein Beispiel (vgl. Haylock, 1997, S. 71) für eine solches mathematisches Problem, wäre die Aufgabe, dass Schüler*innen ein Rechteck durch das Einzeichnen von Linien in eine vorgegebene Anzahl gleich großer Teile zerlegen sollen. Die meisten Schulkinder zeichnen dazu parallele Linien mit dem gleichen Abstand zueinander, und zwar immer eine weniger als die Anzahl der geforderten Teile. Dabei wäre eine kreative Lösung, etwa 9 Teile mit 2 vertikalen und 2 horizontalen Linien zu erzeugen.

[13] Ein Beispiel (vgl. Haylock, 1997, S. 69) für ein solches mathematisches Problem, wäre die Aufgabe, zwei Zahlen zu finden, die eine festgelegte Summe und Differenz aufweisen. Bei der Wahl der Summe 10 und Differenz 4 deutet die Antwort 7 und 3 (7 + 3 = 10 und 7–3 = 4) auf eine Beschränkung auf positive ganze Zahlen hin. Die Überwindung dieser Blockierung ist aber notwendig, um etwa das strukturgleiche Problem zu lösen, welche zwei Zahlen die Summe und gleichzeitig die Differenz 10 (nämlich 10 und 0) oder die Summe 9 und die Differenz 2 (nämlich 3,5 und 5,5) bilden.

2.3.1.3 Bedeutung des Heureka- oder Aha!-Moments

Der plötzliche Einfall im kreativen Prozess, der *Heureka-* oder *Aha!-Moment*, zeigt an, dass eine Blockierung in der Bearbeitung eines domänenspezifischen Problems überwunden wurde. Sriraman (2005, S. 27) spricht von einem magischen Moment, dessen Wert in der Schulmathematik häufig vernachlässigt wird. Dabei konnte Krutetskii (1976, S. 347) beobachten, dass Schüler*innen pure Freude bei jeder neuen mathematischen Entdeckung empfinden:

> „[...] this joyous sense [of the schoolchildren] [...] includes a feeling of satisfaction from the awareness that difficulties have been overcome, that one's own efforts have led to the goal. " (Krutetskii, 1976, S. 347)

In seiner Dissertation hat Liljedahl (2004) die *Aha!-Experience* bei Studierenden, professionellen Mathematiker*innen und Lehrer*innen untersucht und konnte feststellen, dass sie alle Aufregung, Freude und Zufriedenheit bei der Überwindung von Blockierungen während der Illuminationsphase verspürten. Außerdem konnte das Erleben des Aha!-Moments bei Problemlöser*innen, die ein eher negatives Selbstkonzept über ihre mathematischen Fähigkeiten aufwiesen, transformierend in dem Sinne wirken, als dass sie die Aufgabe mit einem guten Gefühl abschließen konnten (vgl. Liljedahl, 2004, S. 198). So definiert Liljedahl Kreativität in seinem Gespräch mit Sriraman als „self-defining" (Liljedahl & Sriraman, 2006, S. 17).

2.3.1.4 Zwischenfazit

In diesem Abschnitt wurden wesentliche Aspekte zu Kreativitätsforschungen, die einen kognitiven Ansatz verfolgen und den kreativen Prozess genauer beleuchten, dargestellt. Es konnte aufgezeigt werden, dass der Ausgangspunkt für kreative Prozesse bei diesen Forschungsarbeiten das Lösen eines domänenspezifischen Problems ist. Besonders für den Bereich der Mathematikdidaktik werden so kreative Prozesse als Variante von Problemlöseprozessen betrachtet (vgl. Abschn. 2.3.1).

Es wurde herausgearbeitet, dass alle Theorien auf dem Stufenmodell – Präparation, Inkubation, Illumination und Verifikation – nach Hadamard (1945) basieren. Unter dem Begriff der Neu- und Umstrukturierung von Wissen wurden die kognitiven Anforderungen an die kreativen Problemlöser*innen vor allem aus konkret mathematikdidaktischer Perspektive (vor allem Ervynck, 1991) aufgezeigt (vgl. Abschn. 2.3.1.1). Mit Haylock (1987, 1997) wurden zwei verschiedene Arten von Blockierungen und deren Überwindungsmöglichkeiten bei mathematisch kreativen Prozessen von Schulkinder dargestellt und durch empirische

Studien angereichert (vgl. Abschn. 2.3.1.2). Zuletzt wurde der Aha!-Moment besonders in den Blick genommen und dargestellt, dass es vor allem für Schulkinder emotional und motivational wichtig ist, einen solchen kreativen Moment im Mathematikunterricht zu erleben (vgl. Abschn. 2.3.1.3).

2.3.2 Kreativität im Kontext des sozialen Lernens

„Where is creativity?" (Csikszentmihalyi, 2014b, S. 47)

Da der Fokus dieser Arbeit auf einer Beschreibung der individuellen mathematischen Kreativität von Schulkindern und damit auf den kreativen Personen liegt (vgl. Abschn. 2.2.3.1), werden nun ausgewählte Aspekte zur kreativen Person aus Forschungsarbeiten, die einen sozial-persönlichen Ansatz verfolgen, vorgestellt. Diese Arbeiten konzentrieren sich laut Sternberg und Lubart (1999) alle auf „personality variables, motivational variables, and the sociocultural environment as source of creativity" (S. 8).

In mathematikdidaktischen Forschungen zu Kreativität, die einen primär sozial-persönlichen Ansatz verfolgen, wird eine konstruktivistische Perspektive eingenommen. Mathematik wird dabei als Tätigkeit betrachtet, die von allen Schüler*innen aktiv „nachempfunden bzw. neu gestaltet" (Wheeler, 1970, S. 8) werden muss. Sinn und Bedeutung mathematischer Einsichten und Handlungen werden von jedem Lernenden selbst konstruiert. Aus dieser Prämisse leitet sich ab, dass beim Lernen und Betreiben von Mathematik „schöpferisches Denken beteiligt [ist]" (Spiegel & Selter, 2008, S. 47). Dadurch wird es möglich, dass Schulkinder ihre individuelle mathematische Kreativität zeigen.

In Anlehnung an die Theorie des *situierten Lernens* finden kreative Prozesse von Kindern in einem bestimmten sozialen Kontext statt und sind dort in einem gemeinsamen Austausch erlern- und erweiterbar (vgl. Lave & Wenger, 1991, 29, 47). Unter einer sozial-persönlichen Sichtweise auf mathematische Kreativität wurden demnach verschiedenste Modelle entwickelt, die dazu dienen, die verschiedenen Einflüsse auf die Lernenden, während diese mathematisch kreativ werden, zu analysieren (vgl. Plucker et al., 2004, S. 84). In diesem Abschnitt sollen von diesen Forschungsarbeiten drei wesentliche Theorien vorgestellt werden. Diese stellen die bedeutendsten Vertreter*innen dieses Ansatzes dar, die Basis für vielfältige weitere Forschungsarbeit sind (vgl. etwa Plucker et al., 2004, S. 84; Sternberg & Lubart, 1999, S. 8–11):

1. Amabile (1996) arbeitete drei sozialpsychologische Komponenten von Kreativität heraus, durch die kreative Produkte und Ideen unter bestimmten
   sozialen Bedingungen wie etwa dem Bildungskontext entstehen können (vgl.
   Abschn. 2.3.2.1).
2. Csikszentmihalyi (2014c) beschreibt in seiner Theorie des *Systems Model
   of Creativity* einen sozialen Mechanismus, in dem individuelle domänenspezifische Kreativität auftreten und wahrgenommen werden kann (vgl.
   Abschn. 2.3.2.2).
3. Sawyer (1995) beschreibt, dass Kreativität als eine Art von *mediated
   action* bei Gruppenimprovisationen über soziale Interaktionen entsteht (vgl.
   Abschn. 2.3.2.3).

2.3.2.1 Amabile (1996): Social Psychology of Creativity

Das Anliegen von Amabile (1996) bei ihrer langjährigen Forschungstätigkeit
war es, eine *Social Psychology of Creativity* zu entwickeln. Mit Hilfe verschiedenster Studien deduzierte sie drei Komponenten kreativen Verhaltens bzw. drei
Eigenschaften kreativer Personen, die in einem sich gegenseitig beeinflussendem
Verhältnis zueinander stehen (vgl. im Folgenden S. 83–93):

1. *Domänenrelevante Kompetenzen* basieren auf angeborenen kognitiven Fähigkeiten, Wahrnehmungs- und motorischen Fähigkeiten sowie formeller und
   informeller Bildung und beinhalten dadurch domänenspezifisches Wissen,
   technische Fähigkeiten und ein gewisses „Talent".
2. *Kreativitätsrelevante Kompetenzen* definieren den kognitiven Stil einer Person
   und beinhalten das im- und explizite Wissen über Heuristik, um neue Ideen
   zu generieren[14]. Sie entstehen durch gezieltes Training, das Sammeln von
   Erfahrungen im Generieren von Ideen und bedingende Persönlichkeitseigenschaften.
3. Unter *Aufgabenmotivation* wird die Einstellung zu der gestellten Aufgabe
   und die damit verbundene Motivation, die Aufgabe zu bearbeiten, verstanden.

---

[14] Amabile definiert kreatives Verhalten bei der Bearbeitung einer domänenspezifisch typi-
schen und für die Person angemessen Aufgabe. Die Bearbeitung dieser Aufgabe geschieht in
einem fünfschrittigen Prozess: Präsentation der Aufgabe, Vorbereitung, Antwortgenerierung,
Antwortvalidierung und Produkt (vgl. Amabile, 1996, S. 113). Vor allem in der Antwortgenerierung müssen Ideen zur Lösung entwickelt werden, wozu heuristische Verfahren genutzt
werden können. Die Art der Ideen hängt dabei direkt von der Domäne und Aufgabe ab (vgl.
Amabile, 1996, S. 122–124).

Damit basiert die Aufgabenmotivation auf einer stark intrinsischen Motivation und den kognitiven Fähigkeiten, extrinsische Zwängen zu minimieren.

Während die domänen- und kreativitätsrelevanten Kompetenzen einer Person determinieren, was diese bei der Bearbeitung einer gestellten Aufgabe (technisch bzw. handwerklich gesehen) tun *kann*, beeinflusst die Aufgabenmotivation zusätzlich, was eine Person auch Kreatives tun *möchte* (vgl. Amabile, 1996, S. 93). So legt Amabile (1996, S. 115–119) einen besonderen Fokus auf den Aspekt der intrinsischen Motivation, d. h. den Anreiz eine Aufgabe bearbeiten zu wollen.

In der Überarbeitung der Erstauflage ihres Buches im Jahr 1996 stellt Amabile vor allem den Einfluss der Umgebung auf die Aufgabenmotivation heraus (vgl. Amabile, 1996, 119–121), den sie durch diverse empirische Studien belegt und konkretisiert (vgl. Amabile, 1996, Part Two). Für die vorliegende mathematikdidaktische Arbeit sind einige ihrer Erkenntnisse über die Einflüsse des Bildungsumfeldes auf die Kreativität von Schüler*innen bedeutsam: Bereits vor rund 50 Jahren machte Torrance (1968, S. 195) in seiner quantitativen Langzeitstudie von 1959 bis 1964 mit 350 amerikanischen Dritt- bis Fünftklässler*innen (Klassensystem äquivalent zu Deutschland) darauf aufmerksam, dass die Kreativität der Kinder am Ende der vierten Klasse signifikant abfällt. Dies begründet Amabile (1996, S. 204) dadurch, dass durch einen stetig steigenden Anpassungsdruck an die Peer-Gruppe, die Bereitschaft der Kinder, Risiken einzugehen und neue Wege bei der Lösungsfindung einer Aufgabe zu beschreiten, sinkt. Zusätzlich wirkt sich auch die formelle Bildung in der Schule zunehmend hemmend auf das Auftreten kindlicher Kreativität aus (vgl. Amabile, 1996, S. 229; in Anlehnung an Simonton, 1976). Dem kann eine bewusste Individualisierung in den schulischen Aktivitäten wie bspw. durch individuelle Arbeitspläne, die kreativitätsfördernd wirken können, entgegen wirken (vgl. Amabile, 1996, S. 229, ausführlich S. 205–208). Vor allem spielerische Aktivitäten[15] können das Auftreten von Kreativität bei der Bearbeitung einer Aufgabe erhöhen, wenn die Objekte oder das Thema des Spiels in der Aufgabe involviert sind (vgl. Amabile, 1996, S. 229, ausführlich S. 225–227).

---

[15] Die interdisziplinäre Langzeitstudie „MaKreKi" (Brandt, Vogel und Krummheuer, 2011) untersuchen mathematische kreative Prozesse von Kindern im Kindergartenalter innerhalb komplexer Person-Situations-Interaktionen (vgl. Beck, 2016a, S. 206). In mathematischen Spielsituationen tritt Kreativität dann auf, wenn die Kinder „entweder [...] eine ungewöhnliche neue Lösung eines mathematischen Problems oder [...] eine ungewöhnliche, nicht-antizipierte Rahmung einer mathematischen Situation im Sinne eines Perspektivwechsels (Münz, 2012)" (Beck, 2016b, S. 113) vornehmen.

Die Studien von Amabile (1996) weisen in Bezug auf die Einflüsse des Bildungsumfeldes auf die Kreativität insgesamt darauf hin, dass eine Fokussierung auf junge Schulkinder bei der Betrachtung der individuellen mathematischen Kreativität bedeutsam scheint und bisher nur wenig beforscht wurde.

2.3.2.2 Csikszentmihalyi (2014c): Systems Model of Creativity

Csikszentmihalyi (2014b) setzt im Vergleich zu Amabile (1996) einen anderen Schwerpunkt, indem er nicht mehr einzelne Kompetenzen von Personen herausstellt, die das Auftreten von Kreativität bedingen. Er prägt hingegen eine systemische Sichtweise auf Kreativiät – das *Systems Model of Creativity*[16] – bei der vor allem das historische und soziale Mileu bzw. die Umgebung, in dem kreative Werke entstehen, als zentraler Aspekt untersucht wird (vgl. Csikszentmihalyi, 2014b, S. 47). Kreative Prozesse werden in Folge dessen durch die drei Komponenten *Individuum, Domäne* und *Feld,* die in einer wechselseitigen Beziehung zueinander stehen, bedingt (vgl. Csikszentmihalyi, 2014b, S. 51).

„Creativity is a process that can be observed only at the intersection where individuals, domains, and field's interact." (Csikszentmihalyi, 2014a, S. 103)

Unter dem Begriff des Felds versteht der Autor spezielle soziale Systeme einer Domäne, d. h. Organisationen mit in diesem Bereich ausgebildeten Menschen, die in der Lage sind, kreative Handlungen in ihrer Domäne zu erkennen. Für die Domäne der Mathematikdidaktik sind dies üblicherweise Lehrende (vgl. Csikszentmihalyi, 2014a, S. 104) – Mathematiklehrer*innen genauso wie Dozierende an Hochschulen oder Weiterbildungsstätten. Um als Person jedoch kreativ werden zu können, ist es wichtig, die entsprechende Domäne genau zu kennen, da sie die Notationsvorschrift für Kreativität vorgibt. Nach dem Prinzip „One needs to know music to write a creative symphony" (Csikszentmihalyi, 2014b, S. 51), bedeutet das für die Beobachtung der individuellen mathematischen Kreativität, dass den Schüler*innen grundlegende mündliche und schriftliche Notationsformen der Mathematik wie Zahlsymbole oder auch Operationszeichen bekannt sein müssen. Je präziser das kulturell geprägte Notationssystem einer Domäne ist, desto einfacher ist es für das Feld, also Menschen einer sozialen Organisation, Kreativität zu erkennen. Deshalb schlussfolgert der Autor, dass es in der Mathematik leichter

---

[16] Wegweisend ist dabei sein innovativer Artikel „Society, Culture, and Person: A Systems View of Creativity" von 1988. In weiteren Veröffentlichungen fokussiert er unter anderem den Einfluss von Motivation, Verantwortung oder auch der Famlie (vgl. für seine gesammelten Werke Csikszentmihalyi, 2014c).

sei, Kreativität zu etablieren, als bspw. in der Philosophie (vgl. Csikszentmihalyi, 2014b, S. 51).

Csikszentmihalyi (2014c) verweist auf die Notwendigkeit einer domänenspezifischen Notationsvorschrift, mit der Individuen in einem speziellen Bereich kreativ werden können und diese Kreativität von Menschen in ebendiesem Feld wahrgenommen werden kann. Für diese mathematikdidaktisch orientierte Arbeit ist dies die mündliche sowie schriftliche und altersentsprechende mathematische Fachsprache, die je nach gestellter mathematischer Aufgabe von den Kindern zunächst erlernt werden muss.

2.3.2.3 Sawyer (1995): Creativity as Mediated Action

Sawyer (1995) entwickelt ein Kreativitätsmodell aus dem Vergleich von kreativen Gruppenimprovisation[17] in künstlerischen Bereichen wie etwa beim Tanz oder Schauspiel und der Produktkreativität wie sie klassischer Weise in der psychologischen Forschung definiert wird[18]. Beide Formen von Kreativität bezeichnet er als *mediated action*, was bedeutet, dass sie innerhalb eines sozialen Prozesses über ein semiotisches Medium (z. B. Musik, verbale Strukturen oder schriftlich fixierte Produkte) entstehen.

Während bei der Improvisation jedoch eine offensichtlich synchrone Interaktion zwischen den Performer*innen und dem Publikum herrscht, liegt bei der Produktkreativität eine diachrone Interkation zwischen Kreierenden und Rezipierenden vor (vgl. Sawyer, 1995, S. 172–173). Beide Formen unterliegen jedoch der gleichen Art von sozialen Interaktionsprozessen, weshalb diese für Sawyer als das zentrale Element von Kreativität angesehen werden (vgl. Sawyer, 1995, S. 181). Der Autor definiert *six contract dimensions for semiotically group creativity:* (1) Zunächst muss die Neuartigkeit von kreativen Handlungen oder Produkten in einer Domäne auch bewusst wahrgenommen werden können. (2) Auf Basis dessen kann sich die Dauer, wie lange die kreativen Produkte die Domäne aktiv beeinflussen, unterscheiden. (3) Dabei bestimmt jede Domäne durch ihre Eigenschaften die Art und Weise möglicher kreativer Innovationen. (4) Diese werden maßgeblich durch die verwendete Menge an bereits existierenden Ideen sowie

---

[17] Zahlreiche Beispiel und detaillierte Erklärungen aus verschiedensten Domänen zu seinem Konzept der *collaboration* sind in Sawyer (2008) Buch „Group genius" vor allem im erste Teil (S. 3–76) zu finden.

[18] Darunter versteht Sawyer kreative Domänen, in denen Produkte über einen längeren Zeitraum produziert werden wie etwa in der Kunst beim Malen oder Bildhauen, genauso wie in naturwissenschaftlichen Disziplinen, wo Theorien oder empirische Forschung produziert werden. Er knüpft dabei vor allem an die Kreativitätstheorie von Csikszentmihalyi an (vgl. Sawyer, 1995, S. 172).

die Fülle an getroffenen Entscheidungen bestimmt. (5) Im Interaktionsgeschehen, in dem kreative Handlungen oder kreative Produkte entstehen, nehmen die Rezipient*innen eine wichtige Rolle ein. (6) Außerdem beeinflusst jeder einzelne Mensch, der in eine solche Interaktion involviert ist, die entstehende Kreativität. Vor allem wenn Kreativität in interaktionistischen und konstruktivistisch geprägten Domänen[19] wie bspw. der Pädagogik oder im Falle dieser Arbeit der Mathematikdidaktik betrachtet werden, wird die Bedeutsamkeit der Interaktionen deutlich (vgl. Sawyer, 1995, S. 173). Innerhalb einer Improvisation im Rahmen darstellender Künste entstehen so komplexe Interaktionen der Teilnehmer*innen, wodurch Kreativität entstehen kann.

„The study of improvisation as a visible creative process could also be helpful in understanding aspects of the individual creative process which are salient in improvisational creativity and elusive in product creativity" (Sawyer, 1995, S. 178–188)

Diesem Zitat Sawyers zufolge ist durch eine Analyse von Interaktionsprozessen bei gemeinsam erlebten künstlerischen Improvisationen ein Rückschluss auf individuelle kreative Prozesse einzelner Teilnehmer*innen möglich. Der Aspekt der Improvisation kann in Bezug auf den Kontext des Mathematiktreibens von Schüler*innen dadurch erreicht werden, dass diese die zu bearbeitende mathematische Aufgabe vorher nicht kennen und in der Situation spontan darauf reagieren müssen. Außerdem sollte über die Art der Lernbegleitung nachgedacht werden, inwiefern den Kindern bewusst eine Interaktion in Form eines Gesprächs während der Bearbeitung der Aufgabe ermöglicht wird, um ihre individuelle mathematische Kreativität beobachten zu können (vgl. methodische Entscheidungen ausführlich in Teil II).

2.3.2.4 Zwischenfazit

Forschungsarbeiten zu Kreativität, die einen sozial-persönlichen Ansatz verfolgen, rahmen sich durch eine konstruktivistische Perspektive auf Lernprozesse. Indem mathematisches Lernen als Tätigkeit beschrieben wird, bei der alle Schüler*innen Wissen aktiv konstruieren bzw. kreieren müssen, wird eine Betrachtung des sozialen Kontextes von Kreativität notwendig. Dabei werden vor allem Persönlichkeitseigenschaften, die Motivation und die soziale (Lern-)Umgebung fokussiert (vgl. Einführung zu Abschn. 2.3.2).

---

[19] Sawyer (1995, S. 173) verweist hier auch auf die Theorie des situierten Lernens nach Lave und Wenger (1991) (vgl. Abschn. 2.3.1).

Durch die Betrachtung der Studien von Amabile (1996) kann begründet werden, dass es in der Kreativitätsforschung lohnenswert scheint, Kinder in den Blick zu nehmen. Sie sind von der formalen Bildung und dem sozialen Anpassungsdruck an ihre Peer-Gruppe nicht so stark beeinflusst, weshalb sie höchstwahrscheinlich offen für Neues sind, neuartige Ideen zur Lösung einer domänenspezifischen Aufgabe produzieren und dadurch ihre individuelle mathematische Kreativität zeigen (vgl. Abschn. 2.3.2.1). Csikszentmihalyi (2014c) unterstreicht, dass eine gewisse Kenntnis über das sogenannte domänenspezifische Notationssystems vorhanden sein muss, damit kreative Produkte entstehen können. Das bedeutet, dass die kreativen Personen, in diesem Fall Mathematikschüler*innen, ein altersangemessenes Wissen und Techniken über die mündliche und schriftliche mathematische Fachsprache erlernt haben müssen, um mathematisch kreativ zu werden zu können (vgl. Abschn. 2.3.2.2). Dies wird jedoch im Gegensatz zur Psychologie in der mathematikdidaktischen Forschung für die Grundschule konträr diskutiert, da die Schüler*innen explizit dazu ermutigt werden, eigene Wege für die schriftliche Fixierungen ihrer mathematischen Aktivitäten zu entwickeln (vgl. etwa Götze, Selter & Zannetin, 2019, S. 97–98; Schütte, 2004, S. 132–134; Spiegel & Selter, 2008, Kap. 3). Zuletzt muss mit Sawyer (1995) noch darauf verwiesen werden, dass zum Entstehen von Kreativität, den Kindern die Möglichkeit gegeben werden sollte, an einer sozialen Interaktion teilzunehmen. Durch die Möglichkeit zur Improvisation, d. h. etwa die freie Bearbeitung einer mathematischen Aufgabe, kann so die individuelle mathematische Kreativität der Kinder sichtbar werden (vgl. Abschn. 2.3.2.3).

2.3.3 Kreativität im Kontext des divergenten Denkens

„Right and wrong are never known in advance, and instead of emphasis being on single, best, correct answers, it is on production of many different ideas. [...] Divergent thinking branches out from the known and produces novel ideas." (Cropley, 1992, S. 42)

In diesem Abschnitt werden Forschungen, die einen psychometrischen Ansatz verfolgen, dargestellt. Der Begriff *Psychometrie* verweist hier auf das Messen psychologischer Phänomene durch definierte Variablen (vgl. Wirtz, 2014, S. 1338). Im Kontext der Kreativitätsforschung werden so über messbare Eigenschaften des kreativen Produktes, das in einem kreativen Prozess entstanden ist, Fähigkeiten der kreativen Person definiert. Auf diese Art und Weise können dann dem in dieser Arbeit spezifischen Konstrukt der individuellen mathematischen Kreativität (vgl. Definitionsaspekte in Abschn. 2.2) inhaltliche Eigenschaften zugewiesen werden, weshalb für diese Arbeit ein primär psychometrischer Ansatz gewählt wurde. Den nachfolgenden Ausführungen kommt somit eine besondere Bedeutung zu, da sie die wesentliche Grundlage für die Entwicklung meiner Begriffsdefinition und meines Modells der individuellen mathematischen Kreativität von Schulkindern bilden (vgl. Abschn. 2.4).

Basierend auf der psychologischen Definition von Kreativität als *divergentes Denken* (Guilford, 1967) werden nachfolgend ausführlich die verschiedenen divergenten Fähigkeiten kreativer Personen und damit Eigenschaften von Kreativität aus psychologischer und vor allem mathematikdidaktischer Perspektive dargestellt (vgl. Abschn. 2.3.3.1). Anschließend folgt die Betrachtung eines möglichen Zusammenhangs von divergenten Fähigkeiten zu den mathematischen und intellektuellen Fähigkeiten von Schüler*innen (vgl. Abschn. 2.3.3.2).

Die psychometrischen Ansätze basieren alle auf den wegweisenden theoretischen Ausführungen von Guilford (1967). Dadurch, dass diese für neuere Kreativitätsforschung nach wie vor grundlegend sind, soll die Theorie hier trotz ihres hohen Alters von über 50 Jahren ausführlich dargestellt werden. Damit wurde der Psychologe insbesondere seiner eigenen Forderung nach mehr Forschungsarbeiten zum Bereich der Kreativität gerecht (vgl. Guilford, 1950; Abschn. 2.1.2). Der Autor spezifiziert die *creative-thinking abilities* (Guilford, 1967, S. 62) im Rahmen seines *structure-of-intellect model (SI)* (Guilford, 1967, S. 60). Darin definiert er über die Kombination von drei Dimensionen, bestehend aus fünf Denkoperationen, sechs Denkprodukten und vier Denkinhalten, insgesamt 120 voneinander getrennte Fähigkeiten, die im Ganzen die Intelligenzstruktur des Menschen ausmachen sollen (vgl. Guilford, 1967, S. 63). Diese ordnet er auf einem sogenannten morphologischen Modell, nämlich einem Quader, an (vgl. Abb. 2.5).

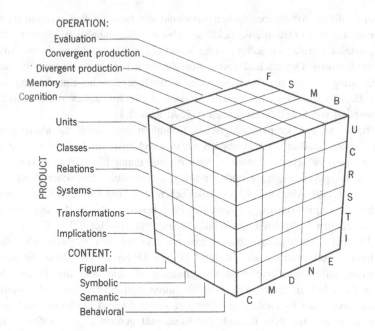

OPERATION:
Evaluation
Convergent production
Divergent production
Memory
Cognition

Units
Classes
PRODUCT
Relations
Systems
Transformations
Implications

CONTENT:
Figural
Symbolic
Semantic
Behavioral

Abb. 2.5 Structure-of-intellect model (Guilford, 1967, S. 63, Fig. 3.9)

Durch die Unabhängigkeit der einzelnen Fähigkeiten, ist es zum einen möglich, ausschließlich die für den Bereich der Kreativität relevanten Aspekte darzustellen. Zum anderen wird dadurch deutlich, dass es einer genaueren Betrachtung des Zusammenhangs von kreativen Fähigkeiten und einem gesamten Intelligenzfaktor benötigt (vgl. Abschn. 2.3.3.2).

Aufgrund Guilfords (1967, S. 60–66) umfangreicher Faktorenanalyse kommt dieser zu dem Schluss, dass eine Unterscheidung zwischen der *convergent production* und der *divergent production*[20] (Guilford, 1967, S. 62) notwendig ist, um kreative Fähigkeiten zu beschreiben. Während bei der konvergenten Produktion

---

[20] Guilford (1967, S. 62) nutzt im Gegensatz zu anderen Autoren bewusst den Begriff *production* und nicht *thinking* (konvergentes und divergentes Denken), „because the individual has to generate his answer or answers, starting from given information […] (Guilford, 1968, S. 103–104). Daher verweist die Benutzung des Begriffs der divergenten Produktion in dieser Arbeit exklusiv auf Guilford als Autoren. Da aber der Begriff des divergenten Denkens in der Literatur häufiger Anwendung findet, wird dieser in dieser Arbeit in Bezug auf weitere Autor*innen ebenfalls verwendet.

lediglich eine Antwort auf eine domänenspezifische Aufgabe erwartet wird, zielt die divergente Produktion darauf ab, mehrere verschiedene Antworten zu erzeugen und fordert von den Bearbeitenden damit kreative Fähigkeiten (vgl. Guilford, 1967, S. 62). Er spricht deshalb davon, dass der Schwerpunkt bei der divergenten Bearbeitung einer Aufgabe auf der *"variety and quantity"* (Guilford, 1967, S. 213) der Antworten liegt.

Guilford (1968, S. 92) bezeichnet jede Art von Antwort zu einer Aufgabe als *Idee*. Dieser Begriff ist für seine Ausführungen zentral und erscheint insofern als besonders geeignet, da es den schöpferischen (kreierenden) Gedanken, der zu einer Antwort geführt hat, betont und weniger die produzierte Lösung an sich. Die zuvor zitierte Definition verweist auf ein besonderes Merkmal der divergenten Produktion, nämlich auf den Zusammenhang zwischen der Qualität und der Quantität der verschiedenen Ideen, die bei einer divergenten Produktion entstehen. Der Autor selbst diskutiert dazu verschiedene Hypothesen: Zum einen ist die Aussage möglich, dass je mehr Ideen produziert werden, desto wahrscheinlicher unter diesen auch qualitativ hochwertige sein müssen. Andersherum steht aber die Hypothese, dass wenn eine Person Zeit damit verbringt, hauptsächlich viele Ideen zu produzieren, die Wahrscheinlichkeit sinkt, dass dabei auch qualitativ gute sind (vgl. Guilford, 1968, S. 104). Dabei formuliert der Autor zwar das Ziel, möglichst *„gute"* Ideen (Anführungszeichen nach Guilford, 1968, S. 104) zu einer Aufgabe zu produzieren. Seine Ausführungen lassen jedoch eine Konkretisierung und Operationalisierung dieses Attributs vermissen. Guilford (1968, S. 104–105) beschreibt einzig, dass bei dem Aspekt *guter Ideen* eine gewisse Evaluationsfähigkeit der Betrachter*innen notwendig wird, die einen Einfluss auf das kontroverse Verhältnis von Quantität und Qualität der Ideen nimmt. Dabei betont der Autor in der gesamten Diskussion um diese zwei Aspekte, dass sich je nach gestellter Aufgabe[21] das Verhältnis von Quantität und Qualität der Ideen und die Evaluation durch Bearbeitende sowie Rezipierende verschiebt.

Im Sinne seines Intelligenzstrukturmodells beschreibt Guilford (1967, S. 139) im Detail 24 verschiedenen Arten divergenter Produktion. Diese entstehen aus einer Kombination seiner vier verschiedenen Denkinhalte (figural, symbolisch, semantisch, behavioristisch), die sozusagen die Repräsentationsebene der Aufgabe sowie deren Antworten beschreiben, und der sechs verschiedenen Denkprodukte (Einheiten, Klassen, Relationen, Systeme, Transformationen, Implikationen). Letztere klassifizieren die Art der zu produzierenden Antworten

---

[21] Zu der divergenten Produktion passende Aufgaben werden ausführlich in Kap. 3 erläutert und für diese Arbeit begründet ausgewählt. In diesem Abschnitt werden Beispielaufgaben mit dem Ziel genannt, die unterschiedlichen Arten von Ideen darzustellen.

zu einer Aufgabe (siehe dazu ausführlich Guilford, 1967, S. 139). Die untenstehende Aufgabe „Bilde Figuren aus diesen zwei Linien." (vgl. Abb. 2.6) ist
ein Beispielaufgaben für eine divergente Produktion auf *figuraler Ebene* mit einzelnen *Einheiten* (vgl. Guilford, 1967, S. 140–141). Diese Aufgabe ist deshalb
figural, da die Bearbeitenden dazu aufgefordert werden, mit zwei verschieden-
artigen Linien verschiedene Bilder, also Figuren, zu erzeigen. Dabei kann jede
produzierte Figur, d. h. genauer jede Idee zu dieser Aufgabe, als einzelne Einheit
betrachtet werden.

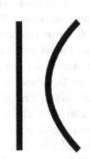

Abb. 2.6 Beispiel für die
figurale divergente
Produktion (in Anlehnung
an Guilford, 1967, S. 142)

Ein weiteres, bekanntes und bis heute vielfach genutztes Beispiel für eine
divergente Produktion von Einheiten ist die Aufforderung, verschiedene Nut-
zungsmöglichkeiten für einen Backstein (oder Bleistift, Drahtkleiderbügel etc.)
zu finden. Die unterschiedlichen Antworten werden jedoch nicht wie zuvor figural dargestellt, sondern werden nun *semantisch* erzeugt (vgl. Guilford, 1967,
S. 142). Sollen von den Bearbeitenden durch eine divergente Produktion keine
Einheiten, sondern *Systeme* produziert werden, kann die folgende Beispielaufgabe
zur Veranschaulichung herangezogen werden: Es gilt verschiedene Zwei-Wort-
Kombinationen mit festgelegten Anfangsbuchstaben etwa der Form L_____
T_____ zu finden, die semantisch Sinn ergeben (vgl. Guilford, 1967, S. 151).

Für die Mathematikdidaktik sind alle möglichen Denkinhalte bedeutsam.
Während die Bearbeitung geometrischer Aufgaben zumeist auf figuraler Ebene
stattfindet, müssen Sach- oder Problemaufgaben oft semantisch oder verhaltens-
mäßig (behavioral) bearbeitet werden. Der symbolischen divergenten Produktion
kommt zudem nicht nur in Bezug auf die Arithmetik eine bedeutende Rolle zu.
Sie kann auch weitreichender in dem Sinn interpretiert werden, als dass alle
mathematischen Aufgaben mit Hilfe mathematischer (schriftlicher sowie mündlicher) Fachsprache bearbeitet werden müssen und daher auch eine symbolische

Produktion fordern (vgl. ausführlich Kap. 3). Die Anpassung der divergenten Produktion an bestimmte Domänen betont auch Guilford (1967, S. 162), da dadurch die individuelle, domänenspezifische Kreativität der Personen stark positiv beeinflusst wird. Außerdem stellt Guilford (1967) in Anlehnung an Torrance (1962, 53–54, 121–124) heraus, dass Kinder im Grundschulalter hohe divergente Fähigkeiten zeigen, da sie „conspicuously nominated for having wild, silly, and sometimes naughty ideas [...]" (Guilford, 1967, S. 163). Daher erweist es sich bereits seit knapp 50 Jahren lohnend, die individuelle mathematische Kreativität junger Kinder in den Blick zu nehmen. Umso verwunderlicher erscheint die bis heute eher geringe Anzahl an Kreativitätsforschungen mit jungen Schüler*innen (vgl. ausführlich Abschn. 5.1).

2.3.3.1 Divergente Fähigkeiten als Eigenschaften von Kreativität: Denkflüssigkeit, Flexibilität, Originalität und Elaboration

Die divergente Produktion als Ausdruck von Kreativität beinhaltet nach Guilford (1968) verschiedene Fähigkeiten, die er durch eine faktoranalytische Analyse verschiedener psychologischer Kreativitäts- und Intelligenztheorien deduziert (vgl. Guilford, 1967, S. 60–66). Als Basis für Kreativität dient die *sensibility to problems (vgl. Guilford, 1968, S. 90–91)* und als Set die divergenten Fähigkeiten *fluency, flexibility, originality* und *elaboration* (Guilford, 1968, S. 98–104, 1967, S. 138–139).

Er betont, dass diese divergenten Fähigkeiten zunächst als allgemein zu verstehen sind, sie sich aber sowohl in verschiedenen Domänen als auch individuell unterschiedlich zeigen (vgl. Guilford, 1968, S. 90–91). Dies deckt sich mit den bereits zuvor ausführlich erläuterten grundlegenden Annahmen zum Begriffsverständnis der individuellen mathematischen Kreativität als domänenspezifisch (vgl. Abschn. 2.2) und unterstreicht deshalb die Wahl eines psychometrischen Forschungsansatzes.

Auf Basis dieser an einem kreativen Produkt sichtbaren divergenten Fähigkeiten – Denkflüssigkeit, Flexibilität, Originalität und Elaboration – entwickelt Guilford im Laufe seiner universitären Karriere verschiedene Tests zu den unterschiedlichen Arten divergenter Produktion (vgl. Torrance, 1962, S. 34–38; Guilford & Hoepfner, 1966, S. 9–10). Sowohl die Begriffsbestimmungen der divergenten Fähigkeiten als auch damit einhergehend Tests wurden von dem Psychologen Torrance (1966) im Kontext seines *Torrance Test for Creative Thinking (TTCT)*[22] weiterentwickelt und verfeinert (vgl. Cropley, 1992, S. 53). Dieser

---

[22] In den folgenden Ausführungen wird zum einen die Erstauflage des Tests (Torrance, 1966) sowie die Überarbeitete Fassung (Torrance, 2008) referiert. Beide Versionen beinhalten den

entwickelte mit dem TTCT einen ersten umfassenden Test der allgemeinen Kreativität, der insbesondere auch mit Kindern nutzbar ist (vgl. Torrance, 1966, S. 9). Die psychologischen Ausführungen von Torrance (1966) bilden wiederum die Basis für mathematikdidaktische Anpassungen und Erweiterungen der Fähigkeiten zum divergenten Denken vor allem durch Haylock (1987), Hollands (1972), R. Leikin (2009a) und Silver (1997).

Ziel der nachfolgenden Ausführungen ist es, jede der genannten divergenten Fähigkeiten zunächst aus psychologischer und dann schwerpunktmäßig aus mathematikdidaktischer Perspektive darzustellen, um die individuelle mathematische Kreativität dadurch inhaltlich zu beschreiben.

Problemsensibilität

Als grundlegende divergente Fähigkeit beschreibt Guilford (1968) die *sensitivity to problems* (S. 91), die es einer Person ermöglicht, kreativ zu werden. Unter dieser versteht der Psychologe die Fähigkeit, die Existenz verschiedener, domänenspezifischer Probleme wahrzunehmen und dann durch eine divergente Produktion zu bearbeiten. Dabei stellt Guilford (1968, S. 91–92) fest, dass die Problemsensibilität bei allen Menschen unterschiedlich stark ausgeprägt ist. Das bedeutet, dass einige Menschen stärker nach Antworten bzw. Lösungen für ein Problem suchen, während andere die sie umgebenden Problem nicht oder nur gering wahrnehmen.

Für die Anregung der individuellen mathematischen Kreativität von Schulkindern muss daher die unterschiedliche Problemsensibilität der Schüler*innen beim Stellen einer mathematischen Aufgabe, die eine divergente Produktion verlangt, beachtet werden. Dies kann geschehen, in dem die Aufgabe so explizit ausformuliert wird, dass alle Bearbeitenden das zugrundeliegende Problem eindeutig als solches erkennen und divergente Produktionen nachfolgen (vgl. hierzu ausführlich Kap. 3). Wird dies nicht beachtet, kann es vorkommen, dass einzelne Schüler*innen gar keine Antwort geben und damit auch nicht ihre individuelle mathematische Kreativität zeigen können (vgl. dazu auch Guilford, 1968, S. 92).

Innerhalb der mathematikdidaktischen Forschungen findet sich eine Benennung dieser grundlegenden Eigenschaft der individuellen mathematischen Kreativität nur bei Hollands (1972). Im Gegensatz zu Guilford (1968) versteht Hollands (1972) unter *sensitivity* (S. 22) die Fähigkeit, erlernet oder eigens entwickelte Lösungsverfahren bei der Bearbeitung mathematischer Aufgaben wie etwa $43-19$ eigenständig, adaptiv und begründet auszuwählen (vgl. Hollands, 1972, S. 22). Die von ihm beschriebene Sensibilität dient somit weniger der Beschreibung einer kreativen

---

gleichen Testbogen. Sie unterschieden sich aber hinsichtlich der Definition der kreativen Fähigkeiten und der Auswertung.

Fähigkeit, da bei einer solchen Bearbeitung von arithmetischen Aufgaben keine divergente Produktion stattfindet. Vielmehr kann diese Form der Sensibilität vor dem Hintergrund des aktuellen Verständnisses des Mathematikunterrichts in der Grundschule dem *aktiv-entdeckend* sowie *flexiblen Rechnen* zugeordnet werden. Bei diesem ist es das Ziel, die Kinder dazu zu befähigen, arithmetische Aufgaben durch die selbstständige Wahl einer geeigneten Rechenform (mündlich, halbschriftlich, schriftlich) sowie konkreten Rechenstrategien zu bearbeiten (vgl. Spiegel & Selter, 2008, Kap. 3).

Denkflüssigkeit
Fluency of thinking (Guilford, 1967, S. 138) beschreibt im Kontext von Kreativität die divergente Fähigkeit, bei der Bearbeitung einer Aufgabe in einer bestimmten Zeit eine gewisse Anzahl verschiedener Ideen zu produzieren. Torrance (1966, S. 11, 2008, S. 3) spricht daher von einem Ideenfluss bei der divergenten Bearbeitung einer Aufgabe. Unter dem Begriff der *Idee* wird, wie zuvor bereits erläutert, jegliche Art von Antwort zu einer Aufgabe, die ein divergentes Denken fordert, verstanden (vgl. Guilford, 1968, S. 92). Die Art der Ideen ergibt sich konsequenter Weise direkt aus der Formulierung der Aufgabe bzw. den Anforderungen, die durch die Aufgabe an die Bearbeitenden gestellt werden (vgl. Torrance, 2008, S. 5). Guilford (1968) arbeitet drei Typen von Denkflüssigkeit heraus, die er nach der Art der zu produzierenden Ideen unterscheidet:

1. Unter *ideational fluency* (Guilford, 1968, S. 100) versteht er das Produzieren von verschiedenen Ideen als einzelne Einheiten. Beispiele sind dafür etwa die Auflistung verschiedener runder Objekte (z. B. Ball, Mond, Kugel) bis hin zu der Nennung unterschiedlicher Konsequenzen, die aus einer vorgegeben Aussage wie „A new invention makes it unnecessarily for people to eat […]" (S. 92) (z. B. keine Notwendigkeit der Nahrungsproduktion oder Einzelhändler, Jobverluste) resultieren.
2. Im Gegensatz dazu werden bei der *associational fluency* (Guilford, 1968, S. 100–101) Ideen gefordert, die Relationen vervollständigen oder aufzeigen wie etwa bei der Auflistung aller Antonyme des Wortes „gut" (z. B. schlecht, arm, furchtbar).
3. Die *expressional fluency* (Guilford, 1968, S. 101) bezieht sich laut Guilford vor allem auf Ideen, die ein System darstellen wie etwa das Konstruieren von Sätzen. Dabei wird bspw. die Aufgabe gestellt, unterschiedliche 4-Wort-Sätze mit vorgegebenen Anfangsbuchstaben zu finden: Als Beispiel nennt der Autor die Anfangsbuchstaben W-C-E-N, mit den verschiedenen Ideen wie etwa „'We can eat nuts,' 'Willi comes every night,' 'Wholesome carrots elevate nations',

'Weary cats evade nothing,' and so on" (Guilford, 1968, S. 101) gebildet werden können.

Das zuvor dargestellte psychologische Begriffsverständnis der Denkflüssigkeit wurde in mathematikdidaktischen Forschungen aufgegriffen und nahezu unverändert übernommen. Jedoch unterscheiden sich die möglichen Arten von Ideen auf mathematikdidaktischer Ebene erheblich. Als einer der ersten Mathematikdidaktiker arbeitete Haylock (1987) für die mathematische divergente Produktion drei Schwerpunkte bzgl. der gestellten Aufgabe und damit der Art Ideen heraus, die im Rahmen der Denkflüssigkeit produziert werden sollen, nämlich „*problem-solving, problem-posing* and *redefinition*" (S. 71).[23] Unter problem-solving fasst der Autor mathematische Aufgaben, bei denen die Bearbeitenden viele verschiedene konkrete Ideen zur Lösung der Aufgabe produzieren müssen (vgl. Haylock, 1987, S. 71) wie etwa die Aufgabe „Finde mit den Zahlen 3, 21, 2 und 10 sowie den Rechenzeichen für die vier Grundrechenarten so viele Kombination wie möglich, die alle das Ergebnis 17 haben" (Frei übersetzt nach Maxwell, 1974, S. 104). Aufgaben, die in den Bereich des problem-posing fallen, stellen an die Bearbeitenden die Anforderung, verschiedene Ideen in Form von Fragen zu einer mathematischen Aufgabe zu formulieren, die durch die Informationen in der Aufgabe beantwortet werden können (vgl. Haylock, 1987, S. 71). Die letzte Möglichkeit, divergente Produktionen im Mathematikaufgaben anzuregen, ist mit Hilfe von Aufgaben, die unter den Bereich der redefinition fallen. Bei dieser wird den Bearbeitenden eine mathematische Aufgabe oder Situation präsentiert, zu der sie unterschiedlichste Ideen äußern können, indem eine kontinuierliche Neudefinition und -ordnung der mathematischen Elemente stattfindet. Als Beispiel präsentiert der Autor eine Aufgabe, bei der die Bearbeitenden verschiedene Aussagen darüber aufschreiben sollen, was die Zahlen 16 und 36 gemeinsam haben (zitiert nach Haylock, 1987, S. 71–72, 1984).

Silver (1997) entwickelte die Ausführungen von Haylock (1997) weiter und beschreibt mathematische Kreativität über ein Wechselspiel von problem-posing- und problem-solving-Aktivitäten, wobei sowohl der Bearbeitungsprozess als auch das entstanden Produkt Aufschluss über die Kreativität einer Person geben können (vgl. Silver, 1997, S. 76). In Bezug auf Problemlöseaktivitäten versteht der Autor Denkflüssigkeit als die Fähigkeit von Schulkindern, bei mathematischen Aufgaben die vielschichtigen Interpretationsmöglichkeiten sowie Lösungsarten und Lösungen

---

[23] Der Begriff des Problemlösens verweist hier nicht auf den mathematikdidaktischen Forschungsbereich des Problemlösens, in dessen Kontext mathematische Kreativität auch betrachtet werden kann (vgl. Abschn. 2.3.1). Vielmehr wird der englische Begriff *problem* synonym zum deutschen Wort *Aufgabe* verstanden.

zu erkunden und zu produzieren. In Bezug auf das problem-posing bedeutet Denkflüssigkeit dann, dass die Kinder verschiedene Probleme oder Aufgaben generieren und an andere kommunizieren können sollen (vgl. Silver, 1997, S. 78).

Zusätzlich zu einer Explikation der Art der zu produzierenden Ideen fokussiert die Mathematikdidaktikerin R. Leikin (2009c) bei der Begriffsbestimmung der divergenten Fähigkeiten insbesondere den Aspekt der Relativität von Kreativität. Die Bedeutung einer relativen Sichtweise auf die Definition von Kreativität, wenn diese im Kontext von mathematiktreibenden Schulkindern betrachtet wird, wurde bereits in Abschnitt 2.2.2 ausführlich erläutert. Sie liegt auch dieser Arbeit zugrunde und wird vor allem durch die Formulierung der *individuellen* mathematischen Kreativität deutlich. Bei der Bearbeitung sogenannter *multiple solution tasks (MSTs)* (vgl. R. Leikin & Lev, 2007, S. 162; R. Leikin, 2009c, S. 135), d. h. mathematischen Aufgaben, die von Schüler*innen explizit auf verschiedene Arten gelöst werden sollen (vgl. dazu ausführlich Kap. 3), wird die divergente Fähigkeit der Denkflüssigkeit sichtbar. Diese bezieht sich analog zu den psychologischen Definitionen von Guilford (1967) und Torrance (1966) ebenso auf die Anzahl der produzierten Ideen zu einer Aufgabe in einer gewissen Zeit. Im Detail lässt sich aber eine deutliche Ausdifferenzierung in Richtung einer relativen Definition der Denkflüssigkeit feststellen. R. Leikin (2009c, S. 137) unterscheidet in diesem Sinne zwischen

– der Anzahl an Ideen, die theoretisch aus Expert*innensicht aus der Aufgabe heraus möglich sind und
– der Anzahl an Ideen, die ein Schulkind bei der Bearbeitung der Aufgabe individuell produziert.

Diese beiden Anzahlen der allgemeinen und relativen Denkflüssigkeit können sich erheblich unterscheiden und sollten bei empirischen Untersuchungen zur individuellen mathematischen Kreativität von Schulkindern, wie sie auch im Rahmen der vorliegenden Arbeit angestrebt wird (vgl. Teil II und Teil III), bewusst unterschieden und gezielt genutzt werden.

Flexibilität

Zunächst auf psychologische Definitionen blickend definieren Torrance (1966)[24] und Guilford (1968) die *flexibility of thinking* (S. 138) als die Bereitschaft, Ideenwechsel zu vollziehen oder die vom Problem gegebenen Informationen zu verändern. Flexibilität bei der Bearbeitung einer Aufgabe lässt sich demnach entweder durch die Anzahl verschiedener *Kategorien von Ideen* oder durch die Anzahl von *Ideenwechseln* bestimmen (vgl. Guilford, 1967, S. 143). In Erweiterung seiner faktoranalytischen Studie (vgl. Wilson, Guilford, Christensen & Lewis, 1954) entwickelt Guilford zwei verschiedene Typen von Flexibilität (vgl. im Folgenden Guilford, 1967, S. 143):

1. Bei der *spontaneous flexibility* vermittelt die gestellte Aufgabe selbst weder durch explizite Instruktion noch implizit den Anschein, dass sie flexibel bearbeitet werden soll. Dennoch zeigen die Bearbeitenden aus eigener Initiative heraus eine gewisse Flexibilität in ihren Ideen.
2. Dies steht im Gegensatz zur *adaptive flexibility*, bei der ein Wechsel zwischen Klassen von Ideen vorgenommen wird. Guilford (1968, S. 101–102) führt dazu ein Beispiel an, bei dem die Aufgabe gestellt wurde, verschiedene Verwendungsmöglichkeiten für einen gewöhnlichen Backstein zu finden. Eine Person, die zu dieser Aufgabe die Ideen „build a house, build a school, build a factory" (Guilford, 1968, S. 102) antwortete, zeigte keine Flexibilität, da sie zwar verschiedene Ideen aufweist, diese aber alle derselben Klasse, nämlich dem Bauen, angehören. Dagegen zeigte eine andere Person eine hohe Flexibilität, da sie bei ihren Ideen „make a paper weight, drive a nail, make a baseball bases, throw at a cat, grind up for red powder, make a tombstone for a bird" (Guilford, 1968, S. 102) häufig zwischen verschiedenen Klassen von Ideen wechselte. Durch Benennung der Klassen entstehen so verschiedene Kategorien von Ideen.

Aus mathematikdidaktischer Perspektive soll nun zunächst auf die Forschung von R. Leikin (2009c) eingegangen werden. Um die Fähigkeit der Flexibilität zu definieren, nimmt die Autorin die Verschiedenheit der produzierten Ideen in den Blick. Diese definiert R. Leikin (2009c, S. 137) entweder über einen Wechsel zwischen unterschiedlichen Repräsentationen (etwa von verbal zu schriftlich), zwischen verschiedenen Eigenschaften mathematischer Objekte (etwa von der Addition zur

---

[24] In der Erstveröffentlichung des *Torrance Test of Creative Thinking (TTCT)* (Torrance, 1966) wird die Fähigkeit der Flexibilität als die Anzahl der Wechsel von Kategorien innerhalb der verschiedenen Ideen bestimmt. Im Jahr 1983 wurde die Fähigkeit der Flexibilität jedoch durch zwei gänzlich andere normbasierte Maße ersetzt, sodass sie im ursprünglichen Sinne nicht mehr weiter in diesem Test erfasst wird (vgl. Torrance, 2008, 3, 12).

Subtraktion) oder zwischen unterschiedlichen Inhaltsbereichen der Mathematik (etwa von der Geometrie zur Arithmetik). Die Fähigkeit der Flexibilität wird somit über die Anzahl unterschiedlicher Ideentypen und deren Wechsel bestimmt. Mit Blick auf die Relativität des Konstrukts der Kreativität nimmt R. Leikin (2009c, S. 137) hier analog zur Denkflüssigkeit eine Ausdifferenzierung vor: Es muss zwischen der Anzahl an Ideentypen, die aus der Aufgabe heraus aus Expert*innensicht möglich sind, und der Anzahl an Ideentypen, die Schulkinder zeigen, unterschieden werden. Diese Unterscheidungen nutzt die Autorin innerhalb ihres entwickelten Bewertungsmodells der mathematischen Kreativität von Schüler*innen (vgl. im Folgenden R. Leikin, 2009c, S. 137–138). Sie misst die Fähigkeit, flexibel zu sein, in dem jede Idee chronologisch dahingehend bewertet wird, ob ein Wechsel des Ideentyps stattgefunden hat. Dementsprechend wird eine bestimmte Punktzahl vergeben[25], sodass am Ende ein Gesamtscore für diese divergente Fähigkeit entsteht. Anhand dessen Größe kann dann abgelesen werden, wie stark die Flexibilität bei der bearbeitenden Person, Gruppe oder auch der mathematischen Aufgabe selbst ausgeprägt ist. Dieses Vorgehen lässt jedoch kaum qualitative Aussagen über die inhaltliche Verschiedenheit der Ideen sowie der Ideenwechsel und damit über die Flexibilität als eine Eigenschaft der mathematischen Kreativität zu. Vielmehr sollten die verschiedenen Ideen qualitativ kategorisiert und die divergente Bearbeitung einer mathematischen Aufgabe chronologisch auf Wechsel hin untersucht werden, um die individuelle mathematische Kreativität von Schulkindern zu beschreiben (vgl. ausführlich Abschn. 2.4).

In neueren Studien mit Schüler*innen der Sekundarstufe konnten R. Leikin & Lev (2013, S. 196) zeigen, dass die beiden divergenten Fähigkeiten Denkflüssigkeit und Flexibilität in einem dynamischen, sich wechselseitig beeinflussenden Verhältnis zueinander stehen. Dies stützt die These von Guilford (1968, S. 104–105), dass durch eine hohe Quantität in den Ideen (Denkflüssigkeit) auch die Wahrscheinlichkeit für qualitativ hochwertige Ideen und Ideenwechsel (Flexibilität) steigt (vgl. Einführung zu Abschn. 2.3.3.1).

---

[25] Für den ersten passenden Ideentyp werden 10 Punkte vergeben. Gehört die nachfolgende Idee zu einem anderen Typ (Repräsentation, mathematische Eigenschaft, Inhaltsbereich) werden erneut 10 Punkte vergeben. Gehört die Idee zu einem anderen Typ, der aber bereits zuvor gezeigt wurde, dann wird 1 Punkt vergeben und gehört die Idee zu dem exakt gleichen Typ wie die Idee zuvor, dann werden nur 0,1 Punkte vergeben. Am Ende wird die Summe aus allen Punkten gebildet (vgl. R. Leikin, 2009b, S. 135–136). Bspw. bedeutet ein Wert von 34,2, dass das Schulkind drei verschiedene Ideentypen gezeigt hat, viermal einen dieser Ideentypen noch einmal später aufgegriffen wurde und zweimal einen Ideentyp direkt hintereinander wiederholt hat.

Im Unterschied zu R. Leikin (2009c) definiert Silver (1997, S. 77–78) Flexibilität als die Fähigkeit, verschiedene Lösungen zu einer mathematischen Aufgabe zu produzieren, wobei nach und nach verschiedene Bearbeitungsstrategien zum Einsatz kommen, die dann von den Schulkindern diskutiert werden sollen. Mit Rückbezug auf die grundlegende psychologische Definition von Guilford (1967) wird bei der Begriffsbestimmung von Silver (1997) die Art der verschiedenen Ideentypen explizit durch die verschiedenen Strategien festgelegt und Ideenwechsel finden durch das Produzieren einer weiteren Lösungsstrategie statt. Der Autor betont außerdem den „What-if-not?"-Ansatz, bei dem Bedingungen der Aufgabe bewusst so verändert werden, dass dadurch weitere Lösungen zu der Aufgabe entstehen (vgl. Silver, 1997, S. 78).

An dieser Stelle sei außerdem auf die Abgrenzung des Begriffs der Flexibilität zu dem der Adaptivität verwiesen[26]. Adaptivität lässt sich bspw. in der Definition von Kreativität bei Sternberg und Lubart (1999) finden: "Creativity is the ability to produce work that is both novel (i.e. unexpected, original) and appropriate (i.e. useful, adaptive concerning task constraints)" (S. 3). Basierend auf einer umfangreichen Literatursicht zu diesem Thema definieren Verschaffel, Luwel, Torbeyns & van Dooren (2009), dass sich Flexibilität vor allem auf das „switching (smoothly) between different strategies" (S. 337) – ganz im Sinne von Silver (1997) – bezieht. Dagegen betont der Begriff der Adaptivität das „selecting the most appropriate strategy" (Verschaffel et al., 2009, S. 337). In diesem Sinne beschreibt die Adaptivität keinen Aspekt der divergenten Fähigkeiten, da bei der Auswahl einer einzelnen passenden Lösungsstrategie zu einer mathematischen Aufgabe der Grundgedanke der divergenten Produktion, nämlich das Finden verschiedener Ideen, verloren geht.

Originalität

Guilford (1968, S. 102) definiert die divergente Fähigkeit *originality* als die zweite Form der adaptiven Flexibilität. Im Absatz zur Flexibilität wurde bereits die adaptive Flexibilität in Bezug auf den Wechsel von Klassen an Ideen (Ideentypen) dargestellt. Es kann aber auch eine Verschiebung (im Englischen: *shift*) in der Interpretation der Aufgabe, möglichen Lösungsansätzen oder Strategien stattfinden, sodass sich die

---

[26] Im Gegensatz zu diesen Ausführungen plädiert Selter (2009, S. 620) für eine konzeptuelle Abhängigkeit der Begriffe *creativity*, *flexibility* und *adaptivity*. Dies begründet er durch die Entwicklung weiterer Definitionen, die aufzeigen, dass Kreativität und Flexibilität Bedingungen für Adaptivität seien. So beschreibt der Autor Flexibilität als die Fähigkeit, bekannte Strategien anzuwenden und Kreativität als die Fähigkeit, neue zu entwickeln. Adaptivität ist darauf aufbauend die kindliche Fähigkeit, geeignete Strategien für die Bearbeitung einer mathematischen Aufgabe auszuwählen, die kreativ entwickelt oder flexibel ausgewählt wurden.

adaptive Flexibilität auf das Denkprodukt der Transformation bezieht (vgl. Guilford, 1968, S. 102). Dies bezeichnet Guilford (1968) dann als die Fähigkeit der Originalität. So werden aus allen verschiedenen Ideen solche ermittelt, die eine besonders bedeutende Verschiebung des Lösungsansatzes anzeigen und daher als „clever" (Guilford, 1968, S. 103) bezeichnet werden können. Dazu entwickelte Guilford (1968, S. 136–137) einen „Cleverness test", bei dem zu einer vorgegebenen Kurzgeschichte verschiedene Titel entwickelt werden müssen, aus denen dann die Anzahl der besonders schlauen oder ungewöhnlichen Ideen bestimmt werden, die dann als Indikator für Originalität dienen[27]. Der Autor konkretisiert das Vorgehen in der Auswahl der sogenannten cleveren Ideen auch an dieser Stelle nicht weiter, sodass eine Zuweisung der Fähigkeit Originalität, subjektiv vom Betrachter abzuhängen scheint.

Torrance (1966) definiert Originalität im Unterschied dazu als die „statistical infrequency of these [ideas] or the extent to which the response represents a mental leap or departure from the obvious and commonplace" (S. 11). In einer späteren Auflage beschreibt der Autor Originalität als die Fähigkeit, ungewöhnliche oder einzigartige Ideen zu produzieren (vgl. Torrance, 2008, S. 3). Dabei hängt die Einschätzung einer Idee als außergewöhnlich von der gestellten Aufgabe und den dazu üblicherweise gegebenen Antworten ab (vgl. Torrance, 2008, S. 7). Als Beispiel soll hier die erste Figur aus der zweiten Aktivität des TTCT dienen (vgl. Abb. 2.7). Die Aufgabe ist, das Bild zu vervollständigen und ihm einen Titel zu geben, wobei für die Originalität nur der erste Teil der Aufgabe von Interesse ist. Gewöhnliche Ideen für die Ausgestaltungen sind laut der Einschätzung von Torrance (2008, S. 7) ein Vogel, ein Herz, ein menschliches Gesicht, Buchstaben des Alphabets oder Zahlen. Dagegen listet er als ungewöhnliche Lösungen etwa Bananen, ein bestimmtes Boot, eine Schüssel, ein Messer, den Mond oder einen Mund auf.

---

[27] Guilford (1968, S. 136) benutzte die folgende Kurzgeschichte: „A man had a wife who had been injured and was unable to speak. He found a surgeon who restored her power of speech. Then the man's peace was shattered by his wife's incessant talking. He solved the problem by having a doctor perform an operation on him so that, although she talked endlessly, he was unable to hear a thing she said". Als nicht-clevere Ideen für einen Titel bezeichnet er etwa „A Man and His Wife" oder „Never Satisfied". Dagegen listet Guilford als Beispiele für clevere Ideen die Titel „My Quiet Wife" oder „Operation – Peace of Mind" auf.

Abb. 2.7 Beispielaufgabe
zur Originalität aus dem
TTCT (in Anlehnung an
Torrance, 2008a, S. 4)

Die Fähigkeit, originell zu sein, ist auch in der mathematikdidaktischen For-
schung eine zentrale Eigenschaft von mathematischer Kreativität. So formuliert
R. Leikin (2009c, S. 143), dass Originalität eine besondere Position in der Triade
Denkflüssigkeit-Flexibilität-Originalität einnimmt:

> „originality appeared to be the strongest component in determining creativity" (R.
> Leikin, 2009c, S. 143)

In einer späteren Studie konnten R. Leikin und Lev (2013, S. 196) diese Aussage im Rahmen ihres evaluativen Kreativitätsmodells auch empirisch nachweisen.
Dabei wird Originalität als die Fähigkeit, unkonventionelle Lösungen zu einer
mathematischen Aufgabe zu produzieren, definiert. Im Gegensatz zu den bereits
vorgestellten psychologischen Definitionen, die von cleveren (vgl. Guilford, 1968)
oder außergewöhnlichen (vgl. Torrance, 1966) Ideen sprechen, bietet R. Leikin
(2009c, S. 136–137) eine objektive Möglichkeit, originelle Ideen zu identifizieren.
Gleichsam wie bei den beiden bereits vorgestellten divergenten Fähigkeiten nimmt
die Autorin auch hier eine Differenzierung auf Basis der Relativität von Kreativität bei Schulkindern vor. Sie unterscheidet zwischen einer absoluten und relativen
Originalität (vgl. im Folgenden R. Leikin, 2009c, S. 136):

– In Gruppen von weniger als 10 Personen, die eine ähnliche Bildungshistorie
  aufweisen, wird die Fähigkeit der Originalität dann einer Person zugeschrieben, wenn diese eine unkonventionelle bzw. *insight-based* (R. Leikin, 2009c,
  S. 136) Idee zeigt (absolute Evaluation). Damit greift die Autorin den Begriff
  insight (zu Deutsch etwa Erkenntnis, Einblick) von Ervynck (1991) auf, der
  darunter „the driving force required to move towards a formulation of new
  knowledge" (S. 48) versteht. Diese Triebkraft, die Schüler*innen bei der Bearbeitung mathematischer Aufgaben entwickeln können, beschreibt Ervynck (1991,
  S. 43) im Rahmen seines dreistufigen Entwicklungsmodell als kreative Handlung (vgl. dazu Abschn. 2.3.1.1). Somit sind unter unkonventionellen Lösungen
  vor allem solche zu verstehen, bei denen die Schüler*innen in einem besonderen

Maße nicht-algorithmische Lösungsmethoden und dabei die zugrundeliegenden mathematischen Konzepte, Strukturen oder Theorien absichtsvoll nutzen (vgl. Ervynck, 1991, S. 43; R. Leikin, 2009c, S. 140).

– In Gruppen von mehr als 10 Personen mit einem gemeinsamen Bildungshintergrund werden hingegen die Ideen einzelner Personen in Beziehung zu allen in der Gruppe gezeigten Ideen gesetzt, um so den Grad an Originalität zu ermitteln (relative Evaluation). Wird eine bestimmte Idee von weniger als 15 % aller Personen der Gruppe gezeigt, welche die gleiche mathematische Aufgabe bearbeiten, dann gilt diese Idee als besonders originell.

Ebenso wie bei der divergenten Fähigkeit der Flexibilität muss auch hier angemerkt werden, dass die Beurteilung der Originalität[28] vor allem bei der für den Bereich der Schulmathematik bedeutsamen relativen Evaluation keine Rückschlüsse auf die Qualität der Ideen gelegt werden kann. R. Leikin (2009c, S. 143) vermutet in diesem Zusammenhang, dass durch bestimmte Aktivitäten wie Elaboration, Verallgemeinerung und mathematische Erforschungen die Fähigkeit, originell zu sein, entwickelt werden kann. Dazu sind aber qualitative Analysen origineller Ideen notwendig.

Im Gegensatz zu den bisher dargestellten Definitionsansätzen zu der divergenten Fähigkeit der Originalität als Eigenschaft individueller mathematischer Kreativität schlägt Silver (1997, S. 78) eine gänzlich andere Definition vor. Basis für sein Begriffsverständnis ist die Flexibilität, unter der er die Fähigkeit, andere Lösungswege oder -methoden zu nutzen, versteht. So definiert er Originalität (er benennt es als *novelty*) in Bezug auf Problemlöseaktivitäten wie folgt:

„Students examine many solution methods or answers (expressions or justifications); then generate another that is different" (Silver, 1997, S. 78, Fig. 1)

Dem Zitat entsprechend interpretiert er den Begriff der Neuartigkeit einer Idee (Lösung oder Lösungsmethode) eher pragmatisch. Schüler*innen sind originell, wenn sie die Fähigkeit besitzen, zusätzlich zu bereits bestehenden Ideen zu einer mathematischen Aufgabe eine weitere Idee zu produzieren (vgl. Silver, 1997, S. 78). Dadurch findet hier im Gegensatz zu den zuvor vorgestellten Begriffsbestimmungen

---

[28] Für die Fähigkeit der Originalität wird analog zur Flexibilität ein Punktescore ermittelt: Bei der Bewertung der Originalität durch die absolute Evaluation werden für *insight-based* Ideen 10 Punkte, für *eine partly-unconventional* Idee 1 Punkt und für eine *algorithm-based* Idee 0,1 Punkt vergeben. Bei der Bewertung der Originalität durch eine relative Evaluation wird für eine Idee, die weniger als 15 % der Personen einer Gruppe, welche die gleiche mathematische Aufgabe bearbeitet hat, 10 Punkte vergeben, zwischen 15 und 40 % wird 1 Punkt und bei mehr als 40 % 0,1 Punkte vergeben (vgl. R. Leikin, 2009c, S. 136–137).

der Originalität keine Bewertung der verschiedenen Ideen statt wie etwa durch die Attribute clever bei Guilford (1968), außergewöhnlich bei Torrance (1966) oder unkonventionell bei R. Leikin (2009c). Vielmehr wird allen Schüler*innen die Fähigkeit der Originalität zugesprochen, da sie während ihrer individuellen Aufgabenbearbeitung zu den bereits gezeigten Ideen eine weitere produzieren können müssen. Da die Originalität ein wesentliches Merkmal der individuellen mathematischen Kreativität darstellt, schlussfolgert Silver (1997), dass „creativity [is] an orientation or disposition toward mathematical activity that can be fostered broadly in the general school population" (S. 79). Deshalb bietet sich für die Untersuchung der individuellen mathematischen Kreativität von Schulkindern von allen zuvor dargestellten Definitionen der Originalität diejenige von Silver (1997) am meisten an (vgl. Abschn. 2.4).

Elaboration
Unter der *elaboration* (Guilford, 1967, S. 138) versteht Guilford die letzte der vier divergenten Fähigkeiten (Denkflüssigkeit, Flexibilität, Originalität und Elaboration), bei der die eigenen Ideen mit Details ausgearbeitet werden. Der Autor spricht in diesem Zusammenhang von einer „variety of implications" (Guilford, 1968, S. 103) innerhalb der Ideen. Eine Überprüfung der verschiedenen Ideen auf ihre Tauglichkeit auf Basis ihrer Details kann dazu führen, dass weitere Ideen entstehen und sich somit die Denkflüssigkeit, Flexibilität und Originalität erhöhen kann (vgl. Guilford, 1968, S. 159).

Torrance (1966, S. 11) erweitert bzw. operationalisiert diese Definition von Guilford (1967). Im Kontext einer divergenten Produktion zu elaborieren bedeutet, die individuelle Fähigkeit zu besitzen, „to develop, embroider, embellish, carry out […] ideas" (Torrance, 2008, S. 3). Im TTCT wird bei den figuralen Aufgaben die Elaboration durch das Ausschmücken der Zeichnungen (z. B. Farbe, Schattierung, Variation des Designs, Dekorationen etc.) deutlich (vgl. Torrance, 2008, S. 10). Diese Fähigkeit drückt sich bei symbolischen, semantischen oder behavioristischen divergenten Bearbeitungen von Aufgaben durch detaillierte mündliche sowie schriftliche Beschreibungen, Erklärungen oder Begründungen aus. Dabei stellte Guilford (1967, S. 159–161) schon damals fest, dass empirische Studien zur Elaboration grundsätzlich selten sind und wenn überhaupt, dann auf figuraler und semantischer Ebene durchgeführt werden.

Bis heute lässt sich in mathematikdidaktischen Kreativitätsforschungen, die einen psychometrischen Ansatz über das divergente Denken verfolgen, nur selten auch eine Betrachtung der Fähigkeit der Elaboration finden. Bspw. schließen R. Leikin und Lev (2007, S. 162) diesen Aspekt seit Beginn ihrer Forschungstätigkeit und Entwicklung eines evaluativen Kreativitätsmodells ohne Begründung aus. Auch

Silver (1997) greift ausschließlich Denkflüssigkeit, Flexibilität und Originalität als „key components of creativity assessed by the TTCT" (S. 76) auf. Eine mögliche Begründung könnte sein, dass für die Fähigkeit der Elaboration bei der Bearbeitung mathematischer Aufgaben dann auch die Darstellung sowie Erforschung mitunter komplexer sprachlicher Fähigkeiten notwendig werden. Vor dem Hintergrund des in neueren mathematikdidaktischen Forschungsarbeiten herausgearbeiteten deutlichen Zusammenhangs von sprachlichen und mathematischen Fähigkeiten (vgl. Schröder & Ritterfeld, 2014, S. 51–53; Leiss & Plath, 2020, S. 193–195) ist eine Beachtung der divergenten Fähigkeit der Elaboration jedoch umso bedeutsamer. Vor allem mit Blick auf den von Guilford (1968, S. 159) herausgestellten Einfluss der Elaboration auf die anderen divergenten Fähigkeiten scheint ein Ausschluss dieser Fähigkeit bei der Erforschung der individuellen mathematischen Kreativität von Schüler*innen mit verschiedenen sprachlichen und mathematischen Entwicklungsbiografien wenig zielführend. Im weiteren Verlauf dieser Arbeit wird deshalb immer das Set aus den vier divergenten Fähigkeiten – Denkflüssigkeit, Flexibilität, Originalität und Elaboration – als Merkmale der individuellen mathematischen Kreativität von Schulkindern betrachtet (vgl. Abschn. 2.4).

2.3.3.2 Zusammenhänge zwischen der Kreativität, Intelligenz und mathematischen Fähigkeiten kreativer Personen

Nachdem die verschiedenen divergenten Fähigkeiten als Eigenschaften mathematischer Kreativität dargestellt wurden (vgl. Abschn. 2.3.3.1), soll in diesem Abschnitt der Blick auf mögliche Zusammenhänge zwischen diesen und den intellektuellen sowie mathematischen Fähigkeiten kreativer Personen gerichtet werden. Dieser Zusammenhang wurde bereits in den Ausführungen zu den grundlegenden Aspekten eines Begriffsverständnisses von Kreativität im Rahmen des 4P-Modells (vgl. Abschn. 2.2.3.1) angerissen und soll nun vertieft werden. Doch wie wird *Intelligenz* in der vor allem psychologischen Literatur und dieser mathematikdidaktischen Arbeit begrifflich gefasst?

In Anlehnung an die umfangreichen (pädagogisch) psychologischen Ausführungen von Myers (2014, Kap. 11) sowie Gruber & Stamouli (2020) wird *Intelligenz* in dieser Arbeit als mehrdimensionales Konstrukt verstanden. Dabei definiert bspw. Myers (2014) Intelligenz als eine mentale Eigenschaft, die sich in der Fähigkeit, „aus Erfahrungen zu lernen, Probleme zu lösen und Wissen einzusetzen, um sich an neue Situationen anzupassen" (S. 401) ausdrückt. Dabei sollte mit Blick auf den Kontext der Schule bzw. des Mathematikunterrichts ergänzt werden, dass die zuvor beschriebene Anpassung an neuartige Situationen „auf Grundlage vorangegangener Erfahrungen" (Gruber & Stamouli, 2020, S. 29) geschehen muss. Über viele Jahrzehnte psychologischer Forschungen wurden auf Basis faktorenanalytischer Methoden verschiedenste Modelle entwickelt, welche die intelligenten Fähigkeiten von Personen darstellen. Neben Strukturmodellen wie etwa dem Zwei-Faktor-Modell von Spearman (1904, S. 272–277), das einen Generalfaktor (g-Faktor) und verschiedene Spezialfaktoren (s-Faktor) der Intelligenz unterscheidet, oder dem in dieser Arbeit ausführlich dargestellten SI-Modell von Guilford (1968) (vgl. Abschn. 2.3.3) wurden zudem Modelle der Intelligenz entwickelt, die ebendiese beiden Teilfaktoren hierarchisch in Beziehung zueinander setzen. Bspw. entwickelte Cattell (1963, S. 2) so die beiden Begriffe der *fluiden* und *kristallinen Intelligenz* (vgl. ausführlich Abschn. 7.1.2.1). Wechsler (1958, S. 13–14) unterscheidet in seinem Modell überdies zwischen *verbaler* und *praktischer Intelligenz*. Um der starken Fokussierung auf kognitive Fähigkeiten entgegenzuwirken, nahmen zunehmend Forschende auch die sogenannte *emotionale Intelligenz* in den Blick (vgl. Wild & Möller, 2020, S. 31). In diese Tradition ist auch Gardner (1999, S. 27–46) einzuordnen, der die *Theorie der multiplen Intelligenzen* aufstellte und damit den Intelligenzbegriff neu prägte sowie weitreichende psychologische, bildungswissenschaftliche sowie fachdidaktische Diskurse in Gang setze.

Kreativität und Intelligenz

Obwohl es bisher keinen empirischen Nachweis für einen eindeutigen Zusammenhang zwischen Kreativität auf Basis des divergenten Denkens[29] und der Intelligenz gibt (vgl. Plucker, Karwowski & Kaufman, 2019, S. 1088), lassen sich vielfältige theoretische Überlegungen in der psychologischen und auch mathematikdidaktischen Literatur zu diesem Thema feststellen. Plucker, Karwowski und Kaufman (2019, S. 1088) sehen diesen Umstand darin begründet, dass Forschende versuchen, das komplexe und häufig individuell definierte Konstrukt der Kreativität mit dem seit langer Zeit theoretisch und empirisch entwickelten Konstrukt der Intelligenz in Beziehung zu setzen. Theoretisch sind jedoch fünf verschiedene Intelligenz-Kreativität-Beziehungen denkbar, die Sternberg (1999, S. 304–305) in seiner Theorie einer *successful intelligence* darstellt. Plucker, Karwowski und Kaufman (2019) bringen diese wie folgt auf den Punkt: "creativity as a subset of intelligence; intelligence as a subset of creativity; creativity and intelligence as overlapping sets; creativity and intelligence as coincident sets; and creativity and

---

[29] Im gesamten folgenden Kapitel wird unter dem Begriff *Kreativität* immer die Definition dieses Konstrukts im Kontext des divergenten Denkens verstanden. Dabei ist anzumerken, dass die zitierten psychologischen Studien in der Regel Tests verwendeten, die das allgemeine divergente Denken der Studienteilnehmer*innen abfragten und nicht ein domänenspezifisch mathematisches.

intelligence as disjoint sets" (S. 1089). Dennoch ist in der Literatur vielfach die Theorie vorzufinden, dass Kreativität ein untergeordneter Faktor von Intelligenz sei (vgl. Jauk, Benedek, Dunst & Neubauer, 2013, S. 213) wie etwa beim SI-Modell von Guilford (1967).

Ebendieser ist jedoch auch einer der ersten Forschenden, der annimmt, dass sich Korrelationen nur zwischen bestimmten Faktoren der Intelligenz und der Kreativität von Personen zeigen (vgl. Jauk et al., 2013, S. 213). So ist die Feststellung von Guilford (1967, S. 166) bedeutsam, dass in seinen zusammengetragenen, eigenen und fremden, Studien die Korrelation zwischen dem Intelligenzquotienten von Personen und deren Fähigkeiten in der divergenten Produktion gering seien[30]. Dies ist darauf zurückzuführen, dass die von Guilford und seinen Kolleg*innen genutzten Intelligenztests, wie zuvor erläutert, ausschließlich kognitive Fähigkeiten maßen, wobei die divergente Produktion überwiegend unabhängig von kognitiven Faktoren definiert war (vgl. Guilford, 1967, S. 169). Dementsprechend wurden zwei aus psychometrischer Perspektive völlig verschiedene Konstrukte empirisch aufeinander bezogen, weshalb häufig eine geringe Korrelation zwischen Intelligenz und Kreativität festzustellen war und bis heute ist. Auffällig ist aber, dass die Korrelationskoeffizienten bei Studien mit Grundschüler*innen höher ausfallen als bei Studien mit erwachsenen Teilnehmenden (etwa Torrance, 1962, S. 54–64). Guilford (1967) formuliert zur Erklärung dieses Umstands die Hypothese, dass bei einem Test der divergenten Produktion für Kinder unbekannte Aufgaben eingesetzt wurden und dabei Schüler*innen mit einer geringeren Intelligenz diese nicht so schnell umsetzen, d. h. in einem geringen Maß ihre Kreativität zeigen konnten (vgl. Guilford, 1967, S. 168–169). Es bleibt demnach festzuhalten, dass das Messen der divergenten Fähigkeiten von Kindern herausfordernd ist und ein Bezug zu deden allgemeinen intellektuellen Fähigkeiten wenig sinnvoll scheint oder explizit domänenspezifisch erfolgen muss.

Eine in der Psychologie anerkannte Theorie zum Zusammenhang von Intelligenz und Kreativität ist zudem die *threshold hypothesis* (zu Deutsch: Schwellen-Hypothese) (Jauk et al., 2013, S. 213). Diese besagt, dass für das Erreichen einer hohen individuellen Kreativität auch eine überdurchschnittliche Intelligenz notwendig ist. Dabei wird die Existenz einer Schwelle von Kreativität bei einem Intelligenzquotienten (IQ) von 120 angenommen. Diese bedeutet konkret, dass Unterschiede in der Kreativität von Personen mit einem IQ über 120 nicht mehr empirisch relevant werden und damit auch keine Korrelation zwischen den beiden

---

[30] Genaue Korrelationskoeffizienten können der Tab. 6.2 von Guilford (1967, S. 167) entnommen werden. Bspw. liegt die Korrelation zwischen verschiedenen Intelligenztests und Divergent-Produktion-Tests von Grundschüler*innen je nach verwendetem Intelligenztest zwischen .16 und .32 (vgl. Torrance, 1962, S. 58).

Konstrukten deutlich wird. Umgekehrt müsste bei Personen mit einem IQ unter 120 eine deutliche Korrelation zwischen der Kreativität und der Intelligenz nachweisbar sein (vgl. Jauk et al., 2013, S. 213). Jauk, Benedek, Dunst und Neubauer (2013, S. 214) fassen in ihrem Artikel verschiedenste psychologische Forschungsergebnisse zusammen und stellen fest, dass es sowohl empirische Studien gibt, in denen die threshold hypothesis bestätigt wird, als auch wenige, die sie ablehnen müssen. Als Grund für dieses diverse Ergebnis nennen sie die verschiedenen Konstruktdefinitionen, die der Messung der Kreativität in den betrachteten Studien zugrunde gelegt wurden. Dies stützt die These von Plucker, Karwowski und Kaufman (2019), dass keine eindeutigen Zusammenhänge zwischen Kreativität und Intelligenz gemessen werden können, da das Konstrukt der Kreativität auf theoretischer Ebene nicht eindeutig genug umschrieben ist. Die Autoren selber konnten in ihrer Studie zeigen, dass die Intelligenz der Teilnehmer*innen im durchschnittlichen IQ-Bereich wesentlich deren Kreativität beeinflusste (vgl. Jauk et al., 2013, S. 218). Inwiefern diese Ergebnisse auch auf die Domäne der Mathematik und damit auf die individuelle mathematische Kreativität in Zusammenhang zur Intelligenz der Schüler*innen zutreffen, ist in der Literatur bisher nicht belegt.

Neben der häufigen Betrachtung des Zusammenhangs von Kreativität und der Intelligenz kreativer Personen eröffnen Chamberlin & Mann (2021) eine andere Perspektive, indem sie den Zusammenhang von Kreativität und *Affekt* betrachten. Unter Affekt verstehen die Autoren ein genauso wie Kreativität facettenreiches Konstrukt, dass sich vor allem auf Erwartungen, Haltungen und Emotionen von Personen bei kreativen Problemlösetätigkeiten bezieht (vgl. Chamberlin, 2020, S. 14). Die Bedeutung von affektiven Themen – Neugierde und Spaß aber auch Teilhabe und Herausforderung – im Rahmen der Förderung von mathematischer Kreativität spielt auch für Lehrkräfte bei ihrer Auswahl sowie Gestaltung geeigneter Aufgaben eine bedeutsame Rolle (vgl. Levenson, 2013, S. 286–287). Die *Five Legs of Creativity Theory* (vgl. Chamberlin & Mann, 2021) umfasst insgesamt fünf Komponenten, nämlich die affektiven Zustände „Iconoclasm, Impartiality, Investment, Intuition, and Inquisitiveness" (Chamberlin, 2020, S. 14). Wenn diese Zustände gering sind, dann ist auch der kreative Output „extremely poor and nearly impossible to this theory" (Chamberlin & Mann, 2021, S. 2) und umgekehrt.

Kreativität und mathematische Fähigkeiten

Bevor in den weiteren Ausführungen mögliche Zusammenhänge von mathematischen Fähigkeiten[31] und der individuellen mathematischen Kreativität dargestellt werden, sei zunächst auf das Verhältnis von mathematischen Fähigkeiten, vor allem von mathematischer Begabung, und Intelligenz verwiesen. Hohe mathematische Fähigkeiten können laut Schnell und Prediger (2017, S. 147–149) nicht alleine durch hohe Intelligenzquotienten erklärt werden. Auch Nolte (2015, S. 185) unterstützt diese Aussage, da in ihrem Kooperationsprojekt *Kinder der Primarstufe auf verschiedenen Wegen zur Mathematik (PriMa-Projekt)*, das mathematisch begabte Drittklässler*innen fördert, nur etwa 11,8 % der Varianz der kindlichen Ergebnisse in dem eigens entwickelten und unveröffentlichten Mathematiktest durch Ergebnisse des Intelligenztests *CFT 20-R* (Weiß, 2006) erklärt werden konnten.

Haylock (1987, S. 68–70) stellte vor etwa 30 Jahren fest, dass aus verschiedenen Forschungsergebnissen aus Dissertationen der 1960- und 70er Jahren kein eindeutiger Schluss gezogen werden konnte, ob und wenn ja, inwiefern Zusammenhänge zwischen den divergenten Fähigkeiten als Eigenschaften der mathematischen Kreativität und den mathematischen Fähigkeiten der untersuchten Schüler*innen bestanden[32]. Dennoch leitete Haylock (1987, S. 69–70) die Hypothese ab, dass Kreativität niemals unabhängig von mathematischen Fähigkeiten auftreten könne.

Sternberg & Lubart (1995) schreiben dem domänenspezifischen Wissen, d. h. im Falle dieser Arbeit den mathematischen Fähigkeiten der Schüler*innen, eine besondere Rolle in Bezug auf das Konstrukt der Kreativität zu. Dies begründen sie durch fünf Argumente (vgl. im Folgenden Sternberg & Lubart, 1995, S. 152–153):

1. Domänenspeifisches Wissen unterstützt die kreative Person darin, ein für diese Domäne spezifisches, neues Produkt zu erschaffen. Diese Perspektive ist in ausführlicher Form vor allem bei Csikszentmihalyi (2014c) zu finden (vgl. Abschn. 2.3.2.2).
2. Wissen über die Domäne ermöglicht Personen, die Neuheit ihres Produktes bewusst zu platzieren und herauszustellen.
3. Domänenspezifisches Wissen ist hilfreich, um nicht nur neue, sondern vor allem auch hoch-qualitative Produkte zu erschaffen, was als bedeutsamer

---

[31] Unter dem hier verwendeten Oberbegriff der *mathematischen Fähigkeiten* werden das mathematische Faktenwissen genauso wie das konzeptuelle, strategische, prozedurale und metakognitive Wissen über Mathematik verstanden (vgl. Mayer, 2016, S. 149).

[32] Es lassen sich sowohl Studien finden, die einen hohen und signifikanten Zusammenhang deutlich belegen (etwa Evans, 1964, S. 36–39) als auch solche, die nur einen geringen Zusammenhang zwischen den divergenten und mathematischen Fähigkeiten der Proband*innen feststellen können (etwa Dunn, 1976).

Aspekt kreativer Produkte auch im Kontext des divergenten Denkens gilt (vgl. Abschn. 2.3.3).

4. Domänenspezifisches Wissen, das aus langjähriger Erfahrung und Übung ent- standen ist, hilft der kreativen Person, sich auf die Entwicklung von Ideen und weniger auf handwerkliche Basiskompetenzen bei der Bearbeitung geeigneter Aufgaben zu konzentrieren.

5. Zuletzt beeinflusst das domänenspezifische Wissen auch, zufällige Ereignisse wahrzunehmen, die dazu führen, kreativ zu werden. Dies beschreibt Guilford (1968) als Problemsensibilität (vgl. Abschn. 2.3.3.1).

Ein solches domänenspezifisches Wissen bezeichnet Feldhusen (2006) als *knowledge base* (S. 138), das durch geeignete Lernangebote aufgebaut werden kann, um Kreativität bei der Bearbeitung von domänenspezifischen Aufgaben zu ermöglichen.

Juter & Sriraman (2011) verfolgen in ihrem Artikel die Fragestellung, ob hohe mathematische Leistungen oder Fähigkeiten gleichbedeutend sind mit Begabung und/oder mit mathematischer Kreativität. Anhand fiktiver Fallbeispiele von Jugend- lichen konstruieren die Autor*innen verschiedene mathematische Lernbiographien, die ein Zusammenspiel und gegenseitige Beeinflussung von mathematischer Bega- bung, Kreativität und Leistung aufzeigen sollen (vgl. Juter & Sriraman, 2011, S. 56–61). Dabei schreiben sie der sozialen Umgebung, den mathematischen Auf- gaben sowie der Schulpraxis, einen großen Einfluss – positiv wie negativ – auf das individuelle Zusammenspiel von Begabung, Kreativität und Leistung zu (vgl. Juter & Sriraman, 2011, S. 61–63).

In Bezug auf das Verhältnis von mathematischer Begabung und Kreativität sei an dieser Stelle auf das von Aßmus & Fritzlar (2018) theoretisch entwickelte *embedded model of giftedness and creativity* (S. 66) verwiesen. Wird eine kompetenzorientierte Sichtweise auf beide Konstrukte eingenommen, dann beschreiben die Autor*innen die mathematische Kreativität als Subkomponente der mathematischen Begabung, die es Schüler*innen ermöglicht, kreative Produkte zu erstellen. Aus einer leis- tungsorientierten Perspektive wird es den Lernenden erst durch ihre individuellen kreativen Fähigkeiten ermöglicht, kreative Produkte als ein Bereich mathematischer Leistung zu produzieren (vgl. Aßmus & Fritzlar, 2018, S. 65 – insbesondere Fig. 3.5). Aus der empirischen Forschung mit 127 Viert- und 33 Fünftklässler*innen, die mathematische Operationen erfinden sollten, kommen sie auf Basis ihres Modells zu dem Schluss, dass „in primary grades and for almost all primary school students, there are many chances to be mathematically creative […]" (Aßmus & Fritzlar, 2018, S. 77). Dabei stellen sie fest, dass während der Aufgabenbearbeitungen ins- besondere Kinder mit hoher mathematischer Begabung auf kreative Art und Weise komplexe bzw. divergente Einsichten in mathematische Operationen zeigten (vgl. Aßmus & Fritzlar, 2018, S. 77–78).

Kreativität, Intelligenz und mathematische Fähigkeiten

R. Leikin und Lev (2013) untersuchten in ihrer Studie mit insgesamt 155 Schüler*innen der elften und zwölften Klasse (*high school level* in Israel) einen möglichen Zusammenhang zwischen Kreativität, Intelligenz und mathematischen Fähigkeiten. Dafür nutzten sie das von R. Leikin (2009c) entwickelte Instrument, das die kreativen Fähigkeiten Denkflüssigkeit, Flexibilität und Originalität über ein Punkteverfahren misst (vgl. Abschn. 2.3.3.1). Dadurch, dass die Schüler*innen in heterogene Gruppen bzgl. ihrer allgemeinen Intelligenz und mathematischen Fähigkeiten aufgeteilt und verschiedenste multiple solution tasks (MSTs) bearbeitet wurden (vgl. Abschn. 2.3.3.1, Ausführungen zur Denkflüssigkeit), waren so Rückschlüsse auf Zusammenhänge möglich:

1. Die erlernten mathematischen Fähigkeiten der Schüler*innen beeinflussten positiv die Entwicklung von Denkfähigkeit und Flexibilität. Dabei steigen die Werte für Denkflüssigkeit und Flexibilität an, wenn auch die Korrektheit der Aufgabenbearbeitung steigt. Umgekehrt führt ein Anstieg der Korrektheit nicht zwangsweise zu einem Anstieg an Originalität (vgl. R. Leikin & Lev, 2013, S. 194).
2. Die Autorinnen stellten des Weiteren fest, dass die Ergebnisse ihrer Studie aufgabenabhängig waren. Das bedeutet, dass die allgemeine Intelligenz der Schüler*innen einen signifikanten Effekt auf die Denkflüssigkeit, Flexibilität und Originalität bei der Bearbeitung solcher Aufgaben hat, die Lösungen fordern, die in Anlehnung an Ervynck (1991) (vgl. Abschn. 2.3.1.1) auf mathematischer Einsicht und somit keinem algorithmischen Denken basieren (vgl. R. Leikin & Lev, 2013, S. 195).
3. Mathematisches Wissen und Fähigkeiten sind insgesamt für denkflüssige und flexible Aufgabenbearbeitungen notwendig. Bei Aufgaben, die ein gewisses Maß an mathematischer Einsicht erfordern, korrelierten die mathematischen Fähigkeiten jedoch mit der Kreativität im Ganzen, d. h. zusätzlich mit der Fähigkeit Originalität (vgl. R. Leikin & Lev, 2013, S. 195–196). Daraus schließen, die Autorinnen, dass „being creative means being original" (R. Leikin & Lev, 2013, S. 196).[33]

---

[33] Hier sei darauf verweisen, dass R. Leikin (2009c) einen stark normativen Originalitätsbegriff verwendet. Es wurde zuvor ausführlich begründet, dass für eine stärkere Fokussierung der Qualität der Ideen in dieser Arbeit die Definition von Silver (1997) verwendet wird (vgl. Abschn. 2.3.3, Ausführungen zur Originalität).

Die zuvor präsentierten Ergebnisse von R. Leikin und Lev (2013) verdeutlichen, dass die domänenspezifische und relative Kreativität vor allem mit den mathematischen Fähigkeiten der Schüler*innen und weniger mit deren Intelligenz zusammenhängt. Eine wichtige Erkenntnis ist dabei, dass die allgemeine Intelligenz der Lernenden dann einen besonderen Einfluss auf ihre individuelle mathematische Kreativität nimmt, wenn ihnen Aufgaben gestellt werden, die weniger algorithmisch, sondern vor allem durch mathematische Einsichten gelöst werden müssen. Somit scheint mathematische Kreativität ein Konstrukt zu sein, das aufgabenabhängig ist. Daher wird nachfolgend ein besonderer Fokus auf geeignete mathematische Aufgaben gelegt, durch die Schüler*innen kreativ werden können (vgl. Kap. 3).

2.3.3.3 Zwischenfazit

Psychometrische Forschungsansätze beleuchten Kreativität über messbare Eigenschaften des kreativen Produkts, um so Rückschlüsse über die kreative Person ziehen zu können (vgl. Einführung zu Abschn. 2.3.2.3). Deshalb wird dieser Ansatz primär auch für die Betrachtung der individuellen mathematischen Kreativität in der vorliegenden Arbeit verfolgt. Maßgeblich geprägt hat diese Forschungsrichtung der Psychologe Guilford (1967), der Kreativität über die divergente Produktion als ein Aspekt seines strukturierten Intelligenzmodells (vgl. Abb. 2.5) beschreibt. Dies bedeutet, dass zu einer Aufgabe nicht nur eine, sondern mehrere verschiedene Ideen, d. h. Antworten oder Lösungen der domänenspezifischen Aufgabe, produziert werden müssen. Diese Ideen sind von Person zu Person individuell sowie quantitativ und qualitativ verschieden (vgl. Einführung zu Abschn. 2.3.3.1).

Guilford (1967) formuliert im Weiteren ein Set aus vier verschiedenen divergenten Fähigkeiten, über die er kreatives Verhalten definiert: Denkflüssigkeit, Flexibilität, Originalität und Elaboration. Diese Eigenschaften wurde von Torrance (1966) dann verfeinert und innerhalb seines Torrance Test for Creative Thinking (TTCT) ausgearbeitet. Auf Basis dieser psychologischen Kategorien haben diverse mathematikdidaktisch Forschende die divergenten Fähigkeiten für das Mathematiktreiben von Kindern und Jugendlichen ausdifferenziert (etwa Haylock, 1987; Hollands, 1972; R. Leikin, 2009c; Silver, 1997). Unter Einbezug der psychologischen und mathematikdidaktischen Theorien wurden alle vier divergenten Fähigkeiten als Eigenschaften der Kreativität kreativer Personen, welche an ihren kreativen Produkten sichtbar werden und eine Manifestation des kreativen Prozesses darstellen, detailliert beschrieben (vgl. Abschn. 2.3.3.1). So ergeben sich aus der Literatur heraus an dieser Stelle die folgenden mathematikdidaktischen Begriffsbestimmungen:

- Denkflüssigkeit beschreibt die Fähigkeit, zu einer mathematischen Aufgabe in einer bestimmten Zeit verschiedene passende Ideen zu produzieren.
- Flexibilität beschreibt die Fähigkeit, bei der Bearbeitung einer mathematischen Aufgabe innerhalb der eigenen Ideen verschiedene Ideentypen zu zeigen und zwischen diesen zu wechseln.
- Originalität nach Silver (1997) beschreibt die Fähigkeit, die eigenen produzierten Ideen selbst zu erforschen und weitere, neue Idee zu produzieren.
- Elaboration nach Torrance (1966) beschreibt die Fähigkeit, die produzierten Ideen mit Details und Erklärungen zu versehen. Dadurch kann die Elaboration für die Produktion weiterer Ideen inspirierend wirken und so die anderen drei divergenten Fähigkeiten direkt beeinflussen.

Zuletzt wurde ein möglicher Zusammenhang zwischen der Kreativität im Kontext des divergenten Denkens sowie den intellektuellen und mathematischen Fähigkeiten kreativer Personen dargestellt. In psychologischen und mathematikdidaktischen Studien konnten durch die Verschiedenheit der Studiendesigns keine verallgemeinerbaren und eindeutigen Ergebnisse dazu festgehalten werden. Es lässt sich jedoch als Tendenz erkennen, dass die Kreativität von Personen mehr von ihren domänenspezifischen Fähigkeiten als von ihrer Intelligenz beeinflusst wird und sich zudem aufgabenabhängig darstellt (vgl. Abschn. 2.3.3.2). Bei einer mathematikdidaktischen Betrachtung der individuellen mathematischen Kreativität von Schulkindern ist es deshalb notwendig, die Wechselwirkung der mathematischen und intellektuellen Fähigkeiten der Schüler*innen genau darzustellen und die Gestaltung sowie den Einsatz sinnvoller mathematischer Aufgaben zu fokussieren.

2.3.4 Zusammenfassung

Ziel des ersten Theoriekapitels dieser mathematikdidaktischen Arbeit ist es, eine explizite Definition und ein Modell für die *individuelle mathematische Kreativität* von Schüler*innen zu entwickeln (vgl. Abschn. 2.4). In einem ersten Schritt wurden dafür grundlegende Aspekte einer Begriffsdefinition theoretisch dargestellt, begründet ausgewählt und so die konkrete sprachliche Formulierung des Konstrukts der Kreativität erarbeitet (vgl. Abschn. 2.2, insbesondere Abb. 2.3). Auf dieser Basis galt es, die individuelle mathematische Kreativität von Schüler*innen durch geeignete und ausgewählte Theorieaspekte inhaltlich zu beschreiben (vgl. Abschn. 2.3).

Es wurde herausgearbeitet, dass sich in der psychologischen und mathematikdidaktischen Kreativitätsforschung drei große Strömungen finden lassen:

- Kognitive Ansätze betrachten Kreativität im Kontext von Problemlöseprozessen und fokussieren dabei vor allem den Übergang von der Inkubations- zur
  Illuminationsphase, dem sogenannten Aha!-Effekt, mit Rückgriff auf die Darstellung kreativer Prozesse nach Hadamard (1945). Durch die Fokussierung
  auf die kreativen Personen und ihre individuelle mathematische Kreativität ist
  ein kognitiver Forschungsansatz für diese Arbeit jedoch nicht zielführend (vgl.
  Abschn. 2.3.1).
- Kreativitätsforschungen mit einem sozial-persönlichen Ansatz fokussieren das
  komplexe Gefüge zwischen der kreativen Person und ihrer Umwelt, in dem
  kreative Prozesse stattfinden und kreative Produkte entstehen. Es wurden
  drei Vertreter*innen dieser Forschungsansätze vorgestellt und einzelne bedeutsame Aspekte für diese mathematikdidaktische Betrachtung von Kreativität
  deduziert. Es scheint lohnend die Kreativität von jungen Schulkindern zu
  betrachten, da diese ihre individuelle mathematische Kreativität deutlich zeigen können (vgl. Amabile, 1996). Mit dem Modell von Csikszentmihalyi
  (2014c) muss ergänzt werden, dass Schüler*innen eine gewisse (mündliche
  und schriftliche) mathematische Fachsprache zur Verfügung haben müssen,
  damit Kreativität sichtbar werden kann. Zuletzt betont Sawyer (1995) die
  Wichtigkeit von sozialen Interaktionen und der Möglichkeit zur Improvisation,
  durch die Kreativität erst entstehen kann (vgl. Abschn. 2.3.2).
- Diese Arbeit nutzt jedoch vor allem einen psychometrischen Forschungsansatz, da bei diesem die kreative Person in den Mittelpunkt der Betrachtungen
  gesetzt wird. Basierend auf dem Konzept der divergenten Produktion nach
  Guilford (1968) wurden vier divergente Fähigkeiten – Denkflüssigkeit, Flexibilität, Originalität und Elaboration – vorgestellt, die als Eigenschaften
  der kreativen Person angesehen werden. Basierend auf psychologischen
  Forschungen wurden dann vor allem mathematikdidaktische Theorien und
  Studien zu diesen Fähigkeiten vorgestellt und diese anschließend definiert
  (vgl. Abschn. 2.3.3). Sie bilden die Basis für die nachfolgende inhaltliche
  Beschreibung der individuellen mathematischen Kreativität.

Die nachfolgende Abbildung 2.8 stellt die Entscheidungen über die grundlegenden und inhaltlichen Aspekte der Begriffsdefinition der individuellen
mathematischen Kreativität dar.

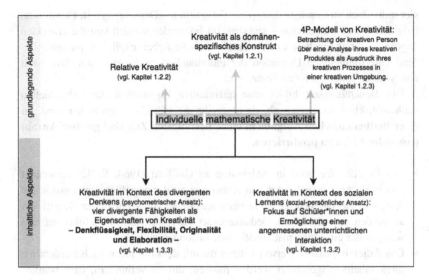

Abb. 2.8 Grundlegende und inhaltliche Aspekte einer Begriffsdefinition der individuellen mathematischen Kreativität

2.4 Die individuelle mathematische Kreativität

Die theoretisch basierten grundlegenden (vgl. Abschn. 2.2, insb. Zusammenfassung in Abb. 2.3) und inhaltlichen (vgl. Abschn. 2.3, insb. Zusammenfassung in Abb. 2.8) Aspekte einer Begriffsdefinition von Kreativität dienen diesen Konkretisierungen als Ausgangspunkt. Ziel ist es nun, eine Begriffsdefinition (vgl. Abschn. 2.4.1) sowie ein Modell (vgl. Abschn. 2.4.2) über die individuelle mathematische Kreativität für diese Arbeit, d. h. die weiteren theoretischen Ausführungen sowie die sich anschließende empirische Studie, zu entwickeln.

2.4.1 Begriffsverständnis in dieser Arbeit

Der Begriff der *individuellen mathematischen Kreativität* verdeutlicht, dass Kreativität als domänenspezifische und relative Fähigkeit kreativer Personen verstanden wird, die in einer kreativen Umgebung und in einem kreativen Prozess ein kreatives Produkt erschaffen. Dabei werden die Eigenschaften der mathematischen Kreativität bei der Bearbeitung einer mathematischen Aufgabe durch vier individuell ausgeprägte divergente Fähigkeiten – Denkflüssigkeit, Flexibilität, Originalität und Elaboration – sichtbar. Im Folgenden werden nun die einzelnen Aspekte von mir für diese mathematikdidaktische Arbeit expliziert, um anschließend eine umfassende Definition der individuellen mathematischen Kreativität von Schüler*innen zu formulieren.

Die *Denkflüssigkeit* bildet eine quantitative Eigenschaft der individuellen mathematischen Kreativität ab, da unter ihr die Fähigkeit verstanden wird, **zu einer mathematischen Aufgabe in einer bestimmten Zeit eine gewisse Anzahl passender Ideen zu produzieren.**

- Der Begriff *Idee* wird in Anlehnung an Guilford (1968, S. 92) verwendet und bezeichnet jegliche Art von Antworten zu der gestellten mathematischen Aufgabe, die das divergente Denken anspricht. So betont dieser Begriff vor allem den schöpferischen Gedanken, der zu einer Antwort geführt hat und weniger die einzelnen mathematischen Lösungen an sich.
- Das Adjektiv *passend* verweist dabei darauf, dass die Ideen auch hinsichtlich ihres Inhalts eingeschätzt werden müssen, um zu verhindern, dass wahllos verschiedene Ideen produziert werden, die nicht der Anforderung der Aufgabe entsprechen. Dies leitet zu einer Betrachtung der Qualität der individuell unterschiedlichen Ideen über.

Als qualitative Eigenschaft der individuellen mathematischen Kreativität ist zuallererst die *Flexibilität* zu nennen. Unter dieser wird die Fähigkeit von Schüler*innen verstanden, **innerhalb der eigenen Ideen verschiedene Ideentypen zu zeigen (Diversität) und so Ideenwechsel zu vollziehen (Komposition).**

- Unter dem Begriff *Ideentypen* werden in Anlehnung an R. Leikin (2009c) voneinander abgrenzbare Kategorien verstanden, durch die alle Ideen in Gruppen eingeteilt werden, in denen jeweils ein prägnantes Merkmal der Ideen übereinstimmt. Die Art der Kategorien hängt dabei maßgeblich von dem mathematischen Inhaltsbereich, den Anforderungen der gestellten Aufgabe und den Gruppierungsmöglichkeiten der Ideen ab. Eine Kategorisierung der verschiedenen Ideen erfolgt dabei sowohl objektiv durch die zuvor beschriebenen Unterscheidungskriterien, als auch subjektiv durch die Betrachtenden der Kreativität. Vor allem mit dem letzten Aspekt wird der Grundannahme entsprochen, dass die hier beschriebene Kreativität relativer Natur ist.
- Unter *Diversität* als ersten Teilaspekt von Flexibilität fasse ich somit die Fähigkeit, verschiedene Ideentypen zu einer mathematischen Aufgabe zu zeigen.

- Der Begriff *Ideenwechsel* bezeichnet im Kontext von Flexibilität den Moment, wenn bei der chronologischen Produktion qualitativ verschiedener Ideen von einem Ideentyp zu einem anderen gewechselt wird. Dabei sind alle Arten von Wechseln wie etwa vom ersten gezeigten Ideentyp zu einem neuen oder auch der Wechsel wieder zurück zu einem bereits zuvor gezeigten Ideentyp möglich und gleichwertig.

- Unter *Komposition* als zweiten Teilaspekt von Flexibilität verstehe ich demnach die kindliche Fähigkeit, individuell unterschiedliche Anzahlen von Ideenwechseln zu vollziehen.

Die Fähigkeit der *Originalität* stellt zugleich eine qualitative als auch quantitative Eigenschaft der individuellen mathematischen Kreativität dar und wird von mir in Anlehnung an die Ausführungen von Silver (1997) verwendet, was in Abschnitt 2.3.3.1 ausführlich begründet wurde. Vor allem, um der Relativität des hier verwendeten Konstrukts der Kreativität gerecht zu werden, wird als Originalität die Fähigkeit von Schulkindern definiert, **ihre selbst produzierten Ideen und darin enthaltenen verschiedenen Ideentypen zu betrachten und davon ausgehend weitere Ideen zu produzieren sowie gleichsam mit diesen evtl. auch weitere Ideentypen und Ideenwechsel zu zeigen.** Somit ist es allen kreativen Personen möglich, die divergente Fähigkeit der Originalität als eine Eigenschaft ihrer individuellen mathematischen Kreativität zu zeigen. Der quantitative Aspekt der Fähigkeit Originalität bezieht sich auf das Produzieren weiterer Ideen (Fokus Denkflüssigkeit), während der qualitative Aspekt das Zeigen weiterer Ideentypen und Ideenwechsel (Fokus Flexibilität) in den Blick nimmt. Im Kontext der Fokussierung auf mathematiktreibende Schüler*innen kann der erste Teil der Definition, d. h. die gezielte Reflexion der bereits produzierten Ideen und Ideentypen, eine mehr oder minder große Herausforderung für die zum Teil jungen Kinder darstellen. Deshalb scheint eine angemessene und individuelle Begleitung der Lernenden bei der Bearbeitung einer mathematischen Aufgabe durch eine Lehrkraft notwendig. Somit wird die Forderung nach einer sozialen Interaktion als Umgebung, in der die Kreativität sichtbar werden kann, erfüllt.

- An dieser Stelle ist es wichtig zu betonen, dass der Begriff einer *weiteren* Idee bzw. Ideentyps bewusst genutzt und nicht etwa das Adjektiv „neu" verwendet wird. Dies hat zwei Gründe: Zum einen wird das Wort „neu" in der Kreativitätsforschung und auch im alltäglichen Sprachgebrauch häufig nahezu synonym zum Begriff der Kreativität verwendet (vgl. Abschn. 2.1). Deshalb könnte bei der Nutzung dieses Wortes fälschlicherweise der Eindruck entstehen, dass Personen, die originell im Sinne der Definition sind, gleichsam auch hoch kreativ sind. Dabei ist Originalität nicht mit Kreativität gleichzusetzen (vgl. Abschn. 2.3.3.1). Zum anderen ist der Begriff einer *weiteren* Idee deutlich weniger wertend und betont stärker die individuellen Möglichkeiten der kreativen Personen, was vor allem bei jüngeren Schüler*innen sinnvoll erscheint. Das Prädikat einer neuen Idee bezieht sich zudem stärker auf den Aspekt der Ideentypen, da nur diese im Sinne der Definitionen neu sein können. Dies soll hier durch die Wahl des Wortes *weitere* vermeiden werden.

Zuletzt wird die *Elaboration* als eine qualitative Eigenschaft der individuellen mathematischen Kreativität als die Fähigkeit von Schulkindern, **die Produktion ihrer verschiedenen Ideen und je nach Vermögen auch ihrer gezeigten Ideentypen zu erklären**, definiert. Dadurch, dass den kreativen Personen aufgrund ihrer Versprachlichung und Ausarbeitung die gezeigten Ideen oder Ideentypen bewusster werden, kann die Produktion weiterer Ideen (Fokus auf Denkflüssigkeit) oder das Zeigen weiterer Ideentypen bzw. Ideenwechsel angeregt werden (Fokus auf Flexibilität und Originalität).

- Als *Erklären* wird im Kontext dieser mathematikdidaktischen Arbeit jede mündliche, mimische sowie gestische Äußerung der Schüler*innen bezeichnet, in der diese einen Einblick in ihre Gedanken ermöglichen. So kann nachvollzogen werden, wie ihre Ideen entstehen. Dabei ist davon auszugehen, dass bei den Lernenden erhebliche Unterschiede in ihrem Sprachvermögen vorherrschen, sodass es notwendig wird, die Schüler*innen bewusst bei der Erklärung ihrer Ideen zu unterstützen (vgl. dazu Kap. 4). Die Variation der konkreten fachsprachlichen Handlung der Kinder können dabei mit Rückbezug auf die funktionelle Pragmatik aus mathematikdidaktischer Perspektive bspw. vom *Beschreiben*, über das *Erklären* bis hin zum *Begründen* reichen (Redder, Guckelsberger & Graßer, 2013, S. 12–14; Rösike, Erath, Neugebauer & Prediger, 2020, S. 58–61; Tiedemann, 2015, S. 54). Vielmehr liegt der Fokus ausschließlich auf einer Betrachtung der Auswirkung des Erklärens auf das Finden weiterer Ideen und Zeigen weiterer Ideentypen.

Aus diesen Ausführungen ergibt sich die nachfolgende Begriffsdefinition:

Die *individuelle mathematische Kreativität* beschreibt die relative Fähigkeit einer Person, zu einer geeigneten mathematischen Aufgabe verschiedene passende Ideen zu produzieren (*Denkflüssigkeit*), dabei verschiedene Ideentypen zu zeigen und zwischen diesen zu wechseln (*Flexibilität*), zu den selbst produzierten Ideen und gezeigten Ideentypen weitere passende Ideen und Ideentypen zu finden (*Originalität*) und das eigene Vorgehen zu erklären (*Elaboration*).

2.4.2 Entwicklung des InMaKreS-Modells in dieser Arbeit

Die zuvor theoretisch hergeleitete und ausführlich begründete Definition der individuellen mathematischen Kreativität von Schüler*innen ermöglicht nun ein gutes Verständnis davon, was es für Mathematiklernende bedeutet, mathematisch kreativ zu werden. Um aber das kreative Verhalten von Kindern im Mathematikunterricht gezielt beobachten und insbesondere qualitativ beschreiben zu können, scheint die Definition sowohl für Forscher*innen als auch für Lehrer*innen noch nicht praktisch, greifbar bzw. zugänglich genug zu sein. Daher ist es für mich notwendig, die Definition der individuellen mathematischen Kreativität auf ihre einzelnen Elemente herunterzubrechen, deren Beziehung untereinander weiter auszuschärfen und dann die relevanten Aspekte absichtsvoll zu sortieren. Auf diese Weise kann ein Modell entstehen, dass die zugrundeliegenden Beziehungen und Überschneidungen der divergenten Fähigkeiten Denkflüssigkeit, Flexibilität, Originalität und Elaboration grafisch verdeutlicht. Das Ziel dieser Modellbildung liegt darin, ein Analysewerkzeug zu entwickeln, mit dem die individuelle mathematische Kreativität von Schüler*innen in Forschung sowie im Mathematikunterricht auf möglichst einfache Weise empirisch sichtbar wird.

Nachfolgend wird daher die Entwicklung meines *Modells der individuellen mathematischen Kreativität von Schulkindern* (*InMaKreS*) sukzessive dargestellt. Das Modell soll in besonderem Maß die komplexen Verbindungen zwischen den vier divergenten Fähigkeiten (vgl. Abschn. 2.4.1) veranschaulichen, die von den drei fundamentalen Aspekten, d. h. die Domänenspezifität, die Relativität und der Fokus auf kreative Personen (vgl. Abschn. 2.2), gerahmt werden. Durch die mathematikdidaktische Ausrichtung dieser Arbeit wurde die Definition der individuellen mathematischen Kreativität bereits in den vorangegangenen Ausführungen auf Schüler*innen als kreative Personen bezogen. Nun soll zudem der Aspekt stärker hervorgehoben werden, dass die Lernenden ihre Kreativität im Kontext des Mathematikunterrichtes und damit in einer mathematischen Lehr-Lern-Situation zeigen können sollen. Durch diesen Anwendungsbezug ergeben sich für mich aus der vorgestellten Definition der individuellen mathematischen Kreativität mit den Begriffsbestimmungen der einzelnen divergenten Fähigkeiten einige Implikationen und Erweiterungen des Kreativitätsbegriffs.

Die zuvor dargestellte Definition der Originalität, beschreibt die Fähigkeit, die von den Schüler*innen selbst produzierten Ideen und darin enthaltenen verschiedenen Ideentypen zu betrachten und davon ausgehend weitere Ideen, Ideentypen und Ideenwechsel zu zeigen. Aus dieser Definition können drei aufeinanderfolgende Implikationen abgeleitet werden:

1. Zum einen verweist die Definition der Originalität auf **zwei Phasen in der kreativen Bearbeitung einer geeigneten mathematischen Aufgabe**: Zunächst müssen die Lernenden in einem selbstständigen Bearbeitungsprozess verschiedene Ideen und Ideentypen produzieren. Diese müssen daraufhin in einem zweiten Schritt zielgerichtet betrachtet werden, um eine weitere Idee zu produzieren bzw. einen weiteren Ideentyp zu zeigen. Erst durch diese Handlung der Schüler*innen wird deren Originalität sichtbar. Ausgehend von den Tätigkeiten der Schüler*innen benenne ich die erste Phase als **Produktionsphase** und die zweite als **Reflexionsphase**. Diese beiden Phasen werden im InMaKreS-Modell durch zwei beschriftete Kästen repräsentiert, die von rechts (Produktion) nach links (Reflexion) betrachtet werden müssen (vgl. Abb. 2.9).
2. Aus der ersten Implikation lässt sich schlussfolgern, dass in der Produktionsphase, in der Ideen und Ideentypen produziert werden, die beiden Fähigkeiten der Denkflüssigkeit und Flexibilität beobachtbar sind. Dabei bezeichnet Denkflüssigkeit, die Fähigkeit der Schüler*innen, zu einer mathematischen Aufgabe in einer bestimmten Zeit eine gewisse Anzahl passender Ideen zu produzieren. Unter Flexibilität wird die qualitativ ausgerichtete Fähigkeit verstanden, innerhalb der eigenen Ideen verschiedene Ideentypen zu zeigen (Diversität) und so Ideenwechsel zu vollziehen (Komposition). Diese Analyseaspekte wurden im InMaKreS-Modell in den Kasten der Produktionsphase in Form einer Liste eingetragen (vgl. Abb. 2.9).
3. Aus der Festlegung von zwei kreativen Bearbeitungsphasen (Produktion und Reflexion), die wiederum aus der Definition der Originalität entwickelt wurden, lässt sich eine weitere, wesentliche Implikation schlussfolgern: Die Fähigkeit, originell zu sein, wird ausschließlich in der Reflexionsphase sichtbar, da nur hier die Schüler*innen ihre eigene Produktion betrachten und erweitern können. Während dieser kreativen Tätigkeiten werden die Kinder also konkret dazu angeregt, ihre Ideen und evtl. auch ihre gezeigten Ideentypen zunächst zu reflektieren. Darauf aufbauend sollen die Lernenden dann ihre Produktion erweitern. Dies kann auf drei Arten und Weisen geschehen: Die

Schüler*innen können weitere Ideen produzieren (Denkflüssigkeit), weitere Ideentypen (Flexibilität – Diversität) und/oder weitere Ideenwechsel zeigen (Flexibilität – Komposition). Somit zeigen die Schüler*innen also auch in der Reflexionsphase die beiden divergenten Fähigkeiten Denkflüssigkeit und Flexibilität. Dies verdeutlicht, dass nicht nur die beiden **Bearbeitungsphasen aufeinander aufbauen**, sondern sich auch inhaltlich die **Originalität direkt auf die beiden Fähigkeiten Denkflüssigkeit und Flexibilität bezieht.**

Dieser Erkenntnisse habe ich grafisch in meinem InMaKreS-Modell hervorgehoben (vgl. Abb. 2.9): Zum einen wurden analog zur Produktionsphase im Kasten der Reflexionsphase die zuvor erläuterten originellen Fähigkeiten der Schulkinder eingetragen. Dabei verdeutlicht die Position der einzelnen Aspekte in beiden Kästen deren Zugehörigkeit zu den Fähigkeiten Denkflüssigkeit und Flexibilität. Diese wurden durch zwei übereinander angeordnete und insgesamt horizontal verlaufende Stränge dargestellt. Da beide divergente Fähigkeiten in beiden Bearbeitungsphasen beobachtbar sind, verlaufen die Stränge sowohl durch die Produktions- als auch die Reflexionsphase. Zusätzlich wurde die divergente Fähigkeit der Originalität durch einen vertikalen Strang dargestellt, der sich ausschließlich über die Reflexionsphase erstreckt und dabei die Stränge der Denkflüssigkeit und Flexibilität kreuzt. Dies verdeutlicht auch visuell den Zusammenhang dieser drei divergenten Fähigkeiten.

Ein weiterer, zu beachtender Aspekt ist die Definition der Elaboration für mathematikdidaktische Forschungsarbeiten. Darunter wird die Fähigkeit gefasst, die Produktion verschiedener Ideen und je nach Vermögen auch der gezeigten Ideentypen zu erklären. Daraus lässt sich eine vierte Implikation für das Verhältnis der vier Eigenschaften der individuellen mathematischen Kreativität von Schulkindern ableiten:

4. Die Fähigkeit, die eigene Aufgabenbearbeitung sprachlich und gestisch zu erklären und dabei die eigenen Ideen auszuarbeiten, ist nicht nur eine hochgradig individuelle Eigenschaft der Kreativität. Vielmehr kann die Elaborationsfähigkeit der Kinder während der gesamten kreativen Bearbeitung einer mathematischen Aufgabe beobachtet werden, da die Schüler*innen durchweg dazu angeregt werden, ihre kreativen Tätigkeiten zu verbalisieren. So zeigt sie sich bei der Produktion von Ideen (Denkflüssigkeit), dem Zeigen von Ideentypen und Ideenwechseln (Flexibilität) sowie dem Reflektieren und Erweitern der eigenen Ideen bzw. Ideentypen (Originalität). Zudem kann die Elaboration einen (positiven wie negativen) Einfluss auf die verschiedenen anderen

divergenten Fähigkeiten nehmen, da sich die Kinder durch eine Versprachlichung ihres Vorgehens bei der Aufgabenbearbeitung ihrer Gedanken und
Ideen stärker bewusst werden können. Dies kann die Schüler*innen dann bei
der kreativen Bearbeitung mathematischer Aufgaben unterstützen. Aus diesen
Gründen habe ich die divergente Fähigkeit der Elaboration als Basis für das
gesamte InMaKreS-Modell gewählt. Visuell wird dies dadurch hervorgehoben, dass die Elaboration im Hintergrund des ganzen Modells liegt und damit
insbesondere die Denkflüssigkeit, Flexibilität und Originalität umschließt (vgl.
Abb. 2.9).

Insgesamt veranschaulicht mein nachfolgendes *InMaKreS-Modell* (vgl. Abb. 2.9)
sowohl die Definitionen der vier divergenten Fähigkeiten als Eigenschaften der
individuellen mathematischen Kreativität, als auch die zwischen den Eigenschaften herrschenden Zusammenhänge und die Erweiterungen, die in den zuvor
präsentierten Implikationen erarbeitet wurden. Durch die konkreten inhaltlichen
Formulierungen der einzelnen Eigenschaften der individuellen mathematischen
Kreativität bei der divergenten Bearbeitung geeigneter mathematischer Aufgaben kann das InMaKreS-Modell als empirisches sowie perspektivisch auch als
didaktisches Werkzeug für eine Analyse von kreativen Aufgabenbearbeitungen
mathematiktreibender Schüler*innen dienen.

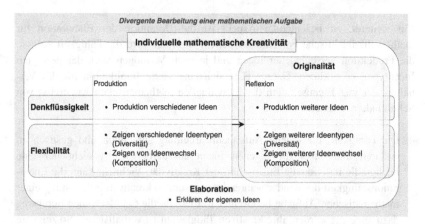

Abb. 2.9 Modell der Individuellen mathematischen Kreativität von Schulkindern
(InMaKreS-Modell)

An dieser Stelle der mathematikdidaktischen Betrachtung von Kreativität, die in dem zuvor erarbeiteten InMaKreS-Modell mündete, bleiben zwei wesentliche Fragen offen. Diese sollen durch die ausführlichen Darstellungen der folgenden Kapitel sukzessive beantwortet werden:

1. Welche mathematischen Aufgaben sind geeignet, damit Schüler*innen ihre individuelle mathematische Kreativität im Sinne des InMaKreS-Modells zeigen können? (vgl. Kap. 3)
2. Inwiefern können Lehrpersonen die Schüler*innen während der kreativen Aufgabenbearbeitung vor allem in Hinblick auf die Elaborationsfähigkeit unterstützen? (vgl. Kap. 4)

Offene Aufgaben zum Anregen der individuellen mathematischen Kreativität

3

"Teachers and other evaluators [of creativity] need to be sensitive to the fact that sometimes their students will see things that they themselves don't." (Sternberg & Lubart, 1995, S. 124)

In diesem Kapitel soll nun der ersten der beiden zuvor aufgespannten theoretischen Fragen, die sich aus der Entwicklung des Modells der individuellen mathematischen Kreativität (InMaKreS) ergeben haben, nachgegangen werden (vgl. Abschn. 2.4.2):

1. Welche mathematischen Aufgaben sind geeignet, damit Schüler*innen ihre individuelle mathematische Kreativität im Sinne des InMaKreS-Modells zeigen können?

In den theoretischen Ausführungen zur individuellen mathematischen Kreativität wurde deutlich herausgestellt, dass es verschiedene Ansätze für eine inhaltliche Definition gibt. Dazu zählt vor allem die Betrachtung von Kreativität im Kontext des sozialen Lernens, des Problemlösens und des divergenten Denkens (vgl. Abschn. 2.3). Je nach Kontext lassen sich in der internationalen und nationalen Literatur für jeden dieser Ansätze verschiedene passende Aufgabenformate finden, die das Zeigen von Kreativität anregen (Übersicht bei Pitta-Pantazi, Kattou & Christou, 2018, S. 42–43).

Da sich in dieser Arbeit begründet für eine Definition von Kreativität im Kontext des divergenten Denkens entschieden wurde (vgl. Abschn. 2.3.3 und 2.4), sollen nun dafür geeignete Aufgaben vorgestellt werden. Auf Basis dieser Rahmung wurde im vorangegangen Abschnitt 2.4 die Definition der individuellen mathematischen Kreativität sowie das dazugehörige InMaKreS-Modell entwickelt. Um das Zeigen der Kreativität von Schüler*innen in dessen Sinne zu

© Der/die Autor(en) 2022
S. Bruhn, *Die individuelle mathematische Kreativität von Schulkindern*,
Bielefelder Schriften zur Didaktik der Mathematik 8,
https://doi.org/10.1007/978-3-658-38387-9_3

fördern und empirisch beobachtbar zu machen, müssen mathematische Aufga-
ben ausgewählt werden, die den Lernenden eine divergente und dadurch kreative
Bearbeitung ermöglichen. Das bedeutet konkret, dass alle Schüler*innen bei der
Bearbeitung einer solchen Aufgabe ihre individuelle Denkflüssigkeit, Flexibilität,
Originalität und Elaboration zeigen können sollen (etwa Hershkovitz, Peled &
Littler, 2009, S. 257; Kwon et al., 2006, S. 53; Levenson et al., 2018, S. 274).
Die Veranschaulichung und Konkretisierung dieser bedeutsamen Aussage soll nun
anhand eines Beispiels erfolgen.

Bei der Bearbeitung der Aufgabe *Rechne:* $7 + 8 = $ _____ sind Schüler*innen
dazu angehalten, eine Additionsaufgabe zu lösen und das Ergebnis entweder
auf dem Strich oder im Heft zu notieren. Dabei gibt es zu dieser Aufgabe
nur eine einzelne richtige Lösung, nämlich $7 + 8 = 15$. Zudem verlangt die
Aufgabe aufgrund des sprachlichen Operators „Rechne" von den Lernenden
lediglich, dass diese den Term $7 + 8$ ausrechnen. Die Wahl des Vorgehens ist
dabei weder vorgegeben, noch werden die Kinder explizit dazu aufgefordert, ihre
Rechenstrategie verbal oder schriftlich darzustellen. Mit Blick auf die divergenten Fähigkeiten Denkflüssigkeit, Flexibilität, Originalität und Elaborationen als
Merkmale der individuellen mathematischen Kreativität ermöglicht diese exem-
plarische Aufgabe den Schüler*innen keine kreative Bearbeitung. Sie sollen nur
eine Lösung und damit keine verschiedenen Ideen zu der Aufgabe produzieren
(Denkflüssigkeit) und können daher auch keine verschiedenen Ideentypen oder
Ideenwechsel zeigen (Flexibilität). Dementsprechend ist zwar eine Reflexion ihrer
einzelnen Lösung möglich, aber es kann keine Erweiterung der Ideen und Ideentypen stattfinden (Originalität). Außerdem sollen die Lernenden ihre Lösung zu
der Aufgabe ausschließlich notieren, ihr Vorgehen aber nicht erklären (Elaboration). Mathematische Aufgaben wie dieses Beispiel sind daher wenig geeignet,
um Kinder im Mathematikunterricht anzuregen, ihre individuelle mathematische
Kreativität zu zeigen. Würde das Beispiel aber gezielt verändert werden, dann
ist auch eine kreative Bearbeitung möglich. So soll nun die Aufgabe *Rechne
die Aufgabe $7 + 8$ auf verschiedene Art und Weise und schreibe deine Rechenwege auf* vor dem Hintergrund der Kreativität genauer betrachtet werden. Bei
dieser Beispielaufgabe werden die Schüler*innen dazu aufgefordert, den Term
$7 + 8$ über verschiedene, erlernte oder auch selbst ausgedachte, Rechenwege zu
lösen und diese Lösungswege zu notieren. Diese könnte bspw. sein, dass die
Kinder Verdopplungsaufgaben nutzen ($7 + 8 = (7 + 7) + 1 = 14 + 1 = 15$),
schrittweise über den Zehner rechnen, indem der zweite Summand sinnvoll zerlegt wird ($7 + 8 = (7 + 3) + 5 = 10 + 5 = 15$), oder Hilfsaufgaben nutzen
($7 + 8 = 7 + (10 - 2) = 17 - 2 = 15$) (vgl. für die hier genannten operativen
Strukturen Abschn. 3.2.2.2). In jedem Fall ermöglicht diese Aufgabe den Kindern

eine divergente und damit auch kreative Bearbeitung: Während der Produktionsphase können die Schüler*innen verschiedene Ideen, d. h. unterschiedliche Lösungswege, zu der Aufgabe produzieren (Denkflüssigkeit) und daher auch Ideentypen und Ideenwechsel zeigen (Flexibilität). Zudem können die Schulkinder in der Reflexionsphase ihre eigene Produktion unterschiedlicher Lösungswege rekapitulieren und um weitere Ideen sowie Ideentypen erweitern (Originalität). Außerdem müssen die Lernenden ihre Lösungswege schriftlich sowie im Unterrichtsgespräch sicherlich auch mündlich darstellen (Elaboration).

Der Unterschied zwischen der Beispielaufgabe *Rechne:* $7 + 8 = $ ___, die als nicht kreativitätsfördernd eingeordnet wurde, und der für das Zeigen der individuellen mathematschen Kreativität geeigneten Aufgabe *Rechne die Aufgabe* $7 + 8$ *mit verschiedenen Strategien und schreibe deine Rechenwege auf* liegt vor allem in ihrer Öffnung der Lösungen und Lösungswege. Doch wie lässt sich diese Offenheit in mathematischen Aufgaben mathematikdidaktisch beschreiben? Und wie können diese Aufgaben, die sich im besonderen Maß dafür eignen, dass Schüler*innen ihre individuelle mathematische Kreativität zeigen, charakterisiert werden?

Diese Fragen sollen in den nachfolgenden Abschnitten 3.1.1 bis 3.1.5 beantwortet werden. Ausgehend von dem *open-ended approach* (Becker & Shimada, 1997) als kreative Aktivität im Mathematikunterricht und der Darstellung verschiedener mathematikdidaktischer Ansätze, Bezeichnungen und Eigenschaften für Aufgaben, welche die individuelle mathematische Kreativität von Schüler*innen anregen, wird der Begriff der *offenen Aufgaben* begründet ausgewählt (vgl. Abschn. 3.1.5). Mit dem Framework zur Charakterisierung der Offenheit mathematischer Aufgaben nach Yeo (2017) wird dann eine Grundlage geschaffen, um geeignete Lernaufgaben für das Zeigen der individuellen mathematischen Kreativität in dieser Arbeit zu bestimmen (vgl. Abschn. 3.1.6).

Anschließend werden die so charakterisierten offenen Aufgaben begründet auf einen geeigneten mathematischen Inhaltsbereich fokussiert, der es allen Schüler*innen erlaubt, ihre individuelle mathematische Kreativität zu zeigen – die Arithmetik (vgl. Abschn. 3.2). Vor dem Hintergrund der zuvor erarbeiteten Definition von Kreativität als relative Fähigkeit bestehend aus Denkflüssigkeit, Flexibilität, Originalität und Elaboration wird dann auch die Bearbeitung von arithmetisch offenen Aufgaben mit Hilfe des *Zahlenblicks* (etwa Rechtsteiner-Merz, 2013) fokussiert (vgl. Abschn. 3.2.2).

3.1   Verschiedene Ansätze zur Begriffsbestimmung offener Aufgaben

„One recognized way to elicit mathematical creativity among mathematics students is by engaging them with open[…] tasks." (Levenson et al., 2018, S. 273)

Wie zuvor ausführlich an zwei Beispielaufgaben erläutert, sind es vor allem geöffnete mathematischen Aufgaben, welche die individuelle mathematische Kreativität von Kindern einfordern und diese dadurch sowohl für Lehrkräfte als auch Forschende beobachtbar machen. Dies unterstreicht auf Forschungsebene das Eingangszitat von Levenson, Swisa und Tabach (2018). Um die bereits mehrfach angesprochene Offenheit mathematischer Aufgaben begrifflich auszuschärfen, sei zunächst auf die mathematikdidaktischen Ausführungen von Sullivan, Warren & White (2000) verwiesen:

„Open refers to the existence of more than one (preferably many more than one) possible pathways, responses, approaches, or lines of reasoning." (S. 3)

Die Auslegung dieser recht allgemeinen Definition der Offenheit von Aufgaben, die geeignet sind, um die Kreativität von Schüler*innen anzuregen und beobachtbar zu machen, geschieht in der mathematikdidaktischen (Kreativitäts-)Literatur sehr vielfältig. Die wesentlichen Typen offener Aufgaben sollen im Folgenden bzgl. ihrer Eigenschaften und anhand von Beispielen differenziert ausgeführt werden, um schlussendlich zu begründen, weshalb in dieser Arbeit der Begriff der *offenen Aufgabe* genutzt wird. Deren Eigenschaften werden dann in Bezug auf die Definition der individuellen mathematischen Kreativität zusammenfassend dargestellt (vgl. Abschn. 3.1.6).

3.1.1   Open-ended problems

"In the teaching method that we call an "open-ended approach" an "incomplete" problem is presented first." (Becker & Shimada, 1997, S. 1)

Becker und Shimada (1997) etablierten Ende der 1990er Jahre den *Open-Ended Approach* als ergänzenden Unterrichtsvorschlag für das Mathematiklernen. Unter diesem Begriff ist eine Unterrichtsmethode zu verstehen, bei der den Lernenden der Primar- und Sekundarstufe mathematische Aufgaben präsentiert werden, die nicht eine vorbestimmte richtige Antwort besitzen, sondern unvollständig sind (s.

Eingangszitat). Das bedeutet, dass durch die Öffnung der Aufgabe die individuelle Bearbeitung und nicht mehr allein das Erreichen einer richtigen Antwort in den Mittelpunkt gerückt wird. Die mathematische Handlung der Schüler*innen wird dadurch komplexer und reichhaltiger, sodass der Lösungsprozess solcher *open-ended problems* kreative Aktivitäten darstellt (vgl. Shimada, 1997, S. 4–6). Die Kreativität bezieht sich hierbei auf alle drei im vorherigen Kapitel 2 dargestellten inhaltlichen Definitionsansätze (vgl. Becker & Shimada, 1997, S. 4–7): Während der Aufgabenbearbeitung müssen die Schüler*innen kreativ werden, indem sie verschiedene Lösungswege finden (Kreativität im Kontext des divergenten Denkens – vgl. Abschn. 2.3.3), dabei einen Problemlöseprozess durchlaufen (Kreativität im Kontext von Problemlösen – vgl. Abschn. 2.3.1), wobei ein konstruktivistisches Verständnis von Lernen angewendet wird (Kreativität im Kontext des sozialen Lernen – vgl. Abschn. 2.3.2).

Hashimoto (1997, S. 86–87) ergänzt, dass durch den open-ended approach deshalb die mathematische Kreativität von Schüler*innen gefördert werden kann, weil die kreativen Personen bei der Bearbeitung dieser Aufgaben verschiedene mathematische Aspekte, Fähigkeiten und Denkweisen zu etwas Neuem miteinander kombinieren müssen. Das nachfolgende Beispiel verdeutlicht ein open-ended problem, das für den Elementarbereich (Klasse 1–6) in Japan als wirksam zum Anregen mathematischer Kreativität evaluiert wurde (vgl. Takasago, 1997, S. 37). Dabei müssen die Lernenden mathematische Fähigkeiten im Bereich der Arithmetik und funktionaler Zusammenhänge anwenden sowie kombinieren, um die Aufgaben zu bearbeiten.

Bsp. An insect is walking along a ditch. The chart shows the time required to walk the given distance. The asterisk indicates the distance we forgot to record.

Time (min)	1	2	3	4	5	6	7	8	9	10
Distance (cm)	12	24	26	48	60	72	84	*	*	120

1. What number is represented by the: under 8? Write down the expression you used to find the number.
2. Find another expression you can use to find the number. Write down as many different expressions as possible.

Des Weiteren und vor allem in Bezug auf das divergente Denken als Definitions-grundlage für die individuelle mathematische Kreativität eignen sich *open-ended problems* deshalb besonders gut, da sie die Bearbeitenden dazu ermutigen, divers zu denken. Open-ended problems zeichnen sich dadurch aus, dass sie einen ein-deutigen Ausgangspunkt besitzen, aber die Lösung je nach der bearbeitenden Person quantitativ und qualitativ variieren kann. Dabei können alle Schüler*innen eine individuelle sowie begründete Bearbeitungsweise der Aufgabe wählen und so divergentes Denken (mit den Fähigkeiten Denkflüssigkeit, Flexibilität, Originali-tät und Elaboration) anwenden (vgl. Kwon et al., 2006, S. 53). Im nachfolgenden zweiten Beispiel ist der spezifische Ausgangspunkt der Aufgabe, dass die Bear-beitenden Rechenaufgaben mit dem Ergebnis 30 mit vorgegebenen Zahlen und unter bestimmten Regeln bilden sollen. Welche Aufgaben und über welche Stra-tegie diese produziert werden, ist individuell frei wählbar (vgl. Kwon et al., 2006, S. 59):

Bsp. Make an expression to obtain 30 after calculating by the following rules.
1. Use all or some of the following numbers.
2. You are allowed to use any kind of mathematical symbols.
3. Use the given numbers only once in one expression. E.g., 10 + 20 (o), 10 + 10 + 10 (x)
Given numbers: 18, 2, 10, 48, 90, 15, 10, 12, 3, 20

So formulieren Kwon, Park und Park (2006) wesentliche Besonderheiten der open-ended problems für den Einsatz im Mathematikunterricht (vgl. im Folgen-den S. 53):

- Dadurch, dass es für alle Schüler*innen unabhängig ihrer mathematischen Fähigkeiten möglich ist, open-ended problems zu bearbeiten, ermöglicht die-ses Aufgabenformat den Lernenden das Gefühl, mathematische Leistung erbringen zu können und dadurch gleichsam eine gewisse Erfüllung bzw. Zufriedenheit.
- Außerdem ermöglichen diese Aufgaben den Kindern einen Einblick darin, was es bedeutet Mathematiker*innen zu sein, indem sie eigene Lösungen und Methoden entwickeln und dadurch kreativ werden können.

- Nicht zuletzt wird bei der Bearbeitung von open-ended problems der aktive Beitrag der Schüler*innen am Mathematikunterricht wertgeschätzt und hervorgehoben. Dadurch können alle Lernenden Vertrauen in ihre eigenen mathematischen Fähigkeiten aufbauen.

3.1.2 Divergent production tasks

"Divergent production tasks have their origin in the work [on creativity] of American researcher such as Torrance and Guilford in the fifties and sixties." (Haylock, 1997, S. 71)

Haylock (1997) nutzt einen anderen Begriff, um Aufgaben zu umschreiben, durch welche die Kreativität von Schüler*innen angeregt werden kann. Im Sinne der Definition von Kreativität durch das divergente Denken spricht er von *divergent production tasks* als eine spezifische Form der open-ended problems, die sich ausschließlich auf den Bereich der Kreativität beziehen (s. Eingangszitat). Dabei definiert er divergent production tasks als offene Aufgaben, zu denen es mindestens 20 verschiedene Antworten gibt, aber nur wenige Schüler*innen mathematisch angemessene, im Sinne von originelle, Antworten erreichen können (Haylock, 1997, S. 72). Dies ist ein deutlicher Unterschied zu der zuvor dargestellten Definition von open-ended problems nach Kwon, Park und Park (2006), bei denen alle Lernenden die Aufgabe gleichermaßen bearbeiten können sollen (vgl. Abschn. 3.1.1).

Die divergent production tasks nach Haylock (1997) wurden bereits zuvor mit Beispielen unter dem Aspekt der Denkflüssigkeit als divergente Fähigkeiten dargestellt und sollen an dieser Stelle nur noch einmal rekapituliert werden (vgl. Abschn. 2.3.3.1), um als Ausgangspunkt für die weiteren Ausführungen zu dienen: Unter *problem-solving* versteht der Autor Aufgaben, die Schüler*innen dazu einladen, viele individuell verschiedene Lösungen und Lösungswege zu finden. Bei Aufgaben, die das *problem-posing* ansprechen, sollen die Lernenden verschiedene mathematische Fragen zu einem Ausgangsproblem formulieren. Zuletzt bezeichnet *redefinition* Aufgaben, bei denen die Schüler*innen die Situationselemente in Bezug auf die mathematischen Einzelheiten der Aufgabe neu anordnen müssen (vgl. Haylock, 1997, S. 72).

3.1.3 Problem-posing tasks

"Given the „creating a problem" characteristic of problem posing and the "bring into being" nature of creativity one might see problem posing as kind of creativity." (Leung, 1997, S. 81)

Besonders dem problem-posing als mathematische Aktivität bei der Bearbeitung offener Aufgaben im Kontext von Kreativität weisen Leung (1997) und Leung & Silver (1997) eine besondere Bedeutung zu. Dadurch, dass diese Aufgaben die bearbeitenden Schüler*innen explizit dazu auffordern, viele verschiedene mathematische Fragen zu finden, führen sie dazu, dass die Lernenden ihre Kreativität auf Basis des divergenten Denkens zeigen können. Nachfolgend wird eine Beispielaufgabe aus der Studie von Leung und Silver (1997, S. 8) präsentiert, an der deutlich wird, inwiefern die bearbeitenden Schüler*innen aufgefordert werden, verschiedene mathematische Fragen zu einem Ausgangsproblem zu formulieren. So wird den Lernenden ein mathematischer Kontext, in diesem Fall der Kauf eines Hauses und Abschluss eines Kredits, gegeben (Test Item 1B). Zu diesem sollen sie verschiedene mathematische Problemstellungen und Fragen entwickeln.

Bsp. Instruction: Consider possible combinations of the pieces of information given and pose mathematical problems involving the purchase and operation of the house (the operation of the pool). Do not ask questions like „Where is the house?" („Where is the pool located?") because this is not a mathematical problem.

- Set up as many problems as you can think of. Think of problems with a variety of difficulty levels. Do not solve them.
- Set up a variety of problems rather than many problems of the same kind.
- Include also unusual problems that your peers might not be able to create.
- You can change the given information and/or supply more information. When you do so, note the changes in the box with the problem to which they apply.
- Write only one problem in each box [8 per problem]. If you think of more problems than the number of boxes provided, write the others on the back of the sheet.

Test Item 1B: Mr. Smith decided to purchase a house. He made a down payment and agreed to pay the rest with monthly payments. Each monthly payment included a portion of the principal, an interest charge, plus a charge for insurance at a certain amount per year. Mr. Smith found by talking to the former owner the monthly cost to heat the house. Later Mr. Smith added insulation to the house which cost him an additional amount, but the contractor who installed it guaranteed would reduce his heating costs by a certain percent.

Leung und Silver (1997, S. 21) bestärken den Einsatz von problem-posing Aufgaben als kreative Aktivitäten, indem sie herausstellen, dass diese speziellen mathematischen Aufgaben für den Großteil der Schülerschaft zugänglich sind und somit auch alle Lernenden ihre individuelle mathematische Kreativität zeigen können. Leung (1997, S. 81) geht sogar so weit, dass sie problem-posing-Aktivitäten und Kreativität durch ihre grundlegende Natur gleichsetzt:

„Given the ‚creating a problem' characteristic of problem posing and the 'bring into being' nature of creativity one might see problem posing as a kind of creativity" (Leung, 1997, S. 81)

3.1.4 Multiple solution tasks

„A multiple solution task (MST) is an assignment in which a student is explicitly required to solve a mathematical problem in different ways." (R. Leikin, 2009c, S. 133, Hervorh. im Original)

Andere Autor*innen konzentrieren sich weniger auf den Aspekt des problem-posing (vgl. Abschn. 3.1.3), sondern auf das problem-solving als mathematische (kreative) Tätigkeit. Dabei werden offene Aufgaben konzipiert, die vor allem ein mathematisches Problem in das Zentrum der Aufgabe stellen, das durch verschiedenste Lösungswege bearbeitet werden kann (vgl. Pehkonen, 2001, S. 62).

R. Leikin (2009c, S. 133) beschreibt in diesem Kontext die *multiple solution tasks* (MSTs), als Aufgaben, bei denen die Schüler*innen explizit dazu aufgefordert werden, ein mathematisches Problem auf verschiedene Arten zu lösen. Diese verschiedenen Lösungswege bezeichnet die Autorin dann als *solutions* (Deutsch: Lösungen) zu der Aufgabe. Hier liegt demnach die Offenheit ausschließlich in der Vielfältigkeit dieser Lösungswege, was ein entscheidender Unterschied zu open-ended problems (vgl. Abschn. 3.1.1) und divergent production tasks (vgl. Abschn. 3.1.2) darstellt, bei denen sowohl die Antworten zur Aufgabe als auch die Lösungswege geöffnet sind (vgl. etwa Levenson et al., 2018, S. 274). Dennoch sind MSTs durch ihre Offenheit geeignet, um die individuelle mathematische Kreativität auf Basis des divergenten Denkens von Schüler*innen anzuregen, da sich die Denkflüssigkeit und Flexibilität auf die verschiedenen Lösungswege beziehen. Nachfolgend werden zwei Beispiele für MSTs für Schüler*innen der Sekundarstufe (zitiert nach R. Leikin, 2009c, S. 141) präsentiert, bei denen es eindeutig eine richtige Lösung aber verschiedene mögliche Lösungswege gibt. So lässt sich etwa das zweite Beispiel durch die drei Lösungsverfahren von Gleichungssystemen (Einsetzungs-, Gleichsetzungs- und Additionsverfahren) sowie durch das systematische Ausprobieren bearbeiten.

Bsp. Dor and Tom walk from the train station to the hotel. They start out at the same time. Dor walks half the time at speed v1 and half the time at speed v2. Tom walks half the way at speed v1 and half the way at speed v2. Who gets to the hotel first? Dor or Tom?

Bsp. Solve the system in as many ways as possible: (a) $\begin{cases} 3x + 2y = 10 \\ 2x + 3y = 10 \end{cases}$

(b) $\begin{cases} x + 3y = 10 \\ 2x + y = 15 \end{cases}$

In ihrer Studie und durch die Anwendung ihres Evaluationssystems für mathematische Kreativität (vgl. Abschn. 2.3.3.1, insbesondere die Ausführungen zur Originalität, und die Fußnoten 25, 28 und 33), bewertet R. Leikin (2009c, S. 142) von diesen beiden MSTs die erste als besonders geeignet, um die mathematische Kreativität von Schüler*innen zu identifizieren, da bei dieser die Lernenden am stärksten qualitativ verschiedene Lösungswege zeigen konnten. Dadurch wird die kindliche Fähigkeit der Originalität deutlich, die für R. Leikin (2009c) als „strongest component in determining creativity" (S. 143) gilt.

Tsamir, Tirosh, Tabach und Levenson (2010, S. 220) sind in ihrer qualitativen Studie der Frage nachgegangen, ob multiple solution tasks auch ein geeignetes Format für junge Kinder sind. So haben insgesamt 163 Vorschulkinder im Alter von fünf bis sechs Jahren den *Creating Equal Number Task (CEN)* bearbeitet, bei

der auf einem Tisch auf der einen Seite drei und auf der anderen Seite fünf Flaschendeckel liegen. Die Kinder werden dazu aufgefordert, die Flaschendeckel so
zu verändern, dass auf beiden Seiten die gleiche Anzahl liegt. Die im Folgenden dargestellte Frage wurde den Kindern gestellt, nachdem die Deckel in ihre
Ausgangslage (3;5) zurück gebracht wurden und so oft wiederholt, bis das Kind
keine weitere Möglichkeit mehr finden konnte oder wollte (vgl. Tsamir et al.,
2010, S. 222):

Bsp.

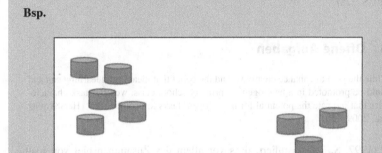

Abb. 3.1 Ausgangsanordnung der Flaschendeckel bei der CEN-Aufgabe (in
Anlehnung an Tsamir et al., 2010, S. 222)

Can you make it so that there will be an equal number of bottle
caps on each side of the table? Is there another way of making the
number of bottle caps on each side equal?

Diese Aufgabe ermöglicht den Kindern das Finden verschiedener solutions im
Sinne von Lösungen und Lösungswegen. Sie bietet insgesamt fünf verschiede
Lösungen, nämlich die Anordnung von jeweils null bis vier Flächendeckeln auf
jeder Seite: (0;0), (1;1), (2;2), (3;3), (4;4). Außerdem sind ebenso fünf verschiedene Vorgehensweisen möglich, die zu den verschiedenen Lösungen führen.
Durch die Vorgehensweise *Removing* kann die Lösungen (0;0) erreicht werden.
Beim *Taking from the larger set* kann durch die ursprüngliche Anordnung der
Deckel (5;3) ausschließlich die Lösung (3;3) erreicht werden. Die Methode *Shif-
ting from one set to another* ermöglicht das Finden der Lösung (4;4). Beim *Taking
from both* können die beiden Lösungen (1;1) und (2;2) erreicht werden. Nur durch
die Anwendung der zweischrittigen Vorgehensweise *Collecting all and divide*

back können alle fünf Lösungen gefunden werden (vgl. Tsamir et al., 2010, S. 222–223).

Die Autor*innen konnten feststellen, dass nahezu alle Kinder bereitwillig mehrere Lösungen und Vorgehensweisen ausprobierten (vgl. Tsamir et al., 2010, S. 228) und schlussfolgern daher das Folgende:

> „Young students, who have had little experience with standard mathematical problems, may be more open and creative in their thinking than older children who have been acculturated by years of solving standard one solution problems" (Tsamir et al., 2010, S. 228)

3.1.5   Offene Aufgaben

> „While the goal to enhance creativity, and the belief that meaningful learning can and should be promoted in a heterogenous primary school class, we offer task characteristics that indicate the potential for these [open] tasks to be effective." (Hershkovitz et al., 2009, 259)

Silver (1997, S. 76) postuliert, dass vor allem das Zusammenspiel von mathematischen problem-posing- und problem-solving-Aktivitäten (vgl. Abschn. 3.1.3 und 3.1.4) für das Zeigen von mathematischer Kreativität bedeutsam sind. D. h. die Bearbeitung einer offenen Aufgabe sollte sowohl aus der Formulierung von mathematischen Teilfragen und -aufgaben auf Basis einer Problemsituation als auch dem Lösen dieser bestehen (vgl. auch Abschn. 2.3.3.1). Auf diese Weise werden alle Eigenschaften der individuellen mathematischen Kreativität, also die vier divergenten Fähigkeiten, bei den bearbeitenden Schüler*innen gefordert und so beobachtbar (vgl. Silver, 1997, S. 77–78). Der Autor spricht von einem *open approach* im Sinne einer Lernumgebung, in der Schüler*innen kreativ werden können und indem offene Aufgaben mit den zuvor dargestellten Charakteristika zum Einsatz kommen. Die nachfolgende Beispielaufgabe (vgl. Silver, 1997, S. 78) fördert bei den bearbeitenden Schüler*innen, einen individuellen Bearbeitungsweg zu beschreiten, zielführende Teilfragen zu stellen und zu beantworten, um eine verallgemeinerte Aussage zu tätigen:

> **Bsp.**   Show that the product of any four consecutive integers is divisible by 24.

Durch die Verwendung des neutralen Begriffs der *offenen Aufgabe* (Engl. *open task)* (etwa bei Hershkovitz et al., 2009, S. 258; Silver, 1997, S. 78) wird nicht direkt auf bestimmte Forschende wie etwa bei den open-ended problems nach Becker und Shimada (1997), den multiple solution tasks nach R. Leikin (2009c) oder den divergent production tasks nach Haylock (1997) referiert. Dadurch sind andere Kreativitätsforscher*innen in der Lage, die Spezifika der jeweils genutzten Aufgaben auf Basis der allgemeinen Charakteristika solcher Aufgaben für den Bereich der individuellen mathematischen Kreativität weiter zu konkretisieren. ·

Hershkovitz, Peled und Littler (2009) formulieren den Anspruch an offene Aufgaben, den Schüler*innen ein „learning for all" (S. 258) zu ermöglichen, bei dem sie unter anderem ihre individuelle mathematische Kreativität zeigen können. Dieser Funktion offener Aufgaben wird in der deutschsprachigen Literatur durch den Begriff der *Lernumgebung* entsprochen (vgl. Hengartner, Hirt, Wälti & Primarschulteam Lupsingen, 2006; Wittmann & Müller, 2017b). Darunter sind komplexe, in einen spezifischen Unterrichtskontext eingebettete offene Aufgaben zu verstehen, weshalb mathematische Lernumgebungen den Begriff der offenen Aufgabe vor allem in Bezug auf die Planung von Mathematikunterricht erweitern. Ulm (2016a, S. 8) konkretisiert dies, indem er vier Komponenten von mathematischen Lernumgebungen definiert, die in ihrem Zusammenspiel für die Qualität der initiierten Lernprozesse verantwortlich sind. So nehmen die *Aufgabe* selbst, die genutzten *Lernmedien,* die bewusst eingesetzte *Unterrichtsmethodik* sowie die möglich wählbaren *Lernpartner* Einfluss auf das mathematische Lernen der *Schüler*innen* (vgl. Abb. 3.1 von Ulm, 2016a, S. 8). Die dafür konzipierten offenen Aufgaben zeichnen sich insbesondere dadurch aus, dass sie „über eine niedrige Eingangsschwelle verfügen, und allen Lernenden Zugang zu den ersten [Teila]ufgaben ermöglichen" (Wälti & Hirt, 2006, S. 19). Nach diesem Einstieg kann die gesamte offene Aufgabe durch verschiedene Zugangsweisen, Materialien und Lösungswegen individuell bearbeitet werden (vgl. Rasch, 2010, S. 9; Nührenbörger & Pust, 2016, S. 32; Wälti & Hirt, 2006, S. 19). Eine besondere und gleichsam häufig als Herausforderung benannte Eigenschaft dieses Aufgabenformats ist es, dass sie den Lernenden eine hohe Eigenverantwortung und Freiheit in der Bearbeitung der Aufgabe zugestehen (vgl. Wittmann & Müller, 2017b, S. 172–173; Wälti & Hirt, 2006, S. 20), was aber wiederum notwendig ist, damit Schüler*innen ihre individuelle mathematische Kreativität zeigen können.

Diese „offene[n] Lernarrangements ermöglich[en] die Eigendifferenzierung der Kinder je nach ihren Fähigkeiten" (Nührenbörger & Pust, 2016, S. 32), weshalb diese Aufgabenformate auch allgemein unter dem Begriff der *natürlichen Differenzierung* eingeordnet werden (vgl. Wittmann, 1990, S. 164; Wittmann &

Müller, 2017a, S. 180). Dabei ist vor allem eine Betrachtung der Komplexität der Aufgabe vorzunehmen (vgl. Krauthausen & Scherer, 2014, S. 52–53). Komplexität wird dabei nicht als hemmendes Kriterium aufgefasst. Im Gegenteil zeigt sich, dass ein gewisses Maß an Komplexität der Aufgabe notwendig ist, damit die Lernenden „in ganzheitlicheren Zusammenhängen mehr Bedeutung, mehr Sinn und damit mehr Anknüpfungspunkte für individuelle Lösungswege" (Krauthausen & Scherer, 2014, S. 52) erhalten können. Gerade mit Blick auf die Komplexität und Eigenständigkeit in der Bearbeitung mathematische Lernumgebung verweisen Dürrenberger & Tschopp (2006) auf mögliche Stolpersteine, die es aus fachdidaktischer Perspektive zu beachten gilt (vgl. im folgenden S. 23): Die Komplexität mathematischer Lernumgebungen und damit auch offener Aufgaben können auf Schulkinder, die mathematischen Anforderungen vor allem durch fleißiges Üben bewältigen, am Anfang überfordernd wirken. Daher scheint es sinnvoll, einzelne Lernumgebungen in kleineren Teilgruppen einer Klasse zu bearbeiten, um allen Schüler*innen eine entsprechende Unterstützung durch die Lehrenden zu ermöglichen. Grundlage für angemessene Rückmeldungen an die Lernenden bildet dabei eine tiefgreifende Auseinandersetzung der Mathematiklehrer*innen mit den einzelnen mathematischen Hintergründen der offenen Aufgaben. Nur so kann es ihnen gelingen, die Denkwege der Kinder nachzuvollziehen und ihr mathematisches Lernen zu unterstützen.

Hershkovitz, Peled und Littler (2009) identifizieren als „good (creativity promoting) tasks" (259) zehn Charakteristika offener Aufgaben, die die vorherigen Ausführungen noch einmal komprimiert zusammenfassen sowie erweitern (frei übersetzt nach Hershkovitz et al., 2009, 259–260): Offene Aufgaben (1) ermöglichen viele Lösungen im Sinne des divergenten Denkens, (2) besitzen verschiedene Antworten oder Lösungsmethoden, (3) besitzen Lösungen von einfach bis originell, (4) können leicht gelöst werden, obwohl sie herausfordernd sind, (5) können durch weitere Fragen wie „Warum?" oder „Was wäre wenn…?" erweitert werden, (6) ermöglichen Generalisierungen und Abstraktion, (7) ermutigen Untersuchungen verschiedener Fälle, (8) ermutigen zu Diskussionen und Argumentationen, (9) ermutigen zum Nutzen von grundlegenden mathematischen Prinzipien, (10) nutzen das existierende mathematische Wissen der Schüler*innen und erweitern dieses. Als ein Beispiel für eine solche Aufgabe präsentieren Hershkovitz, Peled und Littler (2009, S. 262) die Folgende, die bei jeder Bearbeitung der Schüler*innen adäquat ist:

> **Bsp.** How many times does the digit "1" appears in the sequence of the natural numbers 1 to 500?

Dabei merken sie an, dass nicht bei jeder offenen Aufgabe alle zehn Eigenschaften in vollem Maß erfüllt sein müssen, sondern vielmehr über eine ganze Unterrichtsreihe alle Charakteristika durch die Gesamtheit der genutzten offenen Aufgaben abgedeckt werden sollten (vgl. Hershkovitz et al., 2009, 259). Daraus ergibt sich die folgende Erkenntnis für jede einzelne offene Aufgabe:

> „The tasks differ from each other in the degree of "openness" […]" (Hershkovitz et al., 2009, 258)

Der hier angesprochene Grad der Offenheit von mathematischen Aufgaben wird dabei in der mathematikdidaktischen Literatur unterschiedlich verstanden. Deswegen sollen im Folgenden zunächst zwei konkrete Beispiele aus der deutschsprachigen Literatur aufgeführt werden, um darauf aufbauend das Framework von Yeo (2017) vorzustellen. Basierend auf einer umfangreichen sowie systematischen Literatursicht verschiedenster mathematikdidaktischer Definition offener Aufgaben entwickelt der Autor ein umfassendes Instrument, mit dessen Hilfe die Offenheit von mathematischen Aufgaben sehr spezifisch und unterrichtspraktisch bestimmt werden kann (vgl. Abschn. 3.1.6). Durch den Facettenreichtum dieses Frameworks ist es auch in besonderem Maße dafür geeignet, offene Aufgaben, die Schüler*innen das Zeigen ihrer individuellen mathematischen Kreativität im Sinne des InMaKreS-Modells ermöglichen sollen, genau zu charakterisieren.

3.1.6 Klassifizierung der Offenheit von mathematischen Aufgaben (Yeo, 2017) zum Zeigen der individuellen mathematischen Kreativität

> „[…] there is a need to develop a framework to characterize the openness of a task based on different task variables so that teachers can design or choose appropriate tasks to develop in their students different kinds of mathematical processes." (Yeo, 2017, S. 189)

Krauthausen und Scherer (2014, S. 53) bestimmen den Grad der Öffnung einer Aufgabe über die der Aufgabe zugrundeliegende mathematische Struktur, die von den bearbeitenden Schüler*innen genutzt werden kann: Je größer die Möglichkeit, erlernte mathematische Strukturen zu nutzen oder zu entdecken, desto offener ist die Aufgabe. Etwas umfangreicher formuliert Rasch (2010) sieben Aspekte, über deren Ausprägung die Offenheit einer Aufgabe bestimmt werden kann (vgl. im Folgenden S. 9–14): Zentral ist, dass (1) Wissen von den Lernenden bewusst gezeigt wird, sodass (2) das aktuelle Wissen erfasst werden kann. Außerdem sollen (3) die Aufgaben dazu anregen, mathematische Strukturen zu nutzen und insbesondere im arithmetischen Bereich (4) das Nachdenken über Zahlbeziehungen anzuregen. Allgemein wird bei den Lernenden (5) das Einschätzen der eigenen Leistungsfähigkeit gefördert. Die (6) freie Notation der Aufgabenbearbeitung ist bei offenen Aufgaben ebenso zentral wie (7) der produktive Umgang mit Fehlern.

An diesen Beispielen wird deutlich, dass Begriffsbestimmungen der Offenheit von mathematischen Aufgaben zwar unterschiedlich ausfallen, es aber überlappende Aspekte wie etwa das Entdecken und Nutzen mathematischer Strukturen gibt. Mit Blick auf die vorangegangen Ausführungen, in denen viele verschiedene Definitionen von offen, kreativitätsfördernden Aufgaben wie open-enden problems, divergent-production task oder auch multiple solution tasks vorgestellt wurden (vgl. Abschn. 3.1.1 bis 3.1.5), wurde zudem deutlich, dass sich die Offenheit solcher Aufgaben insbesondere auf das Vorhandensein quantitativ und qualitativ verschiedener Lösungen und/oder Lösungswege bezieht. So kann insgesamt festgestellt werden, dass in der mathematikdidaktischen Diskussion um offene Aufgaben verschiedene Kriterien genannt und unterschiedlich gewichtet werden. Von dieser Einsicht geleitet und mit dem Anspruch ein einheitliches Instrument zu erschaffen, entwickelte Yeo (2017) ein umfangreiches Framework zur Bestimmung des Grads an Offenheit in mathematischen Aufgaben. Dieses wurde mit dem Ziel entwickelt, sowohl für Mathematiklehrer*innen in der Schule als auch für Forschende zur Analyse von offenen Aufgaben und dem absichtsvollen Einsatz solcher Aufgaben nutzbar zu sein (s. Eingangszitat). Dadurch soll ein reflektierter Umgang und Einsatz offener Aufgaben im Mathematikunterricht aller Schulformen und -stufen sowie der Forschung erreicht werden (vgl. Yeo, 2017, S. 187). Daher scheint dieses Framework auch mit Blick auf die individuelle mathematische Kreativität von Schulkindern, die sie bei der Bearbeitung offener Aufgaben zeigen sollen, nützlich zu sein, um die Offenheit dieser Aufgaben explizit zu definieren.

Auf Basis einer breiten mathematikdidaktischen Literatursicht zu offenen Aufgaben beschreibt Yeo (2017, S. 179–186), dass sich die Offenheit mathematischer Aufgaben über fünf verschiedene *Variablen* mit wiederum unterschiedlichen *Ausprägungen* charakterisieren lässt. Bevor diese ausführlich vorgestellt, begrifflich gefasst und an Beispielen veranschaulicht werden, ist zunächst die wohl bedeutsamste und grundlegendste Erkenntnis von Yeo (2017, S. 187) hervorzuheben. Der Autor definiert den Begriff der Offenheit mathematischer Aufgaben wie folgt:

> „Since, openness is a continuum, there are varying degrees of openness depending on how many of these variables are open und in which aspects." (Yeo, 2017, S. 187)

In diesem Zitat werden zwei wichtige Grundannahmen formuliert: Zum einen wird die Offenheit von mathematischen Aufgaben nicht pauschal zu der Geschlossenheit von Aufgaben in Kontrast gesetzt. Vielmehr wird ein Kontinuum zwischen geschlossenen und offenen Aufgaben etabliert, wodurch mathematische Aufgaben sehr spezifisch und genau bzgl. ihrer Offenheit eingeschätzt sowie zueinander in Relation gesetzt werden können. Zum anderen konkretisiert und operationalisiert Yeo (2017, S. 187) dieses Kontinuum bzw. den Grad der Offenheit durch die Beschreibung von fünf Variablen und ihren verschiedenen Ausprägungsgraden. Das bedeutet, dass eine mathematische Aufgabe dann eine geschlossene Aufgabe ist, wenn auch alle Variablen als geschlossen analysiert werden. Sobald auch nur eine der Variablen eine Öffnung aufweist, dann handelt es sich um eine, zwar auf dem Kontinuum geringe, aber dennoch offene Aufgabe. Werden dementsprechend alle fünf Variablen als offen klassifiziert, dann kann diese mathematische Aufgabe als eine vollständig offene Aufgabe charakterisiert werden. Die fünf Variablen und ihre möglichen Ausprägungen zwischen geschlossen und offen sollen nun im Detail vorgestellt werden:

1. Als erste Variable beschreibt Yeo (2017) die *answer (zu Deutsch: Antwort)* (S. 179). Darunter versteht der Autor ähnlich wie Guilford (1967) jede Lösung zu einer mathematischen Aufgabe. Diese kann von konkreten Rechenergebnissen wie etwa bei der Aufgabe $15 + 5 =$ ___ über das Notieren verschiedener Rechenwege wie bspw. bei der Aufgabe *Rechne die Aufgabe $7 + 8$ auf verschiedene Art und Weise und schreibe deine Rechenwege auf* (vgl. Einführung zu diesem Kapitel) bis hin zur Lösung komplexer Sachaufgaben wie etwa beim Planen eines neuen Spielgerüsts für den Schulhof (vgl. Yeo, 2017, S. 178, task 4a) reichen. Die Antwort zu einer Lösung wird dann als geschlossen charakterisiert, wenn alle einzelnen Lösungen aus der Aufgabe heraus *determiniert* sind (vgl. Yeo, 2017, S. 179). Dies ist bei der zuvor erstgenannten Beispielaufgabe der Fall, da die Antwort zu der Aufgabe $15 + 5 =$ ___ ausschließlich 20 sein kann. Bei den anderen beiden genannten Aufgaben sind die verschiedenen Antworten der Kinder nicht determiniert, da weder abzusehen ist, welche

verschiedenen Rechenwege die Kinder zur Lösung der Aufgabe 7 + 8 notieren, noch die konkrete Planung eines Spielgerüsts vorhergesagt werden kann. Diese beiden mathematischen Aufgaben können daher aufgrund ihrer vielen möglichen Antworten als offen charakterisiert werden. Des Weiteren unterscheidet Yeo (2017) bei der Offenheit der Antwort zwischen *well-defined (zu Deutsch: wohldefiniert)* und *ill-defined (zu Deutsch: schlechtdefiniert)* (S. 179). Bei wohldefinierten offen Antworten können die einzelnen Lösungen zu der mathematischen Aufgabe objektiv, d. h. mathematisch, als richtig oder falsch eingeschätzt werden (vgl. Yeo, 2017, S. 179). Dies ist bei der Beispielaufgabe mit den verschiedenen Rechenwegen der Fall, da diese aus mathematischer Sicht als adäquat evaluiert werden können. Im Gegensatz dazu sind schlechtdefinierte offene Antworten solche, die nicht eindeutig als richtig oder falsch analysiert werden können (vgl. Yeo, 2017, S. 179–180). Hierzu lässt sich die Beispielaufgabe mit der Planung eines neuen Spielgerüsts einordnen, da die Antworten der Schüler*innen immer subjektiv sein werden.

2. Die zweite wesentliche Variable ist das *goal (zu Deutsch: Ziel)* (Yeo, 2017, S. 180), das durch die konkrete Formulierung der mathematischen Aufgabe von den Bearbeitenden verlangt wird. Eine Aufgabe gilt dann als geschlossen, wenn das Aufgabenziel sehr *spezifisch* und dadurch eindeutig formuliert ist (vgl. Yeo, 2017, S. 180). Als Beispiel hierfür kann erneut die Aufgabe 15+5 = ____ dienen, da hier durch das Gleichheitszeichen und dem Strich die Aufforderung zum Ausrechnen des Terms sehr klar kommuniziert wird. Aber auch die mathematische Aufgabe, ein neues Spielgerüst zu planen, hat ein spezifisch formuliertes Ziel und ist daher bzgl. dieser Variable geschlossen. An diesem Beispiel wird zudem deutlich, dass die beiden Variablen des Ziels und der Antwort zwar häufig in einem sich wechselseitig bedingenden Verhältnis stehen können (offenes Ziel ↔ offene Antwort, geschlossenes Ziel ↔ geschlossene Antwort), aber nicht müssen (vgl. ausführlich Yeo, 2017, S. 181). Im Kontrast zu solchen geschlossenen Zielformulierungen können mathematische Aufgaben auch offene Ziele aufweisen, wenn diese (eher) unspezifisch formuliert sind. Dies bedeutet, dass „students are expected to choose their own specific goals to pursue" (Yeo, 2017, S. 180). Auch hier unterscheidet der Autor zwischen *wohldefinierten* und *schlechtdefinierten* Zielen. Die Formulierung der Aufgabe *Rechne die Aufgabe 7 + 8 auf verschiedene Art und Weise und schreibe deine Rechenwege auf* ist in dem Sinn offen, da das Ziel zwar nicht spezifisch, aber dennoch klar umschrieben ist. Sie ist daher laut (Yeo, 2017, S. 180–181) ein Beispiel für ein wohldefiniertes Ziel. Bei schlechtdefinierten Zielen ist die Formulierung der mathematischen Aufgaben sehr vage wie etwa bei der Aufforderung, etwas (i. d. R. mathematische Muster und Strukturen)

zu untersuchen (vgl. Yeo, 2017, S. 180–181). Was die Schüler*innen dabei genau in den Blick nehmen und wie tief ihre Untersuchung verläuft, bleibt ihnen überlassen.

3. Als dritte Variable beschreibt Yeo (2017) die *methods (zu Deutsch: Methode oder Vorgehen)* (S. 182). Darunter versteht der Autor das Vorgehen bei der Bearbeitung mathematischer Aufgaben, das von algorithmischen Bearbeitungsweisen über das systematische Ausprobieren bis hin zu der Entwicklung heuristsicher Strategien reichen kann (vgl. Yeo, 2017, S. 182). Das Vorgehen bei der Bearbeitung einer mathematischen Aufgaben wird dann als geschlossen bezeichnet, wenn „there is only one method or the method involves only routine application of known procedures" (Yeo, 2017, S. 183). Dies ist bei der Beispielaufgabe $15 + 5 = \underline{\quad}$ der Fall, die durch die Anwendung einer erlernten Rechenstrategie einfach gelöst werden kann. Aufgaben die hinsichtlich des möglichen Vorgehens bei ihrer Bearbeitung offen sind, können erneut als *wohl-* oder *schlechtdefiniert* klassifiziert werden. Für die Definition dieser Begriffe beschreibt Yeo (2017, S. 182–183) die sogenannte *Natur* des Vorgehens: Ist es möglich, Schüler*innen ein Vorgehen für die Bearbeitung eine mathematische Aufgabe beizubringen, dass dann bei allen Lernenden zu derselben richtigen Antwort führt, dann liegt ein wohldefiniertes Vorgehen vor. Führt dementsprechend ein unterrichtetes Vorgehen bei allen Schüler*innen zu unterschiedlichen Antworten, dann ist das Vorgehen zwar offen, aber schlechtdefiniert (vgl. Yeo, 2017, S. 183). Dies ist bspw. bei der Aufgabe mit der Planung eines Spielgerüsts der Fall. Das Vorgehen bei der Bearbeitung dieser Aufgabe ist so weit geöffnet, dass selbst die Vermittlung einer heuristischen Bearbeitungsstrategie bei den Schulkindern nicht zu denselben Bearbeitungen der Aufgabe führen würde. Zusätzlich zu diesen beiden Ausprägungen werden noch zwei weitere Ausprägungen definiert. Die Offenheit im Vorgehen kann entweder *subject-dependent (zu Deutsch: subjektabhängig)* oder *task-inherent (zu Deutsch: aufgabeninhärent)* (Yeo, 2017, S. 183) sein. Ist ein Vorgehen bei der Bearbeitung einer mathematischen Aufgabe subjektabhängig, dann bedeutet dies, dass die Bearbeitenden darüber entscheiden können, ob sie verschiedene Bearbeitungsweisen einsetzen oder nicht. Umgekehrt beschreibt der Begriff der Aufgabeninhärenz den Umstand, dass es nicht möglich ist, eine mathematische Aufgabe nur mit einem Vorgehen vollständig und umfassend zu bearbeiten (vgl. Yeo, 2017, S. 183).

4. Die Variable *complexity (zu Deutsch: Komplexität)* (Yeo, 2017, S. 184) ist stark mit der zuvor dargestellten Variable des Vorgehens verbunden, da es hier darum geht, „how teachers can structure the method of solution into the task statement to guide students if the task is too complex." (Yeo, 2017,

S. 183). Damit analysiert diese Variable, inwiefern durch die Formulierung einer mathematischen Aufgabe die Schüler*innen durch die Lehrer*innen unterstützt werden können (vgl. dazu ausführlich Kap. 4). In diesem Sinne wird die Komplexität als geschlossen charakterisiert, wenn die gesamte Aufgabe für alle Schüler*innen einfach genug ist (vgl. Yeo, 2017, S. 185). Diese Einschätzung hängt damit maßgeblich von der Lerngruppe bzw. von den einzelnen Schüler*innen ab, für die eine Aufgabe ausgewählt oder konzipiert wird (vgl. Yeo, 2017, S. 184). Eine Aufgabe ist dann in Bezug auf die Komplexität als offen zu charakterisieren, wenn sie für die Schüler*innen zu komplex ist und diese keinen geeigneten Startpunkt für eine Bearbeitung finden. Können dann die Lehrpersonen die Komplexität der Aufgabe durch geeignete, schriftliche Unterstützungsangebote verringern, dann wird die Komplexität als *subjektabhängig* definiert (vgl. Yeo, 2017, S. 184). Diesen Begriff benutzt Yeo (2017, S. 185) erneut im Unterschied zu *aufgabeninhärent*, der bei dieser Variable bedeutet, dass es bei der Formulierung einer mathematische Aufgabe nicht möglich ist, genug Unterstützung bereitzustellen, damit alle Schüler*innen sie angemessen bearbeiten können. Die Beispielaufgabe *Plane ein neues Spielgerüst* kann zunächst als offen analysiert werden, da sie in ihrer Formulierung keine konkreten Bearbeitungshinweise beinhaltet. Trotz einer Überarbeitung der Aufgabe durch die Ergänzung bestimmter Maße, Materialien oder eines Budgets, können in die Formulierung nicht alle Informationen eingearbeitet werden, die für eine einfache Bearbeitung der Aufgabe nötig wären. Sie ist daher ein Beispiel für eine aufgabeninhärente Komplexität (vgl. etwa Yeo, 2017, S. 184).

5. Die letzte Variable, die Yeo (2017) in seinem Framework benennt, ist die der *extension (zu Deutsch: Erweiterung)* (S. 185). Der Autor greift damit die begriffliche Unterscheidung von open tasks zu open-ended tasks auf (vgl. Yeo, 2017, S. 185): Während die Bezeichnung open auf eine gewisse Offenheit in der Antwort der Aufgabe verweist, wird der Begriff open-ended wie etwa bei Becker und Shimada (1997) verwendet, um Aufgaben zu beschreiben, die immer weiter erweitert werden können und dadurch nie enden. Unter Erweiterung wird dabei die systematische Veränderung von Zahlen oder Bedingungen der Aufgabe verstanden, die zu weitreichenden mathematischen Erkenntnissen (vor allem auf der Ebene mathematischer Muster und Strukturen) führen können (vgl. Yeo, 2017, S. 185–186). Eine mathematische Aufgabe ist bzgl. ihrer Erweiterung geschlossen, wenn sie entweder nicht erweitert werden kann oder durch eine gezielte Erweiterung keine mathematisch neuen Erkenntnisse erlangt werden können (vgl. Yeo, 2017, S. 185) Die Aufgabe *Während eines Workshops schütteln alle 100 Teilnehmer*innen jedem*jeder anderen die*

Hand – Wie viel Händedrücke finden statt? (vgl. Yeo, 2017, S. 177, task 2a) ist hingegen offen und dadurch erweiterbar, indem überlegt werden kann, wie viele Händedrücke bei 200, 1000 oder *n* Personen stattfinden. Die Variable der Erweiterung kann im Bereich der Offenheit ebenfalls die beiden Ausprägungen subjektabhängig oder aufgabeninhärent annehmen. Dabei bedeutet *subjektabhängig* in diesem Fall, dass die Bearbeitenden selbstständig entscheiden, ob und in welchem Maße sie die Aufgabe erweitern. Ist die Erweiterung dagegen *aufgabeninhärent*, dann muss immer eine Erweiterung durch die Lernenden stattfinden, da die mathematische Aufgabe dies explizit verlangt (vgl. Yeo, 2017, S. 186).

Die nachfolgende Klassifizierungsmatrix fasst die Definitionen aller zuvor ausführlich erläuterter Variablen und deren verschiedene Ausprägungen übersichtlich zusammen (Tab. 3.1):

In dieser mathematikdidaktischen Arbeit wurden offene Aufgaben aus dem Grund so ausführlich dargestellt, da sie ein geeignetes Aufgabenformat darstellen, um die individuelle mathematische Kreativität von Schulkindern anzuregen und dadurch beobachtbar zu machen. Mit Blick auf das InMaKreS-Modell müssen es diese mathematischen Aufgaben den Bearbeitenden ermöglichen, ihre Denkflüssigkeit, Flexibilität, Originalität und Elaboration zu zeigen (vgl. Einführung zu Kap. 3). Diese zentrale Funktion wurde bereits in den vorherigen Ausführungen anhand der verschiedenen kreativitätsfördernden offenen Aufgaben angesprochen, aber noch nicht explizit genug für eine eindeutige Charakterisierung offener Aufgaben, welche die individuelle mathematische Kreativität von Schüler*innen anregen, ausformuliert (vgl. Abschn. 3.1.1 bis 3.1.5). Dafür eignet sich in besonderem Maß das nun vorgestellte Framework von Yeo (2017), da es die Offenheit mathematischer Aufgaben über die beschriebenen Variablen *Antwort, Ziel, Vorgehen, Komplexität* und *Erweiterung* ausdifferenziert und dadurch operationalisiert. So sollen nachfolgend die fünf Variablen bezüglich ihrer Offenheit eingeschätzt werden, damit Schüler*innen ihre divergenten Fähigkeiten und damit ihre individuelle mathematische Kreativität zeigen können.

– Im Sinne des divergenten Denkens und dem Aspekt der Denkflüssigkeit müssen die *Antworten* zu einer mathematischen Aufgabe sehr vielfältig ausfallen und aus mehreren unterschiedlichen Ideen bestehen dürfen (vgl. Abschn. 2.3.3.1 – insb. der Abschnitt zur Denkflüssigkeit). Um den Schüler*innen das Zeigen ihrer individuellen Denkflüssigkeit unabhängig ihrer Schulstufe oder Lernbiografie zu ermöglichen, scheint es angemessen, dass die Antwort zu einer offenen Aufgabe sehr stark geöffnet und damit nicht

Tab. 3.1 Definition der Variablen und Ausprägungsgrade zur Klassifizierung offener Aufgaben in Anlehnung an Yeo (2017)

Variable		Ausprägung				
		geschlossen	offen		Aufgabeninhärent	Subjektabhängig
			Wohldefiniert	Schlechtdefiniert		
Antwort		Alle Antworten sind determiniert.	Die Antworten sind nicht determiniert und es gibt objektiv falsche und richtige Antworten.	Die Antworten sind nicht determiniert und es gibt subjektiv falsche und richtige Antworten.	–	–
Ziel		Das Ziel ist mathematisch spezifisch.	Das Ziel ist eher klar formuliert.	Das Ziel ist eher vage formuliert.	–	–
Vorgehen		Es gibt nur ein mögliches Vorgehen oder das Vorgehen besteht nur aus der Anwendung von erlernten Routinen.	Es sind mehrere Vorgehensweisen möglich, wobei ein bestimmtes Vorgehen bei verschiedenen Bearbeitenden zu der gleichen Antwort führt.	Es sind mehrere Vorgehensweisen möglich, wobei ein bestimmtes Vorgehen bei verschiedenen Bearbeitenden zu verschiedenen Antworten führt.	Die Aufgabe an sich verlangt bei der Bearbeitung nach dem Gebrauch verschiedener Vorgehensweisen.	Die Wahl des Vorgehens liegt bei den Bearbeitenden.

(Fortsetzung)

Tab. 3.1 (Fortsetzung)

| | Ausprägung | | | | |
| | geschlossen | offen | | | |
		Wohldefiniert	Schlechtdefiniert	Aufgabeninhärent	Subjektabhängig
Komplexität	Die Aufgabe ist für die Bearbeitenden einfach genug.	–	–	Die Aufgabe ist für die Bearbeitenden zu komplex, wobei es aus der Aufgabe heraus nicht möglich ist, die Komplexität durch Scaffolding zu reduzieren.	Die Aufgabe ist für die Bearbeitenden zu komplex, wobei die Komplexität durch Scaffolding reduziert werden kann.
Erweiterung	Die Aufgabe kann oder sollte nicht erweitert werden.	–	–	Die Aufgabe an sich verlangt zur Bearbeitung nach einer Erweiterung.	Die Bearbeitenden entscheiden, ob und wie sie die Aufgabe erweitern.

determiniert ist. Das bedeutet auch, dass abhängig von der gestellten offenen Aufgabe nicht erwartet werden kann, dass zwei Schüler*innen die exakt gleiche Antwort produzieren werden. Mit Blick auf das InMaKreS-Modell und der darin definierten Reflexionsphase, in der (auch junge) Kinder ihre eigenen Ideen reflektieren und dabei formulieren sollen, ist es zudem sinnvoll, wenn die einzelnen Antworten aus mathematischer Perspektive eindeutig als passend oder unpassend beschrieben werden können. Somit sollten Aufgaben, die Schüler*innen zum Zeigen ihrer individuellen mathematischen Kreativität anregen, eine wohldefinierte Offenheit in der Antwort aufweisen.

– Um diese große Offenheit in der Antwort zu einer offenen Aufgabe altersangemessen einzugrenzen, sollte das *Aufgabenziel* eher klar formuliert werden. D. h., es sollte immer eine Bedingung oder Einschränkung formuliert werden, die das Aufgabenziel konkretisiert und dabei verdeutlicht, dass eine divergente Produktion von den Schüler*innen erwartet wird. Eine mögliche Aufgabenformulierung, die dann durch spezifische inhaltliche Aspekte ergänzt werden kann, könnte deshalb lauten: *Finde verschiedene...*. Wichtig zu betonen ist hier die bewusst gewählte Formulierung mit dem Attribut *verschiedene* im Gegensatz zu dem Aufgabenziel *Finde alle...*. Je nachdem wie eng der inhaltliche Rahmen einer solchen Aufgabe wie z. B. *Finde alle Möglichkeiten aus den Geschmackssorten Erdbeere, Schokolade und Zitrone, zwei Eiskugeln auszuwählen* abgesteckt wird, kann das formulierte Ziel die Offenheit der Antwort zu der Aufgabe sehr einschränken bzw. gänzlich schließen, da alle Antworten determiniert sind. Dadurch wird dann auch eine denkflüssige Bearbeitung der Aufgabe eingeschränkt. Mit Blick darauf, dass die Schulkinder bei der Bearbeitung einer offenen Aufgabe ihre individuelle mathematische Kreativität zeigen können sollen, muss das formulierte Ziel der Aufgabe als offen und wohldefiniert charakterisiert werden.

– Um die Offenheit der Variable des *Vorgehens* für solche Aufgaben einzuschätzen, die den bearbeitenden Schüler*innen das Zeigen ihrer individuellen mathematischen Kreativität ermöglichen sollen, müssen die beiden divergenten Fähigkeiten der Flexibilität und Originalität genauer betrachtet werden. Unter Flexibilität ist die Fähigkeit zu verstehen, verschiedene Ideentypen und Ideenwechsel zu zeigen. Originalität bezieht sich zudem auf die Fähigkeit, die eigene Produktion zu reflektieren und durch weitere Ideen sowie Ideentypen zu erweitern (vgl. Abschn. 2.3.3.1 – insb. der Abschnitt zur Flexibilität und Originalität). Um den Schüler*innen bei der Bearbeitung einer mathematischen Aufgabe das Zeigen dieser beiden individuellen Fähigkeiten zu ermöglichen, muss also die Wahl des Vorgehens gänzlich geöffnet sein sowie bei den Schüler*innen selbst liegen und darf von der Aufgabe nicht vorgeschrieben werden.

Nur, wenn die Aufgabe verschiedene Bearbeitungsweisen zulässt, wird es den Lernenden ermöglicht, individuelle Ideentypen sowie Ideenwechsel zu zeigen und diese zu reflektieren sowie zu erweitern. Das bedeutet auch, dass im Kontext von Kreativität bei der Bearbeitung mathematischer Aufgaben, diese so konzipiert werden sollten, dass bestimmte (erlernte) Vorgehensweisen wie heuristische Strategien bei verschiedenen Schüler*innen nicht zur exakt gleichen Bearbeitung der Aufgabe führen. Im Sinne des Frameworks von Yeo (2017) sollte die Offenheit des Vorgehens bei Aufgaben, die Lernenden im Mathematikunterricht eine kreative Bearbeitung ermöglichen sollen, als offen, subjektabhängig und schlechtdefiniert eingestuft werden.

– Mit Blick auf die divergente Fähigkeit der Elaboration wurde bereits darauf verwiesen, dass die Lernenden bei der kreativen Bearbeitung mathematischer Aufgaben von Lehrpersonen unterstützt werden sollten, da die Fähigkeit, das eigene Vorgehen sprachlich zu begleiten, besonders herausfordernd sein kann (vgl. Abschn. 2.3.3.1 – insb. der Abschnitt zur Elaboration). In diesem Sinne sollte die Offenheit der Variable der *Komplexität* so charakterisiert werden, als dass die Aufgabe zwar für alle Kinder anspruchsvoll bzw. herausfordernd ist (vgl. Abschn. 3.1.5), aber ihre Komplexität durch ein geeignetes Scaffolding seitens der Lehrkräfte verringert werden kann. Auf mathematikdidaktische Konzepte zur Unterstützung von Lernenden bei der Bearbeitung mathematischer Aufgaben fokussiert sich insbesondere das nachfolgende Kapitel 4. Die Variable der Komplexität sollte unterdes als offen und subjektabhängig klassifiziert werden.

– Zuletzt gilt es zu entscheiden, ob eine Erweiterung der offenen Aufgabe im Rahmen einer kreativen Bearbeitung durch die Schüler*innen stattfinden sollte. Dies ist im Sinne von Yeo (2017) nicht der Fall, da das Ziel einer kreativen Aufgabenbearbeitung nicht ist, dass die Schüler*innen die der Aufgabe zugrundeliegenden mathematischen Muster und Strukturen entdecken, verallgemeinern oder anwenden lernen sollen, indem sie die Aufgabe fortführen. Vielmehr steht eine divergente Bearbeitung der offenen Aufgabe im Mittelpunkt, die durch eine Öffnung in den zuvor beschriebenen Variablen ermöglicht werden kann. Damit kann diese Variable als geschlossen charakterisiert werden, wobei nicht auszuschließen ist, dass einzelne Schüler*innen die Aufgabe aus Interesse nicht auch subjektabhängig erweitern.

Basierend auf den vorangegangenen Einschätzungen der Offenheit mathematischer Aufgaben, die Schulkindern das Zeigen ihrer individuellen mathematischen Kreativität ermöglichen, ergeben sich für die fünf Variablen *Antwort, Ziel, Vorgehen, Komplexität* und *Erweiterung* spezifische Ausprägungen. Den Ausführungen von Yeo (2017) entsprechend illustriert die Tabelle 3.2 den Grad der Offenheit durch ein Kontinuum zwischen geschlossen und offen. Die dunkelgrau markierten Abschnitte geben dabei den Bereich an, in dem sich die Offenheit der einzelnen Variablen aufgrund der vorangegangenen Ausführungen bewegen sollte, damit die offene Aufgabe den Schüler*innen eine kreative Bearbeitung im Sinne des InMaKreS-Modells ermöglicht.

Tab. 3.2 Klassifizierung (in Anlehnung an Yeo, 2017) offener Aufgaben zum Zeigen der individuellen mathematischen Kreativität (Slider eigene Darstellung)

Variable	Grad der Offenheit	Ausprägung in der Offenheit	
Antwort	g ▭▬ o	☒ Wohl-definiert ☐ Schlecht-definiert	
Ziel	g ▭▬▭ o	☒ Wohl-definiert ☐ Schlecht-definiert	
Vorgehen	g ▭▬ o	☐ Wohl-definiert ☒ Schlecht-definiert	☐ Aufgaben-inhärent ☒ Subjekt-abhängig
Komplexität	g ▭▬ o		☐ Aufgaben-inhärent ☒ Subjekt-abhängig
Erweiterung	g ▬▭ o		☐ Aufgaben-inhärent ☒ Subjekt-abhängig

3.1.7 Zusammenfassung

Ausgangspunkt und gleichsam Ziel dieses ersten Abschnitts war die Beantwortung der eingangs gestellten Frage nach mathematischen Aufgabenformaten, die für das Zeigen der individuellen mathematischen Kreativität von Schulkindern auf Basis des InMaKreS-Modells für den Einsatz im Mathematikunterricht geeignet sind.

Welche mathematischen Aufgaben sind geeignet, damit Schüler*innen ihre individuelle mathematische Kreativität zeigen können? – Offene Aufgaben!

Auf Basis der vorangegangenen Ausführungen wurde erläutert, dass offene Aufgaben ein geeignetes Aufgabenformat darstellen, damit Schüler*innen im Mathematikunterricht kreativ werden können. Zur Begründung dieser Einschätzung wurden verschiedene theoretische Auslegungen von offenen Aufgaben im Kontext (internationaler und nationaler) Kreativitätsforschung vorgestellt und miteinander in Bezeigung gesetzt. Sie sollen im Folgenden rekapituliert werden:

– Unter *open-ended problems* (Kwon et al., 2006; Becker & Shimada, 1997) werden Aufgaben verstanden, die sowohl verschiedene Lösungswege als auch Lösungen beinhalten und so den Schüler*innen eine individuelle Bearbeitung ermöglichen. Das divergente Denken ist dafür eine besondere Voraussetzung, sodass durch diese Aufgaben auch die individuelle mathematische Kreativität angeregt werden kann (vgl. Abschn. 3.1.1).
– *Divergent production tasks* (Haylock, 1997) sind Aufgaben, die vor allem den Aspekt der multiplen Lösungen fokussieren. Hierbei ist jedoch anzumerken, dass eine Bearbeitung zwar von allen Schüler*innen möglich ist, jedoch nur wenige in der Lage sind, diese offene Aufgabe mathematisch angemessen sowie kreativ, d. h. durch originelle Ideen, zu lösen (vgl. Abschn. 3.1.2).
– Unter dem Begriff der *problem-posing tasks* (Leung, 1997; Leung & Silver, 1997) werden solche offenen Aufgaben verstanden, bei denen die bearbeitenden Schüler*innen verschiedene passende Fragen zu einem mathematischen Problem und nicht etwa viele verschiedene Lösungen formulieren sollen (vgl. Abschn. 3.1.3).
– *Multiple solution tasks* (R. Leikin, 2009c) beziehen sich auf die Fähigkeit des Problemlösens. Das divergente Denken als Grundlage für die individuelle mathematische Kreativität wird bei der Bearbeitung dieser Aufgaben durch das Nutzen verschiedener Lösungswege ermöglicht. Das unterscheidet diese Aufgaben von den zuvor genannten, bei denen immer auch das Finden unterschiedlicher Lösungen vorgesehen ist (vgl. Abschn. 3.1.4).

Es wurde sich insgesamt für den Gebrauch des Begriffs der *offenen Aufgabe* entschieden, da dieser die zuvor präsentierten unterschiedlichen Ansätze zur Charakterisierung von Aufgaben, die das Zeigen der individuellen mathematischen Kreativität ermöglichen, auf das Gemeinsame reduziert (vgl. Abschn. 3.1.5): *Offene Aufgaben* bezeichnen im weitesten Sinne eine „Aufgabe für alle" und zeichnen sich deshalb durch eine Bearbeitung auf verschiedenen qualitativen und quantitativen Niveaus aus, wobei die Offenheit graduell definiert wird. Im Gegensatz zu den zuvor genannten Aufgabentypen, die eindeutig in Bezug auf ihre Lösungen und/oder Vorgehensweisen geöffnet bzw. geschlossen sind, lassen sich offene Aufgaben auf einem Kontinuum zwischen geschlossen und offen anordnen. Das Framework von Yeo (2017) bietet eine Grundlage dafür, den Grad der Offenheit mathematischer Aufgaben auf Basis verschiedener Variablen zu bestimmen. Zuletzt wurde ebendieses Framework ausführlich auf die Definition der individuellen mathematischen Kreativität von Schulkindern in dieser Arbeit bezogen und die Offenheit mathematischer Aufgaben für das Zeigen von Kreativität in Form einer Klassifizierungsmatrix (vgl. Tab. 3.2) expliziert (vgl. Abschn. 3.1.6).

Im Folgenden soll nun der Fokus auf eine mathematisch inhaltliche Ebene gerichtet und deshalb der Frage nachgegangen werden, welcher Inhaltsbereich geeignet ist, damit Schüler*innen bei der Bearbeitung offener Aufgaben ihre individuelle mathematische Kreativität zeigen können.

3.2   Arithmetisch offene Aufgaben und ihre Bearbeitung

> „If creativity is domain-specific, as I have argued, then creativity assessment must also be domain-specific." (Baer, 2012, S. 22)

Offene Aufgaben, die es den Bearbeitenden ermöglichen, ihre individuelle mathematische Kreativität zu zeigen, wurden zuvor mit Hilfe des Frameworks von Yeo (2017) ausführlich dargestellt, definiert und schlussendlich eine Klassifizierungsmatrix für diesen Aufgabentyp erarbeitet (vgl. Abschn. 3.1.5, 3.1.6, insbesondere Tab. 3.2). Die dabei dargestellten Beispielaufgaben lassen erkennen, dass eine Vielzahl von möglichen mathematischen Inhaltsbereichen genutzt werden können, um kreativitätsanregende offene Aufgaben zu formulieren. So sind bspw. arithmetische, geometrische oder kombinatorische Themen für Schüler*innen aller Schulstufen nutzbar, wobei verschiedene Repräsentationsformen wie symbolisch, verbal oder figural genutzt werden können (vgl. Leung, 1997, S. 82). Damit lässt sich die individuelle mathematische Kreativität nicht nur als domänenspezifisch bezeichnen (vgl. Abschn. 2.2.1), sondern es existieren Mikro- oder Subdomänen unter anderem in Form der verschiedenen Inhaltsbereiche (vgl. Schindler, Joklitschke & Rott, 2018, S. 140), sodass Kreativität als aufgabenabhängig einzustufen ist (vgl. Baer, 2012, S. 22–23, 2019, S. 130–132).

Die Arithmetik nimmt als eine dieser Mikrodomänen bzw. Inhaltsbereiche in der Mathematikdidaktik eine besondere Position ein. Sie ist derjenige Inhaltsbereich, dem in den deutschen Bildungsstandards für den Mathematikunterricht an Grundschulen der größte Anteil an ausdifferenzierter Kompetenzerwartungen – dicht gefolgt von der Geometrie – zukommt (vgl. KMK, 2004, S. 9)[1]. Diesen Umstand begründet Kosyvas (2016, S. 357) dadurch, dass die Arithmetik eine basale mathematische Fähigkeit bestehend aus einem flexiblen Umgang mit verschiedenen Repräsentationen von Zahlen, dem Nutzen von Eigenschaften und Strukturen sowie dem Beherrschen unterschiedlicher Bedeutungen von Rechenoperationen darstellt. Neben der Geometrie wie bspw. der räumlichen Orientierung bildet die Arithmetik eine wichtige Grundlage für das spätere Mathematiklernen. Sie markiert häufig den Beginn des schulischen, mathematischen Lernen von Kindern und ist in Kombination mit geometrischen Inhalten Ausgangspunkt für aufbauende mathematische Konzepte (vgl. Ma, 2010, S. 146). So postuliert Kosyvas (2016), dass die Arithmetik "the fundamental essence of doing mathematics and using it in social life" (S. 357) darstellt. Vor allem im alltäglichen Leben, das immer stärker von digitalen Technologien geprägt ist, rückt die Bedeutung des Interpretierens und Verifizierens von arithmetischen Strukturen oder Ergebnissen in den Mittelpunkt (vgl. Barrera-Mora & Reyes-Rodriguez, 2019, S. 76). Dieser Annahme entsprechend sind offene Aufgaben, die arithmetische Fähigkeiten der Schüler*innen fördern, d. h. insbesondere das Erkennen und Nutzen von Zahleigenschaften und arithmetischen Strukturen in den Mittelpunkt der Aufgabe rücken, für ein tiefes Verständnis von Mathematik bedeutsam (vgl. Kosyvas, 2016, S. 358).

In dieser mathematikdidaktischen Arbeit werden offene Aufgaben mit einem arithmetischen Inhaltsbereich als *arithmetisch offene Aufgaben* bezeichnet. Dabei verweist dieser Begriff zum einen darauf, dass die darunter zu verstehenden mathematischen Aufgaben offen im Sinne des Frameworks von Yeo (2017) sind (vgl. Abschn. 3.1.6) und zum anderen auf die mit Kosyvas (2016) sinnvoll ausgewählte Mikrodomäne der Arithmetik fokussiert sind.

In seiner qualitativen Studie mit 20 zwölfjährigen Schüler*innen, die eine arithmetisch offene Aufgabe bearbeitet haben[2], konnte Kosyvas (2016, S. 370) herausarbeiten, dass die Lernenden vielfach mathematische Eigenschaften sowie

---

[1] In den Bildungsstandards sind für den Inhaltsbereich *Zahlen und Operationen* sowie *Muster und Strukturen* insgesamt 20 arithmetische Kompetenzen formuliert. Für den Bereich *Raum und Form* zusammen mit *Muster und Strukturen* können 15 geometrische Kompetenzen gezählt werden. Die beiden letzten Inhaltsbereiche *Größen und Messen* sowie *Daten, Häufigkeiten und Wahrscheinlichkeiten* sind mit neun bzw. vier Kompetenzerwartungen deutlich kürzer formuliert (vgl. KMK, 2004, S. 9–11).

[2] Die Aufgabe lautete wie folgt : „The students of a class have collected in their piggy bank 120 euros. They have 15 fivers and tenner. How many banknotes of each sort are there in their piggy bank?" (Kosyvas, 2016, S. 368).

Strukturen nutzten. Dabei konnten sie ihr konzeptuelles Wissen darüber erweitern, inwiefern mathematische Ideen logisch miteinander verknüpft sind. Eine noch bedeutsamere Erkenntnis ist jedoch die, dass bei der gemeinsamen Bearbeitung der offenen Aufgabe den Schüler*innen die Eleganz und Schönheit arithmetischer Lösungen immer stärker bewusst wurde, was bei einem stärker algorithmisch orientierten Mathematikunterricht weniger möglich ist. So formuliert Kosyvas (2016, S. 370) die folgende Schlussfolgerung:

> „The more the students learn about the originality of arithmetic reasoning, the more they are engaged in the creative mathematical endeavor" (Kosyvas, 2016, S. 370)

Diesem Gedanken folgend werden nun vielfältige arithmetisch offene Aufgaben für den Einsatz im Mathematikunterricht der Grundschule vorgestellt, die den Schüler*innen das Zeigen ihrer individuellen mathematischen Kreativität ermöglichen können (vgl. Abschn. 3.2.1). Anschließend wird die Bearbeitung solcher Aufgaben verstärkt in den Blick genommen und mit Hilfe des *Zahlenblicks* (Rechtsteiner-Merz, 2013) diejenigen arithmetischen Eigenschaften und Strukturen fokussiert, die zuvor von Kosyvas (2016) bereits als besonders bedeutsam herausgestellt wurden (vgl. Abschn. 3.2.2).

3.2.1　Vielfältigkeit arithmetisch offener Aufgaben

> „Diese Art des Lernens beim Erkunden von Zahlen, beim Rechnen, bei der Erschließung geometrischer Sachverhalte hat in der Regel einen fördernden Aspekt, da die Lernenden Wissen ausgehend von ihrem spezifischen Lernniveau festigen, [kreativ] erzeugen und voranbringen können." (Rasch, 2010, S. 7)

In der nachfolgenden Tabelle 3.3 ist eine Auswahl verschiedener arithmetisch offener Aufgaben aus der deutschsprachigen Literatur aufgelistet, die im Mathematikunterricht der Grundschule eingesetzt werden können. Alle bereits zuvor aufgeführten Beispielaufgaben und auch die nun folgenden sind Aufgaben mit arithmetischem Inhalt, deren Formulierung in mündlicher oder schriftlicher Textform erfolgt. Dabei können für solche arithmetisch offenen Aufgaben, die zum Zeigen der individuellen mathematischen Kreativität von Schüler*innen geeignet sind, grundsätzlich zwei verschiedene Aufgabenformen unterschieden werden:

1. Eingekleidete Aufgaben fokussieren ausschließlich auf die darin enthaltene Arithmetik, in dem mit Zahlen, Zahleigenschaften oder Operationen gearbeitet werden muss. Diese liegen zwar als Text mit einem Sachverhalt, aber häufig

ohne eine realistische Einbettung der Sache selbst vor (vgl. Franke & Ruwisch, 2010, S. 53–63; Schipper, 2009, S. 242). Weisen diese Aufgaben zudem gar keinen Kontext auf, dann spricht Ott (2016, S. 88) von *verbalisierten Zahlaufgaben*.

2. *Textaufgaben*, bei denen die arithmetischen Zusammenhänge in einen spezifischen Kontext eingebettet sind, fokussieren ebenso auf die arithmetischen Kompetenzen. Der Kontext selbst ist jedoch austauschbar bzw. sogar für die Bearbeitung der Aufgabe unerheblich (etwa Schipper, 2009, S. 242). Dennoch bietet dieser, wenn gut gewählt, ein großes motivationales Potenzial für die Bearbeitung der Aufgabe (vgl. Clarke & Roche, 2018, S. 97–98, 100).

Tab. 3.3 Beispiele für arithmetisch offene Aufgaben

Arithmetisch offene Aufgabe in Form verbalisierter Zahlaufgaben	Arithmetisch offene Aufgabe in Form von Textaufgaben
„Nimm dir einige Plättchen. Lege mit den Plättchen Muster im Zwanzigerfeld. Zeichne die Muster auf. Schreibe die Rechnung dazu." (Geering & Kunath, 2007, S. 34)	„Schreibe Sachaufgaben zum Bild." (Rasch, 2011, S. 26)
„Finde verschiedene Zahlen, die du in x gleich große Teile zerlegen kannst." (Ulm, 2016b; ähnlich bei Rasch, 2010, S. 62, 76)	„Finde verschiedene Fragen zur Speisekarte [und rechne diese aus]." (Reichel, 2017, S. 69)
„Finde Zahlen, die du durch viele andere teilen kannst." (Rasch, 2011, S. 30, ähnlich S. 32, 38, 46, 72)	*„Dort, wo der Wald licht und hell wird, lebt die Trollfamilie. Die kleinen Trolle können gut rechnen. Pinus ist 8 Jahre und schreibt gerade Rechenaufgaben auf. Was meinst du,*
„Finde immer 3 Aufgaben, die gut zusammen passen. Schreibe auf, warum das deiner Meinung nach so ist." (Rasch, 2011, S. 76)	*was könnten das für Aufgaben sein? Schreibe auf."* (Rasch, 2010, S. 48)
Finde verschiedene Zahlen, die auf der Zahlenreihe von der Zahl x gleich weit entfernt sind (vgl. Dürrenberger, Grossmann & Hengartner, 2006, S. 79; Kaiser, Kalbermatten & Hengartner, 2006, S. 67; Hubemann, Hubacher, Tschopp, Frey & Hengartner, 2006, S. 39).	*„Im Land der Abrafaxe leben die klugen Rechner. Sie können im Kopf so schnell rechnen wie Maschinen.* Notiere schwierige Kopfrechnungen. Wie weit kommst du im Kopf?" (Rasch, 2011, S. 78)

(Fortsetzung)

Tab. 3.3   (Fortsetzung)

Arithmetisch offene Aufgabe in Form verbalisierter Zahlaufgaben	Arithmetisch offene Aufgabe in Form von Textaufgaben
Bilde aus den x vorgegeben Zahlen y zwei-/drei-n-stellige Zahlen und finde verschiedene Aufgaben. (vgl. Pfenniger & Wälti, 2006a, S. 175; Wälti & Hirt, 2006, S. 18; ähnlich bei Gasteiger, 2016, S. 32; Groß & Schuster, 2016, S. 36)	
„Schreibe Rechenaufgaben auf." (Rasch, 2010, S. 28, ähnlich S. 64, 80, 82; sowie bei Rasch, 2011, S. 50, 52)	
„Deine Rechenzahl ist 5. Schreibe alle Aufgaben auf, die du mit 5 bilden kannst." (Rasch, 2010, S. 32, ähnlich S. 34, 42, 58, 92; sowie bei Rasch, 2011, S. 28, 68; Reichel, 2017, S. 26, 28, 40, 43; und bei Zimmermann, 2016, S. 22)	
„Schreibe Rechnungen, die 40 ergeben." (Rasch, 2010, S. 54; ähnlich bei Rasch, 2011, S. 20, 64)	
„Rechne mit der Zahl 24 als Startzahl." (Rasch, 2010, S. 68; ähnlich bei Rasch, 2011, S. 24, 40)	
„Bilde Rechenketten." (Rasch, 2010, S. 36)	
„Spring über den Zehner." (Rasch, 2010, S. 38)	
„Schreibe Rechnungen auf. Schreibe Rechnungen aus derselben Familie dazu. Gib deinen Rechen-Familien Namen." (Geering & Kunath, 2007, S. 43; ähnlich bei Reichel, 2017, S. 38)	
Finde verschiedene Wege von der Startzahl x zur Zielzahl y zu kommen, indem du die Ziffern a, b und c benutzt (vgl. Pfenniger & Wälti, 2006b, S. 185).	

Den zuvor dargestellten Beispielen arithmetisch offener Aufgaben in der Form der verbalisierten Zahlaufgabe oder der Textaufgabe ist gemeinsam, dass sie alle bei der kreativen Bearbeitung durch Schüler*innen mit Hilfe dessen arithmetischer und allgemeiner mathematischer Fähigkeiten gelöst werden müssen. Nachfolgend soll daher eine dafür passende mathematikdidaktische Fähigkeit – der *Zahlenblick* – vorgestellt werden.

3.2.2 Der Zahlenblick als bedeutsame Fähigkeit bei der Bearbeitung arithmetisch offener Aufgaben

„Naja, sagte der Zahlenteufel und grinst. Ich will ja nichts gegen deinen Lehrer sagen, aber mit Mathematik hat das wirklich nichts zu tun. Weißt du was? Die meisten Mathematiker [und Mathematikerinnen] können überhaupt nicht rechnen. Außerdem ist ihnen dafür die Zeit zu schade. Für so was gibt es doch Taschenrechner." (Enzensberger, 2009, S. 12)

Wie zuvor ausführlich dargestellt, fordern arithmetisch offene Aufgaben ihre Bearbeiter*innen dazu auf, ihre individuelle mathematische Kreativität zu zeigen. Durch die Öffnung von Aufgaben in Bezug auf verschiedenste Lösungen und Lösungswege, können Schüler*innen ihre arithmetischen Fähigkeiten flüssig, flexibel, originell und elaboriert verwenden (vgl. für die Definitionen der divergenten Fähigkeiten Abschn. 2.4). Das bedeutet, dass die Lernenden zu einer arithmetisch offenen Aufgabe verschiedene (arithmetische) Ideen produzieren (Denkflüssigkeit), die sich qualitativ voneinander unterscheiden und so unterschiedliche Ideentypen sowie Ideenwechsel gezeigt werden können (Flexibilität). Während einer Reflexionsphase sollen die Schüler*innen zudem ihre vorangegangen Produktion reflektieren, um diese durch weitere (arithmetische) Ideen sowie Ideentypen zu erweitern (Originalität). Der gesamte Bearbeitungsprozess soll dabei von den Kindern versprachlicht werden (Elaboration).

Für eine solche kreative Bearbeitung einer arithmetisch offenen Aufgabe ist es notwendig, dass die Lernenden ein gewisses Gefühl für die spezifisch geforderten arithmetischen Fähigkeiten besitzen und, um dem Zahlenteufel im obigen Zitat beizupflichten, nicht nur erlernte Lösungsalgorithmen ausführen. In der nationalen und internationalen Literatur lassen sich in diesem Sinne die beiden Begriffe des *number sense* (Deutsch: *Zahlensinn*) sowie des *structure sense* (Deutsch: *Struktursinn)* finden. Forschungsergebnisse zum Zahlen- und Struktursinn sollen nachfolgend dargestellt werden, um daraufhin die mathematische Fähigkeit des *Zahlenblicks* vorzustellen (vgl. Abschn. 3.2.2.1), durch die beide Aspekte miteinander in Beziehung gebracht werden (vgl. Rechtsteiner-Merz, 2013, S. 99–100; Rathgeb-Schnierer & Rechtsteiner, 2018, S. 81; Schütte, 2008, S. 103). Im Anschluss werden dann solche konkreten Zahl- und Aufgabenbeziehungen vorgestellt, die für den Mathematikunterricht der Grundschule relevant sind (vgl. Abschn. 3.2.2.2).

3.2.2.1 Zahlensinn, Struktursinn und Zahlenblick

Beide Begriffe – *Zahlensinn* und *Struktursinn* – sind zwar fachdidaktisch etablierte Aspekte in der mathematikdidaktischen Forschung, jedoch lassen sich nach wie vor unterschiedliche Definitionen finden. Diese richten sich vor allem darauf, inwiefern beide Sinne angeboren bzw. natürlich entwickelte Fähigkeiten darstellen und/oder durch gezielte schulische Aktivitäten erlernt sowie entwickelt werden können (vgl. Rathgeb-Schnierer & Rechtsteiner, 2018, S. 79–80).

Der Zahlensinn als angeborene mathematische Fähigkeit bezieht sich dabei vor allem auf die Wahrnehmung und Unterscheidung von Mengen wie sie im Rahmen der Psychologie bspw. durch das *Triple-Code-Modell* beschrieben wird (vgl. Dehaene, 1992, S. 30–34, insb. Figure 5; Dehaene, Piazza, Pinel & Cohen, 2003, S. 488). Viel umfassender bezieht sich der Begriff des Zahlensinns in der mathematikdidaktischen Perspektive insbesondere auf die erlern- und entwickelbare Fähigkeit eines ausgeprägten Zahl- und Operationsverständnisses. Dabei wird jedoch nicht nur das reine Verständnis arithmetischer Inhalte, sondern vor allem das flexible Nutzen von Strategien und arithmetischen Beziehungen im Sinne eines strategischen Werkzeugs fokussiert (vgl. Lorenz, 1997, S. 203; Sayers & Andrews, 2015, S. 362; Reys et al., 1999, S. 62). Nickerson & Whitacre (2010, S. 249) sprechen deshalb von der *number-sensible strategy*, bei der Schüler*innen eine besondere Intuition bei der Auswahl einer arithmetischen Bearbeitungsstrategie zeigen. Kurz zusammengefasst bedeutet der Zahlensinn das Vorhandensein einer „good Intuition about numbers and their relationships" (Howden, 1989, S. 11). Diesem Zitat entsprechend ist der Zahlensinn als basale mathematische Kompetenz einerseits intuitiv, d. h. unbewusst oder instinktiv. Andererseits kann er durch geeignete Aktivitäten im Mathematikunterricht stetig weiterentwickelt werden (vgl. NCTM, 2003, S. 20–21, 52). Dadurch ist eine Schulung des Zahlensinns kein eigenständiges Thema (vgl. Verschaffel & Corte, 1996, S. 109–110), sondern geschieht unentwegt bei mathematischen Aktivitäten wie dem strukturierten Bestimmen von Anzahlen sowie beim flexiblen und überschlagenden Rechnen (vgl. Greeno, 1991, S. 193–196). Im Kontext des flexiblen Rechnens geht es vor allem darum, geeignete Strategien für die Bearbeitung einer Aufgabe auszuwählen. Durch starke Fokussierung auf die flexible Nutzung von arithmetischen Strategien sowie Zahl- und Aufgabenbeziehungen kann eine Parallele zu der divergenten Fähigkeit der Flexibilität als ein Aspekt der individuellen mathematischen Kreativität (vgl. Abschn. 2.4) gezogen werden.

Unter Struktursinn versteht Lüken (2012, S. 221) eine dem Zahlensinn untergeordnete Fähigkeit, die sich vor allem auf das intuitive Erkennen und den leichten sowie beweglichen Umgang mit Mustern und Strukturen bezieht. Dabei arbeitete sie in ihrer Dissertation verschiedene Fähigkeiten heraus, die gemeinsam den *frühen Struktursinn* bzw. *early structure sense* von Kindergartenkindern bilden wie etwa „das Wiedererkennen eine Anordnung als bereits bekanntes Muster […], das flexible Aufteilen eines Musters in Teile, das Erkennen wechselseitiger Verbindungen […], Beziehungen und Zusammenhängen zwischen Struktureinheiten […] [und] das Integrieren der Struktureinheiten und Betrachten des Musters als Ganzes […]" (Lüken, 2012, S. 221). Mulligan & Mitchelmore (2009, S. 37–38) nutzen den Begriff *Awareness of mathematical structure and pattern (AMPS)*, um die Fähigkeiten junger Kinder im Umgang mit mathematischen Mustern und Strukturen zu beschreiben. In ihrer Studie konnten die Autor*innen vier Phasen in der Entwicklung der Strukturierungsfähigkeit herausarbeiten, die unabhängig des in der Aufgabe enthaltenden Inhaltsbereichs wie Zahlen, Größen, Raum und Daten sind (vgl. Mulligan & Mitchelmore, 2009, S. 42). Damit konkretisieren diese neueren Forschungen von Lüken (2012) und Mulligan und Mitchelmore (2009) diejenige von Linchevski & Livneh (1999), die den Begriff des structure sense prägten:

"This [structure sense] means that they [the students] will be able to use equivalent structures of an expression flexibly and creatively" (S. 191).

Hier findet sich ein direkter Bezug zum Konstrukt der Kreativität, wie er auch in dieser Arbeit über die arithmetisch offenen Aufgaben als geeignete Aufgaben für das Zeigen der individuellen mathematischen Kreativität hergestellt wurde (vgl. Abschn. 2.4 und 3.1).

Mit dem Begriff des *Zahlenblicks* werden die beiden Konzepte des Zahlen- und Struktursinns miteinander verknüpft (vgl. Rathgeb-Schnierer & Rechtsteiner, 2018, S. 81; Rechtsteiner-Merz, 2013, S. 99; Schütte, 2004, S. 143): Ein grundlegendes und intuitives Verständnis von Zahlen und ein flexibler Umgang mit Zahl-, Aufgabenbeziehungen und Strategien (Zahlensinn) wird mit dem intuitiven Erkennen sowie flexiblen Umgang mit mathematischen Mustern und Strukturen (Struktursinn) zusammengebracht. Damit wird der Zahlenblick als die Fähigkeit beschrieben, „Beziehungen augenblicklich" (Schütte, 2004, S. 143) zu erfassen und zu nutzen. Vor dem Hintergrund der Studie von Threlfall (2002) formuliert Schütte (2008) das Ziel des Zahlenblicks wie folgt:

„Der Zahlenblick soll helfen, verallgemeinerbare Aspekte in Situationen zu erkennen, Strukturähnlichkeiten zwischen bereits gelösten und neuen Aufgaben zu entdecken und strategische Vorgehensweisen zu übertragen." (Schütte, 2008, S. 103)

Damit ist vor allem gemeint, dass bei der Lösung von arithmetischen Aufgaben die Schüler*innen Beziehungen zwischen Zahlen, Aufgaben oder Termen zunächst erkennen und dann nutzen, wobei auch Aufgabenmuster entstehen und fortgesetzt werden. Bspw. lässt sich die Aufgabe $7 + 8$ entweder mit Hilfe der Aufgabe $7 + 7$ ableiten oder eine der beiden Summanden wird so zerlegt, dass die Aufgabe über die Zahlzerlegungen der Zehn gelöst werden kann. Dabei entstehen dann neue Terme wie $7 + 7 + 1$ oder $7 + 3 + 5$. Bei der Anwendung des Zahlenblicks für das Lösen arithmetischer Aufgaben und damit dem Erkennen und Nutzen von Zahl- und Aufgabenbeziehungen wird somit auch das algebraische Denken der Schüler*innen entwickelt (vgl. Akinwunmi, 2017, S. 7; Steinweg, 2013, Kap. 2; Rasch, 2010, S. 11–13; Rechtsteiner-Merz, 2013, S. 100). Dabei konnte Steinweg (2001) in ihrer Dissertation herausarbeiten, dass Schulkinder bei der Auseinandersetzung mit Zahlenmustern „eigenständig, motiviert und kreativ" (Steinweg, 2009, S. 61) vorgehen. Dies verdeutlicht den Zusammenhang der individuellen mathematischen Kreativität und dem Bearbeiten arithmetischer Aufgaben mit Hilfe des Zahlenblicks.

Schütte (2008, S. 104–105) hat eine kumulativ angelegte Schulung des Zahlenblicks entwickelt, die für die Schuljahre 1–3 einsetzbar ist: Das Grundprinzip dabei ist immer, dass arithmetische Aufgaben nicht sofort und nicht nur gerechnet, sondern hinsichtlich ihrer Struktur und Beziehung zu anderen Zahlen und Aufgaben untersucht, flexibel verändert und dadurch erst gelöst werden sollen. Rechtsteiner-Merz (2013) spricht in diesem Zusammenhang davon, dass der „Rechendrang" (S. 103) der Kinder zunächst zurückgestellt und der Fokus auf die in den Aufgaben enthaltenden Muster und Strukturen gerichtet werden soll. Dadurch wird der Ausbau „mathematischer Denkweisen" (Schütte, 2008, S. 103) gefördert, sodass neben dem Wissen über Zahl- und Aufgabenbeziehungen auch metakognitive Kompetenzen aufgebaut werden. In Rahmen ihres Dissertationsprojektes hat Rechtsteiner-Merz (2013) ein Modell zur Schulung des Zahlenblicks entwickelt, bei dem drei mathematische Tätigkeiten zum Einsatz kommen, um den Blick der Schüler*innen auf die Zahl-, Term- und Aufgabenbeziehungen zu fokussieren und so ihre metakognitiven Kompetenzen aufzubauen: *Sehen, Sortieren* (nach bestimmten subjektiven oder objektiven Kriterien) und *Strukturieren* (d. h. systematisch Anordnen) von Zahlen, Termen und Aufgaben (vgl. Rechtsteiner-Merz, 2013, S. 102–104). Als Ergebnis ihrer qualitativen Studie mit insgesamt

20 Erstklässler*innen kann festgehalten werden, dass sich die Schulung des Zahlenblicks für die Ablösung vom zählenden Rechnen sowie für die Entwicklung flexibler Rechenkompetenzen als geeignet herausgestellt hat. Dabei ist vor allem der kontinuierlich zu fördernde Blick auf Zahl, Term- und Aufgabenbeziehungen entscheidend (vgl. Rechtsteiner-Merz, 2013, S. 291–292).

Nachdem in diesem Abschnitt der Zahlenblick und seine Anknüpfungspunkte an das Konstrukt der individuellen mathematischen Kreativität beschrieben wurde und die Studie von Rechtsteiner-Merz (2013) diese Fähigkeit für die Entwicklung arithmetischer Kompetenzen als bedeutsam herausarbeiten konnte, sollen nachfolgend nun explizite Zahl-, Term- und Aufgabenbeziehungen in den Fokus genommen werden. Dabei werden solche arithmetischen Strukturen und Zahlenmuster dargestellt, die für den Mathematikunterricht der Grundschule bedeutsam sind.

3.2.2.2 Zahl-, Term- und Aufgabenbeziehungen: Zahlenmuster und arithmetische Strukturen

Wittmann (2003) propagiert die Wichtigkeit der Entwicklung eines *„stufenübergreifende[n]* Bild[es] von Mathematik" (S. 24). In Anlehnung an die Ausführungen von Devlin (2002, S. 5) beschreibt er deshalb die Mathematik als die „Wissenschaft von (interaktiv erschließbaren, fortsetzbaren und selbst erzeugbaren) Mustern" (Wittmann, 2003, S. 29), die von Kindern in geeigneten mathematischen Situationen erfahren sowie entwickelt werden können. Dadurch wird eine „Öffnung des Unterrichts *vom Fach aus*" (Wittmann, 2003, S. 29) ermöglicht. Wie bereits im Abschnitt 3.1.5 zu offenen Aufgaben dargestellt, führt eine solche Öffnung dazu, dass alle Schüler*innen auf ihrem individuellen Niveau Aufgaben bearbeiten und neue mathematische Fähigkeiten erwerben können. Diese der Mathematik zugrundeliegenden Muster und Strukturen sind es, die Kinder mit Hilfe des Zahlenblicks wahrnehmen, anwenden oder produzieren können, um so ihre individuelle mathematische Kreativität zeigen zu können.

In der mathematikdidaktischen Forschungscommunity herrscht jedoch Uneinigkeit darüber (vgl. dazu ausfühllich Steinweg, 2013, S. 20–24), inwiefern Muster und Strukturen ein eigenständiges Themengebiet innerhalb der Mathematik einnehmen (vgl. bspw. KMK, 2004, S. 10–11) wie etwa in internationalen Standards für den Mathematikunterricht, wo sie der Algebra zugeordnet werden (etwa NCTM, 2003, S. 38). Im Gegensatz dazu postuliert etwa Wittmann (2003), dass Muster und Strukturen allen anderen Inhaltsbereichen übergeordnet seien (etwa MSB NRW, 2008, S. 56). Auch die Bedeutung der Begriffe *Muster* und *Struktur* selbst wird in der mathematikdidaktischen Literatur stark diskutiert (vgl.

Lüken, 2012, S. 18). Es sollen deshalb in dieser Arbeit die Begriffsbestimmungen von Lüken (2012) Verwendung finden:

> „Unter einem mathematischen Muster soll deshalb jegliche numerische oder räumliche Regelmäßigkeit verstanden werden. [...] Als Struktur wird hier also die Art und Weise bezeichnet, in der ein Muster gegliedert ist." (Lüken, 2012, S. 22)

Im Hinblick auf den Aspekt der Zahlenmuster, also numerischen Regelmäßigkeiten, listet Steinweg (2013) drei unterschiedliche Arten von Zahlenfolgen auf, wobei auch eine Kombination dieser möglich sind (vgl. im Folgenden Steinweg, 2013, S. 40–42):

1. *Arithmetische Zahlenfolgen* zeichnen sich dadurch aus, dass sich jedes Folgenglied aus dem ersten Folgenglied explizit und aus dem vorherigen Folgenlied rekursiv herleiten lässt. Deshalb gilt für die Folge $a_0, a_1, a_2, \ldots, a_n$, dass $a_i = a_0 + i \cdot d$. So entsteht ein additiver Zuwachs von einem Folgenglied zum nächsten wie bspw. bei der arithmetischen Folge der natürlichen Zahlen $1, 2, 3, 4, \ldots$ mit $a_0 = 1$ und $d = 1$ oder auch der Fünferreihe $5, 10, 15, 20, \ldots$ mit $a_0 = 5$ und $d = 5$.

2. Bei *Geometrische Zahlenfolgen* lassen sich ebenfalls alle Folgenglieder aus dem ersten Folgenglied explizit und aus dem vorherigen Folgenlied rekursiv herleiten. Dadurch, dass geometrische Folgen als „Wachstumsfolgen im Mathematikunterricht [der Grundschule] auftreten" (Steinweg, 2013, S. 41), entstehen diese Folgen durch einen exponentiellen Wachstumsfaktor d. Damit gilt für eine Folge $a_0, a_1, a_2, \ldots, a_n$, dass $a_i = a_0 \cdot d^i$. Wird bspw. $a_0 = 4$ und $d = 2$ gewählt, dann entsteht die Verdopplungsfolge $4, 8, 16, 32, \ldots$ mit der Startzahl 4.

3. *Fibonacci-Folgen* kennzeichnet, dass sich jedes Folgenglied rekursiv aus der Summe der beiden vorherigen Folgenglieder herleiten lässt. Damit wird die Folge $a_0, a_1, a_2, \ldots, a_n$ über die Formel $a_i = a_{i-1} + a_{i-2}$ gebildet. Es müssen immer zwei Startzahlen gewählt werden, wobei die erste Zahl größer sein darf als die zweite und sich die Reihenfolge der Startzahlen auf die Folge auswirkt. Die Fibonacci-Folge $1, 5, 6, 11, 17, \ldots$ entsteht zum Beispiel durch die Wahl der beiden Startzahlen $a_0 = 1$ und $a_1 = 5$.

Im Mathematikunterricht der Grundschule begegnen Kinder vor allem im Kontext der Zahlraumerweiterung (Anordnung der natürlichen Zahlen) oder den Malreihen (z. B. Ergebnisse der Dreierreihe: 3, 6, 9, 12, ...) Zahlenfolgen. Mögliche

Aktivitäten sind das Fortsetzen der Zahlenfolge, um die zugrundeliegende Struktur zu erkennen und vor allem beschreiben zu können (vgl. Lüken, 2012, S. 33). Mit Hilfe der Schulung des Zahlenblicks kann die Aufmerksamkeit der Schüler*innen auf die Strukturen der Zahlenfolgen fokussiert werden. Dazu kann etwa die von Selter (1999, S. 12) präsentierte Idee genutzt werden, dass ein Teil einer Zahlenfolge vorgegeben ist und die Kinder ausschließlich rekursiv arbeitend die Anfangszahlen eintragen sollen. Eine weitere Möglichkeit wäre zudem, die Kinder nach dem n-ten Folgenglied zu fragen und dadurch die Struktur des Zahlenmusters beschreiben und verallgemeinern zu lassen (vgl. Steinweg, 2013, S. 42–45).

Den Zahlenfolgen liegt das Prinzip zugrunde, dass Zahlen innerhalb eines Kontextes in Beug auf eine spezifische Regelmäßigkeit verändert werden können. Dies ist ebenso auf Terme und Aufgaben übertragbar. Dabei wird in Anlehnung an das *operative Prinzip* (etwa Fricke, 1970, S. 90–92, 115; Padberg & Benz, 2011b, S. 117–119; Wittmann, 1985, S. 9; Wittmann & Müller, 2017a, S. 115, 181) der Zusammenhang von mathematischen Objekten, Operationen und deren Wirkung in den Blick genommen. So werden die mathematischen Rechengesetze wie etwa das Kommutativgesetz nicht explizit und vor allem nicht in ihrer algebraischen Form erlernt, sondern die zugrundeliegenden Strukturen vielmehr aktiv, über systematisch veränderte mathematische Handlungen der Schüler*innen exploriert, begründet und angewendet (vgl. Wittmann & Müller, 2017a, S. 71).

Die für den Arithmetikunterricht der Grundschule bedeutsamen Gesetze für den Zahlraum der natürlichen Zahlen sind zunächst das *Kommutativgesetz* ($a + b = b + a$ bzw. $a \cdot b = b \cdot a$), das *Assoziativgesetz* ($a + (b + c) = (a + b) + c$ bzw. $a \cdot (b \cdot c) = (a \cdot b) \cdot c$) und *Distributivgesetz* ($a \cdot (b \pm c) = (a \cdot b) \pm (a \cdot c)$ bzw. $(a \pm b) \cdot c = (a \cdot c) \pm (b \cdot c)$ sowie $(a \pm b) : c = (a : c) \pm (b : c)$). Außerdem sind noch weitere drei Gesetze bzw. Axiome wichtig, um alle Zahl-, Term- und Aufgabenbeziehungen im Bereich der natürlichen Zahlen abbilden zu können (vgl. Krauthausen, 2018, S. 80–84; Padberg & Benz, 2011b, S. 134–137; für formale Beweise s. Padberg & Büchter, 2015, Abschn. 8.4–8.7):

1. Die *Umkehrung* oder *Reversibilität* jeweils zweier Grundrechenarten ist bedeutsam für die Verknüpfung der Operationen. Die Umkehroperation der Addition bildet die Subtraktion ($a + b = c \Leftrightarrow b = c - a \wedge a = c - b$) und entsprechend ist die Umkehroperation der Multiplikation die Division ($a \cdot b = c \Leftrightarrow b = c : a \wedge a = c : b, \text{wenn } a, b \neq 0$).

2. Das *Monotoniegesetz der Addition/Multiplikation* besagt, dass wenn $a, b \in \mathbb{N}$, in einem bestimmten Verhältnis zueinanderstehen, dass dieses beibehalten wird, wenn beide Zahlen mit dem gleichen Summanden bzw. Faktor erhöht werden:

$a \leq b \Rightarrow a + c \leq b + c$ bzw. $a \leq b \Rightarrow a \cdot c \leq b \cdot c$. Das bedeutet auch, dass die Aufgabe $a + b = c$ bei einer Vergrößerung oder Verkleinerung der Zahlen a oder b um eine natürliche Zahl x, sich auch die Summe c um genau x vergrößert oder verkleinert: $a + b = c \Rightarrow a + (b + x) = c + x$ bzw. $a + b = c \Rightarrow a + (b - x) = c - x$.

3. Die *Konstanz der Summe/Differenz* beschreibt dagegen das umgekehrte Verhältnis. Die Summe bleibt konstant, wenn die beiden Summanden um genau die gleiche natürliche Zahl x verändert werden, wobei ein Summand erhöht und gleichzeitig der andere Summand erniedrigt wird (gegensinniges Verändern). Bei der Konstanz der Differenz werden Minuend und Subtrahend um die gleiche natürliche Zahl verändert (gleichsinniges Verändern): $a + b = (a + x) + (b - x)$ bzw. $a - b = (a + x) - (b + x)$.

Basierend auf diesen Gesetzen bzw. Axiomen lassen sich in der nationalen und internationalen mathematikdidaktischen Literatur verschiedene arithmetische Strukturen finden. Diese Zahl-, Term- und Aufgabenbeziehungen können mit Hilfe des Zahlenblicks in den Fokus von Schüler*innen gerückt und dadurch geübt werden. Die nachfolgende Tabelle 3.4 stellt die wesentlichen (inter-) nationalen Bezeichnungen grundlegender Strukturen für den Mathematikunterricht der Grundschule an Beispielen der Addition bzw. Subtraktion für die erste Klasse dar – erhebt dabei jedoch keinen Anspruch auf Vollständigkeit:

In ihrem Handbuch produktiver Rechenübungen beschreiben Wittmann und Müller (2017a, S. 116–119) verschiedene Aufgabenformate wie bspw. die sogenannten Entdeckerpäckchen oder schöne Päckchen, die dem operativen Prinzip unterliegen und durch die Lernende die Möglichkeit erhalten, Zahl-, Term- oder Aufgabenbeziehungen zu entdecken und so ihren Zahlenblick zu schulen. Rechtsteiner-Merz (2013, S. 179–181) hat in ihrer Dissertationsstudie die interviewten Kinder sowohl vorgegebene Aufgabenfamilien strukturieren als auch eigene erfinden lassen, was ebenfalls ein geeignetes Aufgabenformat darstellt, um den Zahlenblick der Kinder zu entwickeln. Insgesamt sei angemerkt, dass die „*Diskussion und Reflexion der operativen Zusammenhänge* [von Zahlen, Termen und Aufgaben] als eigenständige und wichtige Aufgabe [anerkannt] und unterrichtlich [gepflegt werden muss]" (Steinweg, 2013, S. 48).

Tab. 3.4 Übersicht zu arithmetischen Strukturen

Arithmetische Struktur		Beispiel	mathematisches Gesetz
Bezeichnung in deutschsprachiger Literatur	Bezeichnung in englischsprachiger Literatur	(Addition/Subtraktion im Zahlraum bis 20)	/Axiom
Tauschaufgaben[3] (Padberg & Benz, 2011a, S. 98)	*Turn around fact, swapping, flip flop, commutativity* (Clark & Cheesman, 2000, S. 7)	$3 + 4 = 7$ $4 + 3 = 7$ $7 - 4 = 3$ $7 - 3 = 4$	Kommutativgesetz
Umkehraufgaben (Padberg & Benz, 2011a, S. 117)	*Relation between addition and subtraction* (English, 2013, S. 30), *(addition-subtraction-) complement* (Sugarman, 1997, S. 146; Baroody, Ginsburg & Waxman, 1983, S. 157)	$7 - 4 = 3$ $3 + 4 = 7$ oder $4 + 3 = 7$	Reversibilität
Nachbaraufgaben (Padberg & Benz, 2011a, 100, 117), *Aufgabenfolge* (Rinkens & Dingemans, 2014) *Variation von Daten* (Padberg & Benz, 2011a, S. 117–118)	*Addend-increasing task* (Cobb, 1987) *Counting up* (English, 2013, S. 30) *Number + 1, 1 + Number*	$3 + 4 = 7$ $3 + 5 = 8$ $3 + 6 = 9$ … $4 + 3 = 7$ $5 + 4 = 9$ $6 + 5 = 11$ …	Monotoniegesetz der Addition

(Fortsetzung)

---

[3] Können auch für Subtraktionsaufgaben gelten (vgl. Fricke, 1970, S. 85).

Tab. 3.4 (Fortsetzung)

Arithmetische Struktur Bezeichnung in deutschsprachiger Literatur	Bezeichnung in englischsprachiger Literatur	Beispiel (Addition/Subtraktion im Zahlraum bis 20)	mathematisches Gesetz /Axiom
Verdopplungsaufgaben (Padberg & Benz, 2011a, S. 99), *Halbierungsaufgaben* (Padberg & Benz, 2011a, S. 117)	*Doubles* (Thompson, 1999)	$3 + 3 = 6$ $4 + 4 = 8$ $6 - 3 = 3$ $8 - 4 = 4$	
Aufgabenfamilie (Padberg & Benz, 2011a, S. 118)	*Fact family* (Clark & Cheesman, 2000, S. 7)	$4 + 3 = 7$ $3 + 4 = 7$ $7 - 4 = 3$ $7 - 3 = 4$	Kommutativgesetz, Reversibilität
Gegensinniges Verändern (Padberg & Benz, 2011a, S. 100), *Gleichsinniges Verändern* (Padberg & Benz, 2011a, S. 121), Zerlegung der 10: *Verliebe Zahlen, Zehnerfreunde*	*Transformation task* (Sugarman, 1997, S. 145–146) *Friendly numbers, tens facts* (Clark & Cheesman, 2000, S. 7)	$0 + 7 = 7$ $1 + 6 = 7$ $2 + 5 = 7$ $7 - 1 = 6$ $8 - 2 = 6$ $9 - 3 = 6$ $10 = 10 + 0$ $10 = 9 + 1$ …	Konstanz der Summe bzw. der Differenz

(Fortsetzung)

Tab. 3.4 (Fortsetzung)

Arithmetische Struktur		Beispiel (Addition/Subtraktion im Zahlraum bis 20)	mathematisches Gesetz /Axiom
Bezeichnung in deutschsprachiger Literatur	Bezeichnung in englischsprachiger Literatur		
Zerlegen (Padberg & Benz, 2011a, S. 102), *schrittweises Rechnen* (Padberg & Benz, 2011a, S. 100), *Hilfsaufgaben* (Schipper, 2009, S. 134–135)	*Partitioning* (English, 2013, S. 30), *compensation, bridging* (Thompson, 1999, S. 3–4), *build to next ten, adding 9* (Clark & Cheesman, 2000, S. 7)	$7 + 9 = 16$ kann gerechnet werden mit $7 + (3 + 6) = 16$ oder $7 + (10 - 1) = 16$	Assoziativgesetz beim Anwenden von Zerlegungen
Analogieaufgaben (Padberg & Benz, 2011a, 98, 117)	*Adding a 2-digit number and a 1-digit number without regrouping, helping problem* (Miller, 2015, S. 7)	$3 + 4 = 7$ $23 + 4 = 20 + (3 + 4) = 20 + 7 = 27$	Assoziativgesetz, Dezimales Stellenwertsystem
Gleichheitszeichen (Padberg & Benz, 2011a, S. 103–105)	*Equal sign* (Cobb, 1987, S. 109–111)	$3 + 4 = 7$ $7 = 3 + 4$	Relationale Äquivalenz

3.2.3 Zusammenfassung

In diesem Abschnitt wurden offenen Aufgaben, die geeignet sind, damit Schüler*innen ihre individuelle mathematische Kreativität zeigen können, hinsichtlich eines geeigneten mathematischen Inhaltsbereichs weiter präzisiert.

Es wurde zunächst aufgezeigt, dass die individuelle mathematische Kreativität nicht nur domänenspezifisch ist, sondern Sub- oder Mikrodomänen existieren, in denen Schüler*innen kreativ werden können. Dabei wurde mit Kosyvas (2016) die besondere Bedeutung der Arithmetik für den Mathematikunterricht dargestellt und diese als geeignete Domäne für offene Aufgaben herausgearbeitet (vgl. Einführung zu Abschn. 2.2). Die Vielfältigkeit *arithmetisch offener Aufgaben*, die als verbalisierte Zahlaufgaben oder Textaufgaben vorliegen können, wurde anschließend anhand von Beispielen illustriert (vgl. Abschn. 3.2.1).

Eine besondere Beachtung wurde außerdem der Fähigkeit des Zahlenblicks bei der Bearbeitung arithmetisch offener Aufgaben zuteil (vgl. Abschn. 3.2.2): Als eine Verbindung der beiden Konstrukte des Zahlen- und Struktursinns wird der *Zahlenblick* (Rathgeb-Schnierer & Rechtsteiner, 2018; Schütte, 2004; Rechtsteiner-Merz, 2013) als die Fähigkeit von Schüler*innen verstanden, Zahl-, Term- und Aufgabenbeziehungen augenblicklich wahrzunehmen und anschließend zu nutzen (vgl. Abschn. 3.2.2.1). Dabei konnten vielfach Verbindungen zur Theorie der individuellen mathematischen Kreativität – insbesondere zur divergenten Fähigkeit der Flexibilität – aufgezeigt werden, weshalb der Zahlenblick in diesem Kontext als besonders bedeutsam erscheint. Zuletzt wurden konkret die arithmetischen Strukturen und Muster aufgelistet, die für den Mathematikunterricht in der Grundschule bedeutsam sind (vgl. Abschn. 3.2.2.2). Dabei verweist Steinweg (2013, S. 48) auf die Wichtigkeit einer Diskussion und Reflexion über die wahrgenommen bzw. genutzten Zahl-, Term- und Aufgabenbeziehungen bei der Bearbeitung von Aufgaben, die den Zahlenblick fordern.

Dies leitet direkt weiter zum letzten Theoriekapitel dieser Arbeit, in dem nun die zweite in Abschn. 2.4.2 aufgeworfene Frage, die sich aus der konkreten Definition der individuellen mathematischen Kreativität und dem InMaKreS-Modell ergaben, Beantwortung finden soll:

2. Inwiefern können Lehrpersonen die Schüler*innen während der kreativen Aufgabenbearbeitung vor allem in Hinblick auf die Elaborationsfähigkeit unterstützen?

Somit wird im folgenden Kapitel die divergente Fähigkeit der Elaboration fokussiert, indem Lernprompts als geeignete Unterstützungsmöglichkeiten der

Schüler*innen beim Zeigen ihrer individuellen mathematischen Kreativität vorgestellt werden (vgl. Kap. 4). Durch die theoretischen Ausführungen zu arithmetisch offenen Aufgaben und der Lernprompts, kann das Modell der individuellen mathematischen Kreativität ergänzt und konkretisiert werden (vgl. Abschn. 2.4).

Unterstützungsangebote beim kreativen Bearbeiten offener Aufgaben

4

> „Wenn man Kindern also herausfordernde [hier offene] Aufgaben stellt und ihnen Ruhe und Zeit gibt, dann sind sie häufig in der Lage, mit ihren eigenen Mitteln und auf ihren eigenen Wegen eine Lösung zu finden. [...] [Dabei haben] Erwachsene unseres Erachtens die Verantwortung, das Lernen von Kindern anzuregen und zu begleiten." (Spiegel & Selter, 2008, S. 29)

Ähnlich zu dem obigen Zitat von Spiegel und Selter (2008) weist auch Lithner (2017, S. 938) der unterstützenden Interaktion zwischen den Lehrenden und den Lernenden eine besondere Bedeutung zu. Vor allem mit dem Ziel, dass die Schüler*innen bei der Aufgabenbearbeitung kreativ denken (CMR)[1], formuliert der Autor die nachfolgenden *CMR teaching design principles* (vgl. im folgenden Lithner, 2017, S. 946–947): Treten Schwierigkeiten bei der kreativen Bearbeitung mathematischer Aufgaben auf, dann sollen die Lehrenden zunächst ihre Schüler*innen dazu ermutigen, selber Lösungen sowie Lösungswege zu finden. Ist diese Intervention noch nicht ausreichend, dann ist es die Aufgabe der Lehrer*innen, die individuellen sowie aufgabenspezifischen Schwierigkeiten zu identifizieren. Basierend auf diesen sollen dann Rückmeldungen formuliert werden, welche die Fähigkeiten und die Verantwortlichkeit der Schüler*innen unterstützt, um die mathematische Aufgabe kreativ zu bearbeiten. Damit entspricht dieses Vorgehen insgesamt der *formativen Beurteilung* als pädagogisch

---

[1] Lithner (2017) definiert das Creative Mathematically founded Reasoning (CMR) (S. 939) über die Erfüllung der folgenden drei Kriterien: „(1) Creativity: the learner creates a reasoning sequence not experienced previously [...]. (2) Plausibility: there are predictive arguments supporting the strategy choice and arguments for verification [...] (3) Anchoring: the arguments are anchored in the intrinsic mathematical properties of the components of the reasoning (Lithner, 2008)." (Lithner, 2017, S. 939–940).

© Der/die Autor(en) 2022
S. Bruhn, *Die individuelle mathematische Kreativität von Schulkindern*,
Bielefelder Schriften zur Didaktik der Mathematik 8,
https://doi.org/10.1007/978-3-658-38387-9_4

wertvolle Form der individuellen unterrichtlichen Unterstützung, bei der die Lernenden während ihres Lernprozesses darin unterstützt werden, ihren eigenen Lernstand und -fortschritt zu bestimmen (vgl. Hattie, Beywl & Zierer, 2013, S. 215).

Doch wie gestalten sich konkret ebendiese angemessenen Rückmeldungen, welche die Schüler*innen bei ihrem Bearbeitungsprozess unterstützen und es ihnen so ermöglichen, kreativ zu werden? Diese Frage soll durch die nachfolgende Darstellung des konstruktivistischen Unterrichtskonzepts des Scaffoldings (vgl. Abschn. 4.1) und im Speziellen durch verschieden Typen von *Lernprompts* (etwa Bannert, 2009) im Kontext des selbstregulierten (mathematischen) Lernens von Schüler*innen Beantwortung finden (vgl. Abschn. 4.2). Damit wird in diesem Kapitel insgesamt die Möglichkeiten von Lehrenden aufgezeigt, Schüler*innen beim Zeigen ihrer individuellen mathematischen Kreativität vor allem im Hinblick auf ihre Elaborationsfähigkeit zu unterstützen.

4.1   Scaffolding

"As Vygotsky has said, what a child can do with support today, she or he can do alone tomorrow" (Gibbons, 2015, S. 16)

Bereits vor rund 45 Jahren wurde im Kontext eines konstruktivistischen Verständnisses von Lernen der Begriff des *Scaffolding* (zu Deutsch: *Gerüst*) durch Wood, Bruner & Ross (1976) für die Mathematikdidaktik bedeutsam und seither intensiv diskutiert, verändert sowie expliziert. Die Autor*innen verstehen darunter eine bestimmte Form der Unterstützung von Schüler*innen durch Lehrende bei der Bearbeitung einer Aufgabe, die allein von ihr*ihm nicht bewältigbar wäre:

„This scaffolding consists essentially of the adult „controlling" those elements of the task that are initially beyond the learner's capacity, thus permitting him to concentrate upon and complete only those elements that are within his range of competence." (Wood et al., 1976, S. 90)

Die Wahl der Bezeichnung dieser Form der Unterstützung durch die Metapher des Gerüstes (vgl. Bruner, 1978, S. 254) verdeutlicht den Grundgedanken des Konzepts (vgl. im Folgenden Wood et al., 1976, S. 90–91). Schüler*innen sollen zum einen nur so lange unterstützt werden, wie es für die Bearbeitung der Aufgabe notwendig ist. Danach wird das Gerüst wieder abgebaut, um den Schüler*innen eine weitere selbstständige Bearbeitung zu ermöglichen. Zum anderen sollen Unterstützungsangebote der Lehrenden sehr individuell und spezifisch nur in den Bereichen erfolgen, wo diese notwendig sind, weil sie das bisherige Wissen der Schüler*innen übersteigen. Dadurch soll es den Lernenden ermöglicht werden, ihr Wissen und ihre Fähigkeiten individuell weiterzuentwickeln. Damit knüpft die Theorie des Scaffolding vor allem auch an die von Vygotsky (1978, S. 84–91) etablierte Theorie der *Zone der proximalen Entwicklung* an, bei der ausgehend vom aktuellen Entwicklungsstand eines Kindes der potenziell nächste Entwicklungsschritt im mathematischen Lernen durch Impulse aus der Umwelt (Lehrkräfte, Mitschüler*innen, Eltern) angestrebt wird (vgl. ausführlich Lipscomb, Swanson & West, 2010, S. 228–229).

Dabei betont Gibbons (2015): "*Scaffolding*, however, is not simply another word for *help*" (S. 16). Vielmehr spricht Wessel (2015) von einem „Hilfe*system*" (S. 47), das im Unterricht eingesetzt werden kann. Dieses wird dadurch gekennzeichnet, dass die Unterstützung von Schüler*innen durch Lehrpersonen vorübergehend sowie zukunftsorientiert ist und darauf abzielt, die Autonomie der Lernenden innerhalb einer bestimmten Domäne zu erhöhen (vgl. Gibbons, 2015, S. 16).

Insgesamt basiert die Idee des Scaffoldings sowohl auf allgemeinen Prinzipien für das gemeinsame Mathematiklernen im Klassenverband als auch auf der Lernenden-Lehrenden-Beziehung (für eine Übersicht siehe Anghileri, 2006, S. 34–37). Im Kontext eines gemeinsamen Mathematikunterrichts erfährt das Scaffolding vor allem in Bezug auf seinen Einsatz im sprachsensiblen Mathematikunterricht (für erst- und zweitsprachliche Schüler*innen) eine große Bedeutung (etwa Gibbons, 2015; Wessel, 2015). Dagegen nimmt Anghileri (2006) die Beziehung zwischen Schüler*innen und Lehrpersonen als Ausgangspunkt für den Einsatz von Scaffolding-Methoden in den Blick. Sie enfaltet durch die Weiterentwicklung der soziokulturellen Theorie von Rogoff (1995)[2] eine Theorie des Scaffoldings, die speziell auf das Mathematiklernen von Schüler*innen ausgerichtet ist. In dieser definiert Anghileri (2006) „three levels for scaffolding [that] constitute a range of effective teaching strategies that may or may not be evident in the classroom" (S. 38), die nachfolgend mit Beispielen dargestellt werden sollen:

Level 1   Auf dem ersten Level unterstützen Lehrende das Lernen ihrer Schüler*innen durch bestimmte Umweltbestimmungen (*environmental provisions*). Dazu gehören neben der Wahl von Artefakten wie

---

[2] Rogoff (1995, S. 141–143) beschreibt drei Ebenen soziokultureller Aktivitäten. Für die Ebene der Gesellschaft bzw. Institution spricht sie von *apprenticeship*, auf interpersoneller Ebene von *guided participation* und auf persönlicher Ebene von *participatory appropriation*.

etwa Anschauungsmitteln, Tafelbildern oder angemessenen Hilfsmitteln auch die Organisation des Mathematikunterrichts in Bezug auf dessen Sequenzierung und Geschwindigkeit. Neben der gemeinsamen Bearbeitung von Aufgaben (*peer collaboration*) bearbeiten die Schüler*innen in der Mathematik häufig strukturierte, d. h. ausformulierte und vorgegebene, Aufgaben (*structured tasks*). Die Art der Interaktion beschränkt sich ausschließlich auf emotionale Rückmeldung und Unterstützung (*emotive feedback*) (vgl. Anghileri, 2006, S. 39–40).

Level 2   Dieses Level beinhaltet nun direkte, d. h. vor allem bewusst gesteuerte, Interaktionen zwischen den Schüler*innen und den Lehrpersonen, die sich direkt auf die Mathematik als Lerngegenstand beziehen. Im Gegensatz zu den eher traditionellen Strategien wie *showing and telling*, d. h. das Demonstrieren mathematischer Inhalte, sowie *teacher explaining*, der Lehrendenvortrag, ermöglichen die von der Autorin ergänzten Kategorien *Reviewing* und *Restructuring* zwei Strategien der Schüler*innen, ihr eigenes Verständnis von Mathematik in die Aufgabenbearbeitung einzubringen (vgl. Anghileri, 2006, S. 41).

Unter *Reviewing* fallen solche Unterstützungsangebote, welche die Schüler*innen erneut auf die zu bearbeitende Aufgabe fokussieren und einen Impuls geben, um ihr eigenes Verständnis nachhaltig weiterzuentwickeln. Anghileri (2006, S. 41) listet dazu fünf verschiedene Interaktionstypen auf, die alle dazu dienen, dass die Schüler*innen ihr Vorgehen reflektieren und dadurch ihr mathematisches Verständnis klären (vgl. Anghileri, 2006, S. 44). Dazu kann es bspw. hilfreich sein, die Lernenden noch einmal an die gestellte mathematsche Aufgabe zu erinnern (*looking, touching and verbalising*), Barrieren in der Aufgabenbearbeitung zu hinterfragen (*prompting and probing*), Erklärungen der Kinder zu spezifizieren (*interpretating students' actions and talk*), die Bearbeitung einer analogen (Teil-)Aufgabe anzubieten (*parallel modelling*) oder die Schüler*innen darin zu unterstützen, ihre Bearbeitung zu erklären und/oder zu beweisen (*students explaining and justifying*) (vgl. Anghileri, 2006, S. 41–44).

Die Strategie des *Restructuring* zielt hingegen darauf ab, "progressively to introduce modifications that will make ideas more accessible" (Anghileri, 2006, S. 44). Bei diesen Unterstützungsangeboten können für innermathematische Aufgaben geeignete Kontexte angeboten werden (*identifying meaningful contexts*), die mathematische Aufgabe in bewältigbare Teilaufgaben zerlegt werden (*simplifying the problem*), eine akzentuierte Wiedergabe der Erklärungen der Schüler*innen getätigt werden (*rephrasing students' talk*) oder die Aushandlungen der Bedeutung mathematischer Aspekte der Aufgabe mit mehreren Schüler*innen angestoßen werden (*negotiating meanings*) (vgl. Anghileri, 2006, S. 44–46).

Level 3   Scaffolding auf dem dritten Level wird dann bedeutsam, wenn es nicht nur darum geht, eine einzelne mathematische Aufgabe zu bearbeiten, sondern verallgemeinerbare und abstrakte Konzepte zu ergründen und zu verstehen. Somit beinhaltet dieses Level Unterrichtsmethoden, die bei den Schüler*innen das konzeptuelle Denken entwickeln sollen (vgl. Anghileri, 2006, S. 47). Hierfür zentral ist, dass die Lernenden geeignete sprachliche Hilfsmittel kennenlernen und entwickeln, um sich in der Mathematik ausdrücken zu können (*developing representational tools*). Dies beeinflusst dann sowohl die Unterstützungsmöglichkeit, größere Zusammenhänge herzustellen (*making connections*), als auch die Anregung, das eigene Verständnis von Mathematik mit anderen zu diskutieren (*generating conceptual discourse*) (vgl. Anghileri, 2006, S. 47–49).

Ausgangspunkt für den Ansatz des Scaffolding ist die selbstständige Bearbeitung einer (mathematischen) Aufgabe (etwa Wood et al., 1976, S. 90; Anghileri, 2006, S. 38; Gibbons, 2015, S. 16) wie es bei der Bearbeitung arithmetisch offener Aufgaben zum Zeigen der individuellen mathematischen Kreativität von Schüler*innen verlangt wird. Bei dem Konzept der Lernprompts (Englisch: *instructional prompts*) als eine Form des Scaffolding (vgl. Bannert, 2009, S. 140) wird der Fokus deshalb verstärkt auf das *selbstregulierte Lernen* der Schüler*innen gelegt. Es soll deshalb im Folgenden erläutert werden, inwiefern verschiedene Lernaktivitäten durch Prompts geeignet unterstützt werden können (vgl. Abschn. 4.2), welche Arten von Prompts insbesondere beim Zeigen der individuellen mathematischen Kreativität bedeutsam sind (vgl. Abschn. 4.2.1) und wie sich diese auf die Offenheit mathematischer Aufgaben auswirken (vgl. Abschn. 4.2.2).

4.2   Lernprompts als Unterstützung beim selbstregulierten Lernen

„What is your plan?" (Bannert, 2009, S. 139)

Die kreative Bearbeitung offener Aufgaben stellt eine komplexe Tätigkeit dar, bei der die Schüler*innen ihre divergenten Fähigkeiten der Denkflüssigkeit, Flexibilität, Originalität und Elaboration erkunden können sollen (vgl. Abschn. 2.4). Deshalb erscheint es wenig sinnvoll, von einer einzelnen Aktivität zu sprechen, sondern vielmehr von einer komplexen Lernsituation, in der die Schüler*innen selbstständig agieren müssen. Im Kontext des Verständnisses von Lernen aus einer konstruktivistischen Perspektive, die für das Zeigen der individuellen mathematischen Kreativität von Schüler*innen bedeutsam ist, kann von einer Situation des *selbstregulierten Lernens (SRL)* gesprochen werden (vgl. Bannert, 2009, S. 139).

Unter selbstreguliertem Lernen sind alle systematischen Gedanken, Gefühle und Handlungen von Lernenden zu verstehen, durch die diese ein (selbstgewähltes) Ziel mit Hilfe der eigenen Fähigkeiten in zeitlich sowie thematisch definierten Lernepisoden erreichen (vgl. Zimmerman, 1989, S. 329; und ausführlich Boekaerts & Niemivirta, 2000). Dabei stehen Schüler*innen im Mathematikunterricht vor der Herausforderung, geeignete Strategien auszuwählen, um den eigenen Bearbeitungsprozess[3] zu überwachen, gegebenenfalls anzupassen und zu reflektieren (vgl. Zimmerman, 1989, S. 336–337). Ein derartiges selbstreguliertes Lernen im Fach ist vor allem von zwei Aspekten wesentlich beeinflusst: *Selbstwirksamkeit* (im Englischen: *self-efficacy*) und *Prompts* (vgl. Hoffman & Spatariu, 2008, S. 876). Beide Aspekte sollen im Folgenden dargestellt werden, wobei vor allem die Prompts im Rahmen der selbstständigen und kreativen Bearbeitung offener Aufgaben als Scaffolding-Methode bedeutsam sind.

---

[3] Hoffman und Spatariu (2008;2011) sprechen von Problemlöseprozessen, bei denen die Schüler*innen selbstreguliert lernen können. Dabei verstehen die Autoren den Begriff des Problemlösens eher weitläufig und fassen darunter auch die Bearbeitung mathematischer Aufgaben (Englisch: problem) wie „mental multiplication problems [...] (e.g. $49 \cdot 9 = 441$)" (Hoffman und Spatariu, 2011, S. 615).

Die Beliefs[4] der Lernenden über ihre *Selbstwirksamkeit* spielen eine bedeutsame Rolle, da sie den Erfolg des Bearbeitungsprozesses mathematischer Aufgaben steuern bzw. vermitteln (vgl. Bandura, 1997, S. 214–216) und somit in allen Phasen selbstregulierten Lernens zu finden sind (vgl. Schunk & Ertmer, 2000, S. 634). Selbstwirksamkeit wird als domänenspezifisches und multidimensionales theoretisches Konstrukt verstanden, durch das Lernende in der Lage sind, ihren Bearbeitungsprozess so zu strukturieren, dass sie passende Antworten zu der mathematischen Aufgabe finden (vgl. Hoffman & Spatariu, 2008, S. 876). Selbstwirksamkeit ist deshalb ein reliabeler Prädiktor für fachliche Leistungen von Schüler*innen (vgl. Pajares, 2003, S. 145). Dabei unterscheiden Hoffman und Spatariu (2008, S. 876–877) zwischen der individuellen Genauigkeit (Anzahl korrekter Antworten) und Effizienz (Verhältnis von der Genauigkeit zur Zeit) als sichtbare Merkmale von Selbstwirksamkeit. Dadurch wird hier eine deutliche Parallele zu der divergenten Fähigkeit der Denkflüssigkeit als ein Merkmal von individueller mathematischer Kreativität sichtbar, da diese ebenso als das Produzieren verschiedener passender Lösungen beschrieben wird (vgl. Abschn. 2.3.3.1).

Der Fokus soll in dieser Arbeit jedoch auf dem zweiten Einflussfaktor des selbstregulierten Lernens von Schüler*innen liegen. Um ihre individuellen Strategien bei der Aufgabenbearbeitung zu finden, benötigen Schüler*innen immer auch Hilfestellungen oder Prompts von Seiten der Lehrpersonen. Dabei konkretisieren Hoffman und Spatariu (2008, S. 876) mit Verweis auf Butler & Winne (1995), dass das Anregen der Lernenden durch Prompts deren Bewusstsein für Aufgabencharakteristika, Lösungsstrategien sowie die Bewertung von Antworten erhöht. Ähnlich zu dieser Definition umschreibt Bannert (2009) Lernprompts aus einer pädagogischen bzw. fachdidaktischen Perspektive wie folgt:

> "[Prompts] stimulate the recall of concepts and procedures, or induce the execution of procedures, tactics, and techniques during learning, or even induce the use of cognitive and metacognitive learning strategies as well as strategies of resource management" (S. 140).

Durch die Fokussierung auf Strategien, Techniken und Prozeduren in der obigen Definition, scheinen Prompts ein geeignetes Instrument zu sein, um Schüler*innen auch beim Zeigen ihrer individuellen mathematischen Kreativität zu

---

[4] Unter Beliefs (als deutscher Fachbegriff etwa *Überzeugungen*) werden „implizite oder explizite subjektiv für wahr gehaltene Konzeptionen [bestimmt], welche die Wahrnehmung der Umwelt und das Handeln beeinflussen" (Baumert und Kunter, 2006, S. 497) definiert (vgl. ausführlich Wischmeier, 2012, S. 168–175).

unterstützen. Bei der kreativen Bearbeitung offener Aufgaben, vor allem im Kontext der divergenten Fähigkeit der Flexibilität, wird von den Lernenden verlangt, verschiedene Ideen zu zeigen, um unterschiedliche Lösungen zu produzieren (vgl. Abschn. 2.4.1). Somit vermitteln Prompts keine neuen Informationen an die Lernenden, sondern sie erinnern diese an ihre bereits gelernten mathematischen Fähigkeiten sowie an Informationen, die mit der Aufgabenstellung gegeben werden, und unterstützen die Schüler*innen bei der (kreativen) Ausführung bzw. Anwendung dieser (vgl. Bannert, 2009, S. 140). Infolgedessen werden Prompts als kurze Interventionen umgesetzt:

> "[…] *Prompts* are defined as recall and/or performance aids, which vary from general questions (e.g., "what is your plan?") to explicit execution instructions (e.g., "calculate first 2 + 2," Bannert, 2007a)." (Bannert, 2009, S. 139)

Damit nehmen Prompts im Rahmen von Scaffolding (vgl. Abschn. 4.1) eine wichtige Position ein, da sie den Schüler*innen verschiedene Möglichkeiten aufzeigen bzw. anbieten, ihre fachlichen Fähigkeiten im selbstregulierten Lernen zu nutzen (vgl. Hoffman & Spatariu, 2011, S. 608). Dabei können Lernprompts kognitive, metakognitive, volitionale und kooperative Lernaktivitäten stimulieren (vgl. Bannert, 2007, S. 116–122).

In Anlehnung an die Ausdifferenzierung von Bannert (2007, 2009) sollen nachfolgend verschiedene Typen von Lernprompts detailliert dargestellt werden (vgl. Abschn. 4.2.1). Dazu gehört auch eine Einordnung dieser in den Kontext der individuellen mathematischen Kreativität, die Lernenden bei der Bearbeitung offener Aufgaben zeigen sollen. Deshalb wird im Anschluss an die Darstellung verschiedener Prompts die Auswirkung dieser auf die Offenheit von mathematisch offenen Aufgaben dargestellt (vgl. Abschn. 4.2.2). Dazu wird die in Abschnitt 3.1.6 in Anlehnung an Yeo (2017) erarbeitete Klassifizierungsmatrix für offene Aufgaben, die das Zeigen der individuellen mathematischen Kreativität von Lernenden anregen, erweitert.

4.2.1 Kognitive und metakognitive Lernprompts

> „Accordingly, instructional prompts are classified in this paper as *cognitive prompts* if they directly support a student's processing of information, for example by stimulating memorizing/rehearsal, elaboration, organization, and/or reduction learning activities." (Bannert, 2009, S. 140)

Diesem Eingangszitat entsprechend unterscheidet Bannert (2009, S. 140) zwei Formen von Lernprompts, nämlich *kognitive* und *metakognitive Prompts*. Diese Differenzierung ist für die folgenden Ausführungen strukturgebend, sodass diese beiden Arten von Prompts nun genauer vorgestellt, mit Beispielen illustriert und auf das Konstrukt der individuellen mathematischen Kreativität bezogen werden sollen.

Unter *kognitiven Prompts* werden dem obigen Zitat von Bannert (2009) entsprechend solche verbalen Hilfestellungen verstanden, die explizit die Aufgabenbearbeitung auf inhaltlicher Ebene betreffen. Dazu gehören sowohl konkrete Anregungen, sich an bereits gelernte mathematische Fähigkeiten zu erinnern, bestimmte Ideen auszuarbeiten, die Organisation der Aufgabenbearbeitung wie etwa das Untergliedern der gestellten Aufgabe in individuell bewältigbare Teilaufgaben oder eine Reduzierung der Lernaktivität durch die Lehrperson (vgl. Bannert, 2009, S. 140). Denkbare Funktionen kognitiver Prompts und deren konkreter Ausformulierungen wären etwa die folgenden:

– Organisation der Aufgabenbearbeitung: „Rechne zuerst diese Aufgabe."
– An bereits Gelerntes erinnern: „Nutze die Nachbaraufgaben."
– Untergliedern: „Finde 10 Additonsaufgaben mit der Rechenzahl 5."

Für das Zeigen der individuellen mathematischen Kreativität bei der Bearbeitung offener Aufgaben beziehen sich kognitive Prompts auf die konkrete Ausarbeitung einzelner Ideen. Das bedeutet, dass die Produktion einer bestimmten Antwort zu einer offenen Aufgabe und insbesondere der schöpferische Gedanke, der zu dieser Antwort führt (vgl. ausführlich Abschn. 2.4.1), durch die verbale Unterstützung von Lehrpersonen angeregt werden kann. Wird eine arithmetisch offene Aufgabe den Schüler*innen präsentiert, können so Unterstützungen angeboten werden, um konkrete Zahl-, Term- und Aufgabenbeziehungen im Sinne des Zahlenblicks zu erkennen und explizit zu nutzen. Dafür könnte der zuvor aufgeführte, zweite kognitive Prompt als Beispiel dienen, da er explizit auf die arithmetische Struktur der Nachbaraufgaben verweist.

Zusätzlich zu den erläuterten kognitiven Prompts können *metakognitive Prompts* den Schüler*innen als eine wichtige Unterstützung bei der Bearbeitung offener Aufgaben dienen.

"*Metacognitive prompts* generally intend to support a student's monitoring and control of their information processing by inducing metacognitive and regulative activities, such as orientation, goal specification, planning, monitoring and control as well as evaluation strategies [...]" (Bannert, 2009, S. 140)

Sonneberg & Bannert (2015) stellen auf Basis vielfältiger Forschungen zur Metakognition und zum selbstregulierten Lernen heraus, dass Lernende „often do not spontaneously use metacognitive skills during learning" (S. 73). Vor allem im Kontext offener Lernsettings, in denen im Mathematikunterricht offene Aufgaben (vgl. Kap. 3) zum Tragen kommen, ist es notwendig, dass die Schüler*innen durchgehend kleinere und größere Entscheidungen treffen sowie ihre Aufgabenbearbeitung überwachen, evaluieren und anpassen (vgl. Sonneberg & Bannert, 2015, S. 73). Dadurch wird der bewusste Einsatz metakognitiver Prompts für das selbstregulierte Lernen generell, aber auch für das Zeigen der individuellen mathematischen Kreativität im Besonderen, bedeutsam.

Als metakognitive Prompts werden dem obigen Zitat von Bannert (2009, S. 140) entsprechend solche verbalen Hilfestellungen verstanden, die den Schüler*innen einen Anstoß liefern, ihren Prozess der Aufgabenbearbeitung selbstständig zu überwachen und zu kontrollieren. Deshalb weisen Hoffman und Spatariu (2008, S. 878) dem *metacognitive prompting (MP)* einen zentralen Stellenwert als Unterstützungsangebot für Schüler*innen beim selbstregulierten Lernen zu. Ergänzend definieren die Autoren metakognitive Prompts als einen externen Stimulus, der bei den Lernenden eine reflektierte Erkenntnis aktiviert oder die Nutzung einer anderen Strategie hervorruft. Durch beides wird das Ziel verfolgt, die mathematischen Fähigkeiten der Schüler*innen bei der Bearbeitung ähnlicher Aufgaben zu erweitern (vgl. Hoffman & Spatariu, 2008, S. 878). Das bedeutet auch, dass durch das Nutzen metakognitiver Prompts das Zeigen der individuellen mathematischen Kreativität von Lernenden unterstützt werden kann, da auch hier die Kinder ihre mathematischen Tätigkeiten während der kreativen Aufgabenbearbeitung durchweg, aber vor allem im Kontext der divergenten Fähigkeit der Originalität, reflektieren und erweitern sollen (vgl. Abschn. 2.4). Eine Unterstützung dieser Fähigkeiten kann dann zu einer Entlastung der Schüler*innen führen, die gesamte Aufgabenbearbeitung selbst zu organisieren und zu überwachen, wodurch die Aufmerksamkeit der Lernenden stärker auf dem Produzieren verschiedener Ideen (Denkflüssigkeit), dem Zeigen von Ideentypen und -wechseln (Flexibilität) sowie der Reflexion und Erweiterung der eigenen Produktion (Originalität) liegen kann.

Es lassen sich in der psychologischen und fachdidaktischen Literatur verschiedenste Begriffe für das metakognitive Prompting finden. Hoffman und Spatariu (2011, S. 611) listen fünf verschiedene Begriffe auf wie bspw. „cueing", „reflective prompting" oder „guided questioning" und stellen heraus, dass alle Termini letztlich Methoden beschreiben, die metakognitive Aufmerksamkeit von Lernenden zu steigern. Gleichzeitig muss eine deutliche Abgrenzung zu dem Begriff des Feedbacks gezogen werden (vgl. auch im Folgenden Hoffman & Spatariu,

2008, S. 878): Während Feedback vor allem darauf abzielt, konkret inhaltliches oder strategisches Wissen über die Aufgabenbearbeitung an die Schüler*innen zu transportieren, regen metakognitive Prompts eine Reflexion der Lernenden an, um diese in ihrem selbstregulierten Lernen zu unterstützen.

In neueren Forschungsarbeiten konnte die Arbeitsgruppe um Bannert zwei Typen metakognitiver Prompts herausarbeiten (vgl. im Folgenden Sonneberg & Bannert, 2015, S. 74): Zum einen regen *reflection prompts* die Schüler*innen dazu an, den Grund dafür zu verbalisieren, warum sie den nächsten Schritt in der Aufgabenbearbeitung so gewählt haben. Hier sind deutliche Parallelen zur Elaborationsfähigkeit als ein Merkmal von individueller mathematischer Kreativität zu erkennen (vgl. Abschn. 2.4). Bei dieser divergenten Fähigkeit sollen die Schüler*innen ihr Vorgehen erklären, wobei diese dann als Ausgangspunkt für die weitere kreative Bearbeitung dienen kann. Zum anderen unterstützen *self-directed metacognitive prompts* die Lernenden darin, nach relevanten Informationen für die Bearbeitung der gestellten Aufgabe selbstständig und zielgerichtet zu suchen oder Vorgehensweisen in der Bearbeitung einer Aufgabe auf andere Aufgaben zu übertragen.

Ansatzpunkte für die Formulierung konkreter metakognitiver Prompts können bspw. eine gemeinsame Orientierung im Kontext der gestellten mathematischen Aufgabe, eine Erklärung des Aufgabenziels oder Ideen für die Planung des weiteren Vorgehens sein (vgl. Bannert, 2009, S. 140):

– Was ist das Ziel der Aufgabe?
– Was ist dein Plan, die Aufgabe zu bearbeiten?
– Wie bist du bis jetzt vorgegangen?
– Was ist dein erster Schritt?

Die Literatursicht über bereits existierende Studien zum Einsatz metakognitiver Prompts von Hoffman und Spatariu (2011) konnte zeigen, dass „composition, timing, and relevance of prompting" (S. 613) für eine gelungene metakognitive Unterstützung der Schüler*innen entscheiden sind. Auch Bannert (2009) nennt „kind, specificity and timing" (S. 140) als entscheidende Kriterien für das Gelingen von Prompts aller Art.

Damit also metakognitive Prompts ihre intendierte Wirkung entfalten, müssen die Lehrpersonen bei den Schüler*innen ein grundlegendes Bewusstsein für den positiven Nutzen von Strategien sowie die Wahrnehmung von Situationen, in denen Hilfe benötigt wird, schaffen (vgl. Hoffman & Spatariu, 2008, S. 879). Dann können Lernende Prompts auch für sich selbst oder für Mitschüler*innen formulieren. Ganz im Sinne des Zitates von Bandura (1997) – „Knowing what to do is only part of the story." (S. 223) – muss ein metakognitives Wissen der Lernenden genauso wie der Einsatz metakognitiver Prompts zur Unterstützung dieser nicht zwangsläufig auch dazu führen, dass die Schüler*innen dieses auch anwenden. Letztlich liegt es einzig an den Lernenden, den Prompt aufmerksam zu verfolgen und zu nutzen (vgl. Hoffman & Spatariu, 2008, S. 879).

Außerdem konnten in neueren bildungswissenschaftlichen Studien wie etwa der von Lee, Lim & Grabowski (2010, S. 644) festgestellt werden, dass vor allem "scaffolding that combines cognitive and metacognitive support and uses […] prompting seems to assure the best results" (Saks & Leijen, 2019, S. 3). Deshalb sollen im folgenden Abschnitt 4.2.2 auch die Auswirkung beider Arten von Lernprompts auf die Offenheit mathematischer Aufgaben im Sinne des Frameworks von Yeo (2017) verdeutlicht werden.

4.2.2 Einfluss der Prompts auf die Offenheit mathematischer Aufgaben

„But the impact of the openness of a task on student learning is not so clear because there are many task variables that can affect the degrees of openness." (Yeo, 2017, S. 187)

In Kapitel 3 wurden offene Aufgaben als ein geeignetes Aufgabenformat begründet, damit Schüler*innen ihre individuelle mathematische Kreativität zeigen können. Das Framework von Yeo (2017), mit dem die Offenheit von mathematischen Aufgaben klassifiziert werden kann, wurde genutzt, um geeignete offene Aufgaben für das Zeigen von Kreativität zu definieren (vgl. Abschn. 3.1.6, insbesondere Tab. 3.2). Dabei wurden offene Aufgaben im Kontext mathematischer Kreativität in der Variable der Komplexität als offen und subjektabhängig klassifiziert, damit es durch Scaffolding möglich wird, die Komplexität der Aufgabe für die Schüler*innen individuell zu erleichtern. In den vorangegangenen Abschnitten wurde dementsprechend der Aspekt des Scaffoldings (vgl. Abschn. 3.1) und der Lernprompts als eine besondere Form ebendieses (vgl. Einführung zu Abschn. 4.2 und Abschn. 4.2.1) erläutert. Nun soll der Einfluss metakognitiver und kognitiver Prompts auf offene Aufgaben, die 'eine kreative Bearbeitung anregen, veranschaulicht werden.

Dabei ist zunächst zu klären, ob durch die Formulierung von Prompts die offene Aufgabe an sich verändert wird. Beispielhaft soll deshalb die folgende arithmetisch offene Aufgabe aus Abschnitt 3.2.1 betrachtet werden, welche die Basisaufgabe darstellt. Ebenso exemplarisch sollen passend zu diesen zwei

Prompts und deren Einsatzmöglichkeit im Kontext der Produktion weiterer Ideen formuliert werden.

Basisaufgabe:	„Deine Rechenzahl ist 5. Schreibe alle Aufgaben auf, die du mit 5 bilden kannst." (Rasch, 2010, S. 32).
Kognitiver Prompt:	Kannst du die Tauschaufgabe zu deiner Aufgabe 5 + 1 = 6 bilden?
Metakognitiver Prompt:	Wie hast du deine letzte Aufgabe gefunden? Wie sieht deine Idee für die nächste Aufgabe aus?

Nun gilt es zu klären, ob der Einsatz von Prompts die Basisaufgabe ergänzt und dadurch eine Variation dieser entsteht oder ob die Prompts keinen Einfluss auf die offene Aufgabe nehmen, sondern vielmehr additiv zu verstehen sind. An dem gewählten Beispiel sollen daher die beiden Variationsaufgaben gebildet werden, die durch den Einfluss der beiden (meta-)kognitiven Prompts auf die Basisaufgabe entstehen.

Variationsaufgabe 1:	Deine Rechenzahl ist 5. Schreibe alle Aufgaben auf, die du mit 5 bilden kannst. Nutze dafür Tauschaufgaben.
Variationsaufgabe 2:	Deine Rechenzahl ist 5. Schreibe alle Aufgaben auf, die du mit 5 bilden kannst.
	Tipp: Erkläre immer erst deine Idee, wie du eine Aufgabe gefunden hast. Denk dir dann eine weitere Aufgabe aus.

Yeo (2017) beschreibt die Problematik, inwiefern ein Prompt die Basisaufgabe verändert, in seinem Artikel nur indirekt. Aus seinen Ausführungen zur Variable der Komplexität kann entnommen werden, dass die Ergänzung einer Basisaufgabe durch Prompts zu einer neuen Aufgabe führt, die dann selbst wieder mit Hilfe des Frameworks analysiert werden kann bzw. muss (vgl. Yeo, 2017, S. 184–185). Sollte diese Ansicht jedoch konsequent verfolgt werden, dann würde der Einsatz eines weiteren Prompts zu einer erneuten Veränderung der Variationsaufgabe führen und diese wiederum eine Neuklassifizierung erfordern. Dadurch entstehen zwei Probleme: Zum einen wären die Aufgabenbearbeitungen von Schüler*innen nicht mehr vergleichbar, da alle Lernenden an individuell unterschiedlichen offenen Aufgaben arbeiten würden. Zum anderen unterscheiden sich die Variationsaufgaben zunehmend so stark von der Basisaufgabe, dass nicht mehr von einer Erweiterung, sondern vielmehr von einer Verfremdung gesprochen werden muss. Die präsentierte Variationsaufgabe 1 bspw. ist hinsichtlich der Variablen der Antwort und des Vorgehens deutlich geschlossener als die Basisaufgabe und würde bei der Bearbeitung das Entdecken von weiteren Zahl-, Term- und Aufgabenbeziehungen durch den Fokus auf Tauschaufgaben einengen. Dies kann möglicherweise dazu führen, dass die Schüler*innen ihre individuelle mathematische Kreativität nur eingeschränkt zeigen können.

Deshalb wird in den nachfolgenden Ausführungen davon ausgegangen, dass die Basisaufgabe durch den Einsatz von Lernprompts, die zumeist nicht schriftlich fixiert, sondern mündlich gegeben werden, nicht verändert wird. Die metakognitiven und vor allem kognitiven Prompts stellen vielmehr punktuelle Unterstützungsangebote dar. In diesem Zusammenhang lässt sich demnach ein Einfluss der Prompts auf die Offenheit der Aufgabe im Sinne des angewendeten Framework von Yeo (2017) (vgl. Abschn. 3.1.6) erkennen. In welchen Variablen (Antworten, Ziel, Vorgehen, Komplexität und Erweiterung) die beiden Prompts die Offenheit der gestellten Aufgabe reduzieren können, soll im Folgenden erläutert und anschließend mit Hilfe der Klassifizierungsmatrix für offene Aufgaben (vgl. Tab. 3.2) visualisiert werden.

– Werden metakognitive Prompts eingesetzt, dann dienen sie dazu, dem Kind eine Unterstützung im Bearbeitungsprozess zu bieten und dieses anzuregen über die bisherige Bearbeitung zu reflektieren. Dadurch sollen die Schüler*innen angeleitet werden, den eigenen Prozess zu überwachen und zu regulieren (vgl. Abschn. 4.2.1). In diesem Sinne fordert der zuvor beispielhaft aufgeführte metakognitive Prompt die Lernenden dazu auf, über die Idee, die zu der Produktion einer Aufgabe mit der Rechenzahl 5 geführt hat zu reflektieren und dadurch eventuell einen Anstoß für die Entwicklung weiterer Ideen zu bekommen. Auf dem Kontinuum zwischen geschlossenen und offenen Aufgaben wird durch solche metakognitiven Prompts vor allem die Variable der Komplexität weiter geschlossen, da verschiedenste Unterstützungen der Schüler*innen durch die Lehrpersonen stattfinden, indem etwa strategische Vorgehensweisen bei der Bearbeitung der offenen Aufgabe angeregt werden. Dies beeinflusst gleichsam die Variable der Vorgehensweisen. Diese bleiben nach wie vor subjektabhängig, werden aber in einem individuellen Maß weiter geschlossen. Die konkrete Zielformulierung wird dadurch ebenfalls etwas expliziter, aber nur in dem Sinne, als dass metakognitive Strategien vorgeschlagen wurden. Die möglichen Antworten und auch die Erweiterungsmöglichkeiten der offenen Aufgabe werden durch solche Prompts nicht verändert.
– Bei dem Einsatz kognitiver Prompts werden den Lernenden konkret inhaltliche Hilfestellungen für ihre individuelle Aufgabenbearbeitung gegeben. Dies

kann von einer Beispielantwort über das explizite Formulieren und Anwenden von Bearbeitungsstrategien reichen (vgl. Abschn. 4.2.1). Der oben ausgeführte beispielhafte kognitive Prompt verweist auf das Nutzen einer konkreten Aufgabenbeziehung, nämlich der Tauschaufgaben, zum Produzieren weiterer Rechenaufgaben mit der Zahl 5. Es ist zu erwarten, dass der*die Schüler*in nach dem Einsatz dieses Prompts mind. eine Tauschaufgabe produziert. Verallgemeinert und auf die Klassifizierungsmatrix bezogen verringern kognitive Prompts die Komplexität der offenen Aufgabe und beeinflussen somit vor allem die Formulierung des Aufgabenziels. Zudem wird die Offenheit des Vorgehens stark eingeschränkt, aber nicht gänzlich geschlossen. Inwiefern die möglichen Vorgehensweisen bei der kreativen Bearbeitung der offenen Aufgabe und damit auch gleichbedeutend die individuelle mathematische Kreativität der Lernenden überhaupt noch subjektabhängig ist, muss abhängig vom Prompt entschieden werden. Die konkret inhaltliche Formulierung kognitiver Prompts kann – zumindest temporär – zu einer Einschränkung in den Antwortmöglichkeiten führen. Auf die Variable der Erweiterung wirkt sich diese Art der Prompts nicht aus.

Die nachfolgende Tabelle 4.1 zeigt die potenzielle Veränderung des Grads der Offenheit (g – geschlossen; o – offen) von mathematischen Aufgaben beim Einsatz metakognitiver und kognitiver Prompts. Die hervorgehobenen Bereiche verdeutlichen, inwiefern sich die ursprüngliche Einschätzung der Offenheit der fünf Variablen (grauer Bereich – vgl. Tab. 3.2) durch den Einsatz (meta-) kognitiver Lernprompts (Farbverlauf) verändern kann. Dabei können an dieser Stelle nur die aus den theoretischen Erläuterungen erwartbaren Veränderungen veranschaulicht werden. Letztendlich werden die Auswirkungen der Lernprompts auf die Offenheit der Aufgabe individuell von den Lernenden bestimmt und können nur über empirische Untersuchungen genauer analysiert werden (vgl. dazu Forschungsziel 2 in Abschn. 5.2). Insgesamt zeigt die Matrix das Muster, dass durch den Einsatz kognitiver und metakognitiver Prompts, die Offenheit und damit auch die Herausforderung bei der Bearbeitung offenen Aufgaben, die Schüler*innen zum Zeigen ihrer individuellen mathematischen Kreativität anregen, verringert werden kann. Dabei kann die Offenheit der einzelnen Variablen unterschiedlich stark geschlossen werden, je nachdem ob ein kognitiver oder metakognitiver Prompt eingesetzt wird. Während metakognitive Prompts insbesondere auf die Komplexität der offenen Aufgabe einwirken, nehmen kognitive Prompts einen großen Einfluss auf die Offenheit des Vorgehens bei der Bearbeitung der Aufgaben und schränken dadurch die divergenten Fähigkeiten der Denkflüssigkeit und Flexibilität weiter ein.

Tab. 4.1 Klassifizierungsmatrix (in Anlehnung an Yeo, 2017) für die offenen Aufgaben mit Einfluss metakognitiver und kognitiver Prompts (Slider eigene Darstellung)

Variable	Grad der Offenheit beim Einsatz kognitiver Prompts	Grad der Offenheit beim Einsatz metakognitiver Prompts
Antwort	g ⊂▭▭▭▭▭▭▭▭■⊃ o	g ⊂▭▭▭▭▭▭▭▭■⊃ o
Ziel	g ⊂▭■■■▭▭▭▭▭⊃ o	g ⊂▭▭▭▭■▭▭▭▭⊃ o
Vorgehen	g ⊂▭▭▭▭■▭▭▭▭⊃ o	g ⊂▭▭▭▭▭▭▭▭▭⊃ o
Komplexität	g ⊂▭▭▭▭■▭▭▭▭⊃ o	g ⊂▭▭▭▭■▭▭▭▭⊃ o
Erweiterung	g ⊂▭■■▭▭▭▭▭▭⊃ o	g ⊂■■▭▭▭▭▭▭▭⊃ o

4.3   Kapitelzusammenfassung

Zusammenfassend wurde in diesem vierten Kapitel der Frage nachgegangen, inwiefern Schüler*innen bei der kreativen Bearbeitung offener Aufgaben unterstützt werden können. In diesem Zusammenhang spricht auch Lithner (2017) davon, dass es notwendig ist, geeignete Rückmeldungen an die Lernenden zu geben, um diese beim Zeigen ihrer individuellen mathematischen Kreativität zu unterstützen (vgl. Einführung zu diesem Kapitel).

Doch wie können solche Rückmeldungen von Lehrer*innen gestaltet sein? Unter dem Begriff des *Scaffolding* (Wood et al., 1976) werden solche Verhaltensweisen von Lehrpersonen verstanden, bei denen Lernende bei der Bearbeitung von herausfordernden, hier offenen, Aufgaben unterstützt werden. Diese *Hilfesysteme* (Wessel, 2015, S. 47) verfolgen den Grundgedanken, nur so viel Unterstützung anzubieten, wie die Schüler*innen benötigen und dies auch nur in den Bereichen, die das Wissen der Lernenden zum Zeitpunkt der Bearbeitung übersteigen (vgl. Wood et al., 1976). Das ausführlich dargestellte mathematikdidaktische Modell des Scaffolding nach Anghileri (2006) beschreibt auf drei Leveln verschiedene Arten der Rückmeldung von Lehrenden an die Lernenden. Als zentral für die vorliegende Arbeit wurden zwei Handlungsbereiche auf Level 2 herausgestellt, bei denen Lehrende direkte Unterstützung anbieten können: Die Schüler*innen sollen ihr eigenes mathematisches Handeln bzw. Wissen reflektieren und dadurch klären (*Reviewing*) sowie Handlungsweisen kennenlernen, damit die eigenen mathematischen Ideen zugänglicher werden (*Restructuring*). Beide Bereiche sind für das Zeigen der kindlichen individuellen mathematischen Kreativität bedeutsam (vgl. Abschn. 4.1).

Lernprompts stellen eine spezielle Form des Scaffolding dar (vgl. Bannert, 2009) und wurden in Abschnitt 4.2 detailliert erläutert. Unter dem Begriff der *Prompts* werden kurze verbale Interventionen verstanden, die Schüler*innen individuell unterstützen, indem diese eine gezielte Reflexion über die eigene mathematische Tätigkeit anregen (etwa Bannert, 2009; Hoffman & Spatariu, 2008). In Anlehnung an die Differenzierung nach Bannert (2009, S. 140) können metakognitive und kognitive Prompts unterschieden werden. Während kognitive Prompts konkret inhaltliche Unterstützungsangebote für Schüler*innen darstellen, zielen metakognitive Prompts auf das Reflektieren und Überwachen des gesamten Bearbeitungsprozesses ab. Vor allem auch für das Zeigen der individuellen mathematischen Kreativität sind metakognitive Prompts bedeutsam, da sie die Schüler*innen in ihrem Prozess unterstützen, aber keine konkreten Vorgaben für die Bearbeitung der offenen Aufgabe geben (vgl. Abschn. 4.2.1). Zuletzt wurde deshalb der Einfluss von Prompts auf die Offenheit von mathematischen Aufgaben, die das Zeigen der individuellen mathematischen Kreativität anregen, ausdifferenziert. Es kann festgehalten werden, dass kognitive Prompts vor allem bei der Variable des Vorgehens die Offenheit stärker reduzieren als metakognitive Prompts und dadurch einen Einfluss auf die Denkflüssigkeit und Flexibilität der Schüler*innen nehmen. Inwiefern ein Einsatz von (meta-)kognitiven Prompts bei Schüler*innen sinnvoll ist, müssen die Lehrpersonen individuell und adaptiv bei der kreativen Aufgabenbearbeitung entscheiden (vgl. Abschn. 4.2.2).

Teil II
Forschungsdesign

„We understand better what students can do if we understand what they cannot do. We understand what students can understand better if we understand what they cannot understand. It also helps to understand what a child can do if we understand what other students can do, whose knowledge is judged to be at a higher or lower level, can do." (Steffe & Thompson, 2000, S. 278)

Zielsetzung der empirischen Arbeit 5

„At present, there is a need for more dynamic conceptions of creativity in educational settings." (Beghetto & Corazza, 2019, S. 2)

Auf dem Weg hin zu einer ausführlichen Darstellung der Zielsetzung dieser empirischen Arbeit wird nun zunächst begründet, warum die individuelle mathematische Kreativität von Erstklässler*innen fokussiert wird (vgl. Abschn. 5.1). Dazu werden relevante Ergebnisse aus vor allem mathematikdidaktischen Forschungen aufgeführt, die ein aktuelles Forschungsdesiderat aufzeigen. Der Anspruch der empirischen Studie dieser Arbeit besteht darin, einen Beitrag zur Klärung dieses Desiderats zu leisten. Welche Ziele im Einzelnen verfolgt werden und welche Forschungsfragen dementsprechend formuliert wurden, wird deshalb subsequent erläutert (vgl. Abschn. 5.2). Dieses Kapitel bildet somit insgesamt die Basis für die Wahl der spezifischen Methodik (vgl. Kap. 6 und 7) sowie der empirischen Befunde (vgl. Teil III) zur individuellen mathematischen Kreativität von Erstklässler*innen beim Bearbeiten arithmetisch offener Aufgaben.

5.1 Warum die individuelle mathematische Kreativität von Erstklässler*innen bedeutsam ist

„Young students, who have had little experience with standard mathematical problems, may be more open and creative in their thinking than older children who have been acculturated by years of solving standard one solution problems." (Tsamir et al., 2010, S. 228)

In den theoretischen Grundlagen dieser Arbeit wurde das Konstrukt der individuellen mathematischen Kreativität für das Mathematiklernen von Schüler*innen vielschichtig erarbeitet sowie definiert, um darauf aufbauend das Modell der

© Der/die Autor(en) 2022
S. Bruhn, *Die individuelle mathematische Kreativität von Schulkindern*,
Bielefelder Schriften zur Didaktik der Mathematik 8,
https://doi.org/10.1007/978-3-658-38387-9_5

individuellen mathematischen Kreativität von Schulkindern (InMaKreS) zu entwickeln (vgl. Kap. 2). Anschließend wurden zum einen (arithmetisch) offene
Aufgaben als geeignete mathematische Umgebung für das Zeigen der individuellen mathematischen Kreativität von Lernenden dargestellt (vgl. Kap. 3) und
zum anderen mögliche Unterstützungsmöglichkeiten der Schüler*innen in Form
von (meta-)kognitiven Lernprompts durch Mathematiklehrkräfte aufgezeigt (vgl.
Kap. 4).

Im Sinne des grundlegenden Verständnisses von Kreativität als domänenspezifisches und relatives Konstrukt wurde die Dimension der kreativen Person in den
Mittelpunkt der Betrachtungen gerückt (vgl. Abschn. 2.2). Da durch die mathematikdidaktische Ausrichtung dieser Arbeit entsprechend als Kreativitätsdomäne
das Mathematiktreiben und -lernen von Schüler*innen gewählt wurde, wurde in
den weiteren Ausführungen die individuelle mathematische Kreativität von Schulkindern fokussiert. Das forschungs- und unterrichtspraktische InMaKreS-Modell
ist daher für die kreativen Bearbeitungen von Lernenden aller Schulformen nutzbar. Dieser Personenkreis soll nun für die empirische Forschung der vorliegenden
Arbeit begründet auf Erstklässler*innen eingeschränkt werden.

In Kapitel 2 und 3 wurden bereits Argumente für die Bedeutsamkeit der individuellen mathematischen Kreativität von jüngeren Schulkindern präsentiert, die
hier noch einmal kurz zusammengefasst werden:

– Torrance (1968) stellte bereits vor fast einem halben Jahrhundert den „fourth-
  grade slump" (S. 195) in der Kreativität der Schüler*innen fest. Das bedeutet,
  dass die Kreativität der betrachteten Schüler*innen in der vierten Klasse
  plötzlich stark absank und sich nur wenige Lernende in den folgenden Schul-
  jahren davon wieder signifikant erholten (vgl. Torrance, 1968, S. 198–199).
  Dieses Forschungsergebnis erklärt Amabile (1996) dadurch, dass der Anpassungsdruck der Kinder an ihre Peer-Gruppe mit zunehmendem Alter steigt.
  Folglich sind die Lernenden immer weniger bereit, bei Aufgabenbearbeitungen neue Wege zu beschreiten, d. h. vor allem ihre Fähigkeit der Flexibilität
  als ein Merkmale der individuellen mathematischen Kreativität zu zeigen
  (vgl. Amabile, 1996). Eine Betrachtung von jüngeren Schulkindern wie Erstklässler*innen scheint deshalb besonders bedeutsam für eine Beschreibung
  der individuellen mathematischen Kreativität, da sie (vermutlich) bei der
  Bearbeitung mathematischer Aufgaben besonders kreativ tätig werden (vgl.
  ausführlich Abschn. 2.3.2.1).
– Bezogen auf eine eher kognitive Ebene resümieren Tsamir, Tirosh, Tabach und
  Levenson (2010, S. 228) auf Basis ihrer qualitativen Interviewstudie mit 163

Kindergartenkindern (5 bis 6 Jahre alt), dass junge (Schul-)Kinder möglicherweise kreativer sind als ältere Mathematiklernende, da sie weniger Erfahrung mit algorithmischen Bearbeitungsverfahren aufweisen und dadurch insgesamt offener in ihrem mathematischen Denken sind (vgl. ausführlich Abschn. 3.1.4). Daher könnte die wissenschaftliche, aber auch diagnostische Beobachtung von jungen Schüler*innen bei deren Bearbeitung offener Aufgaben einen relevanten Einblick in ihre individuelle mathematische Kreativität liefern (vgl. ausführlich Abschn. 3.1.5).

– In der Domäne der mathematischen Kreativität konnten jüngere Studien (etwa Juter & Sriraman, 2011; R. Leikin & Lev, 2013) zeigen, dass vielmehr die mathematische Fähigkeiten als die Intelligenz einen Einfluss auf die individuelle mathematischen Kreativität von Schüler*innen haben. Dieser Zusammenhang gilt insbesondere auch für Grundschüler*innen, deren mathematische Fähigkeiten und Kompetenzen sehr individuell ausgeprägt sind (etwa Aßmus & Fritzlar, 2018), weshalb eine Betrachtung dieser kreativen Personen bedeutsam erscheint (vgl. ausführlich Abschn. 2.2.3).

Trotz dieser theoretisch basierten Argumente für die Bedeutung einer wissenschaftlichen Betrachtung der individuellen mathematischen Kreativität von Kindern im Elementar- und Primarbereich adressieren in der englischsprachigen Forschungsliteratur von 2010 bis 2020 nur rund 4,4 % aller Artikel zum Thema *mathematische Kreativität* Schüler*innen von 0 bis 12 Jahren[1]. Bei einer genaueren Betrachtung der Methodik dieser Studien ist zum einen ein Trend in Richtung quantitativer Verfahren zu finden[2]. Zum anderen können die Studien im Sinne des 4P-Modells von Kreativität (vgl. Abschn. 2.2.3) vor allem den beiden Dimensionen der kreativen Person oder der kreativen Umgebung zugeordnet werden[3]. Das bedeutet, dass aktuelle Forschungsarbeiten darauf abzielen, geeignete und gezielte Fördermöglichkeiten der mathematischen Kreativität

---

[1] Am 05.11.2020 wurde nach den Schlagwörtern „mathematics" und „creativity" in den Abstracts aller Zeitschriften, die in den nachfolgenden Datenbanken gelistet sind, gesucht: APA PsycArticels, APA PsycInfo, Education Source, ERIC, MLA International Bibliography with Full Text und PSYNDEX Literature with PSYNDEX Tests. Diese Suche ergab 810 Treffer. Weiterhin wurden innerhalb dieser Artikel auf das das Alter der Probanden, d. h. auf „Childhood (birth-12 yrs)", „School Age (6–12 yrs)" und „Preschool age (2–5 yrs)", gefiltert. Somit ergaben sich nur noch 36 Artikel.

[2] Das Verhältnis von quantitativen zu qualitativen Forschungsmethoden liegt bei etwa 2:1, da 24 der 36 zuvor gefilterten Studien eine quantitative Methode angeben.

[3] Von den 36 mathematikdidaktischen Studien lässt sich aus dem Titel und/oder Abstract bei 14 Studien eine Zuordnung zur Dimension der kreativen Person und 22 Studien zur kreativen Umgebung ableiten.

von jüngeren Schüler*innen zu entwickeln und/oder zu evaluieren. Dafür wird der Begriff der Kreativität vor allem auch im Kontext des sozialen Lernens betrachtet (vgl. hierzu Abschn. 2.3.2). Das in dieser Arbeit gebildete InMaKreS-Modell auf Basis des divergenten Denkens versucht hingegen die individuelle mathematische Kreativität von Schulkindern qualitativ zu charakterisieren und Möglichkeiten aufzuzeigen, wie Kinder im alltäglichen Mathematikunterricht ihre individuelle mathematische Kreativität zeigen können. Doch welche aktuellen Forschungsergebnisse lassen sich zu diesem Thema aus den gefilterten Studien zusammenfassen?

Zunächst sollen einige ausgewählte Ergebnisse aus qualitativen und quantitativen Studien zur mathematischen Kreativität von jüngeren Kindern (etwa drei bis zehn Jahre) vorgestellt werden (vgl. Abschn. 5.1.1), um anschießend den Blick auf Forschungen zu geeigneten Lernangeboten für die Förderung der mathematischen Kreativität von Schüler*innen zu werfen (vgl. Abschn. 5.1.2). Aus dem so ausführlich skizzierten Forschungsstand und daraus resultierendem Forschungsdesiderat werden anschließend die Forschungsziele und -fragen für diese empirische Arbeit abgeleitet (vgl. Abschn. 5.2).

5.1.1   Ergebnisse internationaler Studien mit dem Fokus auf Kita- und Grundschulkinder als mathematisch kreative Personen

"Age is significantly associated with children's OFE [originality, flexibility, elaboration] development at lower grades but not at upper grades [...]" (Sak & Maker, 2006, S. 288)

Kattou, Christou & Pitta-Pantazi (2016, S. 105–109) nehmen in ihrer quantitativen Studie 476 griechische Grundschüler*innen im Alter von 9–12 Jahren in den Blick, die verschiedene standardisierte und selbst entworfene Kreativitäts-, Intelligenz- und Mathematiktests absolvierten. Mit Hilfe von ausführlichen Korrelations- und konfirmatorischen Faktorenanalysen (vgl. Kattou et al., 2016, S. 109–110) können die Autor*innen ein Definitionsmodell von mathematischer Kreativität bestehend aus den drei sich gegenseitig beeinflussenden und interagierenden divergenten Fähigkeiten Denkflüssigkeit, Flexibilität und Originalität ähnlich zu dem Begriffsverständnis in dieser Arbeit (vgl. Abschn. 2.4.1) empirisch nachweisen (vgl. Kattou et al., 2016, S. 117). Ein anderer Schwerpunkt dieser Studie lag auf der Untersuchung der Eigenschaften kreativer Personen. Die

Autor*innen stellen fest, dass die Persönlichkeit[4] der Kinder einen vorhandenen, wenn auch nur geringen, Einfluss auf ihre mathematische Kreativität im folgenden Sinn nimmt: „students should understand how creative they are in order to be able to ´create'" (Kattou et al., 2016, S. 119). Dagegen ist ein wichtiges Forschungsergebnis, dass das mathematische Wissen bzw. die Entwicklung der individuellen mathematischen Fähigkeiten der Schüler*innen und nicht etwa deren Intelligenz einen Einfluss auf deren mathematische Kreativität nimmt (vgl. Kattou et al., 2016, S. 118–119). Die ebenso quantitativen Studienergebnisse von Leu & Chiu (2015, S. 46) konkretisieren diese Annahme noch weiter, indem die Autor*innen aufzeigen, dass vor allem die kreative Verhaltensweisen[5] *component association* und *outcome improvement* signifikant mit den mathematischen Fähigkeiten der 372 untersuchten taiwanischen Viertklässler*innen korrelierten (vgl. Leu & Chiu, 2015, S. 42). Dies kann dadurch erklärt werden, dass diese Kompetenzen durch das Schulcurriculum und den Mathematikunterricht stärker trainiert werden als die anderen drei kreativen Verhaltensweisen *space imagination, representation invention* und *alternative curiosity* (vgl. Leu & Chiu, 2015, S. 46). Jedoch konnten die Autor*innen herausstellen, dass „all of the 5 creative behaviours in mathematics positively and most moderately relate to the 3 gifted behaviour (passion, creativity, and intelligence)" (Leu & Chiu, 2015, S. 47). Dies widerspricht den Studienergebnissen von Kattou, Christou und Pitta-Pantazi (2016) und verdeutlicht, dass bis zum heutigen Tag nicht eindeutig erforscht werden konnte, inwiefern die mathematische Kreativität und die Intelligenz von Kindern zusammenhängen (vgl. dazu auch Abschn. 2.3.3.2). Daher soll auch in

---

[4] Kattou, Christou und Pitta-Pantazi (2016, S. 108–109) benutzen die *Creative Personality Checklist (CPC)*, bei der Schüler*innen Statements wie etwa „I like to be different from my classmates" (S. 109) einschätzen sollten.

[5] Die fünf kreativen Verhaltensweisen wurden von Leu und Chiu (2015, S. 45) auf Basis des *Creative Behaviours in Mathematics Questionnaire* (CBMQ) (Carlton, 1975) durch eine Faktorenanalyse herausgearbeitet:

Representation invention: Kreative Schüler*innen erschaffen neue Symbole oder weisen bereits existierenden Symbolen eine neue Bedeutung zu.

Component association: Kreative Schüler*innen stellen Verbindungen zwischen einzelnen Aspekten von mathematischen Problemen her.

Outcome improvement: Kreative Schüler*innen verstehen der Kern des mathematischen Problems.

Alternative curiosity: Kreative Schüler*innen zeigen Freude daran, über ihren aktuellen mathematischen Wissensbereich hinaus zu denken.

Space imagination: Kreative Schüler*innen nutzen die Fähigkeit mental mit Objekten im dreidimensionalen Raum zu agieren, um mathematische Probleme zu lösen.

der vorliegenden empirischen Studie zur individuellen mathematischen Kreativität dieser Aspekt, d. h. der Zusammenhang zwischen der Kreativität auf Basis des InMaKreS-Modells, der Intelligenz und den mathematischen Fähigkeiten von Schüler*innen, untersucht werden.

In Bezug auf ein für weitere Forschungen bedeutsames Alter von Schüler*innen, deren mathematische Kreativität untersucht werden soll, können die Ergebnisse der ebenso quantitativ ausgerichteten Studie von Sak und Maker (2006) mit 841 Erst- bis Fünftklässler*innen richtungsweisend sein. Durch verschiedene statistische Analysen divergenter sowie konvergenter Bearbeitungen verschiedener mathematischer offener (Problem-)Aufgaben (vgl. Sak & Maker, 2006, S. 282–285), konnten die Autor*innen schlussfolgern, dass das Alter die Fähigkeit der Denkflüssigkeit nur wenig beeinflusst. Dagegen zeigte sich, dass das Alter der Kinder in Verbindung mit deren Flexibilität, Originalität und Elaboration steht: Je älter die Kinder sind, desto deutlicher sind ihre kreativen Fähigkeiten ausgeprägt. Dieses Ergebnis wird insbesondere nur bei jüngeren Schulkindern signifikant (vgl. Sak & Maker, 2006, S. 288–289). Die Klassenstufe der Schüler*innen nimmt jedoch keinen solchen Einfluss auf die mathematische Kreativität der Lernenden (vgl. Sak & Maker, 2006, S. 290). Das bedeutet, dass die Erforschung der individuellen mathematischen Kreativität vor allem von jungen Schulkindern bedeutsam scheint.

Doch inwiefern nehmen körperliche Beeinträchtigungen einen Einfluss auf die Entwicklung der kindlichen Kreativität und müssen daher bei der Auswahl von Kindern für (mathematikdidaktische) Studien berücksichtigt werden? M. Leikin & Tovli (2019) nehmen diesbezüglich eine weitere Forschungsperspektive ein und untersuchten in ihrer Studie, die (mathematische) Kreativität von 45 einsprachigen, israelischen Vorschulkindern mit spezifischer Sprachentwicklungsstörung (SSES)[6] (im Englischen: Specific Language Impairment (SLI)) basierend auf dem Kreativitätsmodell von R. Leikin (2009c) (vgl. M. Leikin & Tovli, 2019, S. 23–24). Dabei wiesen die Kinder mit SSES Defizite auf „areas of nonverbal cognition, including such executive functions as inhibition, verbal working

---

[6] Auszug aus der ICD-10 Klassifikation zur *Umschriebenen Entwicklungsstörung des Sprechens und der Sprache* (F80): „Es handelt sich um Störungen, bei denen die normalen Muster des Spracherwerbs von frühen Entwicklungsstadien an beeinträchtigt sind. Die Störungen können nicht direkt neurologischen Störungen oder Veränderungen des Sprachablaufs, sensorischen Beeinträchtigungen, Intelligenzminderung oder Umweltfaktoren zugeordnet werden. Umschriebene Entwicklungsstörungen des Sprechens und der Sprache ziehen oft sekundäre Folgen nach sich, wie Schwierigkeiten beim Lesen und Rechtschreiben, Störungen im Bereich der zwischenmenschlichen Beziehungen, im emotionalen und Verhaltensbereich." (BfArM, 2020, S. 194).

memory, and cognitive flexibility […]" (M. Leikin & Tovli, 2019, S. 23). Alle teilnehmenden Kinder bearbeiteten in Einzelinterviews die beiden kreativitätsanregend offenen Aufgaben CEN-task (vgl. Tsamir et al., 2010, siehe Abschn. 2.1.4) und PMS-task (vgl. ausführlich M. Leikin, 2013, S. 437–438), die dann mittels Varianzanalysen ausgewertet wurden (vgl. M. Leikin & Tovli, 2019, S. 25–27). Aus den Ergebnissen ihrer Analysen schlussfolgern die Autor*innen, dass Sprachentwicklungsstörungen die mathematische Kreativität der Kinder nur „to some extent, but not critically and probably in an indirect way" (M. Leikin & Tovli, 2019, S. 30) beeinflussen. Kreativität als eine kognitive Fähigkeit entwickelt sich insgesamt bei Kindern mit SSES gleichermaßen, nur etwas langsamer als bei Kindern ohne etwaige Beeinträchtigungen (vgl. M. Leikin & Tovli, 2019, S. 30). Das bedeutet, dass eine Erforschung der individuellen mathematischen Kreativität von allen Schulkindern mit und ohne sprachliche Entwicklungsstörung möglich und bedeutsam ist.

5.1.2   Ergebnisse internationaler Studien mit dem Fokus auf verschiedenartige Lernangebote als mathematisch kreative Umgebungen

„Collective [and individual] creativity is partly the result of a climate that allows the free flow of ideas and a teacher who is flexible enough to allow and perhaps foster this climate" (Levenson, 2011, S. 231)

Im vorangegangenen Abschnitt konnte durch aktuelle Studienergebnisse herausgestellt werden, dass die Betrachtung der individuellen mathematischen Kreativität von jungen Schulkindern vor dem Hintergrund ihrer intellektuellen und mathematischen Fähigkeiten bedeutsam ist. Im Folgenden sollen nun Forschungsergebnisse zu geeigneten Lernangeboten, die Kinder dazu anregen, ihre mathematische Kreativität zu zeigen, dargestellt werden. Diese können eine wichtige Ergänzung zu den Ausführungen zu offenen Aufgaben (vgl. Kap. 3) bieten und daher für die Planung der empirischen Studie nützlich sein.

Zunächst sollen zwei große (internationale) Forschungsprojekte –„Camp Invention®" (Saxon, Treffinger, Young & Wittig, 2003) und „Creative Little Scientists" (Stylianidou & Rossis, 2014) – vorgestellt werden, die beide *inquiry-based* (auf Deutsch: *fragenstellende*) Lernangebote zur Förderung von Kreativität eingesetzt haben. Darunter wird ein Lernangebot verstanden, dass von den Interessen und konkreten Fragen der Schüler*innen ausgeht und daher im besonderen Maß dem konstruktivistischen Verständnis von Lernen gerecht wird (etwa

Jaworski, 1996, S. 10–12). Dieses ist auch für den Kreativitätsbegriff grundlegend (vgl. Abschn. 2.3.2).

– Das internationale Forschungsprojekt „Creative Little Scientists" (Stylianidou & Rossis, 2014) hat in einer 30-monatigen Langzeitstudie von 2011–2014 das Potential einer Förderung der Kreativität in Mathematik und Naturwissenschaft von drei- bis achtjährigen Kindern qualitativ untersucht. Durch verschiedene Feldstudien in europäischen Ländern kommen Cremin, Glauert, Craft, Compton & Stylianidou (2015) zum Schluss, dass „IBSE [inquiry-based science education] and CA [creative approaches] to teaching and learning are closely connected in practice; they operate in a synergistic relationship" (S. 415). Dies verweist somit auf einen starken Zusammenhang zwischen dem entdeckenden Lernen und kreativem Handeln von Schüler*innen im Mathematikunterricht. Zudem wurde deutlich, dass je älter die Kinder wurden, spielerische und explorative Angebote durch stärker gelenkte, fragenstellende und bewusst anregende Zugänge zur Mathematik und den Naturwissenschaft abgelöst wurden (vgl. Cremin et al., 2015, S. 415). Dabei merkten jedoch viele pädagogische Fach- und Lehrkräfte an, dass sie in ihrer Berufsausbildung keine expliziten Möglichkeiten zur Förderung der Kreativität von Kindern erlernt hatten, dies aber notwendig sei, um entsprechend Angebote zu konzipieren (vgl. Cremin et al., 2015, S. 415–416). Vor allem diese letzte Feststellung der Lehrer*innen, dass ihnen fachdidaktische Konzepte zur Anregung und Förderung von Kreativität fehlen, stellt einen wichtigen Ausgangspunkt für mathematikdidaktische Forschungen zur individuellen mathematischen Kreativität von jungen Kindern dar.

– Das „Camp Invention®" (Saxon et al., 2003) ist ein amerikanisches Forschungsprojekt, an dem im Zeitraum von 1990–2001 etwa 30.000 Schüler*innen der zweiten bis sechsten Klasse (sechs bis zwölf Jahre alt) in über 400 Camps in 38 Bundestaaten der Vereinigten Staaten von Amerika teilgenommen haben. An den fünf Tagen der Ferienfreizeit hatten die Lernenden die Möglichkeit, an fünf verschiedenen Lernmodulen aus den Bereichen Naturwissenschaft, Mathematik, Geschichte und Kunst teilzunehmen, deren „curriculum is designed to promote creative learning by providing children with interactive activities that encourage creative solutions and stimulate imaginations" (Saxon et al., 2003, S. 65). Dieses Ziel wurde dadurch erreicht, dass die Lernmodule – ähnlich wie bei dem Creative Little Scientist-Projekt – fragenbasiert, offen, die individuellen Erfahrungen akzeptierend, prozessorientiert und thematisch gerahmt waren (vgl. Saxon et al., 2003, S. 66–67). In einer groß angelegten Evaluierung dieser *game-like creative thinking activity* (Saxon et al., 2003, S. 69) im Jahr 2001 in Form eines Prä-Post-Interviews konnte „a significant positive increase in fluency of thinking (the ability to generate many possibilities [...])" gezeigt werden (Saxon et al., 2003, S. 69). Dabei verweisen die Autoren darauf, dass zwar Kreativität von allen teilnehmenden Schüler*innen gezeigt werden konnte, dafür aber eine individuelle Unterstützung aller Kinder und Jugendlichen notwendig war (vgl. Saxon et al., 2003, S. 73).

Doch wie können mathematische Aufgaben neben offenen, *inquiry-based* Lernangeboten noch charakterisiert werden, um bei jungen Schüler*innen das Zeigen ihrer individuellen mathematischen Kreativität anzuregen? Zur Beantwortung dieser Frage kann die Studie von Stokes (2014) exemplarisch herangezogen werden. Die Autorin evaluierte am Beispiel des Zehnersystems ein neues Mathematikcurriculum für Vorschulkinder, das auf der *Problem Space* Theorie von Newell & Simon (1972) basiert und wie folgt charakterisiert ist:

> „A problem space has three parts: an initial state, a goal state, and between the two, a search space for creatively constructing a solution path. The construction is creative because the path is new." (Stokes, 2014, S. 101)

Dazu wurde ein Prä-Post-Testverfahren bei einer Pilotklasse mit 23 und einer Kontrollklasse mit 20 amerikanischen Kindern durchgeführt (vgl. Stokes, 2014, S. 106–110). Die Analysen zeigen deutlich, dass die Vorschulkinder der Pilotgruppe, die mit dem neuen kreativ orientierten Mathematikcurriculum unterrichtet wurden, die Kinder der Kontrollgruppe bzgl. ihrer mathematischen Fähigkeiten im Bereich des Zehnersystems, ein- und zweistelliger Addition und Subtraktion sowie dem Umgang mit dem Zahlenstrahl übertrafen (vgl. Stokes, 2014, S. 113). Dies erklärt Stokes (2014, S. 113–114) dadurch, dass das Modell des Curriculums eine Lösungssuche durch untypische und neue Vorgehensweisen fördert, was zu einem tieferen (und individuelleren) Verständnis von mathematischen Inhalten führt. Basis dafür ist jedoch eine gewisse Regelmäßigkeit in der Anwendung dieses Curriculums sowie eine ausreichende Schulung des pädagogischen Fachpersonals (vgl. Stokes, 2014, S. 114–115).

So erwächst aus allen drei zuvor präsentierten Studien konsequenterweise die Frage danach, welchen Einfluss Lehrende über ihre Lernangebote auf das Zeigen und die Entwicklung der individuellen mathematischen Kreativität von jungen Kindern nehmen können. Die qualitative Studie von Schoevers et al. (2019) verfolgte das Ziel, Unterrichtsbedingungen und Strategien von Lehrkräften herauszuarbeiten, durch welche die mathematische Kreativität der Schüler*innen angeregt werden kann. Dazu wurde der Unterricht einer niederländischen vierten Klasse im Jahr 2017 dreimal videografiert und anschließend mittels einer qualitativen Inhaltsanalyse ausgewertet (vgl. Schoevers et al., 2019, S. 325–328). Dabei wurden bewusst drei verschiedene Unterrichtssettings, nämlich eine außerschulische interdisziplinäre Stunde, eine schulische interdisziplinäre Stunde und eine reguläre Mathematikstunde, beobachtet (vgl. Schoevers et al., 2019, S. 328–329). Nur bei den beiden offenen und interdisziplinären Unterrichtsstunden konnten die Autor*innen Ausdrücke mathematischer Kreativität bei den Lernenden bedingt durch ein offenes Klima und längerer Klassendialoge, bei denen die Schüler*innen ihre Ideen ausdrücken und weiterentwickeln konnten, analysieren. Interessanterweise wurden solche Aspekte auch bei der schulbuchbasierten regulären Unterrichtsstunde beobachtet, jedoch führten sie hier nicht zu kreativem Verhalten der Kinder. Dies kann möglicherweise auf die unterschiedlichen Lernziele zurückgeführt werden. Nur wenn das Anregen der mathematischer Kreativität der Schüler*innen gezielt fokussiert wird (und nicht inhaltliche mathematische Themen), kann diese auch bei den Schüler*innen entstehen (vgl. Schoevers et al., 2019, S. 332). Die vorgestellten Forschungsergebnisse verweisen zum einen darauf, dass insbesondere die Nutzung offener Aufgaben für das Anregen der individuellen mathematischen Kreativität bei Schüler*innen, wie es auch das InMaKreS-Modell vorsieht, geeignet sind. Zum anderen zeigt die Studie von Schoevers et al. (2019) auch, dass das Anregen der kindlichen Kreativität im Mathematikunterricht ein bedeutsames sowie eigenständiges Unterrichtsthema sein kann und sollte.

In einer quantitativen Langzeitstudie haben sich Schacter, Thum & Zifkin (2006) der Beantwortung der Frage angenähert, inwiefern ein Zusammenhang zwischen mathematischen Lernangeboten, die das Zeigen mathematischer Kreativität fördern, und den Schülerleistungen im Lesen, der Sprache und der Mathematik besteht. Dafür beobachteten die Autoren insgesamt 48 Lehrer*innen dritter bis sechster Klassen mit zusammen 816 Schüler*innen über das Schuljahr 2001/2002 an acht Messzeitpunkten je eine Schulstunde lang und ermittelten dabei, wie oft und mit welcher Qualität die Lehrkräfte kreative Verhaltensweisen zeigten (vgl. Schacter et al., 2006, S. 49–52). Diese basieren auf 19 verschiedenen deskriptiven Verhaltensweisen der Lehrenden in den Bereichen *Teaching Creative Strategies, Opportunities for Choice and Discovery, Intrinsic Motivation, Environment Conducive to Creativity* und *Imagination and Fantasy* (vgl. ausführlich Schacter et al., 2006, S. 56–57). Auf Basis einer umfassenden Faktorenanalyse (vgl. Schacter et al., 2006, S. 58–59) kommen die Autoren zu folgendem Schluss:

„(a) the majority of teachers do not implement any teaching strategies that foster student creativity; (b) teachers who elicit student creativity turn out students that make substantial achievement gains; and (c) classrooms with high proportions of minority and low performing students receive significantly less creative teaching" (Schacter et al., 2006, S. 61)

Die Ergebnisse dieser Studie machen darauf aufmerksam, dass eine gezielte Kreativitätsförderung in der Schule einen großen Einfluss auf die schulischen, vor allem auf die mathematischen Leistungen der Lernenden hat und deshalb Lehrer*innen eine Lehr-Lern-Haltung einnehmen sollten, welche die Kreativität von Kindern – insbesondere auch der Lernenden mit schwächeren Leistungen im Vergleich zu ihren Peers – zulässt und unterstützt. Daher fordern Schacter, Thum und Zifkin (2006, S. 62–63), dass *creative teaching techniques* (S. 63) wie etwa das divergente Denken und metakognitive Strategien ein wichtiges Element in der Lehrer*innenbildung sein müssen.

In Bezug auf den Einfluss der Lehrperson auf die mathematische Kreativität ihrer Schüler*innen können die Ergebnisse aus der qualitativen Beobachtungsstudie von Levenson (2011) herangezogen werden. Die Autorin beobachtete ebenfalls über einen Zeitraum von einem Jahr zwei vierte und eine sechste Klasse jeweils etwa zehn Unterrichtsstunden lang (vgl. Levenson, 2011, S. 220–221). Der Schwerpunkt lag hier jedoch auf dem Lern- und Arbeitsverhalten aller Beteiligten (Lehrende und Lernende), um die Forschungsfrage zu beantworten, inwiefern eine *collective mathematical creativity* (Levenson, 2011, S. 220) im Kontext des divergenten Denkens entstehen kann. Aus der qualitativen Analyse von vier exemplarischen Unterrichtsstunden schlussfolgert die Autorin, dass sich die kollektive Kreativität nur dann entwickeln kann, wenn die Lehrkräfte ein entsprechendes Klima schaffen, in dem Ideen frei fließen können (s. Eingangszitat, vgl. Levenson, 2011, S. 231). Dabei nehmen die Lehrenden eine Doppelrolle ein, nämlich als Gruppenmitglied und Gruppenanführer*in, durch die sie einen starken Einfluss auf die Denkflüssigkeit und Flexibilität als zwei Merkmale der individuellen mathematischen Kreativität nehmen (vgl. Levenson, 2011, S. 231–232). Eine wichtige Erkenntnis aus der Studie von Levenson (2011, S. 232–233) ist demnach, dass sich die individuelle mathematische Kreativität aller Gruppenmitglieder auf die kollektive mathematische Kreativität insofern auswirken, als dass bei der gemeinsamen Bearbeitung einer mathematischen Aufgabe alle Schüler*innen individuelle Einsichten, Ideen und Lösungsrichtungen beitragen, die dann schlussendlich zu einer gemeinsamen Idee verschmelzen.

5.1.3 Zusammenfassung

In diesem Abschnitt wurde die Bedeutsamkeit einer empirischen Forschungsarbeit zur individuellen mathematischen Kreativität von Erstklässler*innen begründet. Dazu wurden theoretische Argumente aus mathematikdidaktischen Studien der letzten zehn Jahre zusammengefasst (vgl. Abschn. 5.1.1 und 5.1.2). Bereits durch die bei der Literatursuche geringen Anzahl an neueren, relevanten Studien wurde ein Bedarf an qualitativen Studien zur individuellen mathematischen Kreativität von jüngeren Kindern und Schüler*innen deutlich. Der aktuelle Forschungsstand in diesem Bereich kann wie folgt zusammengefasst werden:

– Die mathematische Kreativität von Kindern in einem Alter von drei bis zwölf Jahren lässt sich durch ein Zusammenspiel der vier divergenten Fähigkeiten Denkflüssigkeit, Flexibilität, Originalität und Elaboration angemessen beschreiben und wird eher durch die mathematischen Fähigkeiten der Lernenden als deren Intelligenz beeinflusst (etwa Aßmus & Fritzlar, 2018; Kattou et al., 2016; Leu & Chiu, 2015). Dabei zeigten Sak und Maker (2006), dass das Alter der Kinder in den unteren Schuljahrgängen einen signifikanten Einfluss auf die kindliche Flexibilität, Originalität und Elaboration hat, wobei die nonverbale Sprachverarbeitung der Kinder nur einen geringen, indirekten Einfluss auf deren Kreativität nimmt (vgl. M. Leikin & Tovli, 2019). Dies stützt insgesamt die These von Tsamir, Tirosh, Tabach und Levenson (2010), dass jüngere Kinder kreativer sind als ältere Lernende, weshalb der Blick auf Erstklässler*innen relevant wird. Unklar bleibt an dieser Stelle jedoch, wie das genannte Zusammenspiel der divergenten Fähigkeiten von jungen Schulkindern qualitativ beschrieben werden kann und inwiefern die Personeneigenschaften der Kinder (Intelligenz, mathematische Fähigkeiten, unterrichtliche Voraussetzungen) einen Einfluss auf die Qualität ihrer individuellen mathematischen Kreativität nehmen.
– In Bezug auf geeignete kreative Umgebungen, in denen Lernende ihre individuelle mathematische Kreativität zeigen können, kann festgehalten werden, dass vor allem entdeckende, fragenstellende (inquiry-based) Lernangebote (etwa Saxon et al., 2003; Stylianidou & Rossis, 2014) oder solche Unterrichtsumgebungen, die auch jungen Schüler*innen eine eigenständige Suche nach Erklärungen für mathematische Zusammenhänge ermöglichen (etwa Stokes, 2014), erfolgreich sind. Zudem scheint es in Anlehnung an Schoevers et al. (2019) wichtig, offene und eventuell auch interdisziplinäre Unterrichtsstunden zu planen, deren Lernziel explizit auf das Ermöglichen von individueller

mathematischer Kreativität ausgerichtet ist. So hat eine direkte Kreativitätsförderung im Mathematikunterricht durch geeignete Lehr-Lern-Angebote einen signifikanten Einfluss auf die mathematische Leistungen der Schulkinder (vgl. Schacter et al., 2006). Zudem unterstreicht Levenson (2011) durch ihre Studie die Bedeutsamkeit der individuellen mathematischen Kreativität auf Basis des divergenten Denkens jeden Kindes für eine kollektive mathematische Kreativität, die bei einer im Klassenverbund bearbeiteten mathematischen Aufgabe entstehen kann. In diesem Zusammenhang müssen auch die Rolle der Lehrkräfte und mögliche Unterstützungsangebote bei kreativen mathematischen Handlungen mit in den Blick genommen werden.

5.2 Forschungsziele und daraus resultierende Fragestellungen

„Möglich ist dies [Rückschlüsse und Konsequenzen in Bezug auf fachdidaktische Optimierungen] jedoch nur, wenn aus der Perspektive und in profunder Kenntnis des Fachs Forschungsfragen präzisiert und Forschungsdesigns modifiziert werden." (Brunner, 2015, S. 242)

Im vorherigen Abschnitt 5.1 wurde auf Grundlage verschiedener Studien herausgearbeitet, dass ein Bedarf an mathematikdidaktischen Forschungsarbeiten besteht, die das Konstrukt der individuellen mathematischen Kreativität von jungen Kindern (etwa Beginn der Kita bis Ende der Grundschulzeit) untersuchen. Vor dem Hintergrund des grundlegenden Verständnisses der individuellen mathematischen Kreativität als relatives Konstrukt wird zudem allen (jungen) Schüler*innen zugesprochen, bei der Bearbeitung offener Aufgaben im Mathematikunterricht kreativ werden zu können (vgl. Abschn. 2.2.2). Zusammen mit der inhaltlichen Fokussierung auf die verschiedenen *Ideen* der Lernenden, also deren schöpferische Tätigkeiten bei der Bearbeitung offener Aufgaben (vgl. Abschn. 2.3.3.1), kann angenommen werden, dass sich Unterschiede in der individuellen mathematischen Kreativität der Kinder vor allem auf einer qualitativen Ebene zeigen.

Deshalb besteht das übergeordnetes Forschungsziel meiner empirischen Arbeit darin, die individuelle mathematische Kreativität (vgl. Abschn. 2.4) von Erstklässler*innen qualitativ zu beschreiben und die kreative Umgebung, in der eine adäquate Kreativitätsförderung im Mathematikunterricht der ersten Klasse stattfinden kann, genauer zu umschreiben. Diese bezieht sich vor allem auf den Einsatz arithmetisch offener Aufgaben (vgl. Kap. 3) und (meta-)kognitiver Prompts (vgl. Kap. 4).

Im Sinne der Übersichtlichkeit und Umsetzbarkeit dieses großen, übergeordneten Forschungsanliegens wurden drei subsequente Teilziele formuliert, denen wiederum spezifische Forschungsfragen untergeordnet wurden.

Ziel 1: Zunächst soll eine qualitative Charakterisierung der individuellen mathematischen Kreativität von Erstklässler*innen beim Bearbeiten arithmetisch offener Aufgaben geschehen. Dazu wird das theoretisch abgeleitete und hinreichend erläuterte InMaKreS-Modell, das alle divergenten Fähigkeiten in Beziehung setzt, als Basis dienen (vgl. Abschn. 2.4.2). In diesem Zusammenhang ergeben sich daher zwei aufeinander aufbauende Forschungsfragen:

F1   Inwiefern kann die individuelle mathematische Kreativität von Erstklässler*innen beim Bearbeiten arithmetisch offener Aufgaben auf Basis des InMaKreS-Modells charakterisiert werden?

F2   Inwiefern lassen sich verschiedene Typen der individuellen mathematischen Kreativität von Erstklässler*innen ableiten?

Ziel 2: Neben dem im ersten Ziel formulierten Blick auf Erstklässler*innen als kreative Personen soll zudem die kreative Umgebung in dieser Studie genauer untersucht werden, in die das InMaKreS-Modell eingebettet ist (vgl. Abschn. 2.4.2). Mit Blick auf die Bearbeitung arithmetisch offener Aufgaben soll deshalb der Einsatz dieser Aufgaben und deren Auswirkung auf die individuelle mathematische Kreativität der Erstklässler*innen genauer dargestellt werden. Zusätzlich muss die Interaktion zwischen den Lernenden und mir als Lehrende, insbesondere der Einsatz unterstützender (meta-)kognitiver Prompts, ausdifferenziert werden. Aus diesen Erkenntnissen können dann erste unterrichtspraktische Konsequenzen für die Förderung der kindlichen Kreativität im mathematischen (Anfangs-)Unterricht herausgearbeitet werden. Dafür dienen die beiden folgenden Fragen als leitend:

F3   Inwiefern nimmt die Auswahl der beiden arithmetisch offenen Aufgaben einen Einfluss auf die individuelle mathematische Kreativität der bearbeitenden Erstklässler*innen?

F4   Inwiefern unterstützen kognitive und metakognitive Lernprompts Kinder dabei, ihren Bearbeitungsprozess von arithmetisch offenen Aufgaben sprachlich zu begleiten und dadurch ihre individuelle mathematische Kreativität zu zeigen?

Ziel 3: Ein letzter Fokus liegt im Sinne des dargestellten Forschungsdesiderats (vgl. Abschn. 5.1.1) auf der Herausarbeitung eines möglichen Zusammenhangs zwischen der individuellen mathematischen Kreativität von Erstklässler*innen und deren intellektuellen, mathematischen und unterrichtlichen Voraussetzungen. Hier schließt sich demnach eine letzte Forschungsfrage an:

F5 Welcher Zusammenhang besteht zwischen der individuellen mathematischen Kreativität der Erstklässler*innen und deren individuellen, d. h. intellektuellen, mathematischen und unterrichtlichen, Voraussetzungen?

In den vorangegangenen theoretischen Ausführungen wurde mehrfach darauf verwiesen, dass einige psychologische, bildungswissenschaftliche und mathematikdidaktische Kreativitätsforschungen explizit affektive und/oder motivationale Aspekte kreativer Personen in den Forschungsmittelpunkt rücken (vgl. insbesondere Abschn. 2.2.3.1, 2.2.3.2, 2.3.2 und 2.3.3.2). Aus den präsentierten Studien kann insgesamt festgehalten werden, dass zum Zeigen kreativer Verhaltensweisen auch eine gewisse (intrinsische) Motivation und Personeneigenschaften wie Neugier, Intuition oder Durchhaltevermögen vorhanden sein sollten bzw. dass diese Aspekte einen positiven Einfluss auf die Kreativität der Schüler*innen nehmen (etwa Amabile, 1996; Chamberlin & Mann, 2021; Klavir & Gorodetsky, 2009; Starko, 2018). Trotz dieses bedeutsamen Forschungsergebnisses wurde sich aus Gründen der Fokussierung auf die Exploration der individuellen mathematischen Kreativität von Erstklässler*innen auf Ebene des InMaKreS-Modells und aus Gründen der Forschungsökonomie in der vorliegenden Studie dafür entschieden, ausschließlich die zuvor begründeten und ausgearbeiteten Forschungsziele mit ihren untergeordneten Forschungsfragen in den Blick zu nehmen. Eine Betrachtung affektiver und motivationaler Aspekte stellt jedoch eine bedeutsame sowie mögliche Erweiterung dieser Studie dar (vgl. ausführlich Abschn. 12.2).

Mit dem Ziel eine geeignete empirische Studie zu planen, die es mir ermöglicht, die zuvor aufgeführten Forschungsziele und konkreten Forschungsfragen zur individuellen mathematischen Kreativität von Erstklässler*innen umfänglich beantworten zu können, war insbesondere die mathematische Umgebung bedeutsam, in der Schüler*innen kreativ werden können. Das InMaKreS-Modell, welches den theoretischen Rahmen meiner Studie darstellt, basiert auf der kindlichen Bearbeitung arithmetisch offener Aufgaben. Dabei wurde bereits konkretisiert, dass diese kreative Bearbeitung aus einer Produktions- und einer Reflexionsphase bestehen sollte, damit die jungen Schüler*innen alle divergenten Fähigkeiten (Denkflüssigkeit, Flexibilität, Originalität und Elaboration) und dadurch ihre individuelle mathematische Kreativität zeigen können. Aus einer unterrichtspraktischen Perspektive fokussiert das InMaKreS-Modell somit auf Mathematikunterricht als Umgebung, in der Kreativität angeregt werden kann. Der Begriff *Unterricht* (vgl. für eine Übersicht verschiedener Definitionen Glöckel, 2003, S. 322) wird hier weit gefasst, indem darunter eine absichtsvoll geplante pädagogische Situation verstanden wird, an der mindestens ein Kind und mindestens eine Lehrperson teilnehmen und bei der die individuelle (mathematische) Entfaltung der Schüler*innen angestrebt wird. Damit reicht die Spannweite möglicher Unterrichtsformen in Bezug auf die verwendete Sozialform von Einzelunterricht bis hin zu Klassenunterricht (vgl. Meyer, 2011, S. 136–143). Vor dem Hintergrund von Mathematikunterricht als Umgebung, in der Schüler*innen im Sinne des InMaKreS-Modells kreativ werden können und der Fokussierung auf eine qualitative Beschreibung der individuellen mathematischen Kreativität von Erstklässler*innen (Forschungsziele 1 und 2) sollte eine geeignete Forschungsmethodologie gewählt werden.

Das Ziel meiner empirischen Studie lag dabei nicht auf der Entwicklung von mathematikdidaktischen Theorien zur individuellen mathematischen Kreativität von Schulkindern, was etwa die *Grounded Theory* (Glaser & Strauss, 1967) als theoriegenerierende, sozialwissenschaftliche Methodologie anstrebt. Ganz im Gegenteil wurde die Theorie zur Kreativität von mir bereits ausführlich beschrieben, ausdifferenziert und im Rahmen des InMaKreS-Modells operationalisiert, sodass sie nun durch vielschichtige, empirische Eindrücke aus der Arbeit mit Erstklässler*innen qualitativ beschrieben werden soll (vgl. Abschn. 2.4). Ebenso wurde kein Schwerpunkt auf die „*thematische* Entwicklung in Interaktionsprozessen" (Krummheuer, 2012, S. 234, Hervorh. im Original) zwischen den Erstklässler*innen und den Lehrpersonen während der kreativen Bearbeitung arithmetisch offener Aufgaben gelegt. Daher eignete sich eine interpretative Unterrichtsforschung durch eine *Interaktionsanalyse* (Krummheuer & Neujok, 1999) als methodologischer Rahmen für die vorliegende Studie ebenso nicht. Beim sogenannten *Design-based Research* (The Design-Based Research Collective, 2003) wird durch die rekursive Konzeptionierung, Durchführung und Weiterentwicklung von Lehr-Lern-Prozessen eine „*lernprozessfokussierende Fachdidaktische Entwicklungsforschung*" (Prediger & Link, 2012, S. 29) betrieben. Obwohl bei dieser Methodologie explizit Mathematikunterricht in den Mittelpunkt der Forschung gerückt wird, war diese Methodologie für die vorliegende Studie deshalb nicht passend, da diese nicht das Ziel verfolgen sollte, spezifische Unterrichtsarrangements theoriegenerierend weiterzuentwickeln.

Vielmehr sollte eine Methodologie ausgewählt werden, die Erkenntnisse über das mathematische Denken und Handeln von Schüler*innen in bestimmten Unterrichtssettings zulässt, um so die individuelle mathematische Kreativität von Erstklässler*innen qualitativ beschreiben zu können. Dabei musste beachtet werden, dass es zur Kreativität von jungen Schulkindern, die im Sinne meines InMaKreS-Modells arithmetisch offene Aufgaben bearbeiten würden, noch keine erprobten Studiendesigns gab, auf die zurückgegriffen werden konnten. Aufgrund dieser auf methodischer Ebene gewissermaßen experimentellen Charakteristik und der Fokussierung auf unterrichtliche Situationen, in denen Erstklässler*innen kreativ werden können sollten, wurde sich dafür entschieden, das Forschungsdesign an die *Teaching Experiment*-Methodologie (Steffe & Thompson, 2000) anzulehnen. Diese wird in ihren Grundzügen im nachfolgenden Kapitel 6 ausführlich dargestellt, um dadurch zu erläutern, inwiefern diese spezifische mathematikdidaktische Methodologie für meine Studie zur individuellen mathematischen Kreativität von Erstklässler*innen einen passenden Forschungsrahmen bietet. Aus diesem sowie aus der Formulierung der zu Beginn dieses Abschnitts präsentierten fünf Forschungsfragen lässt sich so das Design dieser Studie ableiten. Da die ersten vier Forschungsfragen qualitativ und die fünfte Forschungsfrage quantitativ orientiert sind, wird in Kapitel 7 das Forschungsdesign dieser Studie im Sinne des *Mixed Methods* präsentiert.

Teaching Experiment-Methodologie 6

"It [the teaching experiment methodology] certainly did not emerge as a standardized methodology nor has it been standardized since." (Steffe & Thompson, 2000, S. 274).

Das *Teaching Experiment* (zu Deutsch: Lehr-Experiment) (Steffe & Thompson, 2000) ist eine Methodologie für mathematikdidaktische Forschungen, die das Ziel verfolgt, das mathematische Lernen und die Entwicklung ausgewählter mathematischer Fähigkeiten von Schüler*innen durch gezielt geplanten Unterricht[1] anzuregen und dadurch zu verstehen (vgl. Steffe & Thompson, 2000, S. 269). Diese recht junge Methodologie, die in den 1970er Jahren in den Vereinigten Staaten von Amerika erstmals Anwendung fand, sollte dem Trend entgegenwirken, dass mathematikdidaktische Forschung fast ausschließlich außerhalb des Mathematikunterrichts betrieben wurde (vgl. Steffe & Thompson, 2000, S. 270–273). Somit schloss das Teaching Experiment eine Lücke in den gängigen Methodologien, indem nun das mathematische Lernen von Schüler*innen in konkreten und realistisch stattfindenden mathematischen Unterrichtsepisoden zum Mittelpunkt der Forschung wurde (vgl. Steffe & Thompson, 2000, S. 273–274).

Genauso wie sich der Mathematikunterricht in den letzten 50 Jahren weiterentwickelte wurde und wird auch die Teaching Experiment-Methodologie durch die Forschenden, die mit ihr arbeiten, stetig angepasst und verändert (s. Eingangszitat). In dieser Tradition versteht sich auch die vorliegende Studie, deren Forschungsdesign an diese spezifisch mathematikdidaktische Methodologie angelehnt wurde und daher deren grundlegende Elemente für die Erforschung der individuellen mathematischen Kreativität von Erstklässler*innen adaptiert.

---

[1] Wie im vorherigen Kapitel erläutert, wird der Begriff des *Teaching (zu Deutsch: Unterricht)* hier breit verstanden und verweist auf jegliche unterrichtliche Aktivitäten in verschiedensten Lernenden-Lehrenden-Zusammensetzungen.

© Der/die Autor(en) 2022
S. Bruhn, *Die individuelle mathematische Kreativität von Schulkindern*,
Bielefelder Schriften zur Didaktik der Mathematik 8,
https://doi.org/10.1007/978-3-658-38387-9_6

Dafür werden im Folgenden zunächst die wesentlichen Eigenschaften der Teaching Experiment-Methodologie (vgl. Abschn. 6.1) dargestellt, um diese dann explizit auf die empirische Studie zur individuellen mathematischen Kreativität anzuwenden (vgl. Abschn. 6.2).

6.1   Eigenschaften der Teaching Experiment-Methodologie

"It [the teaching experiment] is primarily an exploratory tool, [...] aimed at exploring students' mathematics" (Steffe & Thompson, 2000, S. 273)

In den nachfolgenden drei Abschnitten wird zunächst die Zielsetzung der Teaching Experiment-Methodologie erläutert (vgl. Abschn. 6.1.1), aus der sich einige notwendige Anmerkungen zu den Grundannahmen (vgl. Abschn. 6.1.2) und Elementen (vgl. Abschn. 6.1.3) dieser Methodologie ableiten lassen, die eine wichtige Basis für die Adaption des Teaching Experiments in dieser Studie zur individuellen mathematischen Kreativität von Erstklässler*innen bilden (vgl. Kap. 7).

6.1.1   Ziel der Teaching Experiment-Methodologie

„Because the models that we formulate are grounded in our interactions with students, we fully expect that the models will be useful to us as we engage in further interactive mathematical communication with other students." (Steffe & Thompson, 2000, S. 298)

Im Zentrum der Methodologie steht das Ziel, ein Modell über die *Student's Mathematics*[2] (Steffe & Thompson, 2000, S. 268) aufzustellen. Unter diesem Begriff verstehen Steffe und Thompson (2000, S. 268–269) die individuellen Vorstellungen und Konzepte der Kinder über Mathematik und das eigene mathematische Handeln. Diese Konzepte sind grundsätzlich von Person zu

---

[2] Steffe und Thompson (2000, S. 267–269) benutzen diesen Begriff in Abgrenzung zur *Mathematics of Students*. Diese beschreibt die Interpretation von mathematischen Handlungen oder Gesprochenem der Schüler*innen, die mittels der *Conceptual Analysis* von Glasersfeld (1995, v. a. Kap. 3–4) analysiert werden können. Bei dieser Analyse werden essenzielle (im Sinne von wiederkehrende) Fehler der Schüler*innen in den Fokus gesetzt. Sie erlauben Rückschluss auf die mathematischen Konzepte der Kinder und damit auf die *Student's Mathematics*, weshalb diese beiden Konzepte eng zusammenhängen.

Person unterschiedlich und bilden sich unabhängig von Lehrenden-Lernenden-Interaktionen. Dabei wird angenommen, dass alle mathematiktreibenden Personen autonom handeln und sich dabei ihre eigene mathematische Realität bilden. Lehrende sowie Forschende müssen diese Realität zunächst anerkennen, um darauf aufbauend adäquaten Mathematikunterricht betreiben zu können (vgl. Einführungszitat). Zur Bildung eines Modells über die Student's Mathematics müssen die mathematischen Denkprozesse von Kindern festgehalten und schematisch veranschaulicht werden. In der vorliegenden Studie soll ein möglichst realitätsnahes Bild der individuellen mathematischen Kreativität von Erstklässler*innen beim Bearbeiten arithmetisch offener Aufgaben erstellt werden (vgl. Kap. 5, insbesondere Abschn. 5.2).

Vor allem über Handlungen, Gesprochenes und die Partizipation von Schüler*innen in mathematischen Aktivitäten können Rückschlüsse auf deren mathematische Realität gezogen werden (vgl. Steffe & Thompson, 2000, S. 268–270). Dazu ist es notwendig, dass die Forschenden bei der Analyse so wenig des eigenen mathematischen Wissens wie möglich in die mathematischen Handlungen der Kinder hineindeuten. Vielmehr sollten die mathematische Realität und die mathematischen Denkprozesse der Schüler*innen im Mittelpunkt stehen (vgl. Steffe & Thompson, 2000, S. 269). Durch eine retrospektive sowie rekursive Analyse von mehreren (verschiedenen) videografierten mathematischen Aktivitäten wird so ein Modell über die Student's Mathematics, im Falle dieser Arbeit über die individuellen mathematischen Kreativität von Erstklässler*innen, angefertigt (vgl. Steffe & Thompson, 2000, S. 296–298).

Das Vorgehen der Modellbildung muss dabei transparent dargestellt werden, sodass das gesamte Teaching Experiment wiederholbar ist (vgl. Methode dieser Studie in Kap. 7). Außerdem ist anzumerken, dass das entstehende Modell über die mathematischen Denkprozesse der Lernenden nur eingeschränkt verallgemeinerbar ist, da in der Regel nur ausgewählte Schülergruppen untersucht werden. Hier bietet sich deshalb ein Sampling-Verfahren an, durch das ein gewisser Querschnitt der Schüler*innen repräsentiert wird (vgl. Steffe & Thompson, 2000, S. 303–305), was in dieser Studie zur individuellen mathematischen Kreativität von Erstklässler*innen umgesetzt wurde (vgl. Kap. 7, insbesondere Abschn. 7.1).

6.1.2 Grundannahmen der Teaching Experiment-Methodologie

"The Teaching Experiment's coherence resides in what the teacher-researcher can say about bringing forth, sustaining, and modifying students' mathematical schemes."
(Steffe & Thompson, 2000, S. 288)

Die Teaching Experiment-Methodologie dient als konzeptuelles Tool, das Forschende nutzen, um ihre gesamte Arbeit zu strukturieren, sowie als experimentelles Tool, das zumeist über *klinische Interviews* im Sinne Piagets (Übersicht bei Spiegel & Selter, 2008, S. 100–109; Voßmeier, 2012, Kap. 3.2) hinausgeht. In diesem Sinne und um die Student's Mathematics modellieren zu können, müssen Forschende über mehr oder minder längere Zeiträume den Umgang mit bestimmten mathematischen Aktivitäten von Lernenden beobachtet. Dabei ist ein gewisses Experimentieren mit verschiedenen Einflüssen auf das mathematische Handeln der Schüler*innen ein wichtiger Bestandteil der Methodologie (vgl. Steffe & Thompson, 2000, S. 274). Insgesamt müssen drei wesentliche Grundannahmen getätigt werden, auf deren Basis das Teaching Experiment fußt:

1. Zunächst sind Denkprozesse beim mathematischen Lernen und der mathematischen Entwicklung nicht von der Partizipation der Schüler*innen in Unterrichtssituationen zu trennen. Deshalb verstehen sich Forschende, die mit dem Teaching Experiment arbeiten, als *teacher-researcher* (zu Deutsch: *Lehrende-Forschende*) (Steffe & Thompson, 2000, S. 275). Dies bedeutet, dass ihnen eine Doppelrolle zukommt (vgl. Abschn. 6.1.3): Zum einen sind sie Forschende, die mit gezielten Forschungsfragen auf mathematische Lernsituationen schauen und diese ganz gezielt durchführen, um die Student's Mathematics rekonstruieren zu können. Zum anderen sind sie gleichzeitig aber auch Lehrende, die versuchen „guten" Mathematikunterricht zu betreiben. Diese beiden Rollen können in verschiedenen Situationen des gesamten Forschungsprozesses unterschiedlich stark ausgeprägt sein, was eine große Freiheit in der Umsetzung ermöglicht. Jedoch muss sich der*die Lehrende-Forschende ihrer*seiner Doppelrolle vor allem in Bezug auf die Modellbildung mit einem erhöhten Maß an Selbstreflexion bewusst sein, da eine Vermischung von Lehr- und Forschungsperspektive eintreten kann (vgl. Steffe & Thompson, 2000, S. 305–306). In diesem Zusammenhang kann es sinnvoll sein, externe Beobachter*innen einzubinden. Da die Lehrenden-Forschenden "may not be able to step out of it [the teaching], reflect on it, and take action on that basis"

(Steffe & Thompson, 2000, S. 286), besteht die Aufgabe der Beobachtenden mit Blick auf die Rekonstruktion der Student ' s Mathematics darin, die mathematischen Handlungen der Schüler*innen wahrzunehmen und daraus Konsequenzen für die weitere Gestaltung des Unterrichts abzuleiten (vgl. Steffe & Thompson, 2000, S. 286–287).

2. Lehren wird als wissenschaftliche Methode verstanden, um Modelle von der Student's Mathematics, also in dieser Arbeit der individuellen mathematischen Kreativität von Erstklässler*innen, zu bilden. In diesem Zusammenhang formulieren Steffe und Thompson (2000, S. 287–288) zwei Annahmen: Schüler*innen sind in ihrem mathematischen Lernen selbstorganisiert und selbstreguliert, sodass sie individuelle mathematische Konzepte und Denkprozesse entwickeln sowie unabhängige Entscheidungen in mathematischen Aktivitäten treffen können. Zudem nehmen die Autor*innen an, dass die Lernenden belehrbar sind.

3. Mathematisches Lernen auf Basis eines konstruktivistischen Verständnisses geschieht im Kontext von *Akkommodationsprozessen* und als Produkt *spontaner Entwicklung*[3]. Indem der*die Lehrende-Forschende über einen längeren Zeitraum mathematische Lernprozesse anregt und beobachtet, wird eine mathematische Entwicklung der Schüler*innen intendiert, die dann Rückschlüsse auf die Student's Mathematics zulässt (vgl. Steffe & Thompson, 2000, S. 289–293). Es kann zwischen *funktionaler Akkommodation* und *entwickelnder Akkommodation* unterschieden werden, die jedoch in ihrer Kombination dazu beitragen, dass die individuelle mathematische Kreativität von Erstklässler*innen bei der Bearbeitung arithmetisch offener Aufgaben rekonstruiert werden kann (vgl. im Folgenden Steffe & Thompson, 2000, S. 290–295):

Bei der *funktionalen Akkommodation* findet eine permanente Veränderung eines Schemas statt, die dazu führt, dass die Lernenden eine für sie neue mathematische Handlung vollbringen müssen. Dies verursacht der*die Lehrende-Forschende über geeignete und systematisch ablaufende mathematische Aktivitäten. Die Wahl der arithmetisch offenen Aufgaben (vgl. Abschn. 3.2) in der vorliegenden Studie zur individuellen mathematischen Kreativität sollte die Erstklässler*innen demnach zu ungewohnten mathematischen Handlungen anregen, aber die Bearbeitung gleichzeitig einem strukturierten Ablauf folgen.

---

[3] Spontane Entwicklung im Sinne von Piaget (1964, S. 176) bedeutet, dass bei den Lernenden ein Mangel an Aufmerksamkeit auf den eigenen Lernprozess besteht und daher eine gewisse Unvorhersagbarkeit von mathematischen Handlungen entsteht.

Die *entwickelnde Akkommodation* wird angeregt, wenn Lehrende-Forschende Situationen schaffen, die mathematische Elemente außerhalb der Konzepte der Lernenden beinhalten. Die Schüler*innen bemerken dies nur, wenn ihre Konzepte plötzlich nicht mehr funktionieren, um die mathematische Aufgabe zu lösen oder wenn ihre Aufmerksamkeit gezielt auf diese Elemente gerichtet werden. Dafür wurden in dieser Studie gezielt Lernprompts (vgl. Abschn. 4.2) verwendet, um bei den Lernenden eine Entwicklung ihrer individuellen mathematischen Kreativität hervorzurufen. So ließen sich dann auch erste Eigenschaften der kreativen Umgebung zur Förderung von Kreativität im Mathematikunterricht (vgl. Abschn. 5.2, Forschungsziel 2) ableiten.

6.1.3 Elemente der Teaching Experiment-Methodologie

"We understand better what students can do if we understand what they cannot do. We understand what students can understand better if we understand what they cannot understand. It also helps to understand what a child can do if we understand what other students, whose knowledge is judged to be at a higher or lower level, can do." (Steffe & Thompson, 2000, S. 278)

Der Begriff des Teaching Experiments selbst setzt sich aus den beiden Begriffen *Teaching* und *Experiment* zusammen, weshalb die Bedeutung dieser zwei Termini nun genauer dargestellt werden soll. Dabei wird im Detail auf die Rolle der Lehrenden-Forschenden (vgl. Abschn. 6.1.2) eingegangen.

Das *Experiment* steht für die Wissenschaftlichkeit in einem Teaching Experiment, bei dem theoriegenerierende Hypothesen über die Student's Mathematics, im Falle dieser Studie über die individuelle mathematische Kreativität von Erstklässler*innen, über den gesamten Forschungsprozess hinweg getestet werden. Dabei impliziert der Begriff Hypothese nicht, dass diese mit rein quantitativen Methoden überprüft werden muss. Ganz im Gegenteil können auch qualitative Hypothesen gebildet und beantwortet werden. Die großen, den gesamten Forschungsprozess begleitenden Hypothesen dienen auch dazu, Schüler*innen auszuwählen und generelle methodische Aussagen über den Ablauf des Forschungsprozesses zu formulieren (vgl. Steffe & Thompson, 2000, S. 276–277). Eben diese Forschungsziele und -fragen wurden in Abschnitt 5.2 für die vorliegende Studie ausführlich dargestellt.

Neben den großen Hypothesen werden weitere lokale Hypothesen häufig „on the fly" (Ackermann, 1995, S. 348), d. h. während oder zwischen einzelner Unterrichtsepisoden gebildet und direkt überprüft. Dadurch, dass der*die Lehrende-Forschende durchweg mögliche Deutungen des Gesprochenen und der

Handlungen der Lernenden anstellt, wird das Teaching Experiment von den Schüler*innen stark beeinflusst (vgl. Steffe & Thompson, 2000, S. 277–278). Mit Blick auf das Eingangszitat zu diesem Kapitel ist es zudem bedeutsam, während der Unterrichtsepisoden konstruktiv sowohl auf die Fähigkeiten als auch auf die Fehler der Schüler*innen zu blicken (vgl. S. 278–279). Nur so kann die individuelle mathematische Kreativität von Erstklässler*innen umfassend rekonstruiert und dabei ein möglicher Zusammenhang zwischen der Kreativität und den individuellen Voraussetzungen der Kinder abgleitet werden (vgl. Abschn. 5.2, Forschungsziel 3).

Unter dem Begriff *Teaching* wird der Unterricht bzw. die Interaktion der Lehrenden-Forschenden mit den Schüler*innen verstanden, die sich über das gesamte Teaching Experiment entwickelt, sodass immer gezielter agiert und reagiert werden kann. Steffe und Thompson (2000, S. 279–286) unterscheiden zwischen zwei Formen der Interaktion, die nicht dichotom zu betrachten sind, sondern auf einem Kontinuum angeordnet werden können (vgl. Abb. 6.1). Auf diesem können sich die Lehrenden-Forschenden in jeder einzelnen Unterrichtsepisode unterschiedlich bewegen. Dabei muss angemerkt werden, dass die mathematischen Konzepte der Lehrenden-Forschenden deren Interaktionen mit den Schüler*innen und umgekehrt beeinflussen. Die Schüler*innen konstruieren die Interaktion und damit auch das Analysierbare mit (vgl. Steffe & Thompson, 2000, S. 286).

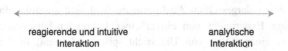

reagierende und intuitive Interaktion   analytische Interaktion

Abb. 6.1 Kontinuum der Interaktionen zwischen Lehrenden-Forschenden und Lernenden

Bei der *reagierenden und intuitiven Interaktion* agiert der*die Lehrende-Forschende eher spontan und ohne groß auf etwaige Formulierungen zu achten, welche die Schüler*innen (positiv oder negativ) in ihrem mathematischen Handeln beeinflussen könnten. Diese Form der Interaktion kann so weit gehen, dass die Lehrenden-Forschenden sich ganz in der Situation verlieren, die Rolle als Forschende gänzlich ablegen und nur noch als Lehrende agieren. Das Ziel dieser Form der Interaktion ist es, die Antworten der Lernenden zu ergründen, nachvollziehen zu können und eine Beziehungen aufzubauen (vgl. Steffe & Thompson, 2000, S. 279–283).

Wenn die Lehrenden-Forschenden bereits erste Vorstellungen von den mathematischen Konzepten der Lernenden und mit diesen eine Beziehung aufgebaut haben, dann wird immer häufiger eine *analytische Interaktion* verwendet. In dieser werden die präzise formulierten großen und lokalen Hypothesen anhand der Handlungen und dem Gesprochenen der Schüler*innen überprüft. Das Ziel ist somit, die mathematischen Aktivitäten der Lernenden in den weiteren Unterrichtsepisoden so zu gestalten, dass immer mehr Rückschlüsse auf deren Students' Mathematics gezogen werden können (vgl. Steffe & Thompson, 2000, S. 283–286).

6.2 Adaption der Teaching Experiment-Methodologie in dieser Studie

„Anschließend wird auf der Basis einer oder mehrerer qualitativer Methodologien entschieden, mit welchem Untersuchungsdesign die Studie zu realisieren ist." (Döring & Bortz, 2016, S. 26)

In diesem Abschnitt soll nun auf Basis der vorangegangenen Ausführungen erläutert werden, inwiefern sich die Konzeptionierung dieser Studie zur individuellen mathematischen Kreativität von Erstklässler*innen an die Teaching Experiment-Methodologie anlehnt und damit einen Rahmen (vgl. Abb. 6.2) für die sich anschließenden methodischen Einzelheiten bildet (vgl. Kap. 7).

Aus den zuvor dargestellten Ausführungen lässt sich zusammenfassen, dass jedes Teaching Experiment von einem*einer Lehrenden-Forschenden initiiert wird und aus einer Reihe von Unterrichtsepisoden besteht, in denen Schüler*innen mathematische Aktivitäten durchführen. Dabei können die Lehrenden-Forschenden entsprechend ihrer Doppelrolle als Lehrende und Forschende verschiedene Interaktionsstile nutzen. Dadurch wird es ihnen – im Gegensatz zum *klinischen Interview* (vgl. Spiegel & Selter, 2008, S. 100–109) – möglich, sowohl eine angemessene unterrichtliche Lernumgebung zu schaffen, in der die Lernenden individuell bei der Bearbeitung mathematischer Aufgaben unterstützt werden können, als auch die Student 's Mathematics gezielt anzuregen und zu beobachten. Der auf diese Weise durchgeführte Unterricht sollte durch eine geeignete Aufnahmemethode wie bspw. die Videografie konserviert werden, um dann im Anschluss die mathematischen Konzepte der Lernenden rekonstruieren zu können. Zudem verweisen die Autor*innen auf die Bedeutsamkeit zusätzlicher Beobachter*innen während der Unterrichtsepisoden, welche die Lehrenden-Forschenden bei ihrer Doppelrolle entlasten können (vgl. Abschn. 6.1).

– In Anlehnung an diese Eigenschaften eines Teaching Experiments nach Steffe und Thompson (2000) und mit einem ausgeweiteten Verständnis von Unterricht (vgl. Abschn. 5.2) wurde sich in dieser Studie zur individuellen mathematischen Kreativität dafür entschieden, mit mehreren Erstklässler*innen jeweils zwei Einzel-Unterrichtepisoden durchzuführen, in denen jeweils eine arithmetisch offene Aufgabe im Mittelpunkt der mathematischen Aktivtäten stehen. Bei der Durchführung der Unterrichtsepisoden wurde sich an einer Unterrichtsplanung orientiert, die von ihrer grundlegenden Struktur auf dem InMaKreS-Modell (vgl. Abschn. 2.4.2) basiert. Daher musste es bspw. eine Produktions- und eine Reflexionsphase in der Bearbeitung der arithmetisch offenen Aufgaben geben (vgl. ausführlich Abschn. 7.2.2).

– Zudem wurde es aufgrund des reagierenden Interaktionsstils möglich, während aller Unterrichtsepisoden verschiedene kognitive und metakognitive Lernprompts anzubieten, welche zur Unterstützung der Kinder bei der kreativen Bearbeitung der arithmetisch offenen Aufgaben genutzt wurden (vgl. ausführlich Abschn. 7.2.3).

– Aufgrund der eingeschränkten personellen Ressourcen dieser Dissertationsstudie konnten keine zusätzlichen Beobachter*innen während der Unterrichtsepisoden eingesetzt werden. Daher wurde die retrospektive Analyse der videografierten Unterrichtsepisoden umso gewissenhafter durchgeführt und die Reliabilität der Ergebnisse abgesichert (vgl. Abschn. 9.1.3). Auf diese Weise konnte die individuelle mathematische Kreativität der Erstklässler*innen in einem unterrichtlichen (und nicht klinischen) Kontext rekonstruiert werden (vgl. dazu Abschn. 6.1), was eine gewisse Übertragbarkeit der Forschungsergebnisse aus dieser Studie für den Mathematikunterricht ermöglicht (vgl. ausführlich Abschn. 12.3.2).

– Um die entstehende Charakterisierung und Typisierung der individuellen mathematischen Kreativität der teilnehmenden Erstklässler*innen bis zu einem gewissen Grad verallgemeinern zu können, wurde zur Auswahl der Kinder ein bewusstes Sampling-Verfahren durchgeführt. Dadurch konnte ein Querschnitt von Erstklässler*innen basierend auf ihren intellektuellen, mathematischen und unterrichtlichen Voraussetzungen abgebildet werden, die repräsentativ für eine erste Klasse stehen konnten (vgl. ausführlich Abschn. 7.1), um so die fünfte Forschungsfrage dieser Studie zu beantworten.

Bevor diese empirische Studie zur individuellen mathematischen Kreativität von Erstklässler*innen auf Basis der Teaching Experiment-Methodologie geplant und durchgeführt wurde, fand zunächst eine Pilotierung statt (vgl. Bruhn, 2019). Steffe und Thompson (2000) sprechen hier von einem *Exploratory Teaching*

(S. 274) (zu Deutsch: *experimentelles Unterrichten*), das dazu dient, erste Eindrücke von den mathematischen Konzepten und Denkprozessen der Lernenden zu dem speziell ausgewählten mathematischen Bereich zu erhalten. Dies ist notwendig, um eine klare Abgrenzung der eigenen mathematischen Konzepte zu denen der Schüler*innen zu erreichen. Auf diese Weise wurde das gesamte Teaching Experiment so geplant, dass die Student's Mathematics rekonstruiert werden konnte (vgl. Steffe & Thompson, 2000, S. 274–275). Im Rahmen meiner Pilotierung wurden zentrale Entscheidungen bzgl. der Durchführung der Unterrichtsepisoden sowie des Analyseinstruments (vgl. Abschn. 3.2.2) getroffen.

In der nachfolgenden Abbildung 6.2 werden die oben dargestellten methodologischen Entscheidungen, die an die Teaching Experiment-Methodologie angelehnt wurden, in einer Graphik präsentiert. Diese wird im folgenden Kapitel mit den spezifischen methodischen Entscheidungen weiter expliziert, sodass bis Abschnitt 7.3.2 das vollständige Design der vorliegenden Studie zur individuellen mathematischen Kreativität von Erstklässler*innen abgebildet wird.

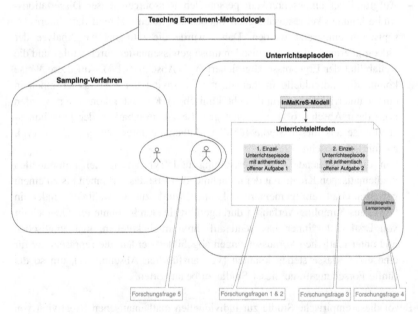

Abb. 6.2 Studiendesign in Anlehnung an die Teaching Experiment-Methodologie

Mixed Methods-Studiendesign 7

> "A tenet of mixed methods research is that researchers should mindfully create designs that effectively answer their research questions." (Johnson & Onwuegbuzie, 2004, S. 20)

Um in dieser Studie die individuelle mathematische Kreativität von Erstklässler*innen durch empirische mathematikdidaktische Forschung genauer zu beschreiben, wurde sich bei der Konzipierung einer Studie den Ausführungen des vorangegangenen Kapitels 6 entsprechend an die Teaching Experiment-Methodologie angelehnt (vgl. insbesondere Abb. 6.2). Dementsprechend lag der Schwerpunkt auf der Durchführung von Unterrichtsepisoden, in denen – durch ein Sampling-Verfahren ausgewählte – Erstklässler*innen ihre individuelle mathematische Kreativität beim Bearbeiten arithmetisch offener Aufgaben zeigen sollten. Auf diese Weise war es möglich, die fünf unterschiedlichen Forschungsfragen zu beantworten (vgl. Abschn. 5.2), die sich vor allem durch eine große Vielfalt bzgl. ihres Erkenntnisinteresses auszeichneten (vgl. für die kursiven Begriffe im Folgenden Döring & Bortz, 2016, S. 192–193): Im Vordergrund steht vor allem eine qualitative Beschreibung der individuellen mathematischen Kreativität ausgewählter Erstklässler*innen auf Basis des von mir entwickelten InMaKreS-Modells, das für die Gestaltung der Unterrichtsepisoden, in denen die Schüler*innen arithmetisch offene Aufgaben bearbeiten sollten, strukturgebend war. Da bislang erst vereinzelte mathematikdidaktische Ergebnisse zu diesem Forschungsgegenstand veröffentlicht wurden (vgl. Abschn. 5.1), sind die ersten beiden Forschungsfragen insbesondere *explorativer/theoriebildender*

Ergänzende Information Die elektronische Version dieses Kapitels enthält Zusatzmaterial, auf das über folgenden Link zugegriffen werden kann https://doi.org/10.1007/978-3-658-38387-9_7.

179

Natur. Diese Art des Erkenntnisinteresses gilt ebenso für die dritte und vierte Forschungsfrage, die verschiedene Aspekte der Unterrichtsepisoden fokussieren, um eine geeignete kreative Umgebung im Mathematikunterricht für das Anregen der individuellen mathematischen Kreativität im Mathematikunterricht genauer zu beschreiben. Die fünfte Forschungsfrage basiert auf der theoretischen Annahme, dass bestimmte Zusammenhänge zwischen den intellektuellen sowie mathematischen Fähigkeiten von Schüler*innen und ihrer individuellen mathematischen Kreativität bestehen könnten, die in der vorliegenden Studie überprüft werden sollten (vgl. Abschn. 2.3.3.2). Damit ist die letzte Forschungsfrage vor allem *explorativ/hypothesentestend*, aber auch in einem gewissen Maß *deskriptiv* orientiert, da die Auswirkung einzelne Merkmale von Schulkindern auf ihrer individuellen mathematischen Kreativität untersucht wird.

Mit Blick auf diese unterschiedlichen Facetten der zu beantwortenden Forschungsfragen schien es notwendig und zielführend, verschiedene Methoden für die umfangeiche Auswertung der durchgeführten Unterrichtsepisoden zu verwenden. Bei der Auswertung der qualitativen Daten sollten so, je nach zu untersuchendem Aspekt, flexibel geeignete quantitative und qualitative Auswertungsmethoden eingesetzt und die Ergebnisse beider Methoden aufeinander bezogen werden können (Kuckartz, 2014a, S. 101). Mit Blick auf das Eingangszitat von Johnson und Onwuegbuzie (2004) soll daher das Ziel dieses Kapitels sein, ein Forschungsdesign zu entwerfen, das eine umfangreiche Untersuchung und Beantwortung der Forschungsfragen zur individuellen mathematischen Kreativität von Erstklässler*innen ermöglicht.

In der Literatur lässt sich jedoch weder eine einheitliche Bezeichnung noch eine klare Definition für die Art von Forschungsprojekten finden, bei denen qualitative und quantitative Methoden integriert werden, um einen Forschungsgegenstand umfassend zu untersuchen (vgl. Schreier & Odag, 2010, S. 265). Neben Bezeichnungen wie "multitrait-multimethod, mono- und multimethods, multiple methods, blended research, integrative research, Triangulation, Mixed Methods, quasi Mixed Methods, mixed research, hybrids" (Schreier & Odag, 2010, S. 265) wird jedoch der Begriff *Mixed Methods* am häufigsten verwendet und soll daher auch im Rahmen dieser methodischen Ausführungen genutzt werden. Johnson und Onwuegbuzie (2004) verweisen zudem darauf, dass in der methodischen Diskussion zwar diverse Ansätze und Kategorisierungen zur Beschreibung von Mixed Methods-Designs vorliegen, dass alle Forschenden aber bei der Planung von Mixed Methods-Studien die Freiheit besitzen, „to be creative and not be limited by the designs listed in this [or other] article[s]" (S. 20).

Unter dem Obergriff der Mixed Methods wurde in der methodischen Literatur bis in die frühen 2000er Jahre zwei Studientypen unterschieden, die zwar heutzutage beide als Mixed Methods-Designs verstanden werden (vgl. Kuckartz, 2014a, S. 70), dennoch bedeutsame Fokussierungen bei der Kombination quantitativer und qualitativer Methoden beinhalten:

1. Unter *Mixed Method*[1] wird primär verstanden, dass „die Forschenden im Rahmen von ein- oder mehrphasig angelegten Designs sowohl qualitative als auch quantitative Daten sammeln" (Kuckartz, 2014a, S. 33). Das bedeutet, dass sich die Integration verschiedener Methoden bei Mixed Method-Studien auf die Durchführung mehrerer unterschiedlich ausgerichteter Teilstudien bezieht. Dabei leisten die qualitativen und quantitativen Teilstudien einen wesentlichen Beitrag zur Erforschung des gewählten Forschungsgegenstands, da deren Ergebnisse systematisch aufeinander bezogen werden (vgl. Teddlie & Tashakkori, 2003, S. 11). Die verschiedenen möglichen Mixed Method-Designs ergeben sich aus einer Kombination zweier wesentlicher Aspekte, nämlich der zeitlichen Abfolge der verschiedenen Methoden als auch deren Gewichtung: Die zeitliche Abfolge kann sowohl sequenziell orientiert sein als auch beide Methoden gleichzeitig genutzt werden. Ebenso kann die Gewichtung beider Methoden entweder gleichwertig sein oder es wird ein Schwerpunkt gesetzt (vgl. Morse, 1991, S. 122, Tab. 1; adaptiert u. a. von Johnson & Onwuegbuzie, 2004, S. 20–22, Abb. 2). Dabei ist die Wahl des Designs anhängig von der Motivation der Studie. In Anlehnung an die Ausführungen von Greene, Caracelli & Graham (1989, S. 259) und Greene (2007, S. 98–104) zielt die *Triangulation* auf eine Kombination quantitativer und qualitativer Teilstudien für eine wechselseitige Validierung der Forschungsergebnisse. Bei der *Komplementarität* wird dagegen die Ko-Konstituierung eines Forschungsgegenstandes durch beide Perspektiven (quantitativ und qualitativ) erreicht. Die Funktion der *Entwicklung* ermöglicht eine Vertiefung von Ergebnissen durch verschiedene, zeitlich aufeinander folgende (sequenzielle) und methodisch unterschiedliche Teilstudien. Die *Initiierung* wird dann genutzt, wenn eine bewusste Suche nach Divergenz zu einem Forschungsgegenstand angestrebt wird. Wird zuletzt eine *Expansion* angestrebt, dann werden durch verschiedene Ansätze simultan unterschiedliche Phänomene des gleichen Forschungsgegenstands untersucht.

---

[1] Zu beachten ist hier die kleine, aber feine, sprachliche Unterscheidung zwischen dem Oberbegriff der Mixed Methods (im Plural) und dem untergeordneten Typ der Mixed Method (im Singular) (vgl. hierzu auch Teddlie und Tashakkori, 2003, S. 11).

2. Der Integration verschiedener Methoden aus dem quantitativen und qualitativen Forschungsparadigmen in einzelnen *stages* of the research process" (Johnson & Onwuegbuzie, 2004, S. 20, Hervorh. im Original) wird durch die Bezeichnung des *Mixed Model* (etwa Johnson & Onwuegbuzie, 2004, S. 20; Teddlie & Tashakkori, 2010, S. 23–25) begegnet. Diese Designform wird in der heutigen Methodendiskussion nicht mehr als gegensätzlich zum oben dargestellten Mixed Method verstanden, sondern als untergeordnete, spezielle Form von Mixed Methods-Designs (vgl. Kuckartz, 2014a, S. 70–71, 101–102; Teddlie & Tashakkori, 2003, S. 11). Durch den Begriff des Mixed Model wird insbesondere die sogenannte Binnendifferenzierung einer Studie über ihre verschiedenen Forschungsphasen berücksichtigt und nicht mehr davon ausgegangen, dass es sich bei Mixed Methods-Studien um die Kombination abgeschlossener, qualitativer und quantitativer Teilstudien handeln muss (Kuckartz, 2014a, S. 70). Unter diesen nacheinander ablaufenden Phasen im Forschungsprozess verstehen Johnson und Onwuegbuzie (2004, S. 21, figure 1) die *Research Objective(s)* (zu Deutsch: Forschungsziele), die *Data Collection* (zu Deutsch: Datenerhebung) und die *Analysis* (zu Deutsch: Datenauswertung). Kuckartz (2014a, S. 70) konkretisiert die erste Phase durch den Begriff der *Planung*, unter den dann nicht nur die Forschungsziele, sondern auch Aspekte wie die Stichprobenziehung fallen, und ergänzt zudem noch als vierte Phase die *Interpretation und Bewertung der Ergebnisse*. Dabei kann die Kombination quantitativer und qualitativer Methoden bei Mixed Model-Designs entweder über die verschiedenen Phasen hinweg stattfinden (*across-stage mixed-model design*), sodass etwa ein qualitatives Forschungsziel über eine quantitative Datenerhebung qualitativ ausgewertet und interpretiert wird. Die Integration verschiedener Methoden kann aber auch innerhalb einer Phase des Forschungsprozesses stattfinden (*within-stage mixed-model designs*), sodass bspw. qualitative Daten mit Hilfe qualitativer und quantitativer Methoden ausgewertet werden können (vgl. Johnson & Onwuegbuzie, 2004, S. 20).

Mit Blick auf die vorherigen Ausführungen wurde für die vorliegende Arbeit zur individuellen mathematischen Kreativität von Erstklässler*innen eine Mixed Methods-Studie geplant und durchgeführt, bei der – im Sinne des *within-stage mixed model designs* – während der zentralen Phase der Datenauswertung sowohl qualitative als auch quantitative Methoden zur Analyse der aus den Unterrichtsepisoden gewonnenen qualitativen Daten zur Anwendung kommen sollten.

Zudem wurde aus den Ausführungen zur Teaching Experiment-Methodologie in Abschnitt 6.2 deutlich, dass bei dieser Studie ein zielgerichtetes Sampling-Verfahren durchgeführt werden sollte. Dieses verfolgte das Ziel, über klar definierte Kriterien (vgl. Teddlie & Yu, 2007, S. 82–83), die aus der Theorie zur individuellen mathematischen Kreativität (vgl. Teil I) abgeleitet werden sollten, Erstklässler*innen für die Teilnahme an den Unterrichtsepisoden auszuwählen. Durch ein solches quantitativ orientiertes *selektives Sampling* (Kelle & Kluge, 2010, S. 50–55) konnten dann die ausgewählten Erstklässler*innen repräsentativ für die Diversität des Grundsamples und damit einer ersten Klasse stehen (vgl. Onwuegbuzie & Leech, 2007, S. 246–248). Durch dieses Vorgehen in der Stichprobenziehung wurde die vorliegende Studie insbesondere dem Anspruch der Teaching Experiment-Methodologie gerecht, eine gewisse Generalisierbarkeit der analysierten individuellen mathematischen Kreativität von Erstklässler*innen zu erreichen. Das Sampling-Verfahren lässt sich mittels der Begriffe von Kuckartz (2014a) der Forschungsphase der Planung zuordnen. Während sich also die Datenerhebung (Durchführung von Unterrichtsepisoden) einer qualitativen Methode bediente und die Datenauswertung sowie -interpretation aus der Kombination von qualitativen und quantitativen Methoden bestand, wurde das Sampling-Verfahren mit quantitativen Methoden verwirklicht. Dadurch ergab sich bei meiner Mixed Methods-Studie mit Blick auf den Einsatz verschiedener Forschungsmethoden auch über die unterschiedlichen Phasen des Forschungsprozesses hinweg eine Kombination qualitativer und quantitativer Methoden (*across-stage mixed-model design*). Das in dieser Studie zur individuellen mathematischen Kreativität verwendete Mixed Methods-Design veranschaulicht die nachfolgende Abbildung 7.1.

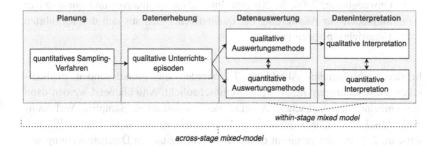

Abb. 7.1 Mixed Methods-Design in dieser Studie zur individuellen mathematischen Kreativität von Erstklässler*innen

Aus den vorherigen Erläuterungen zum Mixed Methods-Design der vorliegenden Studie sollen nun die wesentlichsten Erkenntnisse zusammengefasst und in die Grafik zum Studiendesign (vgl. Abb. 6.2) integriert werden:

- Da diese Mixed Methods-Studie über die fünf formulierten Forschungsfragen eine deskriptive, explorative und hypothesentestende Forschung zur individuellen mathematischen Kreativität von Erstklässler*innen beim Bearbeiten arithmetisch offener Aufgaben anstrebt, wurde sich für ein Mixed Methods-Design entschieden. Dabei setzte sich die vorliegende Studie nicht aus mehreren qualitativ und/oder quantitativ ausgerichteten und in sich abgeschlossenen Teilstudie zusammen, sondern die Kombination sowie Integration qualitativer und quantitativer Methoden fand innerhalb der verschiedenen Phasen des Forschungsprozesses (Planung, Datenerhebung, Datenauswertung, Dateninterpretation) statt (vgl. Abb. 7.1).

  o Es wurde mit Hilfe quantitativer Methoden ein Sampling- Verfahren durchgeführt, um anhand theoriebasierter Kriterien im Sinne eines selektiven Samplings Erstklässler*innen für die Teilnahme an den Unterrichtsepisoden auszuwählen. Dadurch konnte insbesondere die fünfte Forschungsfrage zum Zusammenhang der individuellen Voraussetzungen der Erstklässler*innen und deren individueller mathematischer Kreativität untersucht werden. Im Sinne eines *across-stage mixed model designs* (Johnson & Onwuegbuzie, 2004, S. 20) wurden demnach für die sequenziell aufeinander folgenden Phasen im Forschungsprozess unterschiedliche Methoden genutzt.
  o Zudem wurden im Sinne eines *within-stage mixed model designs* (Johnson & Onwuegbuzie, 2004, S. 20) eine Integration qualitativer und quantitativer Methoden zur Auswertung der qualitativen Daten aus den durchgeführten Unterrichtsepisoden genutzt.

In der nachfolgenden Abbildung 7.2 werden die grundlegenden methodischen Entscheidungen dieser Studie veranschaulicht. Anschließend werden dann die einzelnen methodischen Aspekte des quantitativen Sampling-Verfahrens (vgl. Abschn. 7.1), der qualitativen Datenerhebung aus dem Jahr 2019 (vgl. Abschn. 7.2) und der gemischt qualitativ und quantitativen Datenauswertung und -interpretation (vgl. Abschn. 7.3) dargestellt.

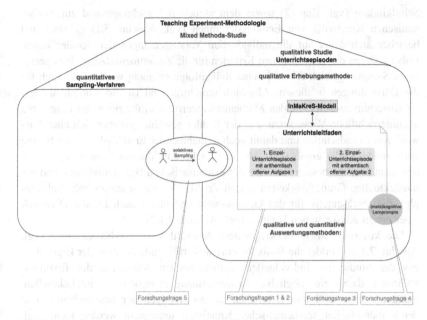

Abb. 7.2 Studiendesign mit Erweiterung durch die Mixed Methods-Studie

7.1 Quantitatives Sampling-Verfahren

"In fact, we would argue that sampling is an especially important component of
the research process because [...], if the sampling design is inappropriate, then any
subsequent interpretations will [...]." (Onwuegbuzie & Collins, 2017, S. 135)

Die ausführliche sowie gezielte Planung des Sampling-Verfahrens erfüllte in
dieser Mixed Methods-Studie zur individuellen mathematischen Kreativität von
Erstklässler*innen zwei Funktionen, aus denen sich die einzelnen methodischen Entscheidungen ableiten lassen, die in den nachfolgenden Ausführungen
detailliert dargestellt werden sollen.

Das Sampling-Verfahren diente primär zur kriteriengeleiteten Auswahl von
Erstklässler*innen, die an den Unterrichtsepisoden teilnehmen sollten, bei denen
sie ihre individuelle mathematische Kreativität beim Bearbeiten arithmetisch
offener Aufgaben zeigen konnten (vgl. Abb. 7.2). Im Sinne eines *selektiven Samplings* nach Kelle und Kluge (2010, S. 50) wurden die Kriterien auf Grundlage
der vorangegangenen Theorie zur individuellen mathematischen Kreativität von

Schulkindern (vgl. Kap. 2) sowie dem aktuellen Forschungsstand zur mathematischen Kreativität von Erstklässler*innen (vgl. Abschn. 5.1) gebildet und beziehen sich daher auf die individuellen Voraussetzungen der Schüler*innen. Dabei konnten die verschiedenen Kriterien für die Zusammensetzung eines geeigneten Samples gewichtet und in eine Reihenfolge gebracht werden, die auch für die Darstellungen in diesem Abschnitt strukturgebend ist: So wurden als erstes Kriterium zunächst die den Mathematikunterricht strukturierenden Lehrwerke als unterrichtliche Voraussetzungen der Kinder gewählt, worüber sich eine Auswahl von Grundschulen und damit auch teilnehmender Erstklässler*innen für die vorliegende Studie ergab (vgl. Abschn. 7.1.1). Aus diesem Grundsample wurden dann über die beiden Kriterien der mathematischen Basisfertigkeiten und der intellektuellen Grundfähigkeiten gezielt Erstklässler*innen ausgewählt (Subsample), die repräsentativ für das Grundsample und damit auch für die Diversität einer ersten Klasse stehen konnten (vgl. Abschn. 7.1.2).

Die kriterien- sowie theoriegeleitete Auswahl von Erstklässler*innen (vgl. Abschn. 7.1.2.3) bildet die Basis für eine weiterführende Analyse der Ergebnisse aus der Studie zur individuellen mathematischen Kreativität der Erstklässler*innen, da so ein möglicher Zusammenhang zwischen den intellektuellen, mathematischen und unterrichtlichen Voraussetzungen der Schüler*innen und deren individueller mathematischer Kreativität untersucht werden kann (vgl. Abschn. 7.3.2).

7.1.1 Unterrichtliche Voraussetzungen der Erstklässler*innen

> „Instead of sampling individual units, which might be geographically spread over great distances, the researcher samples groups (clusters) that occur naturally in the population, such as neighborhoods or schools or hospitals." (Teddlie & Yu, 2007, S. 79)

Da zunächst eine Gruppe von Individuen ausgewählt werden sollte, die so natürlicher Weise in der gesamten Population an Schüler*innen der ersten Klasse vorkommt, wurde an dieser Stelle des Sampling-Verfahrens ein *Cluster Sampling* (Teddlie & Yu, 2007, S. 79) durchgeführt, das durch das Eingangszitat charakterisiert wird. So wurden zunächst alle Erstklässler*innen aus insgesamt fünf Klassen zweier städtischer Grundschulen angefragt, an dieser Studie zur individuellen mathematischen Kreativität teilzunehmen. Dabei wurden die nachfolgenden Merkmale zur Bildung eines Grundsamples berücksichtigt:

– Als erstes Kriterium ist hier das von den Schulen verwendete Mathematiklehr-
werk zu nennen, sofern der Mathematikunterricht durch die entsprechenden
Bücher, Arbeitshefte und darin verwendeten Materialien vollständig strukturiert wurde. Durch ihre Studie konnten Sievert, van den Ham & Heinze
(2021) deutlich zeigen, dass die Fähigkeiten von Erstklässler*innen, arithmetische Strukturen wie etwa Tauschaufgaben oder Umkehraufgaben (vgl.
Abschn. 3.2.2.2) bei der Bearbeitung mathematischer Aufgaben zu nutzen, in
einem signifikanten Zusammenhang zum verwendeten Lehrwerk stehen (vgl.
Sievert et al., 2021, S. 10). Dabei konnten die Mathematikdidaktiker*innen
aufzeigen, dass verschiedene Mathematiklehrwerke für die erste Klasse eine
unterschiedliche Qualität in ihren Lernangeboten, bei denen die Kinder arithmetische Strukturen entdecken, verknüpfen, anwenden oder üben sollen,
aufweisen (vgl. Sievert et al., 2021, S. 9). So zeigten Erstklässler*innen, die
in ihrem Mathematikunterricht mit Lehrwerken von geringerer Qualität arbeiten, seltener arithmetische Strukturen und umgekehrt (vgl. Sievert et al., 2021,
S. 10–11). Mit Blick auf den Einsatz arithmetisch offener Aufgaben zur Anregung der individuellen mathematischen Kreativität von Schüler*innen in dieser
Studie scheint es aus diesen Forschungsergebnissen möglich und bedeutsam,
das verwendete Lehrwerk als (eine) wichtige unterrichtliche Voraussetzung der
Erstklässler*innen und damit als Sampling-Kriterium zu wählen.

Eine der beiden ausgewählten Schulen arbeitete im Mathematikunterricht aller
Klassen lehrwerkstreu mit der Reihe *Denken & Rechnen* (Buschmeier et al.,
2017b), während die andere Schule *Welt der Zahl* (Rinkens, Rottmann & Träger,
2015b) verwendete. In den teils nur knapp umschriebenen Konzeptionen beider
Lehrwerke lässt sich hinsichtlich der grundlegenden fachdidaktischen Prinzipien
wie einem konstruktivistischen Verständnis von Mathematiklernen, einer Kom-
petenzorientierung an den Bildungsstandards, einer bewussten Sprachförderung
im Fachunterricht und Angeboten zur Differenzierung der inhaltlichen Anforderungen keine Unterschiede feststellen (vgl. Buschmeier et al., 2017a, S. 3–7;
Rinkens, Rottmann & Träger, 2015a, S. 5–6). Während jedoch die Autor*innen
des Lehrwerks *Welt der Zahl 1* einen Schwerpunkt auf das entdeckende Lernen
von mathematischen Mustern und Strukturen über verschiedene Aufgabenformate
wie *kreative und ergiebige Aufgaben, Aufgaben, die den Zahlenblick schärfen,*
oder *Starke Aufgaben zum Erkennen von Gesetzmäßigkeiten und Fortsetzen von
Aufgabenfolgen* legen (vgl. Rinkens et al., 2015a, S. 5–6), wird im Lehrwerk
Denken & Rechnen 1 der Schwerpunkt „mit wenige[n verschiedenen] Aufgabenformaten, aber eine[r] großen Anzahl an Aufgaben für ein differenziertes,
ausgiebiges Üben" (Buschmeier et al., 2017a, S. 4) gelegt. Mit Rückgriff auf die

bereits zuvor angesprochene Studie von Sievert, van den Ham und Heinze (2021) können zwischen den beiden Lehrwerken *Denken und Rechnen 1* sowie *Welt der Zahl 1* in Bezug auf die Entdeckung, Anwendung und Übung grundlegender arithmetischer Strukturen qualitative Unterschiede festgestellt werden. Basierend auf einer umfassenden Schulbuchanalyse (vgl. Sievert et al., 2021, S. 4–5) zeigen die Autor*innen, dass Denken und Rechnen u. a. im Vergleich zu dem Lehrwerk Welt der Zahl insgesamt die geringste Qualität in seinen arithmetischen Lernangeboten bietet (vgl. Sievert et al., 2021, S. 4–5, 9). Dagegen zeigt das Lehrwerk Welt der Zahl vor allem in Bezug auf die Förderung einer flexible Anwendung verschiedenster Rechenstrategien und damit auch arithmetischer Strukturen eine besonders hohe Qualität (vgl. Sievert et al., 2021, S. 9, table 3).

– Des Weiteren wurden ökonomische Aspekte für die Durchführung dieser Studie berücksichtigt. Die Grundschulen sollten jahrgangshomogen und mindestens zweizügig unterrichten, um eine geeignete Anzahl an Kindern für das Sample zusammenstellen zu können, sowie von der Universität Bielefeld in einer annehmbaren Zeit erreichbar sein. Die Voraussetzung für die Teilnehme der Kinder an dieser Studie war zudem die von den Erziehungsberechtigten unterschriebene Einverständniserklärung mit DSGVO-konformen Datenschutzrichtlinien (vgl. Anhang 1 im elektronischen Zusatzmaterial).

So lag die erste Schule im Stadtgebiet Bielefeld und unterrichtete die erste Klasse im Schuljahr 2018/2019 dreizügig. Aus dieser Schule haben im März 2019 insgesamt 49 (von 68) Kinder an dieser Studie teilgenommen. Die zweite Schule lag im Landkreis Paderborn und unterrichtete zweizügig, wovon 29 (von 47) Kindern an der Studie teilnahmen. Das bedeutet, dass die Eltern von rund 68 % aller Schüler*innen der ersten Klasse ihr Einverständnis für die Teilnahme an dieser Studie zur individuellen mathematischen Kreativität gegeben haben. Somit setzt sich das Grundsample aus $N = 78$ Erstklässler*innen zusammen.

7.1.2 Intellektuelle und mathematische Voraussetzungen der Erstklässler*innen

„Die Herausforderung besteht somit darin, innerhalb einer möglichst kurzen Zeitspanne ein möglichst umfassendes Bild der mathematischen [und hier auch intellektuellen] Kompetenzen von jüngeren Kindern zu erhalten." (Benz, Peter-Koop & Grüßing, 2015, S. 77)

Aus den 78 Erstklässler*innen sollten nun kriteriengeleitet Kinder ausgewählt werden, die das gesamte Grundsample und damit auch die Diversität einer ersten Klasse in Bezug auf die mathematischen und intellektuellen Fähigkeiten der Lernenden repräsentierten. Dafür wurden ebendiese Fähigkeiten der teilnehmenden Erstklässler*innen über zwei standardisierte Tests erhoben. Auf Basis der Ergebnisse in diesen Tests wurden die Lernenden dann mittels einer Clusteranalyse zu Gruppen von Kindern zugeordnet, die ähnliche mathematische Basisfertigkeiten und Grundintelligenz aufwiesen. Aus diesen Gruppen wurden dann über weitere Kriterien Erstklässler*innen ausgewählt, die für ihr Cluster repräsentativ stehen. Im Folgenden wird daher ausführlich die Auswahl der standardisierten Tests erläutert (vgl. Abschn. 7.1.2.1) sowie die Clusteranalyse methodisch beschrieben (vgl. Abschn. 7.1.2.2), um daraufhin die endgültige Auswahl repräsentativer Erstklässler*innen für diese Studie zur individuellen mathematischen Kreativität beim Bearbeiten arithmetisch offener Aufgaben begründen zu können (vgl. Abschn. 7.1.2.3).

7.1.2.1 Auswahl der standardisierten Tests

Die Auswahl der standardisierten Tests erfolgte aufgrund ihrer Passung zu dieser Studie sowie ihrer Ökonomie in der Umsetzung. Es sollten zwei Tests ausgewählt werden, wobei der erste die mathematischen Fähigkeiten der Kinder vor allem im Bereich der Arithmetik und der zweite die intellektuellen Fähigkeiten der Lernenden, die vor allem für den Bereich der individuellen mathematischen Kreativität bedeutsam sind, darstellten. Dabei war es wichtig, dass die beiden Tests eine möglichst geringe Korrelation untereinander aufweisen, da jedes Kind beide Tests durchlaufen und die Ergebnisse aufeinander bezogen werden sollten. Zudem sollten die beiden Testinstrumente als Gruppentest realisiert werden können, um die Erstklässler*innen sowie den Schulalltag durch meine Datenerhebung nicht länger als nötig zu belasten.

Nach einer Sichtung der im deutschsprachigen Raum verfügbaren Tests, die als Gruppentest in der ersten Klasse durchgeführt werden können, wurde sich für den *Test mathematischer Basiskompetenzen bei Schuleintritt (MBK 1 +)* (Ennemoser, Krajewski & Sinner, 2017a) und dem *Grundintelligenztest Skala 1 – Revision (CFT 1-R)* (Weiß & Osterland, 2013a) entschieden. Die einzelnen Gründe für diese Entscheidungen und die Tests an sich werden nachfolgend ausführlich erläutert.

Test mathematischer Basiskompetenzen bei Schuleintritt (MBK 1 +)
Der *MBK 1 +* (Ennemoser et al., 2017a) ist ein neu entwickelter Mathematiktest, der die mathematischen Basiskompetenzen von Erstklässler*innen differenziert erfasst

und dadurch gut geeignet ist, um einen grundsätzlichen Einblick in den Leistungs-
stand der Schüler*innen zu bekommen. Neben dem Anwendungsbereich in der
Regelschule ab sechs Wochen nach Schuleintritt bis zum Ende der ersten Klasse
kann der MBK 1 + auch in sonderpädagogischen, pädagogisch-psychologischen
oder lerntherapeutischen Arbeitsfeldern bis zur vierten Klasse oder zur Forschung
eingesetzt werden (vgl. Ennemoser, Krajewski & Sinner, 2017b, S. 12, 23).

Der MBK 1 + ist sowohl als Gruppen- als auch als Einzeltest nutzbar, wobei
er eine Pseudo-Parallelform mit Version A und B[2] sowie eine Kurz- und Langform
anbietet (vgl. Ennemoser et al., 2017b, S. 21). Die Einsatzmöglichkeit als Gruppentest war für diese Studie aus ökonomischen Gründen notwendig. Durch dieses
Kriterium wurde sich gegen einige Test wie bspw. den *TEDI-MATH* (Kaufmann
et al., 2009) oder *MARKO-D1 +* (Fritz, Ehlert, Ricken & Balzer, 2017) entschieden.
In dieser Studie wurde die umfassende Langform in Parallelform verwendet, um ein
vollständiges Bild der mathematischen Basiskompetenzen der Erstklässler*innen
abzubilden. Die reine Testzeit beträgt in dieser Form 21 Minuten, weshalb pro sinnvoll gewählter Testgruppe eine Schulstunde angesetzt wurde (vgl. Ennemoser et al.,
2017b, S. 23–24).

Der inhaltliche Aufbau des MBK 1 + orientiert sich am entwicklungspsycho-
logischen Modell des Erwerbs der *Zahl-Größen-Verknüpfung (ZGV-Modell)* nach
Krajewski (2013, S. 156), das „einen klaren Fokus auf das konzeptuelle Verständnis der Zahl als Repräsentation von Größen und Größenrelationen" (Ennemoser
et al., 2017b, S. 13) setzt. Es werden drei Ebenen unterschieden, über die sich
der schrittweise Erwerb mathematischer Basiskompetenzen für die Entwicklung
des Zahlbegriffs vollzieht: *Zahlwörter und Ziffern ohne Größenbezug (Ebene 1),
Zahl-Größen-Verknüpfung (Ebene 2) sowie Zahlrelationen (Ebene 3)* (vgl. dazu
ausführlich Krajewski, 2007, S. 325–327, 2013, S. 155–161). Die Langform beinhaltet 11 Subtests, in denen die Kinder insgesamt 54 verschiedene Aufgaben zur
Schreibweise von Ziffern und Zahlenfolge bis 20 (Ebene 1), zu Größenvergleichen
von Zahlen und der Zahl-Menge-Zuordnung (Ebene 2) sowie zur Zahlzerlegung,
dem Teil-Ganzes-Konzept und zu Textaufgaben (Ebene 3) bearbeiten sollen (vgl.
Ennemoser et al., 2017b, S. 21–22). Durch die gezielte Fokussierung auf arithmetische Inhalte war der MBK 1 + für diese Studie insofern gut geeignet, als dass die
individuelle mathematische Kreativität von Erstklässler*innen bei der Bearbeitung
arithmetisch offener Aufgaben untersucht werden sollte.

---

[2] Darunter ist zu verstehen, dass die beiden Testversionen die exakt gleichen Aufgaben
innerhalb der verschiedenen Subtests stellen, diese jedoch in unterschiedlicher Reihenfolge
angeordnet sind, sodass das Abschreiben der Kinder eingeschränkt wird bzw. zu falschen
Ergebnissen führt.

Der MBK 1 + wird anhand von einzelnen Normwerttabellen für die Regelschule sowie Förderschule ausgewertet, wobei sich die Normstichprobe aus 6084 Kindern aus 14 Bundesländern zusammensetzt (vgl. Ennemoser et al., 2017b, S. 11). Es steht neben Auswertungstabellen auch ein digitales Auswertungsprogramm zur Verfügung, mit dessen Hilfe die Testergebnisse auf den Tag genau ausgewertet werden können (vgl. Ennemoser et al., 2017b, S. 26–29). Da der MBK 1 + und der Zusatztest Basisrechnen einen einzelnen Gesamtrohwert-Score ermittelt, der dann als T-Wert (inkl. T-Wert-Band) und Prozenträngen normiert angegeben wird, ist dieser Test *eindimensional* (Döring & Bortz, 2016, S. 430). Nach der Auswertung erfolgt die Interpretation der Normwerte. Dabei gibt der Prozentrang an, „wie viel Prozent der Vergleichsgruppe (hier z. B. Kinder im selben Quartal des 1. Schuljahres) im durchgeführten Test ein gleich gutes oder schwächeres Ergebnis erzielt haben" (Ennemoser et al., 2017b, S. 29).

Für die Nutzung der Testergebnisse in dieser Studie als Sampling-Verfahren sind insbesondere die T-Werte von Bedeutung. Dieser Standardwerte mit Mittelwert von 50 und einer Standardabweichung von 10 lässt sich üblicherweise über eine Quartalsbildung interpretieren, was die nachfolgende Tabelle 7.1 veranschaulicht.

Tab. 7.1 Interpretation von T-Werten nach Ennemoser et al. (2017b, S. 30)

T-Werte	Interpretation
0–29	Weit unterdurchschnittlich
30–39	Unterdurchschnittlich
40–59	Durchschnittlich
60–69	Überdurchschnittlich
70–100	Weit überdurchschnittlich

Die Gütekriterien wurden alle in der Testkonstruktion bestätigt (vgl. Ennemoser et al., 2017b, S. 45–47). Auffällig war zudem, dass bei der Bestimmung der diskriminanten Validität des MBK 1 + korrelative Zusammenhänge mit dem Intelligenztest *CFT 1* in der Version von 1997 (Cattell, Weiß & Osterland, 1997) in den ersten drei Quartalen des ersten Schuljahres ($r = .50$ *bis* .65). Dieser Hinweis war jedoch nur eingeschränkt bedeutsam, da zum einen die beiden standardisierten Test zur Erfassung der mathematischen und intellektuellen Fähigkeiten der Erstklässler*innen im vierten Quartal der ersten Klasse eingesetzt werden sollten. Zum anderen wurde in dieser Studie die aktuelle Version des CFT von 2013 genutzt. Zudem sei auf die Interpretation dieser mittleren positiven Korrelation von Ennemoser, Krajewski und Sinner (2017b) selbst verwiesen: „Dennoch kann daraus nicht der Schluss gezogen werden, dass der MBK 1 + lediglich Intelligenz erfasst" (S. 47), da die konvergente und vor allem prognostische Validität mit anderen Mathematiktests wie dem TEDI-MATH oder dem *DEMAT 1 +* (Krajewski, Küspert & Schneider, 2002) deutlich höher ist (vgl. Ennemoser et al., 2017b, S. 45–47).

Grundintelligenztest Skala 1 – Revision (CFT 1-R)
Der *Grundintelligenztest Skala 1- Revision (CFT 1-R)* von Weiß und Osterland (2013a) wurde ebenso aufgrund seiner Passung zu dieser Studie und zu den Teilnehmer*innen ausgewählt. Es sollte ein Test genutzt werden, der die kognitiven Grundfertigkeiten der Kinder darstellt, die dann auf deren Fähigkeit im mathematischen Test bezogen werden konnten. Um eine möglichst geringe Korrelation zwischen den beiden Tests aufzuweisen, durften bei der Intelligenzdiagnostik nicht erneut basale rechnerische Fähigkeiten überprüft werden wie etwa beim *THINK 1–4* (Baudson, Wollschläger & Preckel, 2017). Außerdem sind die meisten Intelligenztests erst ab dem Jugendalter einsetzbar, weshalb die Auswahl hier bereits beschränkt war. Des Weiteren sind viele Intelligenztests wie bspw. der *SON-R 2–8* (Tellegen, Laros & Petermann, 2018) oder der vielfach genutzte *HAWIK-IV* (Petermann & Petermann, 2010) komplexe Einzeltests, die den Rahmen dieses Sampling-Verfahrens überschritten hätten.

Der CFT 1-R hingegen kann in einem Alter von 5;4 bis 9;11 Jahren im Kindergarten bzw. der Vorschule, der Förderschule Klasse 1 bis 4 und der Grundschule Klasse 1 bis 3 eingesetzt werden. Dabei kommen für die Durchführung verschiedenste Personen aus dem pädagogischen oder psychologischen Bereich wie bspw. Beratungslehrer*innen, Förderschullehrkräfte oder klinische Psycholog*innen in Frage. Dies gilt für Beratungsanlässe bzgl. der Schullaufbahn ebenso wie für den Einsatz zu Forschungszwecken (vgl. Weiß & Osterland, 2013b, S. 11–12). Die Durchführung kann zu jedem Zeitpunkt stattfinden, da die Normwerte vom Alter der Kinder abhängig sind. Soll neben einer individuellen Auswertung auch die Klassennorm verwendet werden, dann ist ein Zeitfenster von September bis November einzuhalten (vgl. Weiß & Osterland, 2013b, S. 12). In dieser Studie wurden beide Tests zum gleichen Zeitpunkt im März 2019 eingesetzt. Zudem wird für den CFT 1-R eine Durchführungsdauer von etwa 50 Minuten benötigt, was in den Schulalltag zu integrieren war. Des Weiteren kann dieser Test in Gruppen von bis zu 10 Kindern pro Testleiter*in durchgeführt werden, was der Ökonomie dieser Studie zu Gute kam (Weiß & Osterland, 2013b, S. 11).

Der CFT 1-R ist die Revision des CFT 1 (Cattell et al., 1997), der die deutsche Adaption des *Culture Fair Intelligence Test Scale 1* (Cattell, 1950) darstellt. Bei der Revision wurde vor allem eine neue Normierung im Jahr 2010 mit 4.641 Proband*innen aus 7 Bundesländern erarbeitet (vgl. Weiß & Osterland, 2013a, S. 75). Außerdem wurden die Testaufgaben in den Untertests erhöht und zusätzlich ein weiterer Subtest ergänzt. Somit umfasst der CFT 1-R zwei Testteile mit jeweils drei Untertests und wiederum jeweils 15 Items. Dadurch ermöglicht er eine Bestimmung der Grundintelligenz nach der Intelligenztheorie von Cattell (1963). Der Begriff der *Grundintelligenz* wird von Weiß und Osterland (2013b) wie folgt beschrieben:

> „die Fähigkeit eines Kindes, in neuartigen Situationen und anhand von sprachfreiem, figuralem Material, Denkprobleme zu erfassen, Beziehungen herzustellen, Regeln zu erkennen, Merkmale zu identifizieren und rasch wahrzunehmen" (S. 10).

Cattell (1963) beschreibt weiterhin, dass die allgemeine intellektuelle Leistungsfähigkeit (Englisch: *general ability*), der *g-Faktor*, sich in zwei Intelligenzformen aufgliedert. Trotz, dass diese zwei unabhängige Intelligenzkomponenten darstellen, korrelieren sie stark miteinander und stehen daher in einem sich bedingenden Verhältnis (vgl. Dörfler, Roos & Gerrig, 2018, S. 341):

– Unter der *fluiden Intelligenz,* fluid general ability (g_f) (Cattell, 1963, S. 2), wird ein „weitgespannter Faktor" (Weiß & Osterland, 2013a, S. 20) verstanden, der die angeborene und genetisch bedingte Grundfähigkeit menschlichen Denkens, sozusagen das intelligente Potential eines Menschen, abbildet. Dabei zeigt sich dieser Intelligenzfaktor vor allem durch das „rasche und abstrakte Denken beim Lösen unbekannter logischer Aufgabe" (Myers, 2014, S. 418). Diese Fähigkeit kann bspw. über Matrizentests oder Tests zu räumlichen Anordnungen gemessen werden, „die regelfindendes, schlussfolgerndes Denken erfordern und bei denen die für die Lösung notwendigen Hintergrundinformationen bereits in der Aufgabendarstellung enthalten sind" (Dörfler et al., 2018, S. 341). Damit gilt die fluide Intelligenz als notwendige Grundlage für einen kulturell geprägten Wissenserwerb sowie die Anwendung von Wissen und daher als Voraussetzung für den zweiten Intelligenzfaktor.
– Die *kristalline Intelligenz,* crystallized general ability (g_c) (Cattell, 1963, S. 2), basiert auf „stark umweltabhängigen Primärfähigkeiten" (Weiß & Osterland, 2013a, S. 20), die unter anderem in der Schule sowie in anderen Bildungseinrichtungen erlernt und gefestigt werden. Dieser Intelligenzfaktor ist daher kulturabhängig und zeigt sich in der Anwendung des „gesammelte[n] Wissen[s] eines Menschen" (Myers, 2014, S. 418), das vor allem über Rechen-, Wortschatz- und/oder Allgemeinwissenstest gemessen werden kann. Damit ermöglicht die kristalline Intelligenz jedem Menschen, „gut mit wiederkehrenden und konkreten Herausforderungen des Lebens umzugehen" (Dörfler et al., 2018, S. 341).

Um dem Anspruch der Kultur- und damit auch Sprachfreiheit gerecht zu werden, fokussiert der CFT 1-R in einem deutlich stärkeren Maß die fluide Intelligenz und kann daher auch als Wahrnehmungstest bezeichnet werden (vgl. Weiß & Osterland, 2013a, S. 20). Die verschiedenen Subtests haben einen unterschiedlich großen Einfluss auf die fluide Intelligenz: Der erste Testteil (Substitutionen, Labyrinthe, Ähnlichkeiten) bildet vor allem die Wahrnehmungsfähigkeit, -geschwindigkeit und den Umfang der visuellen Aufmerksamkeit ab. Durch den Speed-Charakter ist das Ergebnis in diesen Untertests jedoch stark abhängig von der Motivation der Kinder (vgl. Weiß & Osterland, 2013a, S. 20–21). Der zweite Testteil (Reihenfortsetzen, Klassifikationen, Matrizen) bildet hingegen deutlich stärker die allgemeine fluide Intelligenz ab, da „die Faktoren Beziehungsstiftendes Denken, Erkennen von Regelhaftigkeiten und Gesetzmäßigkeiten [...] als wesentliche, die sog. Grundintelligenz konstituierenden Merkmale angesehen werden [können]" (Weiss, 1969 nach Weiß & Osterland, 2013a, S. 22). Damit unterschiedet sich der CFT 1-R insgesamt deutlich von eher konventionellen Intelligenztestungen mit verbalen, figuralen und numerischen Anteilen wie etwa dem *HAWIK-IV* (Petermann & Petermann, 2010).

Die Auswertung des CFT 1-R findet im Vergleich zum MBK 1 + *mehrdimensional* (Döring & Bortz, 2016, S. 430) statt. Die Rohwerte werden für den Teil 1 (figurale Wahrnehmung) sowie den Teil 2 (figurales Denken) einzeln ermittelt, dann über die Normwerttabellen in T-Werte und schließlich in IQ-Werte umgewandelt. Es kann außerdem ein Gesamtrohwert durch die Addition der beiden Testteil-Rohwerte errechnet werden, der ebenfalls in T-Werte bzw. IQ-Werte normiert werden kann. Dabei beträgt die „kritische Differenz zwischen erstem und zweitem Testteil [...] auf der 5 %-Stufe 7 T-Werte. Ein Proband hat demnach nur dann eine signifikant bessere Leistung im 1. oder 2. Testteil, wenn die T-Wert-Differenz um 7 T-Werte höher liegt" (Weiß & Osterland, 2013b, S. 29). Wird diese *kritische Differenz* bei einem Kind signifikant, dann sollte der Gesamtwert nicht interpretiert werden (vgl. Weiß & Osterland, 2013b, S. 21). Da jedoch bei der Testerstellung eine Korrelation von (nur) .52 zwischen dem ersten und zweiten Testteil errechnet wurde, die auf einem 0, 1 %-Niveau signifikant ist (vgl. Weiß & Osterland, 2013b, S. 36), verwundert es nicht, dass bei der vorliegenden Studie die kritische Differenz bei rund der Hälfte der Erstklässler*innen überschritten wurde.

Mit einer mittleren Ladung von 75 des zweiten Teils des CFT 1-R (erster Teil liegt bei 65) am g-Faktor „kann [...] abgeleitet werden, dass die Untertests 4, 5 und 6 (Reihenfortsetzen, Klassifikationen und Matrizen) bei Kindern im gesamten Vor- und Grundschulbereich am stärksten die grundlegenden intellektuellen Fähigkeiten (sprachfreie Denkkapazität) [...] zu erfassen gestatten [...]" (Weiß & Osterland, 2013b, S. 39). Dieser Umstand erklärt, weshalb nur der Teil 2 der CFT 1-R oder CFT 1 in diversen Studien aus der Entwicklungspsychologie, pädagogischen

Psychologie oder der Pädagogik verwendet wird (etwa Heine et al., 2018, S. 18; Szardenings, Kuhn, Ranger & Holling, 2017, S. 4–5; Voß et al., 2014, S. 122–124). In dieser Tradition wurde in dieser Studie zur individuellen mathematischen Kreativität von Erstklässler*innen ebenso ausschließlich der zweite Testteil des CFT 1-R verwendet, um vor allem die Grundintelligenz der teilnehmenden Lernenden abzubilden. Durch diese Einschränkung kann außerdem eine sehr geringe Korrelation des CFT 1-R Teil 2 mit dem MBK 1 + (vgl. Abschn. 7.1.2.1) erwartet werden, da beide standardisierte Tests sehr differente kognitive Konstrukte (Grundintelligenz und mathematische Fähigkeiten) messen. Dies bildet die Voraussetzung für die Durchführung einer Clusteranalyse (vgl. Abschn. 7.1.2.2), welche die Basis für die Auswahl repräsentativer Erstklässler*innen für die qualitative Studie bildete.

7.1.2.2 Gruppierung der Erstklässler*innen mittels Clusteranalyse

Im Sinne des Sampling-Verfahren soll in diesem Abschnitt nun methodisch erläutert werden, wie die Gruppierung der Erstklässler*innen mittels einer Clusteranalyse über ihre mathematischen und intellektuellen Fähigkeiten, d. h. basierend auf den T-Wert-Ergebnissen im MBK1 + und CFT 1-R Teil 2, erfolgte. Aus diesen Gruppen sollten dann einzelne repräsentative Teilnehmer*innen für die nachfolgende Studie zur individuellen mathematischen Kreativität ausgewählt werden (vgl. Abschn. 7.2 und 7.3).

Da zwischen den T-Werten aus dem CFT 1-R Teil 2 und dem MBK 1 + aus der Theorie heraus eine gewisse positive Korrelation anzunehmen ist (vgl. Ennemoser et al., 2017b, S. 47), wurde ein eher linearer Zusammenhang dieser beiden Variablen vermutet, der jedoch eine gewisse Streuung aufweist. Daher war die Einteilung beider T-Werte nach normativen Kriterien, die im Kreuzprodukt zu einer Gruppierung der Erstklässler*innen geführt hätte[3], wenig sinnvoll, da niemals alle Gruppen zahlenmäßig vergleichbar besetzt worden wären. Durch die eher geringe Größe des Grundsamples hätte so kein repräsentatives Subsample für die qualitative Studie gezogen werden können.

Außerdem war anzunehmen, dass das Sample mit 78 Erstklässler*innen in seiner Zusammensetzung der Testergebnisse einzigartig ist, sodass ein Verfahren zur Typenbildung gewählt wurde, das die Daten des Samples selbst benutzt. So wurde sich für eine *Clusteranalyse* als strukturentdeckendes Verfahren der multivariaten, schließenden Statistik entschieden (vgl. Raithel, 2006, S. 118). Sie verfolgt

---

[3] Eine Möglichkeit bestünde darin, die T-Werte des MBK 1 + und CFT 1-R Teil 2 jeweils in gleich große Gruppen einzuteilen. Hier wäre eine normative Einstufung in unterdurchschnittlich (T-Werte 0–39), durchschnittlich (40–60) und überdurchschnittlich (61–100) denkbar gewesen (vgl. Tab. 7.1).

das Ziel, Objekte (zumeist Individuen) in möglichst homogene Gruppen einzuteilen, wobei die einzelnen Individuen innerhalb eines Clusters möglichst ähnlich
(interne Homogenität) und gleichzeitig möglichst unterschiedlich zu Individuen
eines anderen Clusters sein sollen (vgl. Micheel, 2010, S. 159).

Im Folgenden werden die einzelnen Analyseschritte theoretisch beschrieben und die konkrete Umsetzung in der vorliegenden Studie erläutert, was die
nachfolgende Grafik schematisch zusammenfasst (vgl. Abb. 7.3).

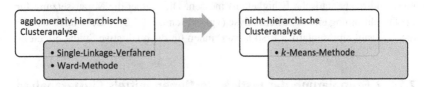

Abb. 7.3 Clusteranalyse in dieser Studie

1. In einem ersten Schritt wurde sich für ein *agglomerativ-hierarchisches Clusterverfahren* entschieden, dessen Ergebnis notwendigerweise in einem zweiten
   Schritt durch ein nicht-hierarchisches Verfahren verbessert werden sollte (vgl.
   Bortz & Schuster, 2010, S. 459). Agglomerative Clusterverfahren beginnen
   immer mit der kleinsten Objektaufteilung, in dem sie paarweise Distanzen zwischen den Objekten bzw. Individuen berechnen und dann diejenigen
   Objekte zu einem Cluster fusionieren, welche die kleinste Distanz zueinander
   aufweisen. Die verbleibenden Cluster werden hierarchisch nach dem gleichen Schema erneut verglichen und entsprechend fusioniert, bis das gesamte
   Sample zu einem Cluster zusammengefasst wurde. Dabei bestehen unterschiedliche Clusterdistanzen zwischen den einzelnen Clustern (vgl. Backhaus,
   Erichson, Plinke & Weiber, 2018, S. 459–460). Der gesamte Ablauf wird
   dann in einem *Dendrogramm* grafisch dargestellt (vgl. Bortz & Schuster, 2010,
   S. 464). Der Nachteil und gleichzeitig der Grund, weshalb nach diesem Verfahren ein nicht-hierarchisches Clusterverfahren genutzt werden muss, ist der,
   dass bei hierarchischen Verfahren die Fusionierung von Clustern nicht mehr
   revidiert werden kann (vgl. Bortz & Schuster, 2010, S. 459).

Die systematische Gruppierung der Erstklässler*innen dieser Studie auf Basis
des quadrierten euklidischen Distanzmaßes gebildet, da die beiden Variablen,
also die T-Werte des MBK 1 + und des CFT 1-R Teil 2, beide intervallskaliert und bereits t-transformiert waren (vgl. Bortz & Schuster, 2010, S. 456).

Als hierarchisches Clusterverfahren wurde zunächst eine *Single-Linkage-Analyse* durchgeführt, bei der als Fusionskriterium zweier Cluster der minimalste Abstand zwischen paarweisen Objekten aus den Clustern eingesetzt wird (vgl. Backhaus et al., 2018, S. 461–464; Bortz & Schuster, 2010, S. 460). Dieses Verfahren wurde genutzt, um etwaige Ausreißer in dem gesamten Datenset zu identifizieren und dann zu eliminieren, da sie die Bildung der Cluster sonst verzerren würden. Ausreißer sind solche Individuen, die im Dendrogramm erst sehr spät zu einem Cluster fusioniert werden (vgl. Backhaus et al., 2018, S. 463). Als zweite agglomerativ-hierarchische Clusteranalyse wurde das *Ward-Verfahren* genutzt, da als Distanzmaß die euklidischen Distanzen gewählt wurden und dieses Verfahrens dann die besten Ergebnisse erzielt (vgl. Backhaus et al., 2018, S. 466). Diese Methode fusioniert hierarchische Cluster, „mit deren Fusion die geringste Erhöhung der gesamten Fehlerquadratsumme einhergeht" (Bortz & Schuster, 2010, S. 462). So werden in verschieden vielen Fusionsstufen alle Individuen zu Clustern zusammengefasst. Das so entstehende Dendrogramm kann auch in ein Struktogramm umgewandelt werden. Dieses zeigt den Zusammenhang der Fusionsstufen und der entsprechenden Fehlerquadratsummen. So können größere Anstiege optisch ausgemacht werden (vgl. Bortz & Schuster, 2010, S. 462–464). Nach dem graphentheoretischen Elbow-Kriterium werden dann optimale Cluster-Anzahlen bestimmt (vgl. Backhaus et al., 2018, S. 476).

2. In einem zweiten Schritt der Analyse müssen alle möglichen, plausiblen Clusterlösung aus dem Ward-Verfahren mit Hilfe eines *nicht-hierarchischen Clusterverfahrens* weiter verbessert werden, um die Individuen endgültig einem der Cluster zuzuordnen (vgl. Bortz & Schuster, 2010, S. 461). Dazu ist es notwendig, die Zugehörigkeit der Individuen zu einem Cluster sowie die Anzahl der Cluster zu kennen. Das Verfahren überprüft dann schritt- weise durch Verschieben der Individuen in andere Cluster die optimale Zugehörigkeit dieser (vgl. Bortz & Schuster, 2010, S. 461–462).

In dieser Studie zur individuellen mathematischen Kreativität wurde als nicht- hierarchisches Verfahren die *k-Means-Methode* (Bortz & Schuster, 2010, S. 465) genutzt. Bei dieser wurden die anfänglichen Clusterzentren ermittelt und in mehreren Schritten die Zugehörigkeiten der Erstklässler*innen zu den Clustern verschoben, sodass optimale Clusterzentren entstanden. Diesen wurden dann die- jenigen Kinder zugeordnet, die zu den verschiedenen Clusterzentren die geringste Distanz aufwiesen (vgl. Bortz & Schuster, 2010, S. 456–466). Damit entstand eine Clusterbildung, die das gesamte Sample von 78 Erstklässler*innen mit unter- schiedlichen intellektuellen und mathematischen Fähigkeiten graphisch über ein

Streudiagramm adäquat abbildete. Die Cluster bildeten daher gewisse Fähigkeitsprofile ab und ermöglichten dadurch in Zusammenhang mit den Ergebnissen aus der qualitativen Studie die Beantwortung der fünften Forschungsfrage.

7.1.2.3 Endgültige Auswahl von Erstklässler*innen

In diesem Abschnitt soll nun die endgültige Auswahl von Kindern für die qualitative Studie zur individuellen mathematischen Kreativität dargestellt werden. Wie bereits erläutert, stellt dieses ein Subsample, d. h. eine repräsentative Auswahl der Kinder des Grundsamples dar (vgl. 7.1.2.3, insbesondere Abb. 7.4). Dieses bestand aus $N = 78$ Erstklässler*innen und ließ sich nach der durchgeführten Gruppierung mittels Clusteranalyse über zwei Kriterien beschreiben (vgl. Abschn. 7.1.2.2): Die Cluster wurden über die T-Werte aus den standardisierten Tests zu den mathematischen Basiskompetenzen der Erstklässler*innen (MBK 1 +) und den intellektuellen Fähigkeiten der Kinder (CFT 1-R Teil 2) gebildet, sodass sie letztlich Fähigkeitsprofile aus den mathematischen und intellektuellen Fähigkeiten der Kinder darstellten. Aus diesen sollten nun einzelne Erstklässler*innen kriteriengeleitet ausgewählt werden.

   Dazu wurden als Kriterien das verwendete Lehrwerk und das Geschlecht der Kinder genutzt, da das qualitative Sample aus der gleichen Anzahl an Jungen und Mädchen bestehen sollte. Dabei wurde zudem versucht, aus jedem Cluster jeweils ein Junge und ein Mädchen, die mit dem Lehrwerk *Denken & Rechnen* sowie *Welt der Zahl* unterrichtet wurden, auszuwählen. Auf diese Weise sollte als drittes Kriterium die schulischen Voraussetzungen der Erstklässler*innen über die Lehrwerke abgebildet werden. Da so idealerweise aus jedem Cluster vier Erstklässler*innen ausgewählt werden sollten und aus der recht übersichtlichen Anzahl an 78 Erstklässler*innen insgesamt drei bis fünf Cluster zu erwarten waren, wurde die Größe des qualitativen Samples auf $12 \leq N \leq 20$ geschätzt. Diese Stichprobengröße war für die Durchführung der qualitativen Studie annehmbar (vgl. Döring & Bortz, 2016, S. 302).

7.1.3 Zusammenfassung

Aus der vorangegangenen methodischen Beschreibung des Sampling-Verfahrens ergaben sich für das gesamte Studiendesign (vgl. Abb. 7.2) folgende Ergänzungen:

- Das Grundsample setzte sich aus 78 Erstklässler*innen von zwei städtischen Grundschulen in NRW zusammen, die mit zwei verschiedenen Lehrwerken – *Denken & Rechnen* sowie *Welt der Zahl* – im Mathematikunterricht arbeiteten. Dabei ermöglichen diese beiden Lehrwerke in Anlehnung an Sievert, van den Ham und Heinze (2021) den Lernenden einen unterschiedlichen unterrichtlichen Zugang zum Entdecken, Anwenden und Üben arithmetischer Strukturen und Muster (vgl. Abschn. 7.1.1).

- Die mathematischen und intellektuellen Fähigkeiten der Erstklässler*innen bildeten weiterhin die Grundlage für eine repräsentative Auswahl einzelner Lernender für die Studie zur individuellen mathematischen Kreativität (vgl. Abschn. 7.1.2):

  ○ Es wurden zwei standardisierte Tests, nämlich der MBK 1 + zur Erfassung der mathematischen Basiskompetenzen und der CFT 1-R zur Erfassung der Grundintelligenz, mit den Kindern im März 2019 durchgeführt und beide mittels Normwerttabellen ausgewertet (vgl. Abschn. 7.1.2.1).

  ○ Zur strukturierten Gruppierung des Grundsamples wurde eine Clusteranalyse gerechnet. Diese bestand aus einem zunächst agglomerativ-hierarchischen Clusterverfahren (Single-Linkage-, und Ward-Methode) und einem dieses erste Ergebnis überprüfenden, nicht-hierarchischen Clusterverfahren (k-Means-Methode). Das Ergebnis dieser Analyse wurde in Form eines Streudiagramms abgebildet, aus dem die Zuordnung der Erstklässler*innen zu verschiedenen Fähigkeitsprofilen basierend auf ihren intellektuellen und mathematischen Fähigkeiten verdeutlicht werden konnte (vgl. Abschn. 7.1.2.2).

  ○ Für die endgültige Auswahl an Erstklässler*innen sollten aus jedem Cluster nach Möglichkeit zwei Jungen und zwei Mädchen ausgewählt werden, die jeweils mit dem Lehrwerk *Denken & Rechnen* sowie *Welt der Zahl* in der ersten Klasse arbeiteten. So wurde die Größe des Samples auf 12 bis 20 Erstklässler*innen geschätzt (vgl. Abschn. 7.1.2.3), wobei letztendlich 18 Erstklässler*innen an den Unterrichtsepisoden teilnahmen (vgl. ausführlich Abschn. 8.3).

Die Konkretisierungen aus diesem Abschnitt zum Sampling-Verfahren wurden erneut in das Studiendesign eingepflegt (vgl. Abb. 7.4) und werden nachfolgend durch die methodischen Entscheidungen zur qualitativen Studie ergänzt.

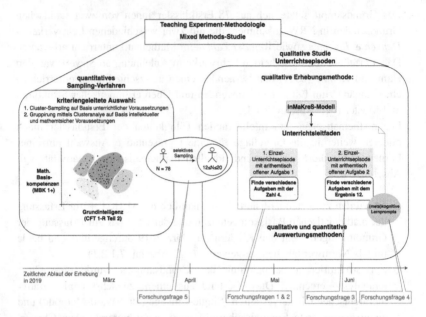

Abb. 7.4 Studiendesign mit methodischen Entscheidungen aus dem Sampling-Verfahren

Die im Folgenden ausführlich dargestellte qualitative Studie stellt den Kern meiner empirischen Forschungsarbeit zur individuellen mathematischen Kreativität von Erstklässler*innen beim Bearbeiten arithmetisch offener Aufgaben dar. Dazu wurden angelehnt an die Teaching Experiment-Methodologie mit den ausgewählten Erstklässler*innen jeweils zwei mathematische Unterrichtsepisoden durchgeführt, in denen die Kinder kreativ werden konnten (vgl. Abschn. 6.2). Eine umfassende retrospektive und rekursive Analyse ermöglichte daher eine direkte Beantwortung der ersten vier, aufeinander aufbauenden Forschungsfragen[4]. Vor dem Hintergrund der individuellen Voraussetzungen der Kinder, die durch das kriteriengeleitete, selektive Sampling-Verfahren exakt umschrieben

---

[4] Die Forschungsfragen sind (vgl. Abschn. 5.2):

F1 Inwiefern kann die individuelle mathematische Kreativität von Erstklässler*innen beim Bearbeiten arithmetisch offener Aufgaben auf Basis des InMaKreS-Modells charakterisiert werden?

F2   Inwiefern lassen sich verschiedene Typen der individuellen mathematischen Kreativität von Erstklässler*innen ableiten?

wurden (vgl. Abschn. 7.1), kann die fünfte Forschungsfrage bzgl. des Zusammenhangs der individuellen mathematischen Kreativität der Kinder und deren Voraussetzungen beantwortet werden (vgl. Abschn. 5.2). In den nachfolgenden Ausführungen werden daher die qualitative Datenerhebung (vgl. Abschn. 7.2) sowie im Sinne des Mixed Methods-Designs qualitative und quantitative Datenauswertung (vgl. Abschn. 7.3) im Detail präsentiert.

7.2   Erhebung qualitativer Daten mittels der Technik des lauten Denkens

„Das laute Denken steht als Erhebungsmethode zwischen den Befragungs- und den Beobachtungsverfahren." (Hussy, Scheier & Echterhoff, 2013, S. 135)

In dieser Studie sollten in Anlehnung an die Teaching Experiment-Methodologie Unterrichtsepisoden durchgeführt werden, in denen die Erstklässler*innen ihre individuelle mathematische Kreativität beim Bearbeiten arithmetisch offener Aufgaben zeigen sollen (vgl. Abschn. 6.2). So wurden vorrangig *qualitative verbale Daten* (Hussy et al., 2013, S. 223) aus dem Gesprochenen während der Unterrichtsepisoden erhoben, die einen „Zugang zur Innensicht der Teilnehmenden" (Hussy et al., 2013, S. 223) ermöglichten. Zudem wurden die Unterrichtsepisoden auch videografiert, sodass zusätzlich auch *qualitative visuelle Daten* (Hussy et al., 2013, S. 223, 238) für die deskriptive und explorative Analyse der individuellen mathematischen Kreativität von Schulkindern zur Verfügung standen. In der Welt erziehungswissenschaftlicher Erhebungsmethoden lassen sich zwei übergreifende Verfahren feststellen, aus denen qualitative Daten gewonnen werden können (vgl. Döring & Bortz, 2016, S. 322; Hussy et al., 2013, S. 223): Während bei der Befragung verbale Daten erhoben werden können, ermöglicht die Beobachtung eine Fokussierung auf visuelle Daten. In den nachfolgenden Abschnitten werden die wesentlichen Eigenschaften dieser beiden Verfahren kurz skizziert, um daraufhin zu begründen, warum sich in der vorliegenden Studie für

---

F3   nInwiefern nimmt die Auswahl der beiden arithmetisch offenen Aufgaben einen Einfluss auf die individuelle mathematische Kreativität der bearbeitenden Erstklässler*innen?

F4   Inwiefern unterstützen kognitive und metakognitive Lernprompts Kinder dabei, ihren Bearbeitungsprozess von arithmetisch offenen Aufgaben sprachlich zu begleiten und dadurch ihre individuelle mathematische Kreativität zu zeigen?

das *laute Denken* (Hussy et al., 2013, S. 235) als Datenerhebungsmethode entschieden wurde, das im Sinne des obigen Eingangszitats eine Zwischenposition
zwischen der Befragung und der Beobachtung einnimmt.

Die wissenschaftliche Befragung von Studienteilnehmer*innen erfolgt entweder über absichtsvoll geplante mündliche *Interviews, Gruppendiskussionen* oder
schriftlich offen gestaltete *Fragebögen* (vgl. für eine Übersicht Hussy et al.,
2013, S. 224–235; Döring & Bortz, 2016, Kap. 10.2, 10.3), in denen Lernende anhand gezielt gestellter Fragen über bestimmte mathematikdidaktische
Themen sprechen oder spezielle Fähigkeiten bzw. Kompetenzen beim Bearbeiten mathematischer Aufgaben zeigen. Bei dieser Studie wurde hingegen das
explorative Ziel formuliert, die individuelle mathematische Kreativität von Erstklässler*innen in mathematischen Unterrichtsituationen anzuregen und dadurch
genauer zu beschreiben. In diesem Sinne bestand die Hauptintention dieser Studie
aus der Durchführung von, in Anlehnung an das InMaKreS-Modell geplanten, Unterrichtsepisoden mit jedem Kind aus dem zuvor gebildeten Subsample
(vgl. Abschn. 7.1). Die Durchführung dieser Unterrichtsepisoden im Mai bis
Juni 2019 unterscheidet sich daher wesentlich von dem Einsatz fragen- sowie
gesprächsorientierter Methoden wie dem Interview, weshalb eine Befragung als
Datenerhebungsmethode für diese Studie nicht passend war.

Wissenschaftliche Beobachtungen zeichnen sich insbesondere dadurch aus,
dass sie „zielgerichtet und systematisch im Kontext eines empirischen Forschungsprozesses" (Döring & Bortz, 2016, S. 326) stattfinden. Dabei werden
in der empirischen Bildungsforschung je nach Forschungsfrage von den Forschenden nicht eigens geplante (nicht experimentelle) videografierte Lehr-Lern-
Situationen beobachtet und dabei einzelne Forschungsaspekte fokussiert (vgl.
Dinkelaker & Herrle, 2009, S. 15, 22–23; Döring & Bortz, 2016, S. 326). Solche
Studien folgen dann insbesondere dem seit der ersten *TIMSS-Studie* (Baumert,
Lehmann & Lehrke, 1997) aufkommenden Trend, über Videostudien qualitative Daten aus einer Beobachtung zu erfassen. Dabei kann etwa die *Intramethod
Mixed Observation,* wie sie Kemper, Stringfield & Teddlie (2003, S. 313) darstellen, zum Einsatz kommen, bei der sowohl Charakteristika der quantitativen als
auch der qualitativen Beobachtung mit unterschiedlichem Schwerpunkt genutzt
werden können. Bei dieser Studie zur individuellen mathematischen Kreativität
orientierte sich die Gestaltung der Unterrichtsepisoden an dem von mir entwickelten InMaKreS-Modell und kann daher als absichtsvoll eingestuft werden.
Zudem nahm ich als Lehrende-Forschende aktiv am Unterrichtsgeschehen teil,
um die Erstklässler*innen während ihrer kreativen Bearbeitung der arithmetisch

offenen Aufgaben zu begleiten sowie zu unterstützen. Da dies dem oben skizzierten Grundsatz einer wissenschaftlichen Beobachtung widerspricht, konnte für die vorliegende Studie diese Datenerhebungsmethode nicht gewählt werden.

Um einen Einblick in die individuelle mathematische Kreativität der Erstklässler*innen zu erhalten, war insbesondere die divergente Fähigkeit der Elaboration bedeutsam. Darunter wird verstanden, dass die Erstklässler*innen während der gesamten Unterrichtsepisode ihre Bearbeitung der arithmetisch offenen Aufgabe, vor allem ihre Ideen und evtl. auch ihre Ideentypen, verbalsprachlich sowie mimisch und gestisch erklären und ausarbeiten (vgl. Abschn. 2.4). Dadurch, dass diese Fähigkeit einen Einfluss auf die anderen drei divergenten Fähigkeiten Denkflüssigkeit, Flexibilität und Originalität und damit auf die individuelle mathematische Kreativität der Kinder nimmt, galt es die Elaborationsfähigkeit der Erstklässler*innen von Seiten der Lehrenden aktiv zu begleiten und zu unterstützen (vgl. Abschn. 4.2). In diesem Sinne eignete sich die Methode des *lauten Denkens* (verschiedene Begriffe bei Buber, 2007, S. 557) bei der vorliegenden Studie zur Kreativität von Erstklässler*innen für die Erhebung qualitativ verbaler Daten, da die Lernenden dabei aufgefordert werden, „alles, was ihnen beim Lösen einer vorgegebenen Aufgabenstellung durch den Kopf geht, laut auszusprechen" (Hussy et al., 2013, S. 236). Somit eignet sich diese Methode insbesondere dafür, „Einblicke in die Gedanken, Gefühle und Absichten einer lernenden und/oder denkenden Person zu erhalten" (Konrad, 2010, S. 476) und dadurch für die Untersuchung kognitiver Prozesse. Im Rahmen dieser Studie wurden auf diese Weise die kreativen Prozesse der Lernenden sichtbar, über die dann (in Kombination mit den kreativen Produkten) die individuelle mathematische Kreativität der Erstklässler*innen qualitativ beschrieben werden konnte (vgl. zu dem kreativen Dimensionen, Abschn. 2.2.3). Dadurch, dass die teilnehmenden Erstklässler*innen während der Bearbeitung der arithmetisch offenen Aufgaben dazu aufgefordert wurden, ihre Gedanken zu verbalisieren, wurde in dieser Studie das *periaktionale laute Denken* (Hussy et al., 2013, S. 236) angewendet. Auf diese Weise können Verzerrungen, die bei einer Versprachlichung nach der Aufgabenbearbeitung (*postaktionales lautes Denken* (Hussy et al., 2013, S. 237)) entstehen, möglichst vermieden werden. Zudem konkretisiert Konrad (2010, S. 476–477) das laute Denken nicht nur durch seine zeitliche Abfolge, sondern auch in Bezug auf die Inhalte der Verbalisierungen: In diesem Zusammenhang werden die Erstklässler*innen in dieser Studie nicht nur dazu aufgefordert Inhalte aus dem Kurzzeitgedächtnis zu versprachlichen (*Introspektion*). Vielmehr sollen sie „Beschreibung und Erklärung von Gedankeninhalten, die in nicht-sprachlicher Form existieren und erst noch oral enkodiert werden müssen" (Konrad, 2010, S. 477) (*unmittelbare Retrospektion*) und vor allem in der Reflexionsphase der Unterrichtsepisoden auch „die Erklärung von Gedanken und Gedankenprozessen" (Konrad, 2010, S. 477) (*verzögerte Retrospektion*) meistern. Für diese dritte Form des lauten Denkens beschreiben Ericsson & Simon (1993, S. 79), dass Lernende explizit dazu aufgefordert werden sollen, relevante Aspekte oder Inhalte zu erklären, was sich mit dem Verständnis von (meta-)kognitiven Prompts in dieser Arbeit deckt (vgl. Abschn. 4.2). So bedeutet insgesamt diese spezielle Form der Datenerhebung zwar einen zusätzlichen kognitiven Aufwand bei den Teilnehmer*innen (vgl. Hussy et al., 2013, S. 236), aber durch die verlangsamte Verbalisierung auch eine „Tendenz zu einem überlegten und planvolleren Vorgehen" (Buber, 2007, S. 562). Vor allem mit Blick auf das Alter der Kinder scheint daher eine Unterstützung der Erstklässler*innen durch adaptiv eingesetzte metakognitive und kognitive Lernprompts angemessen (vgl. Abschn. 7.2.3).

Die technischen Möglichkeiten der Videografie erlauben es, die verbalen Daten aus dem lauten Denken zu konservieren und zudem weiterführende visuelle Daten durch die retrospektive Beobachtungen der durchgeführten Unterrichtsepisoden zu gewinnen (vgl. Mayring et al., 2005, S. 2–3). Knoblauch & Schnettler (2007, S. 588) sprechen keinem anderen Aufzeichnungsmedium eine derart große Fülle an Wahrnehmungsaspekten zu, die von Beobachter*innen und Interpretierenden erfasst werden können. Darunter verstehen die Autoren „Sprache, Gestik, Mimik, Körperhaltung und -formationen [..] ebenso [wie] Settings, Accessoires, Bekleidungen, Prosodie und Geräuschen" (Knoblauch & Schnettler, 2007, S. 588). Gleichzeitig warnt Dinkelaker (2018) vor dem Problem der „Überkomplexität pädagogischer Situationen" (S. 154), der etwa durch eine bewusste Positionierung von Kamera oder Tonaufnahmegeräten entgegengewirkt werden kann (vgl. Dinkelaker, 2018, S. 156–160), weshalb nachfolgend die verwendete Kameraposition in dieser Studie dargestellt wird (vgl. Abschn. 7.2.1). Dadurch, dass bei einer Videoaufzeichnung zudem der Ablauf der Geschehnisse konserviert wird, kann eine chronologische Analyse erfolgen, die im Rahmen dieser Studie für die divergenten Fähigkeiten als Eigenschaften der individuellen mathematischen Kreativität notwendig war (vgl. Abschn. 2.4). So können die Videos sowohl synchron als auch asynchron analysiert werden, was ein umfassendes Bild des Forschungsgegenstandes ermöglicht (vgl. Knoblauch & Schnettler, 2007, S. 587–588).

In den sich anschließenden Ausführungen werden nun die einzelnen methodischen Entscheidungen bzgl. der Kameraposition (vgl. Abschn. 7.2.1), der Auswahl der arithmetisch offenen Aufgaben und die Gestaltung der Unterrichtsepisoden auf Basis der InMaKreS-Modells (vgl. Abschn. 7.2.2) sowie die Auswahl der (meta-)kognitiven Prompts (vgl. Abschn. 7.2.3) erläutert.

7.2.1 Kamerapositionen

„Im Fokus der Forscherkamera stehen sowohl in visuell-räumlicher wie auch in zeit-
licher Hinsicht eben genau diese [hier kreativen] Situationen" (Tuma, Schnettler &
Knoblauch, 2013, S. 72)

Um die mathematisch kreativen Aktivitäten der Erstklässler*innen beim Bearbeiten der arithmetisch offenen Aufgaben vollständig zu konservieren, wurden zur
Videografie zwei Kameras platziert:

Kamera 1   Diese Kamera filmte das Geschehen von hinten oben über die Köpfe
           des Kindes und der Forschenden-Lehrenden hinweg. Sie konnte auf
           diese Weise die Handlungen der Kinder mit dem Unterrichtsmaterial
           aufnehmen.
Kamera 2   Die zweite Kamera ergänzte diese Aufnahme, indem sie die Unter-
           richtsituation von vorne filmte und so vor allem die Mimik und
           Gestik beider Teilnehmer*innen erfasste.

Der technische Aufbau der Kameras ist in der nachfolgenden Grafik verdeutlicht
(vgl. Abb. 7.5). Sie gibt einen ersten Einblick in die örtliche Gestaltung der
Unterrichtsepisoden. Alle weiteren Einzelheiten in Bezug auf die Aufgaben, den
Ablauf sowie das verwendete Material werden nachfolgend dargestellt.

7.2.2 Unterrichtsepisoden mit zwei arithmetisch offenen Aufgaben

„A teaching experiment involves a sequence of teaching episodes [...]." (Steffe &
Thompson, 2000, S. 273)

An jeder Unterrichtsepisode nahmen ein Kind der ersten Klasse und ich als
Lehrende-Forschende teil. Im Sinne von Einzelunterricht wird in dieser Studie
deshalb der konkretere Begriff der Einzel-Unterrichtsepisode verwendet. Beide
Teilnehmenden saßen nebeneinander an einem Gruppentisch (vgl. Abb. 7.5). Auf
diese Weise wurde in jeder Unterrichtsepisode an einer arithmetisch offenen Aufgabe gearbeitet. In Abschnitt 3.2.1 und Tabelle 3.3 wurden auf theoretischer
Ebene verschiedene arithmetisch offene Aufgaben vorgestellt, die auf Basis des
Frameworks von Yeo (2017) bzgl. ihrer Offenheit klassifiziert werden können und
für das Zeigen der individuellen mathematischen Kreativität von Schulkindern
geeignet sind (vgl. Abschn. 3.1.6). Auf Grund der spezifischen Schulerfahrung

Abb. 7.5
Kamerapositionen bei den
Unterrichtsepisoden

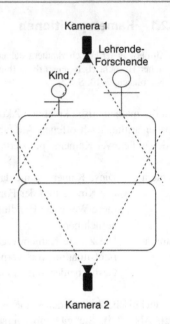

der untersuchten Kinder im zweiten Halbjahr der ersten Klasse wurde sich für arithmetisch offene Aufgaben in Form verbalisierter Zahlaufgaben entschieden, da Textaufgaben aufgrund der sich noch entwickelnden Lesekompetenz eine höhere Eingangsschwelle bei der Bearbeitung aufweisen. Vom inhaltlichen Kern wurden zudem Aufgaben ausgewählt, welche die Kinder zum Entdecken und Nutzen von Zahl-, Term- und Aufgabenbeziehungen im Sinne des Zahlenblicks (vgl. Abschn. 3.2.2.2) anregen sollten. Aus diesen Gründen wurde sich für die beiden nachfolgenden arithmetisch offenen Aufgaben entschieden:

A1. Finde verschiedene Aufgaben mit der Zahl 4.
A2. Finde verschiedene Aufgaben mit dem Ergebnis 12.

Wird auf beide Aufgaben die für den Forschungsgegenstand der Kreativität angepasste Klassifizierungsmatrix (vgl. Abschn. 3.1.6) angewendet, dann fällt auf, dass sich die Aufgaben lediglich im Grad der Offenheit der Antwort und damit auch des Vorgehens unterscheiden (vgl. Tab. 3.2). Während bei der ersten offenen Aufgabe mit der Zahl 4 sämtliche Rechenoperationen verwendet sowie Zahl-, Term- und Aufgabenbeziehungen genutzt werden können, schränkt die zweite

Aufgabe diese durch die Festlegung des Ergebnisses auf die Zahl 12 ein. So können bspw. keine Umkehraufgaben (außer $12 + 0 = 12$ und $12 - 0 = 12$) gebildet werden. Daher wurde sich dafür entschieden, die Aufgabe A1 von den Kindern zuerst und anschließend die Aufgabe A2 bearbeiten zu lassen. Um eine Beeinflussung der zweiten Bearbeitung auf Grund eines zu präsenten Erinnerns an die erste Aufgabe zu verhindern, lagen beide Unterrichtsepisoden vier Wochen auseinander. Die nachfolgende Tabelle 7.2 zeigt die zeitliche Planung der qualitativen Datenerhebung zwischen den Oster- und Sommerferien 2019 mit den Erstklässler*innen abhängig von ihrem verwendeten Lehrwerk:

Tab. 7.2   Zeitliche Planung Unterrichtsepisoden im Jahr 2019

	KW 21 20.05.- 24.05.	KW 22 27.05.- 29.05.	KW 23 03.06.- 07.06.	KW 24 10.06.- 14.06.	KW 25 17.06.- 21.06.	KW 26 24.06.- 28.06.
Welt der Zahl 1	A1				A2	
Denken & Rechnen 1		A1				A2

Durch die Nutzung eines Unterrichtsleitfadens für jede Unterrichtsepisode wurde vor allem die Vergleichbarkeit der zwei Lernsituationen eines Kindes sowie zwischen allen Erstklässler*innen sichergestellt, was ein hohes Maß an Objektivität für die sich anschließende Datenanalyse garantierte. Auf diese Weise war es möglich, die individuelle mathematische Kreativität von Erstklässler*innen umfassend zu rekonstruieren. Die Struktur des Leitfadens orientierte sich dabei am InMaKreS-Modell (vgl. Abschn. 2.4.2). So wurde die Einteilung in eine Produktionsphase, in der die Kinder ihre divergenten Fähigkeiten der Denkflüssigkeit und Flexibilität zeigen konnten, und in eine sich anschließende Reflexionsphase mit dem Fokus auf die Originalität der Lernenden beachtet. Die Fähigkeit der Elaboration wurde durch die verbale Begleitung der Kinder im Sinne einer eher *analytischen Interaktion* Raum gegeben. Insgesamt konnten die tatsächlich genutzten Impulsfragen in den Unterrichtsepisoden auch von den nachfolgend dargestellten leicht abweichen, um sich durch eine *reagierende Interaktion* stärker auf das individuelle Kind einstellen zu können (vgl. für die Interaktionsstile Abschn. 6.1.3).

Der genutzte Unterrichtsleitfaden orientierte sich an der von Heckmann & Padberg (2014, S. 53–58) vorgeschlagenen Grobstruktur für Unterrichtseinheiten im Fach Mathematik und gliederte sich in drei wesentliche Phasen:

Einführung, Erarbeitung und Reflexion bzw. Ergebnissicherung. Dabei wurde die Produktionsphase des InMaKreS-Modells in der Einführung und Erarbeitung abgedeckt.

1. Einführung: Auf dem Tisch lag eine Auswahl an bunten, kindgerechten Permanentmarkern und ein Stapel blanko Karteikarten in DIN A7-Format. Ziel dieser Phase war es, die Erstklässler*innen an die arithmetisch offene Aufgabe und deren kreative Bearbeitung heranzuführen. Dazu wurde mit den Kindern ein Dreischritt erarbeitet: Zunächst sollte ein zu der offenen Aufgabe passender Zahlensatz[5] gefunden und auf eine blanko Karteikarte aufgeschrieben werden. Dann wurden die Erstklässler*innen aufgefordert, die Produktion dieses Zahlensatzes zu erklären. Anschließend sollten die Lernenden den aufgeschriebenen Zahlensatz auf dem Tisch platzieren, diesen in Bezug auf bereits abgelegte Zahlensätze sortieren und auch diesen Vorgang begründen. Dadurch konnten, neben den verbalen Erklärungen der Schüler*innen, Rückschlüsse auf die zugrundeliegenden Zahl-, Term- oder Aufgabeziehungen hinter der Produktion eines Zahlensatzes gezogen werden.

Insgesamt sollten die Kinder in einem kleinschrittigen und ausführlichen Vorgehen ganz bewusst den ersten und zweiten Zahlensatz finden, um sich darin zu üben, ihren Bearbeitungsprozess durchgehend zu verbalisieren. Dies ist im Sinne der divergenten Fähigkeit der Elaboration notwendig, um einen Einblick in die Denkweise der Kinder und damit ihre individuelle mathematische Kreativität zu erhalten. Zur Unterstützung hatte die Lehrende-Forschende Karten mit fünf vordefinierten metakognitiven (Nr. 1 bis 5) und fünf kognitiven Prompts (Nr. 6 bis 10) zur Hand (vgl. ausführlich Abschn. 7.2.3). Dabei werden die für eine bestimmte Aktivität der Erstklässler*innen innerhalb der Unterrichtsepisode zur Verfügung stehenden Prompts durch ein farbiges Kästchen in der nachfolgenden Tabelle 7.3 angezeigt. Die in diesen Kästen stehende Zahl gibt die Nummer des konkreten metakognitiven (orange) oder kognitiven (blauen) Prompts an. Die Übersicht zeigt den Unterrichtsleitfaden in der Einführungsphase am Beispiel der arithmetisch offenen Aufgabe A1 *Finde verschiedene Aufgaben mit der Zahl 4.*

---

[5] In dieser Arbeit wird für eine von den Kindern produzierte (Rechen)Aufgabe wie $4+1=5$ der Ausdruck *Zahlensatz* (etwa bei Rechtsteiner-Merz, 2013) verwendet, um diese sprachlich klarer von der arithmetisch offenen Aufgabe selbst zu trennen. Da dieser Ausdruck den Kindern jedoch unbekannt ist, findet sich in der Formulierung der arithmetisch offenen Aufgaben sowie den Impulsfragen (vgl. Tab. 7.3, Tab. 7.4 und Tab. 7.5) weiterhin der Begriff *Aufgabe*.

Tab. 7.3 Unterrichtsleitfaden – Einführung

Phase 1: Einführung

Impulsfragen und Aufgaben	Aktivitäten des Kindes und einsetzbare Prompts	Material
1. Zahlensatz		
Findest du **eine Aufgabe mit der Zahl 4**? Du darfst entscheiden, **an welcher Stelle** und **wie oft** die Zahl 4 in der Aufgabe vorkommt.	Verstehen der arithmetisch offenen Aufgabe 1 6	Prompt-Karten
Schreibe deine gefundene Aufgabe bitte **groß** auf eine Karte. Du darfst dir dafür einen farbigen Stift aussuchen.	Finden und Aufschreiben eines Zahlensatzes → Erklären der Idee → Begründetes Ablegen des Zahlensatzes → (Kreislauf)	Blanko Karteikarte, Stifte
Kannst du mir erklären, **wie** du **diese** Aufgabe gefunden hast?		
Bitte lege deine Karte mit der Aufgabe **so** auf dem Tisch hin, **wie** du möchtest. Du darfst deine Aufgabe später auch noch einmal verschieben.		
2. Zahlensatz		
Findest du eine **weitere** Aufgabe mit der Zahl 4? Schreib sie bitte groß auf eine neue Karte.	Finden und Aufschreiben eines Zahlensatzes → Erklären der Idee → Begründetes Ablegen des Zahlensatzes → (Kreislauf)	Blanko Karteikarte, Stifte
Wie bist du auf **diese** Aufgabe gekommen?		
Lege deine Aufgabe bitte **so** auf den Tisch zu deiner letzten Aufgabe, dass ich erkennen kann, **welche Idee du gehabt hast.**		

2. Erarbeitung: Die Erarbeitungsphase als zweiter Teil der Produktionsphase im Sinne des InMaKreS-Modells bestand aus der eigenständigen Bearbeitung der arithmetisch offenen Aufgabe. Dies bedeutete, dass die Lernenden im zuvor eingeführten Dreischritt weitere Zahlensätze finden und auf dem Tisch anordnen sollten (vgl. Tab. 7.4). Dies wurde so lange von den Kindern ausgeführt bis diese von selbst die Produktion beendeten.

Tab. 7.4 Unterrichtsleitfaden – Erarbeitung

Phase 2: Erarbeitung		
Impulsfragen und Aufgaben	**Aktivitäten des Kindes und Prompts**	**Material**
Genau so geht es jetzt immer weiter: **Finde verschiedene Aufgaben mit der Zahl 4.**		Blanko Karteikarten, Stifte, Promptkarten

3. Reflexion: In der letzten Phase ging es darum, die Originalität als die vierte divergente Fähigkeit und damit Merkmal der individuellen mathematischen Kreativität von Erstklässler*innen anzuregen und beobachten zu können. Das bedeutet, dass die Erstklässler*innen ihre in der Produktionsphase erarbeitete Antwort zu der arithmetisch offenen Aufgabe sowie ihr Vorgehen reflektieren und daraufhin erweitern sollten. Dazu wurden die Kinder zunächst gefragt, ob sie ihre eigene Anordnung aller Zahlensätze beschreiben könnten. Dann sollten sie versuchen, noch weitere Zahlensätze zu finden. Hier wurde zudem immer ein kognitiver Prompt eingesetzt, wobei den Erstklässler*innen ein Zahlensatz präsentiert wurde, den sie noch nicht aufgeschrieben hatten (vgl. Abschn. 7.2.3, Prompt 10). So war es möglich, das Entdecken weiterer Zahl-, Term- oder Aufgabenbeziehungen anzuregen. Diese Phase endete dann, wenn das Kind von sich aus die weitere Produktion von Zahlensätzen über den eingeführten Dreischritt beendete. Die nachfolgende Tabelle 7.5 zeigt die Reflexionsphase schematisch.

Tab. 7.5 Unterrichtsleitfaden – Reflexion

Phase 3: Reflexion

Impulsfragen und Aufgaben	Aktivitäten des Kindes und Prompts	Material
Reflexion: Du hast ganz viele Aufgaben mit der Zahl 4 gefunden und auf den Tisch gelegt. Warum hast du deine Aufgaben denn **so** hingelegt? Was **fällt** dir **auf**?	5 9 — Erklären der gesamten Antwort und des Vorgehens	Promptkarten
Erweiterung: Findest du **jetzt noch weitere** Aufgaben mit der Zahl 4? Du darfst dir gerne einen neuen Stift mit einer anderen Farbe nehmen.	2 — Finden und Aufschreiben eines Zahlensatzes; 4 8 — Begründetes Ablegen des Zahlensatzes; 3 7 — Erklären der Idee	Blanko Karteikarten, Stifte, Promptkarten

Die gesamte Unterrichtsepisode wurde ursprünglich für etwa 20 Minuten geplant, wobei die einzelnen Phasen in Abhängigkeit von den Erstklässler*innen unterschiedlich lang dauern konnten. Mit Blick auf alle durchgeführten Unterrichtsepisoden scheint diese Schätzung adäquat, da die durchschnittliche Länge bei 18 Minuten und 42 Sekunden lag, wobei sich eine sehr weite Spanne zeigte ($MIN = 3:55\,min$; $MAX = 46:03\,min$).

7.2.3 Auswahl und Einsatz der Lernprompts

„scaffolding that combines cognitive and metacognitive support and uses [...] prompting seems to assure the best results" (Saks & Leijen, 2019, S. 3)

Während der Einzel-Unterrichtsepisoden wurden im Sinne der Theorie zum Scaffolding (vgl. Kap. 4) jeweils fünf kognitive und metakognitive Lernprompts eingesetzt, um die Erstklässler*innen bei der Bearbeitung der arithmetisch offenen Aufgaben zu unterstützen. Während die metakognitiven Prompts dazu dienten, die Kinder auf einer reflexiven Ebene im Bearbeitungsprozess zu unterstützen, boten die kognitiven Prompts auf konkret mathematisch-inhaltlicher Ebene weitere Unterstützungsmöglichkeiten an. Die bewusste Definition und der sensible Einsatz der verschiedenen Prompts ermöglichten anschließend eine systematische Analyse der Bedeutung der Prompts als Unterstützungsmöglichkeit für die Erstklässler*innen. Dadurch konnte die vierte Forschungsfrage beantwortet werden (vgl. Abschn. 5.2).

In der nachfolgendenden Übersicht (vgl. Tab. 7.6) sind die zehn verschiedenen ausgewählten Prompts erneut am Beispiel der ersten arithmetisch offenen Aufgabe A1 [Zahl 4] dargestellt. Dabei wurde für jeden Lernprompt eine Funktion innerhalb der Unterrichtsepisoden formuliert. Außerdem wurde eindeutig definiert, wann dieser Prompt einzusetzen war. Zentral ist zudem die rahmenhafte Ausformulierung des Lernprompts, bei der zu betonende Wörter fett markiert wurden. Alle diese Informationen über die zehn verschiedenen Prompts wurden auf Karten gedruckt und standen der Lehrenden-Forschenden während der Unterrichtsepisoden zur Verfügung (vgl. Abschn. 7.2.2).

Tab. 7.6 Definierte Lernprompts am Beispiel der ersten Aufgabe

Nr. und Art des Prompts		Funktion	Einsatz	Formulierung
1	meta-kognitiv	Verständnis der arithmetisch offenen Aufgabe	Kind fragt nach, was es tun soll oder ob seine geschriebene Aufgabe so passend/richtig ist.	Findest du eine **Rechen**aufgabe mit der Zahl 4? Du darfst entscheiden, **an welcher Stelle** und **wie oft** die Zahl 4 in deiner Aufgabe vorkommt.
2		Unterstützung beim Produzieren von Zahlensätze	Kind schreibt den Zahlensatz nur zögerlich auf und beginnt immer wieder den Zahlensatz (gestisch, verbal) auszurechnen.	Sollen wir den Zahlensatz zusammen **ausrechnen**?

(Fortsetzung)

Tab. 7.6 (Fortsetzung)

Nr. und Art des Prompts		Funktion	Einsatz	Formulierung
3		Unterstützung beim Erklären der Produktion	Kind schreibt den Zahlensatz still auf und wirkt so, als würde es diesen direkt ablegen wollen.	Warte bitte kurz, bevor du die Aufgabe auf den Tisch hinlegst – ich bin ganz neugierig: Kannst du mir erklären, **wie** du **diese** Aufgabe gefunden hast? Was war deine **Idee**?
4		Unterstützung beim begründeten Ablegen der Zahlensätze	Kind weiß nicht, wo es die Karte mit dem aufgeschriebenen Zahlensatz ablegen soll und schaut fragend.	Du hast mir gerade **erklärt, wie** du auf diese Aufgabe gekommen bist. Versuch doch bitte jetzt die Aufgabe **so** zu deinen anderen Aufgaben legen, dass ich dadurch auch **erkennen kann, welche Idee du gehabt hast.** Wo **passt** die Aufgabe am besten hin?
5		Unterstützung beim Erklären der gesamten Produktion	Kind beschreibt und erklärt nicht seine Antwort und/oder Vorgehen über geeignete Zahl-, Term- oder Aufgabenbeziehungen.	Du hast ganz viele Aufgaben gefunden und so toll auf dem Tisch **angeordnet**. **Warum** gehören manche Aufgaben denn zusammen?
6	kognitiv	Verständnis der arithmetisch offenen Aufgabe	Kind hat keine Idee für einen ersten Zahlensatz.	Ein anderes Kind hat zum **Beispiel diese Aufgabe** $4 + 1 = 5$ aufgeschrieben.

(Fortsetzung)

Tab. 7.6 (Fortsetzung)

Nr. und Art des Prompts	Funktion	Einsatz	Formulierung
7	Unterstützung beim Erklären der Produktion	Kind findet nicht den passenden Fachbegriff für seine erklärte Zahl-, Term- oder Aufgabenbeziehung.	So wie du mir das erklärst, meinst du bestimmt **[Tauschaufgaben, Umkehraufgaben, etc.]**. Hast du dieses Wort gesucht?
8	Unterstützung beim begründeten Ablegen der eigenen Zahlensätze	Kind weiß nicht, wo es die Karte mit dem aufgeschriebenen Zahlensatz ablegen soll, und schaut fragend.	Ich finde, dass deine Aufgabe gut **dort** hinpassen würde. Du hast mir ja gerade **erklärt, wie** du die Aufgabe gefunden hast – die Aufgabe [ist ja ganz **neu**, deswegen legen wir sie an einen **neuen Platz** auf dem Tisch; **passt** zu diesen Aufgaben, deswegen legen wir sie **dazu**; etc.].
9	Unterstützung beim Erklären der eigenen Produktion	Kind erklärt keine oder nur eine seiner genutzten Zahl-, Term- oder Aufgabenbeziehung.	Ich glaube ich habe eine **Idee, warum diese** Aufgaben zusammengehören – das sind ja **[Tauschaufgaben, Umkehraufgaben, etc.]**. Stimmt das? **Wie** gehören denn deine **anderen** Aufgaben zusammen?
10	Erweiterung der Produktion	Kind findet von sich aus keine weiteren Zahlensätze mehr.	Ein anderes Kind hat noch diese Aufgaben aufgeschrieben. Passen die auch **zu deinen** Aufgaben? Findest du jetzt noch **weitere** Aufgaben mit der Zahl 4?

Für den kognitiven Prompt 6 wurden Zahlensätze vorbereitet, die den Erstklässler*innen in den Unterrichtsepisoden präsentiert wurden. So war dies im Rahmen der ersten arithmetisch offenen Aufgabe [Zahl 4] als Beispiel der Zahlensatz $4 + 1 = 5$ und für die zweite Aufgabe A2 [Ergebnis 12] der Zahlensatz $6 + 6 = 12$. Diese Zahlensätze bildeten beide einen guten Ausgangspunkt für das Finden weiterer Zahlensätze über verschiedenste Zahl-, Term- oder Aufgabenbeziehung und damit das Zeigen der individuellen mathematischen Kreativität der Erstklässler*innen.

Die Bedeutung des kognitiven Lernprompts 10 für die Reflexionsphase wurde bereits in der Erläuterung des Unterrichtsleitfadens angesprochen (vgl. Abschn. 7.2.2). Dieser wurde bei allen Unterrichtsepisoden individuell eingesetzt, um die Erstklässler*innen anzuregen, weitere Zahlensätze zu finden sowie ihre Ideen und eventuell auch Ideentypen zu erweitern. Somit wurden neben der Denkflüssigkeit insbesondere die beiden divergenten Fähigkeiten Flexibilität und Originalität als Merkmale der individuellen mathematischen Kreativität der Erstklässler*innen angeregt. Die konkret den Kindern präsentierten Zahlensätze wurden während der Unterrichtepisoden passend zum kreativen Bearbeitungsprozess der Lernenden ausgewählt und aufgeschrieben. Je nachdem, welche Zahl-, Term- und Aufgabenbeziehungen die Erstklässler*innen bereits entdeckten bzw. nutzten, wurde ein Zahlensatz angeboten, an dem weitere arithmetische Muster und Strukturen entdeckt werden konnten. Die Interpretation dieses Zahlensatzes im Zusammenhang zu den Zahlensätzen der Kinder wurde jedoch ausschließlich von diesen konstruiert.

Der Einfluss metakognitiver und kognitiver Prompts auf den Grad der Offenheit von mathematischen Aufgaben, die das Zeigen der individuellen mathematischen Kreativität von Schulkindern ermöglichen, wurde bereits auf theoretischer Ebene erläutert (vgl. Abschn. 4.2.2). In diesem Zusammenhang wurde eine Übersicht im Sinne des Frameworks von Yeo (2017) entwickelt, welche die Veränderung bezogen auf die fünf Variablen darstellt (vgl. Tab. 3.2). An dieser Stelle der methodischen Ausführungen soll diese Übersicht noch dadurch ergänzt werden, welche Variablen von den definierten Lernprompts konkret beeinflusst werden (vgl. Tab. 7.7). Dieser Einfluss wird in der nachfolgenden Tabelle durch die verschiedenen Farbverläufe auf dem Kontinuum zwischen Geschlossenheit und Offenheit in den fünf Variablen illustriert. Dabei ist zunächst auffällig, dass der Einsatz (meta-)kognitiver Prompts in allen Variablen bis auf die Erweiterung dazu führt, dass die Variablen in Bezug auf solche offenen Aufgaben, die Schüler*innen das Zeigen ihrer individuellen mathematischen Kreativität ermöglichen, weiter geschlossen werden. Inwiefern eine Reduzierung der Offenheit stattfinden kann, ist dabei von den verschiedenen Prompts abhängig: Alle zehn definierten (meta-)kognitiven Lernprompts können durch ihre Funktion als Unterstützungsangebote einen Einfluss auf die Variable der Komplexität bei der Bearbeitung der arithmetisch offenen Aufgabe nehmen. Zudem bewirken insbesondere die kognitiven Prompts 7, 8, 9 und 10 eine Verringerung der Offenheit in der Variablen des Vorgehens, da bei diesen Unterstützungsmöglichkeiten den Kindern konkrete Bearbeitungshinweise gegeben werden. Der Einsatz der fünf metakognitiven Prompts führt indes zu einer weiteren Schließung der Offenheit in der Zielformulierung und dem Vorgehen, jedoch in einem geringeren Maß als bei den kognitiven Prompts. Dies ist darauf zurückzuführen, dass die metakognitiven Lernprompts die Erstklässler*innen zur eigenständigen Reflexion anregen sollten, die dann zu weiteren Bearbeitungsideen führen konnten. Außerdem nimmt der kognitive Prompt 10 eine gewisse Sonderrolle ein, da er als einziger Lernprompt einen Einfluss auf die Offenheit von drei Variablen nimmt. So kann das Zahlensatzbeispiel sowohl zur Konkretisierung des Ziels als auch der Antwort und vor allem des Vorgehens beitragen.

Tab. 7.7 Klassifizierungsmatrix mit Einfluss der zehn definierten (meta-)kognitiven Prompts

Variable	Grad der Offenheit beim Einsatz kognitiver Prompts	Grad der Offenheit beim Einsatz metakognitiver Prompts
Antwort	g ⟨ ▭ ⟩ o 10	g ⟨ ▭ ⟩ o
Ziel	g ⟨ ▭ ⟩ o 6 10	g ⟨ ▭ ⟩ o 1 2
Vorgehen	g ⟨ ▭ ⟩ o 7 8 9 10	g ⟨ ▭ ⟩ o 3 4 5

(Fortsetzung)

Tab. 7.7 (Fortsetzung)

Variable	Grad der Offenheit beim Einsatz kognitiver Prompts	Grad der Offenheit beim Einsatz metakognitiver Prompts
Komplexität	g ◖▭▭▭▭▭◗ o 6 7 8 9 10	g ◖▭▭▭▭▭◗ o 1 2 3 4 5
Erweiterung	g ◖▭▭▭▭▭◗ o	g ◖▭▭▭▭▭◗ o

Nachdem nun die Datenerhebung dieser Studie über die Methode des lauten Denkens bei den videografierten Unterrichtsepisoden zu zwei arithmetisch offenen Aufgaben (vgl. Abschn. 7.2, insbesondere Abschn. 7.2.1 und 7.2.2) sowie die Auswahl zehn (meta-)kognitiver Lernprompts (vgl. Abschn. 7.2.3) erläutert wurde, soll im weiteren Verlauf dieses Kapitels die Datenanalyse im Detail präsentiert werden

7.2.4 Zusammenfassung

In den vorangegangenen Abschnitten wurden die einzelnen methodischen Entscheidungen für die Datenerhebung der vorliegenden qualitativen Studie zur individuellen mathematischen Kreativität von Erstklässler*innen beim Bearbeiten arithmetisch offener Aufgaben dargestellt. Dabei ergeben sich die präsentierten spezifischen Eigenschaften wie etwa die Durchführung von Unterrichtsepisoden und der Einsatz (meta-)kognitiver Prompts aus der Adaption der Teaching Experiment-Methodologie (vgl. Abschn. 6.2):

- Als Datenerhebungsmethode wurde sich für das laute Denken entschieden, wobei die Erstklässler*innen ihre kreativen Bearbeitungen der arithmetisch offenen Aufgaben im Sinne ihrer Elaborationsfähigkeit durchgehend versprachlichen bzw. ihre Ideen erklären sollten. Die daraus entstandenen qualitativen verbalen Daten wurden durch eine Videografie der durchgeführten Unterrichtsepisoden konserviert. Diese wurden dann durch qualitative visuelle Daten aus der Beobachtung der mimischen sowie gestischen Handlungen der Kinder ergänzt (vgl. Abschn. 7.2).

○ In jeder durchgeführten Unterrichtsepisode im Zeitraum Mai bis Juni 2019 wurde eine arithmetisch offene Aufgabe bearbeitet. Dabei wurde zunächst die Aufgabe A1 *Finde verschiedene Aufgaben mit der Zahl 4* und vier Wochen später die offene Aufgabe A2 *Finde verschiedene Aufgaben mit dem Ergebnis 12* eingesetzt (vgl. Abschn. 7.2.2).

○ Jede Unterrichtsepisode folgte dem gleichen Unterrichtsleitfaden, der eine Dreiteilung in Einführung, Erarbeitung und Reflexion aufwies. In der Einführung und Erarbeitung fand die Produktionsphase im Sinne des InMaKreS-Modells statt und in der Reflexion entsprechend die Reflexionsphase. Zentral war in allen Phasen der Dreischritt aus dem Finden eines Zahlensatzes, dem Erklären der Produktion und dem begründeten Ablegen des Zahlensatzes (vgl. Abschn. 7.2.2).

○ Zur Unterstützung der Erstklässler*innen bei der Verbalisierung ihrer Ideen wurden jeweils fünf metakognitive und kognitive Prompts definiert, die in den Unterrichtsepisoden adaptiv eingesetzt wurden (vgl. 7.2.3).

Die einzelnen methodischen Entscheidungen zur Datenerhebung wurden in die nachfolgende Abbildung 7.6 des gesamten Studiendesigns eingepflegt und werden im nachfolgenden Abschnitt 7.3 durch die Einzelheiten der Datenauswertung ergänzt:

7.3   Gemischt qualitative und quantitative Datenanalyse

„Von der Qualität zur Quantität und wieder zur Qualität." (Mayring, 2015, S. 22)

Das Ziel der Datenanalyse war es primär, die individuelle mathematische Kreativität von Erstklässler*innen beim Bearbeiten arithmetisch offener Aufgaben herauszuarbeiten (Forschungsfrage 1), um dadurch Kreativitätstypen der Erstklässler*innen zu bilden (Forschungsfrage 2). Zudem sollten Erkenntnisse über eine geeignete kreative Umgebung aus dem Einsatz der beiden unterschiedlichen, aber strukturgleichen arithmetisch offenen Aufgaben (Forschungsfrage 3) und dem Einsatz der (meta-)kognitiven Prompts (Forschungsfrage 4) abgeleitet werden. In einem letzten Schritt sollte außerdem ein möglicher Zusammenhang zwischen den individuellen Voraussetzungen der Erstklässler*innen und ihrer individuellen mathematischen Kreativität untersucht werden (Forschungsfrage 5) (vgl. Abschn. 5.2). Für die Beantwortung der ersten vier Forschungsfragen dieser Studie sollte zunächst auf Basis der videografierten Unterrichtsepisoden der

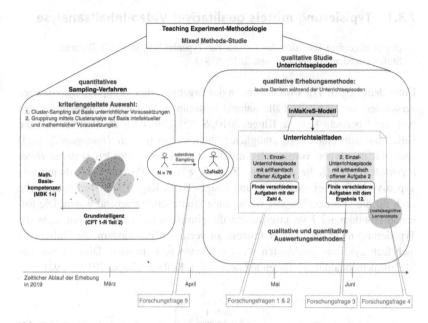

Abb. 7.6 Studiendesign mit methodischen Entscheidungen aus der Datenerhebung

Erstklässler*innen deren individuelle mathematische Kreativität in Bezug auf das in dieser Arbeit theoretisch entwickelte InMaKreS-Modell rekonstruiert werden. Die daraus resultierenden Analyseergebnisse wurden zum einen genutzt, um unterschiedliche Typen der individuellen mathematischen Kreativität empirisch zu entwickeln. Zum anderen dienten sie auch für die Beschreibung einer angemessenen kreativen Umgebung vor allem in Bezug auf den Einsatz der (meta-) kognitiven Lernprompts. Dieses Vorgehen wird nachfolgenden ausführlich dargestellt (vgl. Abschn. 7.3.1). Es schließt sich zudem eine methodische Beschreibung an, wie die fünfte Forschungsfrage zum Zusammenhang der unterrichtlichen, mathematischen sowie intellektuellen Voraussetzungen der Erstklässler*innen und deren individuelle mathematischer Kreativität beantwortet werden kann (vgl. Abschn. 7.3.2).

7.3.1   Typisierung mittels qualitativer Video-Inhaltsanalyse

„Ganz allgemein lässt sich der Prozess der Typenbildung in vier Teilschritte oder
Stufen einteilen." (Kelle & Kluge, 2010, S. 91)

Unter dem Begriff *Typ* wird allgemein das Ergebnis eines Gruppierungsprozesses
verstanden, bei dem alle Fälle anhand bestimmter Merkmale eingeteilt werden
(vgl. zur Übersicht Kelle & Kluge, 2010, S. 85). Dabei gilt das Prinzip, dass die
Fälle innerhalb eines Typs „möglichst ähnlich sind (*interne Homogenität* [...])"
und sich die Typen voneinander möglichst stark unterscheiden (*externe Heterogenität* [...])" (Kelle & Kluge, 2010, S. 85). Der Prozess der Bildung von
Typen verläuft dabei nach Kelle und Kluge (2010, Kap. 5.3) in vier Stufen, die
auch für die Datenanalyse der vorliegende Studie strukturgebend waren. Die folgende Abbildung 7.7 veranschaulicht die einzelnen Stufen und betont, dass die
Typisierung nicht als linearer Prozess zu verstehen ist, sondern die Teilschritte
mehrfach zyklisch durchlaufen werden können bzw. müssen. Dies ist von der
Mehrdimensionalität der Daten abhängig (vgl. Kelle & Kluge, 2010, S. 92).

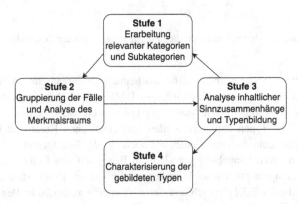

Abb. 7.7 Typisierungsprozess (in Anlehnung an Kelle & Kluge, 2010, S. 92)

Auf der ersten Stufe werden relevante Vergleichsdimensionen, d. h. Kategorien und Subkategorien zum Forschungsgegenstand erarbeitet. Darauf aufbauend
werden auf der zweiten Stufe alle Fälle gruppiert und „die Gruppen hinsichtlich empirischer Regelmäßigkeiten untersucht" (Kelle & Kluge, 2010, S. 91).
Unter dem Begriff des Merkmalsraums werden zudem alle potenziellen Kombinationsmöglichkeiten der Kategorien beschrieben und dann mit den empirisch

auftretenden Fällen verglichen. Auf diese Weise wird die interne Homogenität der Gruppen hergestellt. Auf der dritten Stufe werden die inhaltlichen Sinnzusammenhänge, die den gebildeten Gruppen zugrunde liegen, erklärt. Schlussendlich werden den gebildeten Typen auf der vierten Stufe charakterisierende Bezeichnungen gegeben (vgl. Kelle & Kluge, 2010, S. 92–93). Nach dieser kurzen Übersicht der einzelnen Stufen des Prozesses wird in den nachfolgenden Abschnitten 7.3.1.1 bis 7.3.1.4 die Umsetzung der einzelnen Stufen in dieser Arbeit zur individuellen mathematischen Kreativität von Erstklässler*innen ausführlich erläutert.

7.3.1.1 Erarbeitung relevanter Kategorien und Subkategorien

Basis der Datenauswertung bildeten die qualitativen verbalen (und visuellen) Daten, die aus dem lauten Denken der Erstklässler*innen während der videografierten Unterrichtsepisoden gewonnen wurden (vgl. Abschn. 7.2). Bei der Analyse dieser Daten wurde in der vorliegenden Studie eine qualitative Video-Inhaltsanalyse nach Mayring, Gläser-Zikuda und Ziegelbauer (2005) durchgeführt, die sich an der qualitativen Inhaltsanalyse (Mayring, 2010; Kuckartz, 2014b) orientiert. Analog zu dieser sind „in den hier beschriebenen Techniken der Textanalyse qualitative und quantitative Analyseschritte zu finden" (Mayring, 2015, S. 17), weshalb Hussy, Scheier und Echterhoff (2013, S. 256) dieses textanalytische Verfahren zu den Mixed Methods-Ansätzen zählen. So wurde in dieser Arbeit ein theoriebasierendes Kategoriensystem zur individuellen mathematischen Kreativität von Erstklässler*innen erstellt, wobei die Beobachtungen auf die sichtbaren Verhaltensweisen während der Unterrichtsepisoden beschränkt und „innere Vorgänge [...] nur aus den beobachtbaren mimisch-gestischen und verhaltensbezogenen Informationen erschlossen werden [konnten]" (Mayring et al., 2005, S. 13). Damit keine Informationen bei einer Transkription der Videodaten verloren gehen, wie es bei nahezu jeder Form von Transkripten mehr oder minder stark der Fall ist, wurden keine erstellt (vgl. Dalehefte & Kobarg, 2012, S. 17–18; Derry et al., 2010, S. 19–20). Die komplexe Aufgabe, Mimik, Gestik, Sprechüberschneidungen oder sogar Stimmungen in Schriftform darzustellen, für die es vielfältigste Transkriptionsmöglichkeiten gibt (vgl. Mayring, 2002, S. 89–94), fiel deshalb weg. Dies hat auch zur Folge, dass sich die qualitative Video-Inhaltsanalyse ähnlich wie textbasierte Verfahren zwar als regelrecht aber auch stark interpretativ bei der Zuweisung von Kategorien zu Videostellen versteht (vgl. Mayring et al., 2005, S. 13).

Zur Inhaltsanalyse der Videodaten aus den Unterrichtsepisoden mussten diese zunächst in einzelne Phasen unterteilt werden, die dann analysiert und Kategorien zugeordnet werden konnten. Dies entspricht bei inhaltsanalytischen Verfahren zu

Texten dem Definieren von Analyseeinheiten (vgl. Mayring et al., 2005, S. 6). Die Segmentierung von Videodaten ist dabei abhängig von dem Stichprobenplan, in dem festgelegt wird, „welche Einheiten des aufgezeichneten Materials für die Untersuchung der Fragestellung angemessen sind" (Dalehefte & Kobarg, 2012, S. 19). Es lassen sich dabei zwei verschiedene Verfahren unterscheiden (vgl. Dalehefte & Kobarg, 2012, S. 18–19; Döring & Bortz, 2016, S. 327): Der *Zeitstichprobenplan* (im Englischen: *Time-Sampling*) unterteilt ein Video in immer gleichlange Sequenzen, die dann einzeln kodiert werden. Dieses Vorgehen eignete sich für diese Studie nicht, da der kreative Bearbeitungsprozess der Erstklässler*innen nicht durch zeitlich gleichförmige Ereignisse gekennzeichnet war. So wurde hier die zweite Form, der *Ereignisstichprobenplan* (im Englischen: *Event-Sampling)*, bevorzugt, der sich zudem in besonderem Maß für Videostudien anbietet (vgl. Böhm-Kasper, Schuchart & Weishaupt, 2010, S. 88). Bei diesem wurden alle videografierten Unterrichtsepisoden in verschieden lange Sequenzen aufgeteilt, die ein zusammenhängendes und bedeutsames Ereignis bzw. mathematische Handlungen der Kinder zeigten.

Mit Blick auf den Unterrichtsleitfaden wurde als eine solche Handlung der Durchlauf eines Dreischritts, also das Finden, Erklären und Ablegen eines Zahlensatzes, gewählt (vgl. Abschn. 7.2.2). Auf diese Weise wurden in chronologischer Reihenfolge und sortiert nach den beiden Phasen Produktion und Reflexion die verschiedenen Zahlensätze und die dazugehörigen Erklärungen der Erstklässler*innen analysiert und grafisch veranschaulicht. Es fand demnach zunächst eine **Schematisierung der Bearbeitungsprozesse** statt. Die von den Kindern selbst erklärte mathematische Produktion eines Zahlensatzes bildet im Sinne der Definition der individuellen mathematischen Kreativität[6] eine *Idee* (vgl. Abschn. 2.4.1). Dieser zentrale Begriff verweist somit nicht nur auf den produzierten Zahlensatz, sondern vielmehr auf den im Sinne von Guilford (1968, S. 92) schöpferischen Gedanken des Kindes, der zu der Produktion des Zahlensatzes geführt hat. Dabei sind die sprachlichen Möglichkeiten, die Elaborationsfähigkeit, der Kinder, ihre Ideen zu erklären, unterschiedlich ausgeprägt.

In einem nächsten Analyseschritt fand dann eine **Kategorisierung der Ideen** in Bezug auf die der Erklärung der Kinder zugrundeliegenden Zahl-, Term- und Aufgabenbeziehungen statt. Die Bildung der verschiedenen Kategorien

---

[6] „Die *individuelle mathematische Kreativität* beschreibt die relative Fähigkeit einer Person, zu einer geeigneten mathematischen Aufgabe verschiedene passende Ideen zu produzieren (*Denkflüssigkeit*), dabei verschiedene Ideentypen zu zeigen und zwischen diesen zu wechseln (*Flexibilität*), zu den selbst produzierten Ideen und gezeigten Ideentypen weitere passende Ideen und Ideentypen zu finden (*Originalität*) und das eigene Vorgehen zu erklären (*Elaboration*)." (Abschn. 2.4.1)

geschah induktiv ausschließlich auf Basis aller videografierten Unterrichtsepisoden. Dabei war die Elaborationsfähigkeit der Erstklässler*innen, ihre Ideen zu erklären, naturgemäß sehr unterschiedlich konkret und nachvollziehbar. Daher war es an vielen Stellen der Analyse notwendig, Ideen durch eine Analyse der gestischen Handlungen der Lernenden (Legen und/oder Verschieben der Karteikarten) oder durch die kindlichen Erklärungen zur Produktion anderer Zahlensätze im weiteren Verlauf der Unterrichtsepisode rekursiv zu kategorisieren (vgl. Teaching Experiment-Methodologie Abschn. 6.1). War die Nachvollziehbarkeit einer Erklärung nicht möglich, dann wurden Ideen auch nicht kategorisiert. Als Ergebnis der Kategorienbildung entstand ein System an Haupt- und Subkategorien, die alle unterschiedliche *Ideentypen* darstellten. Somit konnte hier der zweite zentrale Begriff – die Ideentypen – aus der Definition der individuellen mathematischen Kreativität (vgl. Abschn. 2.4.1) in den Bearbeitungen der Erstklässler*innen herausgearbeitet werden. Die Subkategorien gaben dabei aufgrund ihrer Detailliertheit einen besonders differenzierten Einblick in die von den Kindern gezeigten arithmetischen Muster und Strukturen. Dagegen eigneten sich die Hauptkategorien aufgrund ihrer Komprimierung der von den Kindern gezeigten und erklärten Zahl-, Term- und Aufgabenbeziehungen vor allem dafür, diejenigen Stellen im Bearbeitungsprozess der Erstklässler*innen zu identifizieren, an denen eine bedeutsame Änderung im Vorgehen stattgefunden hatte. An diesen fand dann im Sinne der Definition der individuellen mathematischen Kreativität ein *Ideenwechsel* statt (vgl. Abschn. 2.4.1).

Als Resultat dieser ersten Analyse der zentralen Begriffe *Idee* und *Ideentyp* aus der Definition der individuellen mathematischen Kreativität (vgl. Abschn. 2.4.1) in den videografierten Unterrichtsepisoden entstand für jede Bearbeitung einer arithmetisch offenen Aufgabe ein sogenanntes *individuelles Kreativitätsschema*. Dieses ist in Abbildung 7.8 anhand eines schematischen Beispiels dargestellt. Die Darstellung verdeutlicht insbesondere den Prozess der Analyse: Links beginnend ist die Schematisierung der Bearbeitungsprozesse abgebildet, aus der die Einteilung in Ideen (graue Kästen) ersichtlich wird. Dann folgt die Kategorisierung der Ideen durch Haupt- und Subkategorien, welche die Ideentypen bilden und Ideenwechsel anzeigen:

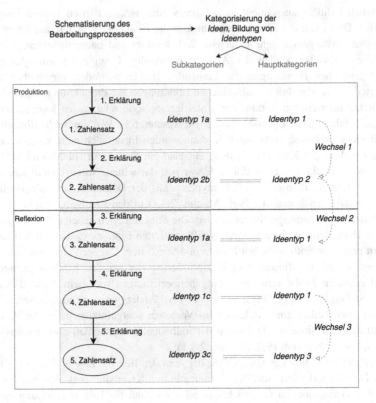

Abb. 7.8 Erste Analyse der Ideen, Ideentypen und Ideenwechsel im Bearbeitungsprozess zur Erstellung eines individuellen Kreativitätsschemas

Die individuellen Kreativitätsschemata der Bearbeitungen arithmetisch offener Aufgaben bildeten die Grundlage dafür, die individuelle mathematische Kreativität der Erstklässler*innen auf Basis des InMaKreS-Modells (vgl. Abschn. 2.4.2) in einer zweiten Analyse herauszuarbeiten. Auf Basis der einzelnen Definitionen der divergenten Fähigkeiten aus Abschnitt 2.4.1 wurden über alle Unterrichtepisoden der Erstklässler*innen hinweg deduktiv-induktive Kategoriensysteme entwickelt, welche die divergenten Fähigkeiten Denkflüssigkeit, Flexibilität, Originalität und Elaboration der Erstklässler*innen beschrieben. Dabei wurde der als Eingangszitat formulierte Grundsatz – „Von der Qualität zur Quantität und wieder zur Qualität" (Mayring, 2015, S. 22) – in der Bildung der einzelnen

Kategoriensysteme berücksichtigt, indem qualitative (Sub-)Kategorien am Datenmaterial erarbeitet wurden, diese daraufhin über alle Unterrichtsepisoden hinweg quantifiziert wurden, um dann wiederum qualitative (Sub-)Kategorien zu bilden:

– So sollte die Fähigkeit Denkflüssigkeit durch Kategorien beschrieben werden, welche die Anzahl der Ideen jedes Kindes im Vergleich zum gesamten Sample abbilden.
– Die Fähigkeit der Flexibilität sollte der Definition entsprechend aus zwei Kategorien bestehen, um die beiden Teilfähigkeiten abzubilden, „innerhalb der eigenen Ideen verschiedene Ideentypen zu zeigen (Diversität) und so Ideenwechsel zu vollziehen (Komposition)" (Abschn. 2.4.1).
– Zuletzt wurde die Originalität als die Fähigkeit der Schüler*innen, „ihre selbst produzierten Ideen und darin enthaltenen verschiedenen Ideentypen zu betrachten und davon ausgehend weitere Ideen zu produzieren sowie gleichsam mit diesen evtl. auch weitere Ideentypen und Ideenwechsel zu zeigen" (Abschn. 2.4.1) definiert. Mit Rückgriff auf das InMaKreS-Modell mussten hier Kategorien erarbeitet werden, die die mathematisch kreativen Handlungen der Erstklässler*innen in der Reflexionsphase in Bezug zur Produktionsphase beschrieben. So wurden Kategorien zur Reflexion und Erweiterung der Ideen und Ideentypen der Erstklässler*innen auf Basis der divergenten Fähigkeiten Denkflüssigkeit und Flexibilität gebildet.
– Um die Elaborationsfähigkeit der Erstklässler*innen abzubilden, wurde ebenso qualitativ wie induktiv analysiert, inwiefern die (meta-)kognitiven Lernprompts die Erstklässler*innen darin unterstützen, ihre individuelle mathematische Kreativität zu zeigen, indem sie ihren Bearbeitungsprozess von arithmetisch offenen Aufgaben sprachlich begleiteten. Daher wurde ein Kategoriensystem entwickelt, das die Beantwortung der vierten Forschungsfrage ermöglichte (vgl. Abschn. 5.2).

Das nachfolgende Schaubild (vgl. Abb. 7.9) zeigt die zweite Analyse der Unterrichtsepisoden auf dem Weg hin zu einer Charakterisierung und Typisierung der individuellen mathematischen Kreativität von Erstklässler*innen. Nachfolgend werden die weiteren Stufen im Typisierungsprozess (vgl. Abschn. 7.3.1.2 bis 7.3.1.4) erläutert, in denen auf Basis der Kategoriensysteme zu den divergenten Fähigkeiten Denkflüssigkeit, Flexibilität und Originalität sukzessive die individuelle mathematische Kreativität von Erstklässler*innen auf Basis des InMaKreS-Modells analysiert und typisiert wurde.

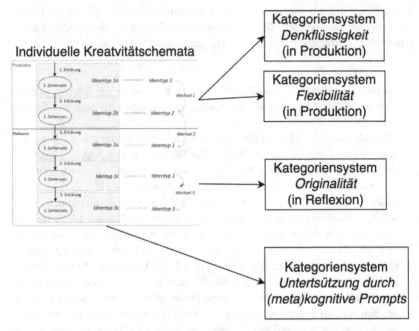

Abb. 7.9 Zweite Analyse der divergenten Fähigkeiten Denkflüssigkeit, Flexibilität, Originalität und der (meta-)kognitiven Prompts

7.3.1.2 Gruppierung der Fälle und Analyse des Merkmalsraums

Auf der zuvor dargestellten ersten Stufe des Typisierungsprozesses wurden nach Kelle und Kluge (2010, S. 93–96) durch die Bildung von Kategoriensystemen für die divergenten Fähigkeiten Denkflüssigkeit, Flexibilität und Originalität sogenannte *Vergleichsdimensionen* (Kelle & Kluge, 2010, S. 13) erarbeitet. Auf der zweiten Stufe erfolgt nun eine Gruppierung der einzelnen Fälle, also der Unterrichtsepisoden, durch eine systematische Kombination der erarbeiteten Vergleichsdimensionen, d. h. der Haupt- und Subkategorien (vgl. Kelle & Kluge, 2010, S. 96). Dies kann bspw. durch eine Kreuztabelle geschehen, in der dann ein gegebenenfalls mehrdimensionaler Merkmalsraum geschaffen wird (vgl. Kelle & Kluge, 2010, S. 96–97; Kuckartz, 2010, S. 103). Da die Gruppierung der Fälle und die Suche nach empirischen Regelmäßigkeiten mitunter sehr umfassend sowie unübersichtlich sein können (vgl. Kelle & Kluge, 2010, S. 100), stellen explorative statistische Verfahren ein Hilfsmittel dar, um Muster innerhalb des Merkmalsraums zu identifizieren und die Fälle zu gruppieren (vgl. Kuckartz,

2010, S. 227–229). Dabei legitimiert Kuckartz (2010, S. 229) den Einsatz solcher quantitativen, variablenorientierten Vorgehensweisen innerhalb einer interpretativen Analyse, da sie nur „als Hilfsmittel bei einem bestimmten Analyseschritt eingesetzt [werden]. Anschließend können und müssen die entdeckten Muster wieder interpretativ gefüllt werden" (S. 229). Solche statistischen Analysen dienen ausschließlich dazu, den Überblick über den Merkmalsraum zu erhöhen und dadurch im Typisierungsprozess weiter voranzuschreiten (vgl. Kelle & Kluge, 2010, S. 100). Sie können aufgrund der geringen Sample-Größe qualitativer Studien wie die vorliegende nicht die „Verallgemeinerungsfähigkeit und Repräsentativität von Aussagen erhöhen, die aufgrund qualitativer Daten getroffen werden" (Kelle & Kluge, 2010, S. 100). Das notwendige Erklären inhaltlicher Zusammenhänge geschieht dann auf der nächsten Stufe im Prozess (vgl. Abschn. 7.3.1.3).

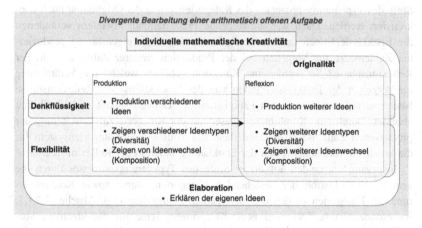

Abb. 7.10 InMaKreS-Modell

   Durch das in dieser Arbeit gebildete InMaKreS-Modell (vgl. Abb. 7.10) werden die divergenten Fähigkeiten der Denkflüssigkeit, Flexibilität und Originalität nicht nur definiert, sondern auch untereinander in Beziehung gesetzt (vgl. ausführlich Abschn. 2.4.2). Um diese Beziehungen zwischen den divergenten Fähigkeiten als Merkmale der individuellen mathematischen Kreativität der Erstklässler*innen in der Analyse der Unterrichtsepisoden adäquat abzubilden, wurde sich dafür entschieden, das mathematische Vorgehen der Erstklässler*innen bei der kreativen Bearbeitung der arithmetisch offenen Aufgaben in der Produktionsphase, die vor allem durch die beiden Fähigkeiten Denkflüssigkeit und Flexibilität geprägt ist, als *kreative Vorgehensweisen* zu bezeichnen. Zur Bildung dieses neuen Kategoriensystems wurden die beiden bestehenden Vergleichsdimensionen der Denkflüssigkeit und Flexibilität im Sinne von Kelle und Kluge (2010) sowie Kuckartz (2010) in einer Kreuztabelle systematisch aufeinander bezogen. Zudem wurden die Fälle durch statistische Verfahren gruppiert, um so neue Kategorien für die Vorgehensweise der Erstklässler*innen in der Produktionsphase zu erhalten.

Um eine sprachliche Trennung zu schaffen, wurden die mathematisch kreativen Handlungen der Lernenden in der Reflexionsphase, in der die Erstklässler*innen vor allem ihre Originalität zeigen konnten, als *kreative Verhaltensweisen* bezeichnet. Wie bereits in Abschnitt 7.3.1.1 erläutert, wurde zur Bildung dieses Kategoriensystems die Reflexion und Erweiterung der Produktion an Zahlensätze der Erstklässler*innen kategorisiert. Vor dem Hintergrund des Kategoriensystems zu den kreativen Vorgehensweisen in der Produktionsphase konnte auf dieser Stufe des Typisierungsprozesses das Kategoriensystem der Originalität noch konkretisiert werden. Dazu war die folgende Frage leitend: Inwiefern veränderten die Erstklässler*innen durch eine Reflexion der zuvor eigenständig produzierten Zahlensätze ihr Vorgehen bei der Produktion weiterer Zahlensätze in der Reflexionsphase? So wurde eine Kategorie gebildet, welche die Veränderung im Vorgehen der Erstklässler*innen von der Produktions- zur Reflexionsphase basierend auf den divergenten Fähigkeiten der Denkflüssigkeit und Flexibilität abbildet. Durch eine Kombination dieser mit der Kategorie zur Erweiterung der produzierten Zahlensätze entstand dann das vollständige Kategoriensystem für die kreativen Verhaltensweisen der Erstklässler*innen in der Reflexionsphase.

Insgesamt entstanden auf dieser Stufe des Typisierungsprozesses durch die gezielte Kombination der bestehenden Kategoriensysteme sowie Konkretisierung der Kategorien zu den drei divergenten Fähigkeiten (vgl. Abschn. 7.3.1.1, insbesondere Abb. 7.9) zwei neue Kategoriensysteme für die kreativen Vorgehensweisen in der Produktionsphase und kreativen Verhaltensweisen der Erstklässler*innen in der Reflexionsphase. Um die individuelle mathematische Kreativität der Erstklässler*innen auf Basis des InMaKreS-Modells umfänglich charakterisieren zu können, mussten dann die beiden Kategoriensysteme zu den kreativen Vorgehens- und Verhaltensweisen der Lernenden noch miteinander verknüpft werden. Dafür war es zielführend, eine Kombination aus Kreuztabelle und statistischen Häufigkeitsanalysen zu verwenden. Das nachfolgende Schaubild (vgl. Abb. 7.11) zeigt den gesamten Prozess der zweiten Analyse im Detail:

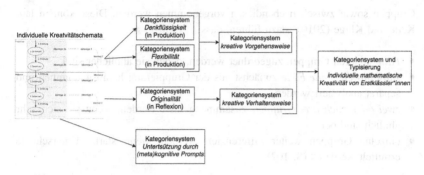

Abb. 7.11 Zweite Analyse – Erstellung von Kategoriensystemen und sukzessive Kombination dieser zur Charakterisierung der individuellen mathematischen Kreativität von Erstklässler*innen

In Anlehnung an Kelle und Kluge (2010, S. 100–104) reicht es jedoch nicht aus, die empirischen Zusammenhänge von verschiedenen Merkmalen in Merkmalsräumen und die dadurch entstehende Gruppierung von Fällen zu betrachten, sondern es muss eine Analyse der inhaltlichen Zusammenhänge stattfinden, um Typen bilden zu können. Dieses Vorgehen wird im Folgenden ausführlich dargestellt.

7.3.1.3 Analyse inhaltlicher Sinnzusammenhänge und Typisierung

Kelle und Kluge (2010, S. 102) verweisen auf die besondere Bedeutung der Suche nach inhaltlichen Sinnzusammenhängen bei der Konstruktion eines Merkmalsraums (vgl. Abschn. 7.3.1.2) im Typisierungsprozess. Dazu ist es notwendig, „bestimmte Vorannahmen […] [über das Handeln der Akteure zu treffen], die ein unverzichtbares heuristisches Werkzeug zur Konstruktion ‚sinnvoller‘ und ‚verständlicher‘ soziologischer (Handlungs-)Typen bilden" (Kelle & Kluge, 2010, S. 102). In dieser Arbeit bilden das InMaKreS-Modell und die Definition der divergenten Fähigkeiten als Merkmale der individuellen mathematischen Kreativität von Erstklässler*innen den Rahmen für die Analyse der inhaltlichen Sinnzusammenhänge (vgl. Abschn. 7.3.1.3).

Auf dieser Stufe im Typisierungsprozess wurden also die inhaltlichen Sinnzusammenhänge zwischen den gebildeten Kategorien des endgültigen Kategoriensystems zur individuellen mathematischen Kreativität von Erstklässler*innen (vgl. Abb. 7.11) analysiert. Dazu müssen Fallvergleiche innerhalb der einzelnen

Gruppen sowie zwischen ebendiesen vorgenommen werden. Diese können laut Kelle und Kluge (2010) „dazu führen, dass

- *Fälle* anderen Gruppen zugeordnet werden, denen sie ähnlicher sind,
- *stark abweichende Fälle* zunächst aus der Gruppierung herausgenommen und separat analysiert werden,
- *zwei oder auch drei Gruppen* zusammengefasst werden, wenn sie sich sehr ähnlich sind oder
- einzelne Gruppen weiter differenziert werden, wenn starke Unterschiede ermittelt werden." (S. 102)

Aufgrund der Definition der individuellen mathematischen Kreativität (vgl. Abschn. 2.4) und den theoretischen Annahmen zum Einsatz arithmetisch offener Aufgaben im Rahmen der Kreativitätsforschung (vgl. Abschn. 3.2) durften bzw. mussten die gebildeten Gruppen sowie die Zuordnungen von Erstklässler*innen zu eben diesen verändert werden. Auf diese Weise konnte das Ziel erreicht werden, den Merkmalsraum und letztendlich auch die durch die ersten beiden Phasen gebildeten Merkmalskombinationen auf wenige Typen der individuellen mathematischen Kreativität zu reduzieren (vgl. Kelle & Kluge, 2010, S. 102). An dieser Stelle im Forschungsprozess ist es dann auch möglich Anomalien oder überraschende empirische Befunde zu identifizieren, die durch eine zusätzliche, vertiefende Analyse induktiv oder deduktiv kategorisiert werden und dann erneut durch inhaltliche Sinnzusammenhänge erklärt werden können (vgl. Kelle & Kluge, 2010, S. 103–104). In dieser Studie konnten so wenige und vor allem aussagekräftige Typen der individuellen mathematischen Kreativität von Erstklässler*innen herausgearbeitet werden, die auch im Kontext von Mathematikunterricht für Lehrer*innen nutzbar sind, um die individuelle mathematische Kreativität ihrer Schüler*innen einzuschätzen und fördern zu können.

7.3.1.4 Charakterisierung der gebildeten Typen

Der letzte Schritt im Prozess der empirischen Typisierung bildet die Charakterisierung der gebildeten Typen (vgl. Kelle & Kluge, 2010, S. 105–107) auf Basis der Merkmalsräume und analysierten inhaltlichen Sinnzusammenhänge (vgl. Abschn. 7.3.1.2 und 7.3.1.3). Die Autoren verweisen dabei auf die Wichtigkeit dieses Auswertungsschritts, die häufig verkannt wird. Dabei ist eine ausführliche Charakterisierung für „die Beschreibung der Typen und die Zuordnung weiterer Untersuchungselemente" (Kelle & Kluge, 2010, S. 105) essenziell. Gegenstand der Charakterisierungen ist das Gemeinsame aller Fälle einer Gruppe herauszustellen, wobei der Umstand, dass sich die Fälle nicht in allen Merkmalen ähneln, eine besondere Herausforderung darstellt (vgl. Kelle & Kluge, 2010, S. 105).

Kuckartz (2010, S. 106–107) unterscheidet zwei Strategien bei der Charakterisierung von Typen. Unter der *repräsentativen Fallinterpretation* werden sogenannte Prototypen für die Beschreibung herangezogen, die stellvertretend für alle Fälle einer Gruppe stehen. Dabei gilt, dass durch eine „sorgfältige Lektüre der Textsegmente, die der Typisierung zugrunde liegen, der bestgeeignete Fall (es kann sich auch um mehrere Fälle handeln) identifiziert werden muss" (Kuckartz, 2010, S. 106). Die zweite Strategie besteht aus der bewussten *Konstruktion eines Modalfalls* aus relevanten Textsegmenten von mehreren Fällen einer Gruppe. So werden jedoch genau genommen keine Idealtypen gebildet, da eine Montage ausgewählter Texte für die plausible Beschreibung des Typen aus realen Fällen stattfindet (vgl. Kuckartz, 2010, S. 107; Übersicht bei Kelle & Kluge, 2010, S. 105–106).

In dieser Studie zur individuellen mathematischen Kreativität von Erstklässler*innen beim Bearbeiten arithmetisch offener Aufgaben wurde sich für eine repräsentative Fallinterpretation entschieden, da dadurch die Übertragbarkeit der Typen durch prototypische, reale Beispielkinder in der mathematischen Unterrichtspraxis von Lehrkräften ermöglicht wird. Die Bildung eines idealtypischen Falls weicht dabei zu sehr vom erlebten Unterrichtsalltag ab, als dass diese Form der Charakterisierung von Kreativitätstypen für den Mathematikunterricht hilfreich wäre.

7.3.2 Zusammenhangsberechnungen mittel Hypothesentests

"One of the intriguing points in educational research is the relationship between creativity and giftedness" (R. Leikin & Lev, 2013, S. 184)

In den theoretischen Ausführungen zur individuellen mathematischen Kreativität von Schulkindern wurde anhand älterer (etwa Haylock, 1987; Guilford, 1967) sowie neuerer (etwa R. Leikin & Lev, 2013; Kattou et al., 2016) Studien aufgezeigt, dass Uneinigkeit darüber besteht, inwiefern die mathematische Kreativität von Personen, deren mathematische Fähigkeiten und ihrer Intelligenz zusammenhängen (vgl. ausführlich Abschn. 2.3.3.2 und 5.1). Dies liegt vor allem daran, dass die zugrundeliegenden Konstrukte der drei Begriffe innerhalb der verschiedenen Studien unterschiedlich definiert wurden, weshalb auch die Ergebnisse different ausfallen mussten (vgl. Plucker et al., 2019, S. 1088). In diesem Sinne leistet die vorliegende empirische Studie ebenfalls einen Beitrag zu dieser fachdidaktischen Diskussion. Durch die Formulierung der fünften Forschungsfrage wird nach einem Zusammenhang zwischen der individuellen mathematischen Kreativität der Erstklässler*innen sowie deren individuellen Voraussetzungen gesucht. Zu diesen Voraussetzungen gehören drei Aspekte: Die intellektuellen Voraussetzungen der Lernenden wurden über deren Ergebnis im CFT 1-R Teil 2, die mathematischen Fähigkeiten über die Ergebnisse im MBK 1 + und die unterrichtlichen Voraussetzungen durch das verwendete Lehrwerk bestimmt (vgl. Abschn. 5.2):

F5   Welcher Zusammenhang besteht zwischen der individuellen mathematischen Kreativität der Erstklässler*innen und deren individuellen, d. h. intellektuellen, mathematischen und unterrichtlichen, Voraussetzungen?

Methodisch konnte dieser Forschungsfrage über die Verknüpfung der Erkenntnisse aus dem Sampling-Verfahren und den Ergebnissen aus der Studie zur individuellen mathematischen Kreativität von Erstklässler*innen begegnet werden, was ein bedeutsames Forschungselement des Mixed Methods-Designs dieser Studie darstellt (vgl. Einführung zu Kap. 7). Konkret wurden die individuellen Voraussetzungen der Kinder, d. h. ihre Fähigkeitsprofile (mathematischen Basisfertigkeiten, Grundintelligenz) sowie das verwendete Lehrwerk (Welt der Zahl, Denken & Rechnen) (vgl. Abschn. 7.1.2 und) auf die in der qualitativen Studie entwickelten Typen der individuellen mathematischen Kreativität bei der Bearbeitung der beiden arithmetisch offenen Aufgaben A1 [Zahl 4] und A 2 [Ergebnis 12] (vgl. Abschn. 7.3.1) bezogen. Dadurch, dass alle Ergebnisse erst noch empirisch, insbesondere induktiv, am Datenmaterial erarbeitet werden müssen, findet an dieser Stelle der Arbeit nur eine theoretische Beschreibung des methodischen Vorgehens statt.

　　Es wurde sich zunächst dafür entschieden als eine Möglichkeit des Hypothesentestens in der Statistik den χ^2-Test (Chi-Quadrat-Test) zu verwenden, um eine deskriptiv- und inferenzstatistische Analyse der Daten, die aus der qualitativen Video-Inhaltsanalyse erarbeitet wurden, durchzuführen (vgl. Döring & Bortz, 2016, S. 612–613). Dabei werden „Personen entsprechend eines oder mehrerer Merkmale kategorisiert" (Bortz & Schuster, 2010, S. 137). Ebendiese Merkmale wurden durch die drei folgenden nominalskalierten Variablen der Erstklässler*innen bestimmt: die Zuordnung zu einem Fähigkeitsprofil (beinhaltet die mathematischen Fähigkeiten über das Ergebnis im MBK 1 + und die intellektuellen Fähigkeiten über das Ergebnis im CFT 1-R Teil 2), das verwendete Lehrwerk und die Kreativitätstypen bei der Bearbeitung der beiden arithmetisch offenen Aufgaben. So wurden Analysen zu den Häufigkeitsverteilungen der verschiedenen Ausprägungen der zuvor aufgelisteten Variablen (Frequenzanalyse) durchgeführt (vgl. Döring & Bortz, 2016, S. 559). Aus diesen konnte ein möglicher Zusammenhang zwischen der individuellen mathematischen Kreativität der Erstklässler*innen zu ihren verschiedenen individuellen Voraussetzungen geschlossen werden. Dabei unterschieden sich die beiden genannten Voraussetzungen deutlich voneinander: Die Fähigkeitsprofile stellen die unterschiedlichen intellektuellen sowie mathematischen Fähigkeiten der Lernenden dar und bestanden dementsprechend aus zwei Konstrukten, die auch in der aktuellen Forschungsliteratur mit der Kreativität von Schüler*innen in Beziehung gesetzt werden (vgl. Abschn. 2.3.3.2). Dagegen bildete das verwendete Lehrwerk als weitere Voraussetzung der Erstklässler*innen in dieser Studie einen neuen Einflussfaktor ab. Dementsprechend wurden zwei zu testende Zusammenhangshypothesen mit H_1 (Alternativhypothesen) und H_0 (Nullhypothesen) (vgl. Döring & Bortz, 2016, S. 660) formuliert:

$H1_1$: Die beiden Merkmale der Aufgabenbearbeitungen *Fähigkeitsprofil* und *Kreativitätstyp* der Erstklässler*innen sind voneinander abhängig.

$H1_0$: Die beiden Merkmale der Aufgabenbearbeitungen *Fähigkeitsprofil* und *Kreativitätstyp* der Erstklässler*innen sind voneinander unabhängig.

$H2_1$: Die beiden Merkmale der Aufgabenbearbeitungen *Lehrwerk* und *Kreativitätstyp* der Erstklässler*innen sind voneinander abhängig.

$H2_0$: Die beiden Merkmale der Aufgabenbearbeitungen *Lehrwerk* und *Kreativitätstyp* der Erstklässler*innen sind voneinander unabhängig.

Dadurch, dass der Stichprobenumfang für den χ^2-*Test* bei 36 kreativen Aufgabenbearbeitungen lag, waren mehrdimensionale Kontingenzanalysen durch n x m-Kreuztabellen, d. h. multivariate Häufigkeitsverteilungen, durch χ^2-Tests möglich (vgl. Bortz & Schuster, 2010, S. 142, insbesondere Tab. 9.3). Jedoch konnte es vorkommen, dass aufgrund des geringen Stichprobenumfangs und der explorativ bzw. induktiv gebildeten Kategorien für die Fähigkeitsprofile und Kreativitätstypen der Erstklässler*innen in den entsprechenden Kreuztabellen nicht alle Fälle zahlenmäßig häufig vertreten sind. Da in diesem Fall die Voraussetzungen für die Berechnung eines χ^2-Tests, nämlich dass nur weniger als 20 % der Fälle eine beobachtete Häufigkeit von 5 haben dürfen, nicht erfüllt werden kann, müsste dann der *exakte Test nach Fischer-Freeman-Halton* gerechnet werden (vgl. Bortz & Schuster, 2010, S. 141). Der *Fischer-Yates-Test* liefert auch für kleine Stichproben eine exakte Berechnung eines möglichen, signifikanten Zusammenhangs von zwei an einer Stichprobe erhobenen dichotom ausgeprägten

Merkmalen (einseitiger Test) (vgl. Bortz & Lienert, 2008, S. 84–87). Aufgrund der Erweiterung durch den *Freeman-Halton*-Test können dann auch mehrstufige Kreuztabellen, d. h. Merkmale mit mehr als zwei Ausprägungen, exakt berechnet werden (vgl. Bortz & Lienert, 2008, S. 94–97). Da in dieser Studie die vorgestellten Merkmale der Erstklässler*innen, d. h. ihre individuelle mathematische Kreativität, die Fähigkeitsprofile und das verwendete Lehrwerk, überwiegend mehr als zwei Merkmalsausprägungen aufwiesen, wurde zur Überprüfung der beiden Hypothesen der exakte Fischer-Freeman-Halton-Test mit dem Statistikprogramm SPSS gerechnet.

Da in Anlehnung etwa an Plucker, Karwowski und Kaufman (2019, S. 1088) in empirischen Forschungsarbeiten unterschiedliche Zusammenhänge zwischen der mathematischen Kreativität von Schüler*innen, deren Intelligenz und mathematischen Fähigkeiten herausgearbeitet wurden, sollte in dieser Studie ein detaillierter Blick auf die Fähigkeitsprofile der Erstklässler*innen gelegt werden. Es galt zu prüfen, inwiefern die individuelle mathematische Kreativität stärker von den domänenspezifischen, also mathematischen, Fähigkeiten der Lernenden abzuhängen schien als von ihrer Intelligenz (etwa R. Leikin & Lev, 2013, S. 194–196; Kattou et al., 2016, S. 118–119). Dies konnte durch eine Auflösung der Fähigkeitsprofile in ihre zwei Bestandteile erreicht werden, nämlich in die mathematischen Fähigkeiten (Ergebnisse im MBK 1 +) und die intellektuellen Fähigkeiten (Ergebnisse im CFT 1-R Teil 2) (vgl. Abschn. 7.1.2.2). Diese beiden individuellen Voraussetzungen der Erstklässler*innen wurden als weitere Merkmale betrachtet, die in einem Zusammenhang zu den Kreativitätstypen der Kinder stehen konnten. Um nicht zu viele Ausprägungen dieser Variablen zu erzeugen, wurde die Interpretationstabelle der T-Werte (vgl. Tab. 7.1) genutzt und diese auf drei Ausprägungen reduziert, die genauso für eine einfache Beschreibung von Testergebnissen von Ennemoser, Krajewski und Sinner (2017b, S. 30) genutzt werden: Die Erstklässler*innen konnten dementsprechend unterdurchschnittliche $(T-Wert \leq 39)$, durchschnittliche $(40 \leq T-Wert \leq 59)$ oder überdurchschnittliche $(T-Wert \geq 60)$ Fähigkeiten zeigen[7]. So wurden dem Hypothesenpaar $H1$ zwei weitere Alternativ- und Nullhypothesen $H1a$ und $H1b$ untergeordnet:

---

[7] Die drei Gruppen sind durch eine unterschiedliche Anzahl von T-Werten (40–20–40) geprägt. Diese wurde jedoch mit Blick auf die zu erwartende Häufigkeitsverteilungen von Testergebnissen im Sinne einer Normalverteilung, bei der die äußeren Ränder des Spektrums (weit über- und weit unterdurchschnittliche Fähigkeiten) seltener erreicht werden, für das Anliegen dieser Studie als annehmbar eingeschätzt.

$H1a_1$:   Die beiden Merkmale der Aufgabenbearbeitungen (mathematische Basisfertigkeiten, Kreativitätstyp) der Erstklässler*innen sind voneinander abhängig.

$H1a_0$:   Die beiden Merkmale der Aufgabenbearbeitungen (mathematische Basisfertigkeiten, Kreativitätstyp) der Erstklässler*innen sind voneinander unabhängig.

$H1b_1$:   Die beiden Merkmale der Aufgabenbearbeitungen (Grundintelligenz, Kreativitätstyp) der Erstklässler*innen sind voneinander abhängig.

$H1b_0$:   Die beiden Merkmale der Aufgabenbearbeitungen (Grundintelligenz, Kreativitätstyp) der Erstklässler*innen sind voneinander unabhängig.

Als Ergebnis der gerechneten χ^2-*Tests* konnte der Zusammenhang zwischen der individuellen mathematischen Kreativität von Erstklässler*innen zu den mathematischen und intellektuellen Voraussetzungen statistisch näher bestimmt werden.

Um weiterführende qualitative Einblicke vor allem auf arithmetischer Ebene zu erhalten, sollte die für die statistische Berechnung erstellte Kreuztabelle, die den Zusammenhang von den Kreativitätstypen und Fähigkeitsprofilen der Erstklässler*innen aufzeigt, auch inhaltlich ausgewertet werden. Die nachfolgende Abbildung 7.12 verdeutlicht schematisch auf welche Art und Weise eine qualitative Analyse eines möglichen Zusammenhangs zwischen den individuellen Voraussetzungen der Erstklässler*innen und ihrer individuellen mathematischen Kreativität möglich war: In dieser Darstellung sind die mit Hilfe der Clusteranalyse gebildeten Fähigkeitsprofile der Erstklässler*innen in einem Koordinatensystem dargestellt. Dieses wurde über die T-Werte der Kinder in den beiden Testungen mit dem MBK 1 + (mathematische Basisfertigkeiten) und dem CFT 1-R Teil 2 (Grundintelligenz) aufgespannt (vgl. Abschn. 7.1.2.2). Für jedes der Fähigkeitsprofile wurden zum einen die Kreativitätstypen der zugeordneten Erstklässler*innen und zum anderen die arithmetischen Ideentypen (vgl. Abschn. 7.3.1.1), welche die kreative Aufgabebearbeitung der Lernenden prägten, abgebildet. Dieses Vorgehen wurde in der untenstehenden Grafik exemplarisch für einen Teil der Erstklässler*innen mit einem bestimmten Fähigkeitsprofil skizziert, indem aus dem entsprechenden Cluster herausgezoomt und darin die (inhaltlichen) Kreativitätstypen angedeutet wurden. So konnten insgesamt Rückschlüsse auf einen qualitativen Zusammenhang zwischen den individuellen Voraussetzungen der Erstklässler*innen und ihrer individuellen mathematischen Kreativität formuliert werden.

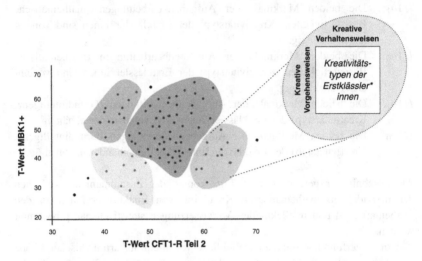

Abb. 7.12 Qualitative Analyse des Zusammenhangs von Kreativitätstypen und Fähigkeitsprofilen

7.3.3 Zusammenfassung

In Ergänzung zu den methodischen Entscheidungen zur Datenerhebung in dieser qualitativen Studie zur individuellen mathematischen Kreativität (vgl. Abschn. 7.2) wurde in diesem Abschnitt 7.3 die Phase der Datenauswertung mittels umfassender, gemischt qualitativer und quantitativer Analysen dargestellt. Daraus ergeben sich die folgenden Ergänzungen für das gesamte Studiendesign (vgl. Abb. 7.4):

– Die Auswertung der erhobenen qualitativen Daten zielte zunächst auf eine Charakterisierung und Typisierung der individuellen mathematischen Kreativität der Erstklässler*innen auf Basis des InMaKreS-Modells ab. Deshalb wurde mittels einer qualitativen Video-Inhaltsanalyse (Mayring et al., 2005) ein Typisierungsprozess nach Kelle und Kluge (2010) durchlaufen, indem die videografierten Unterrichtsepisoden systematisch kategorisiert und die Kategoriensysteme kombiniert wurden, um schließlich Typen der individuellen mathematischen Kreativität zu bilden (vgl. Abschn. 7.3.1).

– Zudem wurden quantitative, deskriptiv- und inferenzstatistische Analysemethoden genutzt, um einen möglichen Zusammenhang zwischen den individuellen Voraussetzungen der Erstklässler*innen und ihrer individuellen
  mathematischen Kreativität herauszuarbeiten (vgl. Abschn. 7.3.2).

Diese methodischen Konkretisierungen wurden erneut in das Schaubild zum Studiendesign eingepflegt (vgl. Abb. 7.13), sodass sich nun ein vollständiges Bild
ergibt.

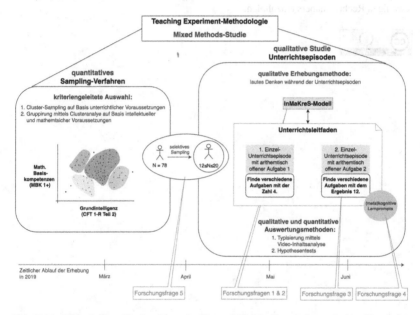

Abb. 7.13 Vollständiges Design dieser Studie zur individuellen mathematischen Kreativität
von Erstklässler*innen

„Ich sehe auf meinem Kopf so viele Aufgaben."
„Da waren alle Aufgaben weg. Da hab' ich noch eine Aufgabe gesehen, ganz hinten [in meinem Kopf]." (Jessika, A1)

Ergebnisse aus dem Sampling-Verfahren

8

„Machen wir wieder diese Rätselhefte?" (ein Erstklässler vor Beginn der Testung mit dem CFT 1-R, 13.03.2019)

Im Rahmen meiner durchgeführten Mixed Methods-Studie zur individuellen mathematischen Kreativität von Erstklässler*innen (vgl. Kap. 7, insbesondere Abb. 7.13) wird nun zunächst die Durchführung des Sampling-Verfahrens präsentiert. Dieses diente zum einen dazu, auf Basis ihrer individuellen Voraussetzungen kriteriengeleitet Erstklässler*innen für die qualitative Studie auszuwählen. Dadurch, dass die dafür eingesetzten Kriterien aus der Theorie zur individuellen mathematischen Kreativität entwickelt bzw. abgeleitet wurden (vgl. Abschn. 2.3.3.2), konnten die Erkenntnisse aus dem Sampling-Verfahren insbesondere für die Beantwortung der fünften Forschungsfrage nach dem Zusammenhang der individuellen Voraussetzungen der Kinder und ihrer individuellen mathematische Kreativität genutzt werden (vgl. Kap. 11).

Nachfolgend werden dem methodischen Vorgehen entsprechend die verschiedenen, sukzessive aufeinander aufbauenden Schritte des Sampling-Verfahrens dargestellt. Dabei wird zunächst die Auswahl von Lernenden über ihre unterrichtlichen Voraussetzungen (vgl. Abschn. 8.1) sowie ihre intellektuellen und mathematischen Voraussetzungen (vgl. Abschn. 8.2) dargestellt, die als bedeutsame Grundlage für die endgültige Auswahl repräsentativer Erstklässler*innen (Subsample) dienten (vgl. Abschn. 8.3). Die dafür notwendigen quantitativen Datenanalysen, d. h. vor allem die Berechnung der Clusteranalyse, wurde mit dem Programm *IBM SPSS Statistics* (IBM Corp. Released, 2020) durchgeführt, weshalb die meisten folgenden Tabellen und Grafiken aus diesem Programm entnommen wurden. Zur Wahrung des Datenschutzes jeden Kindes wurde allen Erstklässler*innen eine anonymisierte Identifikationsnummer (ID) zugeordnet. Diese setzt sich aus einer fortlaufenden Zahl (1 bis 78), einem Kürzel für das

© Der/die Autor(en) 2022
S. Bruhn, *Die individuelle mathematische Kreativität von Schulkindern*,
Bielefelder Schriften zur Didaktik der Mathematik 8,
https://doi.org/10.1007/978-3-658-38387-9_8

verwendete Lehrwerk (D für *Denken & Rechnen*; W für *Welt der Zahl*) und dem Geschlecht (m für männlich; w für weiblich) zusammen. So steht bspw. die ID *11-W-m* für das elfte Kind des Grundsamples, das zum Erhebungszeitraum in der Schule mit dem Lehrwerk Welt der Zahl arbeitete und männlich ist.

8.1   Deskriptive Statistik: das quantitative Sample

„Wissenschaftliches Arbeiten zielt auf die Verdichtung von Einzelinformationen und Beobachtungen zu allgemein gültigen Aussagen ab. Hierbei leitet die deskriptive Statistik zu einer übersichtlichen und anschaulichen Informationsaufbereitung an [...]" (Bortz & Schuster, 2010, S. 2)

Im Rahmen der deskriptiven Statistik wurde deutlich, dass sich das Sample mit $N = 78$ Erstklässler*innen ausgeglichen aus 39 Jungen und 39 Mädchen zusammensetzte. Während von den 29 Kindern, die im Mathematikunterricht mit dem Lehrwerk *Welt der Zahl* arbeiteten, es 13 Jungen und 16 Mädchen waren, verteilten sich die 49 Kinder, die im Unterricht mit *Denken & Rechnen* lernten, auf 26 Jungen und 23 Mädchen (vgl. Abb. 8.1).

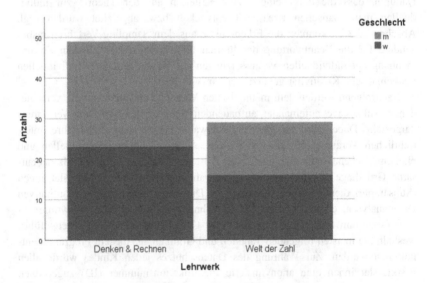

Abb. 8.1 Geschlechterverteilung ($N = 78$ Erstklässler*innen) bezogen auf die beiden Lehrwerke

Bezogen auf das Alter der 78 Erstklässler*innen lässt sich festhalten, dass zum Testzeitpunkt mit dem ersten standardisierten Test im März 2019 (Testdaten waren der 07.03., 08.03., 13.03., 14.03. und 15.03.19) das jüngste Kind 6;0 Jahre und das älteste 7;7 Jahre alt war. Es ergibt sich ein Altersdurchschnitt von 6;11 Jahren, wobei alle bis auf ein Kind im ersten Schulbesuchsjahr waren und nur ein Kind mit Deutsch als Zweitsprache aufgewachsen ist, dieses aber alltagssprachlich altersangemessen sprechen und auch (mathematische) Bildungssprache jahrgangsentsprechend verstehen konnte. Da diese Faktoren in Anlehnung an die dargestellten Studien von Sak und Maker (2006) und M. Leikin und Tovli (2019) (vgl. Abschn. 5.1) höchstwahrscheinlich keinen Einfluss auf die individuelle mathematische Kreativität der Lernenden nehmen, wurden sie in der weiteren Datenanalyse vernachlässigt. Die nachfolgende Abbildung 8.2 zeigt die Altersstruktur des Samples nach Geschlecht getrennt, wobei auffällt, dass besonders viele Kinder 6;7 Jahre alt waren und eine Alters-Spannweite von 1;7 Jahren bestand.

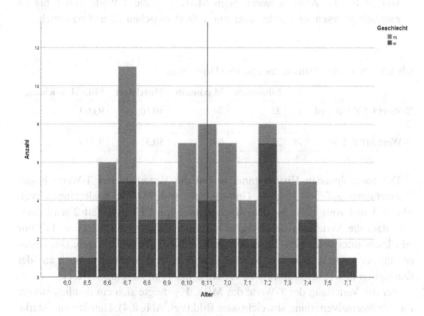

Abb. 8.2 Alter der Stichprobe (N=78) nach Geschlecht

Alle 78 Erstklässler*innen wurden mit zwei standardisierten Tests, dem *MBK 1 +* zur Erfassung der mathematischen Basiskompetenzen und dem *CFT 1-R Teil 2* zur Erfassung der Grundintelligenz der Kinder, getestet. Beide sorgfältig ausgesuchten Testinstrumente sind in der Auswertung durch T-Werte skaliert (Mittelwert 50, Standardabweichung 10) und konnten deshalb optimal, d. h. ohne eine weitere Transformation bzw. Standardisierung, aufeinander bezogen werden (vgl. Abschn. 7.1.2). Dabei sind zwei Auffälligkeiten im Sample dieser Studie festzustellen (vgl. Tab. 8.1):

1. Die tatsächlichen Mittelwerte der T-Werte wichen mit 50,1 im CFT 1-R Teil 2 und 50,31 im MBK 1 + leicht nach oben ab. Die Standardabweichungen lagen dagegen mit 9,609 für den CFT 1-R Teil 2 und 9,710 für den MBK 1 + leicht unter dem Normwert von 10.
2. Während im CFT 1-R Teil 2 die T-Werte theoretisch in einem Bereich von 20 bis 80 hätten liegen können, zeigte sich in diesem Sample eine Spannweite von 27 bis 74. Ähnlich wären beim MBK 1 + die T-Werte von 0 bis 63 möglich gewesen, es wurden aber nur T-Wert zwischen 22 und 63 erzielt.

Tab. 8.1 Deskriptive Statistik des gesamten Datensatzes

	N	Minimum	Maximum	Mittelwert	Std.-Abweichung
T-Wert CFT 1-R Teil 2	78	27	74	50,10	9,609
T-Wert MBK 1 +	78	22	63	50,31	9,710

Die nachfolgenden Histogramme zeigen die Verteilung der T-Werte beider Testverfahren auf das gesamte Grundsample von 78 Erstklässler*innen (vgl. Abb. 8.3 und Abb. 8.4). An dem Histogramm zum CFT 1-R Teil 2 wird deutlich, dass die Verteilung der T-Werte mit einer Schiefe von $\gamma_m = -,112$ nur sehr leicht *linksschief* (vgl. Bortz & Schuster, 2010, S. 86–87) waren. Das Histogramm zeigt eine annähernde Normalverteilung der T-Werte, was auch aus der Konzeption des Testinstruments zu erwarten war (vgl. Abschn. 7.1.2.1).

Bei der Verteilung der T-Werte des MBK 1 + zeigte sich ein deutlich stärker von der Normalverteilung abweichendes Bild (vgl. Abb. 8.4). Hier lag eine starke Links-Schiefe mit einem Wert von $\gamma_m = -1,071$ ab einem T-Wert von etwa 55 vor.

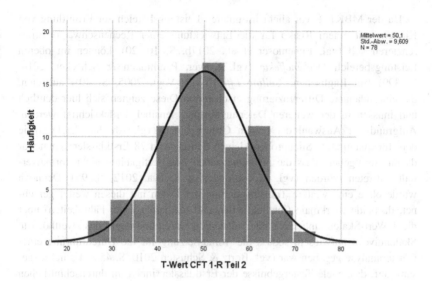

Abb. 8.3 Histogramm T-Werte CFT 1-R Teil 2

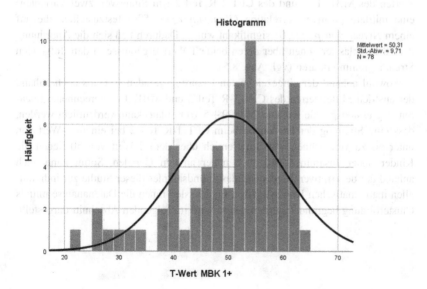

Abb. 8.4 Histogramm T-Werte MBK 1 +

Da der MBK1 + vor allem im unteren Leistungsbereich zur Ermittlung von Kindern mit einem Risiko für die Entwicklung einer Rechenschwäche differenzieren soll (vgl. Ennemoser et al., 2017b, S. 10, 20), können im oberen Leistungsbereich *Deckeneffekte* (vgl. Krüger, Parchmann & Schecker, 2014, S. 399) (im Englischen: *Ceiling Effect* (vgl. Vogt, 2005, S. 40)) auftreten, die eine adäquate Differenzierung erschweren. Diese zeigten sich hier deutlich und müssen in der weiteren Datenauswertung sensibel berücksichtigt werden. Aufgrund der Auswahl der beiden Grundschulen (vgl. Abschn. 7.1.1) sowie dem für quantitative Stichproben kleinen Sample von 78 Erstklässler*innen war davon auszugehen, dass die mathematischen Basisfertigkeiten nicht normalverteilt auftreten würden (vgl. Moosbrugger & Kelava, 2012, S. 95). Dennoch wurde ohne eine weitere Transformierung der Daten mit diesen weiter gerechnet, da beide Merkmale (intellektuellen und mathematischen Fähigkeiten) über die T-Wert-Skalen einheitlich intervallskaliert waren und damit das zweithöchste Skalenniveau aufwiesen, sodass die Voraussetzung für die Durchführung einer Clusteranalyse gegeben war (vgl. Bortz & Schuster, 2010, S. 454). Es fiel insgesamt auf, dass viele Testergebnisse der Erstklässler*innen im durchschnittlichen und überdurchschnittlichen Leistungsbereich lagen.

Wie bereits in Abschnitt 7.1.2.2 theoretisch begründet, war zwischen den T-Werten des MBK 1 + und des CFT 1-R Teil 2 (im Sinne von zwei Variablen) eine mittlere positive Korrelation (*Pearson*; $r = .506$) festzustellen, die auf einem Niveau von $p < 0, 01$ signifikant wurde. Dadurch ließ sich die Anordnung der 78 Erstklässler*innen über deren beide T-Wert-Ergebnisse in dem folgenden Streudiagramm erklären (vgl. Abb. 8.5).

Sowohl anhand der eingezeichneten Ursprungsgeraden (rot) als auch anhand der aus den Mittelwerten des CFT 1-R Teil 2 und MBK 1 + berechneten linearen Regressionsgerade mit $y = 24, 899 + 5, 01x$ (blau) kann verdeutlicht werden, dass eine Streuung der Lernenden beim CFT 1-R Teil 2 bei einem T-Wert von unter 50 zu verzeichnen war. Im Bereich über dem T-Wert von 50 liegen die Kinder näher zusammen und auch näher an den Geraden. Somit kann auch anhand der deskriptiven Ergebnisse des Grundsamples dieser Studie zur individuellen mathematischen Kreativität von Erstklässler*innen die Datenanalyse mittels Clusterbildung begründet werden. Diese wird im folgenden Abschnitt dargestellt.

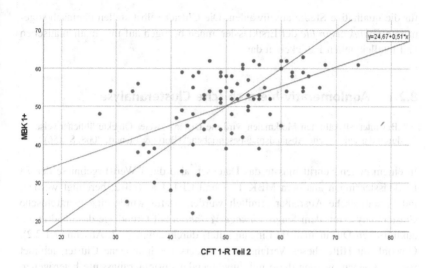

Abb. 8.5   Streudiagramm des gesamten Datensatze

8.2   Schließende Statistik: Clusteranalyse

> „Die durch einen festen Satz von Merkmalen beschriebenen Objekte [hier Erstkläss-
> ler*innen] werden nach Maßgabe ihrer Ähnlichkeit in Gruppen (Cluster) eingeteilt,
> wobei die Cluster intern möglichst homogen und extern möglichst gut voneinander
> separierbar sein sollen." (Bortz & Schuster, 2010, S. 453)

Da die Voraussetzung zur Durchführung einer Clusteranalyse aufgrund der Inter-
vallskala der Testergebnisse gegeben war (vgl. Abschn. 8.1), wurde nun im
Rahmen der schließenden Statistik eine Clusteranalyse, wie im methodischen
Abschnitt 7.1.2.2 beschrieben, durchgeführt. Dementsprechend wurden zunächst
agglomerativ-hierarchische Verfahren genutzt, um zum einen Ausreißer innerhalb
des Datensets zu identifizieren (Single-Linkage-Verfahren) und zum anderen eine
erste Zuordnung von Erstklässler*innen zu Clustern über ihre Testergebnisse im
MBK 1 + und CFT 1-R Teil 2 zu bilden (Ward-Methode). In einem notwendigen zweiten Schritt wurde die entstandene Zuordnung verbessert bzw. optimiert
(k-Means-Methode). Ziel dieser Analyse war es, die 78 Erstklässler*innen über
ihre Testergebnisse im MBK 1 + und dem CFT 1-R Teil 2 verschiedenen Gruppen (Clustern) zuzuordnen, um aus diesen repräsentative Lernende als Subsample

für die qualitative Studie auszuwählen. Die Cluster selbst stellen demnach sogenannte *Fähigkeitsprofile* der Erstklässler*innen bezogen auf ihre mathematischen
und intellektuellen Fähigkeiten dar.

8.2.1 Agglomerativ-hierarchische Clusteranalyse

„Bei intervallskalierten Merkmalen wird die Distanz zweier Objekte üblicherweise
durch das euklidische Abstandsmaß beschrieben." (Bortz & Lienert, 2008, S. 456)

In einem ersten Schritt musste das Datenset, also die T-Wert-Ergebnisse der 78
Erstklässler*innen aus dem MBK 1 + und CFT 1-R Teil 2, bereinigt werden,
indem statistische Ausreißer ermittelt wurden. Dafür wurde eine hierarchische
Clusteranalyse mit dem *Single-Linkage-Verfahren* auf Grundlage des quadrierten
euklidischen Distanzmaß (s. Eingangszitat) durchgeführt (vgl. Abschn. 7.1.2.2).
Obwohl mit Hilfe dieses Verfahrens besonders gut homogene Cluster gebildet
werden können, werden diese mit zunehmender Fusionierungsstufe heterogener,
da immer öfter die weit entfernten Objekte dazu gefasst werden. Daher gilt
es, ebendiese als Ausreißer bezeichneten Objekte herauszufiltern. Auf Basis des
Dendrogramms wurden in dieser Studie diejenigen Erstklässler*innen gesucht,
die erst sehr spät zu einem Cluster fusioniert wurden. Dementsprechend wurden die drei Erstklässler*innen mit der ID *61-D-w*, *6-W-w* und *37-D-m* aus dem
Datenset gelöscht, die auch im zuvor erstellten Streudiagramm (vgl. Abschn. 8.1)
durch ihre exponierte Lage aufgefallen waren (vgl. rot markiert in Abb. 8.6). Das
Sample umfasste daher weiterhin noch $N = 75$ Erstklässler*innen.

In einem zweiten Schritt wurde für das bereinigte Datenset ($N = 75$) eine
Clusteranalyse mit der *Ward-Methode* auf Basis der quadrierten euklidischen
Abstände (Distanzmaß) gerechnet (vgl. Abschn. 7.1.2.2), das ebenfalls in einem
Dendrogramm abgebildet wurde (vgl. Abb. 8.7).

Zusätzlich zum Dendrogramm wurde die Zuordnungsübersicht der Erstklässler*innen zu den gebildeten Clustern betrachtet, in der für jeden Fusionie-
rungsschritt ein Koeffizient angegeben wird, der die Ähnlichkeit der zusammen-
geführten Cluster angibt (vgl. Abschn. 7.1.2.2). Die letzten 15 Koeffizienten
der Fusionierungsschritte wurden in einem Liniendiagramm (vgl. Abb. 8.8)
dargestellt, um mittels des *Elbow-Kriteriums* eine optimale Clusteranzahl zu
bestimmen. Bei diesem kann anhand eines sprunghaften Anstiegs des Koeffizienten auf eine große Heterogenität der Cluster zurückgeschlossen werden,
was wiederum ein Indikator für die geeignete Anzahl an Clustern für dieses
Sample darstellt (vgl. Abschn. 7.1.2.2). Damit eignete sich diese Methode für

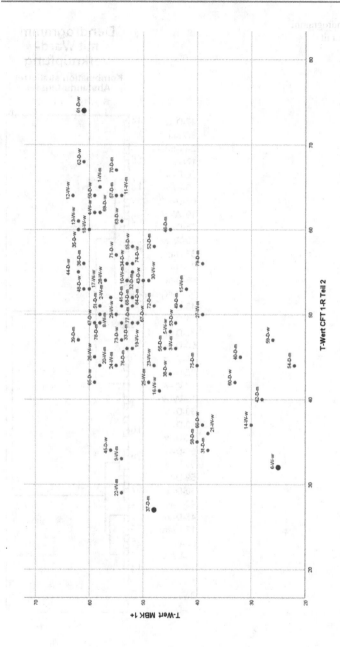

Abb. 8.6   Streudiagramm mit Markierung der Ausreißer

Abb. 8.7 Dendrogramm
Clusteranalyse mit
Ward-Methode

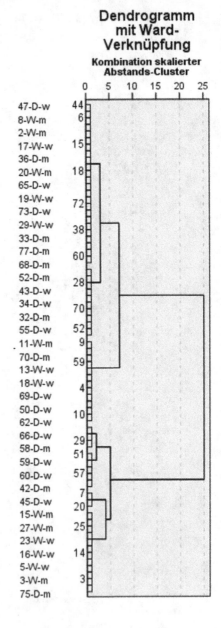

die vorliegende Studie zur individuellen mathematischen Kreativität von Erstklässler*innen, da es das Ziel der Clusteranalyse war, differente Gruppen an
Erstklässler*innen über ihre mathematischen und intellektuellen Fähigkeiten zu
bilden.

Im untenstehenden Liniendiagramm konnte ein Anstieg unter anderem bei
zwei, vier und fünf Clustern verzeichnet werden (vgl. Abb. 8.8). Da eine 2-
Cluster-Lösung das Sample wenig differenziert abgebildet hätte, wurde eine 4-
oder 5-Cluster-Lösung bevorzugt. Um zu beurteilen, welche Clusteranazahl für
die Typisierung der Erstklässler*innen in dieser Studie zur individuellen mathematischen Kreativität passend war, wurden die Zuordnung der Lernenden zu
den Clustern bei beiden Clusterlösungen betrachtet. Dabei musste berücksichtigt
werden, dass aus jedem der gebildeten Cluster nach Möglichkeit vier Erstklässler*innen ausgewählt werden sollten, die sowohl beide Lehrwerke als auch
Geschlechter widerspiegelten (vgl. Abschn. 7.1.2.2 und 7.1.2.3).

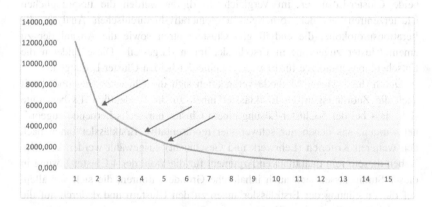

Abb. 8.8 Liniendiagramm – Koeffizienten der Fusionsschritte bei Ward-Methode

Aufgrund der zuvor genannten Auswahlkriterien konnte an dieser Stelle bereits
die Vermutung geäußert werden, dass sich eine 4-Cluster-Löung als praktika-
bler herausstellen könnte. Bei 75 Erstklässler*innen, die auf fünf Cluster verteilt
werden, lag die Vermutung nahe, dass zu einigen Clustern nur wenige Kinder zugeordnet werden würden, sodass aus diesen keine repräsentative Auswahl
erfolgen konnte. Um diese Hypothese statistisch zu belegen, wurde die folgende,
bereinigende Analyse mit einem nicht-hierarchischen Clusterverfahren für beide
Lösungen gerechnet, um sich begründet für die 4- oder 5-Cluster-Lösung zu
entscheiden.

8.2.2   Nicht-hierarchische Clusteranalyse

„Diese [nicht-hierarchische] Clusterstrategie wäre damit im Prinzip geeignet, für eine vorgegebene Anzahl von k Clustern die tatsächlich beste Aufteilung der Objekte zu finden." (Bortz & Lienert, 2008, S. 461)

Mit Hilfe einer nicht-hierarchischen Analyse wurden die zuvor mit der Ward-Methode (vgl. Abschn. 8.2.1) gebildeten Cluster und Zuordnungen von Erstkläss-ler*innen zu diesen Clustern jeweils für die 4- und 5-Cluster-Lösung verbessert (s. Eingangszitat). Dazu dienten die Clusterzentren (T-Wert des MBK 1 + und CFT 1-R Teil 2) und die Anzahl der Cluster als Ausgangspunkt, um diese dann mit der k-Means-Methode schrittweise zu optimieren. Auf diese Weise konn-ten alle 75 Erstklässler*innen über den geringsten Abstand zum Clusterzentrum eindeutig einem der Cluster zugeordnet werden (vgl. Abschn. 7.1.2.2).

Die nachfolgende Tabelle 8.2 enthält die Ergebnisse dieser Analyse für beide Cluster-Lösungen im Vergleich. In dieser werden die ursprünglichen Clusterzentren aus der vorherigen agglomerativ-hierarchischen Analyse, die Iterationsprotokolle, die endgültigen Clusterzentren sowie die Anzahl der zu einem Cluster zugeordneten Erstklässler*innen dargestellt. Diese bildeten die Entscheidungsgrundlage für bzw. gegen eine der beiden Cluster-Lösungen.

Durch die k-Means-Methode veränderten sich die Clusterzentren und damit auch die Zuordnungen der Erstklässler*innen zu diesen deutlich. Es bestätigte sich, dass bei der 5-Cluster-Lösung einem Cluster nur sechs Lernende zugeord-net wurden, aus denen nur schwer vier repräsentative Erstklässler*innen nach den weiteren Kriterien (Lehrwerk und Geschlecht) ausgewählt werden konnten. Neben diesem rein quantitativen Argument für die Wahl der 4-Cluster-Lösung in dieser Studie lassen sich auch inhaltliche Gründe anführen, die sich vor allem auf die Zuordnung der Erstklässler*innen zu den Clustern und dadurch auf die entstehenden Fähigkeitsprofile bezogen:

– Im Vergleich der beiden Streudiagramme für die 4- und 5-Cluster-Lösung (vgl. Abb. 8.9 und Abb. 8.10) fiel auf, dass der Unterschied zwischen den beiden Cluster-Lösungen vor allem darin lag, wie die große Anzahl an Erstkläss-ler*innen, die sich um die Mittelwerte beider T-Werte anordneten, zu Clustern zugeordnet wurden. So zeigt sich bei der 5-Cluster-Lösung eine nahezu hori-zontale Trennung zwischen denjenigen Lernenden mit einem T-Wert im MBK 1 + über 50 (Cluster 2) und solchen mit einem T-Wert unter 50 (Cluster 3). Durch diese Trennung bzw. Unterscheidung der Cluster wurden jedoch keine stark differenzierten Fähigkeitsprofile erzeugt, da die T-Werte des CFT 1-R

Tab. 8.2 k-Means-Analyse der 5- und 4-Cluster-Lösung

		5-Cluster-Lösung						4-Cluster-Lösung			
		Cluster						Cluster			
		1	2	3	4	5		1	2	3	4
Anfängliche Clusterzentren	T-Wert CFT 1-R Teil 2	68	47	53	44	29	T-Wert CFT 1-R Teil 2	68	53	44	29
	T-Wert MBK 1+	61	62	42	22	54	T-Wert MBK 1+	61	42	22	54

			Cluster							Cluster		
	Itera-tion	1	2	3	4	5	Itera-tion	1	2	3	4	
Iterationspro-tokoll	1	5,403	5,561	5,618	6,671	6,882	1	7,809	7,973	6,671	9,713	
	2	1,011	1,165	1,333	,000	3,246	2	,682	,953	4,965	2,280	
	3	,451	,436	,806	,000	,870	3	,332	,520	,778	,000	
	4	,000	,000	,496	,000	,742	4	,000	,000	,000	,000	
	5	,000	,000	,000	,000	,000	5	7,809	7,973	6,671	9,713	

Konvergenz wurde aufgrund geringer oder keiner Änderungen der Clusterzentren erreicht. Die maximale Änderung der absoluten Koordinaten für jedes Zentrum ist ,000. Die aktuelle Iteration lautet 5. Der Mindestabstand zwischen den anfänglichen Zentren beträgt 19,698.

Konvergenz wurde aufgrund geringer oder keiner Änderungen der Clusterzentren erreicht. Die maximale Änderung der absoluten Koordinaten für jedes Zentrum ist ,000. Die aktuelle Iteration lautet 4. Der Mindestabstand zwischen den anfänglichen Zentren beträgt 21,932.

		Cluster						Cluster			
		1	2	3	4	5		1	2	3	4
Clusterzentren der endgülti-gen Lösung	T-Wert CFT 1-R Teil 2	62	50	51	43	36	T-Wert CFT 1-R Teil 2	60	51	40	40
	T-Wert MBK 1+	58	56	45	29	46	T-Wert MBK 1+	58	50	33	55

Cluster	N
1	16
2	28
3	15
4	6
5	10
Gültig	75

Cluster	N
1	20
2	34
3	11
4	10
Gültig	75

(Zeile: Anzahl der Fälle in jedem Cluster)

Teil 2 der beiden Cluster im gleichen Bereich lagen. Deshalb wurde hier die 4-Cluster-Lösung mit einer großen Gruppe (Cluster 2) an Erstklässler*innen, die in beiden Tests einen T-Wert um den Mittelwert zeigten, bevorzugt.

– Zudem zeigten die zugeordneten Erstklässler*innen bei der 5-Cluster-Lösung in ihren Fähigkeitsprofilen starke Überschneidungen der T-Wert Bereiche im MBK 1 + und CFT 1-R Teil 2, weshalb hier nicht mehr von äußerlich heterogenen Gruppen bzw. Fähigkeitsprofilen gesprochen werden konnte. Bspw. bildete das Cluster 5 überwiegend die gleichen T-Werte des MBK 1 + ab wie die Cluster 2, 3 und 4 und den etwa gleichen T-Wert Bereich des CFT 1-R Teil

2 wie Cluster 4. Bei der 4-Cluster-Lösung fielen solche gravierenden Überlappungen in den einzelnen Fähigkeitsprofilen der Kinder nicht auf, sodass alle einzelnen Cluster inhaltlich getrennte Gruppen bildeten.

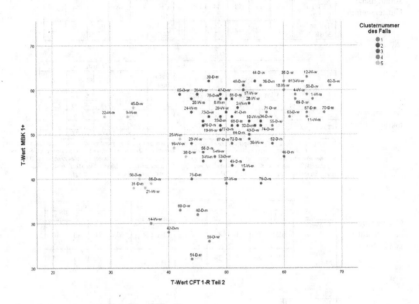

Abb. 8.9 Streudiagramm 5-Cluster-Lösung nach k-Means-Methode

Aus den zuvor erläuterten Gründen wurde sich an dieser Stelle für die 4-Cluster-Lösung entschieden. Daher wurden in einem nächsten Schritt die gebildeten Cluster hinsichtlich der abgebildeten Fähigkeitsprofile auf Basis der mathematischen und intellektuellen Fähigkeiten der Erstklässler*innen charakterisiert. Dazu wurde zunächst ein Boxplot-Diagramm erstellt, das die T-Werte des CFT 1-R Teil 2 und MBK 1 + von den Erstklässler*innen aus jedem der vier Cluster darstellt (vgl. Abb. 8.11).

Aus dieser Darstellung konnte abgelesen werden, dass die Erstklässler*innen aus dem ersten Cluster in beiden Tests überdurchschnittliche Fähigkeiten erzielten. Die Lernenden aus Cluster 2 bildeten eine große Gruppe, die durchschnittliche mathematische und intellektuelle Fähigkeiten zeigten. Diesem Muster entsprechend, zeigten die Kinder aus Cluster 3 sowohl im MBK 1 + als auch im

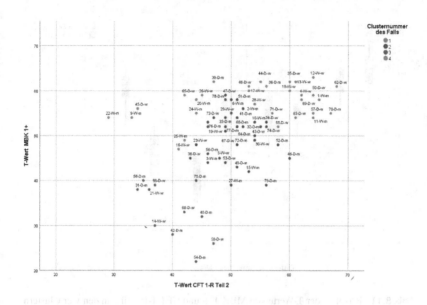

Abb. 8.10 Streudiagram 4-Cluster-Lösung nach k-Means-Methode

CFT 1-R Teil 2 eher unterdurchschnittliche Ergebnisse. Konträr zu den vorherigen Clustern unterschieden sich im verbliebenden, vierten Cluster die Fähigkeiten der Erstklässler*innen in den beiden Tests deutlich. So wiesen diese Lernenden eine eher unterdurchschnittliche Intelligenz aber gleichzeitig hohe mathematische Basisfertigkeiten auf. Gleichzeitig war bei der Betrachtung der gebildeten vier Cluster auffällig, dass es kein solches gab, dem Erstklässler*innen mit einem hohen Testergebnis im CFT 1-R Teil 2 und geringen mathematische Fähigkeiten im MBK 1 + zugeordnet wurden. Dieser Umstand kann sowohl auf die Zusammensetzung des Grundsamples aufgrund der unterrichtlichen Voraussetzungen der Lernenden (vgl. Abschn. 7.1.1) als auch auf die Konzeption der beiden standardisierten Tests zurückgeführt werden (vgl. Abschn. 7.1.2.1).

Zur Charakterisierung der verschiedenen Fähigkeitsprofile innerhalb der Cluster wurde eine Darstellung gewählt, die die Abweichung der Clusterzentren vom Mittelwert in Standardabweichungen angibt (vgl. Abb. 8.12).

Aus dieser Darstellung konnte abgelesen werden, dass bspw. das Clusterzentrum des vierten Clusters bei dem T-Wert des CFT 1-R Teil 2 von 40 und des MBK 1 + von 55 lag. Durch die Normierung der T-Wert-Skala liegt der Mittelwert bei 50, sodass die Differenz *(D)* zwischen dem Clusterzentrum für den CFT

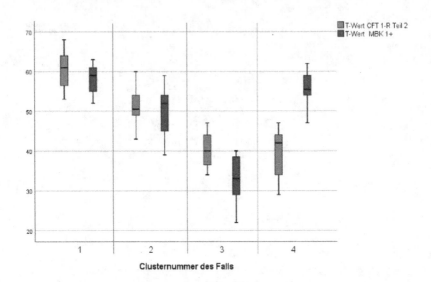

Abb. 8.11 Boxplots der T-Werte von MBK 1 + und CFT 1-R Teil 2 in den vier Clustern

1 + R Teil 2 und diesem $D_{CFT\,1-R\,Teil\,2} = 40 - 50 = -10$ betrug. Dadurch, dass die Standardabweichung auf zehn T-Werte normiert ist, entsprachen diese exakt einer negativen Standardabweichung (linker/blauer Balken bei Cluster 4 in der Abb. 8.12). Entsprechend betrug die Differenz zwischen dem Clusterzentrum im MBK1 + und dem Mittelwert von 50 $D_{MBK\,1+} = 55 - 50 = 5$. Dies entsprach 0,5 Standardabweichungen (rechter/roter Balken bei Cluster 4 in der Abb. 8.12). Im vollständigen Diagramm war zu erkennen, dass das Profil von Cluster 2 sehr stark am Mittelwert mit einer ganz leichten Tendenz nach oben lag. Obwohl das Clusterzentrum des ersten Clusters kaum eine Standardabweichung zum Mittelwert erreichte, konnte diese Abweichung dennoch als charakterisierend bezeichnend werden, da die maximal möglichen T-Werte im CFT 1-R Teil 2 maximal drei Standardabweichungen und im MBK 1 + nur 1,3 Standardabweichungen entfernt waren (vgl. Abschn. 8.1). Das Profil des Clusters 3 zeigte signifikante Standardabweichungen im Clusterzentrum in beiden Tests. Zwar erreichten die konträren Abweichungen beim vierten Cluster nicht eine volle Standardabweichung, jedoch wurde an dieser Darstellung die Charakterisierung dieses Clusters durch die beiden unterschiedlich ausgeprägten Fähigkeiten im MBK 1 + und CFT 1-R Teil 2 deutlich.

Damit ergaben sich insgesamt vier unterschiedliche Fähigkeitsprofile aus einer Kombination der mathematischen und intellektuellen Fähigkeiten der Erstklässler*innen, denen die 75 Kinder dieser Studie zugeordnet wurden:

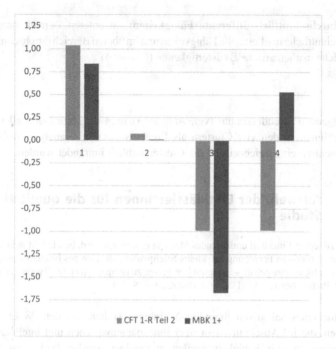

Abb. 8.12   Cluster-Profile mittels Standardabweichungen zu den Clusterzentren

Fähigkeitsprofile

1. **überdurchschnittlich gleiche Fähigkeiten:** überdurchschnittliche intellektuelle Fähigkeiten und im oberen Bereich durchschnittliche mathematische Basisfertigkeiten (Cluster 1)
2. **durchschnittlich gleiche Fähigkeiten:** durchschnittliche intellektuelle Fähigkeiten und durchschnittliche mathematische Basisfertigkeiten (Cluster 2)
3. **unterdurchschnittlich gleiche Fähigkeiten:** im unteren Bereich durchschnittliche intellektuelle Fähigkeiten und unterdurchschnittliche mathematische Basisfertigkeiten (Cluster 3)

4. **durchschnittlich differente Fähigkeiten:** im unteren Bereich durchschnittliche intellektuelle Fähigkeiten und im oberen Bereich durchschnittliche mathematische Basisfertigkeiten (Cluster 4)

Das folgenden Streudiagramm (vgl. Abb. 8.13) zeigt die Zuordnung aller Erst-
klässler*innen zu den vier Clustern als Ergebnis der Clusteranalyse, wobei die
Clusterzentren eingezeichnet und die Cluster farblich umrandet wurden.

8.3 Auswahl der Erstklässler*innen für die qualitative Studie

„Da zu jedem Einzelfall umfassendes Material gesammelt wird, beschränkt man sich
in der qualitativen Forschung auf **kleine Stichproben**, die sich aus bewusst – gemäß
ihrem Informationsgehalt – ausgewählten Fällen zusammensetzen (zu Typen qualitativer Stichproben [...])." (Döring & Bortz, 2016, S. 26)

Im Sinne eines selektiven Sampling-Verfahrens sollten aus den 78 Erstkläss-
ler*innen, die im Abschnitt zuvor über ihre mathematischen und intellektuellen
Fähigkeiten zu vier Fähigkeitsprofilen zugeordnet wurden (vgl. Abb. 8.13),
Kinder ausgewählt werden, die repräsentativ für alle Lernenden mit diesem
Fähigkeitsprofil standen (vgl. Abschn. 8.2.2). Wie bereits im methodischen
Abschnitt 7.1.2.3 zur Bildung des endgültigen Subsamples erläutert, wurde davon
ausgegangen, dass etwa 12 bis 20 Kinder von den ursprünglich 78 getesteten
Erstklässler*innen ausgewählt würden, da aus jedem der Cluster über weitere
Kriterien nach Möglichkeit vier Lernende ausgesucht werden sollten. Dies ent-
sprach bei den gebildeten vier Clustern einer Anzahl von $N = 4 \cdot 4 = 16$
Erstklässler*innen.

Die Auswahl der Lernenden erfolgte über drei hierarchisch angeordnete Kriterien (vgl. dazu auch Abschn. 7.1.2.3): Es sollten aus jedem Cluster immer zwei
Kinder von jedem Lehrwerk ausgewählt werden und diese nach Möglichkeit eine
Geschlechterparität aufweisen. Daher wurde das Kriterium des *Lehrwerks (K1)*
vorrangig vor dem Kriterium des *Geschlechts (K2)* angewendet. Als weiteres,
erneut nachrangig zu betrachtendes Kriterium wurde dann die *Repräsentativität
(K3)* des einzelnen Kindes für sein Fähigkeitsprofil (Cluster) betrachtet. Es wurde
versucht, über die Auswahl der Erstklässler*innen möglichst das ganze Spektrum
an T-Werten des MBK 1 + und CFT 1-R Teil 2 abzubilden. So sollte vermieden

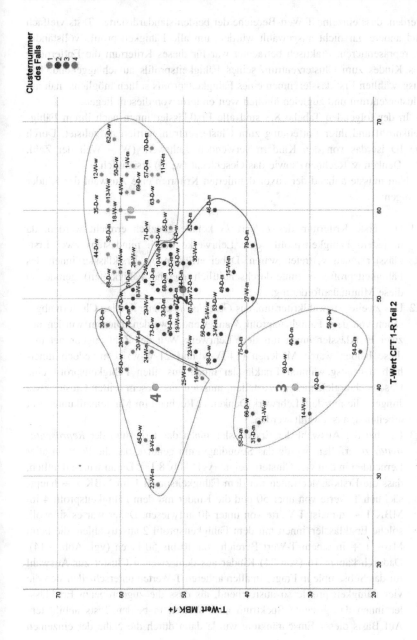

Abb. 8.13 Zuordnung der 75 Erstklässler*innen zu den vier Clustern (Streudiagramm)

werden, dass einzelne T-Wert-Bereiche der beiden standardisierten Tests vielfach und andere gar nicht ausgewählt würden, um alle Fähigkeitsprofile vollständig zu repräsentieren. Praktisch betrachtet war für dieses Kriterium die Entfernung des Kindes zum Clusterzentrum seines Fähigkeitsprofils ausschlaggebend. Die ausgewählten Erstklässler*innen eines Fähigkeitsprofils sollten möglichst nah am Clusterzentrum und zugleich ähnlich weit entfernt von diesem liegen.

In der folgenden Tabelle 8.3 sind alle Erstklässler*innen nach ihrem Fähigkeitsprofil und ihrer Entfernung zum Clusterzentrum sortiert aufgelistet. Durch die ID ist das von den Kindern verwendete Lehrwerk (W – Welt der Zahl, D – Denken & Rechnen) sowie das Geschlecht (w, m) ersichtlich.

Nun musste anhand der zuvor definierten Kriterien eine Auswahl der Kinder erfolgen:

K1 Das erste Kriterium des *Lehrwerks* konnte gänzlich erreicht werden, da in jedem Fähigkeitsprofil beide Lehrwerke durch mindestens zwei Erstklässler*innen vertreten waren. Dabei erfüllten die Erstklässler*innen des Fähigkeitsprofils 3 (unterdurchschnittlich gleiche Fähigkeiten) gerade so diese Minimalanforderung.

K2 Das zweite Auswahlkriterium, das *Geschlecht*, konnte in allen Clustern abgesehen von dem Fähigkeitsprofil 3 angewendet werden. Diesem wurden nur zwei Erstklässler*innen mit dem Lehrwerk Welt der Zahl zugeordnet und diese beiden waren Mädchen (14-W-w und 21-W-w). Um jedoch innerhalb der ausgewählten Erstklässler*innen aus allen Fähigkeitsprofil eine Geschlechtergleichheit herzustellen, mussten aus diesem dritten Cluster zwei Jungen, die mit dem Lehrwerk Denken & Rechnen im Mathematikunterricht arbeiteten, ausgewählt werden.

K3 Um bei der Auswahl der Erstklässler*innen das Kriterium der *Repräsentativität* zu erfüllen, wurde das Streudiagramm genutzt, das die Position aller Lernenden in den vier Clustern zeigte (vgl. Abb. 8.13). Daran wurde deutlich, dass die Erstklässler*innen mit dem Fähigkeitsprofil 1 im MBK 1 + hauptsächlich T-Werte von über 50 und die Kinder mit dem Fähigkeitsprofil 4 im MBK 1 + zumeist T-Werte von unter 40 aufwiesen. Daher war es sinnvoll, solche Erstklässler*innen mit dem Fähigkeitsprofil 2 auszuwählen, die beim MBK 1 + in einem T-Wert Bereich von 40 bis 50 lagen (vgl. Abb. 8.14). Dadurch kamen 16 (von 34) Kinder aus dem zweiten Cluster zur Auswahl für das Subsample in Frage. In allen anderen T-Werten unterschieden sich die vier Fähigkeitsprofile so ausreichend, als dass die zugeordneten Erstklässler*innen das gesamte Spektrum an T-Werten in beiden Tests abbildeten. Auf Basis dieser Einschränkung wurde dann durch die Nähe der einzelnen

Tab. 8.3 Zuordnung der Kinder zu den vier Fähigkeitsprofilen

Fähigkeitsprofil 1 (überdurchschnittlich gleich)		Fähigkeitsprofil 2 (durchschnittlich gleich)		Fähigkeitsprofil 3 (unterdurchschnittlich gleich)		Fähigkeitsprofil 4 (durchschnittlich different)	
ID	Abstand zum Clusterzentrum	ID	Abstand zum Clusterzentrum	ID	Abstand zum Clusterzentrum	ID	Abstand zum Clusterzentrum
18-W-w	1,64924	64-D-m	1,93000	60-D-w	1,92847	24-W-m	3,91152
69-D-w	1,64924	67-D-w	1,96025	14-W-w	4,50161	65-D-w	4,15933
4-W-w	1,70880	72-D-m	2,10495	40-D-m	5,07139	20-W-m	4,74342
35-D-w	3,62215	68-D-m	2,29223	42-D-m	5,27351	26-W-w	6,14003
13-W-w	3,64966	77-D-m	2,58188	21-W-w	6,25161	45-D-w	6,14003
50-D-w	3,64966	43-D-w	3,26590	66-D-w	6,50810	25-W-m	6,58027
63-D-w	4,44072	30-W-w	3,44130	31-D-m	7,71014	9-W-m	7,21803
1-W-m	4,61736	41-D-m	3,92071	75-D-m	7,78056	16-W-w	8,34865
71-D-w	4,80833	33-D-m	4,27939	58-D-m	8,43644	39-D-m	9,61769
57-D-m	4,95177	10-W-m	4,37455	59-D-w	10,0314	22-W-m	11,1759
36-D-m	5,11077	32-D-m	4,67360	54-D-m	11,9313		
11-W-m	5,68507	29-W-w	4,96650				
12-W-w	5,84123	19-W-w	5,10665				
44-D-w	6,48999	73-D-w	5,40873				
28-W-w	6,55134	76-D-m	5,55890				
55-W-w	6,83520	74-D-w	5,60107				
70-D-m	7,42428	5-W-w	5,77685				
17-W-w	7,57100	34-D-w	6,01627				
48-D-w	7,84347	2-W-m	6,04553				
62-D-w	8,03243	56-D-m	6,25593				
		53-D-w	6,33071				
		23-W-w	7,05159				
		49-D-m	7,09318				

(Fortsetzung)

Tab. 8.3 (Fortsetzung)

Fähigkeitsprofil 1 (überdurchschnittlich gleich)		Fähigkeitsprofil 2 (durchschnittlich gleich)		Fähigkeitsprofil 3 (unterdurchschnittlich gleich)		Fähigkeitsprofil 4 (durchschnittlich different)	
ID	Abstand zum Clusterzentrum	ID	Abstand zum Clusterzentrum	ID	Abstand zum Clusterzentrum	ID	Abstand zum Clusterzentrum
		52-D-m	7,55888				
		3-W-m	7,71295				
		51-D-m	7,91619				
		8-W-m	7,94586				
		78-D-m	8,09983				
		15-W-m	8,39931				
		47-D-w	9,07914				
		38-D-w	9,25877				
		46-D-m	10,5700				
		27-W-m	11,1126				
		79-D-m	12,2746				

Erstklässler*innen zu ihrem Clusterzentrum eine Auswahl getroffen. Diese Auswahl wurde in dem nachfolgenden Streudiagramm veranschaulicht (vgl. Abb. 8.14).

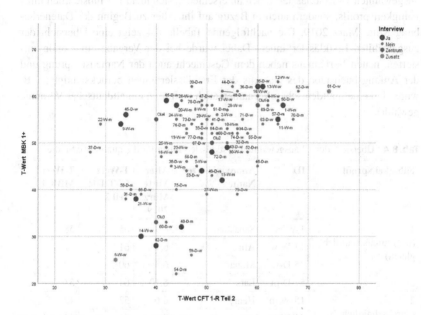

Abb. 8.14 Streudiagramm der endgültigen Auswahl der Kinder

Auf diese Art und Weise konnten 16 Erstklässler*innen aus den vier Fähigkeitsprofilen für die qualitative Studie zur individuellen mathematischen Kreativität ausgewählt werden. Zusätzlich zu diesen Kindern wurden zudem zwei der drei Ausreißer, die im Rahmen der Clusteranalyse aus dem Datenset entfernt wurden (vgl. Abschn. 8.2.1), in das Subsample aufgenommen (vgl. Abb. 8.14). Aus einer qualitativen Perspektive können diese Lernenden die Analyse der individuellen mathematischen Kreativität bereichern, da sie das Spektrum an individuellen Voraussetzungen erweitern. Dabei wurde sich für die Erstklässlerinnen mit der ID 61-D-w und 6-W-w entschieden, da diese bezogen auf ihre Fähigkeiten die beiden *Extremfälle* darstellten (vgl. für die Fallauswahl als Sampling-Methode Hussy et al., 2013, S. 197). Während die Erstklässlerin

61-D-w in ihren intellektuellen als auch mathematischen Fähigkeiten weit über-durchschnittlich abgeschnitten hatte, zeigte die Erstklässlerin 6-W-w in beiden Fähigkeiten weit unterdurchschnittliche Fähigkeiten.

Die für die nachfolgende Studie zur individuellen mathematischen Kreativität ausgewählten 18 Erstklässler*innen unterschieden sich nicht nur hinsichtlich ihres Fähigkeitsprofils, sondern auch in Bezug auf ihr Alter zu Beginn der Datenerhebung Mitte März 2019. Die nachfolgende Tabelle 8.4 zeigt eine Übersicht der ausgewählten Erstklässler*innen. Dabei wurde bei der Vergabe eines anonymi-sierten, neuen Vornamens neben dem Geschlecht auch der Namensursprung und der Anfangsbuchstabe des Namens der Erstklässler*innen berücksichtigt (z. B. wurde bei einem altdeutschen Vornamen auch weiterhin ein altdeutscher Vorname gewählt).

Tab. 8.4 Übersicht der 18 ausgewählten Erstklässler*innen für die qualitative Studie

Fähigkeitsprofil	ID	Anonymisierter Name	Alter Mitte März 2019	T-Wert CFT 1-R Teil 2	T-Wert MBK 1 +
1 (überdurchschnittlich gleich)	1-W-m	Sebastian	6;9	65	58
	13-W-w	Alina	6;7	61	62
	35-D-w	Mona	6;8	60	62
	57-D-m	Lars	6;10	64	55
2 (durchschnittlich gleich)	15-W-m	Henry	6;6	53	42
	30-W-w	Annika	7;7	54	49
	53-D-w	Lana	6;6	49	44
	72-D-m	Max	6;8	51	48
3 (unterdurchschnittlich gleich)	14-W-w	Anna	6;10	37	30
	21-W-w	Jessika	7;4	36	38
	40-D-m	Ben	7;1	45	32
	42-D-m	Alim	7;0	40	28
4 (durchschnittlich different)	9-W-m	Lukas	7;0	33	54
	20-W-m	Noah	7;2	44	58
	45-D-w	Melina	7;2	34	56
	65-D-w	Sophia	6;10	42	59
Ausreißer	6-W-w	Marie	6;7	32	25
	61-D-w	Jana	6;8	74	61

Im methodischen Kapitel dieser Arbeit wurde das weitere Vorgehen in der qualitativen Datenerhebung und -auswertung ausführlich dargestellt (vgl. Abschn. 7.2 und 6.3). So wurden mit den 18 ausgewählten Erstklässler*innen jeweils zwei Unterrichtsepisoden durchgeführt. Diese waren zwar durch einen Unterrichtsleitfaden (vgl. Abschn. 7.2.2) und definierte Lernprompts (vgl. Abschn. 7.2.3) vorstrukturiert, dennoch konnte die Interaktionen zwischen den Schüler*innen und mir als Lehrende-Forschende in Anlehnung an die Teaching Experiment-Methodologie individuell gestaltet werden (vgl. Abschn. 6.1.3). In jeder dieser Lernsituationen bearbeiteten die Erstklässler*innen eine arithmetisch offene Aufgabe, wobei zunächst die Aufgabe A1 und vier Wochen später die Aufgabe A2 bearbeitet wurde. Die beiden arithmetisch offenen Aufgaben sollen noch einmal wiederholt werden (vgl. ausführlich Abschn. 7.2.2):

A1 Finde verschiedene Aufgaben[1] mit der Zahl 4.
A2 Finde verschiedene Aufgaben mit dem Ergebnis 12.

Die nachfolgende Tabelle 8.5 listet für alle Erstklässler*innen die genauen Daten ihrer Unterrichtsepisoden im Jahr 2019 auf, wobei der Abstand von vier Wochen großteils eingehalten werden konnte. Dabei wurden alle Unterrichtsepisoden wie bereits beschrieben videografiert (vgl. Einführung zu Abschn. 7.2):

8.4   Kapitelzusammenfassung

In diesem Kapitel wurden die Ergebnisse des quantitativen Sampling-Verfahrens der vorliegenden Mixed Methods-Studie zur individuellen mathematischen Kreativität von Erstklässler*innen beim Bearbeiten arithmetisch offener Aufgaben präsentiert. Dabei wurde das Ziel verfolgt, Erstklässler*innen auf Grundlage ihrer individuellen Voraussetzungen, d. h. ihrer unterrichtlichen, mathematischen und intellektuellen Fähigkeiten, für die Teilnahme an der qualitativen Studie dieser Arbeit auszuwählen (vgl. methodische Ausführung in Abschn. 7.1).

Dafür wurden mit Hilfe einer Clusteranalyse (vgl. Abschn. 7.1.2.2) die 78 teilnehmenden Erstklässler*innen auf Basis ihre Ergebnisse in zwei standardisierten Test zu den mathematischen Fähigkeiten (MBK 1 +) und Grundintelligenz

---

[1] Der Begriff *Aufgabe* meint hier Rechenaufgaben wie etwa $4+1 = 5$. In diesem Kapitel wird dieser mathematische Ausdruck zur Abgrenzung zur arithmetisch offenen Aufgabe jedoch als Zahlensatz bezeichnet.

Tab. 8.5 Zeitliche Durchführung der Unterrichtsepisoden in 2019

	23.05.	27.05.	28.05.	04.06.	05.06.	17.06.	18.06.	26.06.	27.06.	04.07.
erste Unterrichtsepisode mit A1	Sebastian Alina Henry Anna	Jessika Lukas Noah Marie	Annika	Mona Ben Alim Melina	Lars Lana Max Sophia Jana					
zweite Unterrichtsepisode mit A2						Henry Annika Jessika Noah Marie	Sebastian Alina Anna Lukas	Lars Lana Max Sophia Jana	Ben Alim Melina	Mona

(CFT 1-R Teil 2) (vgl. Abschn. 8.1) in zueinander heterogene Gruppen auf-geteilt. Das Ergebnis dieser Datenanalyse mündete in der Bildung von vier Clustern, die verschiedene Fähigkeitsprofile der Erstklässler*innen darstellten (vgl. Abschn. 8.2):

1. **überdurchschnittlich gleiche Fähigkeiten**: überdurchschnittliche intellektu-elle Fähigkeiten und im oberen Bereich durchschnittliche mathematische Basisfertigkeiten (Cluster 1 mit 20 Kindern)
2. **durchschnittlich gleiche Fähigkeiten**: durchschnittliche intellektuelle Fähig-keiten und durchschnittliche mathematische Basisfertigkeiten (Cluster 2 mit 34 Kindern)
3. **unterdurchschnittlich gleiche Fähigkeiten**: im unteren Bereich durchschnitt-liche intellektuelle Fähigkeiten und unterdurchschnittliche mathematische Basisfertigkeiten (Cluster 3 mit 11 Kindern)
4. **durchschnittlich differente Fähigkeiten**: im unteren Bereich durchschnitt-liche intellektuelle Fähigkeiten und im oberen Bereich durchschnittliche mathematische Basisfertigkeiten (Cluster 4 mit 10 Kindern)

Aus diesen Fähigkeitsprofilen wurden dann insgesamt 18 Erstklässler*innen kriteriengeleitet ausgewählt, die an den Unterrichtsepisoden zum Zeigen ihrer individuellen mathematischen Kreativität beim Bearbeiten arithmetisch offener Aufgaben teilgenommen haben. Dabei wurden aus jedem der vier Fähigkeitspro-file vier Lernenden (zwei Jungen und zwei Mädchen) ausgewählt, wobei zwei der Kinder mit dem Lehrwerk *Denken & Rechnen* und zwei mit *Welt der Zahl* in ihrem Mathematikunterricht arbeiteten. Zudem wurden zwei Erstklässlerinnen zu dem Subsample dazu genommen, die bezogen auf ihre intellektuellen und mathematischen Fähigkeiten jeweils die beiden Extremfälle (weit unter- und weit überdurchschnittliche Fähigkeiten) darstellten (vgl. Abschn. 8.3).

Charakterisierung und Typisierung der individuellen mathematischen Kreativität von Erstklässler*innen

9

> „Das Ziel der Datenanalyse war es primär, die individuelle mathematische Kreativität von Erstklässler*innen beim Bearbeiten arithmetisch offener Aufgaben herauszuarbeiten (Forschungsfrage 1), um dadurch Kreativitätstypen der Erstklässler*innen zu bilden (Forschungsfrage 2)." (Abschn. 7.3)

In diesem und dem nachfolgenden Kapitel der empirischen Mixed Methods-Studie zur individuellen mathematischen Kreativität von Erstklässler*innen beim Bearbeiten arithmetisch offener Aufgaben werden die Ergebnisse der qualitativen Studie dargestellt. Auf Basis der Clusterbildung aus dem quantitativen Sampling-Verfahrens und der damit einhergehenden Zuordnung der 78 Erstklässler*innen zu vier verschiedenen Fähigkeitsprofilen (vgl. Kap. 8, insbesondere Abb. 8.13) wurden Lernende kriteriengeleitet ausgewählt, die repräsentativ für das Grundsample stehen (vgl. Abschn. 7.1.2.3). So nahmen insgesamt 18 Erstklässler*innen an den Unterrichtsepisoden teil, in denen sie ihre individuelle mathematische Kreativität beim Bearbeiten zweier arithmetisch offener Aufgaben zeigen konnten (vgl. Abschn. 8.3). Dieser erste Ergebnisabschnitt zielt auf das qualitativ ausgerichtete Forschungsziel ab (vgl. Abschn. 5.1.2), eine Charakterisierung und Typisierung der individuellen mathematischen Kreativität von Erstklässler*innen beim Bearbeiten zweier arithmetisch offener Aufgaben vorzunehmen. In diesem Zusammenhang sollen die ersten beiden Forschungsfragen beantwortet werden, die für die nachfolgenden Ausführungen strukturgebend sind. Dabei wird zu Beginn jedes Abschnitts das methodische Vorgehen der Datenauswertung noch einmal knapp rekapituliert (vgl. ausführlich Abschn. 7.3), um dann im Detail die

---

Ergänzende Information Die elektronische Version dieses Kapitels enthält Zusatzmaterial, auf das über folgenden Link zugegriffen werden kann https://doi.org/10.1007/978-3-658-38387-9_9.

S. Bruhn, *Die individuelle mathematische Kreativität von Schulkindern*,
Bielefelder Schriften zur Didaktik der Mathematik 8,
https://doi.org/10.1007/978-3-658-38387-9_9

Auswertung der videografierten Unterrichtsepisoden zu präsentieren, die zu einer Beantwortung der jeweils fokussierten Forschungsfrage führen:

F1   Inwiefern kann die individuelle mathematische Kreativität von Erstkläss-ler*innen beim Bearbeiten arithmetisch offener Aufgaben auf Basis des InMaKreS-Modells (vgl. Abschn. 2.4.2) charakterisiert werden? (vgl. Abschn. 9.2)

F2   Inwiefern lassen sich verschiedene Typen der individuellen mathematischen Kreativität von Erstklässlern ableiten? (vgl. Abschn. 9.3)

Auf Basis der Beobachtung der videografierten Unterrichtsepisoden, in denen die Lernenden je zwei arithmetisch offene Aufgaben bearbeiteten (vgl. Abschn. 7.2), wurde mit Hilfe einer mehrschrittigen qualitativen Video-Inhaltsanalyse eine Typisierung der individuellen mathematischen Kreativität von Erstklässler*innen erarbeitet (vgl. Abschn. 7.3.1). Das Vorgehen orientierte sich dabei an dem Typisierungsprozess nach Kelle und Kluge (2010, S. 92), die vier rekursiv zu durchlaufende Stufen in der Analyse qualitativer verbaler Daten beschrei-ben. In diesem Zusammenhang wurde das Ablaufschema (vgl. Abb. 9.1) der Datenauswertung für diese Studie erstellt (vgl. Abschn. 7.3.1, insbesondere Abb. 7.11):

Basis für die Erstellung dieses Ablaufschemas der Datenanalyse bildete das theoretisch entwickelte InMaKreS-Modell, das nun empirisch genutzt wird. In diesem wurden die divergenten Fähigkeiten definiert und zueinander in Beziehung gesetzt, sodass die individuelle mathematische Kreativität von Schüler*innen im Mathematikunterricht gezielt angeregt und dadurch beobachtbar wird (vgl. Abschn. 2.4.2). Da sich die Unterrichtsepisoden dieser Studie an dem Modell orientierten (vgl. Abschn. 7.2.2), war es nun möglich, die individuelle mathema-tische Kreativität der 18 Erstklässler*innen beim Bearbeiten zweier arithmetisch offener Aufgaben retrospektiv zu analysieren.

Basierend auf dem methodischen Ablaufschema der Datenauswertung (vgl. Abb. 9.1) wird in den nachfolgenden Ausführungen zunächst die Erstellung der individuellen Kreativitätsschemata beschrieben, wobei diese auf einer Kategori-sierung der Ideentypen der Erstklässler*innen basieren (vgl. Abschn. 9.1). Es schließt sich die Charakterisierung der individuellen mathematischen Kreativität von Erstklässler*innen auf Grundlage der divergenten Fähigkeiten Denkflüs-sigkeit, Flexibilität und Originalität im Sinne des InMaKreS-Modells an (vgl. Abschn. 9.2). Auf Basis dieser werden zuletzt verschiedene Typen der indi-viduellen mathematischen Kreativität von Erstklässler*innen beim Bearbeiten arithmetisch offener Aufgaben herausgearbeitet (vgl. Abschn. 9.3).

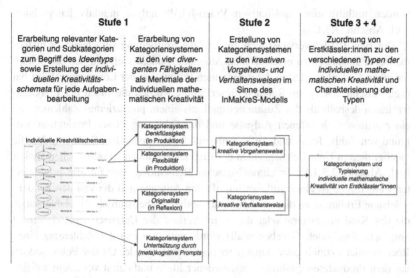

Abb. 9.1   Ablaufschema der qualitativen Datenauswertung auf Basis der Stufen im Typisierungsprozess

9.1   Erstellung der individuellen Kreativitätsschemata

„Die *individuelle mathematische Kreativität* beschreibt die relative Fähigkeit einer Person, zu einer geeigneten mathematischen Aufgabe verschiedene passende Ideen zu produzieren (*Denkflüssigkeit*), dabei verschiedene Ideentypen zu zeigen und zwischen diesen zu wechseln (*Flexibilität*), zu den selbst produzierten Ideen und gezeigten Ideentypen weitere passende Ideen und Ideentypen zu finden (*Originalität*) und das eigene Vorgehen zu erklären (*Elaboration*)." (Abschn. 2.4.1)

Die einzelnen Begriffsbestimmungen der vier divergenten Fähigkeiten Denkflüssigkeit, Flexibilität, Originalität und Elaboration bilden die Grundlage für die im Theorieteil dieser Arbeit entwickelte Definition und das darauf aufbauende Modell der individuellen mathematischen Kreativität von Schulkindern (InMaKreS) (vgl. Abschn. 2.4). Da dieses Modell wiederum die Basis für die vorliegende empirische Studie zur Kreativität von Erstklässler*innen bildete (vgl. Abschn. 5.2), war es in einem ersten Analyseschritt notwendig, die zentralen Grundbegriffe aus den Definitionen der divergenten Fähigkeiten empirisch herauszuarbeiten. Dazu zählen, wie bereits im methodischen Abschnitt 7.3.1.1 erläutert und im obigen Zitat ersichtlich, die Begriffe *Idee* und *Ideentyp*. Diese wurden mithilfe einer qualitativen Video-Inhaltsanalyse induktiv kategorisiert (vgl. Abschn. 7.3.1.1).

Der Begriff *Idee* verweist nicht nur auf die Erarbeitung verschiedener mathematischer Lösungen zu einer offenen Aufgabe, sondern vielmehr auf den schöpferischen Gedanken, der zu der divergenten Produktion der Lösungen geführt hat (vgl. Abschn. 2.4.1). Im Rahmen dieser Studie wurden die Ideen der Erstklässler*innen deshalb als das Zusammenspiel aus einem produzierten Zahlensatz zu einer arithmetisch offenen Aufgabe und die Erklärung dieser Produktion aufgrund von Zahl-, Term- und Aufgabenbeziehungen verstanden. Dafür wurden die videografierten Unterrichtsepisoden der Erstklässler*innen zunächst schematisiert (vgl. Abschn. 7.3.1.1): In chronologischer Reihenfolge wurden alle produzierten Zahlensätze zu einer arithmetisch offenen Aufgabe und die von den Kindern geleistete Erklärung zu diesem Zahlensatz notiert. Dabei wurden alle Zahlensätze, die das Kind produzierte oder die es im Verlauf der Unterrichtsepisode erneut ansprach, abgebildet. Gegebenenfalls wurde notiert, wenn der Zahlensatz einen Rechenfehler enthielt oder doppelt aufgeschrieben wurde. Da der Fokus jedoch auf dem Produzieren qualitativ verschiedener Ideen und damit vor allem auf den Erklärungen der Kinder lag, wurden diese Besonderheiten von einzelnen Zahlensätzen nicht weiter berücksichtigt. Zusätzlich wurden in den schematisierten Aufgabenbearbeitungen der Erstklässler*innen die eingesetzten (meta-)kognitiven Lernprompts am Zahlensatz notiert. Durch die Positionierung des entsprechenden Symbols wurde verdeutlicht, wann der Prompt gegeben wurde. In der nachfolgenden Tabelle 9.1 sind die Notationsvorschriften für die zuvor erläuterte Erstellung der Schematisierungen der Aufgabenbearbeitungen dargestellt:

Basierend auf diesen Notationsvorschriften ist nachfolgend beispielhaft das Schema der Aufgabenbearbeitung der zweiten offenen Aufgabe [Ergebnis 12] von Lars zu sehen (vgl. Abb. 9.2).

In der Produktionsphase produzierte der Erstklässler zunächst die beiden Zahlensätze $10 + 2 = 12$ sowie $11 + 1 = 12$ und daraufhin den Zahlensatz $*12 - 11 = 1$, der nicht der Aufgabenbedingung entsprach, da das Ergebnis nicht 12 war. Entsprechend der Notationsvorschriften (vgl. Tab. 9.1) wurde dieser Zahlensatz mit einem Sternchen versehen. Zudem war Lars in der Lage, jede Produktion seiner drei Zahlensätze nachvollziehbar durch Zahl-, Term- oder Aufgabenbeziehungen zu erklären, weshalb zwischen allen Zahlensätzen im Schema Pfeile notiert wurden. Dies setzte sich auch in der Reflexionsphase fort, weshalb im Schema zwischen allen Zahlensätzen Pfeile notiert wurden. In der Reflexion verwies der Erstklässler erneut auf seine beiden zuvor produzierten Zahlensätze, die dementsprechend grau hinterlegt wurden, und führt dabei die gleichen Erklärungen an. Da Lars aus eigenem Entschluss keine weiteren Zahlensätze finden

Tab. 9.1 Notationsvorschriften für die Erstellung des Prozessschemas

⬭ 4+8=12	produzierter Zahlensatz (schriftlich und mündlich)
⬮ 4+8=12	bereits geschriebener und abgelegter Zahlensatz, der in eine neue Verbindung zu mind. einem anderen Zahlensatz gebracht wurde und dabei umgelegt werden konnte
⬭ *4+7=12	falscher Zahlensatz bezogen auf einen Rechenfehler oder auf die Nicht-Erfüllung der Aufgabenbedingung
⬭ 4+8≠12 (durchgestrichen)	doppelt aufgeschriebener Zahlensatz
1 5	Einsatz eines Prompts (vgl. Tab. 7.6) blau – metakognitiv, Nr. 1–5, rechts neben dem Zahlensatz orange – kognitiv, Nr. 6–10, links neben dem Zahlensatz
4+8=12 [1]	Einsatz eines Prompts vor der Produktion des Zahlensatzes
[5] 4+8=12	Einsatz eines Prompts nach der Produktion des Zahlensatzes
[10] 4+8=12	ein dem Kind von der Lehrenden-Forschenden gegebener Zahlensatz, der aus einem metakognitiven Prompt (6 oder 10) stammt
⟶	vorhandene und mathematisch nachvollziehbare Erklärung der Erstklässler*innen
·········▷	Zahlensätze werden durch den Fokus auf ein arithmetisches Muster oder Struktur systematisch weiter produziert
——	nicht vorhandene Erklärung der Erstklässler*innen

Abb. 9.2 Prozessschema von Lars bei der zweiten offenen Aufgabe A2

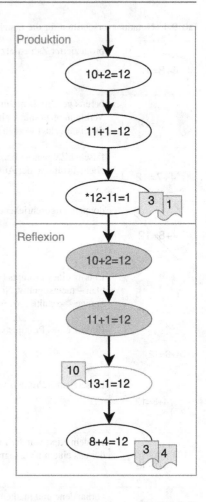

konnte, bot die Lehrende-Forschende im Sinne des kognitiven Prompt 10 dem Kind den Zahlensatz $13 - 1 = 12$ an. Dieser wurde ausgewählt, da der Erstklässler zuvor ausschließlich additive Zahlensätze produziert hatte und daher ein subtraktiver Zahlensatz das Entdecken weiterer Zahl-, Term- und Aufgabenbeziehungen anregen sollten. Der Erstklässler begründete die Produktion dieses vorgegeben Zahlensatzes durch einen Wechsel der Operation, produzierte daraufhin jedoch einen weiteren additiven Zahlensatz, nämlich $8 + 4 = 12$. So zeigte

Lars insgesamt bei seiner kreativen Bearbeitung der arithmetisch offenen Aufgabe A2 sieben Ideen, die durch die sieben Pfeile und Zahlensätze in seinem nebenstehenden Schema deutlich werden.

Wie dem Schema zu entnehmen ist, wurden während der gesamten Unterrichtsepisode fünf metakognitive Prompts eingesetzt (vgl. für eine Übersicht 7.2.3). Am Ende der Produktionsphase wurde dem Erstklässler durch den metakognitiven Prompt 1 die arithmetisch offene Aufgabe erläutert. Zusätzlich fragte die Lehrende-Forschende bei zwei Zahlensätzen in Form des Prompt 3 explizit nach, warum Lars den gerade produzierten Zahlensatz aufgeschrieben hatte. Dies wurde beim letzten Zahlensatz dadurch ergänzt, dass Lars durch den Prompt 4 darin unterstützt wurde, die Positionierung der Karteikarte mit dem Zahlensatz auf dem Tisch zu begründen. Eine Antwort auf diese Frage, „Wo kommt der Zahlensatz hin?" unterstützte die Erklärung zur Produktion ebendieses Zahlensatzes.

Nachdem alle 36 Aufgabenbearbeitungen der Erstklässler*innen wie zuvor beschrieben schematisiert und dadurch die Ideen der Kinder herausgearbeitet wurden, schloss sich eine induktive Kategorisierung der verschiedenen Ideen über alle Aufgabenbearbeitungen hinweg an. Durch unterschiedliche Haupt- und Subkategorien konnten unterschiedliche *Ideentypen* analysiert werden (vgl. Definition Abschn. 2.4.1). Hier muss darauf verwiesen werden, dass nicht alle Ideen der Erstklässler*innen eindeutig durch eine Kategorie abgebildet werden konnten. Gründe dafür waren, dass die Kinder keine Erklärung für die Produktion des Zahlensatzes verbalisieren konnten bzw. wollten oder dass die von den Lernenden gegebene Erklärung mathematisch nicht nachvollziehbar war. In diesen Fällen wurden Ideen unkategorisiert gelassen[1]. An vielen Stellen der Aufgabenbearbeitungen war es zudem nötig, zunächst mehrere mögliche Kategorien zu notieren und erst durch eine spätere Erklärung der Erstklässler*innen die Idee eindeutig einer Kategorie und damit einem Ideentyp zuzuordnen. Somit wurde der gesamte Kodierungsprozess mehrfach und bei den einzelnen Aufgabenbearbeitungen auch rekursiv durchlaufen (vgl. Abschn. 7.3.1.1). Alle gebildeten Haupt- und Subkategorien wurden an den Pfeilen in den schematisierten Aufgabenbearbeitungen der Erstklässler*innen notiert. Auf diese Weise entstand für jede Bearbeitung einer arithmetisch offenen Aufgabe der Erstklässler*innen ein sogenanntes *individuelles Kreativitätsschema (IKS)* (vgl. Abb. 7.8).

---

[1] Insgesamt konnten 20,8 % aller von den Erstklässler*innen gezeigten Ideen nicht kategorisiert werden (vgl. ausführlich Abschn. 10.1.1).

9.1.1 Kategoriensystem: arithmetische Ideentypen

„Kannst du mir erklären, wie du diese Aufgabe gefunden hast?" (Formulierung Prompt 3, Tab. 7.6)

Im Folgenden soll das Kategoriensystem zu den Ideentypen im Detail präsentiert werden. Unter dem von mir gewählten Begriff der *arithmetischen Ideentypen*, der aufgrund des mathematischen Inhaltsbereichs der offenen Aufgaben gewählt wurde, konnten vier verschiedene Ideentypen induktiv analysiert werden. Diese wurden durch vier Hauptkategorien mit jeweils unterschiedlich vielen Subkategorien abgebildet:

Kategorie (Ideentyp) 1	Frei-assoziierte Ideen
Kategorie (Ideentyp) 2	Struktur-nutzende Ideen
Kategorie (Ideentyp) 3	Muster-bildende Ideen
Kategorie (Ideentyp) 4	Klassifizierende Ideen

Diese vier Ideentypen bilden die verschiedenen Zahl-, Term- und Aufgabenbeziehungen ab (vgl. Abschn. 3.2.2.2, insbesondere Tab. 3.4), welche die Erstklässler*innen zur Erklärung der Produktion ihrer Zahlensätze bei der Bearbeitung der arithmetisch offenen Aufgaben heranzogen. Die erste Hauptkategorie der *frei-assoziierten Ideen* bezeichnet einen Ideentypen, bei dem in den Erklärungen der Erstklässler*innen für die Produktion des Zahlensatzes keine (arithmetische) Verbindung zwischen diesem und anderen zuvor produzierten Zahlensätzen erkennbar wird. Dagegen charakterisieren die anderen drei Hauptkategorien, die *struktur-nutzenden, muster-bildenden* und *klassifizierenden Ideen*, unterschiedliche von den Lernenden erklärte Zahl-, Term- und Aufgabenbeziehungen. Über diese arithmetischen Muster und Strukturen werden verschiedene Zahlensätze miteinander in Verbindung gebracht. Im Folgende sollen nun die verschiedenen Hauptkategorien mit ihren Subkategorien im Detail definiert und anhand von Ankerbeispielen aus den kreativen Aufgabenbearbeitungen der Erstklässler*innen veranschaulicht werden.

9.1.1.1 Frei-assoziierte Ideen (Ideentyp 1)

Diese erste Hauptkategorie bildet alle Ideen der Erstklässler*innen bei der kreativen Bearbeitung arithmetisch offener Aufgaben ab, bei denen ein Zahlensatz ohne Verbindung zu bereits zuvor produzierten Zahlensätzen gefunden, aufgeschrieben und erklärt wurde. Die Kinder wählten demnach aus der Vielzahl an möglichen und zur arithmetisch offenen Aufgabe passenden Zahlensätzen völlig *frei* einen

Zahlensatz zur Produktion aus. Anhand der Erklärungen der Kinder konnte jedoch analysiert werden, dass die Erstklässler*innen bei einer solchen Produktion von Zahlensätzen arithmetische Besonderheiten von Zahlen bzw. Zahlensätzen *assoziierten*. Aus diesem Grund wurde der erste Ideentyp als *frei-assoziierte Ideen* bezeichnet.

Bei dieser ersten Hauptkategorie konnten in allen 36 Aufgabenbearbeitungen der Erstklässler*innen zu den beiden arithmetisch offenen Aufgaben A1 [Zahl 4] und A2 [Ergebnis 12] insgesamt elf verschiedene Subkategorien herausgearbeitet werden. Diese stellen die von den Lernenden erläuterten arithmetischen Besonderheiten dar, die sie bei der Produktion der Zahlensätze assoziierten. An dieser Stelle sollen Ankerbeispiele zu allen Subkategorien der frei-assoziierten Ideen vorgestellt werden, um die Definitionen ebendieser zu explizieren (vgl. vollständiges Codebuch im elektronischen Zusatzmaterial):

- Als eine von den Erstklässler*innen häufig assoziierte Aufgabenbeziehung ist zunächst der sogenannte *Operationswechsel* zu nennen. Dabei entschieden die Lernenden plötzlich, einen Zahlensatz mit einer anderen Operation zu produzieren. Dabei wurde vor allem zwischen der Addition und Subtraktion gewechselt. Nur selten wurde zur Multiplikation gewechselt, was aufgrund der schulmathematischen Erfahrungen der Kinder am Ende der ersten Klasse nicht verwundert. So erklärte bspw. die Erstklässlerin Melina ihre Produktion des Zahlensatzes $1 \cdot 12 = 12$ mit „Weil (…) mir ab jetzt keine Minus- und Plusaufgaben mehr eingefallen ist" (45-D-w_A2, 00:29:05–00:29:55).
- Die Subkategorie *besondere Zahlensätze* bildet verschiedene Zahl-, Term- und Aufgabenbeziehungen ab, die sich auf besondere und vor allem leicht zu rechnende Zahlensätze beziehen. Dazu gehören die nachfolgenden Subkategorien:

o Als Beispiel für die häufige Fokussierung auf *Verdopplungsaufgaben* erläuterte Marie etwa die Produktion ihres Zahlensatzes $6 + 6 = 12$ damit, „weil wir die Verdopplungsaufgaben hatten schonmal" (6-W-w_A2, 00:00:23–00:00:42).

p Die *Kraft der 5* für die Produktion von Zahlensätzen zu nutzen, wurde vor allem aus den beobachteten Rechenwegen der Erstklässler*innen ersichtlich. So notierte etwa Sophia die Zahl 5, rechnete dann mit den Fingern oder im Kopf bis zum Ergebnis 12 und schrieb schließlich den Zahlensatz $5 + 7 = 12$ auf (vgl. 65-D-w_A2, 00:01:10–00:01:30).

q Lukas hatte „erst bis zu der Zehn ge[rechnet]" (9-W-m_A1, 00:00:53–00:01:48) und so den Zahlensatz $6 + 4 = 10$ produziert, was ein Beispiel für die Subkategorie der *Zehnerzahl* darstellt. Unter dieser wird die Produktion von Zahlensätzen mit einem Fokus auf Zehnerzahlen verstanden.

r Neben den Zahlen 5 und 10 als arithmetische Besonderheiten, welche die Erstklässler*innen nutzten, um die Produktion ihrer Zahlensätze zu erklären, wurde zudem die Zahl 0 fokussiert. Bspw. erklärte Alina ihren produzierten Zahlensatz $0 + 12 = 12$ damit, „Weil Null ist ja gar nichts und dann kann man ja da noch *zeigt mit Daumen und Zeigefinder gleichzeitig auf die Zwölf als zweiten Summanden und als Ergebnis* dann weiß ich das ja schon" (13-W-w_A2, 00:09:02–00:09:17).

s Die Erklärung für die Produktion des Zahlensatzes $3 + 1 = 4$ von Marie lautete: „Nach der Drei kommt ja die Vier und dann sind ja noch Eins" (6-W-w_A1, 00:12:49–00:13:13). So ist dies ein passendes Beispiel für die Subkategorie *+ /–1*. Bei dieser werden Zahlensätze produziert, bei denen eine gewählte Startzahl (zumeist der erste Summand oder Minuend) um Eins erhöht oder vermindert wird.

– Nicht überraschend konnten auch Ideen von Erstklässler*innen identifiziert werden, bei denen die Kinder Zahlensätze bereits automatisiert hatten und diese, ohne lange zu überlegen oder offensichtlich zu rechnen, aufschreiben konnten. In diesem Fall wurde die Subkategorie *gewusst* kodiert. Auch dies formulierten einige Lernende wie etwa Alim durch Erklärungen wie, „weil wir die Aufgabe ein bisschen öfter in Mathe [hatten]" (vgl. 42-D-m_A1, 00:01:40–00:02:17).

– Einige Erstklässler*innen entwickelten bei der Produktion von Zahlensätzen zu den arithmetisch offenen Aufgaben die Idee, ein anderes *Aufgabenformat* zu nutzen wie bspw. Alina, welche die Lehrende-Forschende in der Unterrichtsepisode explizit nach dieser Option fragte: „Geht auch eine Minus- oder Plustraube?" (vgl. 13-W-w_A1, 00:9:56–15:44). Sie produzierte daraufhin mit Unterstützung die nachfolgende Minustraube (vgl. Abb. 9.3).

– Eine weitere Subkategorie, die innerhalb der frei-assoziierten Ideen der Erstklässler*innen analysiert wurde, fokussiert die *Anzahl der Operationen* innerhalb der Zahlensätze. So erklären einzelne Lernende die Produktion eines Zahlensatzes damit, dass sie die Anzahl der verwendeten Operationen absichtsvoll erhöhten oder erniedrigten. Melina etwa erklärte ihren produzierten Zahlensatz $1 + 1 + 10 = 12$ zur zweiten arithemtisch offenen Aufgabe mit der Aussage: „Ich könnte hier natürlich auch $2 + 10$ nehmen, aber am Anfang wollte ich zweimal Plus" (vgl. 45-D-w_A2, 00:33:50–00:34–42).

– Eine bewusste Veränderung des verwendeten Zahlenraums diente bei einigen Erstklässler*innen als Erklärung für die Produktion ihrer Zahlensätze. Entsprechend der Schulstufe der Kinder wurden die Zahlensätze überwiegend im Zahlenraum bis 10, öfter auch im Zahlenraum bis 20 und seltener bis 100 gebildet. An dieser Stelle kann exemplarisch Lukas angeführt werden, der die Lehrende-Forschende direkt nach dieser Möglichkeit fragte: „Darf man auch über Vi... Also über Zwanzig?" (9-W-m_A1, 00:11:50–00:12:13). Daraufhin produzierte er den Zahlensatz $40 - 36 = 4$.

– Die letzte Subkategorie *Position der besonderen Zahl aus der Aufgabenbedingung* stellt eine weitere Zahl-, Term- und Aufgabenbeziehung dar, auf welche die Erstklässler*innen bei der Erklärung ihrer Zahlensätze zurückgriffen. Bei der ersten arithmetisch offenen Aufgabe *Finde Aufgaben mit der Zahl 4* stellt die Veränderung der Position der Zahl 4 innerhalb der Zahlensätze eine adäquate Idee dar, weitere Zahlensätze zu produzieren. Max fragte nach dieser Möglichkeit, indem er formulierte: „Kann man auch die Zahl höher als Vier sein? [...] Zum Beispiel, wenn ich jetzt fünf minus (.) vier nehme?" (72-D-m_A1; 00:03:20–00:04:30*)* und schrieb den Zahlensatz $5 - 4 = 1$ auf. Bei der zweiten arithmetisch offenen Aufgabe *Finde Aufgaben mit dem Ergebnis 12* führte eine Veränderung der Position der 12 hingegen unweigerlich zu einer unpassenden Idee, da die 12 nicht mehr das Ergebnis der Aufgabe war.

Die nachfolgenden drei Hauptkategorien bilden Ideentypen der Erstklässler*innen beim Bearbeiten der beiden arithmetisch offenen Aufgaben ab, bei denen zur Erklärung der Produktion eines Zahlensatzes über bestimmte Zahl-, Term- und Aufgabenbeziehungen eine Verbindung zwischen mehreren Zahlensätzen hergestellt wurde. So entstanden die Hauptkategorien der *struktur-nutzenden Ideen*, *muster-bildenden Ideen* und *klassifizierende Ideen*, die in den nachfolgenden Abschnitten definiert und anhand ausgewählter Ankerbeispiele präsentiert werden (vgl. Codebücher im elektronischen Zusatzmaterial).

9.1.1.2 Struktur-nutzende Ideen (Ideentyp 2)

Die zweite Hauptkategorie umfasst und kategorisiert alle Ideen der Erstklässler*innen bei der Bearbeitung der beiden arithmetisch offenen Aufgaben, bei denen die Lernenden zwischen zwei oder mehr Zahlensätzen eine Verbindung über bestimmte Zahl-, Term- und Aufgabenbeziehungen herstellten. Dabei werden durch die neun verschiedenen Subkategorien in dieser Hauptkategorie ausschließlich solche Verbindungen beschrieben, die auf arithmetischen Strukturen beruhen. Diese wurden im ersten Teil dieser Arbeit im Abschnitt zum Zahlenblick, insbesondere der Zahl-, Term- und Aufgabenbeziehungen (vgl.

Abb. 9.3 Minustraube von
Alina

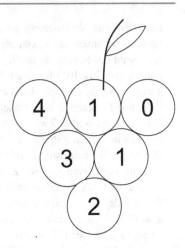

Abschn. 3.2.2.2, Tab. 3.4), bereits theoretisch zusammengetragen. Dadurch, dass in der mathematikdidaktischen Forschung diverse arithmetische Strukturen und deren Bezeichnungen aufgelistet sind, wurden die Subkategorien dieser Hauptkategorie dem Material deduktiv zugeordnet. Anhand der Erklärungen der Erstklässler*innen konnte festgestellt werden, dass viele der arithmetischen Strukturen den Kindern aus dem Mathematikunterricht bekannt waren und mehr oder minder präzise erklärt werden konnten. Jedoch fiel es den Lernenden schwer, die entsprechenden Bezeichnungen anzuwenden. Vor allem die beiden Fachbegriffe der *Tausch- und Umkehraufgaben* wurden häufig verwechselt. Andere arithmetische Strukturen wie etwa *Nachbaraufgaben*, die über das gegensinnige oder gleichsinnige Verändern entstehen, wurden gar nicht benannt, aber häufig genutzt und beschrieben. Dadurch, dass die Erstklässler*innen in jedem Fall eine arithmetische Struktur nutzen, wurde dieser Ideentyp als *struktur-nutzende Ideen* bezeichnet.

Nachfolgend werden die neun Subkategorien der struktur-nutzenden Ideen erläutert und anhand von Ankerbeispielen aus den 36 Aufgabenbearbeitungen der Erstklässler*innen verdeutlicht (vgl. Codebuch im elektronischen Zusatzmaterial):

– Eine arithmetische Struktur, die im Mathematikunterricht der ersten Klasse bereits sehr früh mit den Kindern erarbeitet wird, sind *Tauschaufgaben* (vgl. Padberg & Benz, 2011b, S. 98). Daher ist es nicht verwunderlich, dass diese Subkategorie in den Erklärungen der Erstklässler*innen zur Produktion der

Zahlensätze häufig wiederzufinden ist. Henry etwa erklärt diese Struktur bei-
spielgebunden an seinem Zahlensatz $9 + 4 = 13$ und dem zuvor produzierten
Zahlensatz $4 + 9 = 13$ wie folgt: „Weil (.) *zeigt immer auf die Zahlen in
den Zahlensätzen, die er benennt* die Neun da ist und die Neun einfach nach
da ist; und die Vier ist da und da; und die Dreizehn gibt es auch doppelt"
(15-W-m_A1, 00:20:26–00:21:20). Trotz dieser passenden Erklärung bezeich-
nete Henry seine erklärte Struktur als Umkehraufgabe. Dies verdeutlicht, dass
Henry wie auch einige andere Erstklässler*innen die mathematikdidaktischen
Fachbegriffe (noch) nicht verinnerlicht hatten.

– Neben den Tauschaufgaben sind auch *Umkehraufgaben* als besondere Zahl-,
   Term- und Aufgabenbeziehungen in den Erklärungen der Erstklässler*innen
   für die Produktion weiterer Zahlensätze zu finden. So erklärte bspw. Sebastian
   seine Produktion des Zahlensatzes $10 - 4 = 6$, indem er auf den Zahlensatz
   $6 + 4 = 10$ deutete und sagte, „weil das die Tauschaufgabe ist. [...] Die
   Zehn ist dahin getauscht und die Vier bleibt stehen und die Sechs ist auch
   verwechselt" (1-W-m_A1, 00:26:14–00:26:53). An dieser Stelle wird erneut
   deutlich, dass viele der Lernenden in der Lage sind, ihre genutzte arithmetische
   Struktur zu beschreiben, aber nicht fachsprachlich zu benennen.

– Nutzten Erstklässler*innen für ihre Produktion von Zahlensätzen sowohl
   Tausch- als auch Umkehraufgaben, dann hatten einzelne Lernende die Idee,
   eine *Aufgabenfamilie* zu bilden. Dieser Begriff beschreibt theoretisch alle
   additiven und subtraktiven Möglichkeiten mit den gleichen drei Zahlen vier
   verschiedene Zahlensätze zu bilden, wodurch zwei Tausch- und zwei Umkehraufgaben entstehen, z. B. $1 + 2 = 3, 2 + 1 = 3, 3 - 1 = 2, 3 - 2 = 1$
   (vgl. Padberg & Benz, 2011b, S. 118). Dabei wurde diese Subkategorie dann
   kodiert, wenn die Erstklässler*innen in ihren kreativen Aufgabenbearbeitungen
   zu zwei Tausch- oder Umkehraufgaben mindestens einen dritten passenden
   Zahlensatz produzierten. Hier kann das Beispiel von Jana herangezogen werden, die ihre Produktion des Zahlensatzes $10 - 6 = 4$ erklärte, indem sie auf
   ihre beiden zuvor produzierten Zahlensätze $10 - 4 = 6$ und $4 + 6 = 10$
   deutete und sagte: „Und dieses Mal sind die beiden umgekehrt *zeigt auf
   die Zahlen Sechs und Vier in dem neu produzierten Zahlensatz*" (61-D-w_A1,
   00:24:22–00:24:58).

– Die Subkategorie *Nachbaraufgaben* bildet drei verschiedene Möglichkeiten
   von Zahl-, Term- und Aufgabenbeziehungen ab, bei denen sich die Erklärung
   der Produktion von Zahlensätzen auf die Nähe der Zahlensätze untereinander
   bezieht.

o Die Subkategorie *Veränderung beider Elemente des Terms* bezieht sich auf das gegensinnige oder gleichsinnige Verändern, je nachdem ob die Erstklässler*innen additive oder subtraktive Zahlensätze produzieren. Lars erklärte die Produktion der nacheinander aufgeschriebenen Zahlensätze $10 + 2 = 12$ und $11 + 1 = 12$ wie folgt: „*zeigt auf die hintere Ziffer 1 der Zahl 11* Wenn das. Wenn da jetzt eine Null wäre. Dann ist jetzt hier die Eins dahin gekommen *zeigt auf den zweiten Summanden* Dann wären das ja hier zwei *zeigt auf den zweiten Summanden des ersten Zahlensatzes*" (57-D-m_A2, 00:01:57–00:02:44). Dadurch, dass Lars die Veränderung beider Summanden in Beziehung zueinander beschrieb, konnte hier eindeutig die Nachbaraufgabe als arithmetische Struktur kodiert werden.

p Die zweite Subkategorie der Nachbaraufgaben bildet die Ideen der Erstklässler*innen ab, eine *Veränderung eines Elements im Term* vorzunehmen. Mona produzierte passend zur ersten arithmetischen Aufgabe bspw. der Reihe nach die Zahlensätze $4 + 1 = 5$, $4 + 2 = 6$ und $4 + 3 = 7$. Sie erklärte ihre Idee mit den folgenden Worten: „Weil alles am Anfang 4 ist. […] Weil das Ergebnis Fünf, Sechs, Sieben ist" (35-D-w_A1, 00:07:34–00:07:56). Obwohl sie diese Auffälligkeit nicht explizit erläutert, folgt aus ihrer Erklärung, dass sich der zweite Summand immer um Eins erhöhen muss.

q Eine besondere Form der Nachbaraufgaben bildeten einzelne Erstklässler*innen, indem sie *Zahlensatzfolgen durch Kettenaddieren oder -subtrahieren* zeigen. Diese induktiv erarbeitete Subkategorie soll durch das Beispiel von Marie veranschaulicht werden. Die Erstklässlerin produzierte den Zahlensatz $10 + 4 = 14$ und erklärte diesen, indem sie auf den zuvor produzierten Zahlensatz $6 + 4 = 10$ verwies und kommentierte: „Weil ich von da *zeigt auf das Ergebnis 10 des vorherigen Zahlensatzes* weiterrechne *deutet auf die + 4 des neu produzierten Zahlensatzes*" (61-D-w_A1, 00:01:56–00:02:20). Mit dieser Struktur, bei der in einem weiten Sinne benachbarte Zahlensätze gebildet werden, produzierte das Kind noch weitere Zahlensätze.

– Einzelne Erstklässler*innen nutzten in ihren Aufgabenbearbeitung die Subkategorie des *Zerlegens*, bei der einzelne Zahlen der Zahlensätze bewusst zerlegt wurden. Dabei griffen die Lernenden auf die (zum Teil automatisierten) Zahlzerlegungen aller Zahlen bis Zehn zurück, die einen wesentlichen Lerninhalt des Mathematikunterrichts des ersten Halbjahres der ersten Klasse darstellen (vgl. Hasemann & Gasteiger, 2014, S. 120–124, 126–127). Mona bspw. erklärte die Produktion ihres Zahlensatzes $1 + 9 + 1 + 1 = 12$, den sie in Verbindung zu dem Zahlensatz $10 + 2 = 12$ brachte, dadurch, „weil ich als erstes 'ne Eins genommen hab und dann 'ne Neun. Dann hatte ich schon Zehn und dann wollte ich nicht wieder 'ne Zwei *legt den Zahlensatz neben den zuvor geschriebene Zahlensatz 10 + 2 = 12*" (35-D-w_A2, 00:00:58–00:01:42).

– Das Nutzen der arithmetischen Struktur der *Analogie*, welche die Erstklässler*innen durch die Begriffe wie *Analogieaufgaben* (Buschmeier et al., 2017b, S. 70–71) oder *kleine und große Schwesteraufgabe* (Rinkens et al., 2015b, S. 86) kennen, stellt ebenfalls eine in den Aufgabenbearbeitungen analysierte Subkategorie dar. Dabei wird mit Hilfe eines automatisierten Zahlensatzes im Zahlenraum bis Zehn ein Zahlensatz, bei dem mindestens eine Zahl um einen Zehner erhöht bzw. erniedrigt wurde, produziert. Noah erklärte etwa die Produktion des Zahlensatzes $4 - 3 = 1$ durch den Zahlensatz $14 - 13 = 1$ und sagt: „das ist die kleine Schwesteraufgabe" (20-W-m_A1, 00:01:47–00:02:17).

– Als letzte Subkategorie sind *Verdopplungen* zu nennen. Dabei werden zwei Zahlensätze in eine strukturelle Verbindung gebracht, da der eine Zahlensatz das Doppelte oder die Hälfte des anderen darstellt. So erklärte Sebastian: „die Sechzig *deutet auf den ersten Faktor des Zahlensatzes* $60 \cdot 9 = 540$ gehört zur Dreizig *deutet auf den ersten Faktor des Zahlensatzes* $30 \cdot 9 = 270$, weil die Sechzig das Doppelte von Dreizig ist" (1-W-m_A1, 00:23:30–00:23:55).

Neben der in diesem Abschnitt beschriebenen Hauptkategorie der struktur-nutzenden Ideen konnten in den 36 Aufgabenbearbeitungen der Erstklässler*innen noch zwei weitere Hauptkategorien entwickelt werden. Die *muster-bildenden* und *klassifizierenden Ideen* bilden ebenfalls Ideentypen ab, bei denen die Lernenden Zahl-, Term- und Aufgabenbeziehungen zur Erklärung heranziehen und so Zahlensätze miteinander verbinden. Diese sollen im Folgenden dargestellt werden.

9.1.1.3 Muster-bildende Ideen (Ideentyp 3)

Die zuvor dargestellte Hauptkategorie der struktur-nutzenden Ideen beschreibt einen arithmetischen Ideentyp, bei dem die Erklärungen der Erstklässler*innen zur Produktion von Zahlensätzen auf das Nutzen arithmetischer Strukturen verweist. Zudem ließen sich auch Erklärungen der Kinder analysieren, bei denen sich die Erstklässler*innen ausschließlich auf einzelne numerische Auffälligkeiten und Veränderungen innerhalb der Zahlensätze fokussierten. So brachten die Erstklässler*innen bei der kreativen Bearbeitung arithmetisch offener Aufgaben

Zahlensätze über verschiedenartige, selbst gebildete Zahlenmuster miteinander in Verbindung. Daher wird diese Hauptkategorie als *muster-bildende Ideen* bezeichnet.

Nachfolgenden werden die vier Subkategorien dieses Ideentyps definiert und wie zuvor anhand von Ankerbeispielen erläutert (vgl. Codebuch im elektronischen Zusatzmaterial):

– Als dynamische numerische Auffälligkeit kann die Subkategorie *wachsende Zahlenfolge* beschrieben werden. Dabei brachten die Erstklässler*innen innerhalb von mindestens zwei Zahlensätzen einzelne Zahlen oder gar Ziffern in eine auf- oder absteigende Reihenfolge. Die Zahlensätze mussten nicht unbedingt auch eine Verbindung auf Grund einer arithmetischen Struktur aufweisen oder – was häufig der Fall war – ebendiese strukturelle Verbindung wurde von den Lernenden nicht als solche identifiziert. Vielmehr blieb der Fokus bei der Erklärung der produzierten Zahlensätze auf der Zahlebene. So erklärt bspw. Marie, dass ihre Zahlensätze $3 + 1 = 4$, $2 + 2 = 4$ und $3 + 4 = 7$ in einer Verbindung stehen, weil rückwärts gesehen „da die Drei *zeigt auf den Zahlensatz 3 + 4 = 7*, da die Zwei *zeigt auf den Zahlensatz 2 + 2 = 4*, da die Eins *zeigt auf den Zahlensatz 3 + 1 = 4*. Und hier ist noch die Vier" (6-W-w_A1, 00:13:15–00:13:50). Bei Letzterem zeigte sie auf den Subtrahenden des geradeaufgeschriebenen Zahlensatzes $14 - 4 = 10$ und legte diesen neben die anderen. Der gelegten Reihenfolge nach verweist sie also im ersten Zahlensatz auf den zweiten Summanden (1), dann auf den ersten Summanden (2), auf den ersten Summanden (3) und auf den Minuenden (4). Die Abgrenzung dieser Subkategorie der muster-bildenden Ideen zur Subkategorie der Nachbaraufgaben der struktur-nutzenden Ideen liegt demnach in der Fokussierung auf einzelnen Zahlen und nicht auf der ganzheitlichen Betrachtung einer Veränderung eines Zahlensatzes zum nächsten. Dies soll am folgenden Beispiel noch einmal verdeutlicht werden: Marie produzierte nacheinander die (zumeist durch Rechenfehler gekennzeichneten) Zahlensätze $*1 + 7 = 12$, $*2 + 7 = 12$ und $4 + 8 = 12$ bis hin zu dem Zahlensatz $11 + 1 = 12$. Bei ihrer Erklärung fokussierte sie nicht etwa das gegensinnige Verändern als arithmetische Struktur, sondern eine in den Zahlensätzen erkennbare Zahlreihenfolge, „weil hier die Eins, dann die Zwei, dann die Drei [...]" (6-W-w_A2, 00:07–50–00:08:00). Deshalb wurde in diesem Fall die kindliche Idee als wachsende Zahlenfolge kategorisiert.

– Die anderen drei Subkategorien der muster-bildenden Ideen beschreiben im Gegensatz zur ersten Subkategorie statische numerische Muster. Die zweite induktiv herausgearbeitete Subkategorie *Plus-Minus* ist insofern einzigartig, als dass die Erstklässler*innen zwei Zahlensätze als zusammengehörig beschrieben, die auf numerischer Ebene starke Übereinstimmungen aufweisen, mathematisch gesehen aber durch keine arithmetischen Gesetze oder Axiome verbunden werden können. So wird ein additiver und ein subtraktiver Zahlensatz in Verbindung gebracht, bei denen die Zahlen des Terms exakt übereinstimmen, d. h. $a+b = c$ und $a-b = d$. Lukas erklärte etwa, dass sein Zahlensatz $12-0 = 12$ eine Verbindung zu dem zuvor produzierten Zahlensatz $12 + 0 = 12$ aufweisen würde, weil er bei der Produktion „einfach dabei das gleiche aber nur mit Minus gemacht [hatte]" (9-W-w_A2, 00:02:36–00:03:02).

– Bei der Subkategorie *Zahlenparallele* erklären die Erstklässler*innen die Produktion eines Zahlensatzes, da dieser mit einem anderen Zahlensatz zwei gleiche Zahlen oder Ziffern aufweist. Dabei ist die Position der übereinstimmenden Zahlen oder Ziffern innerhalb der Zahlensätze unerheblich. Jessika erklärte die Produktion der Zahlensätze $10 + 2 = 12$ und $*3 + 10 = 12$ damit, „weil hier Zehn, Zehn [und da] Zwölf, Zwölf" (21-W-w_A2, 00:06:07–00:06:20). An diesem Beispiel wird insbesondere deutlich, dass auch bei der Produktion unpassender Zahlensätzen wie $*3 + 10 = 12$ (Rechenfehler) durch die Erklärung der Erstklässler*innen die zugrundeliegende Idee kategorisiert werden konnte.

– Die letzte Subkategorie der muster-bildenden Ideen bildet eine weitere Aufgabenbeziehung ab, bei der die Erstklässler*innen arithmetische Muster über Zahlensätzen bilden, diese in Form bestimmter Aufgabenformate wie etwa Zahlenmauern anordnen und zur Produktion weiterer Zahlensätzen nutzen. So ordnete Lana ihre Zahlensätze $7 - 3 = 4$, $2 + 2 = 4$ und $4 + 2 = 6$ in eine Zahlenmauer an (vgl. Abb. 9.4), verwies explizit auf dieses Aufgabenformat und erklärte, „weil Vier *deutet auf das Ergebnis des unteren linken Zahlensatzes* plus Zwei *deutet auf den ersten Summanden des unteren rechten Zahlensatzes* Sechs ergibt *deutet auf das Ergebnis der oberen Zahlensatzes*" (53-D-w_A1, 00:13:13–00:13:36).

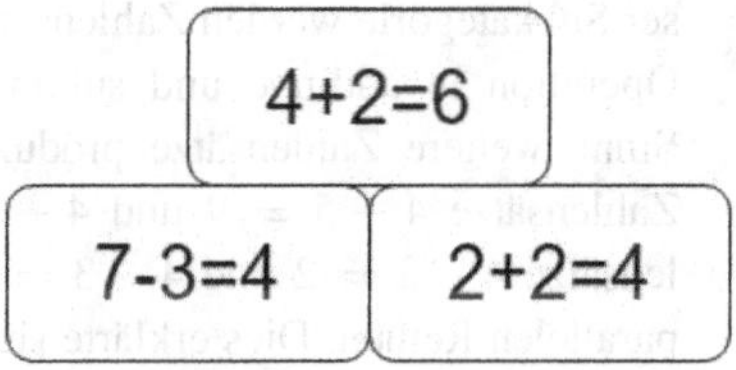

Abb. 9.4 Zahlenmauer Lana

4+2=6

7-3=4   2+2=4

An dieser Stelle kann zusammengefasst werden, dass bei struktur-nutzenden Ideen die Erstklässler*innen in ihren Erklärungen zur Produktion von Zahlensätzen arithmetische Strukturen fokussierten. Der Ideentyp der muster-bildenden Ideen umfasst solche, bei denen die Lernenden ihre Aufmerksamkeit auf numerische Auffälligkeiten bzw. numerische Veränderungen in mehreren Zahlensätzen richteten. Nachfolgend wird die letzte Hauptkategorie erläutert, die nun den letzten arithmetischen Ideentypen abbildet, die *klassifizierenden Ideen*.

9.1.1.4 Klassifizierende Ideen (Ideentyp 4)

Die Hauptkategorie der *klassifizierenden Ideen* bildet alle Ideentypen der Erstklässler*innen bei der Bearbeitung arithmetisch offener Aufgaben ab, bei denen diese eine Verbindungen zwischen zwei oder mehr Zahlensätzen ausschließlich aufgrund äußerlicher Merkmale der Zahlensätze wie etwa bestimmte Zahlen oder die verwendete Operation herstellten. Damit unterscheidet sich dieser Ideentyp deutlich von der Idee, arithmetische Strukturen zu nutzen (struktur-nutzende Ideen (Ideentyp 2)) sowie dem Bilden von Zahlenmustern (muster-bildende Ideen (Ideentyp 3)). Bei der Analyse der 36 Aufgabenbearbeitungen war auffällig, dass dieser Ideentyp häufig am Ende der kreativen Bearbeitungen der Erstklässler*innen und nachdem Ideen der anderen Ideentypen gezeigt wurden, kodiert wurde. Hier liegt die Vermutung nahe, dass die klassifizierenden Ideen von den Kindern genutzt werden, um die Produktion von Zahlensätzen zu erklären, die nicht über eine arithmetische Struktur oder ein Zahlenmuster in Verbindung zu anderen Zahlensätzen stehen. Dieses Vorgehen konnte durch die Impulsfrage „Was fällt dir auf?" in der Reflexionsphase der Unterrichtsepisoden angestoßen worden sein (vgl. Unterrichtsleitfaden Tab. 7.5).

Nachfolgend werden die fünf induktiv gebildeten Subkategorien der klassifizierenden Ideen mithilfe von Ankerbeispielen definiert und präsentiert (vgl. Codebuch im elektronischen Zusatzmaterial):

– Eine Term- bzw. Aufgabenbeziehung, welche die Erstklässler*innen in ihren Erklärungen zur Produktion von Zahlensätzen anführten, bezog sich auf die verwendete *Operation* als äußerliche Auffälligkeit von Zahlensätzen. Bei dieser Subkategorie werden Zahlensätze ausschließlich aufgrund der verwendeten Operation in additive und subtraktive Zahlensätze geordnet und in diesem Sinne weitere Zahlensätze produziert. Bspw. sortiert Annika ihre additiven Zahlensätze $4 + 5 = 9$ und $4 + 4 = 8$ genauso wie die subtraktiven Zahlensätze $4 - 2 = 2$ und $4 - 3 = 1$ jeweils untereinander und damit in zwei parallelen Reihen. Dies erklärte sie mit, „weil hier ist Minus und hier ist Plus" (30-W-w_A1, 00:02:45–00:2:57).

- Die Subkategorie *Anzahl der Elemente in den Zahlensätzen* bildet alle Erklärungen der Erstklässler*innen ab, bei denen sie Zahlensätze über die Anzahl der Elemente (zumeist Summanden) sortierten. So erklärte Alina, dass der Zahlensatz $1+4+1+4+2 = 12$ „zu den Langen" (13-W-w_A2, 00:06-58–00:07:02) gehörte und sortierte ihre weiteren Zahlensätze $10 + 2 = 12$, $2 + 5 + 5 = 12$ und $1 + 4 + 1 + 4 + 2 = 12$ daher nach der Länge des Terms.
- Eine weitere äußerliche Auffälligkeit, welche die Erstklässler*innen zur Erklärung ihrer Zahlensätze nutzten, war die *Position einer bestimmten Zahl* innerhalb der Zahlensätze. So wurden Zahlensätze als zusammengehörend bezeichnet, wenn sie alle an der gleichen Stelle (oft im Ergebnis oder als erster Summand bzw. Minuend) die gleiche Zahl aufwiesen. Ben verband auf diese Weise seine beiden Zahlensätze $60 - 20 = 40$ und $70 - 3 = 40$, „weil da am Ende steht eine Vierzig und hier auch" (40-D-m_A1, 00:25:05–00:25:31).
- Nicht nur die Position einer Zahl innerhalb der Zahlensätze konnte als Erklärung zur Produktion dieser dienen, sondern auch eine *bestimmte Zahl* selbst. Max setzte bspw. die Zahl 5 in den Mittelpunkt seiner Erklärung des produzierten Zahlensatzes $*8+5 = 12$, den er dem Zahlensatz $7+5 = 12$ zuordnete. Er erklärte dies damit, „weil das ist ja schon ‚ne Fünf-Aufgabe" (72-D-m_A2, 00:07:00–00:07:20).
- Unter der letzten Subkategorie *Auffälligkeiten* werden alle klassifizierenden Ideen der Erstklässler*innen gefasst, bei denen die Kinder einzelne äußerliche Merkmale benannten. Die benannten Merkmale unterscheiden die Zahlensätze deutlich von anderen produzierten Zahlensätzen. Damit wurde hier ein eher ausschließendes als verbindendes Kriterium für eine Sortierung gefunden. Ein Beispiel dafür ist die Antwort von Alim auf die Frage der Lehrenden-Forschenden zu Beginn der Reflexionsphase, was ihm denn an seinen produzierten Zahlensätzen auffiele: „Also, dass hier keine Eins ist *deutet auf den ersten Summanden des Zahlensatzes* $6 + 6 = 12$ und da keine Zwei ist *deutet auf den ersten Summanden des Zahlensatzes* $10+2 = 12$" (42-D-m_A2, 00:20:10–00:20:32). Damit grenzte er diese Zahlensätze von seinen anderen ab, die alle über eine wachsende Zahlenmusterfolge miteinander verbunden wurden.

Aus den Erläuterungen der Subkategorien des Ideentyps der klassifizierenden Ideen lässt sich festhalten, dass die Erstklässler*innen bei diesem Ideentyp in ihren Erklärungen äußerliche Merkmale der produzierten Zahlensätze fokussierten. Darin liegt der Unterschied zu den struktur-nutzenden Ideen, bei denen arithmetische Strukturen in den Blick genommen werden, sowie zu den musterbildenden Ideen, bei denen numerische Auffälligkeiten und Veränderungen

innerhalb der Zahlensätze beachtet werden. Damit bilden diese drei Hauptkategorien alle Ideentypen ab, bei denen die Erstklässler*innen zwei oder mehr
Zahlensätze über verschiedene Zahl-, Term- und Aufgabenbeziehungen in Verbindung setzten. Die frei-assoziierten Ideen stellen dagegen einen Ideentyp dar, bei
dem die Lernenden frei weitere Zahlensätze produzieren und dabei arithmetische
Besonderheiten von (Zahlen-)sätzen assoziierten. Die für alle Hauptkategorien gebildeten Subkategorien differenzieren die verschiedenen arithmetischen
Ideentypen noch weiter aus.

Im nachfolgenden Abschnitt soll die Kategorisierung der Unterrichtsepisoden der Erstklässler*innen exemplarisch anhand von Lars' Bearbeitung der
arithmetisch offenen Aufgabe A2 präsentiert werden (vgl. Abschn. 9.1.2). Die
Analyse mündet in der Erstellung seines individuellen Kreativitätsschemas (vgl.
Abschn. 9.1). Anschließend wird die Reliabilität des gerade vorgestellten Kategoriensystems dargestellt. Die Berechnung dieses zentralen Gütekriteriums ist
deshalb notwendig, da die Kategorien als Ausgangspunkt für die weiteren
Analysen der individuellen mathematischen Kreativität der Erstklässler*innen
dienen (vgl. Abschn. 9.1.3). So kann in Abschnitt 9.2 die Charakterisierung und
anschließend in Abschnitt 9.3 die Typisierung der individuellen mathematischen
Kreativität der Erstklässler*innen erarbeitet werden.

9.1.2   Das individuelle Kreativitätsschema (IKS) am Beispiel von Lars

„Findest du verschiedene Aufgaben mit dem Ergebnis 12?" (arithmetisch offene Aufgabe A2, Abschn. 7.2.2)

Alle Ideen der Erstklässler*innen, die in den schematisierten Aufgabenbearbeitungen veranschaulicht wurden (vgl. Einführung zu Abschn. 9.1), wurden
durch das dargestellte Kategoriensystem *der arithmetischen Ideentypen* (vgl.
Abschn. 9.1.1) analysiert. Dabei war es notwendig, die gesamte Unterrichtsepisode mehrfach zyklisch zu durchlaufen, um alle Erklärungen der Erstklässler*innen herausarbeiten und analysieren zu können. Die Kategorisierung der
einzelnen Ideen gestaltete sich individuell herausfordernd und insgesamt interpretativ (vgl. Ausführungen in Abschn. 7.3.1.1). Bereits im methodischen Rahmen
dieser Studie (vgl. Abschn. 7.3.1.1) als auch in der Erläuterung zur Erstellung der
Bearbeitungsschemata (vgl. Abschn. 9.1) wurde darauf verwiesen, dass nicht alle
Ideen der Erstklässler*innen bei ihrer kreativen Bearbeitung der beiden arithmetisch offenen Aufgaben kategorisiert werden konnten. Zum einen waren die

Erklärungen der Erstklässler*innen trotz des Einsatzes (meta-)kognitiver Prompts nicht ausreichend vorhanden bzw. mathematisch nachvollziehbar, als dass eine eindeutige Kodierung möglich gewesen wäre. Zum anderen ergaben sich innerhalb der Unterrichtsepisoden – vor allem in der Reflexionsphase – Momente, in denen die Lernenden immer paarweise zwei Zahlensätze über bestimmte Zahl-, Term- und Aufgabenbeziehungen in Verbindung zueinander setzen und ihr Vorgehen erklärten. Zwischen solchen Paaren von Zahlensätzen bestand nur selten ein erkennbarer mathematischer Zusammenhang und es existierte daher auch keine zu kategorisierende Idee. In beiden Fällen wurde zur Kennzeichnung, dass *keine Kategorisierung* möglich war, das ⊗-Symbol verwendet.

Schlussendlich wurden die entsprechenden Codes für die gebildeten Haupt- und Subkategorien (vgl. Codebuch im elektronischen Zusatzmaterial) neben den Pfeilen in den Schemata der kindlichen Aufgabenbearbeitungen notiert. Dabei stellt der erste Teil des Codes die Abkürzung der Hauptkategorie und der zweite Teil die Abkürzung der Subkategorie dar. So verweist der Code *must-wachs* bspw. auf den Ideentyp der muster-bildenden Ideen (must) und zwar konkret auf die Subkategorie der wachsenden Zahlenfolge (wachs). Der Übersichtlichkeit halber wurden den vier Hauptkategorien wiederkehrende, zufällig ausgewählte Farben zugeordnet. Frei-assoziierte Ideen wurden grün, struktur-nutzende Ideen rot, muster-bildende Ideen blau und klassifizierende Ideen lila markiert.

Am Beispiel der zweiten Aufgabenbearbeitung von Lars (vgl. Einführung zu Abschn. 9.1) soll der Kategorisierungsprozess nun dargestellt und das so entstandene individuelle Kreativitätsschema (IKS) dieses Erstklässlers exemplarisch veranschaulicht werden (vgl. Abb. 9.5).

Lars produzierte in der Produktionsphase als erstes den Zahlensatz $10 + 2 = 12$. In seiner Erklärung formulierte er, dass er diesen Zahlensatz produziert hat, „weil Zehn plus Eins Elf ist" (57-D-m_A2, 00:01:24–00:01:31) und verwies dadurch auf die besondere Bedeutung der Zahl 10 für die Produktion dieses Zahlensatzes. Da dieser von dem Erstklässler zunächst frei, d. h. im Sinne von unverbunden, produziert wurde, konnte diese erste Idee als *frei-assoziierte Idee (ass)* mit *besonderem Blick auf die Zehnerzahl (bes-10)* kategorisiert werden. Im Anschluss produzierte er den Zahlensatz $11 + 1 = 12$ und erklärte diesen wie folgt: „Weil es fast die gleiche ist. [...] *zeigt auf die hintere Ziffer 1 der Zahl 11* Wenn das. Wenn da jetzt eine Null wäre. Dann ist jetzt hier die Eins dahin gekommen *zeigt auf den zweiten Summanden*. Dann wären das ja hier zwei *zeigt auf den zweiten Summanden des ersten Zahlensatzes*" (57-D-m_A2, 00:01:57–00:02:44)". Diese Szene diente bereits als Ankerbeispiel für die Subkategorie *Veränderung beider Elemente des Terms (nach-beid)* der *struktur-nutzenden Ideen (struk)* (vgl.

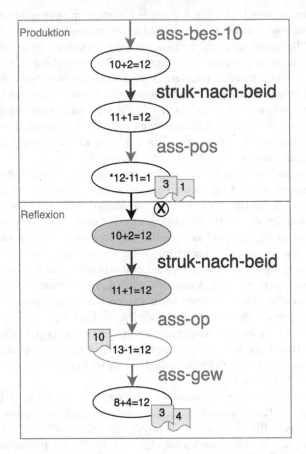

Abb. 9.5 Individuelles Kreativitätsschema der zweiten arithmetisch offenen Aufgabe von Lars

Abschn. 9.1.1), da Lars hier das gegensinnige Verändern als arithmetische Struktur beschreibt. Als Lars von mir als Lehrende-Forschende aufgefordert wurde, verschiedene (weitere) Zahlensätze mit dem Ergebnis 12 zu produzieren, schrieb er noch den Zahlensatz $*12 - 11 = 1$ auf. Dieser ist zwar unpassend, da er die Aufgabenbedingung von A2 [Ergebnis 12] nicht beachtet, jedoch konnte die dem Zahlensatz zugrundeliegende Idee durch Lars' Erklärung kategorisiert werden. In dieser beschrieb er, dass die Zahl 12 jetzt „vorne" (57-D-m_A2,

00:03:05–00:03:37) stehe. Somit zeigte er hier eine *frei-assoziierte Idee (ass)* mit Betonung auf der *Position der besonderen Zahl aus der Aufgabenbedingung (pos)*. Der Zahlensatz wurde nach der Feststellung, dass er nicht der arithmetisch offenen Aufgabe A2 entsprach, vom Tisch gelegt. Da Lars keine weiteren Zahlensätze produzieren konnte oder wollte, wurde die Produktionsphase an dieser Stelle beendet.

In der Reflexionsphase der Unterrichtsepisode wiederholte Lars zunächst, dass die beiden von ihm schon zuvor produzierten Zahlensätze $10 + 2 = 12$ und $11 + 1 = 12$ Nachbaraufgaben waren, „weil das fast die gleichen sind" (57-D-m_A2, 00:04:25–00:04:40). Daher wurde diese Idee erneut dem Ideentyp der *struktur-nutzenden Ideen (struk)* und dabei den *Nachbaraufgaben (nach)* mit der *Veränderung beider Zahlen im Term (beid)* kodiert. Im Übergang von der Produktions- zur Reflexionsphase, d. h. von der Produktion des Zahlensatzes $12 - 11 = 1$ und dem erneuten Ansprechen des Zahlensatzes $10 + 2 = 12$, ist aufgrund der angesprochenen Paarbildung keine Idee zu kategorisieren, weshalb das ⊗ notiert wurde. Vielmehr wurden die Zahlensätze von Lars noch einmal rekapituliert und die Verbindung der beiden Zahlensätze über eine arithmetische Struktur bestärkt. Anschließend wurde Lars im Kontext des kognitiven Prompts Nr. 10 der Zahlensatz $13 - 1 = 12$ angeboten. Zu diesem erklärte der Erstklässler nach langer Überlegung, dass „die [Aufgabe] hier nicht passen [würde]" (57-D-m_A2, 00:04:41–00:05:28), sondern ein neuer, im Sinne von unverbundener, Zahlensatz darstellt. Somit zeigte Lars hier eine *frei-assoziierte Idee (ass)*. Dabei fokussierte er mit dem Finger und seinem Blick vor allem auf das Subtraktionszeichen, weshalb ihm hier der *Operationswechsel (op)* von seinen additiven zu dem subtraktiven Zahlensatz auffiel. Zum Schluss produzierte Lars noch den Zahlensatz $8 + 4 = 12$, der in keiner mathematischen Verbindung zu den vorherigen Zahlensätzen stand. Dadurch, dass Lars seine Produktion an dieser Stelle nicht erklärte, den Zahlensatz aber verhältnismäßig schnell und routiniert aufgeschrieben hatte, wurde hier eine *frei-assoziierten Idee (ass)* und die Subkategorie *gewusst (gew)* kodiert.

9.1.3 Reliabilität: Stabilität und Reproduzierbarkeit der Ergebnisse

„As perfect reliability may be difficult to achieve, especially when coding tasks are complex and so require elaborate cognitive processes, analysts need to know by how much the data deviate from the ideal of perfect reliability and whether this deviation is above or below accepted reliability standards." (Krippendorff, 2009, S. 221)

Zur Absicherung der Qualität des vorgestellten Kategoriensystems zu den *arithmetischen Ideentypen* (vgl. Abschn. 9.1.1) und um die daraus entstandenen individuellen Kreativitätsschemata als Basis für die Charakterisierung und Typisierung der individuellen mathematischen Kreativität von Erstklässler*innen verwenden zu können, wurde die Reliabilität der Ergebnisse berechnet. Krippendorff (2009, S. 214–216) unterscheidet dabei drei Arten von Reliabilität, die über verschiedene Methoden berechnet werden: Die *Stabilität* der Ergebnisse, d. h. in diesem Fall des Kategoriensystems, wird mit Hilfe der Intracoder-Übereinstimmung berechnet und stellt diejenige Reliabilitätsart mit der geringsten Aussagekraft dar. Die *Reproduzierbarkeit* hat eine höhere Aussagekraft, da zusätzlich zur Intracoder-Übereinstimmung die Intercoder-Übereinstimmung berechnet wird. Zuletzt weist die Reliabilitätsart der *Genauigkeit* die stärkste Aussagekraft auf, da hierbei zusätzlich zur Intra- und Intercoder-Übereinstimmung ein Vergleich mit einem Standard berechnet wird (vgl. Krippendorff, 2009, S. 215, Tab. 11.1). Da das Kategoriensystem der arithmetischen Ideentypen vor allem induktiv erarbeitet wurde, existiert kein solcher Standard (wie etwa bei einem standardisierten Test), mit dem dieses verglichen werden konnte. Daher sollte für diese Studie zur individuellen mathematischen Kreativität von Erstklässler*innen die Reliabilitätsart der Reproduzierbarkeit erreicht werden. Dazu musste die Inter- und Intracoder-Übereinstimmung berechnet werden.

Da der interpretative Anteil bei der Kategorisierung der kindlichen Ideen recht hoch war (vgl. Abschn. 7.3.1.1 und 9.1.2), schien es sinnvoll, meine Kodierung auszugsweise zu wiederholen (Intracoder-Übereinstimmung). Dazu wurden fünf Unterrichtsepisoden mit insgesamt 161 Ideen in einem Abstand von drei Monaten (Oktober 2019 und Januar 2020) erneut analysiert und kategorisiert. Dies entsprach einem Anteil von 13,9 % der Unterrichtsepisoden bzw. 13,3 % der Ideen und lag damit innerhalb des Umfangs des üblicherweise erneut kodierten Datenmaterials von 10–20 % (vgl. Döring & Bortz, 2016, S. 558).

Um noch weitere, stärkere Aussagen über die Reliabilität des Kategoriensystems der arithmetischen Ideentypen zu erhalten, wurden zusätzlich Ausschnitte des Datenmaterials im Februar 2020 von vier unabhängigen Kodiererinnen[2] erneut analysiert (Intercoder-Übereinstimmung). Dabei ist zu beachten, dass das gesamte Kategoriensystem induktiv entwickelt wurde, wohingegen die Fremd-Kodiererinnen hauptsächlich mit dem fertigen Codebuch gearbeitet und dabei Kategorien zu den entsprechenden Stellen in den Aufgabenbearbeitungen zugewiesen haben. Selten bildeten sie weitere Kategorien für einzelne Ideen. Alle

---

[2] Ich bedanke mich von Herzen bei meinen fantastischen Kolleginnen Annika, Hannah, Kathrin und Lara.

Kodiererinnen erhielten die gleiche Kodierschulung und analysierten dann unabhängig voneinander jeweils dieselben fünf Unterrichtsepisoden mit insgesamt 161 Ideen, die bereits für die Berechnung der Stabilität genutzt wurden.

In dieser empirischen Arbeit wurde eine qualitative und daher für quantitative Methoden kleine Beobachtungsstudie ($N = 36$) mit sequenzieller Analyse der Daten mittels qualitativer Video-Inhaltsanalyse durchgeführt (vgl. Abschn. 7.3.1.1). Die entstandenen Kategorien waren daher nominal skaliert und es gab fehlende Werte in Form einer Nicht-Kategorisierung von Ideen (vgl. Abschn. 9.1.2). Aufgrund dieser Eigenschaften wurde als Kennwert für die Reliabilität des Kategoriensystems der *Krippendorffs Alpha Koeffizient* (Hayes & Krippendorff, 2007, S. 77–78) ausgewählt. Für alle Aspekte der Reliabilität gilt, dass die Ergebnisse bei $\alpha \geq .800$ als reliabel angenommen werden können. Bei $.667 \leq \alpha \leq .800$ sind zudem vorsichtige Schlussfolgerungen mit einer vor allem bei qualitativen Daten ausführlichen Begründung möglich (vgl. Krippendorff, 2009, S. 241).

Bei den nachfolgenden Berechnungen wurde das *KALPHA Macro* (Hayes & Krippendorff, 2007, S. 82–88) für SPSS genutzt, das sowohl Alpha als auch das dazugehörige 95 %-Konfidenzintervall bei einem Bootstrapping von 10.000 angibt. Das Konfidenzintervall zeigt an, in welchem Bereich Alpha mit einer Wahrscheinlichkeit von 95 % liegt. Zusätzlich wird die Wahrscheinlichkeit der Nichterreichung von α_{min} angegeben (vgl. Krippendorff, 2009, S. 237–238). Die Ergebnisse für die Reliabilitätsberechnungen sind für die Intra- und Intercoder-Übereinstimmung und jeweils für die vier Hauptkategorien sowie für die 29 Subkategorien in der folgenden Tabelle 9.2 zu finden:

Aus der Aufstellung kann entnommen werden, dass das Kategoriensystem für die Hauptkategorien der arithmetischen Ideentypen als reliabel angenommen werden konnte. Alpha sowie das 95 %-Konfidenzintervall lagen sowohl für die Intercoder- als auch für die Intracoder-Übereinstimmung deutlich über .800 und die Wahrscheinlichkeit, dass Alpha kleiner als .800 ist, lag gerundet nur bei 1,5 %. Dagegen zeigte sich, dass die Kodierung der vielfältigen Subkategorien der vier Ideentypen etwas diverser ausfiel und die Ergebnisse diesbezüglich etwas vorsichtiger gehandhabt werden sollten. Dennoch lag Alpha bei beiden Aspekten, der Inter- und der Intracoder-Übereinstimmung, mit dem Konfidenzintervall deutlich um .800. Mit Blick auf die hohe Interpretationsleistung bei der Analyse der Unterrichtsepisoden und der starken qualitativen Orientierung dieser Studie konnten somit auch die Subkategorien als reliabel angenommen werden. Damit wurde insgesamt die Reliabilität der qualitativen Ergebnisse bzw. der herausgearbeitete Kategoriensystems zu den arithmetischen Ideentypen deutlich gezeigt.

Tab. 9.2 Reliabilität für das Kategoriensystem der arithmetischen Ideentypen

Reliabilität	Kategorien	Alpha	95 %-Konfidenzintervall	p für Nichterreichung von a_{min}	Interpretation
Intracoder-Übereinstimmung $N = 161$	Hauptkategorien	$\alpha = .872$	$.803 \leq \alpha \leq .932$	$a_{min} = .800$ $p = 1,49\ \%$	reliabel
	Subkategorien	$\alpha = .839$	$.774 \leq \alpha \leq .898$	$a_{min} = .800$ $p = 10,93\ \%$	(vorsichtig) reliabel
Intercoder-Übereinstimmung $N = 161$	Hauptkategorien	$\alpha = .833$	$.804 \leq \alpha \leq .859$	$a_{min} = .800$ $p = 1,48\ \%$	reliabel
	Subkategorien	$\alpha = .802$	$.773 \leq \alpha \leq .828$	$a_{min} = .800$ $p = 44,94\ \%$	(vorsichtig) reliabel

9.1.4 Zusammenfassung

In diesem ersten Abschnitt hin zur Charakterisierung und Typisierung der individuellen mathematischen Kreativität von Erstklässler*innen beim Bearbeiten arithmetisch offener Aufgaben wurde zunächst die Erstellung der *individuellen Kreativitätsschemata* erläutert.

Diese Schemata entstanden als Resultat einer Schematisierung der 36 Aufgabenbearbeitungen der Erstklässler*innen, wobei chronologisch die verschiedenen Ideen identifiziert wurden (vgl. Einführung zu Abschn. 9.1). Daran schloss sich eine erste qualitative Analyse der von den Erstklässler*innen gezeigten verschiedenen *arithmetischen Ideentypen* an (vgl. Abschn. 9.1.1). Das so induktiv erarbeitete Kategoriensystem besteht aus vier Hauptkategorien, freiassoziierten, struktur-nutzenden, muster-bildenden und klassifizierenden Ideen, mit ihren jeweiligen spezifischen Subkategorien. Diese Ideentypen stellen die verschiedenen Zahl-, Term- und Aufgabenbeziehungen dar, welche die Kinder in ihren Erklärungen zur Produktion von Zahlensätzen mit der Zahl 4 (A1) oder mit dem Ergebnis 12 (A2) zeigten. Die Erstellung der individuellen Kreativitätsschemata wurde dabei exemplarisch an der Bearbeitung der zweiten arithmetisch offenen Aufgabe A2 [Ergebnis 12] von Lars erläutert (vgl. Abschn. 9.1.2).

Dadurch, dass das Kategoriensystem zu den arithmetischen Ideentypen die Basis für die Analyse der divergenten Fähigkeiten Denkflüssigkeit, Flexibilität und Originalität bildete und diese wiederum zur Charakterisierung und Typisierung der individuellen mathematischen Kreativität von Erstklässler*innen genutzt werden sollten (vgl. Abschn. 9.1), musste das gebildete Kategoriensystem reliabel sein. Daher wurde in einem letzten Abschnitt mit Hilfe des Krippendorffs Alpha Koeffizient die Stabilität und Reproduzierbarkeit der Ergebnisse berechnet. Als Ergebnis konnte festgehalten werden, dass sowohl die Haupt- als auch die Subkategorien reliabel sind (vgl. Abschn. 9.1.3).

9.2 Charakterisierung der individuellen mathematischen Kreativität von Erstklässler*innen (F1)

„Dieser möglichst «ganzheitliche» Blick [durch die Beobachtung von videografiertem Unterricht] erlaubt ein tieferes und damit valideres Verständnis des Forschungsobjekts [hier der individuellen mathematischen Kreativität von Erstklässler*innen]." (Mayring et al., 2005, S. 13)

Wie im methodischen Rahmen ausführlich begründet (vgl. Abschn. 7.3.1.1) und in Abbildung 9.1 kompakt zusammengefasst, bildeten die individuellen Kreativitätsschemata die Grundlage für die sich anschließende, mehrschrittige Analyse der divergenten Fähigkeiten Denkflüssigkeit, Flexibilität und Originalität als Merkmale der individuellen mathematischen Kreativität[3]. Auf Basis dieser war die Beantwortung der ersten qualitativen Forschungsfrage der vorliegenden Studie möglich:

F1   Inwiefern kann die individuelle mathematische Kreativität von Erstklässler*innen beim Bearbeiten arithmetisch offener Aufgaben auf Basis des InMaKreS-Modells charakterisiert werden?

Im vorangegangenen Abschnitt wurde die Erstellung der individuellen Kreativitätsschemata der 36 Aufgabenbearbeitungen der Erstklässler*innen bereits ausführlich präsentiert (vgl. Abschn. 9.1, insbesondere Abb. 9.5). Sie verdeutlichen die folgenden, grundlegenden Kreativitätsaspekte:

– In den Schemata werden die von den Erstklässler*innen nacheinander gezeigten *Ideen* sichtbar. Eine Idee besteht dabei immer aus der divergenten Produktion oder dem erneuten Ansprechen von Zahlensätzen in Zusammenspiel mit den dazugehörenden Erklärungen der Erstklässler*innen. Dadurch wird vor allem der schöpferische Gedanke der Kinder in den Mittelpunkt gerückt (vgl. Abschn. 7.3.1.1).
– Es können in chronologischer Reihenfolge die von den Kindern gezeigten *arithmetischen Ideentypen* abgelesen werden. Diese verweisen auf die unterschiedliche Zahl-, Term- und Aufgabenbeziehungen, welche die Erstklässler*innen zur divergenten Produktion ihrer Zahlensätzen nutzten. Dabei erlauben die im individuellen Kreativitätsschema notierten, farblich gekennzeichneten Codes die Zuordnung der Idee zu einer der vier Hauptkategorien (frei-assoziierte, struktur-nutzende, muster-bildende oder klassifizierende Idee) sowie der spezifischen Subkategorie (vgl. Abschn. 9.1.1).

Da diese beiden grundlegenden Begriffe *Idee* und *Ideentyp* die Basis für alle einzelnen Definitionen der divergenten Fähigkeiten Denkflüssigkeit, Flexibilität

---

[3] Das Kategoriensystem zur Unterstützung der Erstklässler*innen durch die (meta-)kognitiven Prompts wird in Abschn. 10.2.1 präsentiert, da dieses ausschließlich auf die Beantwortung der vierten Forschungsfrage abzielt.

und Originalität bilden (vgl. Abschn. 2.4.1), war es anhand der individuellen Kreativitätsschemata möglich, die Kategoriensysteme ebendieser divergenten Fähigkeiten als Merkmale der individuellen mathematischen Kreativität zu entwickeln. Mit Blick auf das relative Verständnis der individuellen mathematischen Kreativität (vgl. Abschn. 2.2.2) bestand die Notwendigkeit, die Analyse der divergenten Fähigkeiten immer vor dem Hintergrund aller Aufgabenbearbeitungen durchzuführen. Bspw. sollte die Anzahl an verschiedenen Ideen eines Kindes (Denkflüssigkeit) immer in Bezug zu seiner Peer-Gruppe, d. h. in dieser Studie zu allen 18 teilnehmenden Erstklässler*innen gesetzt werden. Dies wurde über eine Kombination qualitativer (kategorienbildender) und quantitativer (häufigkeitsstatistischer) Auswertungsmethoden erreicht (vgl. hierzu Abschn. 7.3.1.1).

Die entwickelten Kategoriensysteme der divergenten Fähigkeiten bildeten anschließend die Basis für weitere Analysen, die dann zu einer Charakterisierung und Typisierung der individuellen mathematischen Kreativität von Erstklässler*innen führten. Im methodischen Abschnitt 7.3.1.1 zu dieser Studie wurde bereits erläutert, dass die mathematischen Handlungen der Erstklässler*innen während der Produktionsphase als *kreative Vorgehensweisen* bezeichnet werden. Darunter ist auf Grundlage des InMaKreS-Modells (vgl. Abschn. 2.4) eine Kombination ihrer divergenten Fähigkeiten Denkflüssigkeit und Flexibilität zu verstehen. Entsprechend dieses Modells waren die Erstklässler*innen in der Reflexionsphase angehalten, ihre Originalität zu zeigen. Dies bedeutete, dass beobachtet werden konnte, inwiefern die Kinder ihre bisherige Antwort zu der arithmetisch offenen Aufgabe reflektierten und erweiterten. Diese mathematischen Handlungen der Erstklässler*innen in der Reflexionsphase werden als *kreative Verhaltensweisen* bezeichnet.

In Abbildung 9.6 wurde das theoretisch entwickelte InMaKreS-Modell (vgl. Abb. 2.9) durch die beiden empirisch gebildeten Begriffe der *kreativen Vorgehensweise* in der Produktionsphase und der *kreativen Verhaltensweise* in der Reflexionsphase ergänzt. Außerdem wurde die mathematische Umgebung, in der die individuelle mathematische Kreativität der Schüler*innen sichtbar wird, für diese Studie konkretisiert und so von der *divergenten Bearbeitung einer arithmetisch offenen Aufgabe* gesprochen.

Zusammenfassend ist das Ziel dieses Abschnitts die Charakterisierung der individuellen mathematischen Kreativität von Erstklässler*innen beim Bearbeiten arithmetisch offener Aufgaben auf Basis des InMaKreS-Modells. Dazu werden die individuellen Kreativitätsschemata der Erstklässler*innen analysiert, um so induktiv Kategoriensysteme zunächst für die Denkflüssigkeit, Flexibilität und Originalität der Kinder sowie darauf aufbauend die kreativen Vorgehens- und

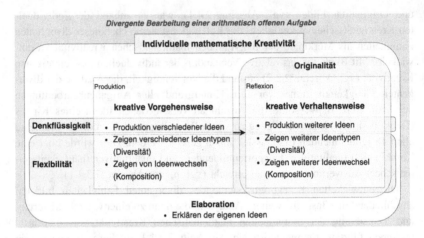

Abb. 9.6 InMaKreS-Modell mit Konkretisierung und Erweiterung für die empirische Studie

Verhaltensweisen derselben zu erstellen. Nachfolgend wird daher zuerst die Produktionsphase und damit die kreativen Vorgehensweisen der Erstklässler*innen in den Blick genommen (vgl. Abschn. 9.2.1). Es schließt sich eine Fokussierung auf die Reflexionsphase, d. h. die kreativen Verhaltensweisen der Lernenden, an (vgl. Abschn. 9.2.2). In beiden Abschnitten dient die Unterrichtsepisode des Erstklässlers Lars, der darin die zweite arithmetisch offene Aufgabe A2 [Ergebnis 12] bearbeitete (vgl. Abb. 9.5), als Veranschaulichung der Kategorienbildung(en).

9.2.1   Kreative Vorgehensweisen der Erstklässler*innen in der Produktionsphase

„[…] die mathematische Handlung der Erstklässler*innen in der Produktionsphase, die vor allem durch die beiden Fähigkeiten Denkflüssigkeit und Flexibilität geprägt ist, [wird] als *kreative Vorgehensweise* in der selbstständigen Bearbeitung der arithmetisch offenen Aufgabe [bezeichnet]." (Abschn. 7.3.1.2)

In den Unterrichtsepisoden wurden zunächst die Produktionsphasen der Erstklässler*innen in den Blick genommen. Anhand der erstellten individuellen Kreativitätsschemata und entsprechend dem InMaKreS-Modell wurden daher die beiden divergenten Fähigkeiten Denkflüssigkeit und Flexibilität sowie daran anknüpfend die verschiedenen kreativen Vorgehensweisen der Kinder durch qualitative Kategoriensysteme abgebildet (vgl. Abb. 9.6). Letzteres erfolgte im Sinne von Kelle und Kluge (2010, S. 96–97) durch eine Kombination der beiden Kategoriensysteme Denkflüssigkeit und Flexibilität in Form einer Kreuztabelle (vgl. Abschn. 7.3.1.2).

9.2.1.1 Denkflüssigkeit

Die Denkflüssigkeit wurde am Ende des Theorieteils dieser Arbeit definiert als die divergente Fähigkeit kreativer Personen, „zu einer mathematischen Aufgabe in einer bestimmten Zeit eine gewisse Anzahl passender Ideen zu produzieren" (Abschn. 2.4.1). Den zeitlichen Rahmen bildete die individuelle Länge der Unterrichtsepisode, die durchschnittlich bei 18 Minuten und 42 Sekunden lag. Die Anzahl der passenden Ideen konnte in den 36 Aufgabenbearbeitungen mittels der individuellen Kreativitätsschemata ausgezählt werden. Obwohl die Hauptkategorie Denkflüssigkeit aufgrund ihrer Definition quantitativ orientiert ist, sollten qualitativ beschreibende Subkategorien gebildet werden, da insgesamt eine qualitative Charakterisierung der individuellen mathematischen Kreativität von Interesse war. Vor dem Hintergrund der Relativität der individuellen mathematischen Kreativität (vgl. Abschn. 2.2.2) wurde sich dazu entschieden, die Anzahl der Ideen eines jeden Kindes in der Produktionsphase zu dem Mittelwert der gezeigten Ideen aller Kinder in den kreativen Aufgabenbearbeitungen in Relation zu setzen.

So wurde zunächst für beide arithmetisch offenen Aufgaben der Mittelwert an gezeigten Ideen in der Produktionsphase ermittelt. Bei jeweils 18 Aufgabenbearbeitungen waren dies bei der ersten offenen Aufgabe A1 [Zahl 4] $\overline{Df}_{P\_A1\,[Zahl\,4]} = 16{,}0$ Ideen und bei der zweiten offenen Aufgabe A2 [Ergebnis 12] $\overline{Df}_{P\_A2\,[Ergebnis\,12]} = 13{,}4$ Ideen. Anhand dieser Kennwerte wurden zwei Subkategorien gebildet:

– Die Erstklässler*innen zeigen bei ihrer Bearbeitung einer der arithmetisch offenen Aufgaben *viele Ideen*, wenn die individuelle Anzahl an Ideen über dem Durschnitt der jeweiligen arithmetisch offenen Aufgabe liegt.
– Die Lernenden zeigen *wenige Ideen*, wenn die individuelle Anzahl unter dem Durchschnitt der entsprechenden arithmetisch offenen Aufgabe liegt.

Im Beispiel von Lars' Bearbeitung der zweiten arithmetisch offenen Aufgabe (vgl. Abb. 9.5) wurde seine Denkflüssigkeit mit *wenige Ideen* kodiert, da er in der Produktionsphase drei Ideen zeigte. Diese Anzahl erwies sich bei einem Durchschnitt von 13,4 Ideen für A2 als unterdurchschnittlich.

9.2.1.2 Flexibilität – Diversität und Komposition

Die Hauptkategorie Flexibilität der Erstklässler*innen galt es, über ihre beiden Teilaspekte – die Komposition und die Diversität – qualitativ zu beschreiben. Diese beiden Subkategorien wurden in Hinblick auf die entwickelte Definition der Flexibilität als ein Merkmal der individuellen mathematischen Kreativität deduktiv bestimmt:

> „Unter [Flexibilität] wird die Fähigkeit von Schüler*innen verstanden, innerhalb der eigenen Ideen verschiedene Ideentypen zu zeigen (Diversität) und so Ideenwechsel zu vollziehen (Komposition)." (Abschn. 2.4.1)

Es wurde zunächst der Aspekt der Diversität in den kreativen Aufgabenbearbeitungen der Schüler*innen analysiert. Die dafür induktiv gebildeten Kategorien sollten einen qualitativen Einblick in den Ideenreichtum der Erstklässler*innen ermöglichen. Folglich wurden an dieser Stelle die detaillierten Subkategorien der von den Kindern gezeigten *arithmetischen Ideentypen* genauer in den Blick genommen, da diese eine stärkere Differenzierung und Spezifizierung der einzelnen Ideen abbilden als die vier Hauptkategorien (vgl. Abschn. 7.3.1.1). Der Erstklässler Lars zeigte dementsprechend in seiner Produktionsphase drei verschiedene Ideentypen, nämlich der chronologischen Reihenfolge nach, ass-bes-10, struck-nach-beid und ass-pos (vgl. ausführlich Abschn. 9.1.2).

Aus dem gleichen Grund wie bei der Kategorienbildung zur Denkflüssigkeit wurde auch bei der Diversität die Variation der verschiedenen Ideentypen in den einzelnen Produktionsphasen im Vergleich zu allen 36 Aufgabenbearbeitung betrachtet. Dafür mussten zunächst die durchschnittlichen Anzahlen an verschiedenen arithmetischen Ideentypen (auf Ebene der Subkategorien) für die beiden arithmetisch offenen Aufgaben ermittelt werden. Bei der ersten offenen Aufgabe A1 [Zahl 4] zeigten die Erstklässler*innen $\overline{D}_{P\_A1\,[Zahl\,4]} = 6,2$ Ideentypen und bei der zweiten offenen Aufgabe A2 [Ergebnis 12] $\overline{D}_{P\_A2\,[Ergebnis\,12]} = 5,3$ Ideentypen. So entstanden hier zwei verschiedene Subkategorien für die Diversität:

– In der Produktionsphase der kreativen Aufgabenbearbeitungen zeigen die Erstklässler*innen eine *geringe* Diversität, wenn ihre individuelle Anzahl verschiedener arithmetischer Ideentypen (Ebene der Subkategorien) unter dem Durchschnitt aller Aufgabenbearbeitungen der jeweiligen arithmetisch offenen Aufgabe liegt.

– Für die Produktionsphase der Aufgabenbearbeitungen wird eine *hohe* Diversität kodiert, wenn die individuelle Anzahl unterschiedlicher arithmetischer Ideentypen (Ebene der Subkategorien) über dem Durchschnitt der jeweiligen arithmetisch offenen Aufgabe liegt.

Da Lars in seinem individuellen Kreativitätsschema auf Ebene der Subkategorien drei verschiedene arithmetische Ideentypen erkennen ließ und diese Anzahl deutlich unter dem Durschnitt von 6,2 arithmetischen Ideentypen für die zweite arithmetisch offene Aufgabe lag, wurde seine Diversität als *gering* kodiert.

Mit Rückgriff auf die eingangs wiederholte Definition der Flexibilität wird die Komposition als die chronologische Zusammensetzung aller arithmetischen Ideentypen in der Produktionsphase verstanden. Insofern mussten alle Stellen im Bearbeitungsprozess identifiziert werden, an denen das jeweilige Kind den Ideentyp wechselte. Dafür stellte sich eine Konzentration auf die vier Hauptkategorien der arithmetischen Ideentypen als besonders geeignet heraus, denn – im Gegensatz zur Diversität – sollten bei der Komposition die großen mathematischen Veränderungen im gesamten Bearbeitungsprozess herausgearbeitet werden. Diese konnten über eine Betrachtung der vier übergeordneten arithmetischen Ideentypen besonders gut erreicht werden, da diese die grundlegenden Kategorien an Ideen der Erstklässler*innen repräsentierten (vgl. Abschn. 7.3.1.1). Die Anzahl der von den Erstklässler*innen gezeigten Ideenwechsel wäre jedoch für die Bildung qualitativer Subkategorien zur Komposition nicht aussagekräftig genug, da auf diese Weise nicht abgebildet werden würde, inwiefern die Lernenden die gezeigten arithmetischen Ideentypen während der Aufgabenbearbeitung verfolgten. Dies stellt aber ein wesentliches Charakteristikum der einzelnen kreativen Aufgabenbearbeitungen der Erstklässler*innen dar und soll nachfolgend anhand eines Beispiels verdeutlicht werden.

In Abbildung 9.7 sind die beiden Produktionsphasen der individuellen Kreativitätsschemata von Lars und dem Erstklässler Noah gegenübergestellt. In beiden individuellen Kreativitätsschemata können jeweils zwei Ideenwechsel identifiziert werden. Zufälligerweise wechselten beide Kinder von der Hauptkategorie der frei-assoziierten Ideen zu den struktur-nutzenden Ideen und wieder zurück. Dennoch unterscheidet sich die chronologische Zusammensetzung der arithmetischen Ideentypen in beiden Aufgabenbearbeitungen deutlich, indem Noah nach dem zweiten Wechsel wesentlich mehr verschiedene frei-assoziierte Ideen zeigte als Lars. Dieser zeigte nur eine Idee pro arithmetischem Ideentyp und damit insgesamt eine andere Flexibilität:

Um diese Eigenschaften der Komposition in der Produktionsphase zu berücksichtigen, wurde die Anzahl der Ideenwechsel der einzelnen Erstklässler*innen

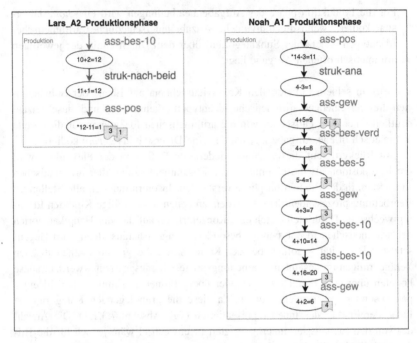

Abb. 9.7 Gegenüberstellung individuelle Kreativitätsschemata Lars_A2 und Noah_A1

in Bezug zu ihrer individuellen Anzahl an produzierten Ideen gesetzt. Damit beinhaltet die Komposition als ein Teilaspekt der Flexibilität gleichsam auch eine Aussagekraft über die Fähigkeit der Denkflüssigkeit der Erstklässler*innen, welche die Anzahl der gezeigten Ideen abbildet. Für alle individuellen Kreativitätsschemata wurde die Anzahl der Ideenwechsel und die Anzahl aller Ideen in der Produktionsphase ausgezählt und daraus der sogenannte *Kompositionsquotient* gebildet: $K_P = \frac{Anzahl\ Ideenwechsel}{Anzahl\ Ideen}$. Vergleichsweise liegt dieser Kompositionsquotient für die Aufgabenbearbeitung von Lars bei $K_{P\_Lars} = \frac{2}{3} = 0,\overline{6} \approx 0,7$ und für diejenige von Noah bei $K_{P\_Noah} = \frac{2}{9} = 0,\overline{2} \approx 0,2$. Je niedriger also der Kompositionsquotient für ein individuelles Kreativitätsschema ausfällt, desto seltener wechselt das einzelne Kind zwischen seinen gezeigten arithmetischen Ideentypen (Ebene der Hauptkategorien) im Verhältnis zu seiner Gesamtanzahl produzierter Ideen.

Um dem Vorgehen in der qualitativen Kategorienbildung auch für die Komposition treu zu bleiben und damit dem relativen Charakter der individuellen mathematischen Kreativität gerecht zu werden, wurden in einem zweiten Schritt aus allen berechneten Kompositionsquotienten die Mittelwerte für beide arithmetisch offenen Aufgaben einzeln ermittelt. Für die erste offene Aufgabe A1 [Zahl 4] liegt dieser bei $\overline{K}_{P\_A1\,[Zahl\,4]} = 0,34$ und für die zweite offene Aufgabe A2 [Ergebnis 12] bei $\overline{K}_{P\_A2\,[Ergebnis\,12]} = 0,36$. Hierbei fällt auf, dass die Anzahl durchschnittlicher Ideenwechsel pro Gesamtzahl an gezeigten Ideen in den Produktionsphasen beider Aufgaben vergleichbar ist. So konnten schlussendlich zwei Subkategorien für die Komposition als zweiten Teilaspekt der Flexibilität gebildet werden:

– In der Produktionsphase der kreativen Aufgabenbearbeitungen zeigen die Erstklässler*innen *häufige Ideenwechsel*, wenn deren individueller Kompositionsquotient (Anzahl Ideenwechsel im Verhältnis zur Anzahl an Ideen) über dem Durchschnitt der jeweiligen arithmetisch offenen Aufgabe liegt.
– Liegt der Kompositionsquotient für ein individuelles Kreativitätsschema unter dem Durchschnitt der jeweiligen arithmetisch offenen Aufgabe, dann zeigt das Kind in seiner Produktionsphase *seltene Ideenwechsel*.

Für die Komposition in der Produktionsphase unseres Beispielskindes Lars wurden daher häufige Ideenwechsel kodiert, da sein Kompositionsquotient mit 0,67 über dem Durchschnitt von 0,36 bei der zweiten arithmetisch offenen Aufgabe liegt. Für Noah wurde hingegen die Subkategorie seltene Ideenwechsel kodiert (vgl. Abb. 9.7).

Das Ergebnis des gesamten Kategorisierungsprozesses der beiden divergenten Fähigkeiten Denkflüssigkeit und Flexibilität zeigt die nachfolgende Tabelle 9.3.

9.2.1.3   Kreative Vorgehensweisen

Mit Rückgriff auf das InMaKreS-Modell können die kreativen Vorgehensweisen der Erstklässler*innen während der Produktionsphasen bei der Bearbeitung arithmetisch offener Aufgaben über die Kombination der beiden divergenten Fähigkeiten der Denkflüssigkeit und Flexibilität beschrieben werden (vgl. Abb. 9.6). Deshalb wurde auf Basis der zuvor präsentierten Kategoriensysteme (vgl. Tab. 9.3) durch eine gezielte Kombination einzelner ausgewählter Subkategorien ein mehrdimensionaler Merkmalsraum geschaffen (vgl. ausführlich Stufe 2 im Typisierungsprozess, Abschn. 7.3.1.2), der die verschiedenen kreativen Vorgehensweisen der Erstklässler*innen in der Produktionsphase abbildet.

Zur Bildung der Subkategorien der Komposition wurde bei der Berechnung des Kompositionsquotienten die Anzahl der Ideen der Erstklässler*innen in der Produktionsphase genutzt und dadurch auch die kindliche Fähigkeit der

Tab. 9.3 Kategoriensysteme für die divergenten Fähigkeiten Denkflüssigkeit und Flexibilität

Hauptkategorien	Subkategorien		Definition und konkrete Vergleichswerte für die beiden arithmetisch offenen Aufgaben
Denkflüssigkeit	viele Ideen		Das Kind zeigt in der Produktionsphase überdurchschnittlich viele Ideen (bei $A1 > 16$ und bei $A2 > 13{,}4$).
	wenige Ideen		Das Kind zeigt in der Produktionsphase unterdurchschnittlich viele Ideen (bei $A1 < 16$ und bei $A2 < 13{,}4$).
Flexibilität	Diversität	hoch	Das Kind zeigt in der Produktionsphase überdurchschnittlich viele arithmetische Ideentypen auf Ebene der Subkategorien (bei $A1 > 6{,}2$ und bei $A2 > 5{,}3$).
		gering	Das Kind zeigt in der Produktionsphase unterdurchschnittlich viele arithmetische Ideentypen auf Ebene der Subkategorien (bei $A1 < 6{,}2$ und bei $A2 < 5{,}3$).
	Komposition	häufige Ideenwechsel	Das Kind zeigt in der Produktionsphase überdurchschnittlich viele Ideenwechsel pro Anzahl der Ideen (Kompositionsquotient: bei $A1 > 0{,}34$ und bei $A2 > 0{,}36$).

(Fortsetzung)

Tab. 9.3 (Fortsetzung)

Hauptkategorien	Subkategorien		Definition und konkrete Vergleichswerte für die beiden arithmetisch offenen Aufgaben
		seltene Ideenwechsel	Das Kind zeigt in der Produktionsphase unterdurchschnittlich viele Ideenwechsel pro Anzahl der Ideen (Kompositionsquotient: bei $A1 < 0{,}34$ und bei $A2 < 0{,}36$).

Denkflüssigkeit mit abgebildet. Deshalb reichte es aus, die Subkategorien der Diversität (hoch, gering) und diejenigen der Komposition (häufige Ideenwechsel, seltene Ideenwechsel) miteinander zu kombinieren, um die verschiedenen kreativen Vorgehensweisen der Erstklässler*innen in der Produktionsphase umfassend darzustellen. Auf diese Weise entstanden über die nachfolgende Tabelle 9.4 die folgenden vier kreativen Vorgehensweisen:

Tab. 9.4 Kreuztabelle zur Bildung kreativer Vorgehensweisen aus den Subkategorien der Flexibilität (Diversität und Komposition)

		Flexibilität – Komposition	
		Häufige Ideenwechsel	Seltene Ideenwechsel
Flexibilität – Diversität	hoch	**sprunghaft- vielfältig**	**geradlinig-vielfältig**
	gering	**sprunghaft- gleichmäßig**	**geradlinig- gleichmäßig**

Die Benennung der vier kreativen Vorgehensweisen wurde von den Subkategorien der beiden gekreuzten Teilaspekte, der Diversität und der Komposition, wie folgt abgeleitet: Zeigten die Erstklässler*innen in den individuellen Kreativitätsschemata häufige Ideenwechsel, dann wird ihr Vorgehen als *sprunghaft* charakterisiert. Wurde in den Aufgabenbearbeitungen hingegen für die Komposition ein seltener Ideenwechsel kodiert, dann wird ihr Vorgehen als *geradlinig* bezeichnet. In Bezug auf die Diversität innerhalb der von den Erstklässler*innen gezeigten arithmetischen Ideentypen wird das Vorgehen in der Produktionsphase als *vielfältig* betitelt, wenn die Diversität zuvor als hoch analysiert wurde. Im Kontrast dazu wird im Falle einer festgestellten geringen Diversität die Bezeichnung *gleichmäßig* verwendet. Die nachfolgende Tabelle 9.5 zeigt die Definitionen der vier kreativen Vorgehensweisen in der Produktionsphase der kreativen Aufgabenbearbeitungen über die verschiedenen gekreuzten Subkategorien der Flexibilität.

Mit Blick auf die Stufen des Typisierungsprozesses nach Kelle und Kluge (2010, S. 92) müssen anschließend an das begründete Kreuzen relevanter (Sub-)Kategorien die inhaltlichen Sinnzusammenhänge des entstandenen Merkmalsraums analysiert werden, um auf dieser Grundlage eine Anpassung der entstandenen neuen Kategorien vorzunehmen (vgl. ausführlich Abschn. 7.3.1.3). Das Ziel der Analyse der Unterrichtsepisoden in diesem Abschnitt besteht darin, eine qualitative Charakterisierung der individuellen mathematischen Kreativität von Erstklässler*innen vorzunehmen, auf deren Basis dann eine überschaubare sowie praktikable Anzahl an Typen der individuellen mathematischen Kreativität herausgearbeitet werden soll. Dadurch, dass dafür die verschiedenen kreativen Vorgehensweisen der Erstklässler*innen in der Produktionsphase auch noch mit deren kreativen Verhaltenswiesen in der Reflexionsphase gekreuzt werden sollten (vgl. Abschn. 9.2.2), war es sinnvoll, sich auf wenige aussagekräftige kreative Vorgehensweisen zu beschränken. Dies bedeutete konkret, dass die vier kreativen Vorgehensweisen der Erstklässler*innen in der Produktionsphase ihrer Aufgabenbearbeitungen empirisch sowie inhaltlich in Bezug auf das InMaKreS-Modell genauer betrachtet und komprimiert werden sollten.

Daher wurde in einem nächsten Schritt die statistische Verteilung der vier kreativen Vorgehensweisen in den Produktionsphasen der 36 kreativen Bearbeitungen der beiden arithmetisch offenen Aufgaben fokussiert. Diese zeigte sich laut der nachfolgenden Tabelle 9.6 wie folgt.

Statistisch gesehen fiel auf, dass die beiden kreativen Vorgehensweisen *sprunghaft-vielfältig* und *geradlinig-gleichmäßig* deutlich häufiger in den 36 Aufgabenbearbeitungen vertreten waren als die beiden anderen beiden Vorgehensweisen *sprunghaft-gleichmäßig* und *geradlinig-vielfältig*. Zudem ließ sich bei den beiden paarweisen Vorgehensweisen (sprunghaftes oder geradliniges Vorgehen) erkennen, dass jeweils eine kreative Vorgehensweise deutlich häufiger kodiert wurde als die andere: Ein sprunghaft-vielfältiges Vorgehen konnte 3,25-mal so häufig zugeordnet werden, wie eine sprunghaft-gleichmäßige Vorgehensweise. Zudem zeigten die Erstklässler*innen bei ihren kreativen Aufgabenbearbeitungen 2,8-mal so häufig eine geradlinig-gleichmäßige Vorgehensweise wie ein geradlinig-vielfältiges Vorgehen. Dadurch zeigten sich hier zwei wesentliche Tendenzen: Ein sprunghaftes Vorgehen, das bei einer überdurchschnittlichen Anzahl an Ideen (Denkflüssigkeit) häufige Ideenwechsel in der Aufgabenbearbeitung (Komposition) anzeigt, bedingte öfter einen gewissen Ideenreichtum

Tab. 9.5 Definitionen der vier kreativen Vorgehensweisen in der Produktionsphase

Kreative Vorgehensweise	Hauptkategorien	Subkategorien	Definition und konkrete Vergleichswerte für die beiden arithmetisch offenen Aufgaben
sprunghaft-vielfältig	Komposition	häufige Ideenwechsel	Das Kind zeigt in der Produktionsphase überdurchschnittlich viele Ideenwechsel pro Anzahl der Ideen (Kompositionsquotient: bei $A1 > 0{,}34$ und bei $A2 > 0{,}36$).
	Diversität	hoch	Das Kind zeigt in der Produktionsphase überdurchschnittlich viele arithmetische Ideentypen auf Ebene der Subkategorien (bei $A1 > 6{,}2$ und bei $A2 > 5{,}3$).
sprunghaft-gleichmäßig	Komposition	häufige Ideenwechsel	Das Kind zeigt in der Produktionsphase überdurchschnittlich viele Ideenwechsel pro Anzahl der Ideen (Kompositionsquotient: bei $A1 > 0{,}34$ und bei $A2 > 0{,}36$).
	Diversität	gering	Das Kind zeigt in der Produktionsphase unterdurchschnittlich viele arithmetische Ideentypen auf Ebene der Subkategorien (bei $A1 < 6{,}2$ und bei $A2 < 5{,}3$).

(Fortsetzung)

Tab. 9.5 (Fortsetzung)

Kreative Vorgehensweise	Hauptkategorien	Subkategorien	Definition und konkrete Vergleichswerte für die beiden arithmetisch offenen Aufgaben
geradlinig-vielfältig	Komposition	seltene Ideenwechsel	Das Kind zeigt in der Produktionsphase unterdurchschnittlich viele Ideenwechsel pro Anzahl der Ideen (Kompositionsquotient: bei $A1 < 0{,}34$ und bei $A2 < 0{,}36$).
	Diversität	hoch	Das Kind zeigt in der Produktionsphase überdurchschnittlich viele arithmetische Ideentypen auf Ebene der Subkategorien (bei $A1 > 6{,}2$ und bei $A2 > 5{,}3$).
geradlinig-gleichmäßig	Komposition	seltene Ideenwechsel	Das Kind zeigt in der Produktionsphase unterdurchschnittlich viele Ideenwechsel pro Anzahl der Ideen (Kompositionsquotient: bei $A1 < 0{,}34$ und bei $A2 < 0{,}36$).
	Diversität	gering	Das Kind zeigt in der Produktionsphase unterdurchschnittlich viele arithmetische Ideentypen auf Ebene der Subkategorien (bei $A1 < 6{,}2$ und bei $A2 < 5{,}3$).

Tab. 9.6 Statistische Verteilung der kreativen Vorgehensweisen bei den 36 Aufgabenbearbeitungen

Kreative Vorgehensweise	Anzahl Aufgabenbearbeitungen der Erstklässler*innen (N = 36)
sprunghaft-vielfältig	13
sprunghaft-gleichmäßig	4
geradlinig-vielfältig	5
geradlinig-gleichmäßig	14

durch eine überdurchschnittliche Anzahl verschiedener arithmetischer Ideentypen (Diversität). Ebenso ging ein geradliniges Vorgehen, d. h. dass bei einer unterdurchschnittlichen Anzahl an Ideen selten Ideenwechsel vollzogen wurden, meistens mit einer geringen Diversität und daher einer gewissen Ideenarmut einher. Diese statistische Auswertung der Häufigkeitsverteilung stellte einen ersten Indikator dafür dar, die gebildeten vier kreativen Vorgehensweisen der Erstklässler*innen bei der Bearbeitung der beiden arithmetisch offenen Aufgaben auf zwei Vorgehensweisen, eine sprunghafte und eine geradlinige, zu reduzieren.

Zusätzlich zu dieser statistischen Betrachtung war eine Analyse der inhaltlichen Sinnzusammenhänge auf Basis des InMaKreS-Modells notwendig, um eine Komprimierung der vier Vorgehensweisen vorzunehmen. Anhand der Tabelle 9.6 wird verdeutlicht, dass die Schüler*innen bei der Bearbeitung arithmetisch offener Aufgaben ihre divergenten Fähigkeiten der Denkflüssigkeit und Flexibilität zeigen können. Über die beiden Teilaspekte Komposition und Diversität wurde die kindliche Fähigkeit der Flexibilität über geeignete qualitative Subkategorien abgebildet. Dabei wurde zuvor bereits darauf hingewiesen, dass im Rahmen der Komposition die Fähigkeit der Denkflüssigkeit der Erstklässler*innen miterfasst wurde. Weiterhin wurden bei der Analyse der Diversität in den individuellen Kreativitätsschemata der Erstklässler*innen die detaillierten Subkategorien der vier arithmetischen Ideentypen fokussiert, während sich der Blick bei der Analyse der Komposition auf die vier Hauptkategorien selbst richtete (vgl. Tab. 9.5). Dadurch, dass sich somit beide Teilaspekte der Flexibilität auf die von den Erstklässler*innen gezeigten Ideentypen beziehen, stehen auch die erstellten Subkategorien in Beziehung zueinander. Daher konnten aufgrund der Analyse der Komposition auch erste Tendenzen für die Auswertung der Diversität in den individuellen Kreativitätsschemata abgeleitet werden: Zeigten die Erstklässler*innen in ihrer Produktionsphase eine hohe Komposition durch viele Ideenwechsel zwischen den arithmetischen Ideentypen, dann konnten häufig auch viele verschiedene Ideentypen auf Ebene der Subkategorien analysiert werden und umgekehrt genauso. Dieser inhaltliche Zusammenhang bestätigt den Eindruck aus der statistischen Auswertung der kreativen Vorgehensweisen.

Die statistische Verteilung der Aufgabenbearbeitungen auf die vier kreativen Vorgehensweisen sowie die Analyse der inhaltlichen Zusammenhänge in Bezug auf die divergente Fähigkeit der Flexibilität begünstigten die Entscheidung, die vier Vorgehensweisen auf zwei aussagekräftige zu komprimieren. Dabei war unbestreitbar, dass eine sprunghafte und eine geradlinige Vorgehensweise abgebildet werden musste. Um die Tendenz in der Diversität dieser beiden Vorgehensweisen begrifflich zu fassen, wurden die zuvor gebildeten kreativen Vorgehensweisen sprunghaft-vielfältig und sprunghaft-gleichmäßig zu *sprunghaft-ideenreich* sowie die beiden kreativen Vorgehensweisen geradlinig-gleichmäßig und geradlinig-vielfältig zu *geradlinig-ideenarm* zusammengefasst. Diese Reduzierung der zuvor vier verschiedenen kreativen Verhaltensweisen auf nun zwei geht jedoch nicht mit einem Ausschluss der neun Aufgabenbearbeitungen mit einem sprunghaft-gleichmäßig oder geradlinig-vielfältigen Vorgehen einher. Vielmehr werden immer paarweise zwei kreative Vorgehensweisen miteinander integriert und passend bezeichnet. Trotz der Verringerung des Detaillierungsgrades können so alle Aufgabenbearbeitungen der Erstklässler*innen den zwei übergeordneten kreativen Vorgehensweisen passend zugeordnet werden. Diese werden wie folgt definiert:

1. Die Erstklässler*innen zeigen in der Produktionsphase durch ihre divergenten Fähigkeiten der Denkflüssigkeit und Flexibilität ein *sprunghaft-ideenreiches Vorgehen*, **wenn sie innerhalb ihrer Produktion verschiedener Ideen (über)durchschnittlich viele verschiedene arithmetische Ideentypen zeigen und dabei häufig zwischen diesen wechseln.**

2. Die Erstklässler*innen zeigen in der Produktionsphase durch ihre divergenten Fähigkeiten der Denkflüssigkeit und Flexibilität ein geradlinig-ideenarmes Vorgehen, **wenn sie innerhalb ihrer Produktion verschiedener Ideen (unter)durchschnittlich viele verschiedene arithmetische Ideentypen zeigen und dabei nur selten zwischen diesen wechseln.**

Der exemplarischen Analyse seines individuellen Kreativitätsschemas und vorherigen Definitionen der kreativen Vorgehensweisen zufolge zeigte der Erstklässler Lars (vgl. Abb. 9.5) bei der Bearbeitung der zweiten arithmetisch offenen Aufgabe in der Produktionsphase ein sprunghaft-ideenreiches Vorgehen.

9.2.2 Kreative Verhaltensweisen der Erstklässler*innen in der Reflexionsphase

„[…] die mathematisch kreativen Handlungen der Lernenden in der Reflexionsphase, in der die Erstklässler*innen vor allem ihre Originalität zeigen konnten, [werden] als *kreative Verhaltensweisen* bezeichnet." (Abschn. 7.3.1.2)

In diesem Abschnitt sollen nun auf die gleiche Art und Weise wie im vorherigen Abschnitt verschiedene kreative Verhaltensweisen in der Reflexionsphase der kindlichen Aufgabenbearbeitungen induktiv analysiert werden. In dieser Phase der Unterrichtsepisoden wurde es den Erstklässler*innen ermöglicht, ihre divergente Fähigkeit der Originalität als ein weiteres Merkmal der individuellen mathematischen Kreativität auszudrücken. Unter Originalität von Schüler*innen wird deren Fähigkeit verstanden, „ihre selbst produzierten Ideen und darin enthaltene verschiedenen Ideentypen zu betrachten und davon ausgehend weitere Ideen zu produzieren sowie gleichsam mit diesen evtl. auch weitere Ideentypen und Ideenwechsel zu zeigen" (Abschn. 2.4.1). Aus dieser Definition können zwei wichtige und zugleich für die Datenauswertung wegweisende Schlüsse gezogen werden:

– Dadurch, dass die jungen Schulkinder angehalten wurden, ihre Produktionsphase zu reflektieren und weitere Ideen zu produzieren sowie Ideentypen zu zeigen, muss die Fähigkeit der Originalität in der Reflexionsphase immer vor dem Hintergrund der in der Produktionsphase gezeigten Fähigkeiten der Denkflüssigkeit und Flexibilität analysiert werden (vgl. Abschn. 2.4). Für die Auswertung der individuellen Kreativitätsschemata in dieser Studie bedeutete dies, dass es zu untersuchen galt, ob die Erstklässler*innen ihre Vorgehensweise von der Produktions- zur Reflexionsphase veränderten oder ob diese gleichblieb (vgl. Abschn. 7.3.1.1).

– Indem die Erstklässler*innen in der Reflexionsphase angeregt wurden, weitere Ideen zu produzieren (Denkflüssigkeit) und so weitere Ideentypen zu zeigen (Flexibilität), bezieht sich die divergente Fähigkeit Originalität auf die anderen beiden für die individuelle mathematische Kreativität charakteristischen Fähigkeiten Denkflüssigkeit und Flexibilität (vgl. Abschn. 2.4). Im Rahmen dieser empirischen Studie zur individuellen mathematischen Kreativität von Erstklässler*innen musste daher analysiert werden, inwiefern die Lernenden ihre Produktion in der Reflexionsphase auf Ebene der Denkflüssigkeit und Flexibilität erweiterten (vgl. Abschn. 7.3.1.1).

Die beiden Aspekte der Originalität – *Veränderung des Vorgehens* und *Erweiterung der Produktion* – wurden in das InMaKreS-Modell integriert (vgl. Abb. 9.8). Sie stellen die beiden Kategorien dar, die nun induktiv durch weitere Subkategorien qualitativ beschrieben werden sollten.

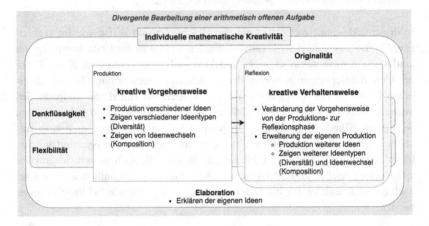

Abb. 9.8 InMaKreS-Modell mit letzten Konkretisierungen und Erweiterung für die empirische Studie

Auf Basis der Reflexionsphasen in den individuellen Kreativitätsschemata der 36 Aufgabenbearbeitungen der Erstklässler*innen wird im nachstehenden Abschnitt die Veränderung des Vorgehens analysiert. Darauf folgt die Kategorienbildung zu dem zweiten Originalitätsaspekt, der Erweiterung der Produktion. Durch eine anschließende Kreuzung der jeweiligen Subkategorien konnten so die verschiedenen *kreativen Verhaltensweisen* der Erstklässler*innen während der Reflexionsphase begründet sowie aufgrund inhaltlicher Sinnzusammenhänge komprimiert werden. Auch bei diesen Ausführungen soll das individuellen Kreativitätsschema von Lars' Bearbeitung der zweiten arithmetisch offenen Aufgabe exemplarisch zur Veranschaulichung der einzelnen Kategorienbildungen dienen (vgl. Abb. 9.9).

9.2.2.1 Originalität – Veränderung des Vorgehens

Um die Veränderung des Vorgehens der Erstklässler*innen von der Produktions- zur Reflexionsphase qualitativ zu beschreiben, war es zunächst notwendig, die kreative Vorgehensweise in der Reflexionsphase auf die gleiche Art und Weise wie zuvor für die Produktionsphase zu analysieren (vgl. Abschn. 9.2.1). In einem

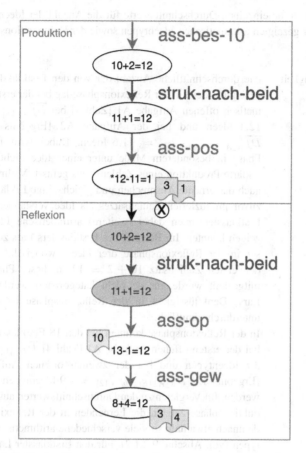

Abb. 9.9 Individuelles Kreativitätsschemata Lars A2

zweiten Schritt wurden dann die beiden Vorgehensweisen in der Produktions- und Reflexionsphase miteinander verglichen, mit dem Ziel zu bestimmen, ob eine Veränderung des Vorgehens stattgefunden hatte oder nicht.

Da das Vorgehen in der Bildung der verschiedenen Subkategorien für die beiden divergenten Fähigkeiten der Denkflüssigkeit und Flexibilität auch für die Reflexionsphase beibehalten wurde (vgl. ausführlich Abschn. 9.2.1), änderten sich lediglich die einzelnen Durchschnittswerte für die Anzahl der Ideen und die Anzahl der gezeigten arithmetischen Ideentypen sowie der Kompositionsquotient.

Denkflüssigkeit: Die durchschnittliche Anzahl der von den Erstklässler*innen gezeigten Ideen in der Reflexionsphase lag bei der ersten arithmetisch offenen Aufgabe A1 [Zahl 4] bei $\overline{Df}_{R\_A1\,[Zahl\,4]} =$ 12,1 Ideen und bei der Aufgabe A2 [Ergebnis 12] bei $\overline{Df}_{R\_A2\,[Ergebnis\,12]} = 11,6$ Ideen. Dabei wird in dieser Phase in besonderem Maße unter einer Idee nicht nur die erklärte Produktion eines Zahlensatzes gefasst. Vielmehr wird auch das erneute Ansprechen und gleichzeitige Erklären eines zuvor produzierten Zahlensatzes als Idee verstanden, da die Erstklässler*innen dabei (weitere) arithmetische Ideentypen zeigen konnten. Im Beispiel des Erstklässlers Lars zeigte dieser in der Reflexionsphase drei Ideen, wobei die Idee um den ersten Zahlensatz $10 + 2 = 12$ in dieser Phase nicht mitgezählt wurde, da sie nicht kategorisiert werde konnte. Lars' Denkflüssigkeit in der Reflexionsphase ist demnach unterdurchschnittlich.

Diversität: In der Reflexionsphase konnten bei den 18 Erstklässler*innen bei der ersten offenen Aufgabe A1 [Zahl 4] $\overline{D}_{R\_A1\,[Zahl\,4]} =$ 3,8 Ideentypen und bei der zweiten offenen Aufgabe A2 [Ergebnis 12] $\overline{D}_{R\_A2\,[Ergebnis\,12]} = 2,9$ Ideentypen ermittelt werden. Im Vergleich zu den Durchschnittswerten aus der Produktionsphase zeigten die Lernenden in der Reflexionsphase demnach etwa halb so viele verschiedene arithmetische Ideentypen (vgl. Abschn. 9.2.1.2). Für den Erstklässler Lars wurde eine hohe Diversität kodiert, insofern er mit drei verschiedenen arithmetischen Ideentypen knapp über dem Durchschnitt von 2,9 Ideentypen bei der arithmetisch offenen Aufgabe A2 lag.

Komposition: Die Komposition in der Reflexionsphase einer Aufgabenbearbeitung wurde über den Vergleich des individuellen Kompositionsquotienten mit dem Durchschnitt qualitativ beschrieben. Für die erste arithmetisch offene Aufgabe A1 [Zahl 4] lag dieser bei $\overline{K}_{R\_A1\,[Zahl\,4]} = 0,53$ und für die zweite Aufgabe A2 [Ergebnis 12] bei $\overline{K}_{R\_A2\,[Ergebnis\,12]} = 0,3$. Bei genauer Betrachtung dieser Kennwerte fiel auf, dass im Gegensatz zur Produktionsphase nun ein deutlicher Unterschied in der Komposition beider arithmetisch offener Aufgaben festgestellt werden konnte. Bei der ersten Aufgabe wurden demnach fast doppelt so viele Ideenwechsel pro Anzahl an Ideen von den Kindern gezeigt als bei der zweiten arithmetisch offenen Aufgabe. Insgesamt wiesen die Erstklässler*innen in der Reflexionsphase ein deutlich sprunghafteres Vorgehen als in der Produktionsphase beider Aufgaben auf. Dies ist auch bei der Komposition von Lars der Fall, dessen Kompositionsquotient bei 0,67 lag und er somit häufige Ideenwechsel vollzog.

Auf Basis dieser statistischen Kennwerte wurden die gleichen Subkategorien für die Denkflüssigkeit und Flexibilität in der Reflexionsphase gebildet wie zuvor für die Produktionsphase (vgl. Abschn. 9.2.1.2, insbesondere Tab. 9.3). Durch die Kreuzung der Subkategorien für die Komposition und Diversität entstanden analog zur Produktionsphase die vier verschiedenen kreativen Vorgehensweisen *sprunghaft-vielfältig, sprunghaft-gleichmäßig, geradlinig-vielfältig* und *geradlinig-gleichmäßig* (vgl. ausführlich Abschnitten 9.2.1.3, insbesondere Tab. 9.4). Die nachfolgende Tabelle 9.7 verdeutlicht die vier kreativen Vorgehensweisen und deren Definition über die Haupt- und Subkategorien der beiden Aspekte Komposition und Diversität in der Reflexionsphase.

Auf Basis dieses Zwischenergebnisses konnte nun analysiert werden, ob die Erstklässler*innen während der Aufgabenbearbeitungen ihr Vorgehen von der Produktions- zur Reflexionsphase änderten. Dies geschah erneut mit Hilfe einer Kreuztabelle (vgl. Tab. 9.8), wobei auf den Achsen die kreativen Vorgehensweisen in den beiden Phasen eingetragen wurden. Um den Vergleich des Vorgehens in der Produktions- und Reflexionsphase präziser und detaillierter zu gestalten, wurde mit den vier kreativen Vorgehensweisen in der Kategorisierung der Originalität weitergearbeitet und nicht mit den beiden komprimierten Vorgehensweisen *sprunghaft-ideenreich* und *geradlinig-ideenarm* (vgl. Abschn. 9.2.1.3).

Anhand dieser Kreuztabelle ergaben sich zwei Subkategorien für die Veränderung des Vorgehens als ein Teilaspekt der Originalität der Erstklässler*innen:

– Ändern die Erstklässler*innen ihre Vorgehensweise (sprunghaft-vielfältig, sprunghaft-gleichmäßig, geradlinig-vielfältig und geradlinig-gleichmäßig) bei der Bearbeitung einer arithmetisch offenen Aufgabe von der Produktions- zur Reflexionsphase, dann wird die Subkategorie *Vorgehen verändert sich* kodiert.

Tab. 9.7 Definitionen der vier kreativen Vorgehensweisen in der Reflexionsphase

Kreative Vorgehensweise in der Reflexion	Hauptkategorien	Subkategorien	Definition und konkrete Vergleichswerte für die beiden arithmetisch offenen Aufgaben
sprunghaft-vielfältig	Komposition	häufige Ideenwechsel	Das Kind zeigt in der Reflexionsphase überdurchschnittlich viele Ideenwechsel pro Anzahl der Ideen (Kompositionsquotient: bei $A1 > 0,53$ und bei $A2 > 0,3$).
	Diversität	hoch	Das Kind zeigt in der Reflexionsphase überdurchschnittlich viele arithmetische Ideentypen auf Ebene der Subkategorien (bei $A1 > 3,8$ und bei $A2 > 2,9$).
sprunghaft-gleichmäßig	Komposition	häufige Ideenwechsel	Das Kind zeigt in der Reflexionsphase überdurchschnittlich viele Ideenwechsel pro Anzahl der Ideen (Kompositionsquotient: bei $A1 > 0,53$ und bei $A2 > 0,3$).
	Diversität	gering	Das Kind zeigt in der Reflexionsphase unterdurchschnittlich viele arithmetische Ideentypen auf Ebene der Subkategorien (bei $A1 < 3,8$ und bei $A2 < 2,9$).

(Fortsetzung)

Tab. 9.7 (Fortsetzung)

Kreative Vorgehensweise in der Reflexion	Hauptkategorien	Subkategorien	Definition und konkrete Vergleichswerte für die beiden arithmetisch offenen Aufgaben
geradlinig-vielfältig	Komposition	seltene Ideenwechsel	Das Kind zeigt in der Reflexionsphase unterdurchschnittlich viele Ideenwechsel pro Anzahl der Ideen (Kompositionsquotient: bei $A1 < 0,53$ und bei $A2 < 0,3$).
	Diversität	hoch	Das Kind zeigt in der Reflexionsphase überdurchschnittlich viele arithmetische Ideentypen auf Ebene der Subkategorien (bei $A1 > 3,8$ und bei $A2 > 2,9$).
geradlinig-gleichmäßig	Komposition	seltene Ideenwechsel	Das Kind zeigt in der Reflexionsphase unterdurchschnittlich viele Ideenwechsel pro Anzahl der Ideen (Kompositionsquotient: bei $A1 < 0,53$ und bei $A2 < 0,3$).
	Diversität	gering	Das Kind zeigt in der Reflexionsphase unterdurchschnittlich viele arithmetische Ideentypen auf Ebene der Subkategorien (bei $A1 < 3,8$ und bei $A2 < 2,9$).

Tab. 9.8 Kreuztabelle der vier kreativen Vorgehensweisen in der Produktions- und Reflexionsphase

		Vorgehensweise in der Reflexionsphase			
		sprunghaft-vielfältig	sprunghaft-gleichmäßig	geradlinig-vielfältig	geradlinig-gleichmäßig
Vorgehensweise in der Produktionsphase	sprunghaft-vielfältig	**Vorgehen bleibt gleich**	Vorgehen verändert sich	Vorgehen verändert sich	Vorgehen verändert sich
	sprunghaft-gleichmäßig	Vorgehen verändert sich	**Vorgehen bleibt gleich**	Vorgehen verändert sich	Vorgehen verändert sich
	geradlinig-vielfältig	Vorgehen verändert sich	Vorgehen verändert sich	**Vorgehen bleibt gleich**	Vorgehen verändert sich
	geradlinig-gleichmäßig	Vorgehen verändert sich	Vorgehen verändert sich	Vorgehen verändert sich	**Vorgehen bleibt gleich**

– Findet keine Veränderung in der Vorgehensweise (sprunghaft-vielfältig, sprunghaft-gleichmäßig, geradlinig-vielfältig und geradlinig-gleichmäßig) der Erstklässler*innen bei der Bearbeitung einer arithmetisch offenen Aufgabe von der Produktions- zur Reflexionsphase statt, dann wird die Subkategorie *Vorgehen bleibt gleich* kodiert.

Dadurch, dass der exemplarisch herangezogene Erstklässler Lars bei seiner Bearbeitung der zweiten arithmetischen Aufgabe in beiden Phasen der Unterrichtsepisode verschiedene Vorgehensweisen zeigte (sprunghaft-gleichmäßig zu sprunghaft-vielfältig), wurde für den ersten Teilaspekt seiner Originalität die Kategorie *Vorgehen verändert sich* vergeben.

9.2.2.2 Originalität – Erweiterung der Produktion

Zu Beginn dieses Abschnitts wurde begründet, dass die divergente Fähigkeit der Originalität der Erstklässler*innen durch zwei Aspekte umfassend abgebildet werden muss. Der erste Aspekt, die Veränderung des Vorgehens, wurde bereits im vorherigen Abschnitt ausführlich dargestellt. Nun soll die Analyse des zweiten Aspekts, die Erweiterung der Produktion, in den Fokus gesetzt werden. Unter Rückbezug auf die Definition der Originalität (vgl. Abschn. 2.4.1) und die daraus abgeleitete Beschreibung im Rahmen des InMaKreS-Modells (vgl. Abb. 9.8) umfasst diese Erweiterung konkret sowohl die weitere Produktion von Ideen als auch das Zeigen weiterer arithmetischer Ideentypen. Dabei können die Erstklässler*innen ihre Denkflüssigkeit und Flexibilität in der Reflexionsphase entwickeln. Für beide Unterpunkte der Erweiterung – weitere Idee und weitere Ideentypen – sollten anhand der 36 individuellen Kreativitätsschemata der Erstklässler*innen qualitative Kategorien gebildet werden.

Um die Erweiterung der Produktion auf Ebene der Denkflüssigkeit in der Reflexionsphase der kreativen Aufgabenbearbeitungen abzubilden, wurde die Anzahl der von den Kindern gezeigten Ideen in der Reflexionsphase im Verhältnis zu den Ideen in der Produktionsphase betrachtet. Daher wurde ein Quotient aus diesen beiden Anzahlen für jede der 36 Aufgabenbearbeitungen errechnet, sodass ein sogenannter *Erweiterungsfaktor der Denkflüssigkeit* über die nachfolgende Formel entstand: $ErwDf = 1 + \frac{Anzahl\ Ideen\ in\ der\ Reflexion}{Anzahl\ Ideen\ in\ der\ Produktion}$. Da bspw. der Erstklässler Lars sowohl in der Produktions- als auch in der Reflexionsphase jeweils drei Ideen zeigte und damit seine Anzahl an Ideen von der Produktions- zur Reflexionsphase verdoppelte, lag sein Erweiterungsfaktor für die Denkflüssigkeit bei $ErwDf_{Lars\_A2} = 1 + \frac{3}{3} = 2$. Um auch an dieser Stelle der Datenauswertung dem relativen Charakter des Konstrukts der individuellen mathematischen Kreativität gerecht zu werden (vgl. Abschn. 2.2.2), wurden erneut die durchschnittlichen

Erweiterungsfaktoren gebildet. Diese lagen für die erste arithmetisch offene Aufgabe A1 [Zahl 4] bei $ErwDf_{A1\,[Zahl\,4]} = 1,88$ und für die zweite arithmetisch offene Aufgabe A2 [Ergebnis 12] bei $ErwDf_{A2\,[Ergebnis\,12]} = 2,05$. Obwohl beide Faktoren recht hoch sind, ist auffällig, dass die Erstklässler*innen die Anzahl ihrer Ideen bei der zweiten arithmetisch offenen Aufgabe mehr als verdoppelten. Mit Hilfe dieser durchschnittlichen Erweiterungsfaktoren konnten zwei qualitative, beschreibende Subkategorien für die Erweiterung der Denkflüssigkeit gebildet werden:

– Die Erstklässler*innen produzieren in der Reflexionsphase *viele weitere Ideen*, wenn ihr individueller Erweiterungsfaktor für die Denkflüssigkeit (Anzahl an Ideen) über dem Durchschnitt der jeweiligen arithmetisch offenen Aufgabe liegt.
– Liegt der individuelle Erweiterungsfaktor für die Denkflüssigkeit (Anzahl an Ideen) unter dem Durchschnitt der jeweiligen arithmetisch offenen Aufgabe, wird hingegen *wenige weitere Ideen* kodiert.

Dementsprechend nahm der Erstklässler Lars in der Reflexionsphase seiner Bearbeitung der zweiten arithmetischen Aufgabe eine Erweiterung der Denkflüssigkeit durch *wenige weitere Ideen* vor, da sein individueller Erweiterungsfaktor von 2 knapp unter dem Durchschnitt von 2,05 lag.

Die kindliche Erweiterung der Produktion auf Ebene der Diversität bezieht sich zudem auf das Zeigen weiterer arithmetischer Ideentypen in der Reflexionsphase. Um die starke Variation an Ideentypen in den individuellen Kreativitätsschemata darzustellen, wurden wie zuvor bei der Diversität die verschiedenen Subkategorien der arithmetischen Ideentypen fokussiert. So wurde in den 36 Aufgabenbearbeitungen die Anzahl weiterer Ideentypen von der Produktions- zur Reflexionsphase ausgezählt. Lars etwa nutzte zwar absolut gesehen in seiner Produktions- und Reflexionsphase jeweils drei verschiedene Ideentypen, jedoch unterschieden sich diese auf qualitativer Ebene. Während er in der Produktionsphase die arithmetischen Ideentypen ass-bes-10, ass-pos und struk-nach-beid zeigte, wurden in der Reflexionsphase die arithmetischen Ideentypen struk-nach-beid, ass-op und ass-gew kodiert (vgl. Abb. 9.9). Somit zeigte Lars in der Reflexionsphase qualitativ gesehen zwei weitere arithmetische Ideentypen, nämlich die beiden frei-assoziierten Ideen ass-op und ass-gew. Seine Erweiterung der Diversität konnte deshalb analog zur Erweiterung der Denkflüssigkeit über die folgende Formel berechnet werden: $ErwD_{A2\,[Ergebnis\,12]} =$

$1 + \frac{Anzahl\ weiterer\ Ideentypen\ in\ der\ Reflexion}{Anzahl\ Ideentypen\ in\ der\ Produktion}$. So ergab sich für Lars ein *Erweiterungsfaktor der Diversität* von $ErwD_{Lars\_A2} = 1 + \frac{2}{3} = 1,\overline{66}$. Genauso wie zuvor wurden dann die durchschnittlichen Erweiterungsfaktoren für die beiden arithmetisch offenen Aufgaben berechnet. Bei der ersten arithmetisch offenen Aufgabe A1 [Zahl 4] lag der Erweiterungsfaktor der Diversität bei $ErwD_{A1\ [Zahl\ 4]} = 1,66$ und bei der zweiten arithmetisch offenen Aufgabe A2 [Ergebnis 12] bei $ErwD_{A2\ [Ergebnis\ 12]} = 1,49$. Das bedeutet, dass bei beiden Aufgaben die Erstklässler*innen ihre Diversität von der Produktions- zur Reflexionsphase um etwa die Hälfte erhöhten. Aufgrund des Vergleichs der individuellen Erweiterungsfaktoren der Diversität aus jeder der 36 Aufgabenbearbeitungen mit den durchschnittlichen Werten ergaben sich die beiden folgenden Subkategorien:

- Die Erstklässler*innen erhöhen in der Reflexionsphase ihre Diversität *deutlich*, wenn ihr individueller Erweiterungsfaktor für die Diversität (Anzahl weiterer arithmetischer Ideentypen) über dem Durchschnitt der jeweiligen arithmetisch offenen Aufgabe liegt.
- Liegt der individueller Erweiterungsfaktor für die Diversität (Anzahl weiterer arithmetischer Ideentypen) unter dem Durchschnitt der jeweiligen arithmetisch offenen Aufgabe, wird hingegen die Diversität in der Reflexionsphase nur *etwas* erweitert.

Der Erstklässler Lars erweiterte seine Diversität mit einem Erweiterungsfaktor von $1,\overline{66}$ *deutlich*, da sein individueller Erweiterungsfaktor der Diversität über dem Durchschnitt von 1,49 für die zweite arithmetisch offene Aufgabe lag.

Das Kategoriensystem für den nun dargestellten zweiten Teilaspekt der Originalität, nämlich die Erweiterung der Produktion, präsentiert die nachfolgende Tabelle 9.9.

Mit Blick auf das InMaKreS-Modell, das ein wechselseitiges Verhältnis der beiden divergenten Fähigkeiten der Denkflüssigkeit und Flexibilität betont (vgl. Abschn. 2.4), war es an dieser Stelle der Arbeit möglich und notwendig, die Erweiterung der Produktion als zweiten Teilaspekt der Originalität auf wenige aussagekräftige Subkategorien zu konzentrieren. Dafür wurden in einem nächsten Schritt die Subkategorien der Erweiterung der Denkflüssigkeit und der Erweiterung der Diversität kreuzweise miteinander in Beziehung gesetzt. Hierfür wurde zunächst eine Kreuztabelle (vgl. Tab. 9.10) erstellt, wobei auf den beiden Achsen die verschiedenen Subkategorien abgetragen wurden.

Aus der systematischen Kreuzung der Subkategorien für die Erweiterung der Denkflüssigkeit (viele und wenige weitere Zahlensätze) und die Erweiterung

Tab. 9.9 Kategoriensystem für die Erweiterung der Produktion als ein Teilaspekt der divergenten Fähigkeit Originalität

Hauptkategorie: Erweiterung der Produktion

Subkategorien		Definition und konkrete Vergleichswerte für die beiden arithmetisch offenen Aufgaben
Erweiterung der Denkflüssigkeit	viele weitere Ideen	Das Kind zeigt in der Reflexionsphase im Vergleich zur Produktionsphase überdurchschnittlich viele weitere Ideen (Erweiterungsfaktor der Denkflüssigkeit: bei $A1 > 1{,}88$ und bei $A2 > 2{,}05$).
	wenige weitere Ideen	Das Kind zeigt in der Reflexionsphase im Vergleich zur Produktionsphase unterdurchschnittlich viele weitere Ideen (Erweiterungsfaktor der Denkflüssigkeit: bei $A1 < 1{,}88$ und bei $A2 < 2{,}05$).
Erweiterung der Diversität	deutlich	Das Kind zeigt in der Reflexionsphase im Vergleich zur Produktionsphase überdurchschnittlich viele weitere arithmetische Ideentypen (Erweiterungsfaktor der Diversität: bei $A1 > 1{,}66$ und bei $A2 > 1{,}49$).
	etwas	Das Kind zeigt in der Reflexionsphase im Vergleich zur Produktionsphase unterdurchschnittlich viele weitere arithmetische Ideentypen (Erweiterungsfaktor der Diversität: bei $A1 < 1{,}66$ und bei $A2 < 1{,}49$).

Tab. 9.10 Kreuztabelle Erweiterung der Denkflüssigkeit und Diversität

		Erweiterung der Diversität	
		deutlich	etwas
Erweiterung der Denkflüssigkeit	viele weitere Ideen	**viele-deutlich**	**viele-etwas**
	wenige weitere Ideen	**wenige-deutlich**	**wenige-etwas**

der Diversität (deutlich, etwas) ergaben sich vier verschiedene Qualitäten der Erstklässler*innen, ihre eigene Produktion in der Reflexionsphase zu erweitern. Statistisch gesehen stellte sich die Verteilung der 36 kreativen Aufgabenbearbeitungen der Erstklässler*innen auf diese vier Erweiterungsqualitäten wie in Tabelle 9.11 aufgelistet dar.

Tab. 9.11 Statistische Verteilung der Aufgabenbearbeitungen auf die vier Erweiterungskategorien der Produktion

Erweiterung der Produktion	Anzahl Aufgabenbearbeitungen der Erstklässler*innen (N = 36)
viele-deutlich	8
wenige-deutlich	6
viele-etwas	4
wenige-etwas	18

Aus der statistischen Verteilung der kindlichen Aufgabenbearbeitungen ließ sich ablesen, dass eine geringe Erweiterung der Denkflüssigkeit (Anzahl an Ideen) häufig mit einer geringen Erweiterung der Diversität (Anzahl an Ideentypen) einherging (*wenige-etwas*). Analog dazu schien es ein Zusammenhang zwischen dem Zeigen vieler weitere Ideen und dem gleichzeitigen Finden vieler weiterer arithmetischer Ideentypen zu bestehen (*viele-deutlich*). Zudem wurde ein genauerer Blick auf die individuellen Erweiterungsfaktoren für diejenigen Aufgabenbearbeitungen geworfen, die den beiden Mischformen (*wenige-deutlich, viele-etwas*) angehörten. Dabei zeigte sich, dass diese häufig in der Erweiterung der Denkflüssigkeit und/oder der Erweiterung der Diversität sehr nah um den jeweiligen Durchschnittswert angeordnet waren. Lars baute bspw. seine gezeigten arithmetischen Ideentypen in der Reflexionsphase *deutlich* aus, da sein Erweiterungsfaktor mit $1,\overline{66}$ über dem Durchschnitt von 1,49 weiterer Ideentypen lag. Zudem erweiterte er seine Anzahl an Ideen um den Faktor von genau 2. Dadurch, dass der durchschnittliche Erweiterungsfaktor der Denkflüssigkeit für diese Aufgabe jedoch mit 2,05 berechnet wurde, lag Lars zwar nur äußerst knapp unter diesem, musste aber die Kategorie *wenige weitere Ideen* für die Erweiterung der Denkflüssigkeit zugewiesen bekommen. In seiner Aufgabenbearbeitung zeigte der Erstklässler deshalb insgesamt eine Erweiterung im Sinne der Kategorie *wenige-deutlich*. Allerdings ergab sich aus der genaueren Betrachtung der Faktoren eine starke Tendenz hin zu der Kategorie *viele-deutlich*. Aus dieser Erkenntnis wurde geschlussfolgert, dass eine geringe Erweiterung der Denkflüssigkeit zumeist mit einer geringen Erweiterung der Diversität und umgekehrt eine deutliche Erweiterung der Denkflüssigkeit mit einer deutlichen Erweiterung der Diversität einhergeht. Zusätzlich kann auf inhaltlicher Ebene argumentiert werden, dass in dieser Arbeit die individuelle mathematische Kreativität von Erstklässler*innen bei der Bearbeitung arithmetisch offener Aufgaben qualitativ charakterisiert werden sollte und die divergente Fähigkeit der Diversität im Gegensatz zur Denkflüssigkeit ein qualitatives Merkmal ebendieser ist (vgl. Abschn. 2.4). Deshalb wurde die Tendenz in der Erweiterung der Diversität stärker gewichtet als die der Denkflüssigkeit und die vier durch bewusste Kreuzung entstandenen Qualitäten in der Erweiterung der Produktion (vgl. Tab. 9.10) auf die zwei folgenden, aussagekräftigen Subkategorien komprimiert.

– In der Reflexionsphase der kreativen Aufgabenbearbeitungen der Erstklässler*innen findet eine *starke* Erweiterung ihrer Produktion statt, wenn die Lernenden im Vergleich zur Produktionsphase tendenziell viele weitere Ideen und dabei viele weitere arithmetische Ideentypen zeigen.
– In der Reflexionsphase der kreativen Aufgabenbearbeitungen erweitern die Erstklässler*innen ihre Produktion *schwach*, wenn sie im Vergleich zur Produktionsphase tendenziell wenige weitere Ideen und dabei nur wenige weitere arithmetische Ideentypen zeigen.

In diesem Sinne wurde für den Erstklässler bzgl. seiner Erweiterung der Produktion in der Reflexionsphase die Kodierung *stark* vergeben.

9.2.2.3 Kreative Verhaltensweisen

Aus den vorherigen Ausführungen zur Analyse der Originalität der Erstklässler*innen in der Reflexionsphase ihrer Aufgabenbearbeitungen konnten jeweils zwei Subkategorien für die beiden Teilaspekte der Originalität, nämlich die Veränderung im Vorgehen und die Erweiterung der Produktion, gebildet werden. Diese werden in der nachfolgenden Tabelle 9.12 zusammengestellt.

Diese vier Subkategorien der beiden Originalitätsaspekte (Veränderung des Vorgehens und Erweiterung der Produktion) dienten wiederum als Grundlage für

Tab. 9.12 Kategoriensystem für die divergente Fähigkeit der Originalität

Hauptkategorie: Originalität

Subkategorien		Definition und konkrete Vergleichswerte für die beiden arithmetisch offenen Aufgaben
Veränderung des Vorgehens	Vorgehen bleibt gleich	Das Kind zeigt in der Produktions- und der Reflexionsphase die gleiche kreative Vorgehensweise (vgl. dafür Tab. 9.5 und Tab. 9.7).
	Vorgehen verändert sich	Das Kind zeigt in der Produktions- und der Reflexionsphase zwei verschiedene kreative Vorgehensweisen (vgl. dafür Tab. 9.5 und Tab. 9.7).
Erweiterung der Produktion	stark	Das Kind zeigt in der Reflexionsphase im Vergleich zur Produktionsphase überdurchschnittlich viele weitere arithmetische Ideentypen (Erweiterungsfaktor der Diversität: bei $A1 > 1{,}66$ und bei $A2 > 1{,}49$) und produzierte dafür tendenziell viele weitere Ideen.
	schwach	Das Kind zeigt in der Reflexionsphase im Vergleich zur Produktionsphase unterdurchschnittlich viele weitere arithmetische Ideentypen (Erweiterungsfaktor der Diversität: bei $A1 < 1{,}66$ und bei $A2 < 1{,}49$) und produzierte dafür tendenziell wenige weitere Ideen.

die Erstellung verschiedener *kreativer Verhaltensweisen* der Erstklässler*innen in der Reflexionsphase. Da beide Aspekte in der Definition der divergenten Fähigkeit der Originalität gleichermaßen bedeutsam sind (vgl. Abschn. 2.4, Einführung zu diesem Abschn. 9.2.2 und Abb. 8.6), wurde erneut eine systematische Kombination der verschiedenen Subkategorien im Rahmen einer Kreuztabelle vorgenommen. Das Ergebnis dieses Prozesses zeigt die nachfolgende Tab. 9.13.

Tab. 9.13 Kreuztabelle zur Bildung kreativer Verhaltensweisen in der Reflexionsphase

| | | Erweiterung der Produktion | |
		stark	schwach
Veränderung des Vorgehens	Vorgehen bleibt gleich	**gleiches Vorgehen mit starker Erweiterung**	**gleiches Vorgehen mit schwacher Erweiterung**
	Vorgehen verändert sich	**verändertes Vorgehen mit starker Erweiterung**	**verändertes Vorgehen mit schwacher Erweiterung**

Auf diese Weise entstandenen vier kreativen Verhaltensweisen, die wie folgt definiert wurden:

1. Die Erstklässler*innen zeigen die kreative Verhaltensweise *gleiches Vorgehen mit starker Erweiterung*, **wenn sie in der Reflexionsphase ihrer Aufgabenbearbeitung die gleiche Vorgehensweise** (sprunghaft-vielfältig, sprunghaft-gleichmäßig, geradlinig-vielfältig und geradlinig-gleichmäßig) wie in der Produktionsphase zeigen und **dabei ihre Produktion** bezogen auf die divergenten Fähigkeiten der Denkflüssigkeit und Flexibilität (Diversität) **stark erweitern.**

2. Die Erstklässler*innen zeigen die kreative Verhaltensweise *gleiches Vorgehen mit schwacher Erweiterung*, **wenn sie in der Reflexionsphase ihrer Aufgabenbearbeitung die gleiche Vorgehensweise** (sprunghaft-vielfältig, sprunghaft-gleichmäßig, geradlinig-vielfältig und geradlinig-gleichmäßig) wie in der Produktionsphase zeigen und **dabei ihre Produktion** bezogen auf die divergenten Fähigkeiten der Denkflüssigkeit und Flexibilität (Diversität) **schwach erweitern.**

3. Die Erstklässler*innen zeigen die kreative Verhaltensweise *verändertes Vorgehen mit starker Erweiterung*, **wenn sie in der Reflexionsphase ihrer Aufgabenbearbeitung eine zur Produktionsphase veränderte Vorgehensweise** (sprunghaft-vielfältig, sprunghaft-gleichmäßig, geradlinig-vielfältig und geradlinig-gleichmäßig) zeigen und **dabei ihre Produktion** bezogen auf die divergenten Fähigkeiten der Denkflüssigkeit und Flexibilität (Diversität) **stark erweitern.**

4. Die Erstklässler*innen zeigen die kreative Verhaltensweise *verändertes Vorgehen mit schwacher Erweiterung*, **wenn sie in der Reflexionsphase ihrer**

Aufgabenbearbeitung eine zur Produktionsphase veränderte Vorgehens-weise (sprunghaft-vielfältig, sprunghaft-gleichmäßig, geradlinig-vielfältig und geradlinig-gleichmäßig) zeigen und **dabei ihre Produktion** bezogen auf die divergenten Fähigkeiten der Denkflüssigkeit und Flexibilität (Diversität) **schwach erweitern.**

Der exemplarisch dargestellte Erstklässler Lars veränderte sein Vorgehen von der Produktions- zur Reflexionsphase, da er zunächst eine sprunghaft-gleichmäßige und daraufhin eine sprunghaft-vielfältige Vorgehensweise nutzte. Zudem erweiterte er seine Produktion insgesamt stark, da er relativ zum Durchschnitt viele weitere arithmetische Ideentypen zeigte und dabei tendenziell viele weitere Ideen produzierte. Somit ist Lars' Aufgabenbearbeitung der zweiten arithmetisch offenen Aufgabe A2 [Ergebnis 12] ein Beispiel für die kreative Verhaltensweise *verändertes Vorgehen mit starker Erweiterung.*

9.2.3 Zusammenfassung

Das Ziel dieses Abschnitts war es, die individuelle mathematische Kreativität von Erstklässler*innen beim Bearbeiten zweier arithmetisch offener Aufgaben qualitativ zu charakterisieren. Dazu diente das in Abschnitt 2.4.2 entwickelte InMaKreS-Modell als theoretisches Framework für die Analyse von 36 kreativen Aufgabenbearbeitungen von Kindern der ersten Klasse, das im Verlauf dieses Kapitels empirisch weiter konkretisiert wurde (vgl. Abb. 9.6 und Abb. 9.8).

Die individuellen Kreativitätsschemata (vgl. Abschn. 9.1) dienten als Basis für die nachfolgenden Analysen der divergenten Fähigkeiten Denkflüssigkeit, Flexibilität und Originalität im Sinne ihrer Definitionen und des InMaKreS-Modells (vgl. Abschn. 9.2). In Anlehnung an den Typisierungsprozess nach Kelle und Kluge (2010, S. 92) wurden schrittweise Kategoriensysteme der divergenten Fähigkeiten erstellt und dabei mit Blick auf die inhaltlichen Sinnzusammenhänge sowie statistischen Auswertungen von Häufigkeitsverteilung einzelne Subkategorien systematisch zusammengefasst. Zudem wurden die Auswertungen der 36 kreativen Aufgabenbearbeitungen der Erstklässler*innen dem InMaKreS-Modell entsprechend zunächst für die Produktions- und anschließend für die Reflexionsphase realisiert. So entstanden am Ende der einzelnen Abschnitte zwei qualitativ beschreibenden Subkategorien für die *kreativen Vorgehensweisen (geradlinig-ideenarm, sprunghaft-ideenreich)* der Erstklässler*innen in der Produktionsphase, die sich auf die divergenten Fähigkeiten der Denkflüssigkeit und Flexibilität beziehen (vgl. Abschn. 9.2.1), sowie vier Subkategorien für die *kreativen Verhaltensweisen (gleiches/verändertes Vorgehen mit starker/schwacher Erweiterung)* der Kinder in der Reflexionsphase, die die Originalität abbilden (vgl. Abschn. 9.2.2).

Als Ergebnis aus den vorangegangenen Analysen zeigt die nachfolgende Abbildung 9.10 die qualitative Charakterisierung der individuellen mathematischen Kreativität von Erstklässler*innen beim Bearbeiten zweier arithmetisch offener Aufgaben und beantwortet somit die erste Forschungsfrage (vgl. Abschn. 5.2):

F1   Inwiefern kann die individuelle mathematische Kreativität von Erstklässler*innen beim Bearbeiten arithmetisch offener Aufgaben auf Basis des InMaKreS-Modells charakterisiert werden?

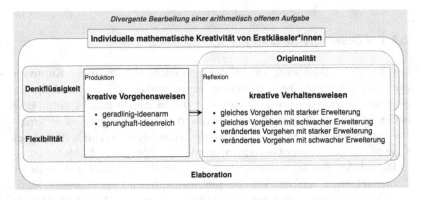

Abb. 9.10 Qualitative Charakterisierung der individuellen mathematischen Kreativität von Erstklässler*innen

9.3   Typisierung der individuellen mathematischen Kreativität von Erstklässler*innen (F2)

„Eine Typologie ist immer das Ergebnis eines Gruppierungsprozesses, bei dem ein Objektbereich anhand eines oder mehrerer Merkmale in Gruppen bzw. Typen eingeteilt wird […]." (Kelle & Kluge, 2010, S. 85)

Auf Basis der qualitativen Charakterisierung der individuellen mathematischen Kreativität von Erstklässler*innen beim Bearbeiten arithmetisch offener Aufgaben (vgl. Abb. 9.10) sollten in diesem Abschnitt nun Typen der individuellen mathematischen Kreativität von Erstklässler*innen (kurz: Kreativitätstypen) gebildet werden. Dadurch konnte die zweite qualitative Forschungsfrage beantworten werden (vgl. Abschn. 5.2):

F2   Inwiefern lassen sich verschiedene Typen der individuellen mathematischen Kreativität von Erstklässler*innen ableiten?

Methodisch gesehen wurde zur Analyse der Kreativitätstypen auf die gleichen Instrumente zurückgegriffen wie in den Ausführungen zuvor, nämlich auf die Erstellung neuer Merkmalsräume durch die systematische Kombination verschiedener Haupt- bzw. Subkategorien (Kreuztabellen), die Analyse inhaltlicher Sinnzusammenhänge auf Ebene des InMaKreS-Modells sowie die Betrachtung statistischer Verteilungen der Aufgabenbearbeitungen (vgl. ausführlich Abschn. 7.3.1.2 und 7.3.1.3). Auf diese Weise sollten verschiedene Typen der individuellen mathematischen Kreativität von Erstklässler*innen ausfindig gemacht und, in einem zweiten Schritt, anhand von repräsentativen Fallinterpretationen (Kuckartz, 2010, S. 106) qualitativ charakterisiert sowie benannt werden (vgl. Abschn. 9.3.1).

Im Anschluss an die Entwicklung dieser Kreativitätstypen wurde die statistische Zuordnung der Aufgabenbearbeitungen der 18 Erstklässler*innen zu den verschiedenen Typen der individuellen mathematischen Kreativität betrachtet. Daraus können nicht nur konkretere Aussagen über das Vorkommen der verschiedenen Kreativitätstypen in diesem Sample formuliert, sondern auch vorsichtige Rückschlüsse für das Antreffen solch ähnlicher Kreativitätstypen im Mathematikunterricht gezogen werden (vgl. Abschn. 9.3.2). Zuletzt wird dann der Blick zurück auf die kreativen Bearbeitungen der beiden arithmetisch offenen Aufgaben gelegt und die von den Kindern gezeigten arithmetischen Ideentypen fokussiert. Dadurch soll die folgende lokale Forschungsfrage beantwortet werden (vgl. Abschn. 9.3.3): Inwiefern können die verschiedenen Typen der individuellen mathematischen Kreativität der Erstklässler*innen auf arithmetischer Ebene beschrieben werden?

9.3.1 Entwicklung vier verschiedener Kreativitätstypen

„Abschließend werden die konstruierten Typen umfassend anhand ihrer Merkmalskombinationen sowie der inhaltlichen Sinnzusammenhänge charakterisiert." (Kelle & Kluge, 2010, S. 92)

Wie in der Einleitung zu diesem Abschnitt dargestellt, soll im Sinne der letzten Stufe im Typisierungsprozess nach Kelle und Kluge (2010, S.
92) nun
die Entwicklung verschiedener Typen der individuellen mathematischen Kreativität von Erstklässler*innen beim Bearbeiten arithmetisch offener Aufgaben
präsentiert werden. Mit Blick auf die Ergebnisse der Charakterisierung der individuellen mathematischen Kreativität (vgl. Abschn. 9.3.1) wurden die beiden
herausgearbeiteten *kreativen Vorgehensweisen* (*geradlinig-ideenarm, sprunghaft-
ideenreich*) der Erstklässler*innen in der Produktionsphase der Bearbeitung
arithmetisch offener Aufgaben und die vier verschiedenen *kreativen Verhaltensweisen* (*gleiches/verändertes Vorgehen mit starker/schwacher Erweiterung*) in der
Reflexionsphase systematisch aufeinander bezogen. Dadurch, dass diese die divergenten Fähigkeiten Denkflüssigkeit, Flexibilität und Originalität der Lernenden
und deren Verhältnis zueinander im Sinne des InMaKreS-Modells abbildeten
(vgl. ausführlich Abschn. 9.2 und 9.3), konnten über die Erstellung einer Kreuztabelle verschiedene Typen der individuellen mathematischen Kreativität von
Erstklässler*innen gebildet werden.

Dazu wurden auf den beiden Achsen der Kreuztabelle jeweils die verschiedenen kreativen Vorgehens- und Verhaltensweisen abgetragen, wobei rein
rechnerisch bei zwei Vorgehensweisen und vier Verhaltensweisen insgesamt acht
verschiedene Merkmalskombinationen entstehen mussten. Da jedoch das Ziel
dieser Analyse darin bestand, wenige aussagekräftige Kreativitätstypen der Erstklässler*innen zu konstituieren, stellte sich die Anzahl von acht verschiedenen
Typen als viel dar. Vor allem hinsichtlich der Anwendung der Kreativitätstypen
von Lehrkräften im Mathematikunterricht, um die individuelle mathematische
Kreativität ihrer Schüler*innen einschätzen zu können, erschien diese Anzahl
als zu hoch. Daher mussten die Kreativitätstypen auf Basis der Analyse inhaltlicher Zusammenhänge, d. h. im Rahmen des InMaKreS-Modells, begründet
komprimiert werden.

Unter diesem Gesichtspunkt wurden vordergründig die vier kreativen Verhaltensweisen der Erstklässler*innen in der Reflexionsphase fokussiert, welche die
Originalität der Lernenden abbilden. Laut ihrer Definition wird die divergente
Fähigkeit der Originalität als die kindliche Fähigkeit beschrieben, die eigene Produktion zu reflektieren und auf Grundlage dessen die Antwort zur arithmetisch
offenen Aufgabe zu erweitern, indem weitere Ideen sowie Ideentypen gezeigt
werden (vgl. Abschn. 2.4.1 und 9.2.2). Durch diese Begriffsbestimmung wird
deutlich, dass die beiden Aspekte der Originalität (Veränderung im Vorgehen und
Erweiterung der Produktion) in einem sich nachrangigen Verhältnis zueinanderstehen, was auch in der Bildung der kreativen Verhaltensweisen in Abschnitt 9.2.2
betont wurde. In diesem Sinne wurden die vier kreativen Verhaltensweisen der

Kinder in der Reflexionsphase umstrukturiert. Diese bestanden jeweils aus zwei Paaren, welche die gleiche Qualität in der Veränderung des Vorgehens aufwiesen, nämlich gleiches und verändertes Vorgehen mit jeweils starker oder schwacher Erweiterung (vgl. ausführlich Abschn. 9.2.2.3, insbesondere Tab. 9.9). So wurden die beiden Subkategorien *gleiches Vorgehen* und *verändertes Vorgehen* mit den untergeordneten beiden Ausprägungen *mit starker Erweiterung* und *mit schwacher Erweiterung* als kreative Verhaltensweisen bestimmt. Es entstanden über die Kreuztabelle in Tabelle 9.14 vier verschiedene Kreativitätstypen, die jeweils zwei Ausprägungen bzgl. der Erweiterung in der Reflexionsphase aufweisen können.

Nachfolgend werden die durch die Kreuztabelle gebildeten Typen der individuellen mathematischen Kreativität von Erstklässler* innen auf Basis der kreativen Vorgehens- und Verhaltensweisen beschrieben und anhand repräsentativer Fallinterpretationen, d. h. ausgewählter kreativer Aufgabenbearbeitungen der Erstklässler* innen, explizit charakterisiert. Dabei wird auf die Definitionen der induktiv gebildeten Kategorien zu den arithmetischen Ideentypen (vgl. Abschn. 9.1.1) und den divergenten Fähigkeiten bzw. den kreativen Vorgehens- und Verhaltensweisen (vgl. Abschn. 9.2.1 und 9.2.2) zurückgegriffen. Sie werden in den nachfolgenden Ausführungen kursiv markiert, aber nicht erneut durch Verweise belegt.

9.3.1.1 Kreativitätstyp 1: geradlinig-ideenarmes Vorgehen im gesamten Bearbeitungsprozess

Ein Beispiel für diesen ersten Typ der individuellen mathematischen Kreativität kann durch die Bearbeitung der zweiten arithmetischen Aufgabe A2 [Ergebnis 12] der Erstklässlerin Marie verdeutlicht werden (vgl. Abb. 9.11). Dieses Kind zeigte in beiden Phasen der Unterrichtsepisode ein *geradlinig-ideenarmes Vorgehen*. In Bezug auf ihre dadurch abgebildeten divergenten Fähigkeiten Denkflüssigkeit und Flexibilität bedeutet diese kreative Vorgehensweise, dass sie bei einer Anzahl von insgesamt 22 Ideen während der gesamten Aufgabenbearbeitung nur *wenige* einzelne arithmetische Ideentypen zeigte, nämlich zwei frei-assoziierte Ideentypen (ass-bes-um1, ass-bes-10) und einen muster-bildenden Ideentyp (must-wachs) (Aspekt der Diversität). Dementsprechend wechselte Marie *selten*, d. h. während der gesamten Bearbeitung nur dreimal, zwischen möglichen arithmetischen Ideentypen (Aspekt der Komposition). Im Kontext ihrer Fähigkeit der Originalität erweitert die Erstklässlerin zudem ihre Produktion in der Reflexionsphase durch einen weiteren arithmetischen Ideentypen (ass-pos) *schwach*.

Aufgrund der repräsentativ beschriebenen Eigenschaften der individuellen mathematischen Kreativität von Marie wird ihr Kreativitätstyp als *geradlinigideenarmes Vorgehen im gesamten Bearbeitungsprozess mit schwacher Erweiterung*

Tab. 9.14 Kreuztabelle Typen der individuellen mathematischen Kreativität von Erstklässler*innen

kreative Vorgehensweise	kreative Verhaltensweisen			
	gleiches Vorgehen		verändertes Vorgehen	
	mit starker Erweiterung	mit schwacher Erweiterung	mit starker Erweiterung	mit schwacher Erweiterung
geradlinig-ideenarm	**Kreativitätstyp 1: geradlinig-ideenarmes Vorgehen im gesamten Bearbeitungsprozess**		**Kreativitätstyp 3: Veränderung des zunächst geradlinig-ideenarmen Vorgehens in der Reflexion**	
	1a: mit starker Erweiterung	**1b:** mit schwacher Erweiterung	**3a:** mit starker Erweiterung	**3b:** mit schwacher Erweiterung
sprunghaft-ideenreich	**Kreativitätstyp 2: sprunghaft-ideenreiches Vorgehen im gesamten Bearbeitungsprozess**		**Kreativitätstyp 4: Veränderung des zunächst sprunghaft-ideenreichen Vorgehens in der Reflexion**	
	2a: mit starker Erweiterung	**2b:** mit schwacher Erweiterung	**4a:** mit starker Erweiterung	**4b:** mit schwacher Erweiterung

Abb. 9.11 Individuelles
Kreativitätsschema Marie
A2, Beispiel für
Kreativitätstyp 1b

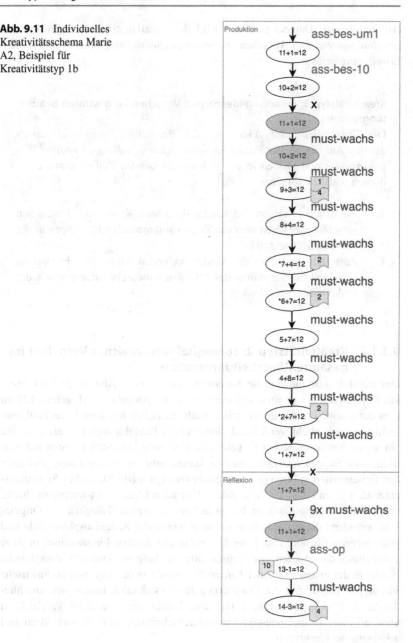

(1b) bezeichnet. Dementsprechend wird der Kreativitätstyp 1a begrifflich als *geradlinig-ideenarmes Vorgehen im gesamten Bearbeitungsprozess mit starker Erweiterung* gefasst.

Kreativitätstyp 1: geradlinig-ideenarmes Vorgehen im gesamten Bearbeitungsprozess

Die Erstklässler*innen zeigen bei der Bearbeitung einer arithmetisch offenen Aufgabe in der Produktionsphase eine *geradlinig-ideenarme Vorgehensweise* und bleiben in der sich anschließenden Reflexionsphase bei diesem *gleichen Vorgehen.*

1a   Zusätzlich erweitern die Kinder der ersten Klasse ihre Produktion verschiedener Ideen über das Zeigen arithmetischer Ideentypen in der Reflexionsphase *stark.*

1b   Zusätzlich erweitern die Kinder der ersten Klasse ihre Produktion verschiedener Ideen über das Zeigen arithmetischer Ideentypen in der Reflexionsphase *schwach.*

9.3.1.2   Kreativitätstyp 2: sprunghaft-ideenreiches Vorgehen im gesamten Bearbeitungsprozess

Das nachfolgende individuelle Kreativitätsschema (vgl. Abb. 9.12) zeigt Jessikas Bearbeitung der zweiten arithmetisch offenen Aufgabe A2 [Ergebnis 12], an dem der zweite Typ der individuellen mathematischen Kreativität von Erstklässler*innen verdeutlicht werden soll. Während der Produktionsphase zeigte Jessika ein *sprunghaft-ideenreiches Vorgehen,* da eine *hohe* Diversität in ihren arithmetischen Ideentypen analysiert werden konnte und sie zudem *häufig* zwischen den frei-assoziierten Ideen (ass-pos, ass-bes-um1, ass-bes-10, ass-bes-5), strukturnutzenden Ideen (struk-tau) und muster-bildenden Ideen (must-wachs) wechselte (Aspekt der Komposition). In Bezug auf ihre divergente Fähigkeit der Originalität veränderte die Erstklässlerin ihr Vorgehen in der Reflexionsphase nicht und präsentierte auch dort eine hohe Diversität und häufige Ideenwechsel in ihrer Bearbeitung der zweiten arithmetisch offenen Aufgabe. Dadurch, dass Jessika bereits in der ersten Phase der Unterrichtsepisode viele Ideen und arithmetische Ideentypen zeigte, fiel die Erweiterung ihrer Produktion in der sich anschließenden Reflexionsphase eher *gering* aus: Jessika produzierte im Vergleich zu allen 36 Aufgabenbearbeitungen unterdurchschnittlich viele weitere Ideen und arithmetische Ideentypen.

Abb. 9.12 Individuelles
Kreativitätsschema Jessika
A2, Beispiel für
Kreativitätstyp 2b

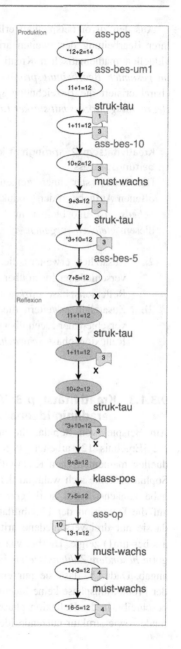

Aus den zuvor beispielhaft erläuterten Merkmalen wird der von Jessika bei ihrer Bearbeitung der zweiten arithmetischen Aufgabe gezeigte Typ der individuellen mathematischen Kreativität 2b als *sprunghaft-ideenreiches Vorgehen im gesamten Bearbeitungsprozess mit schwacher Erweiterung* betitelt. Analog charakterisiert die Bezeichnung *sprunghaft-ideenreiches Vorgehen im gesamten Bearbeitungsprozess mit starker Erweiterung* den Kreativitätstyp 2a.

Kreativitätstyp 2: sprunghaft-ideenreiches Vorgehen im gesamten Bearbeitungsprozess
Die Erstklässler*innen zeigen bei der Bearbeitung einer arithmetisch offenen Aufgabe in der Produktionsphase eine *sprunghaft-ideenreiche Vorgehensweise* und bleiben in der sich anschließenden Reflexionsphase bei diesem *gleichen Vorgehen*.

2a   Zusätzlich erweitern die Kinder der ersten Klasse ihre Produktion verschiedener Ideen über das Zeigen arithmetischer Ideentypen in der Reflexionsphase *stark*.
2b   Zusätzlich erweitern die Kinder der ersten Klasse ihre Produktion verschiedener Ideen über das Zeigen arithmetischer Ideentypen in der Reflexionsphase *schwach*.

9.3.1.3   Kreativitätstyp 3: Veränderung des zunächst geradlinig-ideenarmen Vorgehens in der Reflexion

Am Beispiel von Sophia, die an der zweiten arithmetisch offenen Aufgabe A2 [Ergebnis 12] arbeitete (vgl. Abb. 9.13), soll der dritte Typ der individuellen mathematischen Kreativität von Erstklässler*innen verdeutlicht werden. Sophia bediente sich während der selbstständigen Bearbeitung der offenen Aufgabe zunächst eines stark *geradlinig-ideenarmen Vorgehens*. Mit Rückbezug auf die Definition der Flexibilität zeigte das Mädchen eine *geringe* Diversität, da sie nur drei verschiedene arithmetische Ideentypen (ass-bes-verd, ass-bes5, ass-bes-um1) zeigte. Hierbei war zudem auffällig, dass sie dreimal die Subkategorie *besondere Zahlensätze* als Erklärung für das Produzieren ihrer Zahlensätze angab. Dadurch, dass sie nur einen arithmetischen Ideentyp zeigte, fanden in der Produktionsphase keine Ideenwechsel statt, was den Aspekt der Komposition beschreibt. In der Reflexionsphase hingegen verwendete Sophia auch klassifizierende sowie struktur-nutzende Ideen und wechselte zwischen den verschiedenen

Ideentypen insgesamt viermal. Somit konnte ihr Vorgehen in der Reflexion als *sprunghaft-ideenreich* kategorisiert werden, weshalb sie insgesamt ihre kreative Vorgehensweise von der Produktions- zur Reflexionsphase veränderte. Bereits durch einen ersten Blick auf das individuelle Kreativitätsschema des Kindes ist erkennbar, dass die Erstklässlerin in der Reflexionsphase ihre Produktion sowohl in Bezug auf die Denkflüssigkeit als auch die Diversität der Ideentypen *stark* erweiterte.

Aufgrund der Charakteristika wird der Kreativitätstyp 3a mit dem Titel *Veränderung des zunächst geradlinig-ideenarmen Vorgehens in der Reflexion mit starker Erweiterung* versehen. Analog ist für den Typen 3b der individuellen mathematischen Kreativität die Bezeichnung *Veränderung des zunächst geradlinig-ideenarmen Vorgehens in der Reflexion mit schwacher Erweiterung* gewählt worden.

Kreativitätstyp 3: Veränderung des zunächst geradlinig-ideenarmen Vorgehens in der Reflexion
Die Erstklässler*innen zeigen bei der Bearbeitung einer arithmetisch offenen Aufgabe in der Produktionsphase eine *geradlinig-ideenarme Vorgehensweise* und *verändern ihr Vorgehen* in der sich anschließenden Reflexionsphase.

3a Zusätzlich erweitern die Kinder der ersten Klasse ihre Produktion verschiedener Ideen über das Zeigen arithmetischer Ideentypen in der Reflexionsphase *stark*.

3b Zusätzlich erweitern die Kinder der ersten Klasse ihre Produktion verschiedener Ideen über das Zeigen arithmetischer Ideentypen in der Reflexionsphase *schwach*.

9.3.1.4 Kreativitätstyp 4: Veränderung des zunächst sprunghaft-ideenreichen Vorgehens in der Reflexion

An dieser Stelle wird zur Charakterisierung des vierten Typen der individuellen mathematischen Kreativität der Erstklässler Lars als Beispiel herangezogen. Dessen individuelles Kreativitätsschema seiner Bearbeitung der zweiten arithmetischen Aufgabe A2 [Ergebnis 12] (vgl. Abb. 9.14) begleitete bereits die letzten Abschnitte. Wie zuvor ausführlich erläutert (vgl. Abschn. 9.2), drückte der Erstklässler seine Denkflüssigkeit und Flexibilität in der Produktionsphase durch ein

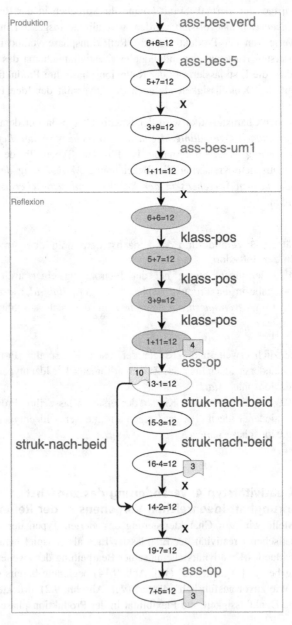

Abb. 9.13 Individuelles Kreativitätsschemata Sophia A2, Beispiel für Kreativitätstyp 3a

sprunghaft-ideenreiches Vorgehen aus. Dagegen veränderte er seine kreative Vorgehensweise in der Reflexionsphase insbesondere in Bezug auf die Diversität der verschiedenen gezeigten arithmetischen Ideentypen. Diese lag mit drei verschiedenen Ideentypen (struk-nach-beid, ass-op, ass-gew) im Vergleich zu allen 36 kindlichen Aufgabenbearbeitungen knapp über dem Durchschnitt. Außerdem war Lars in der Reflexionsphase in der Lage, weitere Ideen und vor allem Ideentypen zu erzeugen und so seine Produktion verhältnismäßig zu seinen Ideen während der gesamten Aufgabenbearbeitung *stark* zu erweitern.

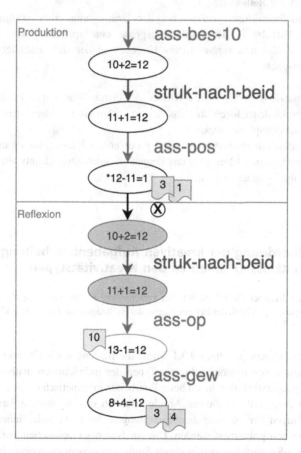

Abb. 9.14 Individuelles Kreativitätsschemata Lars A2, Beispiel Kreativitätstyp 4a

Mit diesen Eigenschaften seiner individuellen mathematischen Kreativität wird der von Lars gezeigte Kreativitätstyp 4a als *Veränderung des zunächst sprunghaft-ideenreichen Vorgehens in der Reflexion mit starker Erweiterung* in der Reflexionsphase bezeichnet. Dementsprechend trägt Typ 4b den Namen *Veränderung des zunächst sprunghaft-ideenreichen Vorgehens in der Reflexion mit schwacher Erweiterung.*

Kreativitätstyp 4: Veränderung des zunächst sprunghaft-ideenreichen Vorgehens in der Reflexion
Die Erstklässler*innen zeigen bei der Bearbeitung einer arithmetisch offenen Aufgabe in der Produktionsphase eine *sprunghaft-ideenreiche Vorgehensweise* und *verändern ihr Vorgehen* in der sich anschließenden Reflexionsphase.

4a   Zusätzlich erweitern die Kinder der ersten Klasse ihre Produktion verschiedener Ideen über das Zeigen arithmetischer Ideentypen in der Reflexionsphase *stark.*

4b   Zusätzlich erweitern die Kinder der ersten Klasse ihre Produktion verschiedener Ideen über das Zeigen arithmetischer Ideentypen in der Reflexionsphase *schwach.*

9.3.2   Zuordnung der kreativen Aufgabenbearbeitungen der Erstklässler*innen zu den Kreativitätstypen

„So entstanden über die Tabelle 9.8 vier verschiedene Kreativitätstypen, die jeweils zwei Ausprägungen bzgl. der Erweiterung in der Reflexionsphase aufweisen können." (Abschn. 8.3.1)

Im vorangegangenen Abschnitt 9.3.1 wurde die Bildung sowie Charakterisierung und Benennung von unterschiedlichen Typen der individuellen mathematischen Kreativität von Erstklässler*innen beim Bearbeiten arithmetisch offener Aufgaben ausführlich dargestellt. In diesem Abschnitt sollen nun die statistischen Häufigkeitsverteilungen der 36 Aufgabenbearbeitungen der Erstklässler*innen auf die Kreativitätstypen präsentiert werden. Die Analyse des empirischen Vorkommens der einzelnen Kreativitätstypen in dieser Studie ermöglicht es, weitere inhaltliche

Rückschlüsse bzgl. der individuellen mathematischen Kreativität der Erstkläss-ler*innen auf Basis des InMaKreS-Modells zu ziehen. Diese können dann als Anhaltspunkt für die Identifikation und darauf aufbauende Förderung der Kreativitätstypen im Mathematikunterricht durch Lehrkräfte dienen. Zu diesem Zweck fokussiert der nachfolgende Abschnitt zusätzlich die kindlichen Bearbeitungen der beiden arithmetisch offenen Aufgaben auf mathematisch inhaltlicher, d. h. arithmetischer, Ebene (vgl. Abschn. 9.3.3).

Die untenstehende Tabelle 9.15 präsentiert die Häufigkeitsverteilungen der analysierten Kreativitätstypen der 36 Aufgabenbearbeitungen durch absolute Werte sowie durch die gerundeten relativen Häufigkeiten in Prozent.

Aus der detaillierten Auswertung der statistischen Verteilung der 36 Aufgabenbearbeitungen der Erstklässler*innen auf die verschiedenen Kreativitätstypen können folgende Schlussfolgerungen über die individuelle mathematische Kreativität von Erstklässler*innen beim Bearbeiten arithmetisch offener Aufgaben gezogen werden:

– In der Produktionsphase wurde bei 17 Aufgabenbearbeitungen der Erst-klässler*innen ein *geradlinig-ideenarmes* Vorgehen (gerundet 47 %) und bei 19 Aufgabenbearbeitungen eine *sprunghaft-ideenreiche* Vorgehensweise (gerundet 53 %) analysiert. Damit halten sich die Anteile der Aufgabenbearbeitungen mit den beiden möglichen kreativen Vorgehensweisen, welche die kreativen Fähigkeiten der Denkflüssigkeit und Flexibilität fassen (vgl. dazu Abschn. 9.2.1.3), in etwa die Waage. Es besteht aber eine leichte Tendenz in Richtung eines sprunghaft-ideenreichen Vorgehens.
– Mit Blick auf die Reflexionsphase ist festzuhalten, dass die Erstklässler*innen deutlich häufiger die Kreativitätstypen 3 und 4 zeigten (gerundet 78 %) als die Kreativitätstypen 1 und 2 (gerundet 22 %). Vor dem Hintergrund des InMaKreS-Modells bedeutet dies, dass sich die kreativen Aufgabenbearbeitungen der Erstklässler*innen in der Reflexionsphase vor allem in Bezug auf deren kreativen Verhaltensweisen, d. h. ihre Fähigkeit der Originalität und dabei insbesondere den Aspekt der *Veränderung des Vorgehens* (vgl. dazu Abschn. 9.2.2.1), unterscheiden.

o Bei acht der insgesamt 36 Aufgabenbearbeitungen (gerundet 22 %) blieben die Erstklässler*innen in der Reflexionsphase bei ihrer kreativen Vorgehensweise, zeigten also die Kreativitätstypen 1 und 2. Dabei war auffällig, dass sich keine einzige Bearbeitung der arithmetisch offenen Aufgaben im Datenset fand, bei der die Erstklässler*innen bei ihrer Vorgehensweise blieben und gleichzeitig ihre Produktion in der Reflexionsphase *stark*

Tab. 9.15 Häufigkeitsverteilung der Aufgabenbearbeitungen der Erstklässler*innen auf die Typen der individuellen mathematischen Kreativität

Typen der individuellen mathematischen Kreativität von Erstklässler*innen		Anzahl Aufgabenbearbeitungen der Erstklässler*innen (N = 36)		Relative Häufigkeit in Prozent (gerundet)	
1: geradlinig-ideenarmes Vorgehen im gesamten Bearbeitungsprozess		4		11 %	
	1a: mit starker Erweiterung	davon	0	anteilig	0 %
	1b: mit schwacher Erweiterung		4		11 %
2: sprunghaft-ideenreiches Vorgehen im gesamten Bearbeitungsprozess		4		11 %	
	2a: mit starker Erweiterung	davon	0	anteilig	0 %
	2b: mit schwacher Erweiterung		4		11 %
3: Veränderung des zunächst geradlinig-ideenarmen Vorgehens in der Reflexion		13		36 %	
	3a: mit starker Erweiterung	davon	9	anteilig	25 %
	3b: mit schwacher Erweiterung		4		11 %
4: Veränderung des zunächst sprunghaft-ideenreichen Vorgehens in der Reflexion		15		42 %	
	4a: mit starker Erweiterung	davon	3	anteilig	8,5 %
	4b: mit schwacher Erweiterung		12		33,5 %

erweiterten (Kreativitätstypen 1a und 2a). Dagegen wurden jeweils vier Aufgabenbearbeitungen den Kreativitätstypen 1b und 2b zugeordnet, bei denen die Lernenden ihre Produktion in der Reflexionsphase *schwach* ausbauten. Für die kreativen Verhaltensweisen (vgl. dazu Abschn. 9.2.2) der Erstklässler*innen, d. h. den Ausdruck ihrer divergenten Fähigkeit der Originalität, kann Folgendes geschlussfolgert werden: Wenn die Lernenden ihre kreative Vorgehensweise von der Produktions- zur Reflexionsphase nicht verändern, geht dies mit einer geringen Erweiterung ihrer Produktion einher. In Bezug auf das InMaKreS-Modell bedeutet diese Erkenntnis, dass die divergenten Fähigkeiten Denkflüssigkeit und Flexibilität der Erstklässler*innen ihre Originalität in der Reflexionsphase beeinflussen: Zeigen die Kinder in beiden Phasen der Unterrichtsepisoden eine qualitativ betrachtet etwa gleichbleibende Denkflüssigkeit und Flexibilität, dann erweitern sie ihre Produktion im Sinne der Fähigkeit Originalität nur geringfügig. Inwiefern eine Verallgemeinerung dieser Aussage über die vorliegende Studie hinaus möglich ist, gilt kritisch durch weitere Studien zu prüfen.

p Bei 28 der 36 Aufgabenbearbeitungen der Erstklässler*innen (gerundet 78 %) konnte analysiert werden, dass die Kinder ihre kreative Vorgehensweise, d. h. ihre Fähigkeiten Denkflüssigkeit und Flexibilität, veränderten und dabei ihre Produktion schwach bis stark erweiterten (Kreativitätstypen 3 und 4). Zeigten die Erstklässler*innen in der Produktionsphase ein geradlinig-ideenarmes Vorgehen und veränderten dieses in der Reflexionsphase zu einem sprunghaft-ideenreichen Vorgehen (Kreativitätstyp 3), dann geschah dies zumeist mit einer starken Erweiterung. Dadurch entfielen neun der 13 Aufgabenbearbeitungen dieses Kreativitätstyps auf den Typ 3a. Zeigten die Erstklässler*innen hingegen in der Produktionsphase eine sprunghaft-ideenreiche Vorgehensweise und veränderten diese in der Reflexionsphase zu einem geradlinig-ideenarmen Vorgehen (Kreativitätstyp 4), dann geschah dies überwiegend mit einer geringen Erweiterung der Produktion. So wurde bei zwölf von 15 Aufgabenbearbeitungen der Kreativitätstyp 4b analysiert, der damit insgesamt denjenigen Typen der individuellen mathematischen Kreativität mit der höchsten absoluten und relativen Häufigkeit darstellt (12 Bearbeitungen $\triangleq$ ~33,5 %). In Bezug auf das InMaKreS-Modell bedeuten diese beiden konkreten Feststellungen, dass die Qualität im Originalitätsaspekt *Veränderung des Vorgehens* den zweiten *Aspekt Erweiterung der Produktion* dieser divergenten Fähigkeit als ein Merkmal der individuellen mathematischen Kreativität von Erstklässler*innen qualitativ beeinflusst: Wird die kreative Vorgehensweise,

d. h. die Fähigkeiten Denkflüssigkeit und Flexibilität, qualitativ in Richtung eines sprunghaft-ideenreichen Vorgehens verändert, dann erweitern die Kinder ihre eigene Produktion stark. Umgekehrt führt eine Veränderung des Vorgehens hin zu einem geradlinig-ideenarmen Vorgehen zu einer nur geringfügigen Erweiterung der Denkflüssigkeit und Flexibilität im Kontext der Originalität der Kinder.

9.3.3 Mathematisch inhaltliche Analyse der Kreativitätstypen

„Inwiefern können die verschiedenen Typen der individuellen mathematischen Kreativität der Erstklässler*innen auf mathematischer Ebene beschrieben werden?" (Abschn. 9.3)

Neben einer Charakterisierung der gebildeten Typen der individuellen mathematischen Kreativität auf Basis des InMaKreS-Modells (vgl. Abschn. 9.3.1) und einer Analyse der statistischen Zuordnung der Aufgabenbearbeitungen zu ebendiesen Kreativitätstypen (vgl. Abschn. 9.3.2) ist auch die mathematisch inhaltliche Analyse der Bearbeitungsprozesse der Erstklässler*innen von Bedeutung. Dadurch können die verschiedenen Kreativitätstypen um Erkenntnisse auf arithmetischer Ebene ergänzt werden, weshalb die einleitend zu diesem Abschnitt dargestellte untergeordnete Forschungsfrage formuliert wurde. Die Beantwortung dieser ermöglicht für die Praxis des Mathematikunterrichts bedeutsame Rückschlüsse auf die unterschiedlichen kreativen Bearbeitungsweisen arithmetisch offener Aufgaben zu ziehen.

Auf mathematisch inhaltlicher Ebene wurde auf die verschiedenen *arithmetischen Ideentypen* (vgl. ausführlich Abschn. 9.1.1) zurückgegriffen, die von den Erstklässler*innen zur Erklärung ihrer Produktion von Zahlensätzen zu den beiden arithmetisch offenen Aufgaben A1 [Zahl 4] und A2 [Ergebnis 12] gezeigt wurden. Diese induktiv kategorisierten Zahl-, Term- und Aufgabenbeziehungen bildeten die Grundlage für die Charakterisierung und Typisierung der individuellen mathematischen Kreativität und sollten nun rekursiv zu einer Spezifizierung der Kreativitätstypen genutzt werden. Es galt daher zu analysieren, inwiefern sich die verschiedenen kindlichen Aufgabenbearbeitung eines jeden Kreativitätstyps in Bezug auf die von den Erstklässler*innen in Produktions- und Reflexionsphase gezeigten arithmetischen Ideentypen ähnelten oder unterschieden: Geht bspw. ein geradlinig-ideenarmes Vorgehen (Kreativitätstypen 1 und 3) mit dem häufigen Zeigen muster-bildender Ideen im Sinne wachsender Zahlenmuster einher? Zeigen Erstklässler*innen, wenn sie ihr Vorgehen in der Reflexionsphase von geradlinig-ideenarm zu sprunghaft-ideenreich verändern (Kreativitätstyp 3), häufiger frei-assoziierte oder struktur-nutzende Ideen? Welche Kreativitätstypen zeigen in einer der beiden Phasen hauptsächlich klassifizierende Ideen?

Um diese (und weitere) Frage beantworten zu können, sollten für jede Aufgabenbearbeitung anhand der individuellen Kreativitätsschemata der Erstklässler*innen (vgl. dazu Abschn. 9.1) diejenigen arithmetischen Ideentypen bestimmt werden, welche die Produktions- und die Reflexionsphase prägten. Um diese analysieren zu können, mussten zwei Aspekte gleichermaßen berücksichtigt werden: Zum einen war entscheidend, in welchem der vier arithmetischen Ideentypen (frei-assoziierte, struktur-nutzende, muster-bildende oder klassifizierende Ideen) das Kind die meisten verschiedenen Subkategorien zeigte, also eine besonders große *Variation* innerhalb eines Ideentyps aufwies. Zum anderen sollte berücksichtigt werden, welcher der vier arithmetischen Ideentypen im Vergleich zur Anzahl aller Ideen in einer Phase besonders häufig von den Erstklässler*innen gezeigt wurde und daher mit *Präferenz* vertreten war. Durch die systematische Kombination dieser beiden Aspekte konnte ermittelt werden, welcher der vier arithmetischen Ideentypen eine bestimmte Phase der Unterrichtsepisoden dominierte.

Um die *Variation* der vier arithmetischen Ideentypen in den beiden Phasen einzeln darzustellen, wurde die Anzahl der verschiedenen Subkategorien in den vier arithmetischen Ideentypen ausgezählt: $V_{Ideentyp\_Phase} = Anzahl\ Subkategorien\ dieses\ Ideentyps$[4]. Pro individuellem Kreativitätsschema und Unterrichtsphase (Produktion und Reflexion) wurden daher vier Variationswerte angegeben. Der höchste dieser Werte gibt denjenigen arithmetischen Ideentyp an, in dem das Kind die höchste Variation bei der Bearbeitung der arithmetisch offenen Aufgabe vornahm. Mit Rückbezug auf das InMaKreS-Modell differenziert die hier ermittelte Varianz den Aspekt der Diversität der divergenten Fähigkeit Flexibilität weiter aus. Bei diesem wird die Anzahl aller Subkategorien unabhängig der Zuordnung zu den vier Hauptkategorien betrachtet (vgl. Abschn. 9.2.1.2). Die Varianz fokussiert aber im Speziellen auf die verschiedenen Subkategorien innerhalb der vier arithmetischen Ideentypen.

Die *Präferenz* sollte zusätzlich zur Variation angeben, welcher arithmetischer Ideentyp innerhalb der kreativen Aufgabenbearbeitung der Erstklässler*innen in

---

[4] Im Index dieser und der nachfolgenden Formeln wurde zur Übersichtlichkeit eine Abkürzung des arithmetischen Ideentyps (*ass* für frei-assoziierte Idee, *struk* für struktur-nutzende Ideen, *must* für muster-bildende Ideen, *klass* für klassifizierende Ideen,) und der Phase (*P* für Produktionsphase, *R* für Reflexionsphase) notiert.

den beiden Phasen verhältnismäßig den größten Anteil einnahm. Daher eignete sich eine Betrachtung der Anzahl an Ideen in den vier Hauptkategorien der arithmetischen Ideentypen in Relation zur Gesamtanzahl gezeigter Ideen. Die folgende Formel für die Präferenz wurde dabei für jeden der vier Ideentypen und für die Produktions- und Reflexionsphase separat angewendet: $P_{Ideentyp\_Phase} = \frac{Anzahl\ an\ Ideen\ mit\ diesem\ Ideentyp}{Anzahl\ aller\ Ideen\ in\ dieser\ Phase}$. Dadurch weist die Präferenz Parallelen zur Komposition als zweiter Aspekt der kindlichen Flexibilität auf, die angibt, wie lange die Kinder die chronologisch gezeigten arithmetischen Ideentypen verfolgten (vgl. ausführlich Abschn. 9.2.1.2). Bei der Präferenz wird jedoch eine stärkere Fokussierung auf die einzelnen arithmetischen Ideentypen und weniger auf die Chronizität sowie dabei entstehende Ideenwechseln gelegt. Deshalb gibt sie an, welcher Ideentyp von den Erstklässler*innen präferiert gezeigt wurde.

Durch die Ermittlung der einzelnen Werte für die Variation und Präferenz entstand für alle 36 individuellen Kreativitätsschemata eine solche nachfolgende Tabelle 9.16 wie sie hier für den Erstklässler Lars und seine Bearbeitung der zweiten arithmetisch offenen Aufgabe (vgl. Abb. 9.15) exemplarisch dargestellt wird.

Tab. 9.16 Berechnung der Variation und Präferenz der vier arithmetischen Ideentypen am Beispiel von Lars IKS

Lars_A2		Produktionsphase	Reflexionsphase
Variation	frei-assoziierte Ideen	$V_{ass\_P} = 2$	$V_{ass\_R} = 2$
	struktur-nutzende Ideen	$V_{struk\_P} = 1$	$V_{struk\_R} = 1$
	muster-bildende Ideen	$V_{must\_P} = 0$	$V_{must\_R} = 0$
	klassifizierende Ideen	$V_{klass\_P} = 0$	$V_{klass\_R} = 0$
Präferenz	frei-assoziierte Ideen	$P_{ass\_P} = \frac{2}{3} = 0,\overline{6}$	$P_{ass\_R} = \frac{2}{3} = 0,\overline{6}$
	Struktur-nutzende Ideen	$P_{struk\_P} = \frac{1}{3} = 0,\overline{3}$	$P_{struk\_R} = \frac{1}{3} = 0,\overline{3}$
	muster-bildende Ideen	$P_{must\_P} = 0$	$P_{must\_R} = 0$
	klassifizierende Ideen	$P_{klass\_P} = 0$	$P_{klass\_R} = 0$

Beide Aspekte, die Variation und die Präferenz, sollten gleichermaßen berücksichtigt werden, um denjenigen arithmetischen Ideentypen für jede Unterrichtsphase zu bestimmen, der diese Phase prägte. Deshalb fand eine systematische Kombination der beiden Konstrukte statt. Dazu wurden pro arithmetischem Ideentyp und Phase die Werte für die Variation und die Präferenz miteinander multipliziert, sodass sich Gesamtwerte ergaben: $Ideentyp_{Phase} = P \cdot V$. Bezogen auf die erläuterten Parallelen zwischen der Variation und der Diversität sowie zwischen der Präferenz und der Komposition spiegelt dieses Produkt die Fähigkeit der Flexibilität der Erstklässler*innen auf mathematisch inhaltlicher Ebene wider. Für den Erstklässler Lars sind die berechneten Werte in der nachfolgenden Tabelle 9.17 zu sehen, wobei die jeweils höchsten Werte in der Produktions- und Reflexionsphase fett erscheinen.

Tab. 9.17 Berechnung der prägenden arithmetischen Ideentypen am Beispiel von Lars IKS

Lars_A2	Produktionsphase	Reflexionsphase
frei-assoziierte Ideen	$ass_P = \frac{2}{3} \cdot 2 = 1,\overline{3}$	$ass_R = \frac{2}{3} \cdot 2 = 1,\overline{3}$
Struktur-nutzende Ideen	$struk_P = \frac{1}{3} \cdot 1 = 0,\overline{3}$	$struk_R = \frac{1}{3} \cdot 1 = 0,\overline{3}$
muster-bildende Ideen	$must\_P = 0$	$must\_R = 0$
klassifizierende Ideen	$klass\_P = 0$	$klass\_R = 0$

Wie der obigen Tabelle 9.17 entnommen werden kann, war der prägende arithmetische Ideentyp für die Bearbeitung der zweiten arithmetisch offenen Aufgabe des Erstklässlers Lars sowohl in der Produktions- als auch in der Reflexionsphase die frei-assoziierten Ideen. Dieses Ergebnis deckt sich auch mit dem optischen Eindruck aus dem dazugehörigen individuellen Kreativitätsschema (vgl. Abb. 9.15) des Lernenden, da dieser in beiden Unterrichtsphasen am häufigsten aber auch am variationsreichsten frei-assoziierte Ideen zeigte. Für ihn wurde daher die Aufgabenbearbeitung in Bezug auf die prägenden arithmetischen Ideentypen durch das Kürzel *ass-ass* gekennzeichnet. Diese für alle Aufgabenbearbeitungen vergebenen Kürzel geben in chronologischer Reihenfolge die beiden bestimmenden arithmetischen Ideentypen in der Produktions- und Reflexionsphase der Aufgabenbearbeitung an

Auf die zuvor erläuterte Art und Weise wurden alle 36 Aufgabenbearbeitungen analysiert, sodass als Ergebnis die folgende Übersicht entstehen konnte (vgl. Tab. 9.18). In dieser wurden den verschiedenen Typen der individuellen mathematischen Kreativität in Form der beschriebenen Kürzel die das individuelle Kreativitätsschema prägenden arithmetischen Ideentypen zugeordnet, wodurch ein schneller Überblick und Vergleich ermöglicht wurde.

Auf Basis dieser Tabelle 9.18 konnte nun eine mathematisch inhaltliche Analyse der Kreativitätstypen vorgenommen werden, die folgende Schlüsse zuließ:

– In den Produktionsphasen der Aufgabenbearbeitungen, in denen die Erstklässler*innen ihre Denkflüssigkeit und Flexibilität zeigen konnten, dominierten

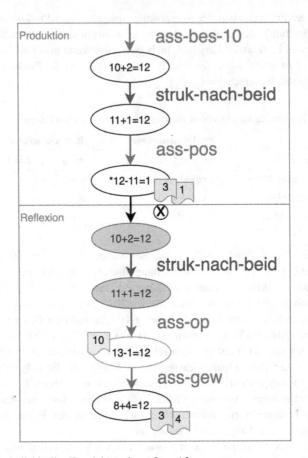

Abb. 9.15 Individuelles Kreativitätsschema Lars A2

mit 27 von 36 Aufgabenbearbeitungen bei allen Kreativitätstypen die frei-assoziierten Ideen. Dabei zeigte sich ein Unterschied bei den beiden kreativen Vorgehensweisen: Während bei nur zehn der 17 Bearbeitungen (gerundet 59 %) mit einem geradlinig-ideenarmen Vorgehen (Kreativitätstyp 1 und 3) die frei-assoziierten Ideen die Produktionsphase prägten, war dies bei 17 von 19 Bearbeitungen (gerundet 90 %) mit einem sprunghaft-ideenreichen Vorgehen (Kreativitätstypen 2 und 4) der Fall. Aus diesen Daten konnte die Schlussfolgerung gezogen werden, dass ein sprunghaft-ideenreiches Vorgehen

Tab. 9.18 Übersicht prägende arithmetische Ideentypen pro Kreativitätstypen

Typen der individuellen mathematischen Kreativität					
1: geradlinig-ideenarmes Vorgehen im gesamten Bearbeitungsprozess	2: sprunghaft-ideenreiches Vorgehen im gesamten Bearbeitungsprozess	3: Veränderung des zunächst geradlinig-ideenarmen Vorgehens in der Reflexion		4: Veränderung des zunächst sprunghaft-ideenreichen Vorgehens in der Reflexion	
1b: mit schwacher Erweiterung	2b: mit schwacher Erweiterung	3a: mit starker Erweiterung	3b: mit schwacher Erweiterung	4a: mit starker Erweiterung	4b: mit schwacher Erweiterung
ass-klass	ass-must	ass-ass	ass-klass	ass-ass	ass-klass
ass-struk	ass-must	ass-klass	ass-must	ass-must	ass-klass
must-must	ass-must	ass-must	must-must	ass-struk	ass-must
must-struk	ass-struk	ass-struk	must-must		ass-must
		ass-struk			ass-must
		ass-struk			ass-must
		struk-klass			ass-struk
		struk-struk			ass-struk
		struk-struk			ass-struk
					ass-struk
					must-ass
					struk-must

auf mathematischer Ebene vor allem mit dem Zeigen verschiedenster frei-assoziierter Ideentypen einherging. Beim geradlinig-ideenarmen Vorgehen in der Produktionsphase dominierten vor allem die Subkategorie der wachsenden Musterfolge bei den muster-bildenden Ideen oder die Subkategorie der Nachbaraufgaben bei den struktur-nutzenden Ideen. Diese Ideentypen wurden aufgrund ihrer Fortführbarkeit eher lange verfolgt und seltener durch andere arithmetische Ideentypen abgewechselt.

– In den Reflexionsphasen der Unterrichtsepisoden, in denen die Erstklässler*innen ihre Originalität zeigen konnten, ergaben sich in Bezug auf die mathematische Analyse der prägenden arithmetischen Ideentypen deutliche Unterschiede in den Kreativitätstypen:

o Bei einem geradlinigen Vorgehen über den gesamten Bearbeitungsprozess hinweg (Kreativitätstyp 1b) konnte keinerlei Tendenz in Richtung bestimmter mathematischer Besonderheiten identifiziert werden, da sich die vier Aufgabenbearbeitungen deutlich hinsichtlich der prägenden arithmetischen Ideentypen unterschieden. Bei dem Kreativitätstyp 2b hingegen waren drei der vier zugeordneten Aufgabenbearbeitungen durch die Ideentyp-Kombination *ass-must* geprägt. Die Erstklässler*innen zeigten demnach in der Produktionsphase ein sprunghaft-ideenreiches Vorgehen, dass von frei-assoziierten Ideen geprägt war. Blieben die Kinder bei ihrer Vorgehensweise in der Reflexionsphase, dann verlagerte sich der prägende arithmetische Ideentyp in der Reflexionsphase auf die muster-bildenden Ideen.

p Eine Veränderung in der Vorgehensweise von der Produktions- zur Reflexionsphase (Kreativitätstyp 3 und 4) führte bei vielen Aufgabenbearbeitungen dazu, dass in der Reflexionsphase vor allem struktur-nutzende, muster-bildende oder klassifizierende Ideen gezeigt wurden.

Unter den neun Aufgabenbearbeitungen, die dem Kreativitätstyp 3a zugeordnet wurden, finden sich insgesamt sechs, die in mindestens einer Phase durch struktur-nutzende Ideen geprägt sind. Diese starke Häufung an struktur-nutzenden Ideen lässt sich in keiner der anderen Kreativitätstypen so finden. Das bedeutet, dass die Veränderung von einem zunächst geradlinig-ideenarmen Vorgehen hin zu einem sprunghaft-ideenreichen Vorgehen das Zeigen struktur-nutzender Ideen in der Reflexionsphase begünstigte. Dabei zeigten diese Kinder eine starke Erweiterung ihrer Denkflüssigkeit und Flexibilität. Ist Letzteres wie beim Kreativitätstyp 3b nicht der Fall, dann wurden verstärkt muster-bildende Ideen in beiden Phasen der Aufgabenbearbeitung gezeigt.

Zwölf der 15 Bearbeitungen arithmetisch offener Aufgaben, die dem Kreativitätstyp 4 zugeordnet wurden, zeigten auf mathematischer Ebene einen Wechsel in dem präferierten Ideentyp von frei-assoziierten Ideen zu muster-bildenden oder zu struktur-nutzenden Ideen. Diese Beobachtung bedeutet, dass die Erstklässler*innen in einem sprunghaft-ideenreichen Vorgehen in der Produktionsphase verschiedenste arithmetische Ideentypen ausprobierten und dann in der Reflexionsphase besonders arithmetische Muster oder Strukturen fokussierten. Bei diesen Kindern fand aber insgesamt eine nur geringe Erweiterung ihrer Produktion statt. Deshalb kann davon ausgegangen werden, dass die Erstklässler*innen in der Reflexionsphase vor allem die bereits zuvor produzierten Zahlensätze ansprachen, durch ausgesuchte Zahl-, Term- und Aufgabenbeziehungen neu miteinander in Verbindung setzten und auf diese Weise weitere Ideen sowie arithmetische Ideentypen zeigten.

9.3.4 Zusammenfassung

Dieser Abschnitt 9.3 der Ergebnisdarstellung der vorliegenden Studie zur individuellen mathematischen Kreativität von Erstklässler*innen verfolgte das Ziel, das erste qualitativ orientierte Forschungsziel und dabei insbesondere die zweite Forschungsfrage zu beantworten (vgl. Abschn. 5.2):

F2   Inwiefern lassen sich verschiedene Typen der individuellen mathematischen Kreativität von Erstklässler*innen ableiten?

Ausgehend von der Charakterisierung der kindlichen Kreativität wurden Typen der individuellen mathematischen Kreativität gebildet (vgl. Abschn. 9.3). Durch eine systematische Kreuzung der entwickelten kreativen Vorgehens- und Verhaltensweisen konnten vier verschiedene Kreativitätstypen erarbeitet werden, die jeweils zwei verschiedene Ausprägungen, nämlich starke oder schwache Erweiterung der Produktion in der Reflexionsphase, annehmen konnten (vgl. Tab. 9.14). Alle Typen der individuellen mathematischen Kreativität wurden anhand repräsentativer Fälle charakterisiert und bezeichnet (vgl. Abschn. 9.3.1):

Kreativitätytyp 1:   geradlinig-ideenarmes Vorgehen im gesamten Bearbeitungsprozess mit a) starker oder b) schwacher Erweiterung

Kreativitätytyp 2:	sprunghaft-ideenreiches Vorgehen im gesamten Bearbeitungsprozess mit a) starker oder b) schwacher Erweiterung
Kreativitätytyp 3:	Veränderung des zunächst geradlinig-ideenarmen Vorgehens in der Reflexion mit a) starker oder b) schwacher Erweiterung
Kreativitätytyp 4:	Veränderung des zunächst sprunghaft-ideenreichen Vorgehens in der Reflexion mit a) starker oder b) schwacher Erweiterung

Auf Basis einer Betrachtung der Zuordnung der 36 kreativen Aufgabenbearbeitungen zu den gebildeten Kreativitätstypen (vgl. Abschn. 9.3.2) konnte zudem geschlussfolgert werden, dass ein nahezu ausgewogenes Verhältnis zwischen dem geradlinig-ideenarmen (gerundet 47 %) und dem sprunghaft-ideenreichen Vorgehen (gerundet 53 %) in der Produktionsphase vorlag. Erstklässler*innen, die ihr Vorgehen auch in der Reflexionsphase beibehielten, erweiterten ihre Produktion durch weitere Ideen(typen) ausschließlich geringfügig (Kreativitätstypen 1b und 2b). 28 der 36 Aufgabenbearbeitungen (gerundet 78 %) zeigten jedoch eine Veränderung im Vorgehen von der Produktions- zur Reflexionsphase: Zeigen die Erstklässler*innen zunächst ein geradlinig-ideenarmes Vorgehen und verändern dieses in Richtung eines sprunghaft-ideenreichen Vorgehens, dann erweitern sie ihre Produktion häufig stark (Kreativitätstyp 3a). Umgekehrt verhält es sich bei einem Wechsel von einer sprunghaft-ideenreichen zu einer geradlinig-ideenarmen Vorgehensweise, der überwiegend durch eine schwache Erweiterung der Denkflüssigkeit und Flexibilität in der Reflexionsphase begleitet wird (Kreativitätstyp 4b).

Als letztes wurde eine mathematisch inhaltliche Analyse der Kreativitätstypen in Bezug auf die beiden arithmetischen Ideentypen, welche die Produktions- und Reflexionsphase der Aufgabenbearbeitungen prägten, vorgenommen (vgl. Abschn. 9.3.3). Durch eine Analyse der individuellen Kreativitätsschemata hinsichtlich der von den Kindern am häufigsten und zugleich am variationsreichsten gezeigten arithmetischen Ideentypen entstanden mathematische Charakterisierungen der Aufgabenbearbeitungen (vgl. Tab. 9.15). Diese wurden mit Blick auf die gebildeten Kreativitätstypen analysiert, um diese auf einer mathematischen Ebene weiter zu charakterisieren. Daraus ergab sich, dass die meisten Bearbeitungen (75 %), vor allem aber diejenigen mit einem sprunghaft-ideenreichen Vorgehen, in der Produktionsphase von frei-assoziierten Ideen geprägt sind. Zudem wurde festgestellt, dass wenn die Erstklässler*innen ihre Vorgehensweise von der

Produktions- zur Reflexionsphase verändern (Kreativitätstypen 3 und 4), in der Reflexionsphase vermehrt muster-bildende und struktur-nutzende Ideen prägend sind.

Besonderheiten der kreativen Umgebung: Auswahl offener Aufgaben und Einsatz (meta-)kognitiver Prompts

> „Eine Aufgabe der Fachdidaktik ist es, domänenspezifisches Wissen zur Verfügung zu stellen, das die reflektierte und zielorientierte Planung von Unterricht ermöglicht." (Reiss & Ufer, 2009, S. 205)

Anschließend an die Charakterisierung und Entwicklung von Kreativitätstypen soll in diesem Kapitel ein weiterer wichtiger Fokus auf die individuelle mathematische Kreativität von Erstklässler*innen beim Bearbeiten arithmetisch offener Aufgaben eingenommen werden. Wie in Abschnitt 5.2 erläutert, besteht das zweite große Forschungsziel dieser mathematikdidaktischen Arbeit darin, die kreative Umgebung anhand der in dieser Studie durchgeführten Unterrichtsepisoden genauer zu beschreiben und daraus erste unterrichtspraktische Konsequenzen zur Förderung der individuellen mathematischen Kreativität im Mathematikunterricht abzuleiten. Dem einleitenden Zitat entsprechend ermöglicht dieses Kapitel in Ergänzung zu den bedeutsamen Erkenntnissen aus der theoretischen Erarbeitung des InMaKreS-Modells (vgl. Abschn. 2.4) sowie der Charakterisierung und Typisierung der individuellen mathematischen Kreativität (vgl. Kap. 9) weitere wichtige Einsichten in die Gestaltung eines Mathematikunterrichts, in dem Schüler*innen kreativ werden können.

Bei der Bildung der verschiedenen Typen der individuellen mathematischen Kreativität (vgl. Abschn. 9.3.1) wurden in den Analysen als Auswertungseinheiten immer die einzelnen individuellen Kreativitätsschemata der Erstklässler*innen unabhängig von der bearbeiteten arithmetisch offenen Aufgabe gewählt. Dies

Ergänzende Information Die elektronische Version dieses Kapitels enthält Zusatzmaterial, auf das über folgenden Link zugegriffen werden kann https://doi.org/10.1007/978-3-658-38387-9_10.

wurde dadurch begründet, dass das Ziel auf der generalisierenden Charakterisierung und Typisierung der individuellen mathematischen Kreativität lag und es dafür nützlich war, dieses Konstrukt über alle Aufgabenbearbeitungen hinweg zu analysieren (vgl. Abschn. 7.3.1 und Einführung zu 9.2). Anschließend an diese ausführlich präsentierten Ergebnisse soll nun die Auswahl der arithmetisch offenen Aufgaben und deren Auswirkung auf die individuelle mathematische Kreativität der Erstklässler*innen fokussiert werden. In diesem Sinne stellte sich die Frage, inwiefern eine Zuordnung der Kreativitätstypen auch zu den 18 Erstklässler*innen möglich ist: Können die einzelnen Erstklässler*innen eindeutig einem Kreativitätstyp zugeordnet werden oder zeigen die einzelnen Lernenden bei der Bearbeitung der beiden arithmetisch offenen Aufgaben verschiedene Kreativitätstypen? Mit Blick auf die mathematisch inhaltliche Analyse der Kreativitätstypen (vgl. Abschn. 9.3.3) entwickelte sich zudem die Frage, inwiefern sich Unterschiede in den kindlichen Bearbeitungen der beiden arithmetisch offenen Aufgaben hinsichtlich der arithmetischen Ideentypen zeigen. Diese Fragen stellen damit Konkretisierungen der dritten Forschungsfrage dieser Studie zur individuellen mathematischen Kreativität von Erstklässler*innen dar (vgl. Abschn. 5.2), die im nachfolgenden Abschnitt 10.1 Beantwortung finden soll:

F3 Inwiefern nimmt die Auswahl der beiden arithmetisch offenen Aufgaben einen Einfluss auf die individuelle mathematische Kreativität der bearbeitenden Erstklässler*innen?

Zudem werden in diesem Kapitel die Ergebnisse aus der Analyse der (meta-) kognitiven Prompts präsentiert. Wie im methodischen Abschnitt 7.2.3 erläutert, wurden die Erstklässler*innen während der Unterrichtsepisoden durch mich als Lehrende-Forschende mithilfe gezielt ausgewählter Lernprompts adaptiv unterstützt, ihre kreative Aufgabenbearbeitung sprachlich zu begleiten. Auf diese Weise wurde die kindliche Elaboration gefördert, die einen direkten Einfluss auf die anderen divergenten Fähigkeiten als Merkmale der individuellen mathematischen Kreativität nimmt (vgl. dazu Abschn. 2.4). Auf Basis einer Analyse des Grads an Unterstützung, den die eingesetzten (meta-)kognitiven Prompts den Erstklässler*innen boten, kann in Abschnitt 10.2 die vierte Forschungsfrage beantwortet werden:

F4 Inwiefern unterstützen kognitive und metakognitive Lernprompts Kinder darin, ihren Bearbeitungsprozess von arithmetisch offenen Aufgaben sprachlich zu begleiten und dadurch ihre individuelle mathematische Kreativität zu zeigen?

10.1 Auswirkungen der Auswahl der arithmetisch offenen Aufgaben auf die individuelle mathematische Kreativität von Erstklässler*innen (F3)

„Creativity varies from task to task." (Baer & Kaufman, 2012, S. 2)

Die Annahme, dass mathematische Kreativität ein aufgabenspezifisches Konstrukt sei, wurde bereits in den theoretischen Ausführungen zur Domänenspezifität als ein fundamentaler Aspekt der Definition der individuellen mathematischen Kreativität erläutert (vgl. Abschn. 2.2.1 und Einführung zu Kap. 3). Baer und Kaufman (2012) formulieren diese Annahme in ihrem Buch zudem sehr explizit, indem sie schreiben, dass Kreativität von Aufgabe zu Aufgabe variiere (siehe Eingangszitat). Diese Annahme stützen die Autor*innen vor allem durch theoretische Überlegungen und in der Praxis gewonnene Eindrücke. Empirische Belege für diese These werden jedoch nicht angeführt. An diesem Punkt setzt dieser Abschnitt der vorliegenden Arbeit zur individuellen mathematischen Kreativität von Erstklässler*innen an. Ziel ist es daher, anhand der qualitativen Ergebnisse aus der Typisierung der individuellen mathematischen Kreativität von Erstklässler*innen beim Bearbeiten zweier arithmetisch offener Aufgaben (vgl. Abschn. 9.3) zu analysieren, inwiefern die Kreativität der Kinder von der ersten zur zweiten arithmetisch offenen Aufgabe variiert.

Dazu werden die kindlichen Bearbeitungen der beiden arithmetisch offenen Aufgaben A1 [Zahl 4] und A2 [Ergebnis 12] zunächst auf einer mathematisch inhaltlichen Ebene analysiert. Mit Blick auf die von den Erstklässler*innen gezeigten arithmetischen Ideentypen werden sowohl die beiden Unterrichtsphasen (Produktions- und Reflexionsphase) als auch die beiden arithmetisch offenen Aufgaben gegenübergestellt. Methodisch entspricht dieses Vorgehen einer Quantifizierung der qualitativen Ergebnisse aus Abschnitt 9.1.1, d. h. des Kategoriensystems zu den arithmetischen Ideentypen (vgl. Abschn. 10.1.1). Im Anschluss werden die von den Lernenden bei ihren Aufgabenbearbeitungen gezeigten Kreativitätstypen fokussiert und analysiert, inwiefern die individuelle mathematische Kreativität der Erstklässler*innen bei beiden Aufgaben variiert (vgl. Abschn. 10.1.2).

10.1.1 Unterschiede in der Bearbeitung der beiden arithmetisch offenen Aufgaben in Bezug auf die arithmetischen Ideentypen

„Diese vier Ideentypen bilden die verschiedenen Zahl-, Term- und Aufgabenbeziehungen ab [...], welche die Erstklässler*innen zur Erklärung der Produktion ihrer Zahlensätze bei der Bearbeitung der arithmetisch offenen Aufgaben heranzogen." (Abschn. 9.1.1)

In Abschnitt 9.1.1 wurde ausführlich die Erstellung des Kategoriensystems zu den verschiedenen arithmetischen Ideentypen dargestellt (s. Eingangszitat). So wurden anhand aller Aufgabenbearbeitungen der Erstklässler*innen vier Hauptkategorien herausgearbeitet, die eine unterschiedliche Anzahl an spezifischen Subkategorien aufweisen (vgl. für die folgende Zusammenfassung ausführlich Abschn. 9.1.1 und die Codebücher im elektronischen Zusatzmaterial): Freiassoziierte Ideen werden von den Erstklässler*innen gezeigt, wenn sie einen zur Aufgabe passenden Zahlensatz frei, im Sinne von mathematisch unverbunden, produzieren und dabei arithmetische Besonderheiten von Zahlen(-sätzen) assoziieren. Die anderen drei arithmetischen Ideentypen bilden verschiedene Verbindungen zwischen produzierten Zahlensätzen auf Basis von bestimmten Zahl-, Term- und Aufgabenbeziehungen ab. Dabei fokussieren die Erstklässler*innen entweder auf arithmetische Strukturen (struktur-nutzende Ideen), auf das Bilden von Zahlenmustern über numerische Auffälligkeiten der Zahlensätze (musterbildende Ideen) oder auf äußerliche Merkmale der Zahlensätze (klassifizierende Ideen).

Diese Kategorisierung der Ideen der Erstklässler*innen bildete die Grundlage für die weiteren Analysen der Aufgabenbearbeitungen und damit für die Charakterisierung sowie Typisierung der individuellen mathematischen Kreativität (vgl. Abschn. 9.3). Aus diesem Grund ist es mit Blick auf die Frage, inwiefern sich die individuelle mathematische Kreativität der Erstklässler*innen im Vergleich der beiden arithmetisch offenen Aufgaben veränderte, bedeutsam, eine Quantifizierung des Kategoriensystems und einen anschließenden Vergleich durchzuführen.

Dazu wurde zunächst die Häufigkeit, mit der die vier arithmetischen Ideentypen von den Erstklässler*innen jeweils gezeigt wurden, ermittelt. Im Rahmen der Schematisierung der Bearbeitungsprozesse wurden über alle Aufgabenbearbeitungen hinweg insgesamt 1209 Ideen ermittelt. Von diesen 1209 Ideen waren jedoch 252 (20,8 %) Ideen nicht kategorisierbar (vgl. Gründe hierzu Abschn. 7.3.1.1 und 9.1.1). Dementsprechend wurden 957 Ideen, welche die Kinder bei der

Bearbeitung beider arithmetisch offener Aufgaben zeigten, einem der vier arithmetischen Ideentypen (frei-assoziierte, struktur-nutzende, muster-bildende oder
klassifizierende Ideen) zugeordnet. Die nachfolgenden Kreisdiagramme zeigen
die Häufigkeit der verschiedenen arithmetischen Ideentypen getrennt nach den
beiden arithmetisch offenen Aufgaben A1 [Zahl 4] und A2 [Ergebnis 12] und
oben beginnend im Uhrzeigersinn abgetragen (vgl. Abb. 10.1). Zur Übersichtlichkeit wurde erneut auf die farbliche Markierung der vier Hauptkategorien (vgl.
Einführung zu Abschn. 9.2) zurückgegriffen, aus der bereits auf den ersten Blick
eine starke Ähnlichkeit der Häufigkeitsverteilungen bei den beiden arithmetisch
offenen Aufgaben ersichtlich wird:

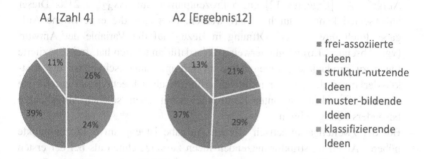

Abb. 10.1 Häufigkeit der arithmetischen Ideentypen in beiden arithmetisch offenen Aufgaben ($N_{A1} = 507$; $N_{A2} = 450$)

Zunächst war auffällig, dass bei der ersten Aufgabe A1 [Zahl 4] mehr Ideen
kategorisiert wurden ($N_{A1} = 507$) als bei der zweiten Aufgabe A2 [Ergebnis
12] ($N_{A2} = 450$). Dies ist dadurch zu erklären, dass die erste arithmetisch
offene Aufgabe einen höheren Grad der Offenheit in der Antwort ermöglichte
als die Aufgabe A2, da insbesondere auf Ebene der arithmetischen Strukturen
die Produktion von Umkehraufgaben und dadurch auch von Aufgabenfamilien
nicht möglich war (vgl. Abschn. 3.1.6 und 7.2.2). Dadurch konnten die Erstklässler*innen in ihren zweiten Aufgabenbearbeitungen insgesamt weniger Ideen
zeigen. Bei einer vergleichenden Betrachtung der Häufigkeitsverteilung über die
vier arithmetischen Ideentypen bei beiden arithmetisch offenen Aufgaben (vgl.
Abb. 10.1) konnten auf inhaltlicher Ebene folgende Schlüsse gezogen werden:

– Die muster-bildenden Ideen waren bei der Bearbeitung beider arithmetisch
offener Aufgaben am stärksten vertreten ($must_{A1} = 39\%$; $must_{A2} = 37\%$).
Dieser große Anteil der muster-bildenden Ideen erlangt dadurch Plausibili-
tät, dass vor allem die Subkategorie der wachsenden Zahlenfolge von den
Erstklässler*innen oft gezeigt wurde. Kinder, die dieses Zahlenmuster einmal
gebildet hatten, produzierten in diesem häufig viele weitere Ideen und führten
so das Muster fort (vgl. bspw. das individuelle Kreativitätsschema von Marie
A2, Abb. 9.11).

– Bei der Bearbeitung der ersten arithmetisch offenen Aufgabe A1 [Zahl 4]
wurde rund ein Viertel aller kategorisierten Ideen den frei-assoziierten Ideen
zugeschrieben ($ass_{A1} = 26\%$). Dieser Anteil verringerte sich bei der zweiten
Aufgabe A2 [Ergebnis 12] um 5 Prozentpunkte auf $ass_{A2} = 21\%$. Dieser
Unterschied kann dadurch erklärt werden, dass sich die erste offene Aufgabe durch ihre stärkere Öffnung in Bezug auf die Variable der Antwort
(vgl. Abschn. 3.1.6) möglicherweise mehr dafür angeboten hat, frei-assoziierte
Ideen zu produzieren. Eine andere Erklärung könnte sein, dass die Erstklässler*innen diesen eher intuitiven arithmetischen Ideentyp bei der für sie
erstmaligen und ungewohnten Konfrontation mit einem solchen Aufgabentyp
besonders häufig zeigten.

– Bei der zweiten arithmetisch offenen Aufgabe ist ein um 5 Prozentpunkte
höherer Anteil an struktur-nutzenden Ideen zu verzeichnen als bei der ersten
arithmetisch offenen Aufgabe ($struk_{A1} = 24\%$; $struk_{A2} = 29\%$). Dieser
höhere Anteil bei A2, der gleichzeitig mit der zuvor beschriebenen Verringerung an frei-assoziierten Ideen verzeichnet wurde, lässt sich vielfältig
erklären: Die zweite arithmetisch offene Aufgabe könnte sich für die Erstklässler*innen aufgrund ihrer spezifischen Aufgabenbedingung (Zahlensätze
mit dem Ergebnis 12) und dadurch auch geringeren Offenheit in der Antwort
stärker angeboten haben, verschiedene arithmetische Strukturen zu nutzen.
Außerdem wäre es denkbar, dass in den vier Wochen zwischen der Bearbeitung der beiden arithmetisch offenen Aufgaben im Mathematikunterricht der
Schulkinder solche Strukturen wie bspw. Tausch-, Umkehr oder Nachbaraufgaben explizit thematisiert wurden und die Erstklässler*innen deshalb häufiger
diese arithmetischen Strukturen zeigten. Zuletzt wäre es ebenso möglich, dass
die teilnehmenden Lernenden aus den Erfahrungen bei der Bearbeitung der
ersten offenen Aufgabe profitierten und deshalb zur zweiten arithmetisch
offenen Aufgabe häufiger struktur-nutzende Ideen produzierten.

– Der Anteil an klassifizierenden Ideen ist in beiden Aufgabenbearbeitungen ähnlich gering ($klass_{A1} = 11\%$; $klass_{A2} = 13\%$). Somit spielt dieser arithmetische Ideentyp im Vergleich zu den anderen eher eine untergeordnete Rolle bei der Bearbeitung arithmetisch offener Aufgaben.

Um noch weitere, differenzierte Einblicke in den Unterschied bei der Bearbeitung der beiden arithmetisch offenen Aufgaben zu ermöglichen, wurden nun die Häufigkeiten der vier arithmetischen Ideentypen in Bezug auf die beiden Unterrichtsphasen betrachtet. Insofern präsentieren die nachfolgenden Abbildungen 10.2 und 10.3 in Form eines gestapelten Balkendiagramms die absolute Anzahl an gezeigten frei-assoziierten, struktur-nutzenden, muster-bildenden und klassifizierenden Ideen in der Produktions- und Reflexionsphase, jeweils einzeln für die beiden arithmetisch offenen Aufgaben. Die farblich vollständig ausgefüllten unteren Balken bilden die Anzahl der vier verschiedenen Ideentypen für die Produktionsphase ab und die darauf gestapelten, schraffierten Balken die Anzahl für die Reflexionsphase. Durch diese Form der Darstellung der Daten war es möglich, einen Zusammenhang zwischen der Anzahl an gezeigten arithmetischen Ideentypen in der Produktions- und Reflexionsphase herzustellen. Im Anschluss an die einzelnen Erläuterungen der Ergebnisse zu den beiden arithmetisch offenen Aufgaben findet dann ein Vergleich dieser statt.

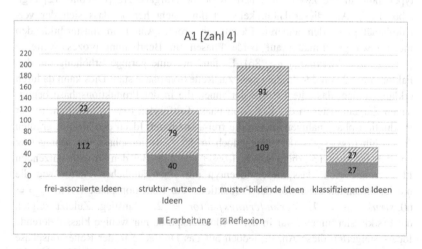

Abb. 10.2 Absolute Anzahl der arithmetischen Ideentypen in Produktions- und Reflexionsphase bei A1 (N = 507)

Mit Blick auf die Häufigkeitsverteilung der arithmetischen Ideentypen in der Produktions- und Reflexionsphase bei der ersten arithmetisch offenen Aufgabe A1 [Zahl 4] (vgl. Abb. 10.2) wird deutlich, dass sich der hohe Anteil muster-bildender Ideen etwa gleichmäßig auf beide Phasen des Bearbeitungsprozesses der Erstklässler*innen verteilte $(must_{A1\_P} = 109; must_{A1\_R} = 91)$. Die Produktionsphase war neben den muster-bildenden Ideen zudem von frei-assoziierten Ideen geprägt $(ass_{A1\_P} = 112)$. In der sich anschließenden Reflexionsphase war dieser Ideentyp verhältnismäßig sowohl zur Produktionsphase als auch zu den anderen arithmetischen Ideentypen deutlich seltener vertreten $(ass_{A1\_R} = 22)$. Dagegen wurden in der Reflexion relativ gesehen am häufigsten struktur-nutzende Ideen von den Erstklässler*innen gezeigt, sodass sich dieser Ideentyp von der Produktions- zur Reflexionsphase verdreifachte $(struk_{A1\_P} = 40; struk_{A1\_R} = 79; Veränderungsfaktor = 2,98)$. Auch die Anzahl der klassifizierenden Ideen, obwohl dieser insgesamt recht gering war, verdoppelte sich von der Produktions- zur Reflexionsphase $(klass_{A1\_P\_R} = 27)$. So kann insgesamt für die erste arithmetisch offene Aufgabe festgehalten werden, dass neben den in beiden Unterrichtsphasen stark vertretenen muster-bildenden Ideen die Produktionsphase vor allem von frei-assoziierten Ideen und die Reflexionsphase von struktur-nutzenden Ideen geprägt wurde.

Das nachfolgende Diagramm zeigt die Verteilung der arithmetischen Ideentypen nun für die zweite arithmetisch offene Aufgabe A2 [Ergebnis 12] (vgl. Abb. 10.3). Aus dieser Häufigkeitsverteilung geht hervor, dass sich der verhältnismäßig zu den anderen Ideentypen größte Anteil an muster-bildenden Ideen etwa gleichmäßig auf beide Phasen im Bearbeitungsprozess verteilte $(must_{A2\_P} = 78; must_{A2\_R} = 86)$. Es fand nur eine geringe Erhöhung um den Faktor von 2,2 von der Produktions- zur Reflexionsphase statt. Dies kann dadurch erklärt werden, dass die Erstklässler*innen die in der Produktionsphase begonnenen Zahlenmuster in der Reflexionsphase fortführten bzw. erweiterten. In der Produktionsphase nahmen zudem die frei-assoziierten Ideen den absolut größten Anteil ein $(ass_{A2\_P} = 85)$, der jedoch in der Reflexionsphase nur sehr gering um den Faktor 1,13 erhöht wurde $(ass_{A2\_R} = 11)$. Bei den struktur-nutzenden Ideen zeigte sich, dass dieser Ideentyp um einen ähnlichen Faktor wie die muster-bildenden Ideen von der Produktions- zur Reflexionsphase $(struk_{A2\_P} = 60; struk_{A2\_R} = 72; Veränderungsfaktor = 2,1)$ anstieg. Zuletzt zeigten die Erstklässler*innen zwar in der Produktionsphase nur wenige klassifizierende Ideen, steigerten diese Anzahl jedoch auf das Dreifache in der Reflexionsphase $(klass_{A2\_P} = 18; klass_{A2\_R} = 40; Veränderungsfaktor = 3,22)$. Absolut gesehen war jedoch die Anzahl an klassifizierenden Ideen im Vergleich zu den anderen arithmetischen Ideen immer noch gering. Zusammenfassend kann für die zweite arithmetisch offene Aufgabe festgehalten werden, dass neben den in beiden Phasen der Aufgabenbearbeitungen stark vertretenen muster-bildenden und struktur-nutzenden Ideen die Produktionsphase vor allem von frei-assoziierten Ideen und die Reflexionsphase von klassifizierenden Ideen bestimmt wurde.

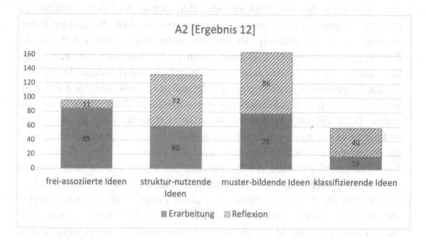

Abb. 10.3 Absolute Anzahl der arithmetischen Ideentypen in Produktions- und Reflexionsphase bei A2 (N = 450)

Nun soll ein Vergleich zwischen den Häufigkeitsverteilungen der arithmetischen Ideentypen in den beiden Phasen der Aufgabenbearbeitung bei der ersten und zweiten arithmetisch offenen Aufgabe folgen. Bei diesem konnten die folgenden Rückschlüsse gezogen werden:

– Die Produktionsphase war bei beiden Aufgaben vor allem von frei-assoziierten Ideen geprägt. Dabei verwendeten die Erstklässler*innen bei der Bearbeitung der ersten arithmetisch offenen Aufgabe A1 absolut gesehen diesen arithmetischen Ideentyp noch häufiger als bei der zweiten Aufgabe A2. Bei beiden Aufgaben erhöhte sich die Anzahl an Ideen mit diesem Ideentyp in der Reflexionsphase nur gering. Damit zeigen die Erstklässler*innen hauptsächlich während der selbstständigen Bearbeitung der arithmetisch offenen Aufgaben frei-assoziierte Ideen und dadurch ein, mathematisch betrachtet, eher intuitives Vorgehen.

- Bei beiden arithmetisch offenen Aufgaben zeigten die Erstklässler*innen in der Produktions- und Reflexionsphase häufig und nahezu gleichmäßig viele muster-bildendende Ideen. Dies stützte die These, dass wenn die Erstklässler*innen in der Produktionsphase muster-bildendende Ideen zur Produktion ihrer Zahlensätze zeigen, sie diesen Ideentyp auch in der Reflexionsphase weiterverfolgen. Aus der vergleichenden Betrachtung der beiden arithmetisch offenen Aufgaben konnte ferner gefolgert werden, dass die Kinder insbesondere bei der Bearbeitung der zweiten arithmetisch offenen Aufgabe A2 [Ergebnis 12] ihre muster-bildenden Ideen in der Reflexion erweitern. Dies kann auf die inhaltliche Ausrichtung der Aufgabe selbst zurückgeführt werden, da das Ergebnis mit 12 festgelegt wurde und eine Verschiedenheit der Zahlensätze häufig über das Produzieren von wachsenden Zahlenmustern erreicht wurde. Diese Feststellung bedeutet daher auch, dass die Wahl der Aufgabenbedingung in der arithmetisch offenen Aufgabe zu einem gewissen Grad auch die Ideentypen der Schüler*innen beeinflussen kann.
- Ein Unterschied zwischen der Bearbeitung der ersten und zweiten arithmetisch offenen Aufgabe tat sich hinsichtlich der Anzahl struktur-nutzender Ideen auf, welche die Erstklässler*innen in beiden Phasen zeigten. Dabei zeigten die Erstklässler*innen von der ersten zur zweiten Aufgabe mehr Ideen mit diesem arithmetischen Ideentyp. Zudem konnte ausdifferenziert werden, dass bei der Aufgabe A1 [Zahl 4] von der Produktions- zur Reflexionsphase eine Verdreifachung der struktur-nutzenden Ideen stattfand. Bei der zweiten Aufgabe A2 [Ergebnis 12] lag nur eine Verdopplung vor. Dies kann dahingehend gedeutet werden, dass die Reflexionsphase für die Entdeckung und Nutzung von arithmetischen Strukturen insbesondere bei der erstmaligen Bearbeitung einer arithmetisch offenen Aufgabe bedeutsam ist. Bei der zweiten Bearbeitung zeigten die Kinder bereits in der Produktionsphase viele arithmetische Strukturen. Inwiefern dieser Umstand auf einen Lerneffekt in der Bearbeitung dieses speziellen Aufgabentyps und/oder auf unterrichtliche Umstände zurückgeführt werden muss, kann an dieser Stelle (noch) nicht abschließend geklärt werden.
- Bei der Analyse der klassifizierenden Ideen war auffällig, dass dieser Ideentyp von den Erstklässler*innen vor allem in der Reflexionsphase, aber insbesondere bei der Bearbeitung der zweiten arithmetisch offenen Aufgabe A2 [Ergebnis 12] gezeigt wurde. Dies kann möglicherweise dadurch erklärt werden, dass die Kinder in der Reflexionsphase versuchten, ihre produzierten

Zahlensätze miteinander in Verbindung zu bringen. Nachdem sie arithmetische Strukturen und numerische Muster bereits entdeckt hatten, zeigten sie dann noch klassifizierenden Ideen, um die übrigen Zahlensätze zu sortieren. Dieses Vorgehen der Erstklässler*innen wurde möglicherweise durch die Formulierung der Impulsfrage „Was fällt dir auf?" (vgl. Abschn. 7.2.2) begünstigt.

10.1.2 Variation der Kreativitätstypen bei der Bearbeitung der beiden arithmetisch offenen Aufgaben

"Numerous research reports (Baer, 1991, 1992, 1993, 1994a, 1994b, in press-a; Runco, 1987, 1989) have shown that the skills underlying creative performance may be quite task specific [...]." (Baer, 1996, S. 183)

Nachdem zuvor eine mathematische Analyse der kreativen Bearbeitungen der beiden arithmetisch offenen Aufgaben im Vergleich durchgeführt wurde, werden nun explizit die Erstklässler*innen als kreative Personen fokussiert. In Abschnitt 9.3 wurden die Typen der individuellen mathematischen Kreativität[1] empirisch auf Grundlage der Charakterisierung der individuellen mathematischen Kreativität (vgl. Abschn. 9.2, insbesondere Abb. 9.10) gebildet. So beschreiben diese Kreativitätstypen die während der Aufgabenbearbeitungen gezeigte individuelle mathematische Kreativität der Erstklässler*innen. Dabei wurden allen Kindern jeweils zwei Kreativitätstypen zugeordnet – nämliche ein Kreativitätstyp, der die Bearbeitung der ersten arithmetisch offenen Aufgabe A1 [Zahl 4] beschreibt, und ein Kreativitätstyp für die zweite arithmetisch offene Aufgabe

---

[1] Kurze Übersicht der vier übergeordneten Kreativitätstypen ohne Ausprägungen (vgl. ausführlich Abschn. 9.3):

1. geradlinig-ideenarmes Vorgehen im gesamten Bearbeitungsprozess

2. sprunghaft-ideenreiches Vorgehen im gesamten Bearbeitungsprozess

3. Veränderung des zunächst geradlinig-ideenarmen Vorgehens in der Reflexion

4. Veränderung des zunächst sprunghaft-ideenreichen Vorgehens in der Reflexion

A2 [Ergebnis 12]. Durch diesen Umstand und unter der übergeordneten dritten Forschungsfrage, welchen Einfluss die beiden ausgewählten arithmetisch offenen Aufgaben auf die individuelle mathematische Kreativität der Lernenden nehmen (vgl. Abschn. 5.2), war es möglich, intrapersonelle Vergleiche der individuellen mathematischen Kreativität der Erstklässler*innen beim Bearbeiten zweier arithmetisch offener Aufgaben zu ziehen. Dabei sollte zuerst der Frage nachgegangen werden, inwiefern die Erstklässler*innen bei der Bearbeitung der beiden arithmetisch offenen Aufgaben unterschiedliche Kreativitätstypen signalisieren. Zusätzlich zu diesem Vergleich der gezeigten Kreativitätstypen bei der Bearbeitung der beiden arithmetisch offenen Aufgaben ermöglichte der Vergleich derjenigen Ideentypen, die den Bearbeitungsprozess der Kinder prägten (vgl. ausführlich Abschn. 9.3.3), vertiefte Einblicke in die Variation der Kreativität der Erstklässler*innen.

Die nachfolgende Tabelle 10.1 listet für alle 18 Erstklässler*innen die zwei bei den arithmetisch offenen beiden Aufgaben A1 [Zahl 4] und A2 [Ergebnis 12] analysierten Typen der individuellen mathematischen Kreativität auf. Durch einen Vergleich der beiden Kreativitätstypen konnte bestimmt werden, inwiefern eine Variation der individuellen mathematischen Kreativität bei den einzelnen Kindern festzustellen war. Dieses Ergebnis wurde in der letzten Spalte der Tabelle eingetragen.[2]

Aus dieser Übersicht (vgl. Tab. 10.1) kann abgelesen werden, dass insgesamt sechs der 18 Erstklässler*innen (Jessika, Mona, Ben, Melina, Lars, Jana) bei beiden kreativen Bearbeitungen der arithmetisch offenen Aufgaben den exakt gleichen Typ der individuellen mathematischen Kreativität zeigten. Mit Rückgriff auf das Eingangszitat zu diesem Kapitel – „Creativity varies from task to task." (Baer & Kaufman, 2012, S. 2) – konnte demnach bei diesen sechs Kindern *keine Variation* ihrer individuellen mathematischen Kreativität analysiert werden. Dagegen konnten auch sechs Kinder identifiziert werden (Anna, Henry, Noah, Annika, Lana, Sophia), die eine *vollständige Variation* ihrer individuellen mathematischen Kreativität bei der Bearbeitung der beiden arithmetisch offenen Aufgaben aufwiesen, wobei sowohl der Kreativitätstyp als auch die entsprechende Ausprägung in der Erweiterung nicht übereinstimmten. Zwischen diesen beiden Extrema, keine Variation und vollständige Variation, fanden sich zudem sechs Erstklässler*innen

---

[2] Die Reihenfolge der Erstklässler*innen in der Tabelle wurde ihrer ID entsprechend gewählt und lässt daher absichtsvoll keine Rückschlüsse auf die Zuordnung der Kinder zu ihren Fähigkeitsprofilen (vgl. Kap. 8) zu. Eine Analyse eines Zusammenhangs zwischen intellektuellen, mathematischen und kreativen Fähigkeiten wird explizit erst in Kapitel 11 vorgenommen.

Tab. 10.1 Kreativitätstypen der 18 Erstklässler*innen bei beiden arithmetisch offenen Aufgaben im Vergleich

Erstklässler*in	Kreativitätstyp bei A1 [Zahl 4]	Kreativitätstyp bei A2 [Ergebnis 12]	Variation
Sebastian	1b	4b	ja, außer in Erweiterung
Marie	4b	1b	ja, außer in Erweiterung
Lukas	4b	3b	ja, außer in Erweiterung
Alina	2b	4b	ja, außer in Erweiterung
Anna	3a	2b	vollständig
Henry	3a	4b	vollständig
Noah	3a	4b	vollständig
Jessika	2b	2b	nein
Annika	4b	3a	vollständig
Mona	3a	3a	nein
Ben	4b	4b	nein
Alim	3b	4b	ja, außer in Erweiterung
Melina	4b	4b	nein
Lana	3b	4a	vollständig
Lars	4a	4a	nein
Jana	3a	3a	nein
Sophia	1b	3a	vollständig
Max	1b	3b	ja, außer in Erweiterung

(Sebastian, Marie, Lukas, Alina, Alim, Max), bei denen eine Variation in einzelnen Aspekten der beiden Kreativitätstypen festgestellt werden konnte. Bei diesen von mir sogenannten *partiellen Variationen* war auffällig, dass die Kreativitätstypen der Kinder immer in Bezug auf die vier unterschiedlichen Typen (1 bis 4) variierten, die Ausprägung der Erweiterung (a oder b) aber bei der Bearbeitung beider Aufgaben übereinstimmte. Sebastian realisierte z. B. die Kreativitätstypen 1b sowie 4b und variierte daher in Bezug auf die übergeordneten Kreativitätstypen (1, 4), ließ aber immer eine schwache Erweiterung (b) erkennen. Zudem zeigten die sechs Erstklässler*innen mit einer partiellen Variation immer die gleiche Erweiterung, nämlich die Ausprägung b (schwach). Damit verteilen sich die 18 Erstklässler*innen gleichmäßig auf drei verschiedene Variationsarten.

Aus diesen Erkenntnissen konnte geschlussfolgert werden, dass sich die Variation der individuellen mathematischen Kreativität der Erstklässler*innen von der ersten zu zweiten arithmetisch offene Aufgabe auf einem Kontinuum von *keiner Variation*, über eine *partielle Variation* bis hin zu einer *vollständigen Variation* ansiedelt (vgl. Abb. 10.4):

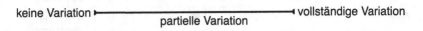

keine Variation ►──────────────────────────◄ **vollständige Variation**
                              partielle Variation

Abb. 10.4 Kontinuum der Variation der individuellen mathematischen Kreativität von der ersten zur zweiten arithmetisch offenen Aufgabe

Die Kreativitätstypen der Erstklässler*innen sollen diesem Kontinuum entsprechend noch einmal sortiert und aufgelistet werden (vgl. Tab. 10.2). Dieser Übersicht kann entnommen werden, dass in der Gruppe der sechs Erstklässler*innen, die alle keine Variation ihrer individuellen mathematischen Kreativität bei beiden Aufgabenbearbeitungen zeigten, kein Kreativitätstyp bedeutsam häufig vertreten ist. Weiterhin ist auffällig, dass alle sechs Erstklässler*innen mit einer partiellen Variation ihrer individuellen mathematischen Kreativität in der Reflexionsphase ihre eigene Produktion von Ideen und Ideentypen schwach erweiterten (Ausprägung b). Bezogen auf die Unterschiede in ihren kreativen Vorgehens- und Verhaltensweisen bei der Bearbeitung der beiden arithmetisch offenen Aufgaben, die über den zugeordneten Kreativitätstyp ausgedrückt werden, lassen sich weder bei diesen Kindern noch bei den sechs Erstklässler*innen mit einer vollständigen Variation übergreifende Muster erkennen. Die Lernenden zeigten insgesamt eine sehr individuelle Ausprägung in ihrer Variation. Dieses Ergebnis stützt die These, dass die individuelle mathematische Kreativität ein aufgabenspezifisches Konstrukt ist und sie daher von Aufgabe zu Aufgabe variiert.

Zusätzlich zu diesen Erkenntnissen über die verschiedenen Ausprägungen der Variation der individuellen mathematischen Kreativität der Erstklässler*innen schloss sich eine vergleichende Analyse der kreativen Aufgabenbearbeitungen der Erstklässler*innen auf mathematischer Ebene an. Dafür wurde auf die bereits in Abschnitt 9.3.3 ausführlich dargestellte Charakterisierung der Aufgabenbearbeitungen über die arithmetischen Ideentypen, welche die Produktions-

Tab. 10.2 Art der Variation der individuellen mathematischen Kreativität der Erstklässler*innen

keine Variation		partielle Variation			vollständige Variation		
Kind	Typ A1 und A2	Kind	Typ A1	Typ A2	Kind	Typ A1	Typ A2
Jessika	2b	Sebastian	1b	4b	Anna	3a	2b
Mona	3a	Marie	4b	1b	Henry	3a	4b
Ben	4b	Lukas	4b	3b	Noah	3a	4b
Melina	4b	Alina	2b	4b	Annika	4b	3a
Lars	4a	Alim	3b	4b	Lana	3b	4a
Jana	3a	Max	1b	3b	Sophia	1b	3a

und Reflexionsphase der Erstklässler*innen besonders prägten, zurückgegriffen[3]. Die nachfolgende Tabelle 10.3 listet die Charakterisierungen der beiden Aufgabenbearbeitungen für alle 18 Erstklässler*innen auf. Analog zur vorherigen vergleichenden Analyse wurde in der letzten Spalte eingetragen, inwiefern diese mathematischen Eigenschaften der kreativen Aufgabenbearbeitungen variierten.

Aus der obigen Darstellung konnte geschlussfolgert werden, dass die prägenden arithmetischen Ideentypen der Erstklässler*innen, die sie bei der kreativen Bearbeitung der beiden arithmetisch offenen Aufgaben zeigten, von Aufgabe zu Aufgabe überwiegend variierten. Für eine Einordnung der einzelnen Variationsausprägungen der Erstklässler*innen auf mathematischer Ebene eignete sich ebenfalls das zuvor erarbeitete Kontinuum zur Variation (vgl. Abb. 10.4), das von *keiner Variation* über eine *partielle Variation* bis hin zu einer *vollständigen Variation* reicht: Bei sechs der 18 Kinder (Sebastian, Alina, Jessika, Lana, Jana, Sophia) zeigten sich bei beiden Bearbeitungen der arithmetisch offenen Aufgaben die gleichen dominierenden arithmetischen Ideentypen in Produktions- und Reflexionsphase, sodass damit gar *keine Variation* erfolgte. Bei acht Erstklässler*innen zeichnete sich eine *partielle Variation* ab, da deren prägende arithmetische Ideentypen entweder in der Produktions- oder in der Reflexionsphasen variierten. Während bei drei Lernenden in der Produktionsphase verschiedenen Ideentypen dominierten (Marie, Lukas, Henry), konnten fünf Erstklässler*innen identifiziert werden, bei denen die prägenden arithmetischen Ideentyp in der Reflexionsphase variierten (Anna, Noah, Annika, Ben, Lars). Zuletzt konnte bei vier der 18 Erstklässler*innen (Mona, Alim, Melina, Max) eine *vollständige Variation* zwischen

---

[3] Allen kreativen Bearbeitungen wurden auf mathematischer Ebene durch ein Kürzel charakterisiert. Das Kürzel ass-must repräsentiert bspw. eine Aufgabenbearbeitung, bei der das Kind in der Produktionsphase insbesondere frei-assoziierte Ideen zeigte, und die Reflexionsphase von muster-bildenden Ideen geprägt war (vgl. ausführlich Abschn. 9.3.3).

Tab. 10.3 Vergleich der mathematischen Charakterisierung der Aufgabenbearbeitungen der Erstklässler*innen

Erstklässler*in	prägende arithmetische Ideentypen bei A1 [Zahl 4]	prägende arithmetische Ideentypen bei A2 [Ergebnis 12]	Variation
Sebastian	ass-struk	ass-struk	nein
Marie	ass-must	must-must	nur in Produktion
Lukas	ass-must	must-must	nur in Produktion
Alina	ass-struk	ass-struk	nein
Anna	ass-ass	ass-must	nur in Reflexion
Henry	ass-must	struk-must	nur in Produktion
Noah	ass-struk	ass-must	nur in Reflexion
Jessika	ass-must	ass-must	nein
Annika	ass-must	ass-struk	nur in Reflexion
Mona	ass-struk	struk-klass	vollständig
Ben	ass-klass	ass-struk	nur in Reflexion
Alim	must-must	ass-klass	vollständig
Melina	must-ass	ass-struk	vollständig
Lana	ass-must	ass-must	nein
Lars	ass-struk	ass-ass	nur in Reflexion
Jana	struk-struk	struk-struk	nein
Spohia	ass-klass	ass-klass	nein
Max	must-struk	ass-klass	vollständig

den Aufgabenbearbeitungen festgestellt werden, was bedeutet, dass sich die prägenden arithmetischen Ideentypen bei der Bearbeitung der arithmetisch offenen Aufgaben A1 [Zahl 4] und A2 [Ergebnis 12] komplett unterschieden.

Um die Variation der individuellen mathematischen Kreativität der Erstklässler*innen beim Bearbeiten der beiden arithmetisch offenen Aufgaben vollständig abzubilden, wurden in einem letzten Schritt die Ergebnisse der beiden zuvor dargestellten vergleichenden Analysen in Bezug auf die Kreativitätstypen (vgl. Tab. 10.1) und die prägenden arithmetischen Ideentypen (vgl. Tab. 10.3) miteinander in Beziehung gesetzt. Stimmten bei den Erstklässler*innen die beiden Ausprägungen der Variation exakt überein, dann wurde diese Ausprägung auch für die gesamte Variation übernommen (z. B. vollständige Variation in den Kreativitätstypen und vollständige Variation in den prägenden arithmetischen

Ideentypen → vollständige Variation). Unterschieden sich die analysierten Variationsausprägungen voneinander, dann wurde eine partielle Variation bestimmt (z. B. vollständige Variation in den Kreativitätstypen und partielle Variation in den prägenden arithmetischen Ideentypen → partielle Variation). Auf diese Weise wurde das entwickelte Kontinuum der Variation erneut angewendet. Die folgende Tabelle 10.4 zeigt das Ergebnis ddieser letzten vergleichenden Analyse.

Zwei Erstklässlerinnen (Jessika, Jana) zeigten insgesamt, d. h. sowohl in ihren Kreativitätstypen als auch den prägenden arithmetischen Ideentypen, keine Variation ihrer individuellen mathematischen Kreativität von der ersten arithmetisch offenen Aufgabe A1 [Zahl 4] zur zweiten Aufgabe A2 [Ergebnis 12]. Alle anderen 16 der 18 Erstklässler*innen zeigten partielle Variationen unterschiedlicher Ausprägungen, wobei nahezu alle Kombinationsmöglichkeiten in den Ausprägungen beider Variationsaspekte vertreten waren (vgl. ausführlich Tab. 10.4). An diesen Erkenntnissen wird deutlich, dass für den Großteil der Erstklässler*innen (16 von 18 Kinder, gerundet 89 %) das Eingangszitat von Baer und Kaufman (2012) „Creativity varies from task to task" (S. 2) zutrifft.

10.1.3 Zusammenfassung

In diesem Abschnitt wurden alle Ergebnisse präsentiert, die zu einer Beantwortung der dritten Forschungsfrage, inwiefern die beiden arithmetisch offenen Aufgaben A1 [Zahl 4] und A2 [Ergebnis 12] einen Einfluss auf die individuelle mathematische Kreativität der Erstklässler*innen nehmen, beitrugen. Dazu wurde zunächst ein Vergleich der kreativen Aufgabenbearbeitungen auf mathematisch inhaltlicher Ebene der arithmetischen Ideentypen (vgl. Abschn. 10.1.1) und anschließend ein Vergleich der Kreativitätstypen der Erstklässler*innen bei der Bearbeitung der arithmetisch offenen Aufgaben A1 [Zahl 4] und A2 [Ergebnis 12] vorgenommen (vgl. Abschn. 10.1.2).

Mit Blick auf die zuerst vorgenommene vergleichende Analyse der beiden Aufgabenbearbeitungen über eine Quantifizierung des qualitativen Kategoriensystems der arithmetischen Ideentypen (vgl. Abb. 10.2 und Abb. 10.3) zeigten die Erstklässler*innen in der Produktionsphase bei beiden arithmetisch offenen Aufgaben am häufigsten frei-assoziierte Ideen, wobei der Anteil bei der ersten arithmetisch offenen Aufgabe A1 [Zahl 4] mit 39 % im Vergleich zur zweiten Aufgabe A2 [Ergebnis 12] mit 35 % etwas höher war. Dafür war in ebendieser unterrichtlichen Phase der Anteil der struktur-nutzenden Ideen bei der zweiten arithmetischen Aufgabe mit 25 % deutlich größer als bei der ersten arithmetisch offenen Aufgabe mit 14 %. Die muster-bildenden Ideen machten sowohl

Tab. 10.4 Vergleich der Variation der Kreativitätstypen und der mathematischen Variation

Erstklässler*in	Variation in den Kreativitätstypen	Mathematische Variation der prägenden arithmetischen Ideentypen	Variation insgesamt
Sebastian	partiell (nicht in Erweiterung)	Nein	partiell
Marie	partiell (nicht in Erweiterung)	partiell (nur in der Produktionsphase)	partiell
Lukas	partiell (nicht in Erweiterung)	partiell (nur in der Produktionsphase)	partiell
Alina	partiell (nicht in Erweiterung)	nein	partiell
Anna	vollständig	partiell (nur in Reflexionsphase)	partiell
Henry	vollständig	partiell (nur in der Produktionsphase)	partiell
Noah	vollständig	partiell (nur in Reflexionsphase)	partiell
Jessika	nein	nein	nein
Annika	vollständig	partiell (nur in Reflexionsphase)	partiell
Mona	nein	vollständig	partiell
Ben	nein	partiell (nur in Reflexionsphase)	partiell
Alim	partiell (nicht in Erweiterung)	vollständig	partiell
Melina	nein	vollständig	partiell
Lana	vollständig	nein	partiell
Lars	nein	partiell (nur in Reflexionsphase)	partiell
Jana	nein	nein	nein
Sophia	vollständig	nein	partiell
Max	partiell (nicht in Erweiterung)	vollständig	partiell

in Bezug auf die beiden Phasen im Bearbeitungsprozess als auch in Bezug auf die beiden arithmetisch offenen Aufgaben den größten Anteil der vier arithmetischen Ideentypen aus. In der Reflexionsphase erhöhte sich bei den kindlichen Aufgabenbearbeitungen insbesondere der Anteil der struktur-nutzenden Ideen deutlich, nämlich bei A1 um den Faktor 2,98 und bei A2 um den Faktor 2,1. So konnte über diese Analyse insgesamt die mathematikdidaktische Bedeutsamkeit der Reflexionsphase herausgearbeitet werden, die bei beiden arithmetisch offenen Aufgaben zu einem bedeutsamen Anstieg vor allem in den struktur-nutzenden, den muster-bildenden und bei A2 [Ergebnis 12] auch in den klassifizierenden Ideen führte (vgl. ausführlich Abschn. 10.1.1).

Bei der zweiten vergleichenden Analyse konnte festgehalten werden, dass die individuelle mathematische Kreativität der 18 Erstklässler*innen bei der Bearbeitung der beiden arithmetisch offenen Aufgaben sowohl auf Ebene der Kreativitätstypen (vgl. Tab. 10.1) als auch auf mathematischer Ebene (prägende Ideentypen) (vgl. Tab. 10.3) variierte. Die Ausprägung der Variation wurde dabei über ein Kontinuum von *keiner*, über eine *partielle* bis hin zu einer *vollständigen Variation* bestimmt (vgl. Abb. 10.4). Erstklässler*innen, die eine partielle oder vollständige Variation in ihren Kreativitätstypen aufwiesen, zeigten Unterschiede sowohl in ihren kreativen Vorgehens- als auch Verhaltensweisen bei der Bearbeitung der beiden arithmetisch offenen Aufgabe. Mit Blick auf die den Bearbeitungsprozess prägenden arithmetischen Ideentypen konnte zudem festgestellt werden, dass die meisten Erstklässler*innen, nämlich acht von 18, eine partielle Variation vor allem in der Reflexionsphase vornahmen, was die Ergebnisse zur Variation in den Kreativitätstypen ergänzte. Zusätzlich variierten weitere sechs Erstklässler*innen ihre prägenden arithmetischen Ideentypen vollständig. Durch eine abschließende Kombination beider Variationsaspekte, Kreativitätstypen und prägende arithmetische Ideentypen, zeigten insgesamt 16 der 18 Erstklässler*innen eine verschiedenartig partielle bis vollständige Variation. Daraus ließ sich schlussfolgern, dass insgesamt die individuelle mathematische Kreativität der Erstklässler*innen von Aufgabe zu Aufgabe variiert (vgl. ausführlich Abschn. 10.1.2).

10.2　Unterstützungsmöglichkeiten durch (meta-) kognitive Prompts (F4)

„scaffolding that combines cognitive and metacognitive support and uses […] prompting seems to assure the best results" (Saks & Leijen, 2019, S. 3)

Im Zuge der Entwicklung des Modells zur individuellen mathematischen Kreativität von Schulkindern (InMaKreS) wurde die besondere Bedeutung der divergenten Fähigkeit Elaboration hervorgehoben. Bei dieser handelt es sich um die Fähigkeit der Kinder, „die Produktion ihrer verschiedenen Ideen und je nach Vermögen auch ihrer gezeigten Ideentypen zu erklären" (Abschn. 2.4.1). Dieses bei jedem Kind unterschiedlich ausgeprägte Vermögen kann einen Einfluss auf die anderen divergenten Fähigkeiten (Denkflüssigkeit, Flexibilität und Originalität) nehmen, da sich die Lernenden durch die Verbalisierung und Ausarbeitung ihrer Ideen diesen stärker bewusst werden, sie diese reflektieren und dadurch möglicherweise zu weiteren Ideen bzw. Ideentypen angeregt werden können (vgl. Abschn. 2.3.3.1 und 4.2.1). Die Unterstützung der Elaborationsfähigkeit beim Bearbeiten arithmetisch offener Aufgaben scheint daher für das Zeigen der individuellen mathematischen Kreativität von Schüler*innen bedeutsam. In diesem Zusammenhang wurden auf einer theoretischen Ebene als eine mögliche Scaffolding-Methode (vgl. Abschn. 4.1) der Einsatz von (meta-)kognitiven Lernprompts als besonders wirksam herausgearbeitet (vgl. Abschn. 4.2). Von dieser Erkenntnis geleitet entwickelte sich die vierte Forschungsfrage der empirischen Untersuchung der Kreativität von Erstklässler*innen beim Bearbeiten arithmetisch offener Aufgaben:

F4 Inwiefern unterstützen kognitive und metakognitive Lernprompts Kinder dabei, ihren Bearbeitungsprozess von arithmetisch offenen Aufgaben sprachlich zu begleiten und dadurch ihre individuelle mathematische Kreativität zu zeigen?

Nachfolgend wird daher ein detaillierter Blick auf die während der Unterrichtsepisoden eingesetzten zehn verschiedenen (meta-)kognitiven Lernprompts (vgl. Abschn. 7.2.3) und vor allem die Unterstützung der Erstklässler*innen im Sinne der Elaboration gelegt. Die fünf kognitiven Prompts stellten verbale Aufforderungen dar, welche die Kinder auf mathematischer Ebene bei der Bearbeitung der arithmetisch offenen Aufgaben durch konkrete arithmetische Instruktionen, explizite Beispiele für Zahlensätze sowie Rechenhilfen unterstützten. Die fünf metakognitiven Prompts waren zudem als temporäre Unterstützungsangebote gedacht, damit die Kinder ihren Bearbeitungsprozess selbstständig überwachen und regulieren konnten. Metakognitive Prompts nehmen vor allem in Bezug auf das Zeigen der individuellen mathematischen Kreativität einen besonderen Stellenwert ein, da durch sie reflektierende Erkenntnisse für die Bearbeitung der arithmetisch offenen Aufgaben bei den Erstklässler*innen angeregt werden können (vgl. ausführlich Abschn. 4.2.1). Aus einer Analyse der Unterrichtsepisoden hinsichtlich des Einsatzes und der Wirksamkeit der verschiedenen (meta-)kognitiven Prompts zur Unterstützung der Erstklässler*innen bei ihrer Elaborationsfähigkeit können Konsequenzen für die Gestaltung solcher kreativitätsanregender Unterrichtsepisoden, aber auch erste Erkenntnisse über den Einsatz von Lernprompts während der kreativen Bearbeitung offener Aufgaben im mathematischen Anfangsunterricht gezogen werden.

In Anlehnung an die Definitionen der divergenten Fähigkeiten Denkflüssigkeit, Flexibilität und Originalität im Rahmen des InMaKreS-Modells (vgl. Abschn. 2.4) und die daraus entstandenen methodischen Gestaltung der Unterrichtsepisoden (vgl. Abschn. 7.2.2) erfüllten die zehn vordefinierten und eingesetzten (meta-)kognitiven Lernprompts (vgl. Abschn. 7.2.3, insbesondere Tab. 7.6) drei Funktionen:

1. Drei (meta-)kognitive Prompts zielten auf eine Unterstützung der Erstklässler*innen beim *Produzieren von Zahlensätzen* ab (Prompts 1, 2, 6). Dies bedeutet im Sinne des InMaKreS-Modells, dass die Denkflüssigkeit der Erstklässler*innen angeregt wurde, da anhand der Zahlensätze die Ideen der Lernenden sichtbar werden konnten.
2. Weitere vier (meta-)kognitive Prompts unterstützen die Erstklässler*innen beim *Erklären ihrer Idee bzw. der zugrunde liegenden Zahl-, Term- und Aufgabenbeziehungen* (Prompts 3, 4, 7, 8). Dadurch konnten die Lernenden ihre divergente Fähigkeit der Flexibilität entfalten, indem sie verschiedene arithmetische Ideentypen (vgl. Abschn. 9.1.1) zeigen konnten.
3. Die Erstklässler*innen wurden zudem in der Reflexionsphase in Bezug auf ihre Fähigkeit der Originalität und daher bei der *Reflexion und Erweiterung ihrer eigenen Produktion* unterstützt (vgl. Abschn. 7.2.2). Dazu wurden drei Prompts definiert, die verschiedene Unterstützungsmöglichkeiten der Lernenden beim Erklären und Reflektieren ihrer eigenen Produktionen darstellten (Prompt 5, 9, 10).

Die zuvor dargestellten drei Funktionen und die entsprechenden (meta-)kognitiven Prompts lassen sich in Bezug auf ihre Unterstützung der Erstklässler*innen während der verschiedenen Bearbeitungsphasen wie folgt zuordnen.

Tab. 10.5 Funktionen und Anwendungsmöglichkeiten der zehn (meta-)kognitiven Prompts

Funktion der Prompts	Prompts (metakognitiv: Nr. 1–5, blau, kognitiv: Nr. 5–10, orange)	Anwendungsmöglich-keit(en)
Unterstützung bei der **Produktion verschiedener Zahlensätze** zu den arithmetisch offenen Aufgaben	Produktion nach einer verbalen Erläuterung der Aufgabe (Prompt 1)	Produktionsphase, Reflexionsphase
	Produktion nach Rechenhilfe (Prompt 2)	
	Produktion nach einem konkreten Beispiel (Prompt 6)	
Unterstützung bei der **Erklärung der zugrundeliegenden Zahl-, Term- oder Aufgabenbeziehungen** (arithmetische Ideentypen)	Erklärung nach verbaler Nachfrage (Prompt 3)	Produktionsphase, Reflexionsphase
	Erklärung nach Aufforderung zur Begründung der Position des abgelegten Zahlensatzes (Prompt 4)	
	Erklärung nach Vorgabe eines Fachbegriffs (Prompt 7)	
	Erklärung nach Vorgabe der Position des Zahlensatzes (Prompt 8)	
Unterstützung bei der **Reflexion und Erweiterung der eigenen Produktion**	Reflexion nach verbaler Aufforderung (Prompt 5)	Reflexionsphase
	Reflexion anhand ausgewählter Zahlensätze der Erstklässler*innen (Prompt 9)	
	Reflexion anhand eines vorgegebenen zusätzlichen Zahlensatzes (Prompt 10)	

Im Rahmen der umfassenden qualitativen Video-Inhaltsanalyse der Unterrichtsepisoden wurde an dieser Stelle der empirischen Studie zur individuellen mathematischen Kreativität von Erstklässler*innen beim Bearbeiten arithmetisch offener Aufgaben nun untersucht, inwiefern die zehn eingesetzten (meta-)kognitiven Prompts die drei zuvor dargestellten Funktionen als Unterstützungsmaßnahmen erfüllten (vgl. Tab. 10.5). So entstanden zunächst deduktiv zehn Hauptkategorien, die in der nachfolgenden Tabelle 10.6 aufgelistet und definiert werden.

Tab. 10.6 Übersicht und Definitionen der zehn deduktiven Hauptkategorien

Nr.	Hauptkategorie	Definition
1. Produktion eines weiteren Zahlensatzes		
1a	nach einer verbalen Erläuterung der Aufgabe (Prompt 1)	Das Kind produziert nach einer verbalen Erläuterung der arithmetisch offenen Aufgabe A1 [Zahl 4] oder A2 [Ergebnis 12] einen Zahlensatz.
1b	nach Rechenhilfe (Prompt 2)	Das Kind produziert nach einer Unterstützung der Lehrenden-Forschenden beim Rechnen einen Zahlensatz zu der arithmetisch offenen Aufgabe A1 [Zahl 4] oder A2 [Ergebnis 12].
1c	nach einem konkreten Beispiel (Prompt 6)	Das Kind produziert nach einem konkreten Beispiel in Form eines Zahlensatzes zu der arithmetisch offenen Aufgabe A1 [Zahl 4] oder A2 [Ergebnis 12] selbstständig einen Zahlensatz.
2. Erklärung der zugrundeliegenden Zahl-, Term- oder Aufgabenbeziehungen (arithmetische Ideentypen)		
2a	nach verbaler Nachfrage (Prompt 3)	Das Kind erklärt nach einer verbalen Nachfrage der Lehrenden-Forschenden die Produktion seines Zahlensatzes aufgrund von bestimmten Zahl-, Term- oder Aufgabenbeziehungen (arithmetische Ideentypen).
2b	nach Aufforderung zur Begründung der Position des Zahlensatzes (Prompt 4)	Das Kind erklärt nach Aufforderung der Lehrenden-Forschenden, die Position des Zahlensatzes auf dem Tisch zu begründen, die Produktion seines Zahlensatzes aufgrund von bestimmten Zahl-, Term- oder Aufgabenbeziehungen (arithmetische Ideentypen).
2c	nach Vorgabe eines Fachbegriffs (Prompt 7)	Das Kind erklärt nach dem expliziten Hinweis der Lehrenden-Forschenden auf einen bestimmten Fachbegriff (z. B. Tauschaufgaben) die Produktion seines Zahlensatzes aufgrund von bestimmten Zahl-, Term- oder Aufgabenbeziehungen (arithmetische Ideentypen).

(Fortsetzung)

Tab. 10.6 (Fortsetzung)

Nr.	Hauptkategorie	Definition
2d	nach Vorgabe der Position des Zahlensatzes (Prompt 8)	Das Kind erklärt nach dem expliziten Hinweis der Lehrenden-Forschenden auf eine geeignete Position des Zahlensatz auf dem Tisch die Produktion ebendieses Zahlensatzes aufgrund von bestimmten Zahl-, Term- oder Aufgabenbeziehungen (arithmetische Ideentypen).
3. Reflexion und Erweiterung der eigenen Produktion		
3a	nach verbaler Aufforderung (Prompt 5)	Das Kind reflektiert und erweitert nach einer verbalen Aufforderung seine eigene Produktion in der Reflexionsphase durch weitere Ideen sowie weitere arithmetische Ideentypen.
3b	anhand ausgewählter Zahlensätze der Kinder (Prompt 9)	Das Kind reflektiert und erweitert anhand von exemplarischen, von der Lehrenden-Forschenden ausgewählten Zahlensätzen seine Produktion in der Reflexionsphase durch weitere Ideen sowie weitere arithmetische Ideentypen.
3c	anhand eines vorgegebenen zusätzlichen Zahlensatzes (Prompt 10)	Das Kind reflektiert und erweitert anhand eines konkreten weiteren Zahlensatzes, den die Lehrenden-Forschenden auswählen, seine eigene Produktion in der Reflexionsphase durch weitere Ideen sowie weitere arithmetische Ideentypen.

Bei der Analyse der 36 Unterrichtsepisoden galt es nun, die unterstützende Funktion der eingesetzten (meta-)kognitiven Prompts qualitativ, d. h. durch induktiv gebildete Subkategorien, zu beschrieben. Wurde bspw. während einer kreativen Aufgabenbearbeitung der metakognitive Prompts 3 von mir als Lehrenden-Forschenden adaptiv eingesetzt, dann geschah dies deshalb, weil ich das Kind darin unterstützten wollte, seine Ideen durch Zahl-, Term- oder Aufgabenbeziehungen zu erklären. Nun sollte retrospektiv analysiert werden, inwiefern der eingesetzte Prompt seine Funktion in dieser spezifischen Unterrichtssituation erfüllte und das Kind bei der Elaboration unterstützte. In diesem konkreten Beispiel wurde so zu der Hauptkategorie 2a eine passende Subkategorie am Datenmaterial erarbeitet, welche die Unterstützung dieses metakognitiven

Prompts qualitativ beschreibt. Auf diese Weise wurden alle Unterrichtsepisoden analysiert, um ein vollständiges Kategoriensystem zu entwickeln, das abbildet, wie die verschiedenen (meta-)kognitiven Prompts ihre Funktion als Unterstützungsmöglichkeiten der Kinder erfüllten.

Nachfolgend wird erneut die Bearbeitung der zweiten arithmetisch offenen Aufgabe A2 [Ergebnis 12] des Erstklässlers Lars genutzt (vgl. Abb. 10.5), um die Analyse sowie Kategorienbildung exemplarisch zu verdeutlichen. Dafür wurde auf das individuelle Kreativitätsschema (vgl. Abschn. 9.1.2) des Erstklässlers zurückgegriffen, das seine kreative Aufgabenbearbeitung schematisiert darstellt und indem bereits notiert wurde, bei welchen Zahlensätzen der Erstklässler durch Lernprompts unterstützt wurde (gefärbte Kästchen). Dabei wurde die Nummer der individuell eingesetzten (meta-)kognitiven Prompts vermerkt (vgl. ausführlich Tab. 9.1).

Bei dem Erstklässler Lars wurden insgesamt vier metakognitive Prompts eingesetzt: Der Junge wurde am Ende der Produktionsphase darin unterstützt, passende Zahlensätze zu der arithmetisch offenen Aufgabe A2 [Ergebnis 12] zu finden (Prompt 1). Dieser Moment im Bearbeitungsprozess wurde der Tabelle 10.6 entsprechend der Hauptkategorie 1a zugeordnet. Zudem wurde dem Lernenden bzgl. der Erklärung seiner Zahl-, Term- und Aufgabenbeziehungen geholfen, indem er zweimal gebeten wurde, seine Idee zu erklären (Prompt 3 – Hauptkategorie 2a), sowie einmal, die Position seines abgelegten Zahlensatzes zu erläutern (Prompt 4 – Hauptkategorie 2b). Aus letzterem können deshalb Rückschlüsse auf die zugrundeliegenden arithmetischen Ideentypen gezogen werden, da bspw. Tauschaufgaben nebeneinander positioniert werden können, um eine Zugehörigkeit auszudrücken (vgl. hierzu Abschn. 9.1.2). Der Grad an Unterstützung der verschiedenen metakognitiven Prompts wurde mit Blick auf Lars' gesamte Unterrichtsepisode über induktiv unterschiedliche Subkategorien herausgearbeitet. Exemplarisch wird im Folgenden die Analyse der beiden in der Reflexionsphase eingesetzten (meta-)kognitive Prompts dargestellt:

– Bei der Produktion des unpassenden Zahlensatzes *$12 - 11 = 1$ wurde der Erstklässler Lars zunächst darauf aufmerksam gemacht, dass dieser Zahlensatz die Aufgabenbedingung der arithmetisch offenen Aufgabe A2 nicht erfüllte. So wurde er gefragt, ob das Ergebnis der Aufgabe Zwölf sei (57-D-m_A2, 00:03:20 – 00:03:22). Diesen Umstand verneinte Lars und sagte: „Vorne *zeigt auf die Zwölf als Minuend*" (vgl. 57-D-m_A2, 00:03:22 – 00:03:24). Damit fand hier eine implizite Aufforderung zur Erklärung des produzierten Zahlensatzes über eine Form des metakognitiven Prompts 3 statt (Hauptkategorie 2a). Lars' kurze Erklärung auf diese Unterstützungsmaßnahme verdeutlichte, dass

Abb. 10.5 Individuelles Kreativitätsschemata Lars, A2

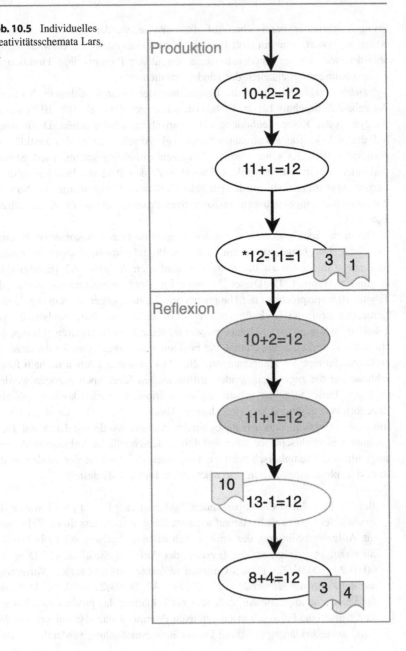

er bei der Produktion dieses Zahlensatzes keinen Bezug zu seinen vorherigen Zahlensätze herstellte, sondern die besondere Zahl in der Aufgabenbedingung fokussierte, indem er sie (im Unterschied zu den zuvor produzierten Zahlensätzen ($10 + 2 = 12$ und $11 + 1 = 12$) bewusst als Minuenden platzierte. Dem Kategoriensystem der arithmetischen Ideentypen (vgl. Abschn. 9.1.1) entsprechend zeigte der Erstklässler somit eine frei-assoziierte Idee bei Beachtung der besonderen Zahl in der Aufgabenbedingung (ass-bes-bed). Diesen speziellen Ideentyp zeigte er weder zuvor noch später in seinem Bearbeitungsprozess. Damit wurde hier die unterstützende Wirkung dieses metakognitiven Prompts durch die beiden qualitativ beschreibenden Subkategorien *Erklärung eines zuvor noch nicht gezeigten arithmetischen Ideentyps* und *arithmetischer Ideentyp wird nicht wiederholt* gefasst.

– Direkt im Anschluss an die Feststellung, dass der Erstklässler Lars einen unpassenden Zahlensatz produziert hatte, wurde für das Kind noch einmal die arithmetisch offene Aufgabe A2 [Ergebnis 12] verdeutlicht und damit der metakognitive Prompt 1 (Hauptkategorie 1a) eingesetzt: „Ich hätte aber gerne die Zwölf immer hinten." (57-D-m_A2, 00:03:25 – 00:03:29). Darüber dachte der Erstklässler nach und bat um eine Bestätigung, dass er die Anforderung richtig verstanden habe, indem er auf das Ergebnis des Zahlensatzes *$12 - 11 = 1$ zeigte und fragte: „Da?" (57-D-m_A2, 00:03:29 – 00:03:32). Dies bejahte die Lehrende-Forschende mit einem Nicken und fuhr fort, das Kind zu ermutigen, noch weitere Zahlensätze zu finden. Anstatt jedoch weitere Ideen zu produzieren, fokussierte der Erstklässler erneut seinen zur arithmetisch offenen Aufgabe passenden und bereits zuvor produzierten Zahlensatz $10 + 2 = 12$ (vgl. 57-D-m_A2, 00:03:30 – 00:03:42). In dieser kurzen Unterrichtssituation wurde deutlich, dass der eingesetzte metakognitive Prompt 1 seine Funktion insofern erfüllte, als dass Lars zwar keinen weiteren Zahlensatz produzierte, aber über einen passenden Zahlensatz erneut reflektierte. Daher wurde für die Hauptkategorie 1a hier als unterstützende Wirkung des Prompt 1 die beschreibende Subkategorie *Produktion/Reflektieren eines passenden Zahlensatzes* gebildet.

Diese ausführlich dargestellte Analyse der Elaborationsfähigkeit des Erstklässlers Lars, d. h. seiner Erklärungen von Ideen und/oder Ideentypen, offenbarte bereits verschiedene Subkategorien (kursiv hervorgehoben), welche die konkrete Unterstützung des Kindes durch die eingesetzten (meta-)kognitiven Prompts qualitativ beschreiben. Nachfolgend wird nun das Ergebnis der Analyse aller 36 Aufgabenbearbeitungen und damit das Kategoriensystem zur *Unterstützung der Erstklässler*innen durch (meta-)kognitive Prompts* ausführlich erläutert.

10.2.1 Kategoriensystem Unterstützung der Erstklässler*innen durch (meta-)kognitive Prompts

„Warte bitte kurz, bevor du die Aufgabe auf den Tisch hinlegst – ich bin ganz neugierig: Kannst du mir erklären, **wie** du **diese** Aufgabe gefunden hast? Was war deine **Idee?**" (metakognitiver Prompt 3, Tab. 7.6)

Bei der ausführlichen Analyse aller 36 Unterrichtsepisoden hinsichtlich der tatsächlichen Unterstützung der Erstklässler*innen durch die verschiedenen (meta-)kognitiven Prompts konnte zunächst festgestellt werden, dass von den zehn vordefinierten (meta-)kognitiven Prompts bei den Unterrichtsepisoden nicht alle Prompts auch tatsächlich zum Einsatz kamen. Dies kann darauf zurückgeführt werden, dass die Prompts aus der Theorie heraus entwickelt wurden und in den konkreten Unterrichtssituationen mit den Erstklässler*innen nur absichtsvoll, in Maßen und vor allem adaptiv eingesetzt werden sollten. Ob die Erstklässler*innen einer Unterstützung durch einen (meta-)kognitiven Prompt bedurften, wurde von mir als Lehrende-Forschende in jeder einzelnen Unterrichtsepisode anhand des definierten Einsatzzwecks (vgl. Tab. 7.6), aber vor allem spontan und individuell entschieden. So zeigte sich, dass alle fünf metakognitiven Prompts sowie die kognitiven Prompts 9 und 10 mehr oder minder häufig zum Einsatz kamen, während die kognitiven Prompts 6, 7 und 8 in den Unterrichtsepisoden nicht ein einziges Mal eingesetzt wurden. Dieses Ergebnis, dass nur wenige kognitive Prompts während der Unterrichtsepisoden adaptiv eingesetzt wurden, bestärkt umgekehrt die Bedeutung metakognitiver Prompts gegenüber den kognitiven in Bezug auf das Zeigen der individuellen mathematischen Kreativität. Im theoretischen Abschnitt 4.2.1 konnte diesbezüglich herausgearbeitet werden, dass metakognitive Prompts insbesondere die Reflexion über das eigene (Lern-) Handeln sowie Monitoring-Prozesse bei der Bearbeitung von Aufgaben unterstützen können. Dabei spielt gerade eine reflektierende Haltung beim Zeigen der individuellen mathematischen Kreativität nicht nur in der Reflexionsphase eine bedeutsame Rolle, sondern auch bei der Produktion verschiedener Ideen und Ideentypen. Mit Blick auf die tatsächlich eingesetzten (meta-)kognitiven Prompts ergab sich die folgende aktualisierte Liste an sieben Hauptkategorien, wobei die Definitionen der vorherigen Tabelle 10.6 entnommen werden können.

Nachfolgend werden nun die verschiedenen Subkategorien dieser Hauptkategorien vorgestellt. Dazu werden neben den Definitionen auch passenden Ankerbeispielen aus den Unterrichtsepisoden präsentiert (vgl. ausführliches Codebuch im elektronischen Zusatzmaterial)

Tab. 10.7 Empirisch tatsächlich eingesetzte (meta-)kognitive Prompts als deduktive Hauptkategorien

1 Produktion eines weiteren Zahlensatzes		2 Erklärung der zugrundeliegenden Zahl-, Term- oder Aufgabenbeziehungen (arithmetische Ideentypen)		3 Reflexion und Erweiterung der eigenen Produktion	
1a	nach einer verbalen Erläuterung der Aufgabe (Prompt 1)	2a	nach verbaler Nachfrage (Prompt 3)	3a	nach verbaler Aufforderung (Prompt 5)
1b	nach Rechenhilfe (Prompt 2)	2b	nach Aufforderung zur Begründung der Position des Zahlensatzes (Prompt 4)	3b	anhand ausgewählter Zahlensätze der Kinder (Prompt 9)
				3c	anhand eines vorgegebenen zusätzlichen Zahlensatzes (Prompt 10)

10.2.1.1 Produktion eines weiteren Zahlensatzes

Unter der ersten Funktion von Lernprompts, d. h. der Unterstützung der Erstklässler*innen bei der Produktion von Zahlensätzen, wurden zwei Hauptkategorien gefasst. Die Kinder wurden entweder durch eine verbale Erläuterung der arithmetisch offenen Aufgaben (Hauptkategorie 1a – Prompt 1) oder durch eine Unterstützung beim Ausrechnen verschiedener selbst gewählter Zahlensätze (Hauptkategorie 1b – Prompt 2) unterstützt. Dazu dienten die nachfolgenden exemplarischen Formulierungen (vgl. Tab. 7.6):

Prompt 1: „Findest du eine **Rechen**aufgabe mit der Zahl 4? Du darfst entscheiden, **an welcher Stelle** und **wie oft** die Zahl 4 in deiner Aufgabe vorkommt."

Prompt 2: „Sollen wir den Zahlensatz zusammen **ausrechnen**?"

Die Wirkung dieser beiden Prompts beschränkte sich auf zwei induktiv erarbeitete Subkategorien, wobei die Schüler*innen nach dem Einsatz des Prompts 1 oder

2 in jedem Fall einen Zahlensatz produzierten. Im Folgenden werden nun ausgewählte Ankerbeispiele zu den erarbeiteten Subkategorien *passende Zahlensätze (i)* und *unpassende*[4] *Zahlensätze (ii)* präsentiert (vgl. Codebuch im elektronischen Zusatzmaterial).

– Die Erstklässler*innen produzierten *unpassende Zahlensätze* nach einer verbalen Erläuterung der arithmetisch offenen Aufgabe (Hauptkategorie 1a). Bspw. wurde der Erstklässler Sebastian nach seiner Produktion des unpassenden Zahlensatzes $9 \cdot 9 = 81$ zur arithmetisch offenen Aufgabe A1 [Zahl 4] und seiner Frage „Darf ich denn auch mit [unverständlich] ich mach die Malaufgaben und darf ich auch mit Minus machen?" (1-W-m_A2, 00:08:20 – 00:09.30) wie folgt bestärkt: „Natürlich, du sollst Aufgaben finden mit der Zahl 4. Und wie die Aufgaben aussehen, das entscheidest du. Es gibt ja ganz viele Aufgaben mit der Zahl 4 drin" (1-W-m_A2, 00:08:20 – 00:09.30). Daraufhin bildete Sebastian erneut einen unpassenden Zahlensatz, nämlich $9 \cdot 3 - 20 = 7$. Genauso produzierten die Kinder auch trotz einer Unterstützung beim Rechnen *unpassende Zahlensätze* zu den arithmetisch offenen Aufgaben (Hauptkategorie 1b). Hier sei das Beispiel von Marie angeführt, die versuchte, einen additiven Zahlensatz mit dem Ergebnis 12 und dem ersten Summanden 7 auszurechnen. Dies gelang ihr im ersten Anlauf nicht, weshalb sie zunächst aufgab und äußerte, dass ihr keine weiteren Zahlensätze mehr einfallen würden. Daraufhin wurde ihr von mir angeboten, diesen Zahlensatz gemeinsam auszurechnen. Da das Mädchen jedoch insgesamt fahrig agierte und nicht auf die zur Unterstützung angebotenen Finger der Lehrenden-Forschenden achtete, rechnete sie selbst zählend mit ihren Fingern und bot letztendlich den aufgrund eines Rechenfehlers unpassenden Zahlensatz *$7 + 4 = 12$ dar (vgl. 6-W-w_A1, 00:02:50 – 00:03:22).

– Häufig konnte jedoch beobachtet werden, dass die Erstklässler*innen nach einer verbalen Unterstützung (Hauptkategorie 1a) *passende Zahlensätze* zu der vorgelegten arithmetisch offenen Aufgabe hervorbrachten. Dabei stellten die Kinder meist selbst Fragen zum Verständnis der arithmetisch offenen Aufgabe, die dann bejaht oder verneint wurden. So fragte Alina etwa: „Geht denn auch, wenn ich hier vorne eine Sechs und dann in der Mitte was schreibe? Geht auch, dass die Vier rauskommt?" (13-W-w_A1, 00:15:55 – 00:17:08)

---

[4] Unter dem Begriff *unpassend* wurde verstanden, dass der Zahlensatz entweder einen Rechenfehler enthielt oder die Aufgabenbedingung der arithmetisch offenen Aufgabe nicht erfüllte. Dennoch sind auch diese Zahlensätze von besonderer Bedeutung, da ihre Produktion durch die Erstklässler*innen bewusst sowie erklärt geschah und daher Ideen im Sinne der Definition bildeten (vgl. Abschn. 2.4.1).

und erzeugte nach einer Bejahung ihrer Frage den passenden Zahlensatz $6 - 2 = 4$. Ebenso führten Unterstützungen der Erstklässler*innen beim Ausrechnen (Hauptkategorie 1b) zu der Produktion *passender Zahlensätze*. Bspw. wollte Jessika einen Zahlensatz im Zahlenraum über Zehn bilden und wählte dazu den Term $20 - 4$ aus. Dabei fiel es ihr noch schwer, das Ergebnis zu ermitteln. Daher fraget sie nach: „Darf man einen Rechen[rahmen] da hinmalen?" (21-W-w_A2, 00:18:20 – 00:19:20) und skizzierte vier Kreise, die vermutlich Wendeplättchen oder einen Rechenrahmen darstellen sollten. Nach einigem Kopf- und Fingerrechnen mit Hilfe der Lehrenden-Forschenden kam sie schließlich auf das richtige Ergebnis $20 - 4 = 16$.

10.2.1.2 Erklärung der zugrundeliegenden Zahl-, Term- oder Aufgabenbeziehungen

Die Wirkung derjenigen metakognitiven Prompts, welche die Erstklässler*innen bei der Erklärung ihrer arithmetischen Ideentypen unterstützen sollten, stellte sich in den 36 analysierten Unterrichtsepisoden der Kinder sehr vielfältig dar. In jedem Fall unterstützen diese Prompts die Erstklässler*innen darin, in der Produktions- und Reflexionsphase ihre Flexibilität zeigen zu können, da sie über das Verbalisieren der zugrundeliegenden Zahl-, Term- oder Aufgabenbeziehungen verschiedene arithmetische Ideentypen zeigen konnten. Für diese Funktion metakognitiver Prompts wurden zwei deduktive Hauptkategorien betrachtet. Dabei sollte der Prompt 3 die Schüler*innen darin unterstützen, eine Erklärung nach einer verbalen Nachfrage zu formulieren (Hauptkategorie 2a). Beim Prompt 4 sollten die Erstklässler*innen ihre Ideen anhand der Position des Zahlensatzes auf dem Tisch erklären (Hauptkategorie 2b). Für beide Prompts werden an dieser Stelle beispielhafte Formulierungen präsentiert (vgl. Tab. 7.6):

Prompt 3:   „Kannst du mir erklären, **wie** du **diese** Aufgabe gefunden hast? Was war deine **Idee**?"

Prompt 4:   „Du hast mir gerade **erklärt, wie** du auf diese Aufgabe gekommen bist. Versuch doch bitte jetzt, die Aufgabe **so** zu deinen anderen Aufgaben zu legen, dass ich dadurch auch **erkennen kann, welche Idee du gehabt hast**. Wo **passt** die Aufgabe am besten hin?"

Für beide Hauptkategorien konnten dieselben fünf Subkategorien herausgearbeitet werden, die qualitativ unterschiedlich unterstützende Wirkungen auf die Flexibilität der Erstklässler*innen abbilden. Die Unterstützung reichte von *keiner Erklärung (i)* über die *Erklärung eines bereits zuvor gezeigten arithmetischen*

Ideentyps (ii) bis hin zu der *Erklärung eines weiteren arithmetischen Ideentyps (iii)*. Dabei konnten die letzten beiden Kategorien noch einmal dahingehend differenziert werden, inwiefern die Erstklässler*innen den erklärten arithmetischen Ideentypen in ihrer weiteren Aufgabenbearbeitung noch einmal wiederholten oder nicht. Die nachstehende grafische Übersicht (vgl. Abb. 10.6) zeigt den Grad an Unterstützung der Erstklässler*innen bei der Erklärung ihrer Zahl-, Term- und Aufgabenbeziehungen durch die beiden metakognitiven Prompts 3 und 4:

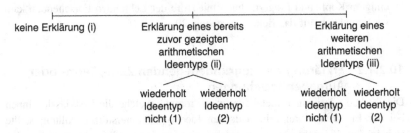

Abb. 10.6 Grad der Unterstützung der Erstklässler*innen bei der Erklärung der arithmetischen Ideentypen

Für diese unterschiedlichen Subkategorien sollen nun zur Veranschaulichung ausgewählte Ankerbeispiele aus den Unterrichtsepisoden mit den 18 Erstklässler*innen präsentiert werden (vgl. Codebuch im elektronischen Zusatzmaterial):

– Bei der Unterstützung der Erstklässler*innen durch eine verbale Aufforderung (Hauptkategorie 2a), die Produktion ihres Zahlensatzes aufgrund verschiedener Zahl-, Term- und Aufgabenbeziehungen zu erklären, konnten Situationen identifiziert werden, in denen die Kinder *keine Erklärung* formulierten. Bspw. las Anna ihren produzierten Zahlensatz $14 - 2 = 12$ einfach nur vor (vgl. 14-W-w_A2; 00:04:44 – 00:04:58). Außerdem gab es Momente in den Unterrichtsepisoden, in denen die Erstklässler*innen zwar eine Erklärung formulierten, diese jedoch keine mathematisch eindeutigen Rückschlüsse auf die von den Kindern fokussierten arithmetischen Ideentypen zuließen. So wurde bspw. die Subkategorie *keine* (im Sinne von nicht nachvollziehbare) *Erklärung* nach der Aufforderung zur Erklärung der Position des Zahlensatzes (Hauptkategorie 2b) bei Noah kodiert. Der Erstklässler positionierte bei der Bearbeitung der zweiten arithmetisch offenen Aufgabe den Zahlensatz $13 - 1 = 12$ zwischen seinen beiden Zahlensätzen $19 - 7 = 12$ und $11 + 1 = 12$. Auf die

Rückfrage, warum er die Zahlensätze so hingelegt hatte, antwortete der Junge: „Damit 11 und 13 nebeneinander sind." (20-W-m_A2; 00:04:30 – 00:05:55).

– Erklärten die Erstklässler*innen nach einem metakognitiven Prompt ihre Produktion des Zahlensatzes über *bereits zuvor gezeigte arithmetische Ideentypen*, dann konnte dahingehend unterschieden werden, dass manche Schüler*innen diesen arithmetischen Ideentypen nicht oder noch einmal wiederholten. Um diese Subkategorien zuweisen zu können, musste daher immer das ganze individuelle Kreativitätsschema (vgl. Abschn. 9.1.2) der Erstklässler*innen in den Blick genommen werden.

○ Beispiele für die Subkategorie *Erklärung eines bereits zuvor gezeigten arithmetischen Ideentyps* mit *wiederholt Ideentyp nicht (ii1)* für beide Hauptkategorien 2a (verbale Aufforderung zur Erklärung) und 2b (Aufforderung zur Erklärung der Position des Zahlensatzes) sind in dem Bearbeitungsprozess der ersten arithmetisch offenen Aufgabe von Lars zu finden. Bei der Bildung seines dritten Zahlensatzes $5 + 4 = 9$ in der Produktionsphase wurde der Erstklässler zunächst gebeten, seine Produktion zu erklären (Hauptkategorie 2a). Daraufhin sagte er: „Ähm. Weil Fünf plus Fünf Zehn ist. Und dann, wenn man einen zurück rechnet, ist das Neun" (57-D-m_A1, 00:03:20 – 00:04:00). In der Folge wurde der Erstklässler durch einen metakognitiven Prompt 4 gebeten, diesen Zahlensatz zu den anderen zu legen und seine Positionierung zu begründen (Hauptkategorie 2b). Lars erklärte hierauf die etwas abseits gelegene Position mit „Weil es mit Fünf anfängt" (57-D-m_A1, 00:03:20 – 00:04:00). Aufgrund beider Prompts konnte analysiert werden, dass der Schüler eine frei-assoziierte Idee zeigte und insbesondere die Position der besonderen Zahl 4 aus der Aufgabenbedingung als zweiten Summanden fokussierte (ass-pos), da er von $5 + 5$ nur einen zurückrechnen müsse, um den Term $5 + 4$ zu erhalten (vgl. Kategoriensystem Abschn. 9.1.1). Mit Blick auf sein individuelles Kreativitätsschema (vgl. Abb. 10.7) fiel auf, dass er diesen arithmetischen Ideentyp bereits zweimal zuvor gezeigt hatte und ihn im weiteren Verlauf der Unterrichtsepisode nicht wiederholte.

○ Für die Erläuterung der Subkategorie *Erklärung eines bereits zuvor gezeigten arithmetischen Ideentyps* mit *wiederholt Ideentyp (ii2)* wurde als Beispiel die Reflexionsphase der Bearbeitung der ersten arithmetisch offenen Aufgabe von Ben ausgewählt. Darin wurde der Erstklässler durch eine verbale Aufforderung in Form des metakognitiven Prompts 3 (Hauptkategorie 2a) gebeten, seine Produktion des Zahlensatzes $4 + 39 = 43$ zu erklären. Über die Nennung der weiteren passenden Terme $4+40$ und $4+41$

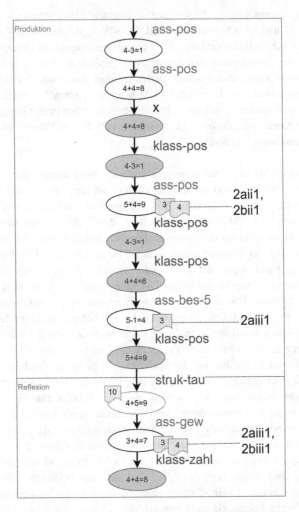

Abb. 10.7 Ankerbeispiel für Subkategorien 2aii1 und 2bii1 (IKS Lars, A1)

beschrieb der Schüler den arithmetischen Ideentypen der muster-bildenden Ideen und dabei konkret die wachsende Zahlenfolge (must-wachs). Diesen

Ideentypen zeigte er bereits intensiv zuvor in der Produktions- und Reflexionsphase (vgl. Abb. 10.8) und wiederholte ihn noch zweimal bis zum Ende der Aufgabenbearbeitung.

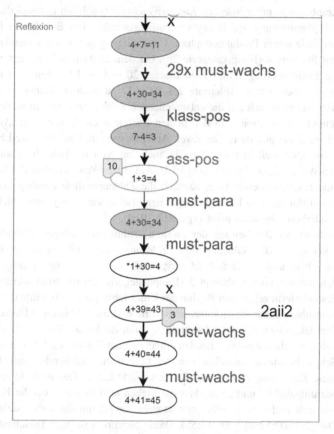

Abb. 10.8 Ankerbeispiel für Subkategorie 2aii2 (IKS Ben, A1)

– Neben der Erklärung eines bereits zuvor gezeigten arithmetischen Ideentyps ließen sich in den Unterrichtsepisoden der Erstklässler*innen auch Szenen finden, in denen ein metakognitiver Prompt 3 oder 4 zu einer *Erklärung eines weiteren Ideentyps* führte und damit zu einer Erhöhung der Flexibilität. Zudem konnte unterschieden werden, ob dieser Ideentyp dann im weiteren Verlauf der

Bearbeitung der arithmetisch offenen Aufgabe wiederholt wurde oder nicht (vgl. dazu Abb. 10.6).

○ Die Subkategorie *Erklärung eines weiteren arithmetischen Ideentyps* in Kombination mit w*iederholt Ideentyp nicht (iii1)* soll am Beispiel der Aufgabenbearbeitung von Henry verdeutlicht werden. Der Erstklässler bekam am Ende seiner Produktionsphase Unterstützung in Form des metakognitiven Prompts 4 (Hauptkategorie 2b), bei dem er dazu aufgefordert wurde, die Positionierung seines Zahlensatzes $20 - 8 = 12$ neben dem bereits zuvor produzierten Zahlensatz $2 + 10 = 12$ zu erklären. Henry antwortet, während er jeweils auf die entsprechenden Zahlen bzw. Ziffern an den verschiedenen Positionen in den beiden Zahlensätzen deutete, mit: „Weil da ist ´ne Zwei und da ist ´ne Zwei. Aber. Deswegen. Und weil, weil bei der Zehn. Und weil hier die Zehn ja auch ´ne Null hat [wie die Zwanzig]" (15-W-m_A2; 00:11:40 – 00:13:10). Auf diese Weise erklärte der Schüler eine muster-bildende Idee, nämlich die Zahlenparallele (must-para). Diesen arithmetischen Ideentyp zeigte der Erstklässler Henry zuvor nicht und wiederholte ihn auch nicht (vgl. Abb. 10.9).

○ Anhand der Bearbeitung der zweiten arithmetisch offenen Aufgabe von Lana sollen die Subkategorien *Erklärung eines weiteren arithmetischen Ideentyps* und w*iederholt Ideentyp (iii2)* nach der Unterstützung durch den metakognitiven Prompt 3 (Hauptkategorie 2a) illustriert werden. Die Erstklässlerin zeigte von Beginn der Unterrichtsepisode bis Mitte der Reflexionsphase ausschließlich frei-assoziierte und muster-bildende Ideen. Nach dem kognitiven Prompt 10 sortiert sie ihren Zahlensatz $7 + 5 = 12$ zu dem von der Lehrenden-Forschenden eingebrachten Zahlensatz $5 + 7 = 12$. Die Schülerin wurde daraufhin von der Lehrenden-Forschenden aufgefordert diese Zuordnung zu erklären. So formulierte Lana: „Das ist diese Aufgabe nur umgekehrt" und „Nur, dass die Sieben jetzt da steht, wo die Fünf bei mir steht und dass die Fünf jetzt da steht, wo bei mir die Sieben steht" (53-D-w_A2, 00:12:44 – 00:13:55). Damit beschrieb sie hier Tauschaufgaben als struktur-nutzende Idee (struk-tau). Diesen Ideentypen zeigte sie dann ausschließlich bis zum Ende ihrer Aufgabenbearbeitung (vgl. Abb. 10.10).

10.2.1.3 Reflexion und Erweiterung der eigenen Produktion

Um die Erstklässler*innen bei der Bearbeitung der arithmetisch offenen Aufgaben A1 [Zahl 4] und A2 [Ergebnis 12] in Hinblick auf die Reflexion und

Abb. 10.9 Ankerbeispiel für Subkategorie 2biii1 (IKS Henry, A2)

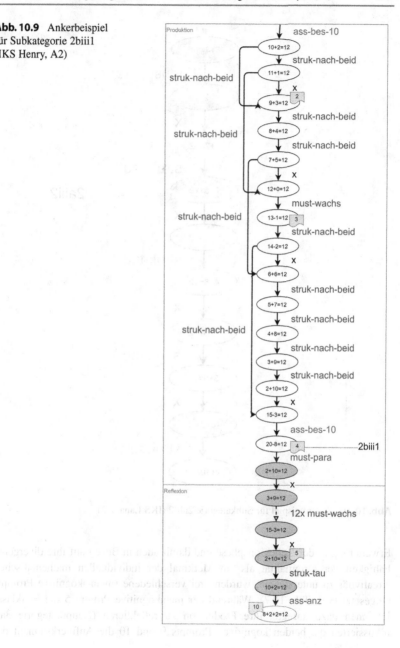

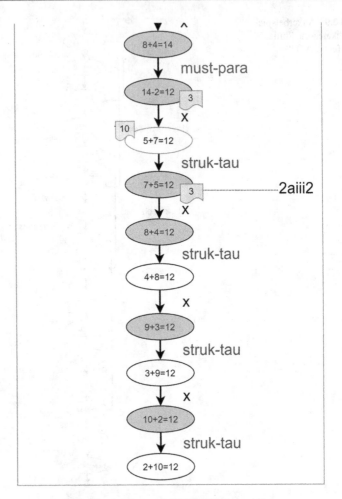

Abb. 10.10 Ankerbeispiel für Subkategorie 2aiii2 (IKS Lana, A2)

Erweiterung in der Reflexionsphase und damit auch in Bezug auf ihre divergente Fähigkeit der Originalität als ein Merkmal der individuellen mathematischen Kreativität zu unterstützen, wurden drei verschiedene (meta-)kognitive Prompts eingesetzt (vgl. Tab. 10.7). Während der metakognitive Prompt 5 die Erstkläss-ler*innen dazu anregte, ihre Produktion zu reflektieren (Hauptkategorie 3a), fokussierten die beiden kognitiven Prompts 9 und 10 die Aufmerksamkeit der

Kinder auf konkrete Zahlensätze, um das Finden weiterer Ideen oder Ideentypen anzuregen (Hauptkategorien 3b und 3c). Dabei zeigten die Kinder dann eine Reflexion im Sinne des InMaKreS-Modells, wenn sie ihre in der Produktionsphase aufgeschriebenen Zahlensätze durch bereits zuvor gezeigte oder weitere Ideen bzw. Ideentypen erklärten. Dabei konnten die Lernenden sowohl über ihre gesamte Produktion als auch über Teile ihrer Zahlensätze reflektieren und ihre Ideen im Sinne der Elaborationsfähigkeit erklären und weiter ausarbeiten. Eine Erweiterung der Erstklässler*innen konnte dann in der Reflexionsphase analysiert werden, wenn die Lernenden weitere Ideen produzierten und dabei weitere Zahlensätze aufschrieben. Die drei (meta-)kognitiven Prompts 5, 9 und 10, die wie oben beschrieben die Erstklässler*innen beim Reflektieren und Erweitern unterstützen sollten, wurden in den Unterrichtsepisoden etwa wie folgt formuliert (vgl. Tab. 7.6):

Prompt 5:	„Du hast ganz viele Aufgaben gefunden und so toll auf dem Tisch **angeordnet. Warum** gehören manche Aufgaben denn zusammen?"
Prompt 9:	„Ich glaube, ich habe eine **Idee, warum diese** Aufgaben zusammengehören – das sind ja [**Tauschaufgaben, Umkehraufgaben, etc.**]. Stimmt das? **Wie** gehören denn deine **anderen** Aufgaben zusammen?"
Prompt 10:	„Ein anderes Kind hat noch diese Aufgaben aufgeschrieben. Passen die auch **zu deinen** Aufgaben? Findest du jetzt noch **weitere** Aufgaben mit der Zahl 4?"

Bei der induktiven Analyse der unterstützenden Wirkung der drei Prompts konnte wie bereits zuvor verschiedene Ausprägungsgrade herausgearbeitet werden. Über alle 36 Unterrichtsepisoden hinweg konnten vier Subkategorien mit teils weiteren Ausdifferenzierungen analysiert werden. So zeigten die Erstklässler*innen *keine Reflexion und Erweiterung (i)*, nur eine *Reflexion (ii)*, nur eine *Erweiterung (iii)* oder eine *Reflexion und Erweiterung (iv)*. Bei den letzten drei Ausprägungen konnte zudem differenziert werden, wie sich die von den Kindern gezeigten arithmetischen Ideentypen in der Reflexionsphase zusammensetzten. Diese konnten *ausschließlich* aus *bereits zuvor gezeigten (1)*, *ausschließlich aus weiteren (3)* oder aus einer Mischung aus *zuvor gezeigten und weiteren arithmetischen Ideentypen (2)* bestehen.

Bei genauer Analyse der kreativen Aufgabenbearbeitungen der Erstklässler*innen musste festgestellt werden, dass sich ein deutlicher Unterschied zwischen den drei Prompts hinsichtlich ihres Grads an Unterstützung finden ließ.

Jeder Prompt bewirkte ein unterschiedliches Spektrum an Unterstützung in Bezug auf die Subkategorien *Reflexion, Erweiterung* sowie *Reflexion und Erweiterung,* aber auch mit Blick auf die drei Ausdifferenzierungen zur Zusammensetzung der arithmetischen Ideentypen. Daher wird nachfolgend (vgl. Abb. 10.11) für die Prompts 5, 9 und 10 jeweils eine eigene Übersicht über den Grad an Unterstützung präsentiert.

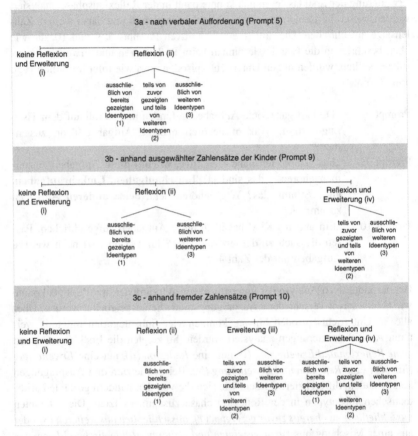

Abb. 10.11 Grad der Unterstützung bei der Reflexion und Erweiterung für die Prompts 5, 9, 10

Aus der obigen Übersicht kann entnommen werden, dass die unterstützende Wirkung von Prompt 5 über 9 zu 10 in der Reflexionsphase zunehmend komplexer wurde. Bei allen Prompts ließ sich die Subkategorie *keine Reflexion und Erweiterung* etablieren. Die verbale Aufforderung (Hauptkategorie 3a) im Rahmen des metakognitiven Prompts 5 führte überdies zu einer *Reflexion* der Erstklässler*innen, wobei alle drei Zusammensetzungen an arithmetischen Ideentypen empirisch herausgearbeitet werden konnten. Der kognitive Prompt 9 (Hauptkategorie 3b) ermöglichte den Erstklässler*innen zudem eine *Reflexion und Erweiterung* der eigenen Produktion hinsichtlich weiterer Ideen und Ideentypen. Auffällig war aber vor allem die Unterstützung der Schüler*innen durch den Prompt 10, bei dem die Kinder einen fremden Zahlensatz präsentiert bekamen und diesen zu ihren eigenen begründet zuordnen sollten (Hauptkategorie 3c). Dieser Impuls regte nicht nur zur *Reflexion* der Erstklässler*innen über ihre eigene Produktion an, sondern führte auch zur *Erweiterung* der Ideen bzw. Ideentypen sowie zu einer kombinierten *Reflexion und Erweiterung*. Bei letzterem konnte erneut das gesamte Spektrum an verschiedenen Zusammensetzungen an arithmetischen Ideentypen entfaltet werden. Im Weiteren sollen zur Veranschaulichung der verschiedenen Subkategorien ausgewählte Ankerbeispiele exemplarisch präsentiert werden (vgl. Codebuch im elektronischen Zusatzmaterial).

– Charakteristisch für die Subkategorie *keine Reflexion und Erweiterung* bei allen drei Prompts ist das Beispiel von Anna, die auf den Impuls des metakognitiven Prompt 5 (Hauptkategorie 3a) der Lehrenden-Forschenden „Und gibt es Aufgaben bei dir, die irgendwie zusammengehören?" (14-W-m_A1; 00:06:27 – 00:06:40) den Kopf schüttelte und die Frage daher nonverbal verneinte.

– Für die Subkategorie *Reflexion* sollen hier drei Ausschnitte aus den Reflexionsphasen der individuellen Kreativitätsschemata der Erstklässler*innen präsentiert werden, die jeweils die drei Ausdifferenzierungen bzgl. der Zusammensetzung der arithmetischen Ideentypen in der Reflexionsphase nach dem Einsatz der Prompts 5, 9 oder 10 zeigen (vgl. Tab. 10.8).

– Für die Subkategorie *Erweiterung* können an dieser Stelle nur Beispiele aus den Unterrichtsepisoden angeführt werden, wenn die Erstklässler*innen den kognitiven Prompt 10 bekommen haben (vgl. Abb. 10.11), was bei nahezu allen Unterrichtsepisoden der Fall war. Eine ausschließliche Erweiterung in der Reflexionsphase ist dadurch zu erkennen, dass die Lernenden keine ihrer zuvor produzierten Zahlensätze noch einmal ansprachen, sondern nur weitere Ideen

Tab. 10.8 Ankerbeispiele für die Subkategorien 3cii1, 3aii2 und 3bii3

Reflexion ausschließlich von bereits gezeigten Ideentypen (ii1)	Reflexion von teils zuvor gezeigten und teils weiteren Ideentypen (ii2)	Reflexion ausschließlich von weiteren Ideentypen (ii3)
Melina, A2 Hauptkategorie 3c (Prompt 10)	Anna, A2 Hauptkategorie 3a (Prompt 5)	Sebastian, A1 Hauptkategorie 3b (Prompt 9)
Den arithmetischen Ideentyp zeigte das Kind bereits mehrfach in der Produktionsphase (vgl. 45-D-w_A2).	Hier wiederholte das Kind alle Ideentypen aus der Produktionsphase bis auf den arithmetischen Ideentypen der wachsenden Zahlenfolge der muster-bildenden Ideen (vgl. 14-W-w_A2).	Das Kind zeigte in der Produktionsphase nur frei-assoziierte und klassifizierende Ideen (vgl. 1-W-m_A1).

produzierten. Wie auch schon bei der zuvor dargestellten Subkategorie sollen nun einzelne Ausschnitte aus den individuellen Kreativitätsschemata der Schüler*innen angeführt werden, welche die verschiedenen Zusammensetzungen der arithmetischen Ideentypen verdeutlichen (vgl. Tab. 10.9).

– Unter der Subkategorie *Reflexion und Erweiterung* werden alle Momente in den Unterrichtsepisoden gefasst, in denen die Erstklässler*innen nach einem der drei Prompts sowohl über bereits zuvor produzierte Zahlensätze reflektierten als auch weitere Ideen produzierten. Dabei konnten Unterrichtsepisoden identifiziert werden, bei denen die drei verschiedenen möglichen

Tab. 10.9 Ankerbeispiele für die Subkategorien 3ciii1 und 3ciii3

Erweiterung ausschließlich von bereits gezeigten Ideentypen (iii1)	Erweiterung ausschließlich von weiteren Ideentypen (iii3)
Annika, A2 Hauptkategorie 3c (Prompt 10)	Alina, A1 Hauptkategorie 3c (Prompt 10)
Das Kind erweiterte seine Produktion um eine Idee und zeigte dabei den arithmetischen Ideentypen der Nachbaraufgaben der struktur-nutzenden Ideen bereits zuvor (vgl. 30-W-w_A1).	Das Kind erweitert seine Produktion um zwei weitere Ideen und zeigte zwei weitere Ideentypen, nämlich Tauschaufgaben, wobei sie bereits in der Reflexionsphase schon einmal eine andere struktur-nutzende Idee zeigte (vgl. 13-W-w_A1).

Zusammensetzungen an arithmetischen Ideentypen in Produktions- und Reflexionsphase vorkamen. Die nachfolgende Tabelle 10.10 verdeutlicht dieses Analyseergebnis anhand ausgewählter Beispiele.

Anhand der vorherigen Ausführungen, die das Kategoriensystem zur Unterstützung der Erstklässler*innen durch die verschiedenen (meta-)kognitiven Prompts dargestellt und an Beispielen konkretisiert haben, wurde insgesamt deutlich, dass die verschiedenen Prompts bezogen auf ihre Funktion unterschiedlich unterstützend wirkten. Während die beiden metakognitiven Prompts 1 und 2 immer zu einer Produktion eines Zahlensatzes führten, auch wenn zwischen unpassenden und passenden Zahlensätzen differenziert werden konnte (vgl. Abschn. 10.2.1.1), zeigte sich bei den anderen Prompts, dass diese auch keine Wirkung erzielen konnten. So wurde eventuell keine Erklärung der zugrundeliegenden Zahl-, Term- oder Aufgabenbeziehungen vorgenommen oder die eigene Produktion der Schüler*innen weder reflektiert noch erweitert (vgl. Abschn. 10.2.1.2 und 10.2.1.3). Außerdem zeigte sich vor allem bei den beiden zentralen Funktionen Erklärung der arithmetischen Ideentypen sowie Reflexion

Tab. 10.10 Ankerbeispiele für die Subkategorien 3civ1, 3civ2 und 3civ3

Reflexion und Erweiterung *ausschließlich von bereits gezeigten Ideentypen (iv1)*	Reflexion und Erweiterung von *teils zuvor gezeigten und teils weiteren Ideentypen (iv2)*	Reflexion und Erweiterung *ausschließlich von weiteren Ideentypen (iv3)*
Lukas, A2 Hauptkategorie 3c (Prompt 10)	Jana, A1 Hauptkategorie 3c (Prompt 10)	Noah, A2 Hauptkategorie 3c (Prompt 10)
Das Kind erweiterte und reflektierte seine Produktion in der Reflexionsphase, indem es erneut muster-bildende Ideen (wachsende Zahlenfolge) zeigte (vgl. 9-W-m_A2).	Das Kind erweiterte und reflektierte seine Produktion in der Reflexionsphase, wobei es seine arithmetischen Ideen-typen um die beiden struktur-nutzenden Ideen ergänzte und die frei-assoziierten Ideen bereits zuvor gezeigt hatte (vgl. 61-D-w_A1).	Das Kind erweiterte und reflektierte seine Produktion in der Reflexionsphase aus-schließlich um Tauschaufgaben als struktur-nutzende Ideen-typen (vgl. 20-W-m_A2).

und Erweiterung zwischen den dazu eingesetzten (meta-)kognitiven Prompts eine große Bandbreite an Unterstützungsmöglichkeiten durch die gebildeten Subkategorien. So verdeutlicht das Kategoriensystem, dass die Erstklässler*innen nach dem Einsatz eines metakognitiven Prompts 3 oder 4 bei der Erklärung ihrer zugrundeliegenden Zahl-, Term- oder Aufgabenbeziehungen entweder auf bereits gezeigte Ideentypen zurückgriffen oder weitere entwickelten (vgl. Abb. 10.6). Zudem unterstützen die (meta-)kognitiven Prompts 5, 9 und 10 die Lernenden auf unterschiedliche Weise darin, ihre Ideen und darin enthaltenen Ideentypen zu reflektieren und zu erweitern (vgl. Abb. 10.11). Hierbei zeigte sich der Prompt 10, bei dem den Erstklässler*innen von der Lehrenden-Forschenden ein weiterer Zahlensatz angeboten wurde, als besonders wirksam, um die Kinder zu einer Reflexion und Erweiterung in der Reflexionsphase anzuregen. Von diesen qualitativ beschreibenden Erkenntnissen geleitet, entwickelte sich eine weiterführende Frage, die nur über eine Quantifizierung des zuvor dargestellten Kategoriensystems beantwortet werden konnte: Welche (meta-)kognitiven Prompts boten den Erstklässler*innen eine besonders große Unterstützung bei ihrer Elaboration, damit diese ihre individuelle mathematische Kreativität zeigen konnten?

10.2.2 Quantifizierung des Kategoriensystems

„Welche (meta-)kognitiven Prompts boten den Erstklässler*innen eine besonders große Unterstützung bei ihrer Elaboration, damit diese ihre individuelle mathematische Kreativität zeigen konnten?" (Kap. 10)

Die am Ende des letzten Abschnitts 10.2.1 aufgeworfene Frage (s. Eingangszitat), die sich aus der Darstellung des Kategoriensystems zur Unterstützung der Erstklässler*innen durch die verschiedenen (meta-)kognitiven Prompts ergeben hat, soll nun durch eine Quantifizierung des Kategoriensystems beantwortet werden. Dafür wurden alle Haupt- und Subkategorien des Kategoriensystems zur *Unterstützung der Erstklässler*innen durch (meta-)kognitive Prompts* (vgl. Abschn. 10.2.1) in den 36 Unterrichtsepisoden ausgezählt. So entstand eine umfassende Häufigkeitstabelle, die in einem nächsten Schritt systematisch weiter zusammengefasst wurde, damit sie im Hinblick auf die eingangs formulierte Fragestellung ausgewertet werden konnte. Aus dem Ergebnis dieser Analyse sollen dann am Ende dieser Ausführungen unterrichtsrelevante Erkenntnisse über den Einsatz (meta-)kognitiver Lernprompts bei der kreativen Bearbeitung arithmetisch offener Aufgaben formuliert werden.

Bei der Quantifizierung des Kategoriensystems wurde zunächst überprüft, wie häufig die sieben verschiedenen eingesetzten (meta-)kognitiven Prompts (vgl. Tab. 10.7) in den 36 Unterrichtsepisoden der Erstklässler*innen eingesetzt wurden. Es wurde eine Anzahl von $N = 306$ kodierten (meta-)kognitiven Prompts festgestellt, die sich wie folgt genauer beschreiben lässt:

– Von den insgesamt 306 eingesetzten (meta-)kognitiven Prompts entfielen 191 auf die erste arithmetisch offene Aufgabe A1 [Zahl 4] und dementsprechend 115 Prompts auf A2 [Ergebnis 12]. Damit waren bei der erstmaligen Bearbeitung einer solchen Aufgabe durch die Erstklässler*innen absolut gesehen mehr Lernprompts als Unterstützungsmöglichkeiten nötig als bei der zweiten Bearbeitung einer arithmetisch offenen Aufgabe vier Wochen später.

– Mit Blick auf die Verteilung zwischen den fünf verschiedenen metakognitiven Prompts (1–5) und den zwei kognitiven Prompts (9, 10) zeigte sich, dass 85,6 % der 306 eingesetzten Lernprompts metakognitiver und 14,4 % kognitiver Natur waren. Zudem war die Verteilung zwischen metakognitiven und kognitiven Prompts bei den beiden arithmetisch offenen Aufgaben vergleichbar ($Meta_{A1} = 86,9\% und Kogn_{A1} = 13,1\%$; $Meta_{A2} = 83,5\% und Kogn_{A2} = 16,5\%$). Diese empirischen Ergebnisse stützen die bereits im theoretischen Rahmen erläuterte Erkenntnis, dass insbesondere metakognitive Prompts ein wichtiges und häufig eingesetztes Unterstützungsinstrument bei der kreativen Bearbeitung offener Aufgaben sind (vgl. Abschn. 4.2.1).

– Die Häufigkeitsverteilung der sieben verschiedenen (meta-)kognitiven Prompts kann der Abbildung 10.12 im Detail entnommen werden. Bezogen auf die drei Funktionen, welche die Prompts in Bezug auf die individuelle mathematische Kreativität der Erstklässler*innen nehmen konnten, stellte sich die Verteilung wie folgt dar:

  • Es wurden über alle 36 Unterrichtsepisoden hinweg insgesamt 48-mal die beiden metakognitiven Prompts 1 und 2 eingesetzt, welche die Erstklässler*innen bei der Produktion eines (weiteren) Zahlensatzes unterstützen sollten. Dies entspricht einem Anteil von rund 15,7 % an allen Prompts.

  • Den größten Anteil mit absolut 205 der 306 Prompts (67 %) nahmen die zwei metakognitiven Prompts 3 und 4 ein, die den Kindern Unterstützung bei der Erklärung ihrer zugrundeliegenden Zahl-, Term- und Aufgabenbeziehungen (arithmetischen Ideentypen) bieten sollten. Dabei wurde vor allem der metakognitive Prompt 3, also die verbale Aufforderung, die eigene Idee zu erklären, mit 45 % von allen Lernprompts am häufigsten eingesetzt. Diese Häufigkeit war mit Blick auf das Ziel der arithmetisch

offenen Aufgabe, die individuelle mathematische Kreativität der Erstklässler*innen anzuregen, nicht überraschend, da dabei die Erstklässler*innen
insbesondere ihre Ideen (und Ideentypen) erklären sollten. Diese Verbalisierung und gleichzeitige Ausarbeitung der verschiedenen Ideen führte
zudem zu wichtigen Reflexionsfähigkeiten während der kreativen Aufgabenbearbeitung, die wiederum zu einem quantitativen und qualitativen
Ideenfluss bezogen auf die Denkflüssigkeit und Flexibilität führen konnten
(vgl. ausführlich Abschn. 4.2.1).

- Zuletzt wurde 53-mal (17,3 %) einer der (meta-)kognitiven Prompts eingesetzt, welche die Erstklässler*innen bei ihrer Reflexion und Erweiterung
während der Reflexionsphase unterstützen sollten. Damit unterstützen die
beiden kognitiven Prompts 9 und 10 sowie der metakognitive Prompt 5
die Kinder darin, ihre Fähigkeiten der Originalität zu zeigen, indem ihre
bisherige Produktion verschiedener Ideen und Ideentypen reflektiert und
daraufhin erweitert werden sollte. Von diesen drei Lernprompts wurde der
Prompt 10 am häufigsten, nämlich 34-mal (11 %), und damit in nahezu
jeder der 36 Unterrichtsepisoden eingesetzt.

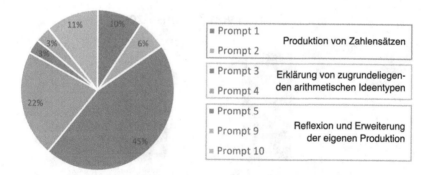

Abb. 10.12 Häufigkeitsverteilung der sieben verschiedenen (meta-)kognitiven Prompts

Nachdem nun die statistische Häufigkeitsverteilung der verschiedenen Lernprompts dargestellt wurde, soll in den nachfolgenden Ausführungen die Unterstützung der Erstklässler*innen durch den Einsatz der (meta-)kognitiven Prompts im
Hinblick auf das Zeigen ihrer individuellen mathematischen Kreativität fokussiert
werden. Dazu wurde sich auf die unterschiedlichen Subkategorien konzentriert,
die am gesamten Datenmaterial von 36 Unterrichtsepisoden induktiv erarbeitet
und im vorangegangenen Abschnitt 10.2.1 ausführlich erläutert wurden. Diese

weiteren deskriptiven Analysen sollen nun nacheinander für die drei Funktionen der verschiedenen Lernprompts (Produktion von Zahlensätzen, Erklärung der zugrundeliegenden arithmetischen Ideentypen, Reflexion und Erweiterung der eigenen Produktion) vorgenommen werden.

Die beiden metakognitiven Prompts 1 und 2, durch welche die Erstklässler*innen darin unterstützt werden sollten, weitere Zahlensätze zu produzieren, erfüllten bei jedem Einsatz diese Funktion. Es konnten zwei verschiedene, aber für beide Prompts (Hauptkategorien 1a und 1b) gleiche, Subkategorien herausgearbeitet werden: *unpassende Zahlensätze (i)* und *passende Zahlensätze (ii)* (vgl. Abschn. 10.2.1). Die Häufigkeitsverteilung der so entstandenen vier Kategorien ist in der Abbildung 10.13 dargestellt. Diese macht deutlich, dass vor allem der Prompt 1, d. h. die erneute verbale Erklärung der arithmetisch offenen Aufgabe, häufig eingesetzt wurde, damit die Erstklässler*innen Zahlensätze produzieren konnten. Rund 65 % der 29 eingesetzten Prompts 1 führten zudem zu einer Produktion passender Zahlensätze (Kategorie 1aii). Beim Einsatz des Prompt 2, d. h. die Unterstützung beim (Aus-)Rechnen von Zahlensätzen, lag dieser Anteil etwas geringer bei 58 % (Kategorie 1bii).

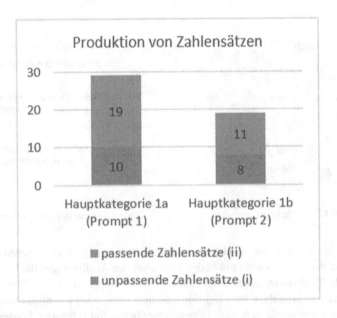

Abb. 10.13 Häufigkeitsverteilung für die eingesetzten metakognitiven Prompts 1 und 2 zur Produktion von Zahlensätzen (N = 48)

Die Funktion der metakognitiven Prompts 3 und 4 zielte auf eine Unterstützung der Erstklässler*innen beim Erklären ihrer Zahl-, Term- und Aufgabenbeziehungen (arithmetischen Ideentypen) ab. Damit unterstützen diese Prompts die Erstklässler*innen beim Zeigen ihrer individuellen mathematischen Kreativität vor allem in Bezug auf die divergenten Fähigkeiten Denkflüssigkeit und Flexibilität, indem die Kinder ihre Ideen und Ideentypen erklärten. Zur qualitativen Beschreibung dieser Unterstützung wurden für beide Hauptkategorien 2a und 2b jeweils fünf Subkategorien gebildet, die zunächst über ein Kontinuum von *keiner Erklärung (i)* über *Erklärung bereits zuvor gezeigter Ideentypen (ii)* bis zur *Erklärung weiterer Ideentypen (iii)* beschrieben werden konnten. Die beiden letzteren Subkategorien konnten zudem noch dahingehend ausdifferenziert werden, ob die Erstklässler*innen den arithmetischen Ideentyp im weiteren Verlauf der Aufgabenbearbeitung noch einmal *wiederholten (2)* oder *nicht wiederholten (1)* (vgl. Abschn. 10.2.1, insbesondere Abb. 10.6). In Abbildung 10.14 ist die Häufigkeitsverteilung der insgesamt 205 eingesetzten metakognitiven Prompts 3 und 4 dargestellt.

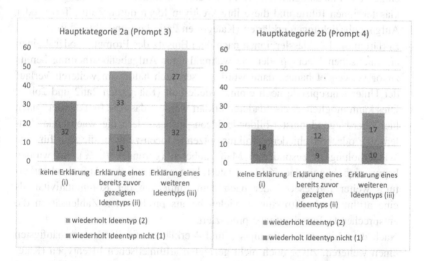

Abb. 10.14 Häufigkeitsverteilungen für die eingesetzten metakognitiven Prompts 3 und 4 zur Erklärung der zugrundeliegenden Zahl-, Term- und Aufgabenbeziehungen (N = 205)

Aus den beiden Balkendiagrammen können folgende Analyseergebnisse bzgl. der Unterstützung der Erstklässler*innen beim Erklären ihrer produzierten Zahlensätze aufgrund unterschiedlicher Zahl-, Term- oder Aufgabenbeziehungen festgehalten werden:

– Über beide Prompts 3 und 4 hinweg lag der Anteil derjenigen Unterstützungsangebote, die zu keiner Erklärung des arithmetischen Ideentyps führten, bei 24,4 % (Kategorien 2ai und 2bi). Werden die Anteile der Subkategorie *keine Erklärung (i)* an der Gesamtverteilung bei den beiden metakognitiven Prompts einzeln betrachtet, zeigten sich ähnliche Prozentwert. Der metakognitive Prompt 3, also die Aufforderung zur Erklärung der zugrundeliegenden Zahl-, Term- oder Aufgabenbeziehungen, führte in 23 % der Fälle nicht zu einer Erklärung eines arithmetischen Ideentyps. Für den Prompt 4, d. h. die Aufforderung zur Erklärung von Zahl-, Term- oder Aufgabenbeziehungen anhand der Position des Zahlensatzes auf dem Tisch, lag dieser Anteil bei 27,3 %. Das bedeutet umgekehrt, dass insgesamt rund drei Viertel aller eingesetzten metakognitiven Prompts 3 und 4 zu einer Unterstützung der Erstklässler*innen führte und diese ihre kreativen Ideen durch Zahl-, Term- oder Aufgabenbeziehungen erklärten (Kategorien 2aii, 2aiii und 2bii, 2biii).
– Erklärten die Erstklässler*innen nach dem Einsatz des Prompts 3 oder 4 einen arithmetischen Ideentyp, den sie während ihrer Aufgabenbearbeitung bereits zuvor verwendet hatten, dann wurde dieser auch häufig im weiteren Verlauf der Unterrichtsepisode noch einmal wiederholt (Kategorien 2aii2 und 2bii2). Dies kann möglicherweise dadurch erklärt werden, dass die Erstklässler*innen hier überwiegend muster-bildende Ideen, insbesondere die wachsende Zahlenfolge oder verschiedene struktur-nutzende Ideen zeigten, die sich für eine Wiederholung in besonderem Maße anboten (gerundet 78 %). So wurden bspw. eine begonnene Zahlenmusterfolgen während der Aufgabenbearbeitung weiter fortgesetzt oder nach dem Entdecken der Kommutativität als eine arithmetische Struktur zu vielen bereits produzierten Zahlensätzen die entsprechende Tauschaufgabe produziert.
– Nach dem Einsatz der Prompts 3 und 4 erklärten die Kinder am häufigsten einen weiteren, zuvor noch nicht gezeigten arithmetischen Ideentypen (Kategorie 2aiii und 2biii). Dieses Ergebnis konnte insofern konkretisiert werden, als dass die Erstklässler*innen in gut der Hälfte aller Fälle (gerundet 51 %) eine weitere Subkategorie der frei-assoziierten Ideen zeigten, wobei die Lernenden diesen Ideentypen überwiegend (gerundet 67 %) nicht noch einmal wiederholten (Kategorien 2aiii1 und 2biii1). Nutzten die Erstklässler*innen nach dem Einsatz der Prompts 3 oder 4 jedoch eine weitere muster-bildende,

struktur-nutzende oder klassifizierende Idee, dann wiederholten sie diese oft (gerundet 64 %) auch im weiteren Verlauf der Aufgabenbearbeitung (Kategorien 2aiii2 und 2biii2).

Zuletzt soll die dritte Funktion der verschiedenen (meta-)kognitiven Prompts, nämlich die Unterstützung der Erstklässler*innen in der Reflexionsphase bei der Reflexion und Erweiterung der eigenen Produktion, beleuchtet werden. Damit wurde über die Prompts 5, 9 und 10 ein Einfluss auf die divergente Fähigkeit der Originalität als Merkmal der individuellen mathematischen Kreativität genommen. In Abschnitt 10.2.1 wurde bereits anschaulich dargestellt, dass die Unterstützung der Erstklässler*innen durch die drei Prompts sehr unterschiedlich gefasst werden konnte, was sich insbesondere durch die unterschiedlichen Subkategorien zeigte. Insgesamt konnten vier Subkategorien, nämlich *keine Reflexion* und *Erklärung (i)*, *nur Reflexion (Iii)*, *nur Erweiterung (iii)* und *Reflexion und Erweiterung (iv)*, mit drei Ausdifferenzierungen bzgl. der Zusammensetzung der arithmetischen Ideentypen in der Produktions- und Reflexionsphase analysiert werden. Letztere zeichnen sich dadurch aus, dass die Erstklässler*innen nach dem Einsatz einer der drei (meta-)kognitiven Prompts 5, 9 und 10 *ausschließlich bereits zuvor gezeigte Ideentypen (1), teils bereits gezeigte und teils weitere Ideentypen (2)* oder *ausschließlich weitere Ideentypen (3)* verwendeten. Jedoch führte nicht jeder Prompt zu allen diesen möglichen Ausprägungen in der Unterstützung, was zuvor ausführlich beschrieben und grafisch veranschaulicht wurde (vgl. hierzu insbesondere Abb. 10.11). So wurden mit Rückgriff auf die tatsächlich analysierten Subkategorien für die drei Prompts 5, 9 und 10 die drei untenstehenden Häufigkeitsabbildungen erstellt (vgl. Abb. 10.15 und Abb. 10.16).

Aus diesen konnten die folgenden Rückschlüsse bzgl. der Unterstützung der Erstklässler*innen während der kreativen Bearbeitung arithmetisch offener Aufgaben durch die (meta-)kognitiven Prompts 5, 9 und 10 zur Reflexion und Erweiterung in der Reflexionsphase gezogen werden. Im Folgenden wird hier vor allem auf die statistischen Besonderheiten eingegangen.

– Mit Blick auf alle drei verschiedenen (meta-)kognitiven Prompts führten rund 15,1 % der 53 eingesetzten Lernprompts während der kreativen Aufgabenbearbeitungen der Erstklässler*innen zu keiner Reflexion oder Erweiterung (Kategorien 3ai, 3bi und 3ci). Dabei liegt der entsprechende Prozentsatz eben dieser Subkategorie für den metakognitiven Prompt 5 bei 22,2 %, für den kognitiven Prompt 9 bei 10 % und für den kognitiven Prompt 10 bei 14,8 %. Diese Prozentsätze bedeuten umgekehrt, dass insgesamt 84,9 % der eingesetzten (meta-)kognitiven Prompts 5, 9 und 10 zu einer Unterstützung der

Abb. 10.15
Häufigkeitsverteilung für
den eingesetzten
metakognitiven Prompts 5
zur Reflexion und
Erweiterung (N = 9)

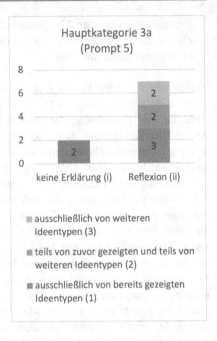

Erstklässler*innen bei der Reflexion und Erklärung ihrer eigenen Produktion
führten (Kategorien 3aiv, 3biii, 3biv, 3cii, 3iii, 3iv).

– Unter der Funktion, die Erstklässler*innen während der Reflexionsphase zu
  unterstützen, konnten innerhalb der 36 Unterrichtsepisoden mehrere Situationen identifiziert werden, in denen die kognitiven Prompts 9 und 10 die Kinder
  dahingehend unterstützten, dass sie ihre eigens produzierten Ideen und Ideentypen nur reflektierten (Kategorie 3bii, 3cii) oder nur erweiterten (Kategorie
  3ciii).

  o Wurde zur Unterstützung der Erstklässler*innen der kognitive Prompt 9
    eingesetzt, dann führte dieser in 6 der insgesamt zehn Fälle dazu, dass die
    Kinder ihre Produktion reflektierten. Dabei zeigten sie doppelt so häufig
    ausschließlich weitere Ideentypen (Kategorie 3bii3) als ausschließlich zuvor
    gezeigte Ideentypen (Kategorie 3bii1). Mit Blick auf die Häufigkeiten der
    anderen beiden Subkategorien, bei denen die Erstklässler*innen entweder
    keine oder eine vollständige Reflexion und Erweiterung zeigten, kann ins-
    gesamt festgestellt werden, dass dieser Lernprompt vor allem dazu anregte,

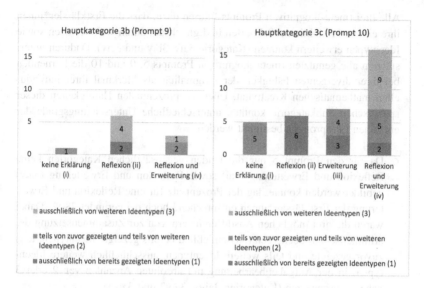

Abb. 10.16 Häufigkeitsverteilung für die eingesetzten kognitiven Prompts 9 und 10 zur Reflexion und Erweiterung (N = 44)

die Ideen (und Ideentypen) zu reflektieren und dabei weitere arithmetische Ideentypen zu zeigen.

○ Als Reaktion auf den unterstützenden kognitiven Prompt 10 konnte bei den Unterrichtsepisoden aller Erstklässler*innen analysiert werden, dass dieser zu 17,6 % die Lernenden dazu anregte, ihre Produktion zu reflektieren und dabei ausschließlich bereits zuvor gezeigte arithmetische Ideentypen zu nutzen (Kategorie 3cii1). Diese waren in fünf der sechs Fälle muster-bildende Ideen, wobei zuvor begonnene Zahlenfolgen noch einmal rekapituliert wurden. Mit einem Anteil von 20,6 % erweiterten die Erstklässler*innen nach dem Einsatz des Prompt 10 ihre eigene Produktion von Ideen und zeigten somit ihre Fähigkeit der Denkflüssigkeit und Flexibilität in der Reflexionsphase. Dabei griffen sie überwiegend auf arithmetische Ideentypen zurück, die sie bereits in der Produktionsphase gezeigt hatten (Kategorien 3ciii1, 3iii3). Hierbei handelte es sich vor allem um struktur-nutzende Ideen, auf deren Basis die Erstklässler*innen weitere Zahlensätze erzeugten. Somit wurden zwar weitere Ideen hervorgebracht, diese zeigten jedoch im Sinne der Flexibilität keine hohe Diversität in den arithmetischen Ideentypen.

- Alle drei (meta-)kognitiven Prompts führten dazu, dass die Erstklässler*innen ihre eigene Produktion reflektierten und gleichsam durch weitere Ideen sowie Ideentypen erweitern konnten (Kategorie 3aiv, 3biv und 3civ). Dadurch unterstützten alle genutzten (meta-)kognitiven Prompts 5, 9 und 10 die Lernenden bei ihrer divergenten Fähigkeit der Originalität als Merkmal ihrer individuellen mathematischen Kreativität. Über die prozentualen Häufigkeiten dieser spezifischen Subkategorie konnten unterschiedliche Unterstützungsgrade der einzelnen Lernprompts bestimmt werden:

  o Da für den Prompt 5 nur die beiden gegensätzlichen Kategorien keine Reflexion und Erweiterung (3ai) sowie Reflexion und Erweiterung (3aiv) gebildet werden konnte, lag der Prozentsatz für eine Reflexion und Erweiterung der Erstklässler*innen entsprechend hoch bei gerundet 78 %. Dabei waren die drei möglichen Ausdifferenzierungen zur Zusammensetzung der arithmetischen Ideentypen (ausschließlich bereits gezeigte Ideentypen, teils zuvor gezeigte und teils weitere Ideentypen, ausschließlich weitere Ideentypen) in der Aufgabenbearbeitung mit absoluten Anzahlen von 2 oder 3 nahezu ausgewogen (Kategorien 3aiv1, 3aiv2 und 3aiv3).
  o Der kognitive Prompt 9, durch den die Kinder aufgrund ausgewählter Zahlensätze dazu angeregt werden sollten, ihre Originalität zu zeigen, führte in nur 30 % der Fälle zu einer umfassenden Reflexion und Erweiterung in der Reflexionsphase (Kategorie 3biv). Durch die sehr geringe absolute Anzahl an eingesetzten Prompts zeigten sich auch bzgl. der weiteren Ausdifferenzierungen keine großen Unterschiede (Kategorien 3biv2, 3biv3).
  o Nach dem Einsatz des Prompt 10 konnte in 47,1 % der Fälle analysiert werden, dass die Erstklässler*innen anhand eines fremden Zahlensatzes ihre eigene Produktion von Ideen (und Ideentypen) reflektierten und erweiterten (Kategorie 3iv). Dabei konnte eine starke Tendenz dahingehend festgestellt werden, dass dieser spezielle kognitive Prompt insbesondere (gerundet 86 %) zu einer Reflexion und Erweiterung von ausschließlich weiteren arithmetischen Ideentypen oder teils bereits gezeigten und weiteren Ideentypen führte. Dies kann ein Indiz dafür sein, dass das absichtsvolle Einbringen fremder, aber adaptiv zur Produktion der Erstklässler*innen ausgewählter, Zahlensätze durch Lehrpersonen die individuelle mathematische Kreativität der Kinder vor allem in Bezug auf deren Flexibilität und Originalität in der Reflexionsphase anregen kann. Damit nimmt der Prompt 10 eine besonders bedeutsame Funktion als Unterstützungsmöglichkeit der Erstklässler*innen bei der kreativen Bearbeitung offener Aufgaben ein.

10.2.3 Zusammenfassung

In diesem Abschnitt wurde sich der vierten Forschungsfrage gewidmet und aus der Analyse der Interkation zwischen den Erstklässler*innen und mir als Lehrenden-Forschenden während der Unterrichtsepisoden Erkenntnisse präsentiert, welche den Einsatz von (meta-)kognitive Prompts bei der kreativen Bearbeitung arithmetisch offener Aufgaben bestärken.

Dazu wurde zunächst das deduktiv-induktiv erarbeitete Kategoriensystem zur *Unterstützung der Erstklässler*innen durch (meta-)kognitive Prompts* präsentiert (vgl. ausführlich Abschn. 10.2.1). Mit Blick auf die drei Funktionen der kognitiven und metakognitiven Prompts wurden diese systematisiert, sodass deduktiv Hauptkategorien für die sieben während der Unterrichtsepisoden eingesetzten Lernprompts definiert werden konnten (vgl. Einführung zu Abschn. 10.2, insbesondere Tab. 10.7). Über eine Analyse aller 36 Unterrichtsepisoden der Erstklässler*innen wurden dann induktiv Subkategorien herausgearbeitet, welche die Unterstützung der verschiedenen (meta-)kognitiven Prompts aufzeigen konnten. Anhand von Ankerbeispielen und durch grafische Veranschaulichungen (vgl. Abb. 10.6 und Abb. 10.11) der Unterstützungsmöglichkeiten wurden die Subkategorien in Bezug auf die drei Funktionen der (meta-)kognitiven Lernprompts detailliert dargestellt.

Aufbauend auf der Präsentation des Kategoriensystems wurde die Unterstützung der Lernenden durch die verschiedenen Lernprompts dann systematisch quantifiziert und mit Hilfe von Methoden der deskriptiven Statistik weiter ausgewertet (vgl. Abschn. 10.2.2). Es wurden insgesamt deutlich häufiger metakognitive als kognitive Lernprompts adaptiv bei den Unterrichtsepisoden eingesetzt. Dieses Ergebnis stützt die im theoretischen Abschnitt 4.2.1 entwickelte These, dass diese Form der Lernprompts Lernenden bei der kreativen, d. h. denkflüssigen, flexiblen und originellen Bearbeitung der arithmetisch offenen Aufgaben, eine besonders gute Unterstützung bieten können. Dabei stellten sich insgesamt die metakognitiven Prompts als besonders bedeutsam für die kreative Bearbeitung der arithmetisch offenen Aufgaben heraus. Vor allem der Prompt 3, bei dem die Kinder zu einer verbalen Erklärung ihrer Zahlensätze angehalten wurden, unterstützte die Erstklässler*innen im Zeigen weiterer arithmetischer Ideentypen. Auf diese Weise wurden ihre divergenten Fähigkeiten der Denkflüssigkeit und Flexibilität als Merkmale der individuellen mathematischen Kreativität positiv beeinflusst. Eine mögliche Formulierung eines solchen metakognitiven Prompts, so wie er in den durchgeführten Unterrichtsepisoden eingesetzt wurde, kann folgendermaßen lauten:

Prompt 3: „Warte bitte kurz, bevor du die Aufgabe auf den Tisch hinlegst – ich bin ganz neugierig: Kannst du mir erklären, **wie** du **diese** Aufgabe gefunden hast? Was war deine **Idee**?"

Um neben der Denkflüssigkeit und Flexibilität als dritte bedeutsame Fähigkeit auch die Originalität der Erstklässler*innen anzuregen, wurden in der Reflexionsphase verschiedene (meta-)kognitive Prompts angeboten. Vor allem der kognitive Prompt 10, also das absichtsvolle Einbringen eines fremden Zahlensatzes durch mich als begleitende Lehrende-Forschende, führte bei den Erstklässler*innen vermehrt zu einer gezielten Reflexion und Erweiterung im Sinne des InMaKreS-Modells. In den durchgeführten Unterrichtsepisoden wurde dieser Prompt wie folgt formuliert und kann damit als Vorlage für die spezifische Ausformulierung von Prompts mit dem Ziel der Reflexion und Erweiterung bei der kreativen Bearbeitung anderer offener Aufgaben dienen:

Prompt 10: „Ein anderes Kind hat noch diese Aufgabe aufgeschrieben. Passt die auch **zu deinen** Aufgaben? Findest du jetzt noch **weitere** Aufgaben mit der Zahl 4?"

11

Einfluss der individuellen Voraussetzung der Erstklässler*innen auf deren individuelle mathematische Kreativität

> „It [fully integrated mixed methods research]) involves as any diverse data collection and analysis procedures as the researcher think appropriate and results in thoroughly integrated findings and inferences." (Teddlie & Tashakkori, 2010, S. 17)

Wie im obigen Zitat noch einmal auf den Punkt gebracht, zeichnet sich die vorliegende Mixed Methods-Studie insbesondere durch den Gebrauch verschiedener qualitativer und quantitativer Verfahren in den verschiedenen Phasen des Forschungsprozesses sowie in der Datenauswertung aus, um den Forschungsgegenstand – die individuelle mathematische Kreativität von Erstklässler*innen beim Bearbeiten arithmetisch offener Aufgaben – umfassend zu beschreiben (vgl. Einführung zu Kap. 7, insbesondere Abb. 7.1). So wurde zu Beginn der gesamten Untersuchung ein quantitatives Sampling-Verfahren durchgeführt (vgl. Kap. 8). Dabei wurden 78 Erstklässler*innen vorrangig auf Basis ihrer mathematischen Basiskompetenzen (MBK 1 +) sowie ihrer Grundintelligenz (CFT 1-R Teil 2) mittels einer Clusteranalyse sogenannten Fähigkeitsprofilen zugeordnet (vgl. Ende Abschn. 8.2.2):

Fähigkeitsprofil 1: überdurchschnittlich gleiche Fähigkeiten (intellektuelle Fähigkeiten und mathematische Basisfertigkeiten)

Fähigkeitsprofil 2: durchschnittlich gleiche Fähigkeiten (intellektuelle Fähigkeiten und mathematische Basisfertigkeiten)

Fähigkeitsprofil 3: unterdurchschnittlich gleiche Fähigkeiten (intellektuelle Fähigkeiten und mathematische Basisfertigkeiten)

Fähigkeitsprofil 4: durchschnittlich differente Fähigkeiten (intellektuelle Fähigkeiten und mathematische Basisfertigkeiten)

© Der/die Autor(en) 2022
S. Bruhn, *Die individuelle mathematische Kreativität von Schulkindern*,
Bielefelder Schriften zur Didaktik der Mathematik 8,
https://doi.org/10.1007/978-3-658-38387-9_11

Aus der Zuordnung der Erstklässler*innen zu diesen Fähigkeitsprofilen wurden dann aufgrund weiterer Kriterien, nämlich das Geschlecht, das verwendete Lehrwerk (*Denken & Rechnen, Welt der Zahl*) sowie die Nähe zum Clusterzentrum, 18 repräsentative Erstklässler*innen für die sich anschließende qualitative Studie ausgewählt (vgl. Abschn. 8.3). In dieser nahmen alle Kinder an zwei Unterrichtsepisoden teil, in denen sie jeweils eine arithmetisch offene Aufgabe bearbeiteten. Über eine qualitative Video-Inhaltsanalyse wurde dann sukzessive auf Basis des in dieser Arbeit entwickelten InMaKreS-Modells die individuelle mathematische Kreativität von Erstklässler*innen charakterisiert (vgl. Abschn. 9.2) und typisiert (vgl. Abschn. 9.3). So entstanden die nachstehenden Kreativitätstypen:

Kreativitätstyp 1: geradlinig-ideenarmes Vorgehen im gesamten Bearbeitungsprozess mit a) starker oder b) schwacher Erweiterung

Kreativitätstyp 2: sprunghaft-ideenreiches Vorgehen im gesamten Bearbeitungsprozess mit a) starker oder b) schwacher Erweiterung

Kreativitätstyp 3: Veränderung des zunächst geradlinig-ideenarmen Vorgehens in der Reflexion mit a) starker oder b) schwacher Erweiterung

Kreativitätstyp 4: Veränderung des zunächst sprunghaft-ideenreichen Vorgehens in der Reflexion mit a) starker oder b) schwacher Erweiterung

In diesem letzten Ergebniskapitel soll nun dargestellt werden, inwiefern sich die Kreativitätstypen der Erstklässler*innen auf die Fähigkeitsprofile der Lernenden zurückführen lassen, um so die letzte Forschungsfrage der Arbeit beantworten zu können (vgl. Abschn. 5.2):

F5 Welcher Zusammenhang besteht zwischen der individuellen mathematischen Kreativität der Erstklässler*innen und deren individuellen, d. h. intellektuellen, mathematischen und unterrichtlichen, Voraussetzungen?

Um eine umfassende Antwort auf diese Frage am Ende des Kapitels formulieren zu können, wurden im Folgenden einzelne Hypothesen über mögliche Zusammenhänge zwischen den Fähigkeitsprofilen, den unterrichtlichen Voraussetzungen (verwendete Lehrwerke) und den Kreativitätstypen der Erstklässler*innen mit dem χ^2-Test berechnet (vgl. Abschn. 11.1). Neben dieser quantitativen Betrachtung sollten die möglichen Zusammenhänge zwischen den Voraussetzungen der Erstklässler*innen und deren individueller mathematischer Kreativität auch aus einer qualitativen Perspektive beleuchtet werden, was Gegenstand des letzten Abschnitts sein wird (vgl. Abschn. 11.2).

11.1 Hypothesentests mittels χ^2-Test

"Eine ganze Reihe statistischer Methoden – darunter v.a. die verschiedenen Abwandlungen des Chi-Quadrat-Tests – geht von Häufigkeitsdaten aus." (Bortz & Lienert, 2008, S. 62)

Wie im methodischen Abschnitt 7.3.2 erläutert, sollte zunächst auf einer statistischen Ebene nach Abhängigkeiten der individuellen Voraussetzungen der Erstklässler*innen und ihren bei der Bearbeitung der arithmetisch offenen Aufgaben gezeigten Kreativitätstypen gesucht werden. Dazu wurden bei den individuellen Voraussetzungen der Kinder zwischen ihrem zugeordneten Fähigkeitsprofil und den unterrichtlichen Voraussetzungen, d. h. ihr im Mathematikunterricht verwendetes Lehrwerk *Denken & Rechnen* oder *Welt der Zahl* differenziert. Daher ergaben sich für einen χ^2-Test die folgenden beiden Hypothesen $H1$ und $H2$, die es zu überprüfen galt (vgl. Abschn. 7.3.2):

$H1_1$:   Die beiden Merkmale der Aufgabenbearbeitungen (Fähigkeitsprofil und Kreativitätstyp) der Erstklässler*innen sind voneinander abhängig.

$H1_0$:   Die beiden Merkmale der Aufgabenbearbeitungen (Fähigkeitsprofil und Kreativitätstyp) der Erstklässler*innen sind voneinander unabhängig.

$H2_1$:   Die beiden Merkmale der Aufgabenbearbeitungen (Lehrwerk und Kreativitätstyp) der Erstklässler*innen sind voneinander abhängig.

$H2_0$:   Die beiden Merkmale der Aufgabenbearbeitungen (Lehrwerk und Kreativitätstyp) der Erstklässler*innen sind voneinander unabhängig.

Basis für die Berechnung der beiden χ^2-Tests bildeten die 36 Bearbeitungen der arithmetisch offenen Aufgaben der Erstklässler*innen, bei denen die Schüler*innen unterschiedliche Typen der individuellen mathematischen Kreativität zeigten. Die nachfolgende Tabelle 11.1 listet alle bisherigen Studienergebnisse zu den Aufgabenbearbeitungen der Kinder auf, nämlich die von den Kindern bearbeiteten arithmetisch offenen Aufgaben A1 [Zahl 4] und A2 [Ergebnis 12], der*die Erstklässler*in, das zugeordnete Fähigkeitsprofil, das von den Kindern im Mathematikunterricht verwendete Lehrwerk (W – *Welt der Zahl*, D – *Denken & Rechnen*) sowie der analysierte Kreativitätstyp.

Tab. 11.1 Alle Studienergebnisse zu den 36 Aufgabenbearbeitungen der Erstklässler*innen

Aufgabenbearbeitungen	Erstklässler*in	Fähigkeitsprofil	Lehrwerk	Kreativitätstyp	Kreativitätstyp bei A1	Kreativitätstyp bei A2
1,2	Lars	1	D	4a	4a	4a
3,4	Mona	1	D	3a	3a	3a
5,6	Alina	1	W	2b	2b	4b
7,8	Sebastian	1	W	1b	1b	4b
9,10	Lana	2	D	3b	3b	4a
11,12	Max	2	D	1b	1b	3b
13,14	Annika	2	W	4b	4b	3a
15,16	Henry	2	W	3a	3a	4b
17,18	Alim	3	D	3b	3b	4b
19,20	Ben	3	D	4b	4b	4b
21,22	Anna	3	W	3a	3a	2b
23,24	Jessika	3	W	2b	2b	2b
25,26	Melina	4	D	4b	4b	4b
27,28	Sophia	4	D	1b	1b	3a
29,30	Lukas	4	W	4b	4b	3b
31,32	Noah	4	W	3a	3a	4b
33,34	Jana	Ausreißer (1)	D	3a	3a	3a
35,36	Marie	Ausreißer (3)	W	4b	4b	1b

Augenscheinlich ergaben sich bei einer Betrachtung der Kreativitätstypen innerhalb der Aufgabenbearbeitungen, der verschiedenen Fähigkeitsprofile und auch bezogen auf die beiden verwendeten Lehrwerke nur wenige Auffälligkeiten. Innerhalb der Fähigkeitsprofile 1 und 3 konnte festgestellt werden, dass jeweils zwei der vier zugeordneten Erstklässler*innen ihren Kreativitätstypen von der ersten arithmetisch offenen Aufgabe A1 zur zweiten A2 nicht veränderten. Die Aufgabenbearbeitungen der Lernenden in den übrigen Fähigkeitsprofilen variierte stark. Mit Blick auf das von den Kindern im Mathematikunterricht verwendete Lehrwerk konnte außerdem festgestellt werden, dass bei den Erstklässler*innen, die mit dem Lehrwerk *Denken & Rechnen* arbeiteten, gehäuft der Kreativitätstyp 4b vertreten war. Bei den Lernenden, die im Unterricht mit *Welt der Zahl* konfrontiert wurden, konnte hingegen der Kreativitätstyp 2b häufig analysiert werden.

Insgesamt konnten aus der obigen Tabelle jedoch noch keine tiefgreifenden Erkenntnisse auf einen möglichen Zusammenhang zwischen den individuellen Voraussetzungen der Erstklässler*innen und deren individueller mathematische Kreativität gezogen werden. Deshalb wurden mehrere Kontingenzanalysen durchgeführt, welche die beiden zuvor dargestellten Hypothesen $H1$ und $H2$ testeten und deren Ergebnisse nachfolgendend dargestellt werden. Wie schon bei der Darstellung des quantitativen Sampling-Verfahrens (vgl. Kap. 8) wurde auch in diesem Abschnitt das Statistik-Programm SPSS (IBM Corp. Released, 2020) genutzt.

11.1.1 Abhängigkeit der Kreativitätstypen von den Fähigkeitsprofilen der Erstklässler*innen

„$H1_1$: Die beiden Merkmale der Aufgabenbearbeitungen (Fähigkeitsprofil, Kreativitätstyp) der Erstklässler*innen sind voneinander abhängig.

$H1_0$: Die beiden Merkmale der Aufgabenbearbeitungen (Fähigkeitsprofil, Kreativitätstyp) der Erstklässler*innen sind voneinander unabhängig." (Abschn. 7.3.2)

Zunächst wurde überprüft, ob eine Abhängigkeit zwischen den Fähigkeitsprofilen der Erstklässler*innen und ihren bei der Bearbeitung der beiden arithmetisch offenen Aufgaben gezeigten Kreativitätstypen besteht. Dazu wurde als Alternativhypothese $H1_1$ angenommen, dass eine Abhängigkeit bestand (s. Eingangszitat). In einem ersten Schritt wurde die entsprechende 5 × 6-Kreuztabelle aus den fünf Fähigkeitsprofilen und insgesamt sechs verschiedenen Typen der individuellen mathematischen Kreativität erstellt und die beobachteten Häufigkeiten in den 36 Aufgabenbearbeitungen absolut und prozentual berechnet (vgl. Tab. 11.2).

Aus dieser Übersicht ist abzulesen, dass die beobachtbaren (absoluten) Häufigkeiten bei allen Fällen unter 5 lag. Dieses Ergebnis scheint mit Blick auf die recht kleine Stichprobe (N = 36) zusammen mit den qualitativ erarbeiteten Kreativitätstypen, die unterschiedlich häufig im Datenset analysiert werden konnten (vgl. Abschn. 9.3.2), nicht überraschend. Um jedoch einen χ^2-Test durchführen zu können, dürfen nur maximal 20 % der Fälle eine Häufigkeit von unter 5 aufweisen (vgl. Bortz & Schuster, 2010, S. 141). Dieses Kriterium konnte folglich in dieser Teiluntersuchung zu einem möglichen Zusammenhang der individuellen Voraussetzungen der Erstklässler*innen und deren Kreativitätstypen nicht erfüllt werden, wie im methodischen Abschn. 7.3.2 bereits vermutet wurde. Daher wurde der exakte Test nach Fisher-Freeman-Halton (vgl. Bortz & Schuster, 2010, S. 141) gerechnet, der auch für kleine, unvollständige Stichproben reliabele Ergebnisse liefert. Die nachfolgende Tabelle 11.3 zeigt die SPSS-Ausgabe für die Analyse, wobei die Ergebnisse des exakten Tests hervorgehoben wurden.

Aus der obigen Übersicht konnte entnommen werden, dass zwischen den Kreativitätstypen der Erstklässler*innen und ihren Fähigkeitsprofilen keine Abhängigkeit bestand, da die exakte (zweiseitige) Signifikanz des exakten Tests nach Fisher-Freeman-Halton für $\chi^2(20) = 15,516$ bei $p = .776$ und somit deutlich über dem Signifikanzniveau von 5 % ($p < 0,05$) lag. Bevor die zuvor formulierte Alternativhypothese abgelehnt und daher die Nullhypothese angenommen werden konnte, wurden zusätzliche Kontingenzanalysen mit verschiedenen komprimierten Versionen der Kreativitätstypen der Erstklässler*innen vorgenommen. Diese sollten sicherstellen, dass auf keiner Ebene ein Zusammenhang zwischen den Fähigkeitsprofilen der Erstklässler*innen und deren individueller mathematischer Kreativität bestand:

– Es wurden zunächst die vier Kreativitätstypen (1 bis 4) ohne die jeweiligen Ausprägungen a) und b) in Zusammenhang mit den fünf Fähigkeitsprofilen betrachtet und eine 5 × 4-Kreuztabelle erstellt. Da auch hier alle beobachteten Häufigkeiten unter 5 lagen, wurde erneut der exakte Test nach Fisher-Freeman-Halton gerechnet. Dieser zeigte ebenfalls keinen signifikanten Zusammenhang ($\chi^2(12) = 8,930, p = .754$) zwischen den Fähigkeitsprofilen der Erstklässler*innen und den analysierten Kreativitätstypen bei der Bearbeitung der beiden arithmetisch offenen Aufgaben.

Tab. 11.2 Kreuztabelle von Fähigkeitsprofil und Kreativitätstyp der Erstklässler*innen

		Kreativitätstyp						Gesamt
		1b	2b	3a	3b	4a	4b	
Fähigkeitsprofil 1	Anzahl	1	1	2	0	2	2	8
	%	25,0 %	25,0 %	22,2 %	0,0 %	66,7 %	16,7 %	22,2 %
2	Anzahl	1	0	2	2	1	2	8
	%	25,0 %	0,0 %	22,2 %	50,0 %	33,3 %	16,7 %	22,2 %
3	Anzahl	0	3	1	1	0	3	8
	%	0,0 %	75,0 %	11,1 %	25,0 %	0,0 %	25,0 %	22,2 %
4	Anzahl	1	0	2	1	0	4	8
	%	25,0 %	0,0 %	22,2 %	25,0 %	0,0 %	33,3 %	22,2 %
Ausreißer	Anzahl	1	0	2	0	0	1	4
	%	25,0 %	0,0 %	22,2 %	0,0 %	0,0 %	8,3 %	11,1 %
Gesamt	Anzahl	4	4	9	4	3	12	36
	%	100,0 %	100,0 %	100,0 %	100,0 %	100,0 %	100,0 %	100,0 %

Tab. 11.3 Ergebnis exakter Test nach Fisher-Freeman-Halton (Kreativitätstypen und Fähigkeitsprofil)

	Wert	df	Asymptotische Signifikanz (zweiseitig)	Exakte Sig. (zweiseitig)
Pearson-Chi-Quadrat	18,750[a]	20	,538	,599
Likelihood-Quotient	21,243	20	,383	,739
Exakter Test nach Fisher-Freeman-Halton	15,516			,776
Anzahl der gültigen Fälle	36			

30 Zellen (100,0 %) haben eine erwartete Häufigkeit kleiner 5. Die minimale erwartete Häufigkeit ist ,33.

- Die Typen der individuellen mathematischen Kreativität wurden noch weiter zusammengefasst, indem die beiden kreativen Vorgehensweisen der Erstklässler*innen in der Produktionsphase fokussiert wurden. Unter einem *geradlinig-ideenarmen* Vorgehen wurden demnach die Kreativitätstypen 1 und 3 gefasst. Entsprechend wurden die Kreativitätstypen 2 und 4 unter den *sprunghaft-ideenreichen* Vorgehensweisen zusammengebracht. Bezogen auf die nach wie vor fünf Fähigkeitsprofile entstand eine 5×2 Kreuztabelle, für die erneut der exakte Test nach Fisher-Freeman-Halton gerechnet wurde. Dieser ergab keine signifikante Abhängigkeit: $\chi^2(4) = 3, 8$, $p = .521$. Es war jedoch erkennbar, dass der p-Wert im Vergleich zu den vorherigen Berechnungen zwar niedriger war, in Bezug zum angestrebten Signifikanzniveau von 5 % allerdings immer noch deutlich zu hoch.
- Zuletzt wurde eine Verdichtung der Kreativitätstypen vorgenommen, indem diese auf die beiden kreativen Vorgehensweisen in der Reflexionsphase reduziert wurden. Dadurch wurden die beiden Kreativitätstypen 1 und 2 zu *Vorgehen bleibt gleich* und die Typen 3 und 4 zu *Vorgehen verändert sich* zusammengefasst. Eine mögliche Abhängigkeit dieser beiden Variablen wurde mit Hilfe der entstandenen 5×2-Kreuztabelle mit dem exakten Test nach Fisher-Freeman-Halton berechnet. Dieser ergab, dass kein signifikanter Zusammenhang zwischen den Kreativitätstypen der Erstklässler*innen und deren Fähigkeitsprofilen bestand ($\chi^2(4) = 2, 195$, $p = .887$). Dabei war auffällig, dass dieser p-Wert von allen zuvor präsentierten am höchsten war, womit ein Zusammenhang zwischen dem Vorgehen der Erstklässler*innen in der Reflexionsphase und den Fähigkeitsprofilen am stärksten ausgeschlossen werden musste.

Auf Basis der zuvor dargestellten Berechnungen musste die Nullhypothese $H1_0$ angenommen werden: Die beiden Merkmale der Aufgabenbearbeitungen (Fähigkeitsprofil und Kreativitätstyp) der Erstklässler*innen sind voneinander unabhängig.

Bereits bei der Erläuterung der aufgestellten Hypothesen über einen Zusammenhang zwischen den individuellen Voraussetzungen der Erstklässler*innen und deren bei der Bearbeitung arithmetisch offener Aufgaben gezeigten Kreativitätstypen (vgl. Abschn. 7.3.2) wurden zudem zwei weitere untergeordnete Hypothesenpaare formuliert. Mit diesen galt es zu prüfen, inwiefern Abhängigkeiten zwischen den intellektuellen oder mathematischen Voraussetzungen der Erstklässler*innen und den Kreativitätstypen bestanden.

$H1a_1$: Die beiden Merkmale der Aufgabenbearbeitungen (mathematische Basisfertigkeiten, Kreativitätstyp) der Erstklässler*innen sind voneinander abhängig.

$H1a_0$: Die beiden Merkmale der Aufgabenbearbeitungen (mathematische Basisfertigkeiten, Kreativitätstyp) der Erstklässler*innen sind voneinander unabhängig.

$H1b_1$: Die beiden Merkmale der Aufgabenbearbeitungen (Grundintelligenz, Kreativitätstyp) der Erstklässler*innen sind voneinander abhängig.

$H1b_0$: Die beiden Merkmale der Aufgabenbearbeitungen (Grundintelligenz, Kreativitätstyp) der Erstklässler*innen sind voneinander unabhängig.

Als erstes wurde ein möglicher Zusammenhang zwischen den Basisfertigkeiten der Erstklässler*innen und deren gezeigter individueller mathematischer Kreativität geprüft, wobei die folgende Hypothese $H1a$ zu testen war. Zur Prüfung dieser Hypothesenpaare wurden verschiedene Kontingenzanalysen durchgeführt, bei denen immer die drei Merkmalsausprägungen der mathematischen Basisfertigkeiten bzw. der Grundintelligenz, nämlich *unterdurchschnittlich, durchschnittlich* und *überdurchschnittlich* betrachtet wurden. Um die Abhängigkeit der mathematischen Basisfertigkeiten der Erstklässler*innen und den Typen der individuellen mathematischen Kreativität umfassend zu analysieren, wurden letztere wie bereits zuvor bei $H1$ zunächst alle sechs Kreativitätstypen betrachtet. Anschließend wurden noch drei weitere Analysen durchgeführt, bei denen die Kreativitätstypen wie zuvor unterschiedlich komprimiert wurden, d. h. zunächst ohne die Ausprägungen a) und b) und dann bzgl. der kreativen Vorgehensweisen in der Produktionsphase und zuletzt bzgl. der kreativen Verhaltensweisen in der Reflexionsphase. Bei der Berechnung aller möglichen Abhängigkeiten zwischen den mathematischen bzw. intellektuellen Fähigkeiten der Erstklässler*innen und ihrer bei der Bearbeitung arithmetisch offener Aufgaben gezeigten Kreativität musste erneut der exakte Test nach Fisher-Freeman-Halton berechnet werden, da bei allen Analysen mehr als 20 % der Fälle in den entstandenen Kreuztabellen eine Häufigkeit von unter 5 aufwiesen. Nachfolgend werden die beiden Hypothesen und die Ergebnisse der Kontingenzanalysen dargestellt (vgl. Tab. 11.4).

Tab. 11.4 Ergebnisse der Kontingenzanalysen für H1a und H1b

	H1a: Abhängigkeit der Kreativitätstypen von den mathematischen Basisfertigkeiten	H1b: Abhängigkeit der Kreativitätstypen von der Grundintelligenz
	Mathematische Basisfertigkeiten: *unterdurchschnittlich, durchschnittlich, überdurchschnittlich*	Grundintelligenz: *unterdurchschnittlich, durchschnittlich, überdurchschnittlich*
alle empirisch in diesem Datenset vorkommenden Kreativitätstypen: *1b, 2b, 3a, 3b, 4a, 4b*	$\chi^2(10) = 12,835, p = .123$	$\chi^2(10) = 10,774, p = .314$
alle Kreativitätstypen ohne die Ausprägungen (a und b): *1, 2, 3, 4*	$\chi^2(6) = 9,36, p = .100$	$\chi^2(6) = 5,755, p = .449$
kreative Verhaltensweisen: *geradlinig-ideenarm* (Kreativitätstypen 1 und 3) sowie *sprunghaft-ideenreich* (Kreativitätstypen 2 und 4)	$\chi^2(2) = 2,101, p = .382$	$\chi^2(2) = 1,735, p = .482$
kreative Vorgehensweisen: *Vorgehen bleibt gleich* (Kreativitätstypen 1 und 2), *Vorgehen ändert sich* (Kreativitätstypen 3 und 4)	$\chi^2(2) = 2,424, p = .298.$	$\chi^2(2) = 2,6909, p = .269$

Aus der Tabelle 11.4 konnte entnommen werden, dass keine der gerechneten Analysen eine signifikante Abhängigkeit zwischen den jeweils gewählten Variablen ergab und somit keine Abhängigkeit der Kreativitätstypen der Erstklässler*innen von ihren mathematischen oder intellektuellen Fähigkeiten bestand. Es mussten damit beide Nullhypothesen $H1a_0$ und $H1b_0$ angenommen werden: Die beiden Merkmale der Aufgabenbearbeitungen (mathematische Basisfertigkeiten, Kreativitätstyp) sowie die beiden Merkmale (Grundintelligenz, Kreativitätstyp) der Erstklässler*innen sind jeweils voneinander unabhängig.

Bei genauerer Betrachtung der einzelnen Analyseergebnisse war jedoch auffällig, dass die p-Werte bei diesen Kontingenzanalysen zu den untergeordneten Hypothesen H1a und H1b insgesamt deutlich niedriger waren als zuvor bei der Berechnung eines möglichen Zusammenhangs zwischen den Kreativitätstypen der Erstklässler*innen und ihren Fähigkeitsprofilen (H1). Dabei traten vor allem niedrige p-Werte ($p = .123$ *und* $p = .100$) für den exakten Fisher-Freeman-Halton-Test, der die Abhängigkeit der Kreativitätstypen der Kinder und ihrer mathematischen Basisfertigkeiten fokussierte, hervor, die dem Signifikanzniveau von 5 % am nächsten kamen. Diese konnten als ein erstes, vorsichtiges Indiz gedeutet werden, dass die mathematischen Fähigkeiten der Erstklässler*innen einen möglichen Einfluss auf die von den Kindern bei der Bearbeitung der arithmetisch offenen Aufgaben gezeigten Typen der individuellen mathematischen Kreativität nehmen. Diese Hypothese galt es durch eine qualitative und damit mathematisch inhaltliche Analyse zu prüfen (vgl. Abschn. 11.2).

11.1.2 Abhängigkeit der Kreativitätstypen von dem verwendeten Lehrwerk

„$H2_1$: Die beiden Merkmale der Aufgabenbearbeitungen (Lehrwerk, Kreativitätstyp) der Erstklässler*innen sind voneinander abhängig.

$H2_0$: Die beiden Merkmale der Aufgabenbearbeitungen (Lehrwerk, Kreativitätstyp) der Erstklässler*innen sind voneinander unabhängig."
(Abschn. 7.3.2)

Ergänzend zu den vorherigen Ausführungen folgt in diesem Abschnitt nun die Darstellung der Kontingenzanalyse zur Testung der zweiten großen Hypothese (s. Eingangszitat), die eine Abhängigkeit der Kreativitätstypen der Erstklässler*innen und dem im Unterricht verwendet Lehrwerk (Denken & Rechnen, Welt der Zahl) postulierte (vgl. Abschn. 7.3.2, Einführung zu Abschn. 11.1). Auch zur Ermittlung eines möglichen Zusammenhangs zwischen den Kreativitätstypen der Erstklässler*innen, die sie bei den 36 Aufgabenbearbeitungen zeigten, und dem in der Grundschule verwendeten Lehrwerk wurden vier χ^2-Tests gerechnet. Dabei wurden jeweils einzeln Tests für die sechs Kreativitätstypen, für die vier Typen ohne die verschiedenen Ausprägungen sowie für eine Zusammenfassung der Typen in Bezug auf die kreativen Verhaltens- und Vorgehensweisen fokussiert (vgl. Abschn. 11.1.1, insbesondere Tab. 11.4). Dadurch sollte ein möglichst umfangreiches und detailliertes Bild der möglichen Zusammenhänge zwischen den beiden übergreifenden Variablen Lehrwerk und Kreativitätstyp erreicht werden. Nachfolgend werden die Ergebnisse aller Berechnungen mit Hilfe des Statistik-Programms SPSS dargestellt. Dabei wurde für die ersten beiden Berechnungen auch an dieser Stelle der exakte Fisher-Freeman-Halton-Test gerechnet, da ein Großteil der gebildeten Fälle in den Kreuztabellen eine Häufigkeit kleiner 5 aufwiesen.

- Abhängigkeit sechs Kreativitätstypen und Lehrwerk: $\chi^2(5) = 7,866, p = .155$
- Abhängigkeit vier Kreativitätstypen und Lehrwerk: $\chi^2(3) = 4,598, p = .230$

Für die letzten beiden Kontingenzanalysen konnte der Pearson-χ^2-Test gerechnet werden, da weniger als 20 % der Fälle eine beobachtete Häufigkeit von unter 5 annahmen. Außerdem musste eine Kontinuitätskorrektur durchgeführt werden, insofern in beiden Fällen ein 2×2-Kreuztabelle gerechnet wurde, aus der sich nur ein Freiheitsgrad ($df = 1$) ableiten ließ. Dementsprechend wird hier nun nicht mehr wie zuvor die exakte zweiseitige Signifikanz, sondern die asymptotische Signifikanz des χ^2-Tests angegeben (vgl. Bortz & Schuster, 2010, S. 140–142).

- Abhängigkeit kreative Vorgehensweisen und Lehrwerk: $\chi^2(1) = 1,003, p = .317$
- Abhängigkeit kreative Vorgehensweisen und Lehrwerk: $\chi^2(1) = 2,571, p = .109$

Im Vergleich der vier Analysen musste festgestellt werden, dass keine signifikante Abhängigkeit zwischen dem im Mathematikunterricht verwendeten Lehrwerk der Erstklässler*innen und ihrer individuellen mathematischen Kreativität bei der Bearbeitung arithmetisch offener Aufgaben bestand. Damit wurde insgesamt die Nullhypothese für H2 angenommen: Die beiden Merkmale der Aufgabenbearbeitungen (Lehrwerk und Kreativitätstyp) der Erstklässler*innen sind voneinander unabhängig.

11.2 Qualitative Analyse des Zusammenhangs zwischen den Fähigkeitsprofilen und Kreativitätstypen der Erstklässler*innen

"What are the relations between gifted, high achieving, creative, intelligent? Are these terms synonym? Antonyms? Or is there more complexity to these terms [...]?"
(Juter & Sriraman, 2011, S. 45)

An dieser Stelle der empirischen Arbeit zur individuellen mathematischen Kreativität kann festgehalten werden, dass kein statistischer Zusammenhang zwischen den individuellen Voraussetzungen der Erstklässler*innen, d. h. deren Fähigkeitsprofil ($H1$), den mathematischen ($H1a$) und intellektuellen ($H1b$) Fähigkeiten sowie dem in der Schule verwendeten Lehrwerk ($H2$), und den zugeordneten Kreativitätstypen bei der Bearbeitung der beiden arithmetisch offenen Aufgaben bestand (vgl. Abschn. 11.1). Es ließ sich jedoch eine vorsichtige Tendenz diesbezüglich finden, dass die mathematischen Fähigkeiten der Erstklässler*innen einen Einfluss auf ihre individuelle mathematische Kreativität (vier Kreativitätstypen) genommen haben könnten, da der p-Wert für eine Abhängigkeit dieser Variablen mit $p = .100$ nah an dem Signifikanzniveau von $p < 0,05$ lag (vgl. Abschn. 11.1.1). Ähnliches galt auch für eine mögliche inhaltliche Abhängigkeit mit $p = .109$ des verwendeten Lehrwerks zu den kreativen Vorgehensweisen der Erstklässler*innen in der Reflexionsphase (vgl. Abschn. 11.1.2).

Um diese beiden Hypothesen im Detail annehmen oder widerlegen zu können, wurde in diesem Abschnitt eine mathematische Analyse bzgl. eines möglichen Zusammenhangs zwischen den individuellen Voraussetzungen der Erstklässler*innen und ihren Kreativitätstypen durchgeführt. Dafür wurde eine grafische Veranschaulichung gewählt (vgl. Abb. 7.12), die in Abschnitt 7.3.2 bereits einführend erläutert wurde. Die nachfolgende Abbildung 11.1 konkretisiert nun das methodische Vorgehen durch die Erkenntnisse aus dem quantitativen Sampling-Verfahren und der qualitativen Studie.

Im methodischen Abschnitt 7.3.2 wurde angedeutet, dass in einem Koordinatensystem über die T-Werte der Erstklässler*innen in den beiden Tests MBK 1 + und CFT1-R Teil 2 die Fähigkeitsprofilen der Lernenden eingezeichnet werden sollten. Mit Rückgriff auf die Ergebnisse der Clusteranalyse zeigen nun die in Abbildung 11.1 eingezeichneten Kästen den exakten T-Wert-Bereich der vier Fähigkeitsprofile an, in dem die zugeordneten Erstklässler*innen lagen (vgl. Abschn. 8.3, insbesondere Tab. 8.4). Die beiden statistischen Ausreißer wurde für diese Analyse den grenznahen Fähigkeitsprofilen zugeordnet.

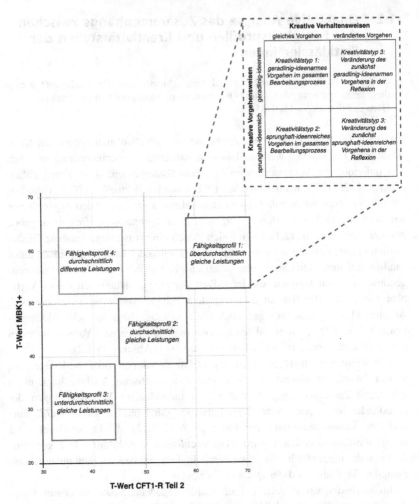

Abb. 11.1 Vorgehen bei der qualitativen Analyse des Zusammenhangs von Kreativitätstypen und Fähigkeitsprofilen

So wurde Marie mit weit unterdurchschnittlichen Testwerten dem Fähigkeitsprofil 3 (unterdurchschnittlich gleich) und dementsprechend Jana aufgrund ihrer weit überdurchschnittlichen Testwerte im MBK 1 + und CFT 1-R Teil 2 dem Fähigkeitsprofil 1 (überdurchschnittlich gleich) eingruppiert.

Zudem konnte in der methodischen Beschreibung nur schematisch angedeutet werden, dass die gebildeten Kreativitätstypen der Erstklässler*innen auf die verschiedenen Fähigkeitsprofilen bezogen werden sollten. Nach der qualitativen Video-Inhaltsanalyse können die Typen der individuellen mathematischen Kreativität nun genauer beschrieben werden (vgl. ausführlich Abschn. 9.2 und 9.3). In der Abbildung 11.1 wird daher am Fähigkeitsprofil 1 exemplarisch für alle Fähigkeitsprofile gezeigt, dass die vier Kreativitätstypen in Form der Kreuztabelle der kreativen Vorgehens- und Verhaltensweisen dargestellt werden. Dabei sei darauf verwiesen, dass in diesem Teil der Arbeit bei den Kreativitätstypen auf eine Spezifizierung hinsichtlich der beiden Ausprägungen a) mit starker und b) mit schwacher Erweiterung in der Reflexionsphase verzichtet wurde, da diese für die Analyse eines möglichen qualitativen Zusammenhangs zwischen den individuellen Voraussetzungen der Erstklässler*innen und deren gezeigter individueller mathematischer Kreativität keine gewinnbringenden weiteren Erkenntnisse liefern konnten.

Für ebendiese qualitative Analyse wurde die mathematisch inhaltliche Beschreibung der verschiedenen Kreativitätstypen durch die den Bearbeitungsprozess prägenden arithmetischen Ideentypen genutzt (vgl. ausführlich Abschn. 9.3.3, insbesondere Tab. 8.15). In der nachfolgenden Tabelle 11.5 wurden die Kürzel für die den Bearbeitungsprozess prägenden arithmetischen Ideentypen noch einmal aufgelistet, die dann im Rahmen dieser Ausführungen bzgl. der verschiedenen Fähigkeitsprofile der Erstklässler*innen differenziert wurden.

Nachfolgend wurde für alle Aufgabenbearbeitungen der Erstklässler* innen aus einem Fähigkeitsprofil in der Kreuztabelle die arithmetische Charakterisierung der Aufgabenbearbeitungen (vgl. Tab. 11.5) eingetragen und anschließend alle Zuordnungen in einer Darstellung wie zuvor beschrieben vereint (vgl. Abb. 11.1). Aus der so entstandenen Abbildung 11.2 war zunächst die Anzahl der Bearbeitungen mit den verschiedenen Kreativitätstypen ablesbar. Vor allem aber war eine Analyse möglicher Zusammenhänge auf mathematisch inhaltlicher Ebene möglich.

Aus dieser Darstellung konnten nun bzgl. eines qualitativen Zusammenhangs der individuellen Voraussetzungen der 18 Erstklässler*innen, d. h. ihrer mathematischen und intellektuellen Fähigkeiten (Fähigkeitsprofil), mit den von ihnen bei der Bearbeitung der beiden arithmetisch offenen Aufgaben gezeigten Typen der individuellen mathematischen Kreativität folgende Schlüsse gezogen werden[1].

---

[1] Ergebnisse aus der mathematisch inhaltlichen Analyse der Kreativitätstypen (vgl. Abschn. 9.3.3), die ein besonderes Augenmerk auf die Verteilung der Aufgabenbearbeitungen mit ihren prägenden arithmetischen Ideentypen in der Produktions- und Reflexionsphase

Tab. 11.5 Auflistung Fähigkeitsprofil, Kreativitätstypen und prägende arithmetische Ideentypen

Erstklässler*in	Fähigkeitsprofil	Kreativitätstyp (ohne Erweiterung) bei A1	prägende arithmetische Ideentypen bei A1	Kreativitätstyp (ohne Erweiterung) bei A2	prägende arithmetische Ideentypen bei A2
Sebastian	1	1	ass-struk	4	ass-struk
Alina		2	ass-struk	4	ass-struk
Mona		3	ass-struk	3	struk-klass
Lars		4	ass-struk	4	ass-ass
Jana		3	struk-struk	3	struk-struk
Henry	2	3	ass-must	4	struk-must
Annika		4	ass-must	3	ass-struk
Lana		3	ass-must	4	ass-must
Max		1	must-struk	3	ass-klass
Anna	3	3	ass-ass	2	ass-must
Jessika		2	ass-must	2	ass-must
Ben		4	ass-klass	4	ass-struk
Alim		3	must-must	4	ass-klass
Marie		4	ass-must	1	must-must
Lukas	4	4	ass-must	3	must-must
Noah		3	ass-struk	4	ass-must
Melina		4	must-ass	4	ass-struk
Sophia		1	ass-klass	3	ass-klass

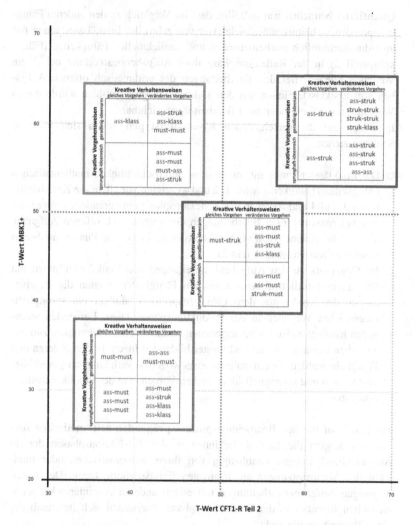

Abb. 11.2 Qualitative Analyse des Zusammenhangs von Fähigkeitsprofilen und Kreativitätstypen auf Basis der prägenden arithmetischen Ideentypen

– **Quantitativ** betrachtet war auffällig, dass im Vergleich zu den anderen Fähigkeitsprofilen verhältnismäßig viele (vier von zehn) der Erstklässler*innen mit
unterdurchschnittlich mathematischen und intellektuellen Fähigkeiten (Fähigkeitsprofil 3) in der Reflexionsphase ihrer Aufgabenbearbeitung bei ihrem
Vorgehen blieben. Bei den Bearbeitungen der arithmetisch offenen Aufgaben von Erstklässler*innen aus den anderen Fähigkeitsprofilen wurde dieses
Verhalten nur bei ein oder zwei Bearbeitungen sichtbar.
– In Bezug auf die verschiedenen **Kreativitätstypen** ließen sich folgende
Schlüsse ziehen:

○ Die Erstklässler*innen mit mindestens durchschnittlichen mathematischen
Fähigkeiten (Fähigkeitsprofile 1, 2 und 4) zeigten vor allem die Kreativitätstypen 3 und 4 und damit in der Reflexionsphase ein verändertes Vorgehen.
Nur bei maximal zwei Bearbeitungen der arithmetisch offenen Aufgaben
konnte die gleiche kreative Vorgehensweise in beiden Phasen analysiert
werden (Kreativitätstyp 1 und 2).

○ Im Gegensatz zu den Aufgabenbearbeitungen von Erstklässler*innen mit
überdurchschnittlichen mathematischen Fähigkeiten zeigten die Bearbeitungen der Kinder aus dem Fähigkeitsprofil 3 häufiger ein sprunghaft-
ideenreiches Vorgehen in der Produktionsphase. Diese Lernenden wechselten häufiger zwischen verschiedenen arithmetischen Ideentypen, zumeist
zwischen frei-assoziierten und muster-bildenden Ideen. In den anderen drei
Fähigkeitsprofilen ist ein nahezu ausgewogenes Verhältnis an geradlinig-
ideenarmen und sprunghaft-ideenreichen Vorgehen in der Produktionsphase
erkennbar.

– Mit Blick auf die den Bearbeitungsprozess **prägenden arithmetischen Ideentypen** zeigten die Erstklässler*innen in den Produktionsphasen der 36
Aufgabenbearbeitungen unabhängig von ihren mathematischen oder intellektuellen Voraussetzungen am häufigsten frei-assoziierte Ideen. Der Anteil
derjenigen Aufgabenbearbeitungen mit einem anderen dominierenden arithmetischen Ideentyp in der Produktionsphase unterschied sich innerhalb der
vier Fähigkeitsprofile nicht.
– Die prägenden arithmetischen Ideentypen in den Reflexionsphasen der Aufgabenbearbeitungen unterschieden sich jedoch deutlich zwischen den verschiedenen Fähigkeitsprofilen und damit auch hinsichtlich der mathematischen

---

auf die verschiedenen Kreativitätstypen legte, werden an dieser Stelle der vorliegenden
Arbeit nicht noch einmal wiederholt.

Basisfertigkeiten (MBK 1 +) und der Grundintelligenz (CFT 1-R Teil 2) der Erstklässler*innen.

○ Aufgabenbearbeitungen von Erstklässler*innen mit mindestens durchschnittlichen mathematischen Basisfertigkeiten sind auch von strukturnutzenden Ideen geprägt. Je ausgeprägter dabei die mathematischen Basisfertigkeiten und gleichzeitig auch die Grundintelligenz der bearbeitenden Kinder war (Fähigkeitsprofil 1), desto häufiger war nicht nur die Reflexionsphase, sondern sogar beide Phasen im Bearbeitungsprozess durch struktur-nutzende Ideen charakterisiert. In diesem Fähigkeitsprofil wiesen acht der zehn Aufgabenbearbeitungen in mindestens einer Phase diesen arithmetischen Ideentyp auf, was bedeutet, dass die zugeordneten Erstklässler*innen zum Finden und Erklären von Zahlensätzen mit der Zahl 4 (A1) oder dem Ergebnis 12 (A2) häufig arithmetische Strukturen nutzen.

○ Die Aufgabenbearbeitungen der 18 Erstklässler*innen waren immer häufiger von muster-bildenden Ideen bestimmt, je geringer sowohl die mathematischen Basisfertigkeiten als auch die Grundintelligenz der Kinder war. So konnte festgestellt werden, dass im Fähigkeitsprofil 2 (durchschnittlich gleiche Fähigkeiten) sechs von acht Bearbeitungen in einer Phase des Bearbeitungsprozesses, zumeist aber in der Reflexionsphase, von musterbildenden Ideen geprägt waren. Unter den zehn Aufgabenbearbeitungen von Erstklässler*innen mit dem Fähigkeitsprofil 3, die unterdurchschnittliche mathematische sowie intellektuelle Fähigkeiten in den beiden Tests zeigten, dominierten bei sechs Bearbeitungen die muster-bildenden Ideen. Zudem waren hier zwei Bearbeitungsprozesse sowohl in der Produktions- als auch der Reflexionsphase von muster-bildenden Ideen geprägt.

○ Je geringer die Grundintelligenz der 18 Erstklässler*innen ausfiel, desto häufiger ließen sich auch Aufgabenbearbeitungen feststellen, die in der Reflexionsphase von klassifizierenden Ideen geprägt waren. Einen Einfluss der mathematischen Basisfertigkeiten auf diesen arithmetischen Ideentyp war nicht zu analysieren.

○ In den acht Aufgabenbearbeitungen der Erstklässler*innen mit überdurchschnittlichen mathematischen Basiskompetenzen und unterdurchschnittlicher Grundintelligenz (Fähigkeitsprofil 4) konnte die stärkste Durchmischung an dominierenden arithmetischen Ideentypen festgestellt werden, wobei eine leichte Tendenz hin zu den muster-bildenden Ideen ausgemacht werden konnte.

- Die sechs der 36 Aufgabenbearbeitungen von Erstklässler*innen, bei denen
beide Phasen im Bearbeitungsprozess von demselben arithmetischen Ideentyp charakterisiert wurden (ass-ass, must-must oder struk-struk), konnten bis
auf eine Ausnahme den Kreativitätstypen 1 und 3 mit einem geradlinig-
ideenreichen Vorgehen in der Produktionsphase zugeordnet werden.

11.3 Kapitelzusammenfassung

In diesem Kapitel wurde der fünften und damit auch letzten Forschungsfrage
nachgegangen, inwiefern ein Zusammenhang zwischen den individuellen Voraussetzungen der Erstklässler*innen, d. h. ihren mathematischen Basisfertigkeiten,
ihrer Grundintelligenz und dem im Mathematikunterricht verwendete Lehrwerk,
und ihrer individuellen mathematischen Kreativität, die sie bei der Bearbeitung
der beiden arithmetisch offenen Aufgaben A1 [Zahl 4] und A2 [Ergebnis 12]
zeigten, bestand (vgl. Abschn. 5.2). Damit wurde an dieser Stelle der Mixed
Methods-Studie zur weiteren Erforschung der individuellen mathematischen
Kreativität von Erstklässler*innen auf die Fähigkeitsprofile und Eigenschaften
wie das verwendete Lehrwerk der Lernenden aus dem quantitativen Sampling-
Verfahren zurückgegriffen (vgl. Abschn. 8.3). Methodisch wurde zunächst eine
quantitative Kontingenzanalyse mit Hilfe verschiedenster X^2-Tests und daraufhin
eine qualitative Analyse zur Vertiefung der ersten Erkenntnisse durchgeführt (vgl.
Abschn. 7.3.2), deren Ergebnisse nun zusammengefasst werden sollen.

Zwischen den Fähigkeitsprofilen der Erstklässler*innen, also ihren mathematischen und intellektuellen Fähigkeiten, und ihrer bei der Bearbeitung der
arithmetisch offenen Aufgaben gezeigten Kreativitätstypen bestand keine Abhängigkeit. Dazu wurden nicht nur die empirisch in diesem Dataset nachgewiesenen
sechs Kreativitätstypen als Variable genutzt, sondern die Kontingenzanalysen
auch mit den vier Kreativitätstypen ohne die beiden Ausprägungen a) und b)
sowie bezogen auf die kreativen Vorgehensweisen (Kreativitätstypen 1 und 3
sowie 2 und 4) und die kreativen Verhaltensweisen (Kreativitätstypen 1 und 2
sowie 3 und 4) gerechnet. Bei allen exakten Tests nach Fisher-Freeman-Halton
wurden keine signifikanten Abhängigkeiten ermittelt, sodass in jedem Fall die
Nullhypothese ($H1_0$, $H1a_0$, $H1b_0$) angenommen wurde (vgl. Abschn. 11.1.1).
Gleichermaßen bestand keine statistische Abhängigkeit zwischen dem im Mathematikunterricht eingesetzten Lehrwerk (*Denken & Rechnen, Welt der Zahl*) und
den Kreativitätstypen der Erstklässler*innen (vgl. Abschn. 11.1.2). Es konnten

jedoch vorsichtige Tendenzen dahingehend entdeckt werden, dass die mathematischen Fähigkeiten der Erstklässler*innen vor deren intellektuellen Fähigkeiten einen Einfluss auf ihre individuelle mathematische Kreativität genommen haben könnten (vgl. Abschn. 11.1.1). Dies deckt sich mit den im aktuellen Forschungsstand präsentierten Befunden, dass die domänenspezifischen Fähigkeiten kreativer Personen einen Einfluss auf deren Kreativität nehmen (vgl. Abschn. 5.1).

In der qualitativen, vor allem auf mathematisch inhaltlicher Ebene durchgeführten, Analyse eines möglichen Zusammenhangs konnten ergänzend zu den vorherigen Ergebnissen einzelne wesentliche Erkenntnisse herausgearbeitet werden (vgl. im folgenden Abschn. 11.2):

– Erstklässler*innen des Fähigkeitsprofils 3, d. h. mit unterdurchschnittlichen mathematischen und intellektuellen Fähigkeiten, zeigten häufiger als die Kinder aus den anderen Fähigkeitsprofilen ein sprunghaft-ideenreiches Vorgehen in der Produktionsphase (Kreativitätstypen 1 und 3) und blieben in der Reflexionsphase häufiger bei ihrer kreativen Vorgehensweise (Kreativitätstypen 3 und 4).

– Im Hinblick auf die beiden die Bearbeitungsprozesse prägenden arithmetischen Ideentypen war auffällig, dass vor allem Erstklässler*innen mit überdurchschnittlichen mathematischen und intellektuellen Fähigkeiten (Fähigkeitsprofil 1) am häufigsten struktur-nutzende Ideen zeigten. Umgekehrt dominierten bei Aufgabenbearbeitungen von Kindern mit wenigstens durchschnittlichen mathematischen und gleichzeitig unterdurchschnittlichen intellektuellen Fähigkeiten (Fähigkeitsprofile 2 und 3) die muster-bildenden Ideen. Der arithmetische Ideentyp der klassifizierenden Ideen konnte zwar insgesamt nur selten prägend analysiert werden, zeigte sich aber häufiger, je geringer die Grundintelligenz der bearbeitenden Erstklässler*innen war (Fähigkeitsprofile 3 und 4).

– Erstklässler*innen, die Aufgabenbearbeitungen produzierten, bei denen in beiden Phasen der gleiche arithmetische Ideentyp (muster-bildende oder struktur-nutzende Ideen) dominierte, zeigten immer auch eine geradlinig-ideenarmes Vorgehen in der Produktionsphase (Kreativitätstypen 1 und 3).

Mit Abschluss dieser Kapitelzusammenfassung wurden die Ergebnisse zu allen fünf aufgestellten Forschungsfragen umfassend präsentiert. Nachfolgend sollen die Ergebnisse nun ausführlich vor dem Hintergrund der dargestellten Theorie zur individuellen mathematischen Kreativität von Schulkindern, offener Aufgaben und Unterstützungsangeboten (vgl. Teil I) diskutiert werden, um die Forschungsfragen schlussendlich beantworten zu können (vgl. Abschn. 12.3).

Dafür sind jedoch als erstes eine Reflexion sowie eine Diskussion des theoretisch entwickelten InMaKreS-Modells (vgl. Abschn. 12.1) und der methodischen Entscheidungen (vgl. Abschn. 12.2) der vorliegenden empirischen Studie notwendig.

Zusammenfassung und Diskussion 12

„Allerdings traut man Ihnen in dieser Phase [dem Schreiben des Schlusses] noch weit mehr zu: Sie gelten auf dem Gebiet, in welchem Sie Ihre wissenschaftliche Arbeit verfasst haben, als Experte! Ist das nicht eine große Ehre? Und zugleich eine große Verantwortung?" (Kornmeier, 2018, S. 162)

Die im obigen Zitat beschriebene Ehre mit Demut annehmend und die große Verantwortung im Blick habend soll nun in diesem Kapitel eine kritische und reflexive Diskussion meiner gesamten Dissertationsschrift erfolgen. Dabei sollen sowohl forschungsrelevante als auch unterrichtspraktische Implikationen für das Konstrukt der individuellen mathematischen Kreativität von Schulkindern sowie Grenzen der vorliegenden Arbeit aufgezeigt werden. So richtet sich mein diskursiver Blick zunächst auf die theoretische Erarbeitung des Modells zur individuellen mathematischen Kreativität von Schulkindern (InMaKreS-Modell), da dieses die Grundlage für alle weiteren empirischen Entscheidungen beeinflusst hat (vgl. Abschn. 12.1). Dem logischen Aufbau der vorliegenden Arbeit folgend werden im Anschluss die getroffenen methodischen Entscheidungen für die empirische Studie zur individuellen mathematischen Kreativität von Erstklässler*innen diskutiert (vgl. Abschn. 12.2). Zuletzt folgt eine ausführliche Zusammenfassung und Diskussion der Erkenntnisse aus dem quantitativen Sampling-Verfahren (vgl. Kap. 8) und insbesondere der vielschichtigen Forschungsergebnisse aus der qualitativen Studie (vgl. Kap. 9, 10 und 11). Dabei sollen die Grenzen und Implikationen der im Rahmen dieser Arbeit beantworteten Forschungsfragen abschließend diskutiert werden, um den Beitrag dieser Arbeit zur mathematikdidaktischen Forschung zu verdeutlichen (vgl. Abschn. 12.3).

© Der/die Autor(en) 2022
S. Bruhn, *Die individuelle mathematische Kreativität von Schulkindern*,
Bielefelder Schriften zur Didaktik der Mathematik 8,
https://doi.org/10.1007/978-3-658-38387-9_12

12.1 Theoretische Erarbeitung des InMaKreS-Modells

„Die *individuelle mathematische Kreativität* beschreibt die relative Fähigkeit einer Person, zu einer geeigneten mathematischen Aufgabe verschiedene passende Ideen zu produzieren (*Denkflüssigkeit*), dabei verschiedene Ideentypen zu zeigen und zwischen diesen zu wechseln (*Flexibilität*), zu den selbst produzierten Ideen weitere passende Ideen zu finden (*Originalität*) und das Produzieren der eigenen Ideen zu erklären (*Elaboration*)." (Abschn. 2.4.1)

Auf einer breiten Theoriebasis psychologischer, bildungswissenschaftlicher und vor allem mathematikdidaktischer Forschungsliteratur habe ich im ersten Teil dieser Arbeit eine Begriffsbestimmung der individuellen mathematischen Kreativität von Schulkindern hergeleitet (s. Eingangszitat) und mein InMaKreS-Modell entwickelt (vgl. Kap. 2, insbesondere Abschn. 2.4). Dieses stellt eine notwendige Erweiterung der oben zitierten Definition der individuellen mathematischen Kreativität dar, indem es die verschiedenen Elemente zueinander in Beziehung setzt und das Konstrukt dadurch sowohl für die mathematikdidaktische Forschung als auch für die Anwendung in der Schulpraxis praktisch nutzbar macht (vgl. Abschn. 2.4.2). Besonders hervorzuheben sind die Einteilung der kreativen Bearbeitung offener Aufgaben in zwei aufeinanderfolgende Unterrichtsphasen, der Produktions- und Reflexionsphase, in denen die verschiedenen divergenten Fähigkeiten der Schüler*innen ersichtlich werden können. Damit zeigt das InMaKreS-Modell eine starke Vernetzung theoretischer Elemente der Kreativitätsforschung und konkrete unterrichtspraktische Planungselemente (vgl. Abb. 12.1).

Es gilt zu bedenken, dass die erarbeitete Definition sowie das Modell auf dem Verständnis von Kreativität im Kontext des divergenten Denkens nach Guilford (1967) bzw. in überarbeiteter und erweiterter Form von Torrance (1966) beruhen (vgl. ausführlich Abschn. 2.3.3). Dementsprechend wurden Schulkinder als kreative Personen (vgl. Abschn. 2.2.3) mit ihren divergenten Fähigkeiten Denkflüssigkeit, Flexibilität, Originalität und Elaboration in den Mittelpunkt der Betrachtungen gestellt. Aus dieser Entscheidung ergab sich zwangsläufig die Auswahl von offenen Aufgaben als geeignetes Aufgabenformat, das von Kindern im Mathematikunterricht bearbeitet werden sollte, um ihre individuelle mathematische Kreativität zu zeigen (vgl. Kap. 3). Wäre ein anderes Verständnis von mathematischer Kreativität, etwa im Kontext des sozialen Lernens (vgl. Abschn. 2.3.2) oder des Problemlösens (vgl. Abschn. 2.3.1) ausgewählt worden, dann hätte sich das bedeutsam auf die Definition der individuellen mathematischen Kreativität von Schulkindern, damit ebenso auf das InMaKreS-Modell,

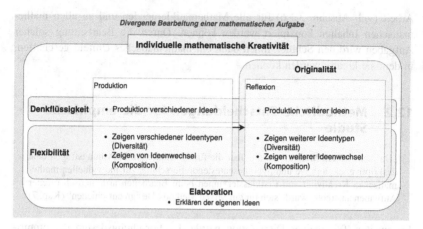

Abb. 12.1   InMaKreS-Modell

die Auswahl passender mathematischer Aufgaben und folglich auch die empirische Studie dieser Arbeit ausgewirkt. Aus dieser Einschränkung folgt somit, dass das hier konkret entwickelte Begriffsverständnis der individuellen mathematischen Kreativität auf Basis des divergenten Denkens ein Spezifisches ist und als solches Grenzen in der Anwendbarkeit, vor allem bei anderen mathematischen Aufgabenformaten, erfährt.

Die Stärke des entwickelten InMaKreS-Modells liegt jedoch vor allem in seiner Adaptivität an verschiedene Anwendungsgebiete des Mathematiktreibens und -lernens von Kindern in der Schule. Dabei wird das Modell als ein empirisches und unterrichtspraktisches Instrument verstanden, das Mathematiklehrer*innen darin unterstützen soll, die individuelle mathematische Kreativität ihrer Schüler*innen beim Bearbeiten offener Aufgaben qualitativ zu beschreiben, inter- oder intrapersonell zu vergleichen und die Kreativität ihrer Schüler*innen langfristig zu entwickeln. Inwiefern dieses letzte Ziel im alltäglichen Mathematikunterricht erreichbar ist, muss im Anschluss an diese Arbeit geprüft werden. Dadurch, dass das Konstrukt der individuellen mathematischen Kreativität sowohl relativ (R. Leikin, 2009a, vgl. Abschn. 2.2.2) als auch domänenspezifisch (Baer, 2012, vgl. Abschn. 2.2.1) verstanden wird, ist das InMaKreS-Modell in verschiedenen Klassenstufen, Schulformen, bei individuellen Lernvoraussetzungen und in verschiedenen mathematischen Inhaltsbereichen wie etwa der Arithmetik (vgl. Abschn. 3.2), der Geometrie oder auch der Analysis anwendbar. Dies liegt vor allem daran, dass offene mathematische Aufgaben im Sinne der Definition dieser

Arbeit (vgl. Abschn. 3.1.6) für alle Mathematiklernenden und zu allen mathematischen Inhalten konzipiert werden können. Durch die Bearbeitung solcher Aufgaben wird den Schüler*innen dann ein mathematisches Umfeld geschaffen, in dem sie kreativ werden können.

12.2 Methodische Entscheidungen für die empirische Studie

„Da diese Mixed Methods-Studie über die fünf formulierten Forschungsfragen eine deskriptive, explorative und hypothesentestende Forschung zur individuellen mathematischen Kreativität von Erstklässler*innen beim Bearbeiten arithmetisch offener Aufgaben anstrebte, wurde sich für ein Mixed Methods-Design entschieden" (Kap. 7)

Im zweiten Teil meiner Dissertation wurde das Forschungsdesign der empirischen Studie zur individuellen mathematischen Kreativität von Erstklässler*innen dargestellt. Durch die bereits zuvor erläuterte Grundannahme, dass die individuelle mathematische Kreativität von Schulkindern auf Basis des divergenten Denkens zu beobachten ist und dementsprechend die Definition sowie das InMaKreS-Modell entwickelt wurden, wurde das Forschungsdesiderat in diese Forschungsrichtung spezifiziert. Die vorgestellten (inter-)nationalen, mathematikdidaktischen Studien zur Kreativität von Mathematikschüler*innen zeigten, dass die Betrachtung der individuellen mathematischen Kreativität jüngerer Schulkinder nur in Ansätzen erforscht ist (etwa Kattou et al., 2016; Tsamir et al., 2010; Sak & Maker, 2006). Eine Fokussierung auf Erstklässler*innen erschien daher für die mathematikdidaktische Forschung zu Kreativität bedeutsam (vgl. Abschn. 5.1). Aus den Erkenntnissen ausgewählter Studien der letzten zehn Jahre wurden fünf konkrete Forschungsfragen für die vorliegende Arbeit formuliert (vgl. Abschn. 5.2).

Die Forschungsfragen selbst sind dabei im Vergleich zu den Forschungsfragen der im gesamten Theorieteil präsentierten Studien nicht wesentlich anders, da auch diverse andere Studien, wie etwa die von Kattou, Christou und Pitta-Pantazi (2016) oder R. Leikin und Lev (2013), eine Charakterisierung mathematischer Kreativität oder eine Explikation des Zusammenhangs von kindlicher Intelligenz und domänenspezifischer Kreativität anstrebten (vgl. Abschn. 5.1). Der Mehrwert oder damit auch die Innovation dieser Studie zur individuellen mathematischen Kreativität von Erstklässler*innen lag deshalb besonders in dem zugrunde gelegten InMaKreS-Modell (vgl. Abschn. 2.4.2), auf dessen Basis eine qualitative Beschreibung der individuellen mathematischen Kreativität von Erst-klässler*innen angestrebt wurde. So wurden insgesamt fünf Forschungsfragen entwickelt, durch die der Forschungsgegenstand – die individuelle mathema-tische Kreativität von Erstklässler*innen beim Bearbeiten arithmetisch offener Aufgaben – facettenreich erforscht werden sollte. Eine Fokussierung auf moti-vationale und/oder affektive Aspekte wurde im Rahmen der vorliegenden Studie nicht vorgenommen (vgl. Abschn. 5.2). Dabei erscheinen weitere, an diese Arbeit anschließende Studien vor dem Hintergrund derjenigen Forschungsarbeiten, die einen Zusammenhang zwischen der Kreativität von Schüler*innen und ihrer (int-rinsischen) Motivation sowie Emotionen bei kreativen Aufgabenbearbeitungen zeigen konnten (etwa Amabile, 1996; Chamberlin & Mann, 2021), für eine Ver-tiefung der Forschungsergebnisse vor allem in Hinblick auf die Übertragung einer Kreativitätsförderung im alltäglichen Mathematikunterricht bedeutsam.

Die Anlehnung und gezielte Weiterentwicklung der Teaching Experiment-Methodologie nach Steffe und Thompson (2000) (vgl. Kap. 6), aus der sich die Planung einer Mixed Methods-Studie ergab (vgl. Kap. 7), war für die vorliegende mathematikdidaktische Studie zur individuellen mathematischen Kreativität von Erstklässler*innen beim Bearbeiten arithmetisch offener Aufgaben prägend. Insbesondere das Verständnis, keine klinischen, leitfadengestützten Interviews durchzuführen, sondern mehrere genau geplante Unterrichtsepisoden mit Erst-klässler*innen durchzuführen, hat diverse methodische Entscheidungen stark beeinflusst (vgl. Abschn. 6.2). So ergab sich eine für die teilnehmenden Kin-der vertraute Datenerhebungssituation mit einem zwar strukturierten Ablauf, aber freier Interaktion zwischen mir als Lehrende-Forschende und den Lernenden (vgl. Abschn. 7.2). Dies war für die Erforschung der individuellen mathemati-schen Kreativität insofern zuträglich, als dass die Kinder nicht nur eine offene Aufgabe bearbeiteten, sondern dies auch in einer an sich mathematisch *offe-nen Lernumgebung* (vgl. Hengartner et al., 2006; Nührenbörger & Pust, 2016; Wälti & Hirt, 2006; Wittmann & Müller, 2017b) taten. Dadurch war es möglich, einen möglichst realistischen Eindruck von den verschiedenen kreativen Bear-beitungen der beiden arithmetisch offenen Aufgaben in einem unterrichtlichen Kontext zu erhalten, aus dem dann Rückschlüsse auf die Förderung der indi-viduellen mathematischen Kreativität im Mathematikunterricht abgeleitet werden können (vgl. Abschn. 12.3.2). Dabei war es wichtig, dass ich mir meiner Doppel-rolle als *Lehrende* und *Forschende* zu jeder Zeit bewusst war. Aus der Perspektive der Forschenden trat insbesondere die qualitative Charakterisierung und Typi-sierung der individuellen mathematischen Kreativität der Erstklässler*innen in den Forschungsfokus. Zusätzlich ermöglichte mir die Perspektive der Lehrenden, die kreative Umgebung absichtsvoll mitzugestalten, die Erstklässler*innen bei der kreativen Bearbeitung der arithmetisch offenen Aufgaben zu begleiten und dabei Erkenntnisse über die Unterstützungsmöglichkeiten durch (meta-)kognitive Prompts zu erforschen. Aus Gründen der Ökonomie bei der Durchführung dieser Studie wurde sich zudem dafür entschieden, mit allen Erstklässler*innen nur zwei Unterrichtsepisoden durchzuführen. Sicherlich wäre eine höhere Anzahl an Unterrichtsepisoden pro Kind über einen längeren Zeitraum für die Rekonstruktion der individuellen mathematischen Kreativität der Erstklässler*innen und insbesondere für die Erforschung der Variation der Kreativität bei den unterschiedlichen Aufgaben noch zuträglicher gewesen.

In Bezug auf die Mixed Methods-Studie im *inter- und across-stage mixed model deigns (Johnson & Onwuegbuzie, 2004)* kann zudem resümiert werden, dass sich die Entscheidung, ein ausführliches, quantitativ orientiertes Sampling-Verfahren zu nutzen, bei dem absichtsvoll und selektiv Erstklässler*innen für die qualitative Studie zur individuellen mathematischen Kreativität ausgewählt wurden (vgl. Einführung Kap. 7), als besonders geeignet herausgestellt hat. Auf diese Art und Weise konnten durch verschiedene Datenauswertungsmethoden alle Forschungsfragen, vor allem auch diejenige zum Zusammenhang der individuellen (mathematische, intellektuelle und unterrichtliche) Voraussetzungen zur individuellen mathematischen Kreativität der Erstklässler*innen adäquat erforscht werden (vgl. Abschn. 7.3.2). Zudem konnten die Ergebnisse zur individuellen mathematischen Kreativität der Erstklässler*innen durch die kriteriengeleitete, auf einer Clusteranalyse beruhende, Auswahl der Kinder verallgemeinert werden, die wenigen beobachteten Schüler*innen repräsentativ für das Grundsample von 78 Erstklässler*innen und damit auch für die Zusammensetzung einer ersten Klasse stehen konnten (vgl. Abschn. 7.1.2.2). Dies hätten *randomisierte/zufallsverteilte Sampling-Verfahren* (vgl. für eine Übersicht Onwuegbuzie & Collins, 2007, S. 285–287) nicht leisten können. Die Größe (vgl. Döring & Bortz, 2016, S. 302) und Zusammensetzung des gebildete Subsample von 18 Erstklässler*innen war daher für die qualitativen Analysen sehr passend (vgl. Abschn. 7.1.2.3). Dadurch, dass von diesem Subsample auf das Grundsample von 78 Erstklässler*innen geschlossen werden konnte, konnten (trotz der recht kleinen Stichprobe) auch aus den quantitativen Analysen wie etwa mit dem χ^2-Test, (vgl. Döring & Bortz, 2016, S. 302) valide Ergebnisse gezogen werden. Daher zeigten sich bei der gemischt qualitativen und quantitativen Datenauswertung einige Herausforderungen, die aber methodisch sauber angegangen wurden (vgl. Abschn. 12.3). Daraus kann in Bezug auf methodische Entscheidungen für ähnlich strukturierte und teilnehmerumfängliche Mixed Methods-Studien abgeleitet werden, dass die Kombination verschiedener qualitativer und quantitativer Methoden (vgl. Abb. 7.1) durchführbar und sinnvoll ist.

12.3 Diskussion der Ergebnisse der Studie zur individuellen mathematischen Kreativität von Erstklässler*innen

„Im vorherigen Abschnitt 5.1 konnte auf Grundlage verschiedener Studien herausgearbeitet werden, dass ein Bedarf an mathematikdidaktischen Forschungsarbeiten besteht, die das Konstrukt der individuellen mathematischen Kreativität von jungen Kindern (etwa Beginn der Kita bis Ende der Grundschulzeit) qualitativ untersuchen." (Abschn. 5.2)

Zuletzt soll ein reflektierter Blick auf die verschiedenen Forschungsergebnisse zur mathematikdidaktischen Studie dieser Dissertation erfolgen. Entsprechend der Reihenfolge in der Durchführung und Auswertung der einzelnen Phasen im Forschungsprozess (quantitatives Sampling-Verfahren, qualitative Studie) sowie der fünf aufeinander aufbauenden Forschungsfragen sollen nun nacheinander deren Ergebnisse diskutiert werden.

12.3.1 Quantitatives Sampling-Verfahren

„I: Ich freue mich, dass du heute hier bist und mit mir eine Matheaufgabe machst." (Mona, A1, 00:00:00 – 00:00:06)

In Kapitel 8 wurden als erstes das Vorgehen und die Erkenntnisse aus dem quantitativen Sampling-Verfahren vorgestellt. Dabei wurde sich im Sinne eines *selektiven Sampling* nach Kelle und Kluge (2010, S. 50) für eine absichtsvolle, kriteriengeleitete Auswahl von Erstklässler*innen für die Teilnahme an der Studie entschieden. Wie bereits im vorangegangenen Abschnitt 12.2 diskutiert, stellte sich dieses methodische Vorgehen für diese Studie als gewinnbringend heraus, da sich durch diese Form der Verallgemeinerung, bei der das untersuchte Subsample repräsentativ für die Kinder einer ersten Klasse stehen konnte, bedeutsame Forschungserkenntnisse ergaben (vgl. dazu Abschn. 12.3.2).

Bei dem in dieser Studie durchgeführten Sampling-Verfahren wurden die 78 teilnehmenden Erstklässler*innen zweier Schulen aus Nordrhein-Westfalen ausgehend von ihren individuellen Voraussetzungen mittels einer Clusteranalyse verschiedenen Fähigkeitsprofilen (vgl. Ende Abschn. 8.2.2) zugeordnet, aus denen dann insgesamt 18 Lernende (Subsample) ausgewählt wurden (vgl. Abschn. 8.3):

Fähigkeitsprofil 1:   überdurchschnittlich gleiche Fähigkeiten (intellektuelle Fähigkeiten und mathematische Basisfertigkeiten)

Fähigkeitsprofil 2:   durchschnittlich gleiche Fähigkeiten (intellektuelle Fähigkeiten und mathematische Basisfertigkeiten)

Fähigkeitsprofil 3:   unterdurchschnittlich gleiche Fähigkeiten (intellektuelle Fähigkeiten und mathematische Basisfertigkeiten)

Fähigkeitsprofil 4:   durchschnittlich differente Fähigkeiten (intellektuelle Fähigkeiten und mathematische Basisfertigkeiten)

Diese Fähigkeitsprofile wurden über die Ergebnisse der Lernenden in den beiden standardisierten Tests MBK 1 + zur Erfassung der mathematischen Basiskompetenzen vor allem im Bereich der Arithmetik und dem CFT 1-R Teil 2 zur Erfassung der Grundintelligenz der Erstklässler*innen gebildet (vgl. Abschn. 7.1.2.1). Es ist wichtig, auf die stark von einer Normalverteilung abweichenden Häufigkeitsverteilung der T-Wert beim MBK 1 + zu verweisen. Das hier verwendete Sample von 78 Erstklässler*innen zeigte insgesamt eine deutliche Tendenz hin zum oberen Fähigkeitsbereich in ihren mathematischen Fähigkeiten (vgl. Abschn. 8.1). Dies kann zum einen auf die Auswahl des Tests zurückgeführt werden, der vor allem im unteren Fähigkeitsbereich stark differenzieren kann und daher Deckeneffekte auftreten konnten (vgl. Ennemoser et al., 2017a). Zum anderen lag diese Verteilung sicherlich auch an der Auswahl der beiden Grundschulen. Eine Erhöhung der teilnehmenden Schulen mit unterschiedlichen, weiteren Mathematiklehrwerken und/oder anderen Einzugsgebieten hätte möglicherweise zu einer stärkeren Verteilung der Testergebnisse (im Sinne einer Normalverteilung) der Erstklässler*innen in ihren mathematischen Basisfertigkeiten führen können. Mit Blick auf die vier gebildeten Fähigkeitsprofile bleibt zudem die Frage offen, ob sich durch eine Erhöhung der Anzahl der Teilnehmer*innen auch noch ein fünftes Cluster hätte bilden lassen, dem Kinder mit überdurchschnittlicher Grundintelligenz und gleichzeitig unterdurchschnittlichen mathematischen Fähigkeiten zugeordnet werden könnten (vgl. Abschn. 8.2.2). Weiß und Osterland (2013b, S. 25–26) postulieren, dass diese spezifische Kombination der intellektuellen und mathematischen Fähigkeiten dann möglich ist, wenn Schüler*innen eine Rechenschwäche aufweisen, die auf „falschen Denkstrukturen" (S. 25) beruht und „sich auch bei hochintelligenten Kindern ereignen kann" (S. 25).

12.3.2 Qualitative Studie zur individuellen mathematischen Kreativität

„I: Fallen dir noch Aufgaben ein?
K: Es gibt ja ganz viele mit Vieren. *Schaut grinsend umher* (...) Ja würde mir."
(Lukas, A1, 00:23:19 – 00:23:32)

Die Auswahl der arithmetisch offenen Aufgaben und zeitliche Terminierung der Datenerhebung erschient auch rückblickend sinnvoll (vgl. Abschn. 7.2.2). Es konnte festgestellt werden, dass viele der Erstklässler*innen durch die vier Wochen zwischen beiden Erhebungen in beiden Unterrichtepisoden motiviert mitarbeiteten. Dadurch, dass sich die beiden ausgewählten arithmetisch offenen Aufgaben stark ähnelten, war eine Analyse der individuellen mathematischen Kreativität der Erstklässler*innen über alle 36 Aufgabenbearbeitungen hinweg möglich und führte letztendlich bei der Kategorienbildung zu einer theoretischen Sättigung.

In Kapitel 9 wurde zunächst die Charakterisierung (Forschungsfrage 1, vgl. Abschn. 9.2) und darauf aufbauend die Typisierung (Forschungsfrage 2, vgl. Abschn. 9.3) der individuellen mathematischen Kreativität von Erstklässler*innen beim Bearbeiten arithmetisch offener Aufgaben präsentiert. Basis dafür bildete das Kategoriensystem zu den arithmetischen Ideentypen und die Erstellung der individuellen Kreativitätsschemata, weshalb ebendiesen eine besondere Aufmerksamkeit und Sorgfalt zukam (vgl. Abschn. 9.1). Über eine Berechnung des Alpha-Koeffizienten nach Krippendorff (2009) wurde die Stabilität und Reproduzierbarkeit des Kategoriensystems statistisch überprüft und aufgrund der aussagekräftigen Ergebnisse weiter im Rahmen der Analyse der individuellen mathematischen Kreativität der Kinder verwendet (vgl. Abschn. 9.1.3). Während der Bildung der Kategoriensysteme für die divergenten Fähigkeiten der Erstklässler*innen wurde insbesondere auf den Aspekt der Relativität des Konstrukts (vgl. Abschn. 2.2.2) der individuellen mathematischen Kreativität der Erstklässler*innen Rücksicht genommen. So wurden die qualitativ, beschreibenden Kategorien häufig über einen Vergleich mit dem Mittelwert aller Kinder gebildet[1] (vgl. Abschn. 9.2). Durch eine mögliche Vergrößerung der Anzahl der

---

[1] Bspw. wurde die divergente Fähigkeit der Denkflüssigkeit über die nachfolgenden dichotomen Subkategorien beschrieben: „In der Produktionsphase der kreativen Aufgabenbearbeitungen zeigen die Erstklässler*innen eine *geringe* Diversität, wenn ihre individuelle Anzahl verschiedener arithmetischer Ideentypen (Ebene der Subkategorien) unter dem Durchschnitt aller Aufgabenbearbeitungen der jeweiligen arithmetisch offenen Aufgabe liegt. Für die Produktionsphase der Aufgabenbearbeitungen wurde eine *hohe* Diversität kodiert, wenn die individuelle Anzahl unterschiedlicher arithmetischer Ideentyp (Ebene der

teilnehmenden Erstklässler*innen würden sich dementsprechend die errechneten Mittelwerte verschieben. Dies hätte jedoch keine Auswirkung auf die gebildeten qualitativen Kategorien, da die divergenten Fähigkeiten der Kinder nach wie vor als entweder unter- oder überdurchschnittlich eingeschätzt werden und damit einer der beiden Subkategorien zugeordnet werden können. Somit würde die Vergrößerung des Samples zu einer Veränderung in der Häufigkeitsverteilung der verschiedenen Kategorien und damit auch der Zuordnung der Aufgabenbearbeitungen zu den Kreativitätstypen führen. Möglicherweise ließen sich daraus weiterführende Erkenntnisse über das empirische Vorkommen der verschiedenen Kreativitätstypen im Mathematikunterricht oder gewisse Präferenz der Schüler*innen hin zu bestimmten kreativen Vorgehens- und/oder Verhaltensweisen ausdifferenzieren.

Die ausführlich präsentierte Kategorienbildung zeigt insgesamt eine geeignete Methode für die empirische Arbeit mit dem InMaKreS-Modell auf, aus dem eine Charakterisierung der individuellen mathematischen Kreativität von Erstklässler*innen erarbeitet werden konnte (vgl. Abschn. 9.2, Abb. 9.10). Drauf aufbauend konnten in der vorliegenden Studie vier Typen der individuellen mathematischen Kreativität von Erstklässler*innen beim Bearbeiten arithmetisch offener Aufgaben gebildet werden (vgl. Abschn. 9.3, Abb. 9.14):

Kreativitätstyp 1: geradlinig-ideenarmes Vorgehen im gesamten Bearbeitungsprozess mit a) starker oder b) schwacher Erweiterung

Kreativitätstyp 2: sprunghaft-ideenreiches Vorgehen im gesamten Bearbeitungsprozess mit a) starker oder b) schwacher Erweiterung

Kreativitätstyp 3: Veränderung des zunächst geradlinig-ideenarmen Vorgehens in der Reflexion mit a) starker oder b) schwacher Erweiterung

Kreativitätstyp 4: Veränderung des zunächst sprunghaft-ideenreichen Vorgehens in der Reflexion mit a) starker oder b) schwacher Erweiterung

Bei der Bildung dieser Kreativitätstypen sei besonders die Zielgruppe und die bearbeiteten offenen Aufgaben hervorgehoben, welche die Forschungsergebnisse rahmen. Trotz der Fokussierung auf Erstklässler*innen und auf arithmetisch offenen Aufgaben können die gebildeten Kreativitätstypen dafür geeignet sein, die individuelle mathematische Kreativität von Schüler*innen anderer Schulstufen

---

Subkategorien) über dem Durchschnitt der jeweiligen arithmetisch offenen Aufgabe liegt." (Abschn. 9.2.1.1).

oder bei der Bearbeitung anderer offener Aufgaben zu beschreiben. Dies kann durch die spezifische Art und Weise der Kategorienbildung begründet werden, bei der die divergenten Fähigkeiten Denkflüssigkeit, Flexibilität und Originalität der hier beobachteten Schüler*innen durch qualitative Kategorien beschrieben wurden (vgl. Abschn. 9.2, Fußnote 1). Diese können so wie sie formuliert sind, in weiteren Kreativitätsstudien deduktiv angewendet werden. Dazu müssen, wie bereits zuvor beschreiben, die Kennwerte für die Einschätzung, ob eine Fähigkeit über- oder unterdurchschnittlich ausgeprägt ist, dem neuen Sample angepasst werden. Die einzelnen Kategorien selbst sowie die darauf aufbauend erarbeiteten kreativen Vorgehens- und Verhaltensweisen und dadurch auch die Typen der individuellen mathematischen Kreativität verändern sich jedoch nicht. Damit können die in der vorliegenden Studie entwickelten Kreativitätstypen von Lehrkräften zur Beschreibung, Beobachtung und/oder Förderung kreativen Verhaltens von Schüler*innen im Mathematikunterricht bei der Bearbeitung verschiedenster offener Aufgaben dienen.

Des Weiteren können an dieser Stelle der Arbeit aus der Durchführung und gezielten Auswertung der Unterrichtsepisoden weitere Konsequenzen für das Anregen der individuellen mathematischen Kreativität im Mathematikunterricht herausgearbeitet werden (vgl. Kap. 10). Dabei lag der Fokus zunächst darauf, inwiefern sich die individuelle mathematische Kreativität der Erstklässler*innen über die beiden arithmetisch offenen Aufgaben veränderte (Forschungsfrage 3, vgl. Abschn. 10.1). Auf Basis verschiedener Analysen konnte insgesamt festgehalten werden, dass sich trotz der Ähnlichkeit der beiden ausgewählten Aufgaben, die von den Erstklässler*innen gezeigte Kreativität bei 16 von 18 Kindern unterschied. Dies ist ein deutliches Indiz dafür, dass die individuelle mathematische Kreativität kein personen-inhärentes Konstrukt ist, sondern sich vielmehr, wie es Baer (1996, S. 183) bereits vor 25 Jahren postulierte, aufgabenspezifisch ausdrückt (vgl. Abschn. 10.1.2). Damit kann die vorliegende Studie auch einen ersten empirischen Beleg für die von Baer und Kaufman (2012) aufgestellte These "Creativity varies from task to task" (S. 2) liefern. Vor diesem Hintergrund erscheint es rückwirkend auch möglich, dass die teilnehmenden Erstklässler*innen auch offene Aufgabe verschiedener mathematischer Inhaltsbereiche bearbeitet hätten. Hier sind daher vielfältige weitere Studiendesigns denkbar, die an die Ergebnisse dieser Studie anknüpfen können. Darüber hinaus sei auf die besondere Bedeutung der Reflexionsphase bei der kreativen Bearbeitung offener Aufgaben verwiesen, da die Schüler*innen in dieser Unterrichtsphase die Möglichkeit bekommen, im Sinne des InMaKreS-Modells ihre Originalität zu zeigen (vgl. Abschn. 2.4.2). Dabei konnten verschiedene Analysen verdeutlichen, dass die Erstklässler*innen insbesondere auf einer mathematischen

Ebene zunehmend durch die Reflexion und Erweiterung in der Reflexionsphase muster-bildende und struktur-nutzende Ideen bildeten (vgl. Abschn. 9.3.3 und 10.1.1). Die Strukturierung eines Mathematikunterrichts durch eine Produktions- und Reflexionsphase, in dem Schüler*innen bei der Bearbeitung offener Aufgaben kreativ werden können und dabei gleichzeitig auch ihren Zahlenblick im Sinne von Rathgeb-Schnierer und Rechtsteiner (2018), Rechtsteiner-Merz (2013) oder Schütte (2004) schulen können, erscheint vor dem Hintergrund dieser Ergebnisse nicht nur sinnvoll, sondern auch umsetzbar.

Einen anderen Aspekt einer kreativen Umgebung im Mathematikunterricht in den Blick nehmend, wurde in der vorliegenden Studie zudem die Unterstützung der Kinder durch (meta-)kognitive Prompts, die während der Unterrichtsepisoden adaptiv eingesetzt wurden, durch ein umfangreiches Kategoriensystem beschrieben (Forschungsfrage 4, vgl. Abschn. 10.2). Während dieses die spezifische Bandbreite des Potenzials der verschiedenen eingesetzten Prompts darstellt (vgl. Abschn. 10.2.1), zeigten sich vor allem durch eine Quantifizierung dieses Kategoriensystems entscheidende Erkenntnisse (vgl. Abschn. 10.2.2). Für die kreative Bearbeitung offener Aufgaben im Mathematikunterricht der (Grund)Schule ergab sich, dass die Lernenden während der Unterrichtsepisoden vor allem durch die verschiedenen metakognitiven Prompts unterstützt werden konnten, damit diese ihre individuelle mathematische Kreativität zeigen konnten. Dies betont die von Sonneberg und Bannert (2015) wichtige, unterstützende und begleitende Funktion metakognitiver Prompts zur Reflexion des eigenen Lernhandelns bei offenen Aufgabenstellungen, die daher auch bei der kreativen Bearbeitung mathematischer offener Aufgaben bedeutsam wird. Dabei zeigte vor allem die Aufforderung der Lehrenden-Forschenden zu einer verbalen Erklärung der verschiedenen Ideen durch die Kinder selbst eine besonders starke Unterstützungskraft (Prompt 3). Als besonders effektiv kristallisierte sich zudem der kognitive Prompt heraus, bei dem die Kinder einen fremden Zahlensatz präsentiert bekamen und diesen erklären sowie in ihrer Produktion einordnen sollten (Prompts 10) (vgl. für konkrete Formulierungen Tab. 7.6). Dieser regte die Lernenden deutlich zu einer Reflexion und Erweiterung der eigenen Produktion in der Reflexionsphase an. Daraus konnte abgeleitet werden, dass eine Begleitung der Erstklässler*innen bei der freien Bearbeitung der offenen Aufgabe in der Produktionsphase, aber auch während der Reflexionsphase für das Zeigen der kindlichen Kreativität bedeutsam ist. Das bedeutet zwangsläufig auch, dass eine effektive Lernumgebung, in der Schüler*innen im Mathematikunterricht kreativ werden können, eher durch kleine Lerngruppen geprägt sein sollte, in denen die Lehrkräfte individuell die

Lernenden durch adaptiv eingesetzte Lernprompts unterstützen können. Inwiefern die kreative Bearbeitung auch in größeren Gruppen gelingen kann, ist nach aktuellem Forschungsstand erst ansatzweise bei Levenson (2011) erforscht.

Zuletzt wurden die gebildeten Kreativitätstypen systematisch auf die individuellen Voraussetzungen der Erstklässler*innen bezogen. Auf diese Art und Weise wurden mögliche Zusammenhänge zwischen den mathematischen, intellektuellen und schulischen Voraussetzungen der Erstklässler*innen und ihrer individuellen mathematischen Kreativität analysiert (Forschungsfrage 5, vgl. Kap. 11). Mit Hilfe von Kontingenzanalysen in Form von X^2-Tests konnten jedoch keinerlei signifikanten Abhängigkeiten erkannt werden (vgl. Abschn. 11.1). Durch aussagekräftigere und ergänzende qualitative Analysen konnten aber Tendenzen in Richtung eines Zusammenhangs zwischen der individuellen mathematischen Kreativität und den mathematischen Fähigkeiten der Erstklässler*innen aufgedeckt werden (vgl. Abschn. 11.2). Damit reiht sich diese mathematikdidaktische Studie zur Kreativität von Kindern in die Tradition anderer bildungswissenschaftlicher oder fachdidaktischer Studien wie etwa von Sternberg und Lubart (1995), Aßmus und Fritzlar (2018) oder R. Leikin und Lev (2013) ein, die ebenfalls keinen Zusammenhang oder wenn, nur zwischen domänenspezifischen Fähigkeiten und dem Konstrukt der Kreativität feststellen konnten (vgl. Abschn. 5.1). Das bedeutet umgekehrt für die Schulpraxis, dass *alle* Kinder in der Lage sind, ihre individuelle mathematische Kreativität zu zeigen und zu entwickeln, wobei es immer intra- und interpersonelle Unterschiede zwischen den verschiedenen kreativen Aufgabenbearbeitungen geben wird. Diese können den Ergebnissen nach zu einem gewissen Grad auch auf die mathematischen Fähigkeiten der einzelnen Schüler*innen in den unterschiedlichen mathematischen Inhaltsbereichen zurückgeführt werden, weshalb zum Anregen der individuellen mathematischen Kreativität offene Aufgaben ausgewählt werden sollten, welche die Schüler*innen auf inhaltlicher Ebene gut bearbeiten können. Diese Hypothese gilt es über weiterführende Studien, die etwa die mathematischen Fähigkeiten von Schüler*innen in verschiedenen Inhaltsbereichen genauer differenzieren und mit ihrer individuellen mathematischen Kreativität in Verbindung setzen, genauer zu beschreiben.

Zusammenfassend liegt der Beitrag dieser Studie zur aktuellen, nationalen mathematikdidaktischen Forschung zum einen in der umfassenden theoretischen Aufbereitung des Begriffs der individuellen mathematischen Kreativität und der Entwicklung des InMaKreS-Modells, mit dem ein Zugang zur Kreativität von Schüler*innen in der Forschung, insbesondere im Mathematikunterricht ermöglicht wird (vgl. Abschn. 2.4). Zum anderen konnte in der vorliegenden

empirischen Studie die individuelle mathematische Kreativität von Erstklässler*innen beim Bearbeiten arithmetisch offener Aufgaben qualitativ beschrieben
und typisiert werden. Aus den umfassenden qualitativen und quantitativen Analysen ergaben sich vier Kreativitätstypen, die dafür geeignet sind, die Kreativität
aller Schüler*innen, d. h. jeder Schulstufe und unabhängig ihrer intellektuellen
sowie mathematischen Fähigkeiten, zu beschreiben, zu beobachten und zu fördern (vgl. Kap. 9 und 11, insbesondere Tab. 9.14). Dabei gilt es zu beachten, dass
sich die individuelle mathematische Kreativität der Lernenden bei jeder offenen
Aufgabe anders zeigen kann. Zudem sollte die kreative Umgebung des Mathematikunterrichts durch eine Produktions- und eine Reflexionsphase strukturiert
werden und die Lehrer*innen ihre Schüler*innen durch (meta-)kognitive Prompts
bei der kreativen Bearbeitung offener Aufgaben unterstützen. Hierfür empfiehlt
sich allerdings, abhängig der personellen und unterrichtlichen Voraussetzung, eine
Förderung der individuellen mathematischen Kreativität in Kleingruppen (vgl.
Kap. 10).

Fazit

In meiner Einleitung habe ich unter anderem von Jessika berichtet, deren kreative Bearbeitung der Aufgabe *Finde verschiede Aufgaben mit der Zahl 4* mir sehr im Gedächtnis geblieben ist, insbesondere aber ihre anschauliche Beschreibung wie sie die Zahlensätze zu der gestellten Aufgabe produzierte: „Ich sehe auf meinem Kopf so viele Aufgaben." Am Ende meiner theoretischen und empirischen Arbeit zur individuellen mathematischen Kreativität von Erstklässler*innen konnte Jessikas Kreativität bei der Bearbeitung der ersten arithmetisch offenen Aufgabe A1 [Zahl 4] im Sinne des InMaKreS-Modells charakterisiert und dem Kreativitätstyp 2b zugeordnet werden, was bedeutet, dass das Mädchen ein *sprunghaft-ideenreiches Vorgehen im gesamten Bearbeitungsprozess mit schwacher Erweiterung* ihrer Produktion in der Reflexionsphase zeigte (vgl. zu der Charakterisierung Ende Abschn. 9.2.2 und zu den Kreativitätstypen Abschn. 9.3). Auch war Jessika eine der zwei von 18 Erstklässler*innen, die bei beiden arithmetisch offenen Aufgaben sowohl den gleichen Typ der individuellen mathematischen Kreativität als auch *keine Variation* in ihren Aufgabenbearbeitungen auf arithmetischer Ebene zeigte (vgl. Abschn. 10.1.2). Entsprechend ihrem Fähigkeitsprofil 3 (unterdurchschnittlich gleiche Fähigkeiten) brauchte Jessika während beider Unterrichtsepisoden überdurchschnittlich oft metakognitive Unterstützung von mir als Lehrende-Forschende. Durch Nachfrage und die direkte Aufforderung, die Produktion ihrer Zahlensätze zu erklären (Prompt 3), entwickelte sich ihre Elaborationsfähigkeit insofern, als dass sie zunehmend mathematisch nachvollziehbare Erklärungen für arithmetische Strukturen, numerische Mustern oder Klassifikationen formulierte (vgl. Abschn. 3.2.2.2).

Resümierend kann Jessikas Aussage „Ich sehe auf meinem Kopf so viele Aufgaben." durch seine Bildhaftigkeit sinnhaft als das Erleben der eigenen individuellen mathematischen Kreativität gesehen werden und verdeutlichen, vor welcher Herausforderung, vor allem jedoch großen Chance Schüler*innen bei der

© Der/die Autor(en) 2022
S. Bruhn, *Die individuelle mathematische Kreativität von Schulkindern*,
Bielefelder Schriften zur Didaktik der Mathematik 8,
https://doi.org/10.1007/978-3-658-38387-9_13

Bearbeitung offener Aufgaben im Mathematikunterricht stehen. Letztendlich war es Jessikas individuelle Entscheidung, welche Zahlensätze sie in welcher Reihenfolge und durch welche arithmetische Idee „nach vorne holte" und aufschrieb. Im Wesen dieser Entscheidungen liegt wohl die individuelle mathematische Kreativität von Schulkindern beim Bearbeiten offener Aufgaben begründet. In diesem Sinne darf das nachfolgende, meine Dissertation abrundende, Zitat von Kaufman und Beghetto (2009) als Einladung zu einem neugierigen Blick auf die Kreativität von Schüler*innen im Mathematikunterricht verstanden werden:

> „In fact, all one has to do is spend a bit of time observing the creative insights expressed by young children in their daily activities of learning and play." (S. 4)

Literaturverzeichnis

Ackermann, E. (1995). Construction and transference of meaning through form. In L. P. Steffe & J. Gale (Eds.), Constructivism in Education (pp. 341–354). Hillsdale, NJ [u. a.]: Erlbaum.

Akinwunmi, K. (2017). Algebraisch denken – Arithmetik erforschen. Lernprozesse langfristig gestalten. *Die Grundschulzeitschrift*, (306), 6–11.

Amabile, T. M. (1996). *Creativity in context. Update to The social psychology of creativity* [Updated ed.]. Boulder, Colo.: Westview Press.

Anghileri, J. (2006). Scaffolding practices that enhance mathematics learning. *Journal of Mathematics Teacher Education*, *9*(1), 33–52. https://doi.org/10.1007/s10857-006-9005-9

Aßmus, D. & Fritzlar, T. (2018). Mathematical Giftedness and Creativity in Primary Grades. In F. M. Singer (Ed.), *Mathematical Creativity and Mathematical Giftedness. Enhancing creative capacities in mathematically promising students* (ICME-13 monographs, pp. 55–81). Cham, Switzerland: Springer International Publishing.

Backhaus, K., Erichson, B., Plinke, W. & Weiber, R. (2018). *Multivariate Analysemethoden. Eine anwendungsorientierte Einführung* (15. Aufl.). Berlin, Heidelberg: Springer Berlin Heidelberg. https://doi.org/10.1007/978-3-662-56655-8

Baer, J. (1996). The Effects of Task-Specific Divergent-Thinking Training. *The Journal of Creative Behavior*, *30*(3), 1382-187.

Baer, J. (2012). Domain Specificity and the Limits of Creativity Theory. *The Journal of Creative Behavior*, *46*(1), 16–29. https://doi.org/10.1002/jocb.002

Baer, J. (2019). Theory in Creativity Research: The Pernicious Impact of Domain Generality. In C. A. Mullen (Hrsg.), *Creativity Under Duress in Education?* (Creativity Theory and Action in Education, Bd. 3, Bd. 3, S. 119–135). Cham: Springer International Publishing. https://doi.org/10.1007/978-3-319-90272-2_7

Baer, J. & Kaufman, J. C. (2012). *Being creative inside and outside the classroom. How to boost your students' creativity – and your own* (Advances in creativity and giftedness). Rotterdam: Sense Publishers.

Balka, D. S. (1974). Creative ability in mathematics. *The Arithmetic Teacher*, *21*(7), 633–636.

Bandura, A. (1997). *Self-efficacy. The exercise of control*. New York, NY: Freeman.

© Der/die Herausgeber bzw. der/die Autor(en) 2022
S. Bruhn, *Die individuelle mathematische Kreativität von Schulkindern*,
Bielefelder Schriften zur Didaktik der Mathematik 8,
https://doi.org/10.1007/978-3-658-38387-9

Bannert, M. (2007). *Metakognition beim Lernen mit Hypermedien. Erfassung, Beschreibung und Vermittlung wirksamer metakognitiver Strategien und Regulationsaktivitäten* (Pädagogische Psychologie und Entwicklungspsychologie, Bd. 61). Zugl.: Koblenz, Univ., Habil.-Schr., 2004. Münster: Waxmann. Verfügbar unter http://deposit.d-nb.de/cgi-bin/dokserv?id=2993278&prov=M&dok_var=1&dok_ext=htm

Bannert, M. (2009). Promoting Self-Regulated Learning Through Prompts. *Zeitschrift für Pädagogische Psychologie, 23*(2), 139–145.

Baroody, A. J., Ginsburg, H. P. & Waxman, B. (1983). Children's Use of Mathematical Structure. *Journal for Research in Mathematics Education, 14*(3), 156. https://doi.org/10.2307/748379

Barrera-Mora, F. & Reyes-Rodriguez, A. (2019). Fostering Middle School Students Number Sense Through Contextualized Tasks. *International Electronic Journal of Elementary Education, 12*(1), 75–86. https://doi.org/10.26822/iejee.2019155339

Baudson, T. G., Wollschläger, R. & Preckel, F. (2017). *THINK 1-4. Test zur Erfassung der Intelligenz im Grundschulalter* (Hogrefe Schultests, 1. Auflage). Göttingen: Hogrefe.

Baumert, J. & Kunter, M. (2006). Stichwort: Professionelle Kompetenz von Lehrkräften. *Zeitschrift für Erziehungswissenschaft, 9*(4), 469–520. Zeitschrift für Erziehungswissenschaft, 9(4), 469–520. https://doi.org/10.1007/S11618-006-0165-2

Baumert, J., Lehmann, R. & Lehrke, M. (1997). *TIMSS – mathematisch-naturwissenschaftlicher Unterricht im internationalen Vergleich. Deskriptive Befunde.* Opladen: Leske + Budrich.

Beck, M. (2016a). "Similar and Equal…": Mathematically Creative Reflections About Solids of Children with Different Attachment Patterns. In T. Meaney, O. Helenius, M. L. Johansson, T. Lange & A. Wernberg (Eds.), *Mathematics Education in the Early Years. Results from the POEM2 Conference, 2014* (1st ed., pp. 203–221). Cham: Springer International Publishing.

Beck, M. (2016b). Perspektivenwechsel in mathematisch kreativen Prozessen von Kindern im Grundschulalter. In *Beiträge zum Mathematikunterricht 2016* [1. Auflage], S. 113–116). Münster: WTM, Verlag für wissenschaftliche Texte und Medien.

Becker, J. P. & Shimada, S. (Eds.). (1997). *The open-ended approach. A new proposal for teaching mathematics.* Reston, Va.: National Council of Teachers of Mathematics.

Beghetto, R. A. & Corazza, G. E. (2019). Introduction to the Volume. In R. A. Beghetto & G. E. Corazza (Hrsg.), *Dynamic Perspectives on Creativity* (Creativity Theory and Action in Education, Bd. 4, S. 1–3). Cham: Springer International Publishing.

Benz, C., Peter-Koop, A. & Grüßing, M. (2015). *Frühe mathematische Bildung. Mathematiklernen der Drei- bis Achtjährigen.* Berlin, Heidelberg: Springer Spektrum.

BfArM (Hrsg.). (2020). *ICD-10-GM Version 2021, Systematisches Verzeichnis, Internationale statistische Klassifikation der Krankheiten und verwandter Gesundheitsprobleme, 10. Revision, Stand: 18. September 2020 mit Aktualisierungen vom 11.11.2020.* Köln. Zugriff am 15.12.2020. Verfügbar unter www.dimdi.de – Klassifikationen – Downloads – ICD-10-GM – Version 2021

Bigler, J. (2016). *10 gute Gründe, kreativ zu sein!* Zugriff am 13.05.2020. Verfügbar unter https://www.juliabigler.com/2016/11/22/10-gute-gr%C3%BCnde-kreativ-zu-sein/

Boekaerts, M. & Niemivirta, M. (2000). Self-regulated Learning. Finding a Balance between Learning, Goals and Ego-protective Goals. In M. Boekaerts, P. R. Pintrich & M. Zeider (Eds.), *Handbook of self-regulation* (pp. 417–450). San Diego, Calif.: Academic Press.

Böhm-Kasper, O., Schuchart, C. & Weishaupt, H. (2010). *Quantitative Methoden in der Erziehungswissenschaft*. Darmstadt: WBG – Wissenschaftliche Buchgesellschaft. Verfügbar unter https://content-select.com/portal/media/view/54dc8f20-6a7c-4994-bb8e-5187b0dd2d03

Bortz, J. & Lienert, A. G. (2008). *Kurzgefaßte Statistik für die klinische Forschung. Ein praktischer Leitfaden für die Analyse kleiner Stichproben* (Springer-Lehrbuch, 3. aktual. und bearb. Aufl.). Heidelberg: Springer Medizin Verlag.

Bortz, J. & Schuster, C. (2010). *Statistik für Human- und Sozialwissenschaftler* (Springer-Lehrbuch, 7., vollständig überarbeitete und erweiterte Auflage). Berlin, Heidelberg: Springer-Verlag Berlin Heidelberg. https://doi.org/10.1007/978-3-642-12770-0

Brandt, B., Vogel, R. & Krummheuer, G. (Hrsg.). (2011). *Die Projekte erStMaL und MaKreKi. Mathematikdidaktische Forschung am „Center for Individual Development and Adaptive Education" (IDeA)* (Empirische Studien zur Didaktik der Mathematik, Bd. 10). Münster [u. a.]: Waxmann.

Brockhaus Enzyklopädie Online. (o.J.). *Kreativität*. Zugriff am 04.05.2020. Verfügbar unter https://brockhaus.de/ecs/permalink/B86B07F08863F1BEBEDE9BB226B3C855.pdf

Bruder, R. (2003). *Methoden und Techniken des Problemlösens*. Zugriff am 06.02.2018. Verfügbar unter http://www.math-learning.com/files/Skript.pdf

Bruhn, S. (2019). Creative processes of one primary school child working on an open-ended task. In Jankvist, U. T., Van den Heuvel-Panhuizen, M., & Veldhuis, M. (Hrsg.), *Proceedings of the Eleventh Congress of the European Society for Research in Mathematics Education (CERME11, February 6 – 10, 2019)* (S. 2249–2256).

Bruner, J. S. (1978). The Role of Dialouge in Language Acquisation. In A. Sinclair, R. J. Jarvella & W. J. M. Levelt (Eds.), *The child's conception of language* (Springer series in language and communication, vol. 2, pp. 241–256). Berlin: Springer.

Brunner, E. (2015). Mathematikdidaktische Forschung: Eine notwendige vertiefende Perspektive. *Beiträge zur Lehrerinnen- und Lehrerbildung, 33*(2), 235–245.

Buber, R. (2007). Denke-Laut-Protokolle. In R. Buber & H. H. Holzmüller (Hrsg.), *Qualitative Marktforschung. Konzepte – Methoden – Analysen* (S. 555–568). Wiesbaden: Betriebswirtschaftlicher Verlag Dr. Th. Gabler I GWV Fachverlage GmbH Wiesbaden.

Buschmeier, G., Hacker, J., Kuß, Susanne, Lack, Claudia, Lammel, R., Weiß, A. & Wichmann, M. (2017a). *Denken und Rechnen. Lehrermaterialien 1* [Grundschule, Bremen, Hamburg, Hessen, Niedersachsen, Nordrhein-Westfalen, Rheinland-Pfalz, Saarland, Schleswig-Holstein], Druck A). Braunschweig: Westermann.

Buschmeier, G., Hacker, J., Kuß, Susanne, Lack, Claudia, Lammel, R., Weiß, A. & Wichmann, M. (2017b). *Denken und Rechnen. Schülerband 1* [Bremen, Hamburg, Hessen, Niedersachsen, Nordrhein-Westfalen, Rheinland-Pfalz, Saarland, Schleswig-Holstein], Druck A). Braunschweig: Westermann.

Butler, D. L. & Winne, P. H. (1995). Feedback and Self-Regulated Learning: A Theoretical Synthesis. *Review of Educational Research, 65*(3), 245–281. https://doi.org/10.3102/003 46543065003245

Carlton, L. V. (1975). *An analysis of the educational concepts of fourteen outstanding mathematicians, 1790–1940. In the areas of mental growth and development creative thinking and symbolism and meaning*. Ann Arbor: Xerox Univ. Microfilms.

Cattell, R. B. (1950). *Culture Fair (or Free) Intelligence Test (A Measure of „g" Skala 1. Handbook for the Individual or Groups*. Champaign: IPAT.

Cattell, R. B. (1963). Theory of fluid and crystallized intelligence: A critical experiment. *Journal of Educational Psychology*, *54*(1), 1–22. https://doi.org/10.1037/h0046743

Cattell, R. B., Weiß, R. H. & Osterland, J. (1997). *Grundintelligenz Skala 1 (CFT 1)* (5. revidierte Auflage). Göttingen: Hogrefe.

Chamberlin, S. A. (2020). Mathematical Creativity: There is More to it Than Intellect. In *The International Group for Mathematical Creativity and Giftedness. Newsletter #16* (S. 13–16).

Chamberlin, S. A. & Mann, E. L. (2021). *The relationship of affect and creativity in mathematics*. Waco, TX: Prufrock Academic Press.

Clark, D. & Cheesman, J. (2000). Some insights from the first year of the Early Numeracy Research Project. In *Improving Numeracy Learning (Conference Proceedings)* (S. 6–10).

Clarke, D. & Roche, A. (2018). Using contextualized tasks to engage students in meaningful and worthwhile mathematics learning. *The Journal of Mathematical Behavior*, *51*, 95–108. https://doi.org/10.1016/j.jmathb.2017.11.006

Cobb, P. (1987). An Investigation of Young Children's Academic Arithmetic Contexts. *Educational Studies in Mathematics*, *18*(2), 109–124.

Craft, A. (2003). The Limits To Creativity In Education: Dilemmas For The Educator. *British Journal of Educational Studies*, *51*(2), 113–127. https://doi.org/10.1111/1467-8527.t01-1-00229

Cremin, T., Glauert, E., Craft, A., Compton, A. & Stylianidou, F. (2015). Creative Little Scientists: exploring pedagogical synergies between inquiry-based and creative approaches in Early Years science. *Education 3–13*, *43*(4), 404–419. https://doi.org/10.1080/03004279.2015.1020655

Cropley, A. J. (1978). *Unterricht ohne Schablone, Wege zur Kreativität* (EGS-Texte). Ravensburg: O. Maier.

Cropley, A. J. (1992). *More ways than one. Fostering creativity* (Creativity research). Norwood, N.J: Ablex Publ. Retrieved from http://www.loc.gov/catdir/enhancements/fy1511/92013362-b.html

Csikszentmihalyi, M. (1988). Society, culture, and person: A systems view of creativity. In R. J. Sternberg (Ed.), *The nature of creativity. Contemporary psychological perspectives* (pp. 325–339). Cambridge: Cambridge University Press.

Csikszentmihalyi, M. (2014a). Creativity and Genius: A Systems Perspective. Nachdruck von Steptoe, A. (Hrsg.) (1998). Genius and mind: Studies of creativity and temperament, New York, NY, US: Oxford University Press, S. 39–64. In M. Csikszentmihalyi (Hrsg.), *The Systems Model of Creativity. The Collected Works of Mihaly Csikszentmihalyi* (S. 99–126). Dordrecht: Springer Netherlands.

Csikszentmihalyi, M. (2014b). Society, Culture, and Person: A Systems View of Creativity. Nachdruck mit Genehmigung von Sternberg, R.J. (Hrsg.) (1988). Nature of Creativity, New York, USA: Cambridge Press, S. 325–339. In M. Csikszentmihalyi (Hrsg.), *The Systems Model of Creativity. The Collected Works of Mihaly Csikszentmihalyi* (S. 47–63). Dordrecht: Springer Netherlands.

Csikszentmihalyi, M. (Hrsg.). (2014c). *The Systems Model of Creativity. The Collected Works of Mihaly Csikszentmihalyi*. Dordrecht: Springer Netherlands. https://doi.org/10.1007/978-94-017-9085-7

Dalehefte, I. M. & Kobarg, M. (2012). Einführung in die Grundlagen systematischer Videoanalyse in der empirischen Bildungsforschung. In M. Gläser-Zikuda (ed.), *Mixed methods in der empirischen Bildungsforschung. 74. Tagung der Arbeitsgruppe Empirische Pädagogische Forschung (AEPF) im September 2010 in Jena* (S. 15–26). Münster: Waxmann.

Davis, G. A. (2004). *Creativity is forever* (5th ed.). Dubuque, Iowa: Kendall/Hunt Pub.

Dehaene, S. (1992). Varieties of numerical abilities. *Cognition, 44*(1–2), 1–42. Cognition, 44(1–2), 1–42. https://doi.org/10.1016/0010-0277(92)90049-N

Dehaene, S., Piazza, M., Pinel, P. & Cohen, L. (2003). Three parietal circuits for number processing. *Cognitive Neuropsychology, 20*(3), 487–506. https://doi.org/10.1080/026432 90244000239

Derry, S. J., Pea, R. D., Barron, B., Engle, R. A., Erickson, F., Goldman, R. et al. (2010). Conducting Video Research in the Learning Sciences: Guidance on Selection, Analysis, Technology, and Ethics. *Journal of the Learning Sciences, 19*(1), 3–53. https://doi.org/10. 1080/10508400903452884

The Design-Based Research Collective. (2003). Design-Based Research: An Emerging Paradigm for Educational Inquiry. *Educational Researcher, 32*(1), 5–8.

Devlin, K. J. (2002). *Muster der Mathematik. Ordnungsgesetze des Geistes und der Natur* (2. Aufl.). Heidelberg: Spektrum, Akad. Verl.

Dieck, M. (2012). Kreativität fördern. *Die Grundschulzeitschrift, 257*, 28–31.

Dinkelaker, J. (2018). Selektion und Rekonstruktion. In C. Moritz & M. Corsten (Hrsg.), *Handbuch Qualitative Videoanalyse* (S. 153–165). Wiesbaden: Springer Fachmedien Wiesbaden. https://doi.org/10.1007/978-3-658-15894-1_9

Dinkelaker, J. & Herrle, M. (2009). *Erziehungswissenschaftliche Videographie. Eine Einführung* (Qualitative Sozialforschung, 1. Aufl.). Wiesbaden: VS Verlag für Sozialwissenschaften.

Dörfler, T., Roos, J. & Gerrig, R. J. (Hrsg.). (2018). *Psychologie* (ps psychologie, 21. aktual. Aufl.). Hallbergmoos/Germany: Pearson.

Döring, N. & Bortz, J. (2016). *Forschungsmethoden und Evaluation in den Sozial- und Humanwissenschaften* (Springer-Lehrbuch, 5. vollständig überarbeitete, aktualisierte und erweiterte Auflage). Berlin: Springer. https://doi.org/10.1007/978-3-642-41089-5

Dudenredaktion. (o.J.). *„Kreativität" auf Duden online.* Zugriff am 04.05.2020. Verfügbar unter https://www.duden.de/node/149929/revision/149965

Dunn, J. A. (1976). *Divergent Thinking and Mathematics Education.* M. Phil. thesis. New University of Coleraine.

Dürrenberger, E., Grossmann, E. & Hengartner, E. (2006). Gleich weit weg 4. In E. Hengartner, U. Hirt, B. Wälti & Primarschulteam Lupsingen (Hrsg.), *Lernumgebungen für Rechenschwache bis Hochbegabte. Natürliche Differenzierung im Mathematikunterricht* (Spektrum Schule, 1. Aufl., S. 79–82). Zug: Klett und Balmer.

Dürrenberger, E. & Tschopp, S. (2006). Unterrichten mit Lernumgebungen: Erfahrungen aus der Praxis. In E. Hengartner, U. Hirt, B. Wälti & Primarschulteam Lupsingen (Hrsg.), *Lernumgebungen für Rechenschwache bis Hochbegabte. Natürliche Differenzierung im Mathematikunterricht* (Spektrum Schule, 1. Aufl., S. 21–23). Zug: Klett und Balmer.

English, R. (2013). *Teaching arithmetic in primary schools* (Transforming primary QTS). Los Angeles: SAGE; Learning Matters.

Ennemoser, M., Krajewski, K. & Sinner, D. (2017a). *Test mathematischer Basiskompetenzen ab Schuleintritt (MBK 1+).* Göttingen: Hogrefe.

Ennemoser, M., Krajewski, K. & Sinner, D. (2017b). *Test mathematischer Basiskompetenzen ab Schuleintritt (MBK 1+). Manual.* Göttingen: Hogrefe.

Enzensberger, H. M. (2009). *Der Zahlenteufel. Ein Kopfkissenbuch für alle, die Angst vor der Mathematik haben* (dtv Reihe Hanser, Bd. 62015, 10. Aufl.). Mit Bildern von Rotraut Susanne Berner. München: Dt. Taschenbuch-Verl.

Ericsson, A. & Simon, H. A. (1993). *Protocol Analysis. Verbal reports as data*. Cambridge, Massachusetts: MIT Press.

Ervynck, G. (1991). Mathematical creativity. In D. Tall (Ed.), *Advanced mathematical thinking* (Mathematics education library, vol. 11, pp. 42–53). Dordrecht: Kluwer Academic Publ.

Evans, E. W. (1964). *Measuring the ability of students to respond in creative mathematical situations at the late elementary and early junior high school level*. Dissertation. University of Michigan.

Feldhusen, J. F. (2006). The Role of the Knowledge Base in Creative Thinking. In J. C. Kaufman & J. Baer (Eds.), *Creativity and reason in cognitive development* (pp. 137–144). Cambridge: Cambridge University Press. https://doi.org/10.1017/CBO9780511160 6915.009

Franke, M. & Ruwisch, S. (2010). *Didaktik des Sachrechnens in der Grundschule* (Mathematik Primarstufe und Sekundarstufe I + II, 2. [überarb.] Aufl., Nachdr). Heidelberg: Spektrum Akad. Verl.

Fricke, A. (1970). Operative Lernprinzipien im Mathematikunterricht der Grundschule. In A. Fricke & H. Besuden (Hrsg.), *Mathematik. Elemente einer Didaktik und Methodik* (S. 79–116). Stuttgart: Ernst Klett Verlag.

Fritz, A., Ehlert, A., Ricken, G. & Balzer, L. (2017). *Mathematik- und Rechenkonzepte bei Kindern der ersten Klassenstufe – Diagnose (MARKO-D1+)*. Göttingen: Hogrefe.

Gardner, H. (1999). *Intelligence reframed. Multiple intelligences for the 21st century*. New York: Basic Books. Retrieved from http://site.ebrary.com/lib/academiccompleteti tles/home.action

Gasteiger, H. (2016). Addition bis 100 mit Ziffernkärtchen. In V. Ulm (Hrsg.), *Gute Aufgaben Mathematik* (Lehrerbücherei Grundschule, 6. Auflage, S. 30–33). Berlin: Cornelsen.

Geering, P. & Kunath, M. (2007). *Zählen, rechnen, er-zählen, gestalten. Spiele und Aktivitäten, Er-zählheft; [Zahlenalbum, Ziffern schreiben]* (Atlas Mathematik, Lernbuch zum Atlas Mathematik / Peter Geering … ; Bd. 1, 2. Aufl.). Seelze: Lernbuchverl. bei Friedrich.

Gibbons, P. (2015). *Scaffolding language, scaffolding learning. Teaching English language learners in the mainstream classroom* (Second edition). Portsmouth, NH: Heinemann.

Glaser, B. & Strauss, A. L. (1967). *Discovery of Grounded Theory. Strategies for Qualitative Research* (1st ed.). Somerset: Taylor and Francis. Retrieved from https://ebookcentral.pro quest.com/lib/gbv/detail.action?docID=4905885

Glasersfeld, E. v. (1995). *Radical constructivism. A way of knowing and learning* (Studies in mathematics education series, Bd. 6, 1. publ). London u. a.: Falmer.

Glöckel, H. (2003). *Vom Unterricht. Lehrbuch der allgemeinen Didaktik* (4., durchges. und ergänzte Aufl.). Bad Heilbrunn/Obb.: Klinkhardt.

Götze, D., Selter, C. & Zannetin, E. (2019). *Das KIRA-Buch: Kinder rechnen anders. Verstehen und Fördern im Mathematikunterricht* (1. Auflage). Seelze: Kallmeyer.

Greene, J. C. (2007). *Mixed methods in social inquiry* (1. ed.). San Francisco, CA: Jossey-Bass. Retrieved from http://www.loc.gov/catdir/enhancements/fy0739/2007026831-b. html

Greene, J. C., Caracelli, V. J. & Graham, W. F. (1989). Toward a Conceptual Framework for Mixed-Method Evaluation Designs. *Educational Evaluation and Policy Analysis, 11*(3), 255. https://doi.org/https://doi.org/10.2307/1163620

Greeno, J. G. (1991). Number Sense as Situated Knowing in a Conceptual Domain. *Journal for Research in Mathematics Education, 22*(3), 170–218. https://doi.org/https://doi.org/10.2307/749074

Groß, G. & Schuster, R. (2016). Produktives Üben mit Ziffernkärtchen. In V. Ulm (Hrsg.), *Gute Aufgaben Mathematik* (Lehrerbücherei Grundschule, 6. Auflage, S. 34–36). Berlin: Cornelsen.

Gruber, H. & Stamouli, E. (2020). Intelligenz und Vorwissen. In E. Wild & J. Möller (Hrsg.), *Pädagogische Psychologie* (3., vollständig überarbeitete und aktualisierte Auflage, S. 25–44). Berlin: Springer.

Guilford, J. P. & Hoepfner, R. (1966). Structur-of-intellect Factors and their Tests. In *Reports from the Psychological Laboratory* (Bd. 36). Los Angeles, Calif. : Univ. of Southern California.

Guilford, J. P. (1950). Creativity. *The American Psychologist, 5*(9), 444–454. https://doi.org/10.1037/h0063487

Guilford, J. P. (1967). *The nature of human intelligence.* New York, NY: McGraw-Hill.

Guilford, J. P. (1968). *Intelligence, creativity and their educational implications* (1. ed.). San Diego, Calif.: Knapp.

Hadamard, J. (1945). *An essay on the psychology of invention in the mathematical field.* Princeton: Princeton Univ.

Harper, G. (2013). *A Companion to Creative Writing* (Blackwell companions to literature and culture, vol. 83, 1. Aufl.). s.l.: Wiley-Blackwell. https://doi.org/10.1002/9781118325759

Hasdorf, W. (1976). Erscheinungsbild und Entwicklung der Beweglichkeit des Denkens bei älteren Vorschulkindern. In J. Lompscher & W. Hasdorf (Hrsg.), *Verlaufsqualitäten der geistigen Tätigkeit* (1. Aufl., S. 13–75). Berlin: Volk und Wissen.

Hasemann, K. & Gasteiger, H. (2014). *Anfangsunterricht Mathematik* (3. überarb. und erweit. Aufl.). Berlin, Heidelberg: Springer.

Hashimoto, Y. (1997). The methods of Fostering Creativity through Mathematical Problem Solving. *ZDM Mathematics Education, 29*(3), 86–87.

Hattie, J. N., Beywl, W. & Zierer, K. (2013). *Lernen sichtbar machen. Überarbeitete deutschsprachige Ausgabe von „Visible Learning"* (1., neue Ausg). Baltmannsweiler: Schneider Hohengehren. Verfügbar unter http://www.vlb.de/GetBlob.aspx?strDisposition=a&strIsbn=9783834011909

Hayes, A. F. & Krippendorff, K. (2007). Answering the Call for a Standard Reliability Measure for Coding Data. *Communication Methods and Measures, 1*(1), 77–89.

Haylock, D. W. (1984). *Aspects of mathematical creativity in children aged 11–12.* Ph.D. thesis. London University.

Haylock, D. W. (1987). A Framework for Assessing Mathematical Creativity in Schoolchildren. *Educational Studies in Mathematics, 18,* 59–74.

Haylock, D. W. (1997). Recognising Mathematical Creativity in Schoolchildren. *Zentralblatt für die Didaktik der Mathematik,* (3), 68–74.

Heckmann, K. & Padberg, F. (2014). *Unterrichtsentwürfe Mathematik Primarstufe* (Mathematik Primar- und Sekundarstufe, Nachdr). Berlin: Springer Berlin.

Heine, J.-H., Gebhardt, M., Schwab, S., Neumann, P., Gorges, J. & Wild, E. (2018). Testing psychometric properties of the CFT 1-R for students with special educational needs. *Psychological Test and Assessment Modeling, 60*(1), 3–27.

Hengartner, E., Hirt, U., Wälti, B. & Primarschulteam Lupsingen (Hrsg.). (2006). *Lernumgebungen für Rechenschwache bis Hochbegabte. Natürliche Differenzierung im Mathematikunterricht* (Spektrum Schule, 1. Aufl.). Zug: Klett und Balmer.

Hershkovitz, S., Peled, I. & Littler, G. (2009). Mathematical Creativity and Giftedness in Elementary School: Task and Teacher Promoting Creativity for All. In R. Leikin (Ed.), *Creativity in Mathematics and the Education of Gifted Students* (255-269). Rotterdam: Sense Publ.

Hoffman, B. & Spatariu, A. (2008). The influence of self-efficacy and metacognitive prompting on math problem-solving efficiency. *Contemporary Educational Psychology, 33*(4), 875–893. https://doi.org/10.1016/j.cedpsych.2007.07.002

Hoffman, B. & Spatariu, A. (2011). Metacognitive Prompts and Mental Multiplication: Analyzing Strategies with a Qualitative Lens. *Journal of Interactive Learning Research, 22*(4), 607–635.

Hollands, R. D. (1972). Educational Technology. Aims and Objectives in Teaching Mathematics. *Mathematics in School, 1*(6), 22–23.

Howden, H. (1989). Teaching Number Sense. *The Arithmetic Teacher, 36*(6), 6–11.

Hubemann, M: Hubacher, E., Tschopp, S., Frey, J. & Hengartner, E. (2006). Gleich weit weg 1 – 2. In E. Hengartner, U. Hirt, B. Wälti & Primarschulteam Lupsingen (Hrsg.), *Lernumgebungen für Rechenschwache bis Hochbegabte. Natürliche Differenzierung im Mathematikunterricht* (Spektrum Schule, 1. Aufl., S. 39–42). Zug: Klett und Balmer.

Hussy, W., Scheier, M. & Echterhoff, G. (2013). *Forschungsmethoden in Psychologie und Sozialwissenschaften für Bachelor* (2. Aufl.). Berlin, Heidelberg: Springer Berlin Heidelberg. https://doi.org/10.1007/978-3-642-34362-9

IBM Corp. Released. (2020). IBM SPSS Statistics for Windows (Version 27.0) [Computer software]. Armonk, NY: IBM Corp.

Isaksen, S. G. (1987). Introduction: An orientation to the frontiers of creativity research. In S. G. Isaksen (Hrsg.), *Frontiers of creativity research. Beyond the basics* (S. 1–26).

Ivcevic, Z. (2007). Artistic and Everyday Creativity: An Act-Frequency Approach. *The Journal of Creative Behavior, 41*(4), 271–290. https://doi.org/10.1002/j.2162-6057.2007.tb01074.x

Jauk, E., Benedek, M., Dunst, B. & Neubauer, A. C. (2013). The relationship between intelligence and creativity: New support for the threshold hypothesis by means of empirical breakpoint detection. *Intelligence, 41*(4), 212–221. https://doi.org/10.1016/j.intell.2013.03.003

Jaworski, B. (1996). *Investigating mathematics teaching. A constructivist enquiry* (Studies in mathematics education series, Reprint).

Johnson, R. B. & Onwuegbuzie, A. J. (2004). Mixed Methods Research: A Research Paradigm Whose Time Has Come. *Educational Researcher, 33*(7), 14–26.

Joklitschke, J., Rott, B. & Schindler, M. (2019). Notions, definitions, and components of mathematical creativity: An overview. In M. Graven, H. Venkat, A. Essien & P. Vale (Hrsg.), *Proceedings of the 43rd Conference of the International Group for the Psychology of Mathematics Education* (Bd. 2, S. 440–447).

Juter, K. & Sriraman, B. (2011). Does high achieving in mathematics = gifted and/or creative in mathematics. In B. Sriraman & K. H. Lee (Eds.), *The Elements of Creativity and Giftedness in Mathematics* (Advances in creativity and giftedness, vol. 1, pp. 45–65). Rotterdam: SensePublishers.

Kaiser, T., Kalbermatten, J. & Hengartner, E. (2006). Gleich weit weg 3. In E. Hengartner, U. Hirt, B. Wälti & Primarschulteam Lupsingen (Hrsg.), *Lernumgebungen für Rechenschwache bis Hochbegabte. Natürliche Differenzierung im Mathematikunterricht* (Spektrum Schule, 1. Aufl., S. 67–69). Zug: Klett und Balmer.

Kanzler, S. (2011). *Die perfekte Bewerbung. Das persönliche Erfolgskonzept bei der Jobsuche* (Vahlen Praxis). München: Verlag Franz Vahlen. https://doi.org/10.15358/978380 0639311

Kattou, M., Christou, C. & Pitta-Pantazi, D. (2016). Characteristics of the Creative Person in Mathematics. In G. B. Moneta & J. Rogaten (Hrsg.), *Psychology of creativity. Cognitive, emotional, and social process* (Psychology research progress, S. 99–123). New York: Nova Publishers.

Kaufman, J. C. & Beghetto, R. A. (2009). Beyond Big and Little: The Four C Model of Creativity. *Review of General Psychology, 13*(1), 1–12. https://doi.org/10.1037/a0013688

Kaufmann, L., Nürk, H.-C., Graf, M., Krinzinger, H., Delazer, M. & Willmes-v. Hinckeldey, K. (2009). *Test zur Erfassung numerisch-rechnerischer Fertigkeiten vom Kindergarten bis zur 3. Klasse (TEDI-MATH)*. Göttingen: Hogrefe.

Kelle, U. & Kluge, S. (2010). *Vom Einzelfall zum Typus. Fallvergleich und Fallkontrastierung in der qualitativen Sozialforschung* (2., überarb. Aufl.). Wiesbaden: VS Verl. für Sozialwiss. https://doi.org/10.1007/978-3-531-92366-6

Kemper, E. A., Stringfield, S. & Teddlie, C. (2003). Mixed methods Sampling Strategies in Social Science Research. In A. Tashakkori & C. Teddlie (Eds.), *Handbook of mixed methods in social & behavioral research* (pp. 273–296). Thousand Oaks, Calif.: Sage Publ.

Klavir, R. & Gorodetsky, M. (2009). On excellence and creativity: A study of gifted and expert students. In R. Leikin (Ed.), *Creativity in Mathematics and the Education of Gifted Students* (pp. 221–242). Rotterdam: Sense Publ.

KMK (Hrsg.). (2004). *Beschlüsse der Kultusministerkonferenz. Bildungsstandards im Fach Mathematik für den Primarbereich. Beschluss vom 15.10.2004.* München: Wolters Kluwer. Zugriff am 13.02.2018.

Knoblauch, H. & Schnettler, B. (2007). Videographie. Erhebung und Analyse qualitativer Videodaten. In R. Buber & H. H. Holzmüller (Hrsg.), *Qualitative Marktforschung. Konzepte – Methoden – Analysen* (S. 583–599). Wiesbaden: Betriebswirtschaftlicher Verlag Dr. Th. Gabler I GWV Fachverlage GmbH Wiesbaden.

Konrad, K. (2010). Lautes Denken. In G. Mey & K. Mruck (Hrsg.), *Handbuch Qualitative Forschung in der Psychologie* (1. Aufl., S. 476–490). Wiesbaden: VS, Verl. für Sozialwiss.

Kornmeier, M. (2018). *Wissenschaftlich schreiben leicht gemacht* (utb, Bd. 3154, 8. überarb. Auflage). Stuttgart: UTB GmbH; Haupt. Verfügbar unter https://katalogplus.ub.uni-bielefeld.de/title/2610482

Kosyvas, G. (2016). Levels of arithmetic reasoning in solving an open-ended problem. *International Journal of Mathematical Education in Science and Technology, 47*(3), 356–372. https://doi.org/10.1080/0020739X.2015.1072880

Krajewski, K. (2007). Entwicklung und Förderung der vorschulischen Mengen-Zahlen-Kompetenz und ihre Bedeutung für die mathematische Schulleistung. In G. Schulte-Körne & A. Born (Hrsg.), *Legasthenie und Dyskalkulie: aktuelle Entwicklungen in Wissenschaft, Schule und Gesellschaft* (S. 325–332). Bochum: Winkler.

Krajewski, K. (2013). Wie bekommen die Zahlen einen Sinn? Ein entwicklungspsychologisches Modell der zunehmenden Verknüpfung von Zahlen und Größen. In M. Aster & J. H. Lorenz (Hrsg.), *Rechenstörungen bei Kindern. Neurowissenschaft, Psychologie, Pädagogik* (2. Aufl., S. 155–179). Göttingen: Vandenhoeck & Ruprecht.

Krajewski, K., Küspert, P. & Schneider, W. (2002). *Deutscher Mathematiktest für erste Klassen (DEMAT 1+)* (2. überarbeitete). Göttingen: Hogrefe.

Krauthausen, G. (2018). *Einführung in die Mathematikdidaktik – Grundschule* (Mathematik Primarstufe und Sekundarstufe I + II, 4. Auflage). Berlin: Springer Spektrum.

Krauthausen, G. & Scherer, P. (2014). *Natürliche Differenzierung im Mathematikunterricht. Konzepte und Praxisbeispiele aus der Grundschule* (2. Auflage). Seelze: Klett/Kallmeyer.

Krippendorff, K. (2009). *Content analysis. An introduction to its methodology* (2. ed., [Nachdr.]). Thousand Oaks, Calif.: Sage Publ.

Krüger, D., Parchmann, I. & Schecker, H. (2014). *Methoden in der naturwissenschaftsdidaktischen Forschung.* Berlin, Heidelberg: Springer Berlin Heidelberg; Imprint: Springer Spektrum. https://doi.org/10.1007/978-3-642-37827-0

Krummheuer, G. (2012). Interaktionsanalyse. In F. Heinzel (Hrsg.), *Methoden der Kindheitsforschung. Ein Überblick über Forschungszugänge zur kindlichen Perspektive* (Kindheiten, S. 234–247). Weinheim, Bergstr: Juventa.

Krummheuer, G. & Neujok, N. (1999). *Grundlagen und Beispiele Interpretativer Unterrichtsforschung* (Qualitative Sozialforschung, Bd. 7). Leverkusen: Leske + Budrich.

Krutetskii, V. A. (1976). *The psychology of mathematical abilities in schoolchildren* (Survey of recent East European mathematical literature). Chicago: The University of Chicago Press.

Kuckartz, U. (2010). *Einführung in die computergestützte Analyse qualitativer Daten.* Wiesbaden: VS Verlag für Sozialwissenschaften. https://doi.org/10.1007/978-3-531-921 26-6

Kuckartz, U. (2014a). *Mixed Methods. Methodologie, Forschungsdesigns und Analyseverfahren.* Wiesbaden: Springer VS. https://doi.org/10.1007/978-3-531-93267-5

Kuckartz, U. (2014b). *Qualitative Inhaltsanalyse. Methoden, Praxis, Computerunterstützung* (Grundlagentexte Methoden, 2., durchgesehene Auflage). Weinheim: Beltz Juventa.

Kwon, O. N., Park, J. S. & Park, J. H. (2006). Cultivating Divergent Thinking in Mathematics through an Open-Ended Approach. *Asia Pacific Education Review, 7*(1), 51–61.

Langenscheidt Online Wörterbuch Latein-Deutsch. (o.J.). creare. Zugriff am 20.05.2020. Verfügbar unter https://de.langenscheidt.com/latein-deutsch/creare

Lave, J. & Wenger, E. (1991). *Situated learning. Legitimate peripheral participation* (Learning in doing, Repr).

Lee, H. W., Lim, K. Y. & Grabowski, B. L. (2010). Improving self-regulation, learning strategy use, and achievement with metacognitive feedback. *Educational Technology Research and Development, 58*(6), 629–648. https://doi.org/10.1007/s11423-010-9153-6

Leikin, M. (2013). The effect of bilingualism on creativity: Developmental and educational perspectives. *International Journal of Bilingualism, 17*(4), 431–447. https://doi.org/10.1177/1367006912438300

Leikin, M. & Tovli, E. (2019). Examination of Creative Abilities of Preschool Children With and Without Specific Language Impairment (SLI). *Communication Disorders Quarterly, 41*(1), 22–33. https://doi.org/10.1177/1525740118810848

Leikin, R. (2006). About four types of mathematical connections and solving problems in different ways. *Aleh – The (Israeli) Senior School Mathematics Journal, 36*, 18–14.

Leikin, R. (2009a). Bridging research and theory in mathematics education with research and theory in creativity and giftedness. In R. Leikin (Ed.), *Creativity in Mathematics and the Education of Gifted Students* (pp. 385–411). Rotterdam: Sense Publ.

Leikin, R. (Ed.). (2009b). *Creativity in Mathematics and the Education of Gifted Students.* Rotterdam: Sense Publ.

Leikin, R. (2009c). Exploring mathematical creativity using multiple solution tasks. In R. Leikin (Ed.), *Creativity in Mathematics and the Education of Gifted Students* (pp. 129–145). Rotterdam: Sense Publ.

Leikin, R. & Lev, M. (2007). Multiple Solution Tasks as a Magnifying Glass for Observation of Mathematical Creativity. In *Proceedings of the 31st Conference of the International Group for the Psychology of Mathmatics Education. PME 31* (Bd. 3, S. 161–168). Korea: The Korean Society of Educational Studies in Mathematics.

Leikin, R. & Lev, M. (2013). Mathematical creativity in generally gifted and mathematically excelling adolescents. What makes the difference? *ZDM Mathematics Education, 45*(2), 183–197. https://doi.org/10.1007/s11858-012-0460-8

Leikin, R. & Pitta-Pantazi, D. (2013). Creativity and mathematics education: the state of the art. *ZDM Mathematics Education, 45*(2), 159–166.

Leiss, D. & Plath, J. (2020). „Im Mathematikunterricht muss man auch mit Sprache rechnen!" – Sprachbezogene Fachleistung und Unterrichtswahrnehmung im Rahmen mathematischer Sprachförderung. *Journal für Mathematik-Didaktik, 41*(1), 191–236. https://doi.org/10.1007/s13138-020-00159-y

Leu, Y.-C. & Chiu, M.-S. (2015). Creative behaviours in mathematics: Relationships with abilities, demographics, affects and gifted behaviours. *Thinking Skills and Creativity, 16*, 40–50. https://doi.org/10.1016/j.tsc.2015.01.001

Leung, S. S. (1997). On the Role of Creative Thinking in Problem Posing. *Zentralblatt für die Didaktik der Mathematik*, (3), 81–85.

Leung, S. S. & Silver, E. A. (1997). The Role of Task Format, Mathematics Knowledge, and Creative Thinking on the Arithmetic Problem Posing of Prospective Elementary School Teacher. *Mathematics Education Research Journal, 9*(1), 5–24.

Levenson, E. (2011). Exploring Collective Mathematical Creativity in Elementary School. *The Journal of Creative Behavior, 45*(3), 215–234. https://doi.org/10.1002/j.2162-6057.2011.tb01428.x

Levenson, E. (2013). Tasks that may occasion mathematical creativity: teachers' choices. *Journal of Mathematics Teacher Education, 16*(4), 269–291. https://doi.org/10.1007/s10857-012-9229-9

Levenson, E., Swisa, R. & Tabach, M. (2018). Evaluating the potential of tasks to occasion mathematical creativity: definitions and measurements. *Research in Mathematics Education, 20*(3), 273–294.

Liljedahl, P. G. (2004). *The AHA! Experience: Mathematical contexts, pedagogical implications.* Dissertation. Simon Fraser University, Burnaby, BC, Canada.

Liljedahl, P. G. & Sriraman, B. (2006). Musing in mathematical creativity. *For the Learning of Mathematics*, *26*(1), 17–19.

Linchevski, L. & Livneh, D. (1999). Structure Sense: The Relationship between Algebraic and Numerical Contexts. *Educational Studies in Mathematics*, *40*(2), 173–196.

Lipscomb, L., Swanson, J. & West, A. (2010). Scaffolding. In *Emerging Perspectives on Learning, Teaching, and Technology* (S. 226–238).

Lithner, J. (2008). A research framework for creative and imitative reasoning. *Educational Studies in Mathematics*, *67*(3), 255–276. https://doi.org/10.1007/s10649-007-9104-2

Lithner, J. (2017). Principles for designing mathematical tasks that enhance imitative and creative reasoning. *ZDM Mathematics Education*, *49*(6), 937–949. https://doi.org/10.1007/s11858-017-0867-3

Lohmeier, F. (1989). Blockierung kreativer Prozesse und pädagogische Konsequenzen. *Pädagogische Rundschau*, *43*, 81–99.

Lorenz, J. H. (1997). Is mental calculation just strolling around in an imaginary number space? In M. Beishuizen, K. P. E. Gravenmeijer & E. C. D. M. van Lishout (Hrsg.), *The role of contexts and models in the development of mathematical strategies and procedures* (CD-ß series on research and mathematical education, Bd. 26, S. 199–213). Utrecht: CD-ß Press.

Luchins, A. S. (1942). Mechanization in problem solving: The effect of Einstellung. *Psychological Monographs*, *54*(6), i–95. https://doi.org/10.1037/h0093502

Lüken, M. M. (2012). *Muster und Strukturen im mathematischen Anfangsunterricht. Grundlegung und empirische Forschung zum Struktursinn von Schulanfängern* (1. Auflage). Münster: Waxmann Verlag GmbH.

Ma, L. (2010). *Knowing and teaching elementary mathematics. Teachers' understanding of fundamental mathematics in China and the United States* (Studies in mathematical thinking and learning, Anniversary ed.). New York, NY: Routledge.

Mann, E. L. (2006). Creativity: The Essence of Mathematics. *Journal of the Education of the Gifted*, *30*(2), 236–260.

Maxwell, A. A. (1974). *An exploratory study of secondary school geometry students. Problem solving related to convergent-divergent productivity*. doctoral dissertation. University of Tennessee.

Mayer, R. E. (2016). The Role of Domain Knowledge in Creative Problem Solving. In J. C. Kaufman & J. Baer (Eds.), *Creativity and reason in cognitive development* (Current perspectives in social and behavioral sciences, pp. 147–163). Cambridge: Cambridge University Press. https://doi.org/10.1017/CBO9781139941969.008

Mayring, P. (2002). *Einführung in die qualitative Sozialforschung*. s.l.: Beltz Verlagsgruppe. Verfügbar unter http://www.content-select.com/index.php?id=bib_view&ean=9783407290939

Mayring, P. (2010). Qualitative Inhaltsanalyse. In G. Mey & K. Mruck (Hrsg.), *Handbuch Qualitative Forschung in der Psychologie* (1. Aufl., S. 601–613). Wiesbaden: VS Verlag für Sozialwissenschaften (GWV).

Mayring, P. (2015). *Qualitative Inhaltsanalyse. Grundlagen und Techniken* (Beltz Pädagogik, 12., überarb. Aufl.). Weinheim: Beltz. Verfügbar unter http://content-select.com/index.php?id=bib_view&ean=9783407293930

Mayring, P., Gläser-Zikuda, M. & Ziegelbauer, S. (2005). Auswertung von Videoaufnahmen mit Hilfe der Qualitativen Inhaltsanalyse – ein Beispiel aus der Unterrichtsforschung. *MedienPädagogik, 9*, 1–17.

Meyer, H. (2011). *Unterrichtsmethoden. Band 1: Theorieband* (14. Aufl.). Frankfurt am Main: Cornelsen Scriptor.

Micheel, H.-G. (2010). *Quantitative empirische Sozialforschung* (UTB Soziale Arbeit, Erziehungswissenschaften, Bd. 8439). München: Reinhardt. Verfügbar unter http://www.soc ialnet.de/rezensionen/isbn.php?isbn=978-3-8252-8439-8

Milgram, R. & Hong, E. (2009). Talent loss in mathematics: Causes and solutions. In R. Leikin (Ed.), *Creativity in Mathematics and the Education of Gifted Students* (pp. 149–163). Rotterdam: Sense Publ.

Miller, M. (2015). *Math Mammouth. Add and Subtract 2-B*. Verfügbar unter https://www.mat hmammoth.com/blue-series.php

Moosbrugger, H. & Kelava, A. (2012). *Testtheorie und Fragebogenkonstruktion* (Springer-Lehrbuch, 2., aktualisierte und überarbeitete Auflage). Berlin, Heidelberg: Springer Berlin Heidelberg. https://doi.org/10.1007/978-3-642-20072-4

Morse, J. M. (1991). Approaches to Qualitative-Quantitative Methodological Triangulation. *Nursing Research, 40*(2), 120???123. https://doi.org/10.1097/00006199-199103 000-00014

MSB NRW. (2008). *Richtlinien und Lehrpläne für die Grundschule in Nordrhein-Westfalen. Mathematik* (Bd. 2008). Frechen: Ritterbach. Zugriff am 13.02.2018.

Mulligan, J. & Mitchelmore, M. (2009). Awareness of Pattern and Structure in Early Mathematical Development. *Mathematics Education Research Journal, 21*(2), 33–49.

Münz, M. (2012). Mathematical creativity and the role of attachment style in early childhood. In *Proceedings of The 7th MCG International Conference/International Group for Mathematical Creativity and Giftedness*.

Murray, H. A. (1938/2008). *Explorations in personality* (70th anniversary ed.). Oxford: Oxford Univ. Press. Retrieved from http://www.loc.gov/catdir/enhancements/fy0724/200 6051529-b.html

Myers, D. G. (2014). *Psychologie* (Springer-Lehrbuch, 3., vollständig überarbeitete und erweiterte Auflage). Berlin, Heidelberg: Springer Berlin Heidelberg.

NCTM. (2003). *Principles and standards for school mathematics* (3. print). Reston, VA: National Council of Teachers of Mathematics.

Neth, A. & Voigt, J. (1991). Lebensweltliche Inszenierungen. Die Aushandlung schulmathematischer Bedeutungen an Sachaufgaben. In H. Maier & J. Voigt (Hrsg.), *Interpretative Unterrichtsforschung. Heinrich Bauersfeld zum 65. Geburtstag* (IDM-Reihe, Bd. 17, S. 79–116). Köln: Aulis- Verl. Deubner.

Newell, A. & Simon, H. A. (1972). *Human problem solving* (2. print). Englewood Cliffs, N.J.: Prentice-Hall.

Nickerson, S. D. & Whitacre, I. (2010). A Local Instruction Theory for the Development of Number Sense. *Mathematical Thinking and Learning, 12*(3), 227–252. https://doi.org/10. 1080/10986061003689618

Niu, W. & Sternberg, R. J. (2006). The philosophical roots of Western and Eastern conceptions of creativity. *Journal of Theoretical and Philosophical Psychology, 26*(1-2), 18–38. https://doi.org/10.1037/h0091265

Nolte, M. (2015). Fragen zur Diagnostik besonderer mathematischer Begabung. In T. Fritz-lar & F. Käpnick (Hrsg.), *Mathematische Begabungen. Denkansätze zu einem komplexen Themenfeld aus verschiedenen Perspektiven* (Schriften zur mathematischen Begabungs-forschung, Bd. 4, S. 181–189). Münster: WTM-Verlag Verlag für wissenschaftliche Texte und Medien.

Nührenbörger, M. & Pust, S. (2016). *Mit Unterschieden rechnen. Lernumgebungen und Materialien für einen differenzierten Anfangsunterricht Mathematik* (3. Auflage). Seelze: Klett/Kallmeyer.

Onwuegbuzie, A. J. & Collins, K. M. T. (2007). A Typology of Mixed Methods Sampling Designs in Social Science Research. *The Qualitative Report, 12*(2), 281–316. Verfügbar unter https://nsuworks.nova.edu/tqr/vol12/iss2/9

Onwuegbuzie, A. J. & Collins, K. M. T. (2017). The Role of Sampling in Mixed Methods-Research. *KZfSS Kölner Zeitschrift für Soziologie und Sozialpsychologie, 69*(S2), 133–156. https://doi.org/10.1007/s11577-017-0455-0

Onwuegbuzie, A. J. & Leech, N. L. (2007). Sampling Designs in Qualitative Research: Making the Sampling Process More Public. *The Qualitative Report, 12*(2), 238–254. Verfügbar unter https://nsuworks.nova.edu/tqr/vol12/iss2/7

Ott, B. (2016). *Textaufgaben grafisch darstellen. Entwicklung eines Analyseinstruments und Evaluation einer Interventionsmaßnahme* (Empirische Studien zur Didaktik der Mathematik, Band 28). Münster: Waxmann.

Padberg, F. & Benz, C. (2011a). *Didaktik der Arithmetik* (Mathematik Primar- und Sekun-darstufe, 4., Aufl.). Heidelberg: Spektrum Akad. Verl.

Padberg, F. & Benz, C. (2011b). *Didaktik der Arithmetik. Für Lehrerausbildung und Leh-rerfortbildung* (Mathematik Primarstufe und Sekundarstufe I + II, 4. erweiterte, stark überarbeitete Auflage). Heidelberg: Spektrum Akademischer Verlag.

Padberg, F. & Büchter, A. (2015). *Einführung Mathematik Primarstufe – Arithmetik* (Mathe-matik Primarstufe und Sekundarstufe I + II, 2. Aufl. 2015). Berlin, Heidelberg: Springer Berlin Heidelberg; Imprint; Springer Spektrum.

Pajares, F. (2003). Self-Efficacy Beliefs, Motivation, and Achievement in Writing: A Review of the Literature. *Reading & Writing Quarterly, 19*(2), 139–158. Reading & Writing Quarterly, 19(2), 139–158. https://doi.org/10.1080/10573560308222

Pehkonen, E. (1997). The State-of-Art in Mathematical Creativity. *Zentralblatt für die Didak-tik der Mathematik*, (3), 63–67.

Pehkonen, E. (2001). Offene Probleme: Eine Methode zur Entwicklung des Mathematikun-terrichts. *Mathematikunterricht*, (6), 60–71.

Petermann, F. & Petermann, U. (2010). *HAWIK-IV. Hamburg-Wechsler-Intelligenztest für Kinder – IV. Übersetzung und Adaption der WISC-IV von David Wechsler* (3., erg. Aufl.). Bern: Huber.

Pfenniger, S. & Wälti, B. (2006a). Summen bilden mit Ziffernkarten 2 – 3. In E. Hen-gartner, U. Hirt, B. Wälti & Primarschulteam Lupsingen (Hrsg.), *Lernumgebungen für Rechenschwache bis Hochbegabte. Natürliche Differenzierung im Mathematikunterricht* (Spektrum Schule, 1. Aufl., S. 175–179). Zug: Klett und Balmer.

Pfenniger, S. & Wälti, B. (2006b). Ziffern wählen – Zahlen errechnen. In E. Hengartner, U. Hirt, B. Wälti & Primarschulteam Lupsingen (Hrsg.), *Lernumgebungen für Rechenschwa-che bis Hochbegabte. Natürliche Differenzierung im Mathematikunterricht* (Spektrum Schule, 1. Aufl., S. 185–188). Zug: Klett und Balmer.

Piaget, J. (1964). Part I: Cognitive development in children: Piaget. Development and Learning. *Journal of Research in Science Teaching, 2*(3), 176–186. https://doi.org/10.1002/tea.3660020306

Piirto, J. (1999). A survey of psychological studies of creativity. In A. S. Fishkin, B. Cramond & P. Olszewski-Kubilius (Hrsg.), *Investigating creativity in youth. Research and methods* (Perspectives on creativity, S. 27–48). Cresskill, N.J.: Hampton Press.

Pitta-Pantazi, D., Kattou, M. & Christou, C. (2018). Mathematical Creativity: Product, Person, Process and Press. In F. M. Singer (Ed.), *Mathematical Creativity and Mathematical Giftedness. Enhancing creative capacities in mathematically promising students* (ICME-13 monographs, pp. 27–53). Cham, Switzerland: Springer International Publishing.

Plucker, J. A. & Beghetto, R. A. (2004). Why Creativity Is Domain General, Why It Looks Domain Specific, and Why the Distinction Does Not Matter. In R. J. Sternberg, E. Grigorenko & J. L. Singer (Eds.), *Creativity. From potential to realization* (1st ed., pp. 153–167). Washington, DC: American Psychological Association. https://doi.org/10.1037/106 92-009

Plucker, J. A., Beghetto, R. A. & Dow, G. (2004). Why isn't creativity more important to educational psychologists? Potential, pitfalls, and future directions in creativity research. *Educational Psychologist, 39*, 83–96.

Plucker, J. A., Karwowski, M. & Kaufman, J. C. (2019). Intelligence and Creativity. In R. J. Sternberg (Hrsg.), *The Cambridge Handbook of Intelligence* (S. 1087–1105). Cambridge University Press. https://doi.org/10.1017/9781108770422.046

Poincaré, H. (1913). *The foundations of science. Science and hypothesis, the value of science, science and method* (Cambridge library collection. History of science). Cambridge: Cambridge University Press. https://doi.org/10.1017/CBO9781107252950

Pólya, G. (1965). *Mathematical discovery. On understanding, learning, and teaching problem solving.* New York: Wiley.

Prediger, S. & Link, M. (2012). Fachdidaktische Entwicklungsforschung – ein lernprozessfokussierendes Forschungsprogramm mit Verschränkung fachdidaktischer Arbeitsbereiche. In H. Bayrhuber, U. Harms, B. Muszynski, B. Ralle, M. Rothnagel, L.-H. Schön et al. (Hrsg.), *Formate Fachdidaktischer Forschung. Empirische Projekte – historische Analysen – theoretische Grundlegungen* (1. Auflage, S. 29–46). Münster: Waxmann Verlag GmbH.

Preiser, S. (2006). Kreativität. In K. Schweizer (Hrsg.), *Leistung und Leistungsdiagnostik. Mit 18 Tabellen* (51–67). Heidelberg: Springer Medizin.

Preiser, S. & Buchholz, N. (2008). *Kreativität. Ein Trainingsprogramm für Alltag und Beruf* (3. Aufl.). Heidelberg: Asanger. Verfügbar unter http://www.socialnet.de/rezens ionen/isbn.php?isbn=978-3-89334-407-9

Raithel, J. (2006). *Quantitative Forschung. Ein Praxiskurs* (1. Aufl.). Wiesbaden: VS Verlag für Sozialwissenschaften/GWV Fachverlage GmbH Wiesbaden. https://doi.org/10.1007/978-3-531-90088-9

Rasch, R. (2010). *Offene Aufgaben für individuelles Lernen im Mathematikunterricht der Grundschule 1+2. Aufgabenbeispiele und Schülerbearbeitungen* (2. Auflage). Stuttgart: vpm.

Rasch, R. (2011). *Offene Aufgaben für individuelles Lernen im Mathematikunterricht der Grundschule 3+4. Aufgabenbeispiele und Schülerbearbeitungen* (1. Auflage). Stuttgart: vpm.

Rathgeb-Schnierer, E. & Rechtsteiner, C. (2018). *Rechnen lernen und Flexibilität entwickeln. Grundlagen – Förderung – Beispiele* (Mathematik Primarstufe und Sekundarstufe I + II). Berlin: Springer Spektrum. https://doi.org/10.1007/978-3-662-57477-5

Rechtsteiner-Merz, C. (2013). *Flexibles Rechnen und Zahlenblickschulung. Entwicklung und Förderung von Rechenkompetenzen bei Erstklässlern, die Schwierigkeiten beim Rechnenlernen zeigen* (Empirische Studien zur Didaktik der Mathematik, Bd. 19). Münster: Waxmann. Verfügbar unter http://www.content-select.com/index.php?id=bib_view&ean=9783830980377

Redder, A., Guckelsberger, S. & Graßer, B. (2013). *Mündliche Wissensprozessierung und Konnektierung. Sprachliche Handlungsfähigkeiten in der Primarstufe* (Sprach-Vermittlungen, Bd. 13, 1. Aufl.). Münster: Waxmann Verlag GmbH. Verfügbar unter http://www.content-select.com/index.php?id=bibview&ean=9783830979104

Reichel, S. (2017). *Gute Aufgaben im Mathematikunterricht* (Auer Grundschule, 1. Auflage). Augsburg: Auer.

Reiss, K. & Ufer, S. (2009). Fachdidaktische Forschung im Rahmen der Bildungsforschung. Eine Diskussion wesentlicher Aspekte am Beispiel der Mathematikdidaktik. In R. Tippelt & B. Schmidt (Hrsg.), *Handbuch Bildungsforschung* (2. überarb. und erw. Aufl., S. 199–213). Wiesbaden: VS Verlag für Sozialwissenschaften.

Renzulli, J. S. (1978). What Makes Giftedness? Reexamining a Definition. *The Phi Delta Kappan, 60*(3), 180–184.

Reys, R., Reys, B., Emanuelsson, G., Johansson, B., McIntosh, A. & Yang, D. C. (1999). Assessing Number Sense of Students in Australia, Sweden, Taiwan, and the United States. *School Science and Mathematics, 99*(2), 61–70. https://doi.org/10.1111/j.1949-8594.1999.tb17449.x

Rhodes, M. (1961). An Analysis of Creativity. *The Phi Delta Kappan, 42*(7), 305–310.

Rinkens, H.-D. & Dingemans, S. (Hrsg.). (2014). *Welt der Zahl 1. [mathematisches Unterrichtswerk für die Grundschule* (Für die Grundschule, [Nordrhein-Westfalen, Hessen, Rheinland-Pfalz, Saarland], Dr. A). Braunschweig: Schroedel.

Rinkens, H.-D., Rottmann, T. & Träger, G. (Hrsg.). (2015a). *Welt der Zahl. Lehrermaterialien 1* [Für die Grundschule, Nordrhein-Westfalen, Hessen, Rheinland-Pfalz, Saarland], Dr. A). Braunschweig: Schroedel.

Rinkens, H.-D., Rottmann, T. & Träger, G. (Hrsg.). (2015b). *Welt der Zahl. Schülerbuch 1* [Für die Grundschule, Nordrhein-Westfalen, Hessen, Rheinland-Pfalz, Saarland], Dr. A). Braunschweig: Schroedel.

Rogoff, B. (1995). Observing sociocultural activity on three planes: Participatory appropriation, guided participation, and apprenticeship. In J. V. Wertsch, P. Del Rio & A. Alvarez (Hrsg.), *Learning in doing: Social, cognitive, and computational aspects. Sociocultural studies of mind* (S. 139–164). Cambridge University Press.

Rohr, A. R. (1975). *Kreative Prozesse und Methoden der Problemlösung* (Beltz-Monographien: Psychologie). Weinheim [u. a.]: Beltz.

Rösike, K.-A., Erath, K., Neugebauer, P. & Prediger, S. (2020). Sprache lernen in Partnerarbeit und im Unterrichtsgespräch. In S. Prediger (Hrsg.), *Sprachbildender Mathematikunterricht in der Sekundarstufe. Ein forschungsbasiertes Praxisbuch* (Scriptor Praxis, 1. Auflage, S. 58–67). Berlin: Cornelsen.

Rott, B. (2013). *Mathematisches Problemlösen. Ergebnisse einer empirischen Studie* (Ars inveniendi et dejudicandi, Bd. 2). Zugl.: Hannover, Univ., Diss., 2012. Münster:

WTM Verl. für Wiss. Texte und Medien. Verfügbar unter http://wtm-verlag.de/ebook_download/Rott_Mathematisches_Problemloesen__ISBN9783942197670.pdf

Runco, M. A. (1993). *Creativity as an educational objective for disadvantaged students* (Research-based decision making series, Bd. 9305) [Storrs, Conn.]: National Research Center on the Gifted and Talented.

Runco, M. A. (2004). Creativity. *Annual Review of Psychology, 55,* 657–687. https://doi.org/10.1146/annurev.psych.55.090902.141502

Sak, U. & Maker, C. J. (2006). Developmental Variation in Children's Creative Mathematical Thinking as a Function of Schooling, Age, and Knowledge. *Creativity Research Journal, 18*(3), 279–291. https://doi.org/10.1207/s15326934crj1803_5

Saks, K. & Leijen, Ä. (2019). The efficiency of prompts when supporting learner use of cognitive and metacognitive strategies. *Computer Assisted Language Learning, 32*(1–2), 1–16. Computer Assisted Language Learning, 32(1–2), 1–16. https://doi.org/10.1080/09588221.2018.1459729

Sawyer, R. K. (1995). Creativity as mediated action: A comparison of improvisational performance and product creativity. *Mind, Culture, and Activity, 2*(3), 172–191. https://doi.org/10.1080/10749039509524698

Sawyer, R. K. (2008). *Group genius. The creative power of collaboration.* New York: BasicBooks.

Saxon, J. A., Treffinger, D. J., Young, G. C. & Wittig, C. V. (2003). Camp Invention®: A Creative, Inquiry-Based Summer Enrichment Program for Elementary Students. *The Journal of Creative Behavior, 37*(1), 64–74. https://doi.org/10.1002/j.2162-6057.2003.tb00826.x

Sayers, J. & Andrews, P. (2015). Foundational number sense: Summarising the development of an analytical framework. In Krainer, K., & Vondrová, N. (Hrsg.), *Proceedings of the Ninth Congress of the European Society for Research in Mathematics Education (CERME 9, February 4 – 8, 2015). Prague, Czech Republic: Charles University in Prague, Faculty of Education and ERME* (S. 361–367).

Schacter, J., Thum, Y. M. & Zifkin, D. (2006). How Much Does Creative Teaching Enhance Elementary School Students' Achievement? *The Journal of Creative Behavior, 40*(1), 47–72. https://doi.org/10.1002/j.2162-6057.2006.tb01266.x

Schindler, M., Joklitschke, J. & Rott, B. (2018). Mathematical Creativity and Its Subdomain-Specificity. Investigating the Appropriateness of Solutions in Multiple Solution tasks. In F. M. Singer (Ed.), *Mathematical Creativity and Mathematical Giftedness. Enhancing creative capacities in mathematically promising students* (ICME-13 monographs, pp. 115–142). Cham, Switzerland: Springer International Publishing.

Schindler, M. & Lilienthal, A. J. (2019). Students' Creative Process in Mathematics: Insights from Eye-Tracking-Stimulated Recall Interview on Students' Work on Multiple Solution Tasks. *International Journal of Science and Mathematics Education.* https://doi.org/10.1007/s10763-019-10033-0

Schipper, W. (2009). *Handbuch für den Mathematikunterricht an Grundschulen* (Druck A). Hannover: Schroedel.

Schnell, S. & Prediger, S. (2017). Mathematics Enrichment for All – Noticing and Enhancing Mathematical Potentials of Underprivileged Students as An Issue of Equity. *EURASIA Journal of Mathematics, Science and Technology Education, 13*(1). https://doi.org/10.12973/eurasia.2017.00609a

Schoevers, E. M., Leseman, P. P., Slot, E. M., Bakker, A., Keijzer, R. & Kroesbergen, E. H. (2019). Promoting pupils' creative thinking in primary school mathematics: A case study. *Thinking Skills and Creativity, 31*, 323–334. https://doi.org/10.1016/j.tsc.2019.02.003

Schreier, M. & Odag, Ö. (2010). Mixed Methods. In G. Mey & K. Mruck (Hrsg.), *Handbuch Qualitative Forschung in der Psychologie* (1. Aufl., S. 263–277). Wiesbaden: VS Verlag für Sozialwissenschaften (GWV).

Schröder, A. & Ritterfeld, U. (2014). Zur Bedeutung sprachlicher Barrieren im Mathematikunterricht der Primarstufe: Wissenschaftlicher Erkenntnisstand und Reflexion in der (Förder-)Schulpraxis. *Forschung Sprache, 1*, 49–69.

Schunk, D. H. & Ertmer, P. A. (2000). Self-regulation and academic learning: Self-efficacy enhancing interventions. In M. Boekaerts, P. R. Pintrich & M. Zeider (Eds.), *Handbook of self-regulation* (pp. 631–649). San Diego, Calif.: Academic Press.

Schütte, S. (2004). Rechenwegnotation und Zahlenblick als Vehikel des Aufbaus flexibler Rechenkompetenzen. *Journal für Mathematik-Didaktik, 25*(2), 130–148. https://doi.org/10.1007/BF03338998

Schütte, S. (2008). *Qualität im Mathematikunterricht der Grundschule sichern. Für eine zeitgemäße Unterrichts- und Aufgabenkultur [von den Matheprofis empfohlen]* (Oldenbourg Fortbildung, 1. Aufl.). München: Oldenbourg.

Selter, C. (1999). Folgen – bereits in der Grundschule! *mathematik lehren, 96*, 10–14.

Selter, C. (2009). Creativity, flexibility, adaptivity, and strategy use in mathematics. *ZDM Mathematics Education, 41*(5), 619–625. https://doi.org/10.1007/s11858-009-0203-7

Shimada, S. (1997). Significance of the Open-Ended-Approach. In J. P. Becker & S. Shimada (Eds.), *The open-ended approach. A new proposal for teaching mathematics* (pp. 1–9). Reston, Va.: National Council of Teachers of Mathematics.

Sievert, H., van den Ham, A.-K. & Heinze, A. (2021). Are first graders' arithmetic skills related to the quality of mathematics textbooks? A study on students' use of arithmetic principles. *Learning and Instruction, 71*, 1–14. https://doi.org/10.1016/j.learninstruc.2020.101401

Sikora, J. (2001). *Handbuch der Kreativ-Methoden* (2., überarb. und erw. Aufl.). Bad Honnef: KSI.

Silver, E. A. (1997). Fostering Creativity through Instruction Rich in Mathematical Problem Solving and Problem Posing. *ZDM Mathematics Education, 29*(3), 75–80.

Simonton, D. K. (1976). Biographical determinants of achieved eminence: A multivariate approach to the Cox data. *Journal of Personality and Social Psychology, 33*(2), 218–226. https://doi.org/10.1037/0022-3514.33.2.218

Sonneberg, C. & Bannert, M. (2015). Discovering the Effects of Metacognitive Prompts on the Sequetial Structure of SRL-Processes Using Process Mining Techniques. *Journal of Learning Analytics, 2*(1), 72–100.

Spearman, C. (1904). „General Intelligence." Objectively Determinedes and Measured. *The American Journal of Psychology, 15*(2), 201–292.

Spiegel, H. & Selter, C. (2008). *Kinder & Mathematik. Was Erwachsene wissen sollten* (Wie Kinder lernen, 5. Aufl.). Seelze: Kallmeyer.

Sriraman, B. (2005). Are Giftedness and Creativity Synonyms in Mathematics? *The Journal of Secondary Gifted Education, 17*(1), 20–36.

Starko, A. J. (2018). *Creativity in the classroom. Schools of curious delight* (Sixth Edition). New York: Routledge Taylor & Francis Group.

Steffe, L. P. & Thompson, P. W. (2000). Teaching Experiment Methodology: Underlying Principles and Essential Elements. In A. E. Kelly & R. A. Lesh (Eds.), *Handbook of Research Design in Mathematics and Science Education* (pp. 267–306). Hoboken: Taylor and Francis.

Stein, M. I. (1968). Creativity. In E. F. Borgatta (Hrsg.), *Handbook of personality, theory and research* (S. 900–943). Chicago Ill.: Rand McNally.

Steinweg, A. S. (2001). *Zur Entwicklung des Zahlenmusterverständnisses bei Kindern.* Zugl.: Dortmund, Univ., Diss., 2000. Lit, Münster, Hamburg, London.

Steinweg, A. S. (2009). Gut, wenn es etwas zu entdecken gibt – Zur Attraktivität von Zahlen und Mustern. In S. Ruwisch & A. Peter-Koop (Hrsg.), *Gute Aufgaben im Mathematikunterricht der Grundschule* (S. 56–74). Offenburg: Mildenberger.

Steinweg, A. S. (2013). *Algebra in der Grundschule. Muster und Strukturen - Gleichungen - funktionale Beziehungen* (Mathematik Primarstufe und Sekundarstufe I + II). Berlin, Heidelberg: Springer Berlin Heidelberg. https://doi.org/10.1007/978-3-8274-2738-0

Sternberg, R. J. (1999). The Theory of Successful Intelligence. *Review of General Psychology, 3*(4), 292–316.

Sternberg, R. J. (2005). Creativity or creativities? *International Journal of Human-Computer Studies, 63,* 370–382.

Sternberg, R. J. & Lubart, T. I. (1995). *Defying the crowd. Cultivating creativity in a culture of conformity.* New York, NY: Free Press.

Sternberg, R. J. & Lubart, T. I. (1999). The concept of creativity: Prospects and Paradigms. In R. J. Sternberg (Ed.), *Handbook of creativity* (pp. 3–16). Cambridge: Cambridge University Press.

Stokes, P. D. (2014). Using a Creativity Model to Solve The Place-value Problem in Kindergarten. *The International Journal of Creativity & Problem Solving, 24*(2), 101–122.

Stroebe, W., Nijstad, B. A. & Rietzschel, E. F. (2010). Beyond Productivity Loss in Brainstorming Groups. In J. M. Olson & M. P. Zanna (Eds.), *Advances in experimental social psychology. Volume 43* (Advances in Experimental Social Psychology, 1st ed., vol. 43, pp. 157–203). Amsterdam: Elsevier. https://doi.org/10.1016/S0065-2601(10)43004-X

Stylianidou, F. & Rossis, D. (Hrsg.). (2014). *Creative Little Scientists: Enabling Creativity through Science and Mathematics in Preschool and First Years of Primary Education. D6.5 Final Report on Creativity and Science and Mathematics Education for Young Children.* Zugriff am 05.11.2020. Verfügbar unter https://pdf.js/d595d921–8ca9–49c9–9d4a–2ee2c2f759c8#filename=D6.5%20Final%20Report_FINAL.pdf

Sugarman, I. (1997). Teaching for Strategies. In I. Thompson (Ed.), *Teaching and learning early number* (pp. 142–154). Buckingham: Open Univ. Press.

Sullivan, P., Warren, E. & White, P. (2000). Students' responses to content specific open-ended mathematical tasks. *Mathematics Education Research Journal, 12*(1), 2–17. https://doi.org/10.1007/BF03217071

Szardenings, C., Kuhn, J.-T., Ranger, J. & Holling, H. (2017). A Diffusion Model Analysis of Magnitude Comparison in Children with and without Dyscalculia: Care of Response and Ability Are Related to Both Mathematical Achievement and Stimuli. *Frontiers in Psychology, 8,* 1615. https://doi.org/10.3389/fpsyg.2017.01615

Takasago, M. (1997). Examples of Teaching in Elementary Schools. Introduction to the Idea of Proportion. In J. P. Becker & S. Shimada (Eds.), *The open-ended approach. A new proposal for teaching mathematics* (pp. 37–44). Reston, Va.: National Council of Teachers of Mathematics.

Teddlie, C. & Tashakkori, A. (2003). Major Issues and Controversies in the Use of Mixed Methods in the Social and Behavioral Science. In A. Tashakkori & C. Teddlie (Eds.), *Handbook of mixed methods in social & behavioral research* (pp. 3–50). Thousand Oaks, Calif.: Sage Publ.

Teddlie, C. & Tashakkori, A. (2010). Overview of Contemporary Issues in Mixed Methods Research. In A. Tashakkori & C. Teddlie (Eds.), *Sage handbook of mixed methods in social & behavioral research* (pp. 1–44). Los Angeles: SAGE.

Teddlie, C. & Yu, F. (2007). Mixed Methods Sampling. *Journal of Mixed Methods Research, 1*(1), 77–100. https://doi.org/10.1177/2345678906292430

Tellegen, P. J., Laros, J. A. & Petermann, F. (2018). *SON-R 2-8. Non-verbaler Intelligenztest* (1. Auflage). Göttingen: Hogrefe.

Thompson, I. (1999). Mental Calculation Strategies for Addition and Subtraction: Part 1. *Mathematics in School, 28*(5), 2–4.

Threlfall, J. (2002). Flexible Mental Calculation. *Educational Studies in Mathematics, 50*(1), 29–47.

Tiedemann, K. (2015). Unterrichtsfachsprache. Zur interaktionalen Normierung von Sprache im Mathematikunterricht der Grundschule. *Mathematica Didacta, 38,* 37–62.

Torrance, E. P. (1968). A Longitudinal Examination of the Fourth Grade Slump in Creativity. *Gifted Child Quarterly, 12*(4), 195–199. https://doi.org/10.1177/001698626801200401

Torrance, E. P. (1962). *Guiding creative talent.* Englewood Cliffs: Prentice-Hall.

Torrance, E. P. (1966). *Torrance tests of creative thinking. Norm-technical Manual* (Research edition). Princeton, NJ: Personal Press Inc.

Torrance, E. P. (2008). *Torrance Tests of Creative Thinking. Steamlined Scoring Guide for Figural Forms A and B.* Bensenville, Ill.: Scholastic Testing Service.

Treffinger, D. J., Young, G. C., Selby, E. C. & Shepardson, C. (2002). *Assessing Creativity. A Guide for Educators.* (Research Monograph Series, Bd. 02170). Storrs: University of Connecticut, The National Research Center on the Gifted and Talented.

Tsamir, P., Tirosh, D., Tabach, M. & Levenson, E. (2010). Multiple solution methods and multiple outcomes—is it a task for kindergarten children? *Educational Studies in Mathematics, 73*(3), 217–231.

Tuma, R., Schnettler, B. & Knoblauch, H. (2013). *Videographie. Einführung in die interpretative Videoanalyse sozialer Situationen* (Qualitative Sozialforschung). Wiesbaden: Springer Fachmedien Wiesbaden; Imprint; Springer VS.

Twain, M. (2009). *Following the equator. A journey around the world.* Waiheke Island: Floating Press. Retrieved from http://search.ebscohost.com/login.aspx?direct=true&scope=site&db=nlebk&db=nlabk&AN=314195

Ulm, V. (2016a). Einführung: Mit „guten Aufgaben" arbeiten. In V. Ulm (Hrsg.), *Gute Aufgaben Mathematik* (Lehrerbücherei Grundschule, 6. Auflage, S. 8–11). Berlin: Cornelsen.

Ulm, V. (Hrsg.). (2016b). *Gute Aufgaben Mathematik* (Lehrerbücherei Grundschule, 6. Auflage). Berlin: Cornelsen.

Van der Waerden, B. L. (1953). Einfall und Überlegung in der Mathematik. https://doi.org/10.5169/seals-16924

Verschaffel, L. & Corte, E. de (1996). Number and Arithmetic. In A. J. Bishop (Ed.), *International handbook of mathematics education* (Kluwer international handbooks of education, pp. 99–137). Dordrecht: Kluwer.

Verschaffel, L., Luwel, K., Torbeyns, J. & van Dooren, W. (2009). Conceptualizing, investigating, and enhancing adaptive expertise in elementary mathematics education. *European Journal of Psychology of Education, 24*(3), 335–359. https://doi.org/10.1007/BF0317 4765

Vogt, W. P. (2005). *Dictionary of statistics and methodology. A nontechnical guide for the social sciences* (3. ed.). Thousand Oaks: SAGE Publications. Retrieved from http://www. loc.gov/catdir/enhancements/fy0657/2004027624-d.html

Voß, S., Blumenthal, Y., Sikora, S., Mahlau, K., Diehl, K. & Hartke, B. (2014). Rügener Inklusionsmodell (RIM) – Effekte eines Beschulungsansatzes nachdem Response to Intervention-Ansatz auf die Rechen- und Leseleistungen von Grundschulkindern. *Empirische Sonderpädagogik, 6*(2), 114–132.

Voßmeier, J. (2012). *Schriftliche Standortbestimmungen im Arithmetikunterricht.* Wiesbaden: Vieweg+Teubner Verlag. https://doi.org/10.1007/978-3-8348-2405-9

Vygotsky, L. S. (1930/1998). Imagination and creativity in adolescent. In R. W. Rieber (Ed.), *Child Psychology. The Collected Works of L. S. Vygotsky* (vol. 5, pp. 151–166). Boston, MA: Springer US.

Vygotsky, L. S. (1967/2004). Imagination and Creativity in Childhood. *Journal of Russian and East European Psychology, 42*(1), 7–97.

Vygotsky, L. S. (1978). *Mind in society. The development of higher psychological processes.* Cambridge, Maas. [u. a.]: Harvard University Press.

Wallas, G. (1926). *The art of thought.* London: Cape.

Wälti, B. & Hirt, U. (2006). Fördern aller Begabungen durch fachliche Rahmung. In E. Hengartner, U. Hirt, B. Wälti & Primarschulteam Lupsingen (Hrsg.), *Lernumgebungen für Rechenschwache bis Hochbegabte. Natürliche Differenzierung im Mathematikunterricht* (Spektrum Schule, 1. Aufl., S. 17–20). Zug: Klett und Balmer.

Wechsler, D. (1958). *The Measurement and appraisal of adult intelligence* (4.ed.). Baltimore: Williams & Wilkins.

Weiss, R. (1969). *Die Brauchbarkeit des Culture Free Intelligence Tests Skala 3 <CFT 3> bei begabungspsychologischen Untersuchungen. Weiß, Rudolf.* Würzburg: (Gugel).

Weiß, R. H. (2006). *Grundintelligenztest Skala 2 – Revision (CFT 20-R mit WS/ZF-R). Manual.* Göttingen: Hogrefe.

Weiß, R. H. & Osterland, J. (2013a). *Grundintelligenztest Skala 1 – Revision (CFT 1-R).* Göttingen [u. a.]: Hogrefe.

Weiß, R. H. & Osterland, J. (2013b). *Grundintelligenztest Skala 1 – Revision (CFT 1-R). Manual.* Göttingen [u. a.]: Hogrefe.

Wessel, L. (2015). *Fach- und sprachintegrierte Förderung durch Darstellungsvernetzung und Scaffolding. Ein Entwicklungsforschungsprojekt zum Anteilbegriff* (Dortmunder Beiträge zur Entwicklung und Erforschung des Mathematikunterrichts, Bd. 19). Zugl.: Dortmund, Univ., Diss., 2014. Wiesbaden: Springer Fachmedien Wiesbaden.

Wheeler, D. H. (Hrsg.). (1970). *Modelle für den Mathematikunterricht in der Grundschule* (1. Aufl.). Stuttgart: Ernst Klett Verlag.

Wild, E. & Möller, J. (Hrsg.). (2020). *Pädagogische Psychologie* (3., vollständig überarbeitete und aktualisierte Auflage). Berlin: Springer.

Wilson, R. C., Guilford, J. P., Christensen, P. R. & Lewis, D. J. (1954). A factor-analytic study of creative-thinking abilities. *Psychometrika, 19*(4), 297–311. https://doi.org/10. 1007/BF02289230

Wirtz, M. A. (Hrsg.). (2014). *Lexikon der Psychologie. Dorsch* (17. vollst. überarb. und aktual. Aufl.). Bern: Huber.

Wischmeier, I. (2012). „Teachers' Beliefs": Überzeugungen von (Grundschul-) Lehrkräften über Schüler und Schülerinnen mit Migrationshintergrund – Theoretische Konzeption und empirische Überprüfung. In W. Wiater & D. Manschke (Hrsg.), *Verstehen und Kultur* (S. 167–189). Wiesbaden: VS Verlag für Sozialwissenschaften. https://doi.org/10.1007/ 978-3-531-94085-4_8

Wittmann, E. C. (1985). Objekte-Operationen-Wirkungen: Das operative Prinzip in der Mathematikdidaktik. *mathematik lehren,* (11), 7–11.

Wittmann, E. C. (1990). Wider die Flut der „bunten Hunde" und der „grauen Päckchen": Die Konzeption des aktiv-entdeckenden Lernens und des produktiven Übens. In E. C. Wittmann & G. N. Müller (Hrsg.), *Vom Einspluseins zum Einmaleins* (Handbuch produktiver Rechenübungen, Bd. 1, 2. überarb. Aufl., 14. Dr, S. 157–171). Stuttgart: Klett-Schulbuchverl.

Wittmann, E. C. (2003). Was ist Mathematik und welche pädagogische Bedeutung hat das wohlverstandene Fach für den Mathematikunterricht auch in der Grundschule? In M. Baum, H. Wielpütz & H. Bauersfeld (Hrsg.), *Mathematik in der Grundschule. Ein Arbeitsbuch* (Gut unterrichten, 1. Aufl., S. 18–46). Seelze: Kallmeyer.

Wittmann, E. C. & Müller, G. N. (2017a). *Handbuch produktiver Rechenübungen. Band I: Vom Einspluseins zum Einmaleins* (Mathe 2000+, Bd. 1, Neufassung, 1. Auflage). Seelze: Klett/Kallmeyer; Ernst Klett Verlag GmbH.

Wittmann, E. C. & Müller, G. N. (2017b). *Das Zahlenbuch 1. Lehrerband* [Neubearbeitung], 1. Auflage). Stuttgart: Ernst Klett Verlag.

Wood, D., Bruner, J. S. & Ross, G. (1976). The role of tutoring in problem solving. *Journal of Child Psychology and Psychiatry, and Allied Disciplines, 17*(2), 89–100. https://doi. org/10.1111/j.1469-7610.1976.tb00381.x

Yeo, J. B. W. (2017). Development of a Framework to Characterise the Openness of Mathematical Tasks. *International Journal of Science and Mathematics Education, 15*(1), 175–191.

Ziegler, A. (2005). The Actiotope Model of Giftedness MLA (Modern Language Assoc.) Davidson, Janet E., and Robert J. Sternberg. Conceptions of Giftedness. Vol. 2nd ed, Cambridge University Press, 2005. APA (American Psychological Assoc.) The Actiotope Model of Giftedness. In R. J. Sternberg & J. E. Davidson (Hrsg.), *Conceptions of giftedness* (2nd ed., S. 411–434). Cambridge, U.K.: Cambridge University Press.

Zimmerman, B. J. (1989). A social cognitive view of self-regulated academic learning. *Journal of Educational Psychology, 81*(3), 329–339. Journal of Educational Psychology, 81(3), 329–339. https://doi.org/10.1037/0022-0663.81.3.329

Zimmermann, C. (2016). Finde Plus- und Minusaufgaben mit den Zahlen 3, 5, 8 und 12. In V. Ulm (Hrsg.), *Gute Aufgaben Mathematik* (Lehrerbücherei Grundschule, 6. Auflage, S. 21–23). Berlin: Cornelsen.

Printed in the United States
by Baker & Taylor Publisher Services

Printed in the United States
by Baker & Taylor Publisher Services